DICTIONNAIRE

DES

SCIENCES NATURELLES.

TOME X.

COG — COR.

DICTIONNAIRE

DES

SCIENCES NATURELLES,

DANS LEQUEL

ON TRAITE MÉTHODIQUEMENT DES DIFFÉRENS ÊTRES DE LA NATURE, CONSIDÉRÉS SOIT EN EUX-MÊMES, D'APRÈS L'ÉTAT ACTUEL DE NOS CONNOISSANCES, SOIT RELATIVEMENT A L'UTILITÉ QU'EN PEUVENT RETIRER LA MÉDECINE, L'AGRICULTURE, LE COMMERCE ET LES ARTS.

SUIVI D'UNE BIOGRAPHIE DES PLUS CÉLÈBRES NATURALISTES.

Ouvrage destiné aux médecins, aux agriculteurs, aux commerçans, aux artistes, aux manufacturiers, et à tous ceux qui ont intérêt à connoître les productions de la nature, leurs caractères génériques et spécifiques, leur lieu natal, leurs propriétés et leurs usages.

PAR

Plusieurs Professeurs du Jardin du Roi, et des principales Écoles de Paris.

TOME DIXIÈME.

STRASBOURG, F. G. LEVRAULT, Éditeur.

PARIS, LE NORMANT, rue de Seine, N.° 8.

1818.

Liste des Auteurs par ordre de Matières.

Physique générale.

M. LACROIX, membre de l'Académie des Sciences et professeur au College de France. (L.)

Chimie.

M. CHEVREUL, professeur au Collége royal de Charlemagne. (CH.)

Minéralogie et Géologie.

M. BRONGNIART, membre de l'Académie des Sciences, professeur à la Faculté des Sciences. (B.)

M. DEFRANCE, membre de plusieurs Sociétés savantes. (D. F.)

Botanique.

M. DE JUSSIEU, membre de l'Académie des Sciences, prof. au Jardin du Roi. (J.)

M. MIRBEL, membre de l'Académie des Sciences, professeur à la Faculté des Sciences. (B. M.)

M. HENRI CASSINI, membre de la Société philomatique de Paris. (H. Cass.)

M. LEMAN, membre de la Société philomatique de Paris. (Lem.)

M. LOISELEUR DESLONGCHAMPS, Docteur en médecine, membre de plusieurs Sociétés savantes. (L. D.)

M. MASSEY. (Mass.)

M. POIRET, membre de plusieurs Sociétés savantes et littéraires, continuateur de l'Encyclopédie botanique. (Poir.)

M. DE TUSSAC, membre de plusieurs Sociétés savantes, auteur de la Flore des Antilles. (De T.)

Zoologie générale, Anatomie et Physiologie.

M. G. CUVIER, membre et secrétaire perpétuel de l'Académie des Sciences, prof. au Jardin du Roi, etc. (G. C. ou CV. ou C.)

Mammifères.

M. GEOFFROY, membre de l'Académie des Sciences, professeur au Jardin du Roi. (G.)

Oiseaux.

M. DUMONT, membre de plusieurs Sociétés savantes. (Ch. D.)

Reptiles et Poissons.

M. DE LACÉPÈDE, membre de l'Académie des Sciences, professeur au Jardin du Roi. (L. L.)

M. DUMERIL, membre de l'Académie des Sciences, professeur à l'École de médecine. (C. D.)

M. CLOQUET, Docteur en médecine. (H. C.)

Insectes.

M. DUMERIL, membre de l'Académie des Sciences, professeur à l'École de médecine. (C. D.)

Mollusques, Vers et Zoophytes.

M. DE BLAINVILLE, professeur à la Faculté des Sciences. (De B.)

M. TURPIN, naturaliste, est chargé de l'exécution des dessins et de la direction de la gravure.

MM. DE HUMBOLDT et RAMOND donneront quelques articles sur les objets nouveaux qu'ils ont observés dans leurs voyages, ou sur les sujets dont ils se sont plus particulièrement occupés.

M. F. CUVIER est chargé de la direction générale de l'ouvrage, et il coopérera aux articles généraux de zoologie et à l'histoire des mammifères. (F. C.)

DICTIONNAIRE

DES

SCIENCES NATURELLES.

COG. (*Ornith.*) Ce nom, qui en Savoie désigne le coq, s'applique, en Norwége, au coucou. (Ch. D.)

COGADO-D'AGOA (*Erpétol.*), nom que les Portugais donnent à une espèce de tortue du Brésil que Marcgrave nomme Jurura. Voyez ce mot. (H. C.)

COGGYGRIA. (*Bot.*) Voyez Cocconilea. (J.)

COGNASSIER. (*Bot.*) Voyez Coignassier. (L. D.)

COGOGO. (*Ornith.*) M. d'Azara décrit, sous le n.° 237 de ses Oiseaux du Paraguay, un petit oiseau appartenant à sa famille des *queues aiguës*, que Sonnini croit être de la même espèce que le *chicli* du n.° 236, par lui rapporté au figuier à gorge noire, *motacilla gularis*, Linn. (Ch. D.)

COGOIL. (*Ichthyol.*) Suivant Rondelet et Belon, on nomme ainsi, à Marseille, le petit maquereau, *scomber colias* ou *pneumatophorus*. Voyez Maquereau. (H. C.)

COGOMBRILLOS-AMARGOS. (*Bot.*) Ce nom espagnol, qui signifie petit concombre amer, est un de ceux que l'on donne, dans la Castille, suivant Clusius, à l'harmale, *peganum harmala*, qui est aussi nommée *gamarsa*. (J.)

COGOMBRO (*Bot.*), nom espagnol du concombre, suivant Mentzel. L'espèce cultivée est nommée *cogombrillos amaragos*. (J.)

COGOMELO. (*Bot.*) Les Espagnols nomment ainsi les Coucoumelles. Voyez ce mot. (Lem.)

COGSRAN (*Ornith.*), nom gallois du choucas, *corvus monedula*, Linn. (Ch. D.)

COGUILLUOQUI. (*Bot.*) Selon MM. Ruiz et Pavon, dans l'énumération de leurs genres péruviens, ce nom est donné, au Pérou, à leur genre Lardizalale, qui fait partie de la famille des ménispermées, et qu'ils nomment aussi *coguill-vochi* dans leur *Systema*.

Ce genre est appelé *coguil-boquil* dans l'Herbier du Pérou de Dombey. (J.)

COGUJADA MARINA (*Ichthyol.*), nom espagnol du blennie-coquillade, *blennius gattorugine*. Voyez Blennie. (H. C.)

COGUL. (*Ornith.*) On donne, en Catalogne, ce nom et celui de *cocut*, au coucou, *cuculus canorus*, Linn. (Ch. D.)

COHAYELLI. (*Bot.*) Voyez Chichica-Hoatzon. (J.)

COHÉSION. (*Chim.*) Voyez Attraction moléculaire, au Supplément du 3.e vol., pag. 85, 86, 87, 100, 101, 102, 103 et 104. (Ch.)

COHOBATION. (*Chim.*) C'est une opération par laquelle on répète la distillation d'un liquide, après qu'on l'a remis sur le résidu fixe d'une distillation précédente.

La cohobation, très-souvent pratiquée par les anciens chimistes, avoit pour but de favoriser, autant que possible, l'action d'un liquide sur une matière tout-à-fait fixe, ou qui l'étoit seulement en partie : ainsi pour charger de l'alcool d'une matière résineuse, on faisoit bouillir ce corps dans une cornue à laquelle étoit adapté un récipient, et on reversoit l'alcool dans la cornue, lorsqu'on jugeoit qu'il en avoit passé une quantité suffisante dans le récipient; ainsi, pour saturer un liquide de principe aromatique, on le remettoit plusieurs fois dans la cornue ou l'alambic, après l'avoir distillé. (Ch.)

COIATA, ou Coaïta. (*Mamm.*) Voyez ce dernier mot. (F. C.)

COIFFE, *Calyptra*. (*Bot.*) Dans les mousses, peu après la fécondation, l'écorce superficielle de l'ovaire n'adhère plus d'une manière intime avec les parties intérieures, et se divise en deux par une fente transversale. La partie inférieure se présente alors sous la forme d'un petit tube cylindrique, et prend le nom de gaînule, *vaginula*; la partie supérieure prend celui de coiffe, *calyptra*. A mesure que l'ovaire mûrit, son pédicule (soie), qui part de l'intérieur de la gaînule, prend de l'alongement; la gaînule reste fixe: la coiffe, au contraire, s'élève alors avec l'ovaire, sur lequel elle est posée comme un éteignoir; mais elle ne le recouvre quelquefois que très-imparfaitement. Elle offre beaucoup de caractères tirés de sa forme, de sa position, de sa durée, etc. Elle est, suivant les espèces, pointue, échancrée, cannelée, velue, blanche, rouge, noire, droite, courbée, verticale, oblique, horizontale, etc. L'ovaire étant mûr, elle ne tarde pas ordinairement à tomber. Linnæus rangeoit la coiffe au nombre des calices. (Mass.)

COIFFE JAUNE. (*Ornith.*) Cette dénomination a été donnée par Buffon à des carouges de Cayenne, qui ont le plumage noir et une sorte de coiffe jaune. Tel est le carouge à tête jaune de Brisson, représenté par Edwards, pl. 323, sous le nom d'étourneau, *oriolus icterocephalus*, Linn. (Ch. D.)

COIFFE NOIRE. (*Ornith.*) Buffon a nommé ainsi une espèce de tangara de Cayenne, qui a été figurée dans ses planches enluminées, sous le n.° 720, et dont M. Vieillot a fait un genre particulier sous le nom de *némosie*. (Ch. D.)

COIGNASSIER (*Bot.*); *Cydonia*, Tournef. Genre de plantes dicotylédones, polypétales, périgynes, de la famille des rosacées, section des pomacées, Juss., et de l'*icosandrie pentagynie*, Linn., dont les caractères essentiels sont les suivans: Calice à cinq divisions; corolle de cinq pétales; vingt étamines ou plus; un ovaire inférieur, surmonté de cinq styles réunis à leur base; une pomme turbinée ou ovale, ombiliquée à son sommet, partagée intérieurement en cinq loges cartilagineuses, contenant chacune huit graines et plus, disposées sur deux rangs.

Les coignassiers sont de grands arbrisseaux, ou de petits arbres, à feuilles simples, alternes; à fleurs axillaires ou terminales, solitaires ou rapprochées plusieurs ensemble.

Naguère on ne connoissoit qu'une seule espèce de ce genre; mais, dans les dernières années du siècle qui vient de s'écouler, la Chine et le Japon nous en ont fourni deux autres. *Cydonia*, nom latin du coignassier, est celui d'une ancienne ville de l'île de Crète, d'où la première espèce connue a été transportée en Grèce, en Italie, et de là dans le reste de l'Europe.

Coignassier commun, vulgairement Coignier : *Cydonia communis*, Poir., *in Nov. Duham.*, 4, p. 136, t. 36; *Pyrus cydonia*, Linn., *Spec.* 687. Sa tige, le plus souvent tortueuse, s'élève à douze ou quinze pieds, rarement davantage, en se divisant en branches recouvertes d'une écorce brunâtre, ayant leurs jeunes rameaux revêtus d'un duvet cotonneux, blanchâtre, et garnis de feuilles ovales, très-entières, pétiolées, molles au toucher, et couvertes de duvet, surtout en dessous. Ses fleurs, grandes, blanches, quelquefois mêlées de rose, sont courtement pédonculées, solitaires à l'extrémité de jeunes rameaux nés de l'aisselle des anciennes feuilles; leur calice est très-velu, à découpures oblongues, denticulées. Ses fruits, qu'on appelle coings, sont cotonneux, jaunâtres, très-odorans; ils ont une chair un peu coriace, acide et légèrement acerbe.

Cet arbre, qui passe pour être originaire de l'île de Crète et de l'Asie occidentale, est aujourd'hui naturalisé dans une grande partie de l'Europe, et surtout dans ses contrées méridionales. Il fleurit, dans le climat de Paris, au mois d'avril ou dans le commencement de mai, et ses fruits sont mûrs à la fin d'octobre. Il a donné par la culture plusieurs variétés qu'on distingue principalement d'après la forme et la grosseur des fruits; tels sont :

Le Coignassier a fruits longs, ou Coignassier femelle;

Le Coignassier a fruits ronds, ou Coignassier male;

Le Coignassier a gros fruits et a grandes feuilles, ou le Coignassier de Portugal;

Le Coignassier a fruits lisses, oblongs;

Le Coignassier a fruits petits, cotonneux, acerbes.

La meilleure de ces variétés est le coignassier de Portugal, *cydonia latifolia lusitanica*, Tournef., *Inst.*, 633, dont les feuilles sont très-grandes, ainsi que les fleurs; dont les fruits sont gros, en forme de poire, à grosses côtes, formant des bosses aux deux extrémités; dont la peau est garnie d'un duvet qui s'enlève facilement au moindre frottement, et dont la chair est la plus parfumée et la plus tendre. Ce coignassier est celui qu'on cultive le plus fréquemment, avec la première et la seconde variété parce que leurs fruits sont abondans, et qu'ils manquent rarement.

Le coignassier se plaît dans un terrain léger et frais, à une exposition chaude. Dans un sol trop gras, ses fruits n'ont que peu de saveur; ils restent petits et coriaces dans celui qui est trop sec : dans l'un et l'autre, d'ailleurs, l'arbre vit bien moins long-temps.

On peut le multiplier de graines, ou par les marcottes et les boutures, ou encore par les rejetons qui poussent naturellement sur les racines des vieux pieds.

Le moyen de multiplication par les semis est le plus long; il faut quatre à cinq ans pour que les plants soient bons à greffer, de sorte que les pépiniéristes le mettent rarement en usage. Il en est de même des marcottes, qui prennent difficilement racine. On préfère donc généralement les boutures et les rejetons. Les boutures se font, au mois de mars, dans une terre légère et fraîche, et elles sont bonnes à relever à la fin de l'hiver suivant. Quant aux rejetons, ceux qui poussent au pied des vieux arbres, n'étant pas suffisans pour les besoins du commerce, on consacre, dans les grandes pépinières, un certain nombre de coignassiers dont on coupe le tronc rez-terre, afin qu'ils en produisent une plus grande quantité; tous les ans, à la fin de l'hiver, on relève les rejetons qui ont poussé de la souche de ces arbres, que les cultivateurs appellent vulgairement *mères*, et on les met en pépinière, à dix-huit ou vingt pouces l'un de l'autre. Les boutures qui ont pris racine, se plantent de même et dans le même temps. La plupart des sujets produits par ces deux moyens sont bons à être greffés en écusson à la fin de l'été suivant. Ceux qui n'ont pas poussé assez vigoureusement, et qui sont trop foibles, ne reçoivent la greffe qu'un an plus tard.

A Paris et dans les environs, ainsi que dans la plupart des départemens où l'on fait des pépinières de coignassiers, presque tous les plants sont destinés à servir de sujets pour recevoir la greffe des différentes variétés de poiriers qu'on veut cultiver en espalier, en buisson, en quenouille ou en pyramide, parce qu'on a observé que les arbres qui en provenoient rapportoient du fruit dès la troisième ou la quatrième année, et qu'ils étoient bien plus faciles à soumettre à une taille régulière. Les poiriers greffés, au contraire, sur des plants de leur espèce venus de pepin, ne donnent pas de fruit avant la dixième, la douzième et la quinzième année; et d'ailleurs, emportés par une grande vigueur de végétation, ils poussent considérablement et ne peuvent que difficilement être soumis à la taille.

Comme arbre fruitier, le coignassier est peu répandu; on ne le rencontre guère que çà et là dans les jardins : ce n'est qu'aux environs de quelques villes qui sont en réputation pour diverses confitures faites avec ses fruits, qu'on le cultive un peu abondamment.

Les coings se cueillent à la fin d'octobre, et même un peu plus tard, si l'on ne craint pas les gelées. Ils gagnent à être mis sur la paille pendant une quinzaine de jours; mais il faut que ce soit dans un lieu aéré, et non avec les autres fruits, parce qu'ils répandent une odeur trop forte. Quand on les a ainsi gardés pendant environ quinze jours, il ne faut pas tarder de les employer; car ils ne se conservent guère au-delà du mois de novembre.

Les coings sont, en général, désagréables à manger crus; mais ils sont beaucoup meilleurs cuits: on en fait de bonnes compotes, des marmelades, des pâtes, une gelée particulière qu'on nomme cotignac; on les emploie aussi à faire un ratafia qui porte leur nom. Ils sont toniques et astringens; on en recommande l'usage, soit en nature, soit de leurs différentes préparations, dans les diarrhées qui reconnoissent pour cause la foiblesse des organes de la digestion. On trouve, dans les pharmacies, un sirop fait avec leur suc, auquel ils donnent leur nom, qu'on emploie dans les mêmes circonstances. Les graines fournissent par décoction un mucilage, dont on fait quelquefois usage extérieurement dans les ophthalmies inflammatoires.

Les anciens appeloient le fruit du coignassier, pomme de Cydon; ils l'avoient dédié à Vénus, et ils le regardoient comme l'emblème du bonheur et de l'amour. Plutarque nous apprend qu'une loi de Solon ordonnoit aux nouvelles mariées de manger de la chair de coing avant de coucher avec leurs maris, ce qui signifioit, selon cet auteur, que la voix d'une femme devoit être aussi douce et aussi agréable que son haleine. Pline dit qu'à Rome l'usage étoit de placer des coings sur la tête des statues des dieux qui présidoient au lit nuptial, et que même on en ornoit les salles dans lesquelles les grands recevoient les salutations à leur lever. Virgile paroît avoir voulu parler de ces fruits dans les vers suivans, où un berger en donne à un ami comme un gage d'attachement :

Quod potui, puero silvestri ex arbore lecta
Aurea mala decem misi; cras altera mittam.
BUCOL., III, v. 70.

Le même poëte les désigne plus clairement dans l'églogue où il peint l'amour du berger Corydon pour le bel Alexis, et où il lui fait dire,

Ipse ego cana legam tenerâ lanugine mala.
BUCOL. II, v. 51.

Plusieurs auteurs modernes pensent aujourd'hui que les pommes du jardin des Hespérides n'étoient autre chose que des coings, et non des oranges, comme on l'a cru pendant longtemps. Ce qui donne beaucoup de force à cette opinion, c'est que Goropius Becanus assure que l'on découvrit autrefois à Rome une statue d'Hercule, qui tenoit dans sa main trois pommes de coing, ce qui s'accorde avec la fable qui raconte qu'Hercule déroba les pommes d'or du jardin des Hespérides. D'un autre côté, M. Gallesio, dans son Traité du Citrus, a prouvé, autant qu'il est possible, que l'oranger a été inconnu aux anciens, et qu'il ne vient pas naturellement dans les contrées où ils plaçoient leurs Hespérides.

COIGNASSIER DU JAPON : *Cydonia japonica*, Pers., *Synop.* 2, pag. 90; Lois., *Herb. amat.*, 2, n, et t. 73. Cette espèce est un arbrisseau qui s'élève de huit à dix pieds ou environ. Sa tige se divise, dès sa base, en plusieurs branches, partagées elles-mêmes en rameaux brunâtres, épineux, revêtus d'un duvet court pendant leur jeunesse, et garnis de feuilles ovales-oblongues, luisantes, d'un vert gai en dessus, finement dentées en leurs bords, et rétrécies en pétiole à leur base. Ses fleurs, d'un beau rouge écarlate, ou blanches dans une variété, quelquefois semi-doubles et composées de dix pétales, sont réunies, trois à dix ensemble, en un petit bouquet qui sort d'un bourgeon fort court. Leur calice est à cinq dents arrondies, ciliées, et il adhère par sa base à l'ovaire; les étamines sont au nombre de trente-six à quarante. Le fruit n'a point encore mûri dans le climat de Paris ; celui que nous avons vu imparfaitement développé, étoit étranglé et resserré dans son milieu comme une gourde, divisé intérieurement en cinq loges qui contenoient chacune un grand nombre de graines.

Ce coignassier est cultivé en Angleterre depuis 1796, et en France depuis 1810. Il est encore rare, et on ne le trouve que chez les fleuristes les plus curieux de la capitale ; mais il est probable qu'il ne tardera pas à se répandre. A la beauté des couleurs ses fleurs joignent l'avantage de se succéder les unes aux autres pendant la plus grande partie de l'année. On ne le multiplie, jusqu'à présent, que de marcottes, de boutures, ou en le greffant sur le coignassier commun. Il a supporté en pleine terre un froid de huit degrés au-dessous de zéro sans en avoir souffert, ce qui fait présumer qu'il s'acclimatera facilement.

Coignassier de la Chine ; *Cydonia sinensis*, Thouin, Ann. du Mus., 19, p. 144, t. 8 et 9. Cette troisième espèce a le port du coignassier commun, et paroît devoir s'élever à quinze ou vingt pieds de hauteur. Ses feuilles sont ovales-oblongues, courtement pétiolées, aiguës, lisses, et d'un vert gai en dessus, un peu duveteuses en dessous, chargées en leurs bords de dents très-fines et très-rapprochées. Ses fleurs, larges de dix-huit à vingt lignes, d'une belle couleur rose, sont terminales et solitaires à l'extrémité du petit rameau qui les porte. Leur calice est à cinq divisions, aiguës, réfléchies, et elles ont vingt étamines. Ses fruits sont ovoïdes-alongés, un peu bosselés çà et là, longs de quatre pouces et plus, sur trente-deux à trente-trois lignes de diamètre ; la couleur de leur peau, d'abord verdâtre, devient d'un jaune-citron pâle, en approchant de la maturité ; leur chair est grenue, ferme, sèche, presque sans eau, d'une saveur acide, même styptique, approchant de celle du coing commun sauvage. L'intérieur de chaque fruit est partagé en cinq loges cartilagineuses, très-alongées, contenant, sur deux rangs, quarante à soixante pepins et au-delà.

Cet arbre a été introduit en Angleterre et en Hollande il y a environ vingt-cinq ans. Nous ne le possédons en France que depuis 1802, et il a fructifié, pour la première fois, au Jardin du Roi, en 1811. Il passe très-bien l'hiver en pleine terre dans le climat de Paris, où des froids de neuf à dix degrés ne lui ont fait éprouver que de foibles accidens. Il n'est pas délicat sur la nature du sol; il paroît seulement préférer une terre meuble, sablonneuse ou calcaire et légèrement humide, à celle qui est argileuse, aquatique et froide. On ne l'a point encore semé, mais on l'a multiplié, avec succès, de marcottes, de boutures, et surtout en le greffant sur le coignassier commun ou sur le poirier. Jusqu'à présent ses fruits n'ont pu atteindre, dans notre climat, une maturité assez complète pour être mangés crus; et, même après avoir été cuits pendant plusieurs heures, ils sont restés coriaces et désagréables à manger. C'est dommage, car ils sont d'ailleurs très-gros et très-beaux: leur parfum approche beaucoup de celui du coing ordinaire; mais il est plus suave, et tire un peu sur l'odeur de l'ananas. Il est à désirer qu'une culture soignée, et la multiplication par les semis, puissent un jour modifier ce beau fruit, et le rendre aussi agréable au goût qu'il l'est déjà à la vue et à l'odorat. En attendant, le coignassier de la Chine peut être considéré comme un bel arbre d'ornement: il se fait remarquer, au printemps, par sa verdure très-hâtive, et par la multitude comme par l'éclat des fleurs dont il se couvre au mois d'avril, et qui durent quinze à vingt jours. (L. D.)

COIGNASSIER [Petit]. (*Bot.*) C'est la traduction du nom *membriltoso*, donné dans le Pérou, près de Lima, suivant Dombey, à l'espèce de sébestier nommée par M. de Lamarck *cordia lutea*. (J.)

COIGNER, ou Coignier (*Bot.*), nom que l'on donne, dans quelques lieux, au Coignassier commun. (L. D.)

COILANTHA. (*Bot.*) Lorsque Reneaulme voulut, en 1611, subdiviser le genre de la gentiane, il donna ce nom au *gentiana purpurea*. (J.)

COILOPHYLLUM (*Bot.*), nom donné anciennement, par Morisson, au genre de plantes connu maintenant sous celui de *sarracenia*, dont les feuilles sont creuses et ouvertes par le haut. (J.)

COILOTAPALUS. (*Bot.*) C'est sous ce nom que P. Brown, dans son Histoire de la Jamaïque, désigne le coulekin, *cecropia*. (J.)

COIN. (*Fauconn.*) Ce nom est donné aux pennes latérales

de la queue des oiseaux de proie, par les fauconniers, qui appellent *couvertes* les deux pennes intermédiaires. (Ch. D.)

COING (*Bot.*), *Cydonia*, fruit du coignassier. Liger, dans son Dictionnaire du bon ménager, nomme coignasse le fruit du coignassier sauvage. (J.)

COING DE MER (*Conch.*), *Cotognia maritime* des Italiens. C'est un corps organisé, placé à tort dans le genre Alcyon par Linnæus, sous le nom d'alcyonienne cydonienne. (De B.)

COIPOU. (*Mamm.*) Voyez Coypou. (F. C.)

COIRON. (*Bot.*) Cavanilles dit, sur le témoignage du voyageur botaniste Née, que l'on nomme ainsi une espèce de selin, *selinum spinosum*, décrit et figuré par lui dans ses *Icones*, vol. 5, p. 59, t. 487. Cette plante, d'après les caractères indiqués, paroît devoir appartenir plutôt au genre Arozelle de Lamarck, ou *Chamitis* de Gærtner, ainsi que les autres selins du même auteur. (J.)

COIX (*Bot.*), vulgairement Larme-de-Job, ou Larmille. Genre de plantes remarquable par ses semences dures, luisantes, assez grosses, semblables à des perles, et que l'on compare encore à des larmes; le feuillage se rapproche de celui des roseaux. Ce genre appartient à la famille des graminées et à la *monoécie triandrie* de Linnæus. Il offre pour caractère essentiel : Des fleurs monoïques : les mâles disposées en épi; la balle calicinale à deux valves, à deux fleurs; la balle florale bivalve, renfermant trois étamines : les fleurs femelles placées sous les mâles; leur balle calicinale très-grande, d'une seule pièce, uniflore, ouverte à son sommet, composée de deux valves réunies dans la plus grande partie de leur longueur; deux valves florales contenant chacune une fleur stérile, sous la forme d'un corpuscule en massue, à peine pédicellée; la fleur, renfermée dans la balle calicinale, offre un ovaire ovale, surmonté d'un style partagé en deux; les stigmates longs, corniculés, pubescens. Le fruit est une semence arrondie, renfermée dans la balle calicinale, ovale-conique, persistante, très-dure, presque osseuse et luisante. On distingue les espèces suivantes :

Coix Larme-de-Job : *Coix lacryma*, Linn.; Clus., Hist. 2, pag. 216. *Icon.*; Lam., *Ill. gen.*, tab. 750. Ses racines sont annuelles et fibreuses : ses tiges dures, fasciculées, hautes de deux ou trois pieds; les feuilles alternes, glabres, larges d'un pouce, engaînées à leur base, traversées par une côte blanche. De la gaîne des feuilles supérieures sortent plusieurs grappes de fleurs pédonculées, presque fasciculées, qui produisent des semences d'un blanc bleuâtre, luisantes, très dures, ovales, un peu aiguës à leur sommet. Elle croît dans les Indes orientales ; on la cultive dans plusieurs jardins de l'Europe. En Espagne et en Portugal, au rapport de Miller, les pauvres font moudre ces graines pour en faire du pain, lorsque le blé est rare ; d'autres en font des chapelets.

Coix a feuilles de roseau ; *Coix arundinacea*, Encycl., vol. III, pag. 422. Cette espèce, originaire des pays chauds de l'Amérique, n'est peut-être qu'une variété de la précédente. Elle a été cultivée pendant long-temps au Jardin du Roi : on la distingue par ses racines vivaces, par ses feuilles plus larges, par ses épis solitaires dans les aisselles des feuilles.

Coix agreste : *Coix agrestis*, Lour., *Fl. Cochinc.*, 2, p. 674 ; *Lithospermum amboinicum*, Rumph, *Amb.* 6, tab. 9, fig. 1. Ses tiges sont cylindriques hautes de trois ou quatre pieds, un peu renflées à leurs articulations ; les feuilles, droites, roides, élargies, très-aiguës, d'un vert foncé, longues d'un pied et demi. Les pédoncules, réunis trois ou quatre dans l'aisselle des feuilles supérieures, soutiennent une grappe de fleurs un peu lâches. Ses fruits sont de couleur brune ou cendrée, un peu aigus, de la grosseur et de la forme d'un pois. On trouve cette plante à la Cochinchine et dans l'île d'Amboine. Au rapport de Rumph, les naturels du pays font, avec ses fruits, des colliers et des bracelets pour les femmes et les enfans. (Poir.)

COJACAI. (*Ornith.*) Suivant Stedman (Voyage à Surinam, tom. 1, pag. 156), les habitans de cette contrée donnent ce nom et celui de banarabeck à une espèce de toucan. Voyez Banarabeck. (Ch. D.)

COJA-METL. (*Mamm.*) Fernandez parle sous ce nom d'un pécari. Voyez Cochon. (F. C.)

COJO. (*Bot.*) Le bananier *musa* est ainsi nommé à Ternate. (J.)

COJOLT. (*Mamm.*) Nieremberg désigne ainsi un animal carnassier de la Nouvelle-Espagne, qu'il est impossible de reconnoitre, et même de rapporter à son genre, aux traits inexacts par lesquels il le représente. (F. C.)

COJUMÉRO. (*Mamm.*) On dit que c'est le nom du lamantin à la Guiane. (F. C.)

COKATAO. (*Ornith.*) Voyez COCKATOO. (CH. D.)

COL. (*Bot.*) La cypsèle ou le fruit des synanthérées se prolonge assez souvent au-dessus de la partie occupée par la graine, en un cylindre plus ou moins étroit, ordinairement fort court avant la fécondation, et s'alongeant beaucoup pendant la maturation. Les botanistes ont coutume de nommer *stipe* de l'aigrette ce prolongement supérieur de la cypsèle; M. de Mirbel le nomme *pédile* : mais ces deux noms nous semblent également impropres, parce que, la partie qu'ils désignent pouvant exister sans aigrette, comme il y en a beaucoup d'exemples, elle ne doit pas être considérée comme le pied ou le support de l'aigrette, à laquelle d'ailleurs elle n'appartient aucunement. C'est pourquoi nous lui donnons le nom de *col*, et nous disons que la cypsèle est *collifère*, quand elle offre ce prolongement. (H. CASS.)

COLA, KULA, GOLA. (*Bot.*) Fruit d'un arbre d'Afrique qui étoit inconnu aux anciens. On trouve ce fruit cité par les deux Bauhin. Il l'est aussi dans le Recueil des Voyages, dans lequel on lit qu'à Sierra-Leona, sur les côtes d'Afrique, les Nègres le recherchoient beaucoup, parce qu'il étoit une bonne nourriture ; que dans le pays, on se servoit de ce fruit comme de monnoie pour les échanges commerciaux, et que cette monnoie avoit une valeur telle que cinquante suffisoient pour acheter une femme. Il étoit aussi recherché comme nourriture, non qu'il eût un bon goût, mais parce qu'il laissoit dans la bouche une certaine âpreté au moyen de laquelle on trouvoit une saveur très-bonne aux alimens et surtout aux boissons que l'on étoit dans le cas de prendre après avoir mangé de ce fruit. M. de Beauvois, dans son voyage à Oware, a eu occasion d'observer vivant l'arbre qui produit le cola; il a reconnu que c'est une espèce de *sterculia*, qu'il a décrite et figurée sous le nom de *sterculia acuminata*, dont le fruit est composé de cinq capsules réniformes, dans chacune desquelles est une seule graine de la grandeur d'une amande, enveloppée de sa coque et de son brou. Les habitans d'Oware mangent avec plaisir cette graine avant de prendre d'autre nourriture, parce qu'en effet, comme l'a dit l'auteur du Recueil des Voyages, elle laisse dans la bouche une impression qui fait trouver un goût meilleur aux alimens, et surtout aux boissons que l'on prend après l'avoir mâchée. Mais M. de Beauvois n'a point vu que cette graine servit de monnoie dans cette partie de l'Afrique, où les *cauris*, espèce de petites coquilles, sont la seule monnoie du pays. Il pense qu'à Sierra-Leona, le cola ne doit pas plus être admis comme monnoie, et il ajoute que dans la traite des esclaves, c'est avec les marchandises seules, et non avec la monnoie du pays, que les Européens peuvent faire ce genre de commerce. Nous ajouterons, en finissant, que cette graine étoit connue de Clusius, qui l'a décrite sous le nom de *coles;* il parle même des cinq capsules qu'il compare à une fève, et qu'il dit très-dures. On lui avoit annoncé qu'elle étoit bonne pour l'estomac, et qu'après en avoir mangé, on trouvoit les boissons plus agréables; *quamlibet potum magis sapidum fieri præmanso coles fructu.* On ajoutoit que les habitans du cap Vert se munissoient, dans leurs voyages, de ces graines, dont trois ou quatre suffisoient pour les nourrir pendant un jour, ou pour leur faire supporter l'abstinence d'autres alimens. (J.)

COLA (*Ichthyol.*), nom de l'alose dans quelques provinces méridionales de la France. Voyez CLUPÉE. (H. C.)

COLA-ANCHA (*Erpétol.*), nom espagnol d'un PLATURE. Voyez ce mot. (H. C.)

COLADITI-MANOORA. (*Bot.*) A Ternate, suivant Rumph, on nomme ainsi le *pancaga* des Malais, qui est une espèce de cotylet, *hydrocotyle asiatica.* (J.)

COLAGUALA (*Bot.*) Pernetty, dans son Voyage aux îles Malouines, nomme ainsi le *calaguala*, espèce de polypode. (J.)

COLAHAUTHLI. (*Ornith.*) La Chênaye des Bois écrit ainsi, par erreur, le mot *colcanauthli.* (CH. D.)

COLARIS. (*Ornith.*) On trouve ce terme employé par Aristote, au chapitre 1.er du livre 9.e de son Histoire des Animaux; et tout ce qu'il dit de cet oiseau, c'est qu'il est tué par la chouette et par d'autres oiseaux à ongles crochus. Niphus croit le colaris de la famille des passereaux. Gesner pense que ce pourroit être une espèce de collurio ou pie-grièche. Quoi qu'il en soit, M. Cuvier a appliqué le nom de *colaris* aux rolles, division des rolliers, *coracias*, Linn., qui comprend ceux dont le bec, plus court, plus arqué, est aussi beaucoup plus élargi à la base. (Ch. D.)

COLAS (*Ornith.*), un des noms vulgaires du corbeau, *corvus corax*. (Ch. D.)

COLASPIDE (*Entom.*), *Colaspis*. M. Fabricius a présenté ce mot comme nom de genre, dans son Système des Eleuthérates. Il rapproche sous ce nom de petits coléoptères à quatre articles aux tarses, de la famille des phytophages ou herbivores. Il y réunit diverses espèces qu'il avoit autrefois rangées parmi les galéruques, les chrysomèles, les cryptocéphales, et même parmi les bruches. Tous ces insectes sont étrangers. Nous ne les connoissons pas. (C. D.)

COLASSO (*Bot.*), nom brame du *bahel-schulli* des Malabares, cité par Rheede, qui est le *barleria longifolia*. (J.)

COLBERTIA. (*Bot.*) Genre de plantes de la famille des dilléniacées, de la *polyandrie pentagynie* de Linnæus, dont le caractère essentiel consiste dans un calice à cinq folioles persistantes; cinq pétales caducs; un grand nombre d'étamines; dix intérieures beaucoup plus longues que les autres: les anthères très-longues; cinq ovaires réunis en un péricarpe globuleux, à cinq loges; cinq styles; dans chaque loge plusieurs semences réniformes, entourées d'une pulpe glutineuse et transparente.

Ce genre a été établi pour la seule espèce suivante, placée d'abord parmi les *dillenia*, et consacrée par Salisbury au ministre Colbert.

Colbertia du Coromandel : *Colbertia coromandeliana*, Dec., *Syst. nat. veget.*, 1, p. 435; *Dillenia pentagyna*, Roxb., Corom., 1, p. 21, tab. 20. Arbre découvert par Roxburg dans les montagnes du Coromandel, se rapprochant par ses feuilles du *dillenia speciosa*; mais ces feuilles plus longues, et plus amples, médiocrement pétiolées, glabres, oblongues, aiguës à leurs deux extrémités, nerveuses, dentées en scie, velues en dessous sur les nervures, longues d'environ un pied et demi sur six pouces de large. Les fleurs naissent sur les rameaux de l'année précédente : elles sortent quatre à six et plus, portées sur des pédoncules simples, uniflores. Leur calice est composé de cinq folioles obtuses, presque rondes; la corolle est jaune, une fois plus longue que le calice ; les pétales ovales-oblongs, un peu aigus ; les étamines nombreuses, de la longueur du calice ; les fruits pendans, solitaires. (Poir.)

COLCA. (*Ornith.*) Sibbald, dans son Histoire naturelle d'Écosse, part. 2, pag. 21, pl. 18, donne ce nom, et celui de *capricolca*, à l'eider, *anas mollissima*, Linn. (Ch. D.)

COLCANAUTHLI. (*Ornith.*) L'oiseau dont Fernandez parle sous ce nom, chap. 75, a été regardé par les naturalistes comme la femelle de celui dont il est fait mention au chap. 31 du même ouvrage, sous le nom de *chilcanauthli*, qui a été rapporté à la sarcelle rousse à longue queue, *anas dominica*, Linn. (Ch. D.)

COLCANAUTHLICIOATL. (*Ornith.*) Les naturalistes n'ont pas déterminé l'espèce à laquelle se rapporte ce canard du Mexique, qui a été décrit par Fernandez, chap. 64, comme offrant un mélange de brun et de blanc, dont la première couleur domine sur le corps et la seconde par-dessous ; et ayant la tête d'un noir cendré, les pieds d'un rouge pâle, le bec noir en dessus et fauve en dessous. (Ch. D.)

COLCHICACÉES. (*Bot.*) Voyez Colchicées. (J.)

COLCHICÉES. (*Bot.*) Famille de plantes dans la classe des monopérigynes ou monocotylédones à étamines insérées au calice, tirant son nom du colchique, un de ses genres les plus connus. Auparavant réunies aux joncées dans une section distincte, ces plantes ont paru depuis offrir des caractères suffisans pour constituer une famille particulière, déjà énoncée dans quelques ouvrages récens, sous les noms de merendérées, colchiacées, melanthiacées. Les caractères de cette famille sont : Un calice monophylle, ordinairement coloré, regardé pour cette raison comme corolle par plusieurs auteurs, tantôt à six divisions profondes, tantôt tubulé et divisé par le haut en six lobes. Les étamines, ordinairement en nombre égal, sont insérées au bas des divisions du calice ou devant ses lobes ; leurs anthères sont oblongues, appliquées extérieurement contre le sommet des filets. Le pistil, dégagé du calice, paroît composé de trois ovaires distincts, ou réunis en tout ou en partie par le côté intérieur. Il est surmonté de trois styles et autant de stigmates dans le premier cas, d'un style trifide dans le second. Le fruit est composé de trois capsules uniloculaires et polyspermes, distinctes, ou réunies comme les ovaires, s'ouvrant ordinairement du côté intérieur par une fente longitudinale, sur les bords de laquelle sont attachées les graines. Quelquefois la légère adhérence latérale de deux valves voisines présente, au moment de leur écartement par le haut, l'apparence de cloisons implantées sur le milieu des valves, surtout si, en même temps, les capsules se fendent supérieurement par le dos. Les graines, revêtues d'un tégument membraneux, sont remplies d'un périsperme charnu, à la base duquel, loin de l'ombilic, est niché, dans une petite cavité, un embryon très-petit. Les tiges sont herbacées; les feuilles alternes, engaînées à leur base; les fleurs diversement situées, toujours accompagnées de spathes.

Les genres qui paroissent appartenir à cette famille, sont le *nolina* et le *pleea* de Michaux; le *calochorthus* de Pursh; l'*helonias*, dont le *zigadenus* et le *xerophyllum* de Michaux feront probablement partie; le *melanthium*, genre à travailler de nouveau, pour en séparer peut-être le *wurmbea* de Thunberg, avec le *funckia* de Willdenow et l'*anguilaria* de R. Brown, le *veratrum*, le *peliosanthus*, le *merendera*, le *colchicum*. M. Brown y place aussi ses genres *burchardia* et *schelhamera*, et peut-être devra-t-on y ajouter son *astelia*. (J.)

COLCHICON. (*Bot.*) Ce nom grec a été donné par Dioscoride au colchique, suivant Daléchamps, soit parce qu'il est abondant dans la Colchide, soit parce que ce pays fournit beaucoup de plantes venimeuses, et que celle-ci est de ce nombre. Les Grecs la nommoient aussi *ephemerum*, parce qu'elle tuoit promptement. On sait en effet que, donnée à des animaux, elle leur est funeste; d'où lui est venu le nom françois vulgaire de *tue-chien*. Il paroît encore, d'après l'indication de C. Bauhin, que Sérapion et Mesné lui donnoient celui d'*hermodactylus*. Quelques auteurs ont aussi nommé *colchicum* l'*amaryllis lutea* et le *bulbocodium vernum*, à cause de quelques rapports extérieurs. (J.)

COLCHIQUE (*Bot.*); *Colchicum*, Linn. Genre de plantes monocotylédones périgynes, de la famille des colchicées, Juss., et de l'*hexandrie trigynie*, Linn., dont les principaux caractères sont les suivans: Calice nul; corolle tubuleuse inférieurement, à limbe campanulé, partagé en six divisions profondes; six étamines à filamens insérés sur le sommet du tube, et portant des anthères oblongues: trois ovaires supérieurs, réunis par leur base, surmontés de trois styles très-longs, à stigmates crochus; trois capsules uniloculaires, réunies par leur partie inférieure et contenant plusieurs graines. On connoît quatre espèces de ce genre, dont trois croissent naturellement en France, et la quatrième dans l'Orient. Le nom de colchique lui vient de ce qu'une de ses espèces avoit été appelée ainsi par les Grecs, parce qu'elle croissoit abondamment dans la Colchide.

Colchique d'automne, vulgairement Safran batard, Safran des prés, Tue-chien, Mort-chien, Veillotte, Veilleuse : *Colchicum autumnale*, Linn., *Spec.* 485; Bull., *Herb.*, tab. 18. La racine de cette plante est une bulbe solide, ovale, pointue, enveloppée de quelques tuniques d'un brun noirâtre; elle donne naissance à une ou plusieurs fleurs longues de quatre à cinq pouces, d'une couleur ordinairement rougeâtre, ou d'un lilas pâle. Ces fleurs paroissent en septembre et octobre, et ce n'est qu'au printemps suivant que se développent les feuilles. Celles-ci sont lancéolées, droites, d'un vert foncé, longues de six à huit pouces, larges de douze à quinze lignes, engaînées inférieurement quatre à cinq en un faisceau au milieu duquel se trouve la capsule, portée sur un pédoncule caché entre la base des feuilles et sous la terre, de manière qu'elle paroît presque sessile. Tous les ans la bulbe qui a produit les fleurs et les fruits, s'épuise et est détruite après cette période, et elle est remplacée par une autre qui s'est développée à côté : de sorte que, par suite de ce renouvellement annuel des bulbes, qui se fait toujours du même côté, la plante se déplace tous les ans de l'épaisseur de sa bulbe qui est d'environ un pouce. Le colchique d'automne est commun dans les prés et les pâturages d'une grande partie de l'Europe. On en cultive plusieurs variétés dans les jardins : l'une est à fleurs jaunes, une autre à fleurs blanches, et une troisième à fleurs doubles; il y en a aussi une à feuilles panachées, etc.

Toutes les parties du colchique ont une odeur désagréable et nauséabonde. Les bestiaux ne broutent jamais ses feuilles vertes; mais ils les mangent sans répugnance et sans qu'elles leur fassent mal, quand elles sont sèches et mêlées dans le foin. Les racines fraîches contiennent un suc laiteux, dont la saveur est âcre et brûlante, et qui est un violent poison pour l'homme et pour plusieurs animaux. Les accidens produits par l'usage inconsidéré des bulbes de colchique sont des angoisses, des lipothymies, des cardialgies, de violens vomissemens, des sueurs froides, et la mort même si l'on n'étoit pas secouru à temps. Les meilleurs moyens à employer dans ce cas, sont de faciliter les vomissemens par des stimulans mécaniques, et de faire prendre abondamment des boissons acidulées avec le vinaigre ou le suc de limon.

Malgré les effets funestes que peut produire le colchique, on a essayé de faire tourner l'énergie de ses propriétés à l'avantage de la médecine, et Stœrck a osé l'expérimenter sur lui-même. Selon ce hardi praticien, le colchique, administré avec précaution, est puissamment diurétique, et il assure l'avoir donné avec beaucoup de succès dans plusieurs hydropisies. C'est au printemps que les bulbes de colchique ont le plus d'énergie, et c'est toujours à l'état frais qu'on doit les employer; car elles perdent toutes leurs propriétés par une dessiccation parfaite, au point que, dans cet état, l'on peut même, à ce qu'on assure, les manger sans danger. Il est facile, d'ailleurs, en râpant les bulbes du colchique et en leur faisant subir plusieurs lavages, d'en retirer une fécule très-saine et très-nourrissante; mais, comme elles sont situées assez profondément en terre, à cinq ou six pouces au moins, la difficulté de les arracher empêchera toujours de les employer sous ce rapport, parce que la dépense de ce travail coûteroit comparativement plus que le produit qu'on en retireroit. Le seul cas où un cultivateur pourroit employer les bulbes de colchique à faire de la fécule, seroit celui où il voudroit extirper cette plante d'un pré où elle nuiroit, par sa trop grande abondance, à la récolte et à la qualité des foins. Le temps de faire cette opération est en automne, lors de la floraison du colchique. On soulève alors avec une forte bêche, à la profondeur nécessaire, la terre coupée en mottes carrées, dans les places infestées par le colchique; on arrache ses bulbes, et l'on remet ensuite les carrés de gazon à leur place, de manière que, pour le printemps suivant, cela ne fait aucun tort aux autres herbes de la prairie.

Colchique des Alpes : *Colchicum alpinum*, Dec., Fl. Fr. 3, pag. 195; *Colchicum montanum*, All., Fl. Ped., n°. 434, t. 74.

f. 2. La bulbe de cette espèce ne pousse qu'une seule fleur, moitié plus petite dans toutes ses parties que dans le colchique d'automne. Ses feuilles se développent peu de temps après la floraison qui a lieu en été, et elles sont linéaires. Cette plante se trouve dans les prairies humides des Alpes et du Piémont.

Colchique de montagne : *Colchicum montanum*, Linn., *Spec.* 485 ; *Colchici montani hispanici flos et semen*, Clus., *Hist.* 200 et 201. Sa bulbe pousse en même temps des feuilles lancéolées, linéaires, et une ou plusieurs fleurs d'un pourpre très-clair, un peu plus longues que les feuilles, et dont les divisions du limbe sont étroites, oblongues. La plante entière n'a pas plus de trois pouces de hauteur; elle fleurit en août et septembre, et croît dans les montagnes en France, en Espagne, en Barbarie, etc.

Colchique panaché ; *Colchicum variegatum*, Linn., *Spec.* 485. La bulbe de cette espèce donne naissance à une ou plusieurs fleurs, dont le limbe est grand, ouvert, marqué de petits carreaux pourpres, et disposés régulièrement en forme de damier. Les feuilles sont étroites, ondulées en leurs bords, et ne se développent que lorsque la fleur, qui paroît en automne, est passée. Cette plante croît dans les îles de la Grèce; on la cultive dans les jardins, où on la plante en pot, parce qu'elle craint le froid.

Colchique jaune, nom vulgaire de l'amaryllis jaune. (L. D.)

COLCOTAR. (*Chim.*) C'est le résidu du sulfate de fer calciné ou distillé à une température très-élevée ; lorsque le sulfate de fer est pur, et que l'opération a été poussée aussi loin que possible, le colcotar est du peroxide de fer pur. Il est employé pour polir les glaces, les métaux, etc. (Ch.)

COLCUICUILTIC. (*Ornith.*) L'oiseau du Mexique, que Fernandez a décrit sous ce nom, pag. 19, chap. 25, a donné lieu à des méprises et à de doubles emplois. Son plumage est, suivant l'auteur espagnol, varié de blanc, de noir et de rouge ; ses jambes et ses pieds sont bleus ; et par le chant, la taille et tout le reste, il ressemble au coyolcozque, dont il est question dans le chapitre précédent, et que Fernandez regarde comme un colin, c'est-à-dire, comme une espèce de perdrix d'Amérique. Frisch lui a donné la dénomination latine d'*attagen americanus*, petite poule de bois d'Amérique, et Brisson celle de caille de la Louisiane, *coturnix ludoviciana*. Il paroît même que la confusion a été plus loin, et qu'il n'y a point de différence réelle entre le colcuicuiltic de Fernandez et son coyolcozque, dont Buffon a adouci le nom, en lui substituant celui de *coyolcos*; de sorte que les *perdix virginiana*, *marylanda*, *mexicana* et *coyolcos* de Latham, ou *tetrao mexicanus*, *coyolcos marylandus* et *virginianus* de Gmelin, ne seroient que des différences d'âge ou de sexe du *perdix borealis* de M. Temminck. L'erreur s'est de plus étendue sur la nomenclature : en effet, le terme que Buffon a formé par contraction, étoit sans doute colcuicui; car si cet éloquent naturaliste avoit l'habitude d'abréger les noms barbares, pour en rendre la prononciation plus facile, il n'avoit pas celle d'en altérer l'orthographe sans motifs, et l'on ne voit pas pour quelle raison il ne se seroit pas borné ici à supprimer la finale. La substitution d'*eni* à *cui*, pour seconde syllabe du mot, ne paroît donc provenir que d'une faute du copiste ou de l'imprimeur; et cette présomption est d'autant plus vraisemblable, que le mot formé par onomatopée a dû naturellement présenter la répétition du même son *cui cui*. Mais le terme *colenicui* n'en a pas moins été répété depuis dans les autres ouvrages d'Histoire naturelle, où la racine a été tout-à-fait perdue de vue. Ceux même qui ont continué d'écrire en entier le nom primitif colcuicuiltic, l'ont falsifié, en le terminant tantôt par *cuiltu*, tantôt par *cuiltie*; et c'est ainsi qu'en négligeant de remonter aux sources on propage et l'on multiplie les erreurs. (Ch. D.)

COLDÈNE COUCHÉE (*Bot.*) : *Coldenia procumbens*, Linn.; Lam., *Ill.*, tab. 89. Cette plante, originaire des Indes orientales, forme à elle seule un genre particulier, de la famille des borraginées, et de la *tétrandrie tétragynie* de Linnæus, qui offre pour caractère essentiel : Un calice à quatre folioles; une corolle en forme d'entonnoir; le limbe très-ouvert, obtus; quatre étamines insérées sur le tube de la corolle; un ovaire supérieur, à quatre lobes; quatre styles persistans; quatre capsules rapprochées, monospermes, mucronées par les quatre styles réunis.

Ses tiges sont étalées sur la terre, longues d'environ un pied, cylindriques, ramifiées, hérissées de poils blancs, garnies de feuilles alternes, pétiolées, ovales, arrondies à leur sommet, crénelées, plissées, inégales à leur base, couvertes de poils blancs, presque cotonneux. Les fleurs sont fort petites, presque sessiles, axillaires et latérales ; leur calice est hérissé de poils, et à quatre folioles droites, ovales-lancéolées ; la corolle est de la longueur du calice ; les anthères sont arrondies, les stigmates simples.

Peut-être faudra-t-il, d'après l'observation de M. de Jussieu, ajouter à ce genre, comme une seconde espèce, sous le nom de *coldenia pentandra*, une plante découverte au Pérou par Dombey, mais qu'il dit avoir cinq étamines, un seul style, le calice et la corolle à cinq divisions. (Poir.)

COL D'OR. (*Ornith.*) M. Levaillant a donné ce nom à un oiseau d'Afrique, qui lui a paru offrir tous les caractères extérieurs du rossignol, et dont les couleurs, aussi monotones, ne sont relevées que par la belle plaque jaune qui lui enveloppe la gorge et une partie du devant du cou. Ce naturaliste, ayant tué l'oiseau pendant l'hiver, au Cap, n'a pu entendre sa voix ; il a donné la figure du mâle et de la femelle, tom. 3, pl. 119 de son Ornithologie d'Afrique. (Ch. D.)

COLEBROKEA, Smith. (*Bot.*) Ce genre est le même que l'*elsholtia* de Willdenow, établi pour quelques espèces d'hyssope. Voyez Elsholtia. (Poir.)

COLEBROOKIA, Donn. (*Bot.*) Ce genre est le même que le *globba*. Voyez Globbée. (Poir.)

COLEFISH. (*Ichthyol.*) Voyez Coalfish. (H. C.)

COLEMELLE (*Bot.*), l'un des noms de l'agaric élevé, *agaricus procerus*, dans l'Orléanois. Il est connu dans nos environs sous le nom de grisette. Voyez Fonge. (Lem.)

COLEMOUSE. (*Ornith.*) L'oiseau qui porte ce nom en Angleterre, est la petite charbonnière, *parus ater*, Linn. (Ch.D.)

COLENICUI ou Coleniculltic. (*Ornith.*) Voyez Colcuicuiltic. (Ch. D.)

COLÉOPTÈRES, *Coleoptera*. (*Entom.*) Nom d'une grande division, ou de l'un des ordres principaux de la classe des insectes, qui comprend ceux qui ont quatre ailes, et dont les supérieures, plus solides, recouvrent, comme des étuis ou des gaînes, les ailes inférieures, membraneuses, et le plus ordinairement pliées en travers. De là le nom de coléoptères, imaginé par Linnæus, et tiré des deux mots grecs, κολεος, gaîne, étui, et πτερα, ailes. On a encore désigné ces insectes sous le nom d'ordre d'élytroptères, du mot ἔλυτρον, qui signifie aussi gaîne; et plus vulgairement on comprend ces insectes sous le nom général de scarabées, qui désigne maintenant l'un des genres de cette grande division.

Cet ordre correspond aux éleuthérates de Fabricius, nom tiré de la disposition des mâchoires, qui sont libres, ou qui ne supportent pas cet appendice appelé galette, lequel caractérise la bouche des orthoptères, que le même auteur appeloit les ulonates.

Dans l'état actuel de la science, on comprend donc sous le nom de coléoptères, la nombreuse tribu des insectes à quatre ailes, dont la paire supérieure est coriace, dure, courte, épaisse, le plus souvent opaque, réunie par une sorte de suture longitudinale, convexe en dessus, recouvrant le ventre; et deux ailes membraneuses, veinées, pliées en travers, le plus ordinairement transparentes. Tous ces insectes ont, sous l'état parfait, les parties de la bouche divisées en mandibules et en mâchoires propres à saisir et à diviser des alimens solides.

Ce groupe est des plus naturels : il rapproche des insectes qui ont entre eux les plus grands rapports, et qui diffèrent de tous les autres par un grand nombre de caractères, comme on va le reconnoître par les détails dans lesquels nous allons entrer.

Tous proviennent d'un œuf ovale, à coque molle, fécondé avant la ponte. Il en sort une larve, le plus ordinairement molle, à six pattes écailleuses, articulées; à tête cornée, sans yeux distincts, avec des rudimens d'antennes, des mandibules et des mâchoires plus ou moins développées, suivant la nature des alimens qui leur conviennent. Les larves n'ont pas de corselet, pour la plupart; elles ont un abdomen plus ou moins alongé, ou courbé sur lui-même, comme tronqué à l'extrémité, composé de douze ou treize anneaux, dont neuf sont percés des deux côtés de boutonnières ou d'orifices correspondans aux trachées, et qu'on nomme stigmates.

Les coléoptères restent pour la plupart très-long-temps sous cette forme de larves, quelquefois même pendant trois ou quatre années, tandis qu'à peine vivent-ils quelques semaines sous leur dernier état. C'est seulement sous la première forme que se fait leur accroissement, pendant lequel ils changent plusieurs fois de peau. Au reste, toutes ces différences tiennent à celle de la nourriture; chaque famille d'insectes coléoptères éprouvant des modifications qui ont été prévues par suite du climat, de la qualité des alimens, et d'autres particularités qui tiennent à l'ordre admirable que la nature nous montre dans les rapports respectifs de toutes ses productions. Ainsi les larves des herbivores, comme celles des chrysomèles, des criocères, des galéruques, prennent tout leur accroissement en quelques mois, et c'est sous la forme d'œufs que l'espèce se continue et existe pendant l'hiver. D'autres, comme celles des priocères, des lamellicornes, des térédyles, passent plusieurs hivers sous la terre, où elles se nourrissent de racines, ou dans l'intérieur du tronc des arbres, à l'abri des vicissitudes de la saison. C'est ce que nous remarquons dans les cerfs-volans, les hannetons, les cétoines et les capricornes. Enfin, il est quelques coléoptères, comme les rhinocères, dont les larves se nourrissent et se transforment dans les fruits ou dans les semences des végétaux. C'est dans cette demeure, au centre de leurs alimens, que ces insectes passent, sous l'état de nymphe, toute la saison froide; et ils ne prennent des ailes, pour propager leur race, qu'à l'époque où s'opère la fécondation des plantes dans les germes desquelles leurs œufs doivent être déposés.

Toutes les larves des coléoptères changent de peau : elles muent plusieurs fois, à peu près comme les chenilles des lépidoptères. On a compté jusqu'à quatre ou cinq de ces changemens de peau dans les larves des ténébrions.

Les coléoptères, sous l'état de nymphe, ne prennent plus de nourriture; ils sont inactifs, immobiles, quoique toutes leurs parties soient distinctes. Immédiatement après leur transformation, toutes ces nymphes sont d'un blanc plus ou moins transparent ou jaunâtre, et dans un état de mollesse extrême : la plupart se tapissent dans des cavités dont elles ont consolidé les parois, pour en faire une espèce de coque. Sous une sorte d'épiderme très-mince, les gaines de corne qui doivent former toutes les articulations de leur corps, en logeant les muscles et les viscères, se consolident, se colorent diversement, jusqu'à ce que l'insecte ait acquis assez de force pour rompre les parois de sa coque et paroître au grand jour, s'il doit chercher sa nourriture à l'époque de la journée où la chaleur et la lumière du soleil exercent toute leur influence ; ou dans les ombres de la nuit, si, comme dans les lampyres, les photophyges et les ligophiles, les ténèbres et l'obscurité sont nécessaires à la conservation de leur race.

On distingue, dans les coléoptères, comme dans tous les insectes, le tronc et les membres.

Le tronc est composé de quatre régions principales, la tête, le corselet, la poitrine et le ventre.

Les membres, au nombre de six, sont distingués en ailes : les supérieures, appelées élytres, et les inférieures, qu'on nomme simplement les ailes. Les pattes se distinguent en antérieures, moyennes et postérieures : elles sont toutes composées d'une hanche, d'une cuisse ou fémur, d'une jambe ou tibia, et d'un tarse, dont le nombre des articles varie.

La tête des coléoptères offre constamment à l'observation : le crâne, qui s'articule en arrière avec le corselet ; la bouche, qui est formée de diverses parties disposées par paires à peu près symétriques ; deux yeux ; deux antennes.

L'articulation de la tête avec le corselet varie beaucoup, suivant le genre de vie de l'animal. Tantôt, l'axe de la plus grande longueur du crâne est parallèle avec celui du corps, comme dans les escarbots, les lucanes ; tantôt, ainsi qu'on le remarque dans les charançons, les anthribes, les attelabes, la tête est articulée à angle droit avec le corselet.

La bouche se compose généralement des parties que nous allons indiquer : 1.° le chaperon, qui est un prolongement du crâne ou du front, auquel est attachée une partie mobile, impaire, de forme variable, qu'on nomme la lèvre supérieure ; 2.° les mandibules ou mâchoires supérieures, pièces solides, plus ou moins tranchantes et pointues ou dentelées, destinées à pincer, à saisir, à briser les alimens solides ; 3.° les mâchoires proprement dites, beaucoup plus grêles, modifiées diversement, suivant la nature des alimens, munies en dehors de deux appendices articulés, appelés antennules maxillaires, ou mieux palpes supérieurs ; 4.° la lèvre inférieure, supportée par la partie inférieure de la tête ou de la gorge que l'on nomme encore ganache. Cette lèvre, souvent fendue ou fourchue, supporte deux autres antennules ou palpes, que l'on a nommés inférieurs ou labiaux. Toutes ces parties ont été décrites et étudiées, avec le plus grand soin, par quelques entomologistes, qui en ont fait la base de leur système. (Voyez Bouche dans les insectes.)

Les yeux des coléoptères ne sont qu'au nombre de deux; car ces insectes sont privés de ces sortes de tubercules que l'on a nommés yeux lisses, ou mieux stemmates, dans les orthoptères, dans quelques névroptères et la plupart des hyménoptères. Ces yeux varient beaucoup pour leur situation respective eu égard aux autres parties, et surtout aux antennes. Ils sont le plus souvent arrondis, ovales, rarement en croissant; leur surface est chagrinée. Le seul genre des tourniquets paroît avoir quatre yeux, l'œil étant partagé en deux portions distinctes, l'une supérieure et l'autre inférieure, à peu près comme dans le poisson appelé *anableps* et probablement dans le même but, l'insecte vivant à la surface des eaux, ayant à craindre des ennemis aquatiques et terrestres, et devant poursuivre sa nourriture dans l'air et dans l'eau, milieux offrant à la lumière des densités différentes, qui devoient appeler des modifications dans la structure de l'œil.

Les antennes, dont les usages ne sont pas encore bien déterminés (voyez Antennes), offrent, dans les coléoptères, les plus grandes modifications ce qui a permis aux naturalistes de les considérer comme un moyen commode pour les réunir en groupes plus ou moins naturels. Elles sont dites en masse plus ou moins solide, feuilletée, lamellée, dentelée; en soie, en fil, en chapelet: de là les noms de stéréocères, hélocères, priocères, pétalocères, etc. Ces antennes varient dans les sexes, comme on le voit dans les mélolonthes, les cérocomes, les meloës, les taupins, les driles et beaucoup d'autres.

Le corselet ou le corcelet (car les entomologistes ne sont pas d'accord sur l'orthographe de ce mot) supporte la tête, et précède la poitrine en dessous et les élytres en dessus: c'est sur cette pièce que s'articule la première paire de pattes. Sa forme varie considérablement, suivant les genres et même les familles. Tantôt le corselet des coléoptères est carré-arrondi, triangulaire, transversal ou très-large, linéaire ou très-long, bombé, aplati, concave, convexe, déprimé, rebordé, sinué, épineux, pointu en arrière, etc. On nomme quelquefois sternum la ligne saillante qui se voit entre l'origine des pattes antérieures, et qui, dans les taupins en particulier, se prolonge pour entrer, comme un ressort, dans une cavité correspondante de la poitrine.

La poitrine est à peine distincte, au premier aperçu. Dans les coléoptères, elle correspond à la partie qu'on nomme vulgairement le corselet chez les hyménoptères. En dessus, on ne la voit guère, parce qu'elle est cachée par les élytres, auxquelles elle donne insertion, ainsi qu'aux ailes, dont elle loge les muscles. Souvent cependant la poitrine supporte, dans sa partie moyenne et supérieure, une pièce plus ou moins triangulaire et distincte, que l'on nomme écusson. Cet écusson est quelquefois très-petit, et manque tout-à-fait dans les anaspes; il est très-grand dans les cétoines : il occupe constamment la partie supérieure de la suture des élytres, qu'il sépare à leur base interne. En dessous, la poitrine se confond, pour la largeur et la forme, avec les premiers anneaux de l'abdomen. Mais elle porte constamment les deux dernières paires de pattes, et cette particularité suffit pour la faire distinguer. Sa partie moyenne et longitudinale se prolonge souvent en une sorte de sternum mousse ou pointu, comme on le voit dans les buprestes, les hydrophiles. D'autres fois, la poitrine est déprimée, et, en général, elle est, pour ainsi dire, moulée sur la forme des anneaux du bas-ventre. Dans les cnodalons, les érotyles, les chrysomèles, la poitrine se prolonge en avant, du côté du corselet, en une pointe plus ou moins obtuse, qu'on a encore nommée sternum. C'est sur les parties latérales et antérieures de la poitrine des coléoptères, que sont insérées et articulées les élytres et les ailes membraneuses.

L'abdomen ou le ventre des coléoptères fait suite à la poitrine et se confond avec elle. En dessus, le ventre, qu'on nomme le dos, est recouvert et protégé par les élytres et par les ailes : il est ordinairement très-mou; en dessous, on y distingue cinq ou six pièces cornées, articulées, plus ou moins dures, et rapprochées les unes des autres. C'est à son extrémité libre, plus ou moins mousse, ou pointue, comme dans les hannetons, que se trouve placé le cloaque ou l'anus, dont l'ouverture est transverse, et qui livre passage au résidu des alimens par le rectum qui y aboutit, et aux organes de la génération. Sur les côtés, chacun des anneaux du ventre présente une petite ouverture pour l'orifice des trachées, que l'on nomme Stigmate. Voyez ce mot.

Les élytres ou gaines des ailes membraneuses ne peuvent que s'écarter du corps à angle droit. Elles ne frappent pas l'air dans le vol : une fois étendues, elles restent fixes, et leur écartement précède constamment le développement des ailes proprement dites. La forme, la consistance, la couleur de ces élytres varient beaucoup. Elles embrassent quelquefois l'abdomen, et se soudent complétement par la suture, ce qui entraîne constamment l'absence des ailes. C'est ce que l'on voit dans quelques anthies, tachypes, parmi les créophages ; chez plusieurs brachycères et charançons ; dans les lamies, les blaps, les eurychores, les pimélies, quelques alurnes, quelques chrysomèles. D'autres fois, comme dans plusieurs galéruques, dans les méloës, les élytres, bien distinctes et séparées, ne protégent pas l'abdomen entier, et cependant elles ne recouvrent pas les ailes membraneuses, qui manquent tout-à-fait ; tandis que dans les rhipiphores, les molorques, les œdemères et les sitarides, les élytres, rétrécies, raccourcies, non réunies dans toute leur longueur par une suture, ne suffisent pas pour recouvrir l'étendue de l'aile membraneuse. On distingue dans l'élytre, la base, l'extrémité libre, le bord interne correspondant à la suture et à l'écusson, et le bord externe, qui embrasse plus ou moins l'abdomen. Chacune de ces parties offre des variétés très-notables, comme on le verra au mot Élytre.

Les ailes membraneuses sont également insérées sur la partie supérieure de la poitrine, en dedans de l'élytre qui les recouvre. Elles sont veinées, avec des anastomoses, à peu près comme celles des hyménoptères, particularité qui les distingue de celles des névroptères. A une ou deux exceptions près, qui ont été remarquées dans les rhipiphores, les molorques, ces ailes membraneuses sont coudées sur leur bord externe. Elles forment là une articulation en angle, qui permet à l'aile, qui a ordinairement près du double de la longueur de l'élytre, de se cacher dessous, et de se plier en travers, par un mouvement de charnière qui distingue encore ces ailes de celles des orthoptères. On n'a pas encore étudié les nervures de ces sortes de membranes : elles présentent cependant de très-grandes variétés dans les différens genres. Ainsi, dans les cicindèles, on voit constamment dans le coude de leur articulation, un espace plus transparent, borné par une sorte d'anneau fibreux qui représente une sorte d'œil ou de trou circulaire. Un ligament élastique ramène l'aile à l'état d'extension ou de flexion, à peu près comme l'articulation des jambes chez les oiseaux dits échassiers : de sorte que cette aile est constamment fléchie ou étendue, lorsqu'elle est fraîche et abandonnée à elle-même.

Les pattes des coléoptères ont été plus soigneusement étudiées par les naturalistes, parce qu'elles leur ont fourni des observations faciles et des caractères commodes pour la distinction de sous-ordres, dans cette tribu très-nombreuse de genres, que l'on a même souvent désignée sous le nom de classe.

On divise les pattes en quatre articulations principales : la hanche, la cuisse ou fémur, le tibia ou la jambe, et le tarse, qui est lui-même composé de plusieurs articles et de crochets.

La hanche, dans les pattes de devant ou thoracines, fait partie du corselet : dans les autres pattes, dites moyennes et postérieures, cette partie se confond souvent, et se soude même quelquefois avec la pièce solide qui forme la poitrine en dessous. Tantôt la hanche est globuleuse, tantôt transverse. Elle est toujours subordonnée, par ses formes, à la nature des mouvemens de l'insecte, suivant qu'il a besoin d'une grande force, pour fouir la terre, pour saisir les corps, pour nager, sauter ou courir. C'est ainsi que les hanches des scarabées sont fort différentes de celles des carabes, des dytiques, des capricornes, des altises.

Il en est de même du fémur ou de la cuisse, qu'on pourroit appeler bras dans les pattes de devant. Cette pièce, ordinairement assez alongée, est tantôt arrondie, tantôt plate, globuleuse, rarement anguleuse, souvent sillonnée le long de son bord, comme dans les byrrhes, les escarbots et beaucoup d'autres, pour recevoir, dans sa longueur, l'un des bords de la jambe, auquel elle sert de gaîne, comme le manche à la lame des couteaux à ressort.

La jambe, ou la troisième partie des pattes, correspond à l'avant-bras et au tibia. Ses formes, ses proportions, varient comme celles de la hanche et du fémur. Ainsi dans les espèces de coléoptères qui fouissent la terre, comme les trox, les scarabées, les scarites, la pièce de corne qui supporte le tarse est aplatie, souvent triangulaire, dentelée en dehors, tandis que cette sorte de tibia est plus ou moins alongée, plate, ou cylindrique, dans les carabes, les capricornes; terminée par une ou deux éminences pointues, dans les hydrophiles, les dytiques.

C'est principalement le tarse que les entomologistes ont étudié avec soin, parce qu'ils se sont servis, depuis Geoffroy, du nombre de ses articles pour déterminer les sous-ordres dans cet ordre nombreux. Chez quelques mâles de coléoptères, comme dans ceux des hydrophiles et des dytiques, les articles des tarses, surtout ceux des pattes antérieures et des moyennes, sont dilatés en boucliers, spongieux en dessous, paroissant destinés à les faire adhérer plus aisément sur les élytres des femelles, à l'époque de la fécondation. Dans d'autres, comme dans les lamellicornes, et surtout dans les scarabées, les articles sont très-grêles, tandis qu'au contraire, dans les lignivores, les rhinocères et dans les herbivores, ils sont larges, veloutés en dessous, et souvent à deux lobes.

On a fait cette remarque assez curieuse, et qui, jusqu'ici au moins, n'a été contrariée par aucune observation, que le nombre des articles aux tarses est semblable et constamment le même, dans les pattes moyennes et dans les antérieures : de sorte qu'il suffit de compter le nombre des articles des pattes antérieures pour connoître celui des pattes moyennes, et réciproquement. On a encore remarqué que le nombre des articles aux tarses est absolument le même sur toutes les pattes, excepté dans certains genres qui ont quatre articles aux tarses postérieurs seulement et cinq à ceux de devant, et par conséquent aux moyens; et cette particularité a fait réunir tous ces genres en un seul sous-ordre, que nous avons le premier désigné, dans la Zoologie analytique, sous le nom adjectif d'hétéromérés, et non d'hétéromères, comme l'ont adopté la plupart des entomologistes françois.

Cette considération du nombre des articles aux tarses a donné lieu à l'établissement de cinq sections, ou sous-ordres, parmi les coléoptères. Ce sont,

1.° Les Pentamérés, qui ont cinq articles à tous les tarses, et que l'on a souvent désignés en écrivant ainsi ce nombre des articles, 5, 5 5 ;

2.° Les Hétéromérés, ou à cinq articles aux deux premières paires de tarses, et quatre aux postérieurs, ou à articles des tarses disposés ainsi, 5, 5, 4 ;

3.° Les Tétramérés, ou à quatre articles à tous les tarses, 4, 4, 4 ;

4.° Les Trimérés, dont tous les tarses ne sont chacun composés que de trois articles, 3, 3, 3 ;

5.° Les Dimérés, ou à deux articles seulement aux tarses, 2, 2, 2.

Ces articles des tarses paroissent influer beaucoup, par leur forme et par leur nombre, sur les mœurs et les habitudes des coléoptères ; aussi ont-ils servi à les rapprocher en genres et en familles très-naturelles. On ne compte jamais dans ce nombre des articles les crochets qui les terminent, comme des serres ou des grappins, dont il n'y a qu'un seul quelquefois, le plus souvent deux, simples ou fourchus, et rarement quatre.

Comme on a observé que les pattes intermédiaires sont toujours composées du même nombre d'articles que les antérieures, on ne considère celles-ci qu'à défaut des premières : s'il y en a cinq aux pattes postérieures, par l'examen desquelles il faut toujours commencer, on peut être assuré qu'ils se retrouveront aux autres pattes ; de même s'il y en a trois, ou deux seulement : mais lorsqu'on a compté quatre articles aux pattes postérieures, il faut toujours rechercher le nombre de ceux des tarses antérieurs ou des intermédiaires, ce qui est absolument indifférent. A l'aide de ce procédé, on arrive, avec la plus grande facilité, à la détermination des familles, d'après d'autres considérations.

Nous allons indiquer ici sommairement les familles qui ont été rapportées à chacune des cinq sections ou sous-ordres des coléoptères, en renvoyant à chacun des noms, sous leur ordre alphabétique de Dimérés, Hétéromérés, Pentamérés, Tétra-

MÉRÉS et TRIMÉRÉS, les observations plus circonstanciées qui les ont fait établir.

Parmi les PENTAMÉRÉS, ou coléoptères à cinq articles à tous les tarses, se trouvent compris des insectes de mœurs et d'habitudes très-différentes. On les a rangés en dix groupes ou familles naturelles, d'après les considérations suivantes, que nous allons extraire de l'un de nos tableaux de la Zoologie analytique.

Les uns ont les élytres très-courtes, ne couvrant pas le ventre; ce sont les *brévipennes* ou *brachélytres*, comme les staphylins. On les trouve dans les lieux humides, sous les cadavres, dans le fumier, sur les champignons; en général, partout où des corps organisés se décomposent. Quelques-uns cependant se rencontrent sur les fleurs. Leurs antennes sont moniliformes ou à articles arrondis, grenus ou globuleux, comme des grains de chapelet.

Tous les autres coléoptères pentamérés ont les élytres longues, couvrant le ventre; mais les uns, comme les *mollipennes* ou *apalytres*, ont ces ailes supérieures tellement molles et flexibles, qu'on en a emprunté leur nom, tels sont les téléphores, les malachies, les lampyres ou vers luisans. Ils se nourrissent de petits animaux. On ne connoît pas encore très-bien leur manière de vivre sous l'état de larves.

Chez tous les autres pentamérés, les élytres sont dures et alongées sur le ventre; mais les uns ont les antennes en masse, et les autres en fil ou en soie. Parmi ces derniers, les uns, qu'on a nommés *térédyles* ou *perce-bois*, parce que leurs larves dévorent le tronc des arbres, ont le corps arrondi, convexe, alongé; tels sont les vrillettes, les limexylons ou ruine-bois. L'aplatissement du ventre et de la poitrine réunit les autres espèces, à antennes non en masse, tantôt dentées en forme de peigne, avec un corselet terminé en arrière par deux pointes et prolongé en dessous en une sorte de sternum : de là le nom de *sternoxes* ou *thoraciques*. Tantôt ces antennes ne sont pas dentelées, et les espèces ainsi conformées se rapportent à deux familles, que la forme des tarses dénote dans leurs principales habitudes. Celles qui vivent dans l'eau, et qu'on nomme *nectopodes* ou *rémipèdes*, sont carnassières, et ont les tarses, surtout les postérieurs, à articles aplatis, ciliés en forme de rames ou de palettes, tels sont les dytiques. Les autres n'offrent pas ce caractère, parce qu'elles vivent sur la terre, où elles se nourrissent de proies vivantes; on les a nommées *créophages* ou *carnassiers*. C'est à cette famille que les carabes appartiennent.

Quant aux coléoptères à cinq articles à tous les tarses, qui ont les antennes en masse, on remarque dans cette masse, des articles en forme de lames ou de feuillets, soit d'un seul côté, comme dans les *priocères* ou *serricornes*, comme dans les *lucanes*, dits vulgairement cerfs-volans; soit à l'extrémité, comme dans les hannetons, les scarabées, que l'on désigne sous le nom commun de la famille des *pétalocères* ou *lamellicornes*. Les espèces à antennes en masse non lamellée, ont tantôt cette partie ronde et solide, tantôt alongée à articles comme percés d'outre en outre ou perfoliés : les premiers, comme les escarbots, les anthrènes, sont dits *stéréocères* ou *solidicornes ;* les seconds, comme les boucliers, les nécrophores, les nitidules, sont appelés *hélocères* ou *clavicornes*.

Voici l'ordre naturel dans lequel ces dix familles doivent être étudiées d'après leurs rapports :

1.° Les créophages, 2.° les nectopodes, 3.° les brachélytres, 4.° les pétalocères, 5.° les priocères, 6.° les hélocères, 7.° les stéréocères, 8.° les sternoxes, 9.° les térédyles, 10.° les apalytres.

Les coléoptères à cinq articles aux tarses des deux premières paires de pattes seulement, et quatre aux postérieures, que l'on nomme les *hétéromérés*, fuient le plus souvent la lumière, ne volent ou ne marchent que le soir, et se retirent dans les lieux obscurs. Tous, sans exception connue jusqu'ici, se nourrissent de substances végétales, et ils les préfèrent lorsqu'elles commencent à se décomposer. Il y a aussi parmi eux des espèces à élytres molles, mais moins flexibles que dans la dixième famille des pentamérés; ils ont emprunté leur nom de l'une des plus importantes propriétés dont l'homme ait fait usage, étant employés dans tous les pays pour produire des vésicatoires : de là, le nom d'*épispastiques* ou de *vésicans;* tels sont les cantharides et les mylabres.

Tous les autres coléoptères hétéromérés ont les élytres dures; mais leurs antennes varient : dans les uns, elles sont en fil, souvent dentelées et grenues; dans les autres, au contraire, elles sont à articles arrondis, globuleux. Les espèces à antennes filiformes se partagent en deux familles par la forme des élytres, qui, dans les uns, comme dans les nécydales, les œdémères, les ont rétrécies à leur extrémité libre ; de là leur nom d'*angustipennes* ou *sténoptères* : et tantôt larges, comme dans les cistèles, les cardinales, qu'on a nommées *ornéphiles* ou *sylvicoles*, parce qu'elles vivent dans le tronc des grands arbres.

Quelques hétéromérés à élytres dures et à antennes grenues ont les élytres soudées, et sont privés d'ailes membraneuses, ce qui les met dans l'impossibilité de voler; la plupart ne sortent que la nuit, comme les blaps ou ténébrions dits à prolongemens, les pimelies : on leur a donné le nom collectif de famille tiré de leur habitude ; on les appelle *lucifuges* ou *potophyges*. Tous les autres ont des ailes : mais, si leurs antennes se terminent par une masse alongée, comme dans les ténébrions proprement dits, les opatres, on les nomme *lygophiles* ou *ténébricoles;* et si, comme dans les diapères, les bolétophages, etc., cette masse des antennes est arrondie, les genres se réunissent sous le nom de famille commune qui indique leur genre de vie, celui de *mycétobies* ou de *fongivores*.

Les six familles de coléoptères hétéromérés se présentent donc dans l'ordre naturel suivant :

11.° Les épispastiques, 12.° les sténoptères, 13.° les ornéphiles, 14.° les lygophiles, 15.° les potophyges, et 16.° les mycétobies.

Viennent ensuite les coléoptères qui ont quatre articles à tous les tarses, et que l'on nomme les Tétramérés; cinq familles composent cette section, à laquelle on a aussi rapporté deux genres anomaux.

Un groupe très-naturel comprend tous les insectes voisins des charançons, qui ont les antennes portées sur une sorte de bec ou prolongement du front; on les a nommés, à cause de cette conformation, les *rhinocères* ou *rostricornes*. Tous proviennent de larves qui se nourrissent de végétaux, ainsi que les insectes parfaits.

Deux autres groupes ou familles ont les antennes en masse, et vivent pour la plupart dans le bois ou dans les substances végétales. Les espèces qui ont le corps cylindrique sont dites *cylindriformes* ou *cylindroïdes;* tels sont les clairons, les bostriches; et celles qui ont le corps déprimé sont appelées *planiformes* ou *omaloïdes*. Les ips, les lyctes, les hétérocères appartiennent à cette division.

Les autres espèces de coléoptères tétramérés, qui n'ont pas les antennes en masse ni portées sur une sorte de bec, les offrent tantôt en soie, tantôt en fil. Les premières forment la famille des xylophages ou lignivores : tels sont les capricornes, les leptures. Ils vivent tous, sans exception, dans le bois où ils se développent.

La dernière division des pentamérés comprend toutes les espèces dont les antennes sont en fil, ou de même grosseur à l'extrémité libre qu'au point d'insertion; deux genres anomaux appartiennent à cette division : ce sont les Spondyles et les Cucujes (voyez ces mots), qui ont le corps alongé, et les phytophages ou herbivores, comme les chrysomèles, les criocères, les donacies, les cassides, qui l'ont ovoïde ou arrondi. Toutes ces espèces vivent sur les plantes, sous les deux états de larves et d'insectes parfaits.

En résumé, la section des coléoptères tétramérés comprend les familles suivantes :

17.° Les rhinocères, 18.° les cylindroïdes, 19.° les omaloïdes, 20.° les xylophages, 21.° les phytophages, et les deux genres de groupe incertain que nous avons indiqués.

Le quatrième sous-ordre parmi les coléoptères réunit tous les genres dont les tarses n'offrent que trois segmens ou articles, et qu'on a nommés, à cause de cela, 22.e famille, les trimérés ou tridactyles : telles sont les coccinelles, ou bêtes à Dieu, et les endomyques.

Enfin, dans une dernière section, ou cinquième sous-ordre, on a réuni quelques petites espèces de coléoptères auxquelles on n'a reconnu que deux et même un seul article aux tarses; on les a désignées comme une 23.e famille, les dimérés ou didactyles : tels sont les psélaphes, les clavigères. On les trouve dans les lieux humides, et ils sont si petits qu'on n'a pas encore observé leurs mœurs.

Nous venons d'indiquer les principales différences que les

parties des coléoptères ont fait reconnoître aux naturalistes, et l'avantage qu'ils ont retiré de cette étude pour disposer par groupes naturels cette nombreuse série d'insectes : il sera facile, d'après ces indications, de parvenir à la connoissance des sections ou sous-ordres, et à celle des familles. Sous chacun des noms qui ont servi à les désigner, on trouvera des détails plus circonstanciés, et sur les genres qui s'y rapportent, et sur les particularités de mœurs qui peuvent intéresser dans leur histoire. (C. D.)

COLÉOPTILE, *Coleoptila.* (*Bot.*) La plumule, observée dans la graine ou dans les premiers momens de la germination, s'offre ordinairement nue ; telle est, par exemple, celle de la fève, celle des graminées, etc. Quelquefois on la trouve enfermée dans une espèce d'étui ; celle de l'alisma et des liliacées, par exemple, est dans ce cas. C'est cet étui qu'on nomme *coléoptile.* La plumule, munie d'une coléoptile, est dite *coléoptilée.* La plumule coléoptilée n'est visible qu'au moyen de la dissection, ou lorsque, par l'effet de la germination, elle a déchiré cette enveloppe pour s'ouvrir un passage. (Mass.)

COLÉORAMPHE. (*Ornith.*) Forster a formé, dans son *Enchiridion*, le genre *Chionis* avec un oiseau trouvé sur les rivages des mers australes, et qui présentoit le singulier caractère d'un bec dont la mandibule supérieure étoit couverte d'une gaîne cornée, mobile et lacérée à l'extrémité. Le terme *chionis* a été changé en celui de *vaginalis* par Pennant, Latham, Gmelin ; et Bonnaterre l'a traduit en françois par *bec-en-fourreau*, expression à laquelle l'auteur de cet article a, pour la première fois, proposé, dans ce Dictionnaire, de substituer celle de *coléoramphe*, que M. Vieillot a, depuis, employée pour désigner la neuvième famille de ses échassiers. Outre la gaîne, qui suffiroit pour le faire reconnoître, ce genre présente d'autres caractères, qui consistent dans un bec fort, conico-convexe, épais, comprimé, plus court que la tête ; des narines ovales, petites, et en partie couvertes par le fourreau ; une langue cartilagineuse, arrondie en dessus, plate en dessous, et pointue à l'extrémité ; la face nue, mamelonnée ; le pli de l'aile garni d'un bourrelet obtus ; les tarses courts, robustes et sans plumes jusqu'au-dessus du genou ; les pieds tétradactyles ; le doigt du milieu uni par la base au doigt extérieur.

La seule espèce de ce genre qui soit connue est le Coléoramphe blanc, *Coleoramphus nivalis*, Dum., ou *Vaginalis alba*, Gmel., laquelle a été figurée pl. 89 du *Synopsis* de Latham. Elle a quinze à dix-huit pouces de longueur; sa taille est celle d'un grand pigeon; son bec est noir, la gaîne jaune ou noirâtre; les joues des adultes sont garnies de verrues d'un jaune pâle, et il y en a une brune et plus large au-dessus des yeux; l'iris est de couleur plombée; tout le plumage est d'un blanc de neige; la protubérance du pli de l'aile est noirâtre; ses jambes, vigoureuses et courtes, sont de couleur rougeâtre, et ses ongles noirs.

Ces oiseaux, que les navigateurs ont trouvés à la Nouvelle-Zélande et sur les autres côtes des mers australes, paroissent éprouver beaucoup de variations dans leurs couleurs avant de parvenir à leur état parfait; car on en a vu qui avoient les ailes brunes et les pieds noirs, d'autres dont les ailes étoient d'un bleu pâle, et d'autres, enfin, dont les ailes étoient noires et le bec brunâtre. Les coléoramphes se réunissent en troupes sur le rivage, où ils se nourrissent de coquillages et de poissons morts; leur chair est fort mauvaise. (Ch. D.)

COLÉORRHYZE, *Coleorrhyza*. (*Bot.*) La radicule observée dans la graine est, dans certains végétaux, de même que la plumule, enfermée dans une espèce d'étui clos de toutes parts, de manière qu'on ne peut la voir qu'au moyen de la dissection, ou lorsque la germination a déchiré cette enveloppe. L'étui de la plumule porte le nom de coléoptile, et celui de la radicule est nommé coléorrhyze. On a des exemples de radicule coléorrhyzée, ou munie d'une coléorrhyze, dans les graminées, la grande capucine, etc. Après la germination, la coléorrhyze, percée à son extrémité, reste à la base de la radicule, sous la forme d'une petite gaîne. Parmi les végétaux les plus rapprochés par l'ensemble des caractères, les uns ont une coléorrhyze, tandis que les autres en sont privés. (Mass.)

COLEOSANTHUS. (*Bot.*) [*Corymbifères*, Juss.; *Syngénésie polygamie égale*, Linn.] Ce nouveau genre de plantes, que nous avons établi dans la famille des synanthérées, appartient à notre tribu naturelle des eupatoriées, et à la section des eupatoriées-liatridées, dans laquelle il doit être placé auprès du *kuhnia*.

La calathide est incouronnée, équaliflore, multiflore, régulariflore, androgyniflore. Le péricline, égal aux fleurs, est formé de squames irrégulièrement imbriquées, lancéolées-acuminées, foliacées, membraneuses sur les bords, munies de plusieurs nervures simples, saillantes. Le clinanthe est plane, hérissé de courtes fimbrilles piliformes. L'ovaire est cylindracé, cannelé, hispide, muni d'un pied et d'un bourrelet apicilaire. L'aigrette, plus longue que la corolle, est composée de squamellules nombreuses, subunisériées, presque égales, droites, filiformes, régulièrement barbellulées. La corolle est cylindracée, membraneuse, à peine enflée en sa partie moyenne, étrécie en sa partie supérieure, divisée au sommet en cinq lobes courts, sublinéaires, calleux à l'extrémité. La base du style est entourée d'une zone épaisse de poils laineux. Les stigmates et les étamines offrent tous les caractères propres à la tribu des eupatoriées.

Le Coléosanthe de Cavanilles (*Coleosanthus Cavanillesii*, H. Cass.; Bull. Soc. philom., avril 1817) est une plante que nous avons observée dans l'Herbier de M. de Jussieu, à qui elle a été envoyée de Madrid par Cavanilles, sous le nom de *conyza*, avec doute. Elle est accompagnée d'une note indiquant que l'échantillon n'est qu'un petit rameau axillaire d'un individu de six pieds de haut, à tige cylindrique, glabre. Ce rameau est cylindrique, strié, garni de petits poils capités, et de longs poils subulés, articulés; ses feuilles sont opposées, pétiolées, ovales, dentées en scie, pubescentes sur les deux faces; les calathides, portées sur des pédoncules grêles, nus, opposés, forment une panicule régulière à l'extrémité du rameau; les corolles sont jaunes, comme les styles et les stigmates, et très-remarquables par leur forme insolite, imitant un étui. (H. Cass.)

COLES. (*Bot.*) Voyez Cola. (J.)

COLETTA-VEETLA. (*Bot.*) Selon Rheede, c'est le nom malabare du *barleria prionitis*, qui, dans la langue des Brames, reçoit celui de *gontua*. (J.)

COLEUS. (*Bot.*) Voyez Coltole. (Poir.)

COLFISH (*Ichthyol.*), [poisson noir], espèce de morue, ainsi nommée par les Hollandois et les Anglois. Ils la font sécher, et le peuple et les matelots en font une grande consommation, dit Gesner, *de Aquatilib.*, pag. 105. Voyez Morue. (H. C.)

COLHERADO. (*Ornith.*) Suivant Marcgrave, les Portugais donnent ce nom à l'*aiaia* du Brésil, c'est-à-dire, à la spatule couleur de rose, *platalea aiaia*, Linn. (Ch. D.)

COLI. (*Ornith.*) Suivant le P. Paulin, tom. 1, pag. 415 de son Voyage aux Indes orientales, ce nom, et celui de *coszhi*, sont donnés, dans le Malabar, à la poule domestique. (Ch. D.)

COLIADE (*Entom.*), *Coliades*, nom d'une division de papillons de jour, indiquée par MM. Fabricius et Latreille, pour y ranger les espèces dites la cléopatre, le citron, *papilio-cleopatra*, *rhamni*, qui sont des piérides ou danaïdes blanches de Linnæus. Voyez Piérides. (C. D.)

COLIANDER (*Bot.*), nom belge de la coriandre, suivant Mentzel. (J.)

COLIART. (*Ichthyol.*) C'est un des noms vulgaires de la raie cendrée, *raja batis*, Linn. Voyez Raie. (H. C.)

COLIAS. (*Ichthyol.*) Κολίας est un mot employé par Aristote pour désigner un poisson de la mer Méditerranée, qui vit en troupes, et qu'il semble placer auprès du maquereau (*Hist. Anim.*, lib. 5, c. 9; lib. 9, c. 2). Rondelet en fait une espèce de maquereau. Il est probable que c'est le *scomber colias* ou *pneumatophorus*. Cette présomption est fortifiée par un passage de Pline, qui dit : *Colias .... lacertorum minimi*, lib. XXXII, c. 11; et l'on sait que les poissons appelés *lacerti* par les Latins sont ceux du genre des maquereaux. Au reste, Gaza a traduit κολίας par *monedula*, et Scaliger par *gracculus*. Voyez Maquereau. (H. C.)

COLIBRI. (*Ornith.*) Les oiseaux connus sous les noms de colibris et d'oiseaux-mouches ont ensemble de très-grands rapports, qui s'étendent même à tous ceux auxquels peut s'appliquer la dénomination générale de suce-fleurs, d'après leur nourriture principale et la manière dont ils se la procurent. Une langue longue et terminée en plusieurs filets constitue le caractère fondamental des oiseaux qui ont la faculté de pomper le suc des fleurs. Cette langue en trompe établit même entre certains insectes et les oiseaux de cette famille, si remarquable par la petitesse de la taille et par la beauté des couleurs, une analogie qu'on observe jusque dans des détails qui paroissent tenir moins directement à l'organisation. Si les oiseaux-mouches et les colibris voltigent sans cesse vis-à-vis des fleurs, comme les sphynx, il résulte des observations de M. Levaillant que ses sucriers, qui correspondent aux soui-mangas, se posent à côté, comme les papillons : mais le mécanisme des attaches de la langue de tous les oiseaux vivant de miel ou de matières sucrées, qui ressemble beaucoup à celui de la langue des pics, les met à portée de la lancer à volonté; et la courbure ou la rectitude du bec fournit aux espèces des moyens variés d'atteindre le fond des calices plus ou moins tubulés, selon les plantes auxquelles chacune d'elles donne la préférence.

Les oiseaux qui ont ce genre de vie, offrent tant de points de contact, avec si peu de différences dans les caractères extérieurs que, pour éviter des répétitions dans leur histoire et des méprises dans l'application de ces caractères, on seroit tenté de ne pas rompre une association dont ils portent des signes manifestes; et l'on pourroit, d'après les principes de M. Levaillant, se borner, en quelque sorte, à la considération des tarses, pour distinguer les sucriers qui les ont plus longs, des colibris chez lesquels ils sont plus courts : mais nos méthodes, qui ne peuvent jamais être parfaitement naturelles, et offrir à la fois des coupes bien tranchées, doivent, par-dessus tout, tendre à faciliter la connoissance des espèces; et lorsque ces espèces sont aussi nombreuses que dans la grande famille qui paroît vivre de la substance mielleuse des végétaux, on ne sauroit guère se dispenser de recourir à des caractères, même foibles, ou quelquefois même peu constans, afin de parvenir au moins à diminuer le travail par la séparation des masses en groupes particuliers. C'est ainsi que, sans parler des guit-guits, dont la langue est ciliée et non terminée par des filets, on pourroit former ce premier tableau :

Langue divisée en deux filets;	tarses courts; dix pennes à la queue;	bec arqué. . .	Colibris.
		bec droit . . .	Oiseaux-mouches.
	tarses longs; douze pennes à la queue.		Soui-mangas.

Quoique entre les colibris et les oiseaux-mouches, les premiers soient, en général, d'une taille plus forte, et que leur bec ait une courbure plus ou moins considérable, les extrémités de chacune des deux sections se touchent presque au point de se confondre; mais cette considération ne paroit pas suffisante pour empêcher de les établir, et, au risque de se tromper sur la place réelle de quelques espèces, il n'en semble pas moins utile d'assigner à la plupart celle qu'elles doivent occuper.

Un autre inconvénient peut résulter du choix à faire entre l'établissement de genres et la simple formation de sections. En adoptant ce dernier parti, les branches de la même famille restent plus enchaînées; mais l'identité de nomenclature, dans le langage de la science, détruit, pour ainsi dire, l'avantage qu'on pouvoit se promettre de cette sorte de division; et, en ne perdant pas de vue le grand rapprochement qui existe entre des genres effectivement très-voisins, il paroit plus à propos, pour éviter la confusion, de fixer les idées sur une dénomination générique différente, que de les laisser flotter dans le vague qui résulteroit de la conservation des mêmes noms. Quoique Linnæus, Gmelin, Latham, etc., aient désigné par la dénomination commune de *trochilus* les colibris et les oiseaux-mouches, on croit donc pouvoir, d'après MM. de Lacépède, Duméril et Cuvier, en restreindre l'application aux colibris, et réserver celle d'*orthorynchus*, proposée par le premier de ces auteurs, aux oiseaux-mouches. Il est vrai que ses racines annoncent seulement la rectitude du bec, et que, si ce terme offre un caractère opposé à la courbure assez générale du bec des colibris, il est susceptible d'application à bien d'autres oiseaux; mais les noms de *mellisuga* et *nectarinia*, employés par Brisson et par Illiger, n'expriment également qu'une qualité commune à tous les suce-fleurs. Quant au nom françois, celui de *mouche* feroit confondre un oiseau avec un insecte, et il faut se garder le plus possible des innovations, lorsqu'elles ne sont pas d'une justesse ou d'une nécessité évidente.

Les colibris, *trochilus*, ont la taille plus alongée, plus svelte et plus légère que les orthorinques, qui sont aussi, en général, plus petits, et ont le bec plus sensiblement renflé au bout. Presque tout le reste est commun entre eux. La tête des uns et des autres est petite et rétrécie en devant; leur bec est grêle, plus long que la tête, déprimé; la mandibule supérieure recouvre l'inférieure; la bouche est très-étroite; on voit une petite membrane au-dessus des narines, qui sont linéaires et situées à la base du bec ; les branches postérieures de la langue s'attachent aux cornes de l'os hyoïde, et, comme celles-ci se relèvent en arrière jusqu'au-dessus du crâne, et viennent s'implanter sur le front, la langue peut, par une espèce de ressort, être lancée au dehors, ou rentrer à volonté, sans que l'oiseau ouvre la bouche. Cette langue n'ayant encore été disséquée en Europe qu'après un ramollissement artificiel, elle a paru aux uns offrir deux demi-cylindres creux adhérens l'un à l'autre jusqu'au-delà du milieu de leur longueur, où elle se divise en deux filets convexes à l'extérieur, concaves à l'intérieur; suivant d'autres, sa base est formée de deux tuyaux cartilagineux, et c'est ainsi que M. Vieillot en a fait dessiner les différentes parties. Les pieds, très-petits, emplumés jusqu'aux talons, et impropres à la marche, ont quatre doigts, dont trois devant et un derrière, tous séparés jusque vers leur origine; les ongles sont rétractiles, courts et fort aigus. Les ailes sont longues, étroites; et, comme toutes les pennes qui suivent la première se raccourcissent promptement, elles présentent la forme d'une faux. Cette circonstance, jointe à la brièveté de leur humérus et au défaut d'échancrure dans le sternum, achève de constituer, pour les colibris, un système de vol pareil à celui des martinets. La queue, dont la couleur n'est guère changeante, est composée de dix pennes un peu étalées, bien garnies de barbes et plus fortes que celles des ailes. Avec cet appareil et un croupion vigoureux, les oiseaux-mouches et les colibris peuvent, à leur gré, se balancer en l'air, bourdonner autour des plantes, voler avec tant de rapidité qu'on n'aperçoit pas leurs mouvemens, s'arrêter, se retourner subitement, et se montrer enfin les plus actifs de tous les oiseaux.

Il y a eu, sur la nourriture des colibris, des débats qui ne sont pas encore terminés. M. Badier a prétendu, dans une note insérée au Journal de Physique, mois de Janvier 1778, qu'on s'étoit trompé en supposant, à raison de leur petitesse, que ces oiseaux devoient avoir un genre de nourriture particulier, un aliment plus délicat. Après avoir tué plusieurs colibris et orthorinques à la Guadeloupe, et les avoir ouverts sur-le-champ, il a trouvé leur gésier rempli de divers insectes et d'aptères entiers ; l'œsophage de l'un d'eux renfermoit une araignée qu'il n'avoit encore pu avaler, et ces faits ont porté l'observateur à en conclure que les oiseaux-mouches étoient entomophages, comme tant d'autres. S'il en étoit ainsi, les filets de la langue, qui sont considérés comme des suçoirs, ne feroient plus que l'office d'une pince, pour saisir les petits insectes englués en quelque sorte dans le calice des fleurs.

M. d'Azara, qui a vu les oiseaux dont il s'agit sédentaires au Paraguay et dans les environs de la rivière de la Plata, où il n'y a ni bosquets ni fleurs pendant l'hiver, en a conclu aussi qu'ils devoient avoir alors une nourriture autre que le suc des fleurs, et en les voyant visiter les toiles d'araignées, il lui a semblé qu'ils mangoient ces insectes. Si ce fait est constant, il vient à l'appui de l'opinion de M. Badier, qui affirme que, même en été, ce sont les insectes que les colibris cherchent dans le nectaire des fleurs ; et il s'ensuivroit aussi que ces oiseaux, qui, d'après l'auteur espagnol, tiennent le bec fermé lorsqu'ils lancent la langue (moment où cette attitude peut en effet contribuer à la diriger et à lui conserver la fermeté nécessaire), l'ouvrent en la retirant, pour donner passage aux insectes qu'elle a saisis.

Il paroît aussi, d'après un Mémoire inséré par extrait dans le Bulletin de la Société philomathique, année 1815, pag. 193, que M. de Blainville en avoit précédemment lu un autre dans lequel il embrassoit la même opinion ; et l'on pense que la dissection de la langue dans un état de fraicheur, en faisant mieux connoître sa contexture dans toute son étendue, pourroit jeter un nouveau jour sur la question ; mais, en attendant, plusieurs naturalistes ont pris le parti de présenter les oiseaux-mouches comme se nourrissant tout à la fois de sucs végétaux et d'insectes, sans entrer dans d'autres détails sur la manière variée dont se doit opérer, avec le même instrument, la déglutition de substances si différentes.

M. d'Azara représente les colibris comme solitaires. Stedman dit, au contraire, tom. III, pag. 6, de son Voyage à Surinam, qu'il a vu sur des tamariniers un si grand nombre d'*oiseaux murmures* réunis, *qu'on les eût pris pour un essaim de guêpes*, et que le lieutenant Sweldens en faisoit journellement tomber plusieurs, en leur jetant des petits pois ou des grains de maïs avec une sarbacane. Il y auroit moyen de concilier ces deux faits par la distinction des époques, quand Sonnini n'affirmeroit pas que souvent les oiseaux-mouches se réunissent dans les mêmes cantons, où sans doute l'abondance des fleurs les attire, qu'ils voltigent plusieurs ensemble en se croisant sans cesse, et que, pendant la plus forte chaleur du jour comme dans la nuit, ils se tiennent perchés sur les mêmes branches d'arbres; le reste du temps ces oiseaux volent de fleur en fleur, sans être effarouchés par la présence d'un individu, jusqu'à ce qu'un mouvement pour les prendre les fasse fuir, en prononçant d'un ton aigu les syllabes *tère*, *tère*.

Les nids que construisent les oiseaux-mouches et les colibris, répondent à la délicatesse de leurs corps. Faits avec du coton ou une bourre soyeuse, ils sont fortement tissus, de la consistance d'une peau douce et épaisse, et revêtus à l'extérieur de petits morceaux de gommiers : ces nids sont attachés par les premiers à des feuilles d'oranger, et quelquefois à un simple fétu pendant de la couverture d'une case; mais les colibris le posent le plus ordinairement sur une branche d'arbre, et le recouvrent à l'extérieur des lichens qui croissent sur l'arbre où il est placé. La femelle dépose dans le nid deux petits œufs blancs, qu'elle couve tour à tour avec le mâle, et d'où sortent, au bout de treize jours, des petits qui ne sont pas alors plus gros que des mouches. Dutertre prétend qu'au lieu de leur dégorger des alimens, comme les autres oiseaux, la mère leur fait sucer sa langue couverte de mélasse. On est parvenu à en nourrir, pendant plusieurs mois, avec du sirop, du miel, ou une pâte très-fine; et Latham parle de colibris apportés vivans en Angleterre, et d'une femelle qui, prise sur son nid, a couvé en captivité. Ces oiseaux défendent courageusement leur progéniture contre d'autres bien plus forts qu'eux.

Les colibris, comme les oiseaux-mouches, se laissant facilement approcher, on peut les prendre en se plaçant dans un buisson fleuri, avec une verge enduite de gomme gluante, dont on frappe l'oiseau lorsqu'il bourdonne près d'une fleur; mais cette méthode a l'inconvénient de gâter leurs plumes, et il vaut mieux les tirer avec du sable et à la sarbacane, ou les étourdir avec de l'eau lancée par une seringue. On peut aussi employer un filet de gaze verte, construit comme ceux dont on se sert pour attraper les papillons.

C'est à la structure particulière des plumes écailleuses qui garnissent surtout la gorge et la tête de ces oiseaux, qu'est dû leur éclat métallique, et le système de M. Malus sur la polarisation de la lumière paroît le plus propre à expliquer la cause des reflets et des changemens de couleur qu'on y remarque, et dont on ne sauroit donner de raison plausible qu'en la tirant de la diversité des angles d'incidence qui résultent des différens aspects sous lesquels elles se présentent. Audebert est entré sur cette matière dans des détails assez étendus, qu'il a développés à l'aide de fort belles planches, dans son Histoire des Colibris et des Oiseaux-mouches, continuée, après sa mort, par M. Vieillot.

Les auteurs qui se sont le plus attachés à la connoissance des espèces dans les familles d'oiseaux qu'ils ont étudiées avec soin, sont d'accord sur les difficultés extrêmes que présente leur détermination dans celle des oiseaux succe-fleurs en général, qui changent de livrées plusieurs fois l'année, et offrent, dans les intervalles des grandes mues d'hiver et d'été, des bigarrures telles que, dans un nombre considérable d'individus, on n'en trouveroit pas deux parfaitement semblables. Aussi M. d'Azara regarde-t-il la construction des nids comme plus propre à éclaircir les doutes à cet égard, qu'un plumage si souvent différent de lui-même ; et, comme il ne s'est pas occupé de ce genre d'observations, en bornant à onze ses *picaflores* (becque-fleurs de Sonnini), il craint encore d'avoir multiplié les espèces, n'ayant pu reconnoitre avec certitude aucune de celles que Buffon a décrites, quoiqu'elles appartiennent aux mêmes contrées. C'est, dans un tel état de choses, avec très-peu de confiance qu'on va faire mention de la plupart des colibris qui ont été regardés comme des espèces réelles et distinctes.

Colibri topaze : *Trochilus pella*, Linn., pl. 32 d'Edwards, 559 de Buffon, fig. 1 ; des Mélanges de Schaw, n.° 513 ; et 2 et 3 des Oiseaux dorés d'Audebert, mâle et femelle. Cette espèce, une des plus grandes et la plus belle du genre, a la taille mince, svelte, et presque égale à celle de notre grimpereau. L'oiseau a environ six pouces depuis la pointe du bec jusqu'à celle de la queue, sans y comprendre les deux longs brins. Le dessus de la tête est d'un noir velouté, qui entoure une large plaque de couleur topaze, changeant en vert, dont la gorge est ornée; le cou, le haut du dos et la poitrine, sont d'un marron pourpré, plus brillant encore sur le ventre; les épaules et le bas du dos sont d'un roux aurore, les grandes pennes de l'aile d'un brun-violet, et les petites rousses; les pennes latérales de la queue sont rousses, ainsi que le croupion; et les deux intermédiaires, qui les excèdent de beaucoup et se croisent vers leur extrémité, sont d'un noir-violet. Les ailes sont brunes, avec de légers reflets, et le bec est noirâtre. La femelle, dépourvue des longs brins de la queue, n'a, au lieu de la plaque, qu'une légère trace de rouge à la gorge, et son plumage, d'un vert foncé sur le dos, est un peu plus clair sur le ventre. Le croisement des deux longs brins du mâle a fait nommer, par les colons, *colibri à queue fourchue* cette espèce, dont on trouve des individus qui, à raison de l'âge et de la mue, offrent quelques plumes blanches et des reflets différens. Ces oiseaux, qui habitent la Guiane françoise, se trouvent le plus souvent dans le voisinage des fleuves et des rivières; ils se perchent sur les branches peu élevées des arbres qui les bordent, sur celles même qui y sont tombées, et ils voltigent en rasant la surface de l'eau, à la manière des hirondelles.

Colibri a tête noire : *Trochilus polytmus*, Linn., et Lath.; *Mellisuga jamaicensis atricapilla*, Briss.; Oiseau-mouche à longue queue noire, Buff. Cette espèce, qu'on trouve à la Jamaïque et dans quelques contrées de l'Amérique méridionale, est figurée pl. 67 des Oiseaux dorés. Les deux plumes extérieures de sa queue sont encore plus longues que celles du colibri topaze, et l'oiseau a neuf pouces et demi depuis le bout du bec jusqu'à leur extrémité. Un duvet effilé et flottant forme les barbes de ces plumes, qui sont noires avec des reflets bleuâtres, comme les longues plumes qui recouvrent le sommet de la tête; les autres pennes diminuent de longueur à mesure qu'elles approchent du centre; la queue est fourchue; le dos est d'un vert-brun doré, le devant du corps vert; les ailes sont d'un brun pourpré, le bec est jaune et les pieds sont noirs. Un individu que Latham a eu en sa possession, et qu'il a regardé comme la femelle, avoit le sommet de la tête d'un brun noirâtre, le dessus du corps pareil à celui du mâle, les parties inférieures blanches, avec des marbrures vertes sur les côtés du cou; les plumes de la queue de cette dernière couleur, à l'exception des deux intermédiaires qui étoient à moitié blanches; et toutes de la même longueur. Le bec étoit noir en dessus et blanc en dessous dans la moitié de sa longueur. La plupart de ces circonstances pourroient indiquer un jeune individu aussi bien qu'une femelle.

Colibri a tête bleue : *Trochilus forficatus*, Linn. et Lath.; *Mellisuga jamaicensis, caudâ bifurcâ*, Briss.; Oiseau-mouche à longue queue, or, vert et bleu, Buff., figuré dans Edwards, tom. I, pl. 33; dans les Oiseaux dorés, pl. 60, et dans les Mélanges de Schaw, tom. VII, pl. 222. Cet oiseau est d'un beau bleu sur la tête, et d'un vert à reflets dorés sur le reste du plumage. Les plumes latérales de la queue, qui sont encore ici les plus longues, ont quatre pouces et demi, et les autres vont aussi en diminuant graduellement jusqu'aux intermédiaires, qui n'ont que dix lignes. L'oiseau qu'on dit avoir envoyé de la Jamaïque, et dont il ne paroît exister qu'un seul exemplaire au Muséum britannique, a huit pouces de longueur totale; son bec, long de dix lignes, est noir ainsi que les pieds; et, comme il est fort peu courbé, les naturalistes ne sont point d'accord sur la véritable place de cet oiseau.

Colibri brin-blanc : *Trochilus superciliosus*, Linn., Lath.; *Polytmus cayanensis longicaudus*, Briss.; Colibri à longue queue de Cayenne, Buff., pl. enl., n.° 600, fig. 3; et Audebert, Oiseaux dorés, pl. 17 et 18, mâle et femelle. Cette espèce, que l'on trouve à la Guiane françoise, où elle est rare, a le bec long de vingt lignes, et le corps, mesuré depuis son extrémité jusqu'à celle de la queue, de sept pouces. La tête et le dos sont d'un vert-olive doré, à l'exception de deux traits blancs, l'un au-dessus et l'autre au-dessous de l'œil; les ailes sont d'un brun violet, et les parties inférieures d'un gris-blanc. Ce ne sont plus ici les plumes latérales de la queue qui sont les plus longues, comme dans les trois espèces précédentes, mais celles du milieu, et, les autres allant en décroissant jusqu'aux deux extérieures, la queue présente une coupe pyramidale; les pennes ont un reflet doré sur un fond d'un gris noirâtre, avec un bord blanchâtre à la pointe, et les deux brins sont blancs dans toute la longueur dont ils la dépassent; le bec et les pieds sont noirâtres. Les femelles sont privées des longs brins, et elles ont, ainsi que les jeunes, la poitrine d'un roux clair et la mandibule inférieure plus ou moins blanche.

COLIBRI A VENTRE ROUSSATRE : *Trochilus hirsutus*, Gmel., et *brasiliensis*, Lath.; *Polytmus brasiliensis*, Br. Cet oiseau, que Buffon a décrit, comme une espèce particulière, sur la 4.e de Marcgrave, a été figuré, pl. 19 des Oiseaux dorés, à la suite du colibri brin-blanc, et quoique Audebert l'ait représenté sous de bien plus petites formes, il a trouvé tant de rapports dans leur plumage, qu'il n'a considéré ce dernier que comme un jeune. En effet, sa queue offre les deux brins blancs, et s'il est d'un vert olive doré sur le corps et d'un jaune-gris en dessous, ce plumage ressemble beaucoup à celui de la femelle de cette espèce. Mais M. Vieillot n'est pas du même avis, et il paroît que les plumes dont les tarses du petit oiseau sont couverts, ont surtout contribué à fixer son opinion à cet égard. Au reste, cette circonstance tendroit à rapprocher le colibri à ventre roussâtre du colibri à pieds vêtus; mais, quoique celui-ci soit rapporté, par Audebert à la variété de l'*hirsutus* de Gmelin, sa queue arrondie l'a fait regarder par M. Vieillot comme une espèce distincte. (Voyez COLIBRI A PIEDS VÊTUS.)

COLIBRI A COLLIER BLEU : *Trochilus purpuratus*, Gmel., et *torquatus*, Lath. Cet oiseau a été désigné par Buffon sous la dénomination de colibri à tête, demi-collier et queue pourprés, et, pour achever de le décrire, il suffisoit d'observer que les autres parties du corps étoient vertes, que le demi-collier occupoit le bas du cou, et que la queue étoit fourchue; mais, outre que le demi-collier est bleu plutôt que pourpre, afin de ne pas surcharger la mémoire d'une phrase aussi longue, il a paru plus convenable de se borner à fixer l'idée sur un des principaux caractères. On ne connoît pas le pays qu'habite cet oiseau.

COLIBRI HAUSSE-COL A QUEUE FOURCHUE; *Trochilus elegan..*

Audeb., Oiseaux dorés, pl. 14. Voici la dernière espèce de colibri à queue fourchue, et on les a toutes rapprochées les unes des autres, parce que l'on peut tirer de la forme des plumes des signes distinctifs bien plus certains que de quelques variations dans leur couleur. Peut-être même résulte-t-il de la diversité dans la construction de la queue des colibris, tantôt fourchue, tantôt arrondie, tantôt carrée, des différences notables dans l'action du vol, qui en supposeroient aussi dans les habitudes; d'aillleurs, les espèces qui présentent ce caractère, sont en même temps presque toutes d'une plus grande taille. A l'exception d'une tache noire qui couvre la poitrine et une partie du ventre, et de la queue qui est d'un noir violet, tout le corps de celui-ci est d'un vert plus brillant sur la gorge et les côtés du cou que sur les autres parties; les jambes sont couvertes de plumes blanches, les doigts sont noirs; la mandibule supérieure est de cette dernière couleur, et l'inférieure d'un blanc jaunâtre dans les deux tiers de sa longueur. Le cou et la gorge des jeunes sont d'un blanc sale, et les pennes des ailes et de la queue d'un brun foncé. Ces oiseaux, que l'on trouve à Saint-Domingue, se perchent souvent sur la lisière des bois, à la cime des arbres, où ils font entendre un cri semblable à celui du petit oiseau-mouche.

Colibri hausse-col vert : *Trochilus gramineus*, Gmel., et *pectoralis*, Lath. Ce colibri a le bec fort long et noir, ainsi que les pieds; les parties supérieures du corps sont d'un vert obscur avec quelques reflets dorés; les ailes d'un noir violet; les côtés du cou et le haut de la gorge d'un vert d'émeraude; la poitrine d'un noir velouté avec une teinte de bleu obscur; le ventre tantôt blanc, tantôt d'un vert un peu doré; la queue d'un bleu pourpré, à reflets d'acier bruni, et pas plus longue que les ailes. Buffon avoit indiqué comme femelle de cet oiseau un colibri de même taille, qui avoit deux traits blancs au-devant du cou, et dont la plaque noire étoit moins large; mais M. Vieillot pense que c'étoit un jeune en mue, et son opinion est la même sur les colibris à cravate verte et à queue violette, *trochilus maculatus* et *albus*, Gmel., pl. 10 et 11 des Oiseaux dorés : il paroît aussi que les colibris à plastron blanc, à plastron violet, et vert-perlé, *trochilus margaritaceus*, *mango*, Var., et *dominicus*, ne sont que des jeunes, ou des variétés de la même espèce. On trouve le hausse-col vert dans les habitations de Saint-Domingue, où il aime à se percher sur des branches sèches et isolées. Il parvient à écarter de son nid d'autres oiseaux beaucoup plus forts que lui, en leur présentant continuellement son bec devant les yeux.

Colibri hausse-col doré; *Trochilus aurulentus*, Audeb., pl. 12 et 13, mâle et femelle. Cette espèce a le plumage presque semblable à celui du hausse-col vert; sa poitrine a la même plaque noire, qui s'étend sous le ventre, où elle prend une teinte brunâtre; mais sa taille plus petite et son bec plus court le font plus aisément distinguer. La femelle a le dessus de la tête d'un brun qui prend sur le dos des nuances d'un vert doré; les parties inférieures sont grisâtres. Le voyageur Maugé, à qui l'on doit la connoissance de cet oiseau, n'a pas rencontré de hausse-cols verts dans l'île de Porto-Ricco, où celui-ci étoit fort commun.

Colibri vert; *Trochilus viridis*, Audeb., Oiseaux dorés, pl. 15. Cet oiseau, que le voyageur qu'on vient de citer a rapporté de la même île, et qui se trouve aussi à Saint-Domingue, a les ailes noirâtres, la queue bleue, avec une frange blanche à l'extrémité des pennes, et toutes les autres parties du corps vertes. Son bec et ses pieds sont noirs comme ceux des espèces précédentes.

Colibri a queue blanche et verte. Cet oiseau, long de quatre pouces et demi, qui avoit été placé parmi les oiseaux-mouches, dans le grand ouvrage de MM. Audebert et Vieillot, sous la même dénomination latine que le colibri vert, et dont la figure se trouve pl. 41, a le bec légèrement arqué, et le dernier de ces auteurs a cru devoir le ranger parmi les colibris dans le Nouveau Dictionnaire d'Histoire naturelle. Sans rien changer à sa dénomination françoise de colibri à queue blanche et verte, on croit devoir substituer à l'épithète latine de *viridis*, celle de *trochilus virescens*, qui, en prévenant une confusion, semble plus propre à désigner la nature du vert moins prononcé de son plumage. En effet, ce vert est brunâtre sur la tête, doré sur le dos, jaunâtre sur la gorge et la poitrine, mélangé de gris brillant sur le ventre; les pennes des ailes sont d'un brun-roux; celles des côtés de la queue, qui est arrondie, sont en partie vertes et blanches. On remarque une ligne de cette dernière couleur au-dessus des yeux. Le bec, noir en dessus et à la pointe, est blanc en dessous, et les pieds sont jaunâtres.

Colibri vert et noir : *Trochilus holosericeus*, Linn. et Lath.; *Polytmus mexicanus*, Br., Oiseaux dorés, pl. 6. La longueur de cet oiseau n'excède guère quatre pouces; il en a cinq et demi de vol: le bec, les pieds et les ongles sont noirs; la tête, la gorge, le cou, le dos, le croupion, les plumes scapulaires, les couvertures du dessous des ailes et les petites du dessus, sont d'un vert doré à reflets; la poitrine offre une bande d'un bleu très-vif, qui se retrouve aux couvertures supérieures et inférieures de la queue; le ventre, les côtés et les jambes sont d'un noir brillant, qui prend une teinte violette sur les pennes de la queue. Le *Colibri vert à ventre noir*, Oiseaux dorés, pl. 65, dont le bas-ventre est blanc, diffère peu d'ailleurs de l'oiseau ci-dessus, et peut-être n'en est-il que la femelle. On les trouve l'un et l'autre au Mexique. Le premier a aussi été envoyé de la Guiane.

Colibri a plastron noir: *Trochilus mango*, Linn. et Lath.; *Polytmus jamaicensis*, Briss. pl. enl. de Buff., n.° 680, fig. 3; Ois. dorés, pl. 7. Cette espèce, que l'on trouve au Brésil et aux Antilles, et qui n'a que quatre pouces de longueur, est d'un noir velouté sur la gorge, le devant du cou, la poitrine et le ventre; un trait d'un bleu brillant, qui part des coins du bec, et descend sur les côtés du cou, sépare le plastron noir du vert doré qui couvre tout le corps. Les pennes de la queue sont d'un brun pourpré, changeant en violet luisant. Cet oiseau a beaucoup de rapports avec le colibri à cravate noire, *trochilus nigricollis*, Vieill., qui se trouve également au Brésil, et qui n'en diffère proprement que par le bleu qu'on observe sur les côtés de son cou et de sa poitrine.

Colibri cendré : *Trochilus cinereus*, Gmel. et Lath.; pl. 5 d'Audeb., sous le nom de colibri à ventre cendré. La couleur des parties inférieures de cet oiseau lui a seule fait donner cette dénomination, car les parties supérieures sont d'un vert brillant à reflets dorés. Il a, à l'angle postérieur de l'œil, une petite tache blanche; les ailes sont noirâtres, avec un reflet violet; la queue est arrondie; les plumes intermédiaires les plus longues sont d'un vert foncé dans toute leur étendue, les deux suivantes d'un noir bleuâtre à leur extrémité ; les six plumes latérales ont les deux tiers d'un noir brillant, et l'extrémité blanche. L'oiseau est long de cinq pouces six lignes ; le bec en a trois ; la mandibule supérieure est noire, et l'inférieure brune ; les pieds et les ongles sont noirs.

Colibri zitzil ; *Trochilus punctulatus*, Gmel. et Lath. Cet oiseau du Mexique est celui qui est désigné dans Hernandez sous les noms de *hoitzitzil* et *hoitzitzillin*. Sa taille est de cinq pouces et demi, et sa couleur principale est un vert doré. Les ailes, noirâtres, sont marquées de points blancs aux épaules et sur le dos ; la queue est brune et blanche à la pointe. Le bec, les pieds et les ongles sont noirs. Quoique ses taches blanches l'aient fait quelquefois désigner par le nom de colibri piqueté, on ne peut guère supposer d'identité entre lui et le *trochilus punctatus*, Lath., les rapports qui existent entre eux se trouvant détruits par une grande différence dans la taille, qui, chez ce dernier, n'excède point quatre pouces. Cependant le colibri à ventre piqueté, Ois. dorés, pl. 8, a des couleurs trop ternes pour ne pas le supposer un jeune, ou la femelle, non encore suffisamment déterminée, de quelque autre espèce.

Colibri grenat : *Trochilus auratus*, Gmel., et *granatinus*, Lath. ; pl. 34 du *General Synopsis of Birds*, 266 des Glanures d'Edwards, et 4 des Oiseaux dorés. Cet oiseau, qui est le même que le *trochilus jugularis* de Linnæus et de Latham, ou colibri à gorge carmin de Buffon, a environ quatre pouces et demi de longueur, depuis l'extrémité du bec jusqu'à celle de la queue. Les joues, les côtés du cou et la gorge, jusqu'à la poitrine, sont d'un grenat brillant ; le dessus de la tête et du dos et les parties inférieures du corps, d'un noir velouté ; les pennes des ailes d'un vert doré, ainsi que les couvertures de la queue, dont les pennes sont d'un vert noir. Le bec et les pieds sont noirs. La femelle a les ailes, la poitrine et le ventre bruns, et dans les autres parties son plumage a des reflets moins brillans. Cet oiseau se trouve à Saint-Domingue, à la Martinique et à la Guiane, où il est plus rare. Il paroît que le colibri violet, *trochilus violaceus*, Gmel. et Lath., figuré dans la pl. 600 de Buffon, n.° 2, et le colibri bleu, *trochilus venustissimus*, Gmel., et *cyaneus*, Lath., sont de la même espèce, mais considérés sous des aspects divers, ou à des époques différentes de leur vie.

Colibri arlequin; *Trochilus multicolor*, Gmel. et Lath., pl. 69 des Oiseaux dorés, et 111 de Lath., Suppl. Cet oiseau, long de quatre pouces, a le dessus de la tête, la gorge, le devant du cou, la poitrine, le milieu du dos et les couvertures supérieures des ailes, verts; les côtés de la tête bleus; une bande noire entre la nuque et le haut du dos, qui est brun, ainsi que le croupion, les ailes et les pennes latérales de la queue, dont les intermédiaires sont violettes; le ventre d'un rouge carmin.

Colibri a pieds vêtus. Cet oiseau, présenté par M. Vieillot comme espèce particulière, est celui qu'Audebert a figuré pl. 20 des Oiseaux dorés, et rapporté à la variété du *trochilus hirsutus* de Gmelin, qui correspond à celle du *trochilus brasiliensis* de Latham. Audebert n'a pas dissimulé qu'il trouvoit beaucoup de rapports entre ce colibri, dont la taille est de quatre pouces et demi, et la femelle du brin-blanc; mais le bec, long de quatorze lignes, étoit aussi plus fort, et la queue, au lieu de présenter deux plumes saillantes, étoit arrondie, c'est-à-dire que les pennes du centre ne débordoient les autres que dans un ordre décroissant régulièrement, circonstance d'après laquelle M. Vieillot a isolé cette espèce, qui d'ailleurs a le dessous du corps pareil au colibri à ventre roussâtre, la tête brune, le dessus du cou, le dos et les couvertures des ailes d'un vert doré; la queue a les deux pennes intermédiaires de même couleur, les trois extérieures ferrugineuses dans les deux premiers tiers, ensuite noires, et toutes terminées de blanc. Les pieds sont couverts de plumes rousses, et les doigts sont blancs, ainsi que les tarses. Audebert a donné, pl. 68, la figure d'un jeune colibri à pieds vêtus, sur le plumage duquel le brun et le roux dominent, la première de ces couleurs régnant sur le dessus du corps, avec des nuances plus foncées sur la tête, d'un vert brillant sur le cou, le dos, le croupion, et le roux sur les parties inférieures et les tarses, mais avec une teinte plus sale sur le ventre et plus claire sous la queue.

Colibri a collier rouge: *Trochilus leucurus*, Linn. et Lath.; pl. 256 des Oiseaux d'Edwards. Cette espèce, qui se trouve à Surinam, a environ quatre pouces et demi de longueur; elle se reconnoit surtout à un demi-collier rouge au bas du cou, et au pourpre foncé des ailes. Sa couleur dominante est un vert brunâtre, à reflets dorés sur le dos, la gorge et la poitrine; le ventre et les plumes anales sont d'un gris blanc.

Colibri a casque pourpré; *Trochilus galeritus*, Gmel. et Lath. Cette espèce, admise sur la description de Molina, qui dit l'avoir trouvée au Chili, est remarquable par la petite huppe, rayée d'or et de pourpre, qui décore sa tête. Le cou et le dos sont verts; les pennes des ailes et de la queue sont brunes, avec des reflets dorés, et toute la partie inférieure du corps est d'une couleur de feu changeante.

Colibri brun. M. Vieillot, en donnant cet oiseau, long de quatre pouces trois lignes, comme une espèce distincte, sous le nom de *trochilus fuscus*, et l'annonçant comme originaire du Brésil, n'indique pas les moyens par lesquels il se l'est procuré, ni les cabinets où l'on en trouve des individus. On se bornera donc à dire, d'après lui, que ce colibri est brun, avec quelques reflets verts sur le dessus du corps, sur le devant du cou et sur la poitrine; que la gorge est noire au centre et bordée d'une petite bande brune; que les flancs, le ventre et les parties postérieures sont blancs, ainsi qu'une partie des pennes caudales; que les ailes sont d'un violet sombre; que le bec est noir, et que les tarses sont vêtus jusqu'aux doigts.

Petit Colibri du Brésil; *Trochilus thaumantias*, Linn. et Lath.; *Polytmus*, Br. Cette espèce, figurée pl. 600 de Buffon, n.° 1, n'a pas trois pouces de longueur totale; elle est toute d'un vert doré, à l'exception de l'aile qui est violette, d'une petite tache blanche au bas-ventre, et d'une petite bordure de la même couleur aux pennes de la queue, dont les deux extérieures sont également blanches dans leur moitié. La même espèce est connue sous le nom de petit colibri de la Guiane.

Colibri a huppe dorée; *Trochilus cristatellus*, Lath., *Index Orn.* supp. Cette espèce, dont le pays natal n'est point connu, est d'une extrême petitesse, puisqu'elle n'a pas deux pouces et demi de longueur totale. Sa tête est surmontée d'une huppe verte à reflets dorés, et tout le corps est de la même couleur, à l'exception des ailes et de la queue, qui sont noires. La femelle, d'un brun-verdâtre en dessus, a les parties inférieures blanchâtres avec quelques taches noirâtres sur la poitrine.

A ces espèces, qui étoient décrites avant la publication de

l'ouvrage de M. d'Azara sur les oiseaux du Paraguay, cet auteur en a ajouté d'autres sous la dénomination générale de *picaflores*. Quoiqu'il les ait présentées avec beaucoup de défiance, et sans distinguer les colibris des oiseaux-mouches autrement que par l'indication de la forme du bec, les quatre suivans paroissent être des espèces nouvelles de colibris.

COLIBRI A BANDE NOIRE : *Faxa negra à lo largo*, Az., n.° 295. (Colibri à tête noirâtre ; *Trochilus atricapillus*, Vieill.) Cet oiseau, long de quatre pouces quatre lignes, a les plumes de la tête noirâtres, mais largement bordées de roux ; les parties supérieures du corps sont d'un vert doré avec des franges roussâtres ; une bande d'un noir velouté, et bordée de blanc de chaque côté, part du bec et s'étend jusqu'à la queue, dont les plumes intermédiaires sont vertes, tandis que les autres sont violettes, avec une tache bleue vers l'extrémité, qui est frangée de blanc.

COLIBRI A POITRINE BLEUE : *Turqui debaxo*, Az., n.° 296. (Colibri quadricolore ; *Trochilus quadricolor*, Vieill.) Cet oiseau, de quatre pouces ou environ de longueur, a les côtés de la tête, le devant du cou et la poitrine d'un bleu turquin, dont les bordures sont plus claires ; le ventre blanc, le sommet de la tête noirâtre, le dessus du cou et le dos d'un vert doré, la queue violette et bordée de noir. Sonnini regarde cet oiseau comme une variété du colibri à plastron noir.

COLIBRI A BANDE BLANCHE : *Blanco debaxo*, Az., n.° 297. (Colibri Azara ; *Trochilus Azara*, Vieill.) Cette espèce, dont la taille est la même que celle de la précédente, a les dix pennes de la queue étagées, et l'extérieure de deux lignes plus longue que les autres ; son bec a quatorze lignes ; une bandelette blanche descend longitudinalement sur la poitrine, qui est d'un brun clair ; le milieu du ventre est blanc, mais les côtés du corps offrent des reflets dorés ; la tête, mordorée en dessus, est brune sur les côtés ; les parties supérieures sont vertes avec des reflets, ainsi que la queue, dont les pennes latérales sont terminées de blanc. Sonnini a trouvé, avec M. d'Azara, que cet oiseau, dont le bec noir est peu courbé, avoit des rapports avec l'oiseau-mouche à larges tuyaux.

Le COLIBRI A QUEUE EN CISEAUX : *Cola de tixera*, Az., n.° 299.

(Colibri acutipenne; *Trochilus caudacutus*, Vieill.) La longueur totale de cette espèce est de cinq pouces trois lignes, et celle du bec de treize lignes; les dix pennes de la queue, fort pointues, sont étagées, et l'extérieure de chaque côté excède de neuf lignes les deux du milieu; les plumes qui couvrent la gorge sont blanches avec un point noir, et celles de la poitrine sont d'un bleu d'émail, à reflets éclatans; le dessus de la tête est brun, et les autres parties supérieures sont d'un vert doré; le bec est noir.

Parmi les oiseaux que M. Delalande, attaché au Muséum d'Histoire naturelle de Paris, a rapportés de son Voyage au Brésil, s'est trouvé un colibri, qu'il a tué aux montagnes de Coreovado, et qui paroît être une espèce nouvelle. Le nom de colibri tacheté, *trochilus nævius*, pourroit lui convenir, à cause des taches longitudinales noires dont la poitrine et le ventre sont couverts sur un fond d'un blanc sale. Cet oiseau est long de quatre pouces et demi; son bec seul a quinze lignes; la mandibule supérieure est noire, ainsi que l'extrémité de l'inférieure, qui est d'un blanc jaunâtre dans tout le reste; le dessus de la tête et du cou, le dos, les couvertures des ailes et de la queue, sont d'un vert sombre, à foibles reflets; les pennes alaires sont violettes; la queue, qui est arrondie, a les deux pennes intermédiaires de la même couleur que ses couvertures; mais la plus extérieure de ces pennes en totalité, neuf lignes de la seconde, cinq de la troisième, et l'extrémité de la quatrième sont d'un roux clair; on voit derrière l'œil une petite raie de cette couleur. La gorge et le devant du cou sont d'un roux plus vif; les plumes anales, brunes au centre, sont fauves à la circonférence; les tarses sont bruns.

Les auteurs ont indiqué beaucoup d'autres oiseaux sous le nom de colibri; mais il y a vraisemblablement assez de doubles emplois dans les espèces dont on vient de faire l'énumération, pour ne pas en grossir volontairement le nombre, et l'on croit devoir se borner à une simple notice relativement aux autres.

Le Colibri huppé, *Falcinellus cristatus* de Klein, *Polytmus mexicanus longicaudus cristatus* de Brisson, *Trochilus paradiseus* de Linnæus et de Latham, n'a été décrit que d'après Séba, qui l'appelle oiseau suce-miel huppé, avec deux longues pennes à la queue, et dit que son plumage est d'un beau rouge, qu'il a les ailes bleues, et une huppe retombant sur le cou. Si l'auteur n'ajoutoit pas que cet oiseau du Mexique, dont la taille est de huit pouces et demi, a une langue bifide, laquelle lui sert à sucer les fleurs, sa description seroit insuffisante pour y reconnoître les caractères des colibris.

Les mêmes incertitudes existent sur le *brin-bleu*, oiseau également du Mexique, et auquel Séba donne une taille de huit pouces et un quart. Brisson en a fait son *polytmus mexicanus*, et Gmelin et Latham leur *trochilus cyanurus*. Le devant de la tête et l'estomac de cet oiseau sont bleus; sa queue porte deux longs brins de la même couleur; le dessus du corps et des ailes est d'un vert clair, et les parties inférieures sont cendrées. Peut-être est-ce un grimpereau.

On a donné le nom de colibri d'Amboine, colibri des Indes, colibri à gorge et croupion blancs, à des souï-mangas, et il en est probablement de même des colibris à tête orangée et à face orangée, qui, s'ils ne sont point des souï-mangas, paroissent au moins n'être que des femelles, ainsi que le colibri à front jaune.

Le *Colibri à gorge bleue*, pl. 66 des Oiseaux dorés, dont le plumage a de l'analogie avec le colibri à ventre piqueté, et dont la poitrine est variée de bleu et de blanc, ne paroit pas avoir atteint son état parfait; et le colibri varié, *trochilus exilis*, Lath., qui est donné comme d'une taille encore plus exiguë que le *trochilus cristatellus*, colibri à huppe dorée, n'est-il pas de la même espèce? On prétend qu'il se distingue par une huppe verte à sa base et d'un or éclatant à son sommet, par des reflets d'un rouge brillant sur le corps, et par un beau noir sur la queue et les ailes. Les caractères des deux oiseaux présentent peu de différences.

Plusieurs oiseaux-mouches ont aussi été confondus avec les colibris, et c'est ainsi que le petit colibri de Dutertre est l'oiseau-mouche huppé, et que le colibri vert et bleu, le colibri vert à longue queue, le petit colibri brun, et le colibri à gorge rousse d'Edwards, ne sont autre chose que les oiseaux-mouches émeraude-améthyste et à tête blanche, l'oiseau-mouche pourpré, et l'oiseau-mouche rubis. (Ch. D.)

COLIER FAUX ou Mangose (*Bot.*), noms donnés dans le Sénégal, suivant Adanson, à l'arbre nommé depuis *sterculia cordifolia* par Cavanilles. (J.)

COLIMAÇON. (*Bot.*) Petit agaric de la famille des entonnoirs mous de M. Paulet. (T. 2, p. 162, pl. 64, f. 6.) Il doit son nom à la forme de son chapeau, qui est tournée en manière de coquille de limaçon, dont la spirale se termine à un centre creux, figurant en quelque sorte l'entonnoir. Ce champignon est grisâtre, et ses feuilles ressemblent à des nervures fines. Il croît en automne, et il ne paroît pas malfaisant. (Lem.)

COLIMAÇON. (*Malacoz.*) Quelques auteurs d'histoire naturelle désignent ainsi les animaux du genre Hélice, *helix*, que d'autres nomment Limaçons. Voyez ce mot. (De B.)

COLIMBE. (*Ornith.*) Voyez Colymbe. (Ch. D.)

COLIN. (*Ichthyol.*) C'est le nom vulgaire du merlan noir, *gadus carbonarius*, Linn. Voyez Merlan et Gade. (H. C.)

COLIN. (*Ornith.*) Ce nom a été donné collectivement à des oiseaux d'Amérique qui ont de très-grands rapports avec les perdrix et les cailles, mais qui en diffèrent par un bec plus court, plus gros et plus haut que large. Ils ont aussi la queue un peu plus développée, et fort souvent une dent émoussée à la mandibule supérieure. Leurs pieds sont dépourvus d'éperon comme ceux des cailles; mais si plusieurs voyagent, ainsi que celles-ci, ils ont l'habitude, bien opposée, de se percher sur les buissons et même sur les arbres, quand on les poursuit. Ces considérations ne paroissent cependant pas suffisantes pour les séparer entièrement du genre Perdrix, dont ils formeront une section.

Le nom de colin est donné par Belon à des espèces de goëlands, et l'on appelle aussi vulgairement colin noir la poule d'eau, *fulica chloropus*, Linn. (Ch. D.)

COLINIL (*Bot.*), nom malabare d'une espèce d'indigo. (J.)

COLIOLE D'AMBOINE (*Bot.*) : *Coleus amboinicus*, Lour.; *Marrubium amboinicum album*, Rumph., *Amb.* 5, tab. 102, fig. 2; *Excl. Synon.*, Burm. Ce genre a été établi par Loureiro. Rob. Brown le rapporte au *plectranthus*, dans son Prodrome des plantes de la Nouvelle-Hollande. Il appartient à la famille des labiées, et doit être placé dans la *didynamie gymnospermie* de Linnæus. Son caractère essentiel consiste dans un calice à deux lèvres, l'inférieure entière, la supérieure à quatre divisions: une corolle labiée: la lèvre supérieure à quatre lobes très-courts; l'inférieure entière, une fois plus longue: quatre étamines didynames ; les filamens réunis, jusque vers leur milieu, dans une gaîne tubulée autour du style ; le style de la longueur des étamines, terminé par un stigmate bifide ; quatre semences au fond du calice.

Les racines sont vivaces et rampantes ; les tiges presque droites, pileuses, herbacées, longues de trois pieds, garnies de feuilles pétiolées, opposées, un peu arrondies, presque en cœur, odorantes, molles, blanchâtres et pileuses ; les fleurs sont purpurines, verticillées, disposées en longs épis terminaux, interrompus. La lèvre supérieure du calice est divisée en quatre découpures linéaires ; l'inférieure est beaucoup plus longue, lancéolée-linéaire, recourbée. La corolle est plus longue que le calice ; sa lèvre supérieure est courte, ascendante, obtuse ; l'inférieure est ovale, concave, entière, une fois plus longue. Cette plante croît aux lieux humides, à la Cochinchine et dans plusieurs autres contrées des Indes. D'après Loureiro, on en fait usage en médecine, comme tonique, céphalique, résolutive. Cet auteur joint pour synonyme à la plante de Rumph, le *marrubium odoratissimum, betonicæfolio*, Burm., *Zeyl.*, tab. 71, fig. 1. Il suffit de comparer l'inflorescence de cette dernière plante avec celle de Rumph, pour se convaincre qu'elle ne peut appartenir à la même espèce. (Poir.)

COLIOU. (*Ornith.*) Quoique le mot latin *colius*, adopté par les naturalistes pour désigner génériquement les colious, paroisse évidemment dérivé de l'un des mots grecs κολιὸς ou κολοιός, l'application de ces noms à des oiseaux, qu'on ne trouve point en Europe, est d'autant moins naturelle, que l'on s'accorde assez généralement à reconnoître le pic-vert dans le premier, qui est décrit par Aristote, liv. 8, chap. 3 de son Histoire naturelle des Animaux, comme étant tout vert, de la taille de la tourterelle, fort adroit à creuser les arbres, et ayant une voix perçante ; et, dans le second, une petite espèce de corneille, vraisemblablement le choucas, dont le même auteur parle au chap. 24 du 9.ᵉ livre.

Quoi qu'il en soit, les colious, qui appartiennent à l'ordre des passereaux, se font surtout remarquer par les pennes longues et très-étagées de leur queue, et par les plumes fines et soyeuses de leur corps, qui leur donnent une telle ressemblance avec le pelage des petits quadrupèdes, qu'on les appele, au cap de

Bonne-Espérance, *muys voogel*, oiseaux-souris. Leurs caractères génériques sont d'avoir un bec court, épais, convexe en dessus, aplati en dessous; la mandibule supérieure embrassant l'inférieure, qui est moitié moins épaisse, et la dépassant par sa pointe affilée et recourbée; les narines petites, arrondies, situées à la base du bec, et recouvertes en partie par les plumes du front; la langue cartilagineuse, étroite, lacérée à la pointe; les tarses robustes, annelés; les doigts entièrement divisés, et celui de derrière, qui est articulé sur le côté interne du tarse, doué de la faculté de se diriger en avant, comme chez les martinets; l'ongle du doigt intermédiaire le plus long, le plus crochu, et celui du pouce le plus court; les ailes ne s'étendant pas beaucoup au-delà de l'origine de la queue.

Buffon trouvoit que ce genre se rapprochoit des bouvreuils par le bec, assez semblable en apparence, et des veuves par les longues plumes de la queue, dont il ne dissimuloit pas toutefois que les barbes formoient un épanouissement à l'extrémité, tandis qu'elles alloient toujours en diminuant de la base à la pointe chez les autres. Ces rapports n'étoient pas d'une exactitude bien stricte, puisque, d'une part, les deux mandibules du bec des bouvreuils sont également convexes, et que, d'une autre, les longues plumes de la queue des veuves appartiennent aux couvertures uropygiales, et ne font point partie des pennes proprement dites.

On ne voit ni en Europe, ni en Amérique, ces oiseaux, dont une espèce a été rapportée de la Nouvelle-Hollande, mais qui ne se trouvent en général que dans les contrées les plus chaudes de l'Afrique et de l'Asie, où ils vivent en familles et se nourrissent de fruits, des bourgeons des arbres, et des nouvelles pousses des graines potagères, auxquelles ils ne touchent pas lorsqu'elles sont très-sèches. Ils sont ainsi le fléau des jardins dans les lieux habités. Leur marche est fort lente, et ils se traînent, en quelque sorte, sur le ventre; mais on ne peut les empêcher de pénétrer dans les planches semées, où ils se glissent à travers les branches dont elles sont couvertes. Ils ne montent pas sur les arbres avec plus d'agilité; car ils ne peuvent parvenir au sommet d'un buisson qu'en grimpant de branche en branche avec les deux pieds successivement, et en s'aidant même du bec, à la manière des perroquets. Lorsqu'ils veulent quitter la branche sur l'extrémité de laquelle plusieurs se sont réunis, pour se porter sur un autre buisson peu éloigné, la foiblesse de leurs ailes paroît les faire hésiter et rendre leur vol pénible; aussi, quoique partis de l'endroit le plus élevé, et malgré le peu de distance du nouveau buisson, ils ont plutôt l'air de s'y laisser tomber que de s'y poser.

La vie commune a tant d'attraits pour les colious que, divisés en petites troupes, ils nichent ensemble dans les mêmes buissons, et y dorment pressés les uns contre les autres. M. Levaillant, qui a observé les mœurs de ces oiseaux au cap de Bonne-Espérance, rapporte même à ce sujet une particularité fort singulière. Il assure, dans le sixième volume de son Ornithologie d'Afrique, que pendant leur sommeil ils se tiennent suspendus aux branches la tête en bas, et que, lorsqu'il fait froid, on peut, la nuit ou de grand matin, les trouver tellement engourdis, qu'il est facile de les décrocher sans qu'il en échappe un seul. Ne seroit-ce pas plutôt à une attitude aussi extraordinaire que seroit dû cet engourdissement, dans un pays où la température n'est jamais bien rigoureuse? et ne faudroit-il pas attribuer à l'accumulation du sang dans le cerveau et au ralentissement général de sa circulation, la difficulté de leurs mouvemens et leur air de stupidité?

Les colious qui, afin de se soustraire à la poursuite des oiseaux de proie, choisissent les buissons les plus touffus et les plus épineux pour y placer leurs nids, les composent à l'extérieur de racines flexibles, et les garnissent intérieurement de plumes: ces nids sont spacieux, ouverts et de forme sphérique. La femelle y pond cinq à six œufs.

Comme les colious ont les plumes courtes et très-serrées sur le corps, ils sont plus gros qu'ils ne le paroissent, et leur poids est plus considérable que celui d'un autre oiseau de même taille. Bien fournis en chair, ils sont très-bons à manger.

Les espèces indiquées par les divers auteurs comme appartenant au genre Coliou ne sont pas nombreuses, et néanmoins elles sont encore susceptibles de réduction. Plusieurs de celles qui paroissent constantes, ayant été désignées par des noms de pays où d'autres se trouvent également, leur nomenclature exige aussi des réformes.

Coliou a dos blanc; *Colius leuconotus*, Lath. Cette espèce, qui est celle du cap de Bonne-Espérance, de Buffon et de Brisson, avoit déjà été décrite par l'auteur anglois sous le nom de *colius capensis*, et elle se rapporte aussi aux *colius capensis* et *erythropus* de Gmelin. Elle est figurée dans la 282.ᵉ pl. enlum. de Buffon, n.° 1, dans la 4.ᵉ du *Synopsis* de Latham, et dans la 257.ᵉ de l'Ornith. d'Afr. de Levaillant. Sa longueur est de six pouces trois lignes depuis le bout du bec jusqu'à celui de la queue, dont les pennes intermédiaires ont chacune six pouces neuf lignes, et dont les autres, très-étagées, diminuent tellement de longueur, que la plus extérieure de chaque côté n'a que dix lignes. La huppe rabattue dont la tête est ornée, le cou, les plumes scapulaires, les couvertures des ailes et de la queue, sont d'un gris perlé, avec une teinte vineuse plus prononcée sur la poitrine ; le ventre et les couvertures inférieures des ailes et de la queue sont d'un blanc rougeâtre, et le gris domine sur les pennes elles-mêmes. Mais ce qui distingue spécialement cet oiseau, c'est une bande blanche sur un fond noirâtre, qui s'étend depuis le milieu du dos jusqu'au croupion, où elle se termine par un petit faisceau de plumes pourprées, cette circonstance a donné lieu à la dénomination d'*erythropus*, contradictoire en apparence avec celle de coliou à dos blanc. Le bec, d'un gris blanchâtre à sa base, est noir au bout; l'iris est d'un brun clair, et les pieds sont rougeâtres. La queue est plus longue chez la femelle, et l'on ne remarque pas la teinte vineuse du mâle sur son plumage, lequel offre un ton roussâtre sur les jeunes.

On voit des bandes nombreuses de cette espèce au cap de Bonne-Espérance, et surtout dans le pays des Cafres. Ces oiseaux répètent précipitamment, en volant, un cri qui peut être rendu par *qui-wi*, *qui-wi*, *qui-wiwi*. Les œufs que pond la femelle sont d'un blanc rosé.

Coliou rayé ; *Colius striatus*, Gmel. et Lath. Cette espèce, qui porte le même nom dans Buffon, est le coliou de l'île de Panay, figuré par Sonnerat, pl. 74 de son Voyage à la Nouvelle-Guinée ; *colius panayensis*, Lath. et Gmel. M. Levaillant a aussi représenté, pl. 256 de son Ornith. d'Afr., le mâle, dont la taille est d'environ un pied, et dont le corps est de la grosseur d'une alouette. La huppe qui couvre sa tête, et que l'oiseau relève à volonté, le derrière du cou et le haut du dos, sont d'un gris vineux; le bas du dos, le croupion, les pennes et les couvertures des ailes et de la queue sont d'un brun clair ; les parties inférieures, dont le fond est d'un gris rougeâtre, sont rayées transversalement de bandes fines d'un brun clair, mais plus prononcées sur la gorge, à laquelle elles donnent un ton plus brunâtre. Les flancs, le ventre et les pennes anales sont roussâtres et sans rayures. La mandibule supérieure est noire, l'inférieure d'un blanc jaunâtre ; les yeux sont bruns, et les pieds, ainsi que les ongles, d'un brun rouge. La femelle et les jeunes sont, comme dans la première espèce, d'une taille inférieure, et ont la queue plus courte.

Coliou a gorge noire ; *Colius nigricollis*, Vieill., pl. 259 de l'Ornith. d'Afr. Cet oiseau, qui se trouve à la côte d'Angole et à Malymbe, est de la grosseur du proyer, et a près de quatorze pouces de longueur totale. Le bec est de la même couleur qu'au coliou rayé dans les individus desséchés ; mais, les pieds étant d'un rouge vif, les mandibules tiennent peut-être de cette teinte dans l'oiseau vivant : les ongles sont noirs. La huppe est composée de plumes fines d'un gris clair, avec des nuances vineuses ; les parties supérieures sont d'un brun qui est plus foncé sur les ailes, et les parties inférieures roussâtres, avec des raies transversales d'un noir lavé. Ce coliou ne se distingue de l'espèce précédente que par une bande noire qui lui ceint le front, et qui, passant entre les yeux et le bec, s'étend sur la gorge et une partie du cou ; or cette circonstance peut être attribuée à l'influence d'un climat plus chaud, qui renforce les couleurs ; et M. Levaillant pense, avec raison, qu'on doit regarder le coliou dont il s'agit comme une race particulière, plutôt que comme une espèce différente du coliou rayé.

Coliou quiriwa ; *Colius quiriwa*. Cette espèce répond au *colius senegalensis*, Gmel. et Lath., et au coliou huppé du Sénégal, pl. enl. de Buffon, n.° 282, fig. 2. M. Levaillant, qui l'a trouvée dans le pays des Cafres, l'a fait représenter pl. 258 ; et cet oiseau, dont la huppe, commune à plusieurs autres espèces, ne sauroit être considérée comme un caractère distinctif, paroît aussi être le même que celui qui a été décrit par M. Vieillot sous la dénomination de coliou à joues rouges, *colius erythromelon*, tirée, non de la couleur des plumes couvrant les joues, mais de celle d'une peau nue qui entoure les yeux des individus parfaitement adultes, et qui n'existe pas encore chez les jeunes, tels que celui qui a servi de type aux descriptions des premiers auteurs. Le nom de *quiriwa*, donné par M. Levaillant, a aussi l'inconvénient de n'exprimer qu'un cri peu différent de celui du coliou à dos blanc; mais il embrasse des oiseaux dont M. Vieillot a fait deux espèces, et l'on a pensé qu'il étoit plus convenable de l'adopter en les réunissant.

La queue du coliou quiriwa, dont les barbes sont très-étroites, a trois fois la dimension du bec à l'anus; et un signe non moins propre à le faire reconnoître, c'est la peau nue, rougeâtre, qui entoure ses yeux, et qui est plus foncée dans la saison des amours. Son front est ceint d'un bandeau fauve. Sa huppe soyeuse, d'un gris bleuâtre, déborde l'occiput; le derrière de la tête et les côtés du cou ont une teinte fauve, qui devient bleuâtre sur le reste du corps, et qui offre des reflets d'un vert d'eau suivant les divers aspects; la gorge est d'un blanc fauve; le devant du cou jusqu'à la poitrine est d'un bleu clair verdissant et nué de fauve; les plumes du ventre sont rousses, et les plumes anales, ainsi que celles des jambes, sont grises avec des nuances fauves et bleuâtres; le bec, noir à l'extrémité, est rougeâtre à la base; les pieds sont de cette dernière couleur, et les yeux d'un brun rouge. La couleur bleue est moins prononcée chez la femelle, et un gris roussâtre domine sur le plumage des jeunes. La ponte de ces oiseaux est de quatre à six œufs blancs, tachetés de brun, et leur nid est composé des mêmes matières que celui des colious rayé et à dos blanc. M. Levaillant a vu ces trois espèces en très-grand nombre, mais toujours séparées, dans les environs du Gamtoos, où elles sont attirées par l'abondance d'un fruit très-purgatif, que les Hottentots nomment *goire*, et qui ressemble à nos prunelles.

Le coliou que Latham a décrit, d'après un dessin du capitaine Paterson, sous le nom de *colius indicus*, coliou des Indes, et comme ayant le plumage cendré en dessus et roux en dessous, le front et la gorge jaunes, le tour des yeux dénué de plumes, le bec rouge à sa base et noir dans le reste, les pieds rouges, et les ongles noirâtres, paroît avoir trop de rapports avec le quiriwa pour le regarder comme d'une espèce différente.

Il n'en est pas tout-à-fait de même du coliou vert, *colius viridis*, oiseau de la Nouvelle-Hollande, dont Pennant a communiqué la description au même auteur, et qui, de la taille du mauvis, a une queue longue de sept pouces, à pennes étagées, noirâtres, ainsi que celles des ailes; le front et les paupières d'un noir foncé; le reste du plumage d'un vert éclatant, et le bec noir. Quoiqu'il soit à desirer que les autres caractères du coliou puissent être plus particulièrement vérifiés sur de nouveaux individus de cette espèce, l'identité du genre a ici un assez grand degré de probabilité.

On ajoute à ces colious, dans le nouveau Dictionnaire d'Histoire naturelle, une autre espèce qui, jusqu'à ce jour, avoit été placée parmi les loxies. C'est le *loxia cristata*, Gmel. et Lath., qui se trouve en Ethiopie, et dont M. Vieillot a fait son *colius erythropygius*, sans donner les motifs de ce changement, et en se bornant à annoncer, d'après les auteurs cités, que cet oiseau a une huppe rouge sur le front, la poitrine, le croupion et les pieds de la même couleur; que le reste du corps est d'un gris blanc, et les deux pennes intermédiaires de la queue du double plus longues que les autres; et que la femelle diffère du mâle en ce que la huppe et la poitrine sont blanchâtres. (Ch. D.)

COLIROJO (*Ornith.*), nom espagnol du rossignol de muraille, *motacilla phœnicurus*, Linn. (Ch. D.)

COLISAURA. (*Erpét.*) Suivant Gesner, *κολισαύρα* est le nom que les Grecs modernes donnent au Lézard vert. Voyez ce mot. (H. C.)

COLITE, *Colites*. (*Foss.*) On a quelquefois donné ce nom aux bélemnites. (D. F.)

COLIUS (*Ornith.*), nom latin du coliou. (Ch. D.)

COLIVICOU (*Ornith.*), nom que, suivant Salerne, on donne, dans les Antilles, à une espèce de coucou qui est désignée dans Buffon sous la dénomination de tacco, *cuculus vetula*, Gmel. L'auteur d'un Essai sur la Colonie de Sainte-Lucie dit que le même nom et celui d'oiseau des cotons, sont appliqués à un oiseau qui fait sa résidence ordinaire dans les cotonniers, et s'y nourrit d'insectes; en ajoutant que, bien qu'il paroisse de la taille d'une tourterelle, il n'est pas plus gros qu'une alouette lorsqu'on l'a dépouillé de ses plumes. (Ch. D.)

COLK (*Ornith.*), un des noms sous lesquels l'eider, *anas mollissima*, Linn., est connu en Angleterre. (Ch. D.)

COLLA. (*Bot.*) En traitant précédemment du chamæléon blanc des anciens, qui est le *carlina acaulis*, on a dit que sa racine fournissoit un suc résineux, abondant. On a oublié d'ajouter que, dans le Levant, où cette plante est commune, on lui donne le nom grec de *colla*, qui est aussi donné particulièrement à sa racine, ou même au suc qui en a été extrait. Belon, qui parle du *colla* dans son Voyage du Levant, dit qu'à Lemnos, lorsqu'il demanda cette substance aux habitans, on lui apporta la substance extraite d'une chondrille, à laquelle on attribuoit le même nom et les mêmes propriétés, et dont les habitans se servoient pour coller les luths et autres ouvrages de marqueterie. Il ajoute que ce *colla* se forme dans la racine de cette chondrille par suite de la piqûre d'un ver qui produit dans son tissu une tumeur remplie de cette substance. Belon ne dit pas quelle est l'espèce de chondrille ici mentionnée. C. Bauhin soupçonne que c'est celle que nous nommons *chondrillea juncea*, qui est visqueuse, comme il le dit dans sa phrase descriptive. (J.)

COLLADI. (*Bot.*) C'est, suivant Rheede, le nom brame du *mimosa bigemina*, que les Malabares appellent *katou-conna*, au rapport du même auteur. (J.)

COLLADOA. (*Bot.*) Ce genre diffère très-peu des *ischæmum*, et même, d'après Rob. Brown, il doit y être réuni. Il a aussi des rapports avec les *tripsacum*. Cavanilles l'avoit consacré à la mémoire du docteur Collado, médecin et botaniste espagnol. Il ne comprenoit d'abord qu'une espèce ; Persoon, en donnant plus de latitude au caractère essentiel de ce genre, y a réuni le *tripsacum hermaphroditum* de Linnæus, qui est le genre *Anthephora* de Schebere et de M. de Beauvois. En présentant le *colladoa* d'après la réforme de Persoon, il appartient à la famille des graminées et à la *triandrie digynie* de Linnæus, et son caractère essentiel consiste dans des fleurs hermaphrodites, disposées en épi, sur un rachis flexueux. Leur balle calicinale est divisée en deux ou quatre découpures profondes, un peu ovales, formant à leur base une échancrure arrondie ; deux fleurs dans chaque calice, quelquefois une troisième stérile ; la corolle plus courte que le calice, à deux valves, arsitée ou mutique ; trois étamines ; deux styles. Les espèces sont :

Colladoa a deux épis; *Colladoa distachya*, Cav., *Icon. rar.*, 5, tab. 460. Plante des îles Philippines, dont les tiges sont rameuses, hautes d'environ quatre pieds, velues sur leurs articulations; les feuilles lancéolées, en cœur à leur base, longuement acuminées, pileuses en dessus, traversées par une nervure blanchâtre; leur gaîne lâche, naviculaire, renflée dans son milieu, pileuse à son sommet; les fleurs disposées en deux épis sessiles, la balle calicinale lisse, coriace, inégalement bifide, renfermant deux fleurs hermaphrodites, une troisième stérile; la valve extérieure de la corolle munie vers sa base d'une arête torse, brune; les semences ovales, comprimées, ferrugineuses.

Colladoa a un seul épi: *Colladoa monostachya*, Pers.; *Tripsacum hermaphroditum*, Linn.; Lamk., *Ill. gen.*, tab. 750, fig. 2, Linn., sect. 17, tab. 9.

Ses tiges sont grêles, rameuses, noirâtres à leurs articulations; les feuilles molles, rudes au toucher, finement denticulées à leurs bords; leur gaîne un peu lâche, membraneuse à ses bords et à son orifice; un seul épi terminal, droit, long d'environ trois pouces; les fleurs sessiles, alternes, toutes hermaphrodites; la balle calicinale divisée, presque jusqu'à sa base, en quatre découpures ovales, dures, presque osseuses, formant à leur base une petite ouverture ovale; la corolle, plus courte que le calice; celui-ci persiste, se durcit et renferme la semence. Cette espèce croît à la Jamaïque, et se cultive au Jardin du Roi. (Poir.)

COLLALE. (*Bot.*) Voyez Collet. (Mass.)

COLLANO. (*Ichthyol.*) Dans quelques contrées d'Allemagne on donne ce nom à l'acipensère huso. Voyez Esturgeon. (H. C.)

COLLARIUM. (*Bot.*) Genre de plantes, de la cinquième série (*byssoïdées*), du premier ordre (*mucedines*) de la famille des champignons, dans la méthode de Link auteur de ce genre, qui le caractérise ainsi: Thallus floconneux; flocons formés par des filets cloisonnés, rameux, couchés, et offrant çà et là des amas de conceptacles.

Ce genre est très-voisin du *sporotrichum*; Link y rapporte deux espèces:

L'une est le Collarium nigrispermum, qui forme des taches de gazons très-étendus; ses conceptacles sont noirs et fort petits.

L'autre, le Collarium fructigenum, est très-mince, blanc; ses conceptacles forment de petits amas gris. Il vient sur les pommes pourries. (Lem.)

COLLARONE. (*Bot.*) Micheli donne ce nom aux agarics qui ont un anneau. Voyez Fonge. (Lem.)

COLLAR-POE. (*Bot.*) On lit dans un dictionnaire, que ce nom malabare est donné à l'*achyranthes lanata* de Linnæus, rapporté depuis au genre *Illecebrum*. Il faudroit remarquer à ce sujet, d'une part que cet *achyranthes* est maintenant l'*ærua lanata*; de l'autre que, suivant Rheede, il est nommé *scherubula* par les Malabares, et *tandalo* dans la langue brame. (J.)

COLLE DE POISSON. (*Ichthyol.*) Voyez Ichthyocolle. (H. C.)

COLLE FORTE. (*Chim.*) C'est, pour la plus grande partie, de la Gélatine unie à l'eau. Voyez ce mot. (Ch.)

COLLECHAIR. (*Bot.*) C'est la traduction françoise du nom grec *sarcocolla*, donné à une gomme employée utilement pour réunir les chairs des blessures. L'arbre qui la fournit est nommé sarcocollier, *penæa* des botanistes. Voyez Sarcocollier. (J.)

COLLECTEURS. (*Bot.*) Dans toute la famille des synanthérées, les styles des fleurs hermaphrodites et ceux des fleurs mâles ont leurs branches pourvues de poils ou de papilles, qui n'existent point sur les branches des styles des fleurs femelles. Il est bien évident que ces poils ou papilles sont destinés à recueillir les grains de pollen, lorsque les branches du style traversent de bas en haut le tube anthéral; ce qui explique leur présence dans les fleurs mâles et hermaphrodites, et leur absence dans les femelles. Nous les nommons *collecteurs*, et leur disposition sur les branches du style des fleurs hermaphrodites nous fournit d'excellens caractères pour la distinction des tribus naturelles de la famille. Les collecteurs sont piliformes dans les lactucées, papilliformes dans les carduacées, ponctiformes dans les arctotidées, glanduliformes dans les adénostylées, lamelliformes dans le *gundelia*. (H. Cass.)

COLLEJON. (*Bot.*) Aux environs de Murcie, dans l'Espagne, suivant Daléchamps, le *brassica orientalis* est ainsi nommé: le *brassica arvensis* porte le même nom, suivant Clusius. (J.)

COLLÉMA, *Collema*. (*Bot.*) Ce genre appartient à la famille des lichens. Il comprend des espèces remarquables par leur consistance gélatineuse, lorsqu'elles sont dans leur état de fraîcheur, mais qui, par la sécheresse, deviennent dures et cartilagineuses. Elles varient beaucoup dans leurs formes: leur expansion est ordinairement lobée; et elle porte sur ses bords des conceptacles. ou des scutelles, ordinairement sessiles, quelquefois légèrement pédiculés. L'intérieur de ces conceptacles ressemble entièrement à tout le reste de la substance des lichens par sa nature; c'est une pulpe homogène, gélatineuse, dans laquelle on ne voit point de filamens ni de globules disposés en chapelets, comme dans certains genres de la famille des algues, avec lesquels le colléma pourroit être confondu d'abord. La surface est parfaitement semblable dans tous ses points, et elle ne laisse pas échapper de petits corpuscules ou petits séminules, comme on l'observe dans les tremelles.

Ce genre comprend tous les lichens gélatineux des auteurs. Il a été établi par Hoffmann, puis adopté par M. Acharius et M. Decandolle. Le premier de ces deux derniers naturalistes l'avoit réuni d'abord au *parmelia;* maintenant il en fait un genre contenant cinquante-trois espèces, qu'il range sous sept divisions ou sous-genres, comme on le verra tout à l'heure.

Presque toutes ces espèces croissent en Europe. Une vingtaine d'entre elles ont été trouvées en France; une dizaine sont d'Amérique; deux d'Afrique, et une, le *collema rothleri*, croît dans les Indes orientales. On les trouve sur les pierres, les rochers, les mousses, à terre, sur les arbres. Lorsqu'elles sont raccornies par la sécheresse, elles sont à peine visibles et souvent très-fragiles. Il faut absolument les humecter pour les étudier; elles reprennent presque aussitôt leur consistance gélatineuse. Les temps humides sont les plus favorables pour la recherche de ces plantes, et par conséquent, les temps d'hiver et d'automne. Chaque individu n'est pas très-étendu; mais il s'en trouve ordinairement un grand nombre à la fois. Leurs couleurs sont généralement le vert plus ou moins foncé, le noir ou le gris verdâtre ou bleuâtre, le roux et le fauve. Les scutelles sont presque toujours de la même couleur que les lichens; quelquefois elles sont, tantôt plus rouges, tantôt plus foncées ou plus claires que le reste de la plante. Quand ces lichens sont secs, ils paroissent noirs, ou gris et gris cendré.

Voici les espèces les plus remarquables, avec les divisions auxquelles elles appartiennent.

§. I. Placynthium. *Expansion en forme de croûte, dont le contour est irrégulier.*

Colléma noir : *Collema nigrum*, Hoffm. ; Ach., *Lich. univ.*, p. 628, n.° 1. Il forme des taches assez grandes, noires ou brunes grises, orbiculaires ; son contour est garni de petits lobes créuelés, qui, comme le reste de l'expansion, sont très-minces, gélatineux et fortement adhérens aux pierres. Les scutelles sont noires, orbiculaires, d'abord concaves, puis convexes. Cette espèce, qui est le *lichen niger*, Linn., est très-commune sur les pierres calcaires qui font les revêtemens des fossés, des canaux : elle noircit les bâtimens, comme la lèpre des antiques.

§. II. Enchelyum. *Expansion embriquée, plissée, presque orbiculaire, composée de lobes très-petits, qui, dans l'état humide, sont gonflés et très-épais.*

Colléma pulpeux ; *Collema pulposum*, Ach., *Lich. univ.* p. 7 ? f. 1, a. Expansions presque orbiculaires, composées de lobes épais d'un vert brun, presque embriquées, plissées, épineuses sur leurs bords ; lobes du centre le plus souvent redressés ; scutelles rassemblées dans le milieu, rousses, presque planes, munies d'un rebord élevé, entier. Ce colléma se trouve communément sur les murs, sur les pierres, et même sur la terre. Il offre cinq ou six variétés, dont la plus commune est le *lichen crispus*, Linn., dont les lobes sont obtus et un peu redressés, et les scutelles plus lâches. Cette variété forme de petites touffes d'un pouce de diamètre au plus sur deux à trois lignes de hauteur.

Colléma a feuilles de jacobée ; *Collema melœna*, Ach., *Lich. univ.*, 636, n.° 14. Expansions membraneuses, d'un vert foncé, formant une étoile de deux à quatre pouces de diamètre, à découpures presque embriquées, très-déchiquetées, à bords élevés, ondulés, frisés, créuelés ; scutelles marginales, presque planes, munies d'un rebord granuleux : elles sont de même couleur que l'expansion ; mais, dans leur vieillesse, elles deviennent rousses. On trouve cette espèce dans les bois, sur les pierres, les rochers et les murs humides. On en distingue six variétés. Lorsqu'elles sont sèches, on les prendroit pour des espèces d'embricaires.

§. III. *Scytinium. Expansion foliacée, presque embriquée; lobes séparés, gonflés, épais et nus.*

Colléma corniculé : *Collema corniculatum*, Decand., Fl. Fr., n.° 1040; *Collema palmatum*, Ach., *Lich. univ.*, p. 643, n.° 24. Expansion d'un vert foncé, rapprochée en touffe, divisée en lobes épais, palmés, à découpures linéaires, repliées sur elles-mêmes en cylindre ou cornet dans le sens de leur longueur; scutelles d'un roux fauve. Cette espèce se trouve à terre dans les bois; elle n'est pas rare dans le bois de Boulogne, près Paris.

§. IV. *Mallotium. Expansion foliacée; lobes arrondis, presque cotonneux ou fibrillifères.*

Colléma plombé : *Collema saturninum*, Decand., Fl. Fr., n.° 1045; Ach., *Lich. univ.*, 644, n.° 26. Expansion d'un noir verdâtre, glabre en dessus, cotonneuse et glauque en dessous; lobes ou folioles oblongs, arrondis, ondulés, entiers; scutelles proéminentes, éparses, d'un brun rouge, d'abord planes, puis convexes et garnies d'un rebord entier. Ce colléma se trouve sur les troncs d'arbres et sur les pierres. Lorsqu'il est sec, il prend une couleur gris-plombé.

§. V. *Lathagrium. Expansion foliacée; lobes membraneux, larges, lâches, nus et le plus souvent vert-noir.*

Colléma noircissant : *Collema nigrescens*, Decand., Fl. Fr., n.° 1043 : Ach., *Lich. univ.*, 646, n.° 30; *Collema vespertilia*, Hoffm., *Lich.*, tab. 37, f. 2, 3; *Lichen nigrescens*, Linn. Expansion demi-transparente, molle, flexible, papyracée, puis orbiculaire, un peu plissée, un peu rugueuse et à lobes arrondis. Les scutelles sont rapprochées dans le centre, d'un roux fauve, d'abord concaves, puis convexes, munies d'un rebord interne. On trouve ce colléma sur les arbres et sur les pierres. Il est noir et fragile lorsqu'il est sec.

§. VI. *Leptogium. Expansion foliacée; lobes arrondis, membraneux, très-délicats, nus, diaphanes et d'un gris glauque; scutelles soutenues par un court pédicule.*

Colléma tremelloïde : *Collema tremelloides*, Ach., *Lich. univ.*, 655, n.° 41; *Collema plicatum*, Hoffm., *Lich.*, tab. 35, f. 2. Expansion membraneuse, fort délicate, presque transparente, et d'un gris de plomb, légèrement ridée et ponctuée; lobes oblongs, arrondis, incisés, entiers; scutelles planes, rouges, à bord pâle. Cette espèce, qui est le vrai *lichen tremelloides* de Linnæus, croît sur le tronc des arbres et parmi les mousses, en Europe, en Amérique et en Afrique.

Colléma découpé : *Collema lacerum*, Decand., Fl. Fr., n.° 1041; Ach., *Lich. univ.*, 657, n.° 47; Dill., *Ams.*, tab. 19, f. 31, *a*, *b*., et 34, 35; Jacq., *Coll.*, tab. 11, f. 1. Expansion membraneuse, mince, presque diaphane, d'un vert glauque, offrant des rides disposées en réseau; lobes oblongs, petits, dentelés, frangés, crépus et déchiquetés sur les bords; scutelles petites, éparses, rouges, à bord pâle. Ce colléma se trouve sur les mousses dans les bois, et offre plusieurs variétés, dont une est le *tremella lichenoides* de Linnæus.

§. VII. Polychidium. *Expansion très-finement découpée, ou rameuse.*

Colléma très-menu : *Collema tenuissimum*, Ach., *Lich. univ.*, 659; Decand., Fl. Fr., vol. 6, p. 185, n.° 103, g.; *Lichen tenuissimus*, Dick., *Crypt.*, tab. 11, f. 3. Expansion en petites touffes courtes, presque embriquée, d'un vert brun, à découpures linéaires, très-divisées, multifides, inégales, un peu ciliées ou dentelées; scutelles éparses, planes, roussâtres, et munies d'un rebord saillant. Ce colléma croît à terre, parmi la mousse, et sur les murs.

Toutes les espèces de colléma citées dans cet article croissent en France, et presque toutes se trouvent dans les environs de Paris. (Voyez Geissodée et Kolman.)

P. Brown paroît avoir employé le premier le nom de colléma, qui signifie glutineux en grec, dans son Histoire naturelle de la Jamaïque, pour désigner une substance foliacée, gélatineuse, visqueuse et très-irrégulière. Il paroît que c'est une espèce du genre *Linkia* de Micheli. Voyez Linkia. (Lem.)

COLLERETTE. (*Bot.*) C'est l'involucre des ombellifères. (Voyez Involucre.) On a ainsi nommé cet involucre, parce que les bractées qui le composent sont en effet disposées audessous des fleurs, comme une collerette. (Mass.)

COLLET, *Collum*. (*Bot.*) L'embryon d'une graine offre deux parties principales : les cotylédons, et le corps qui les porte, lequel prend le nom de blastême. Celui-ci offre à son tour deux parties essentielles, la radicule et la plumule. La partie intermédiaire entre la plumule et la radicule, le point de leur jonction, est ce qu'on nomme *collet*. C'est au collet que les cotylédons sont attachés. Il arrive souvent que le collet est si court qu'il est impossible de le distinguer; la radicule et la plumule semblent alors contiguës, et dans la description le collet est confondu avec la radicule : mais souvent aussi la radicule et la plumule sont bien séparées l'une de l'autre, et le collet est alors un corps distinct dont la forme varie suivant les espèces. Pendant la germination, il s'alonge tantôt du côté de la radicule, et dans ce cas il fait partie du caudex descendant; tantôt du côté de la plumule, et alors, faisant partie du caudex ascendant, il porte les cotylédons à la lumière : c'est ce qu'on peut voir dans la fève, la belle-de-nuit, le sapin, etc.

Grew nommoit le collet coarcture. Lamarck l'a nommé nœud vital.

Dans la description des plantes, on trouve le mot de *collet* employé pour désigner l'espèce d'étranglement ou de rebord qui sépare une tige d'avec sa racine.

Le mot de collet, en latin *collare*, a été aussi quelquefois employé pour indiquer dans les graminées le sommet de la gaîne des feuilles qui porte l'appendice membraneux, connu maintenant sous le nom de languette ou de ligule.

Dans certains champignons, la membrane qui enveloppe d'abord la jeune plante, et qui après la rupture reste en lambeaux sur le pédicule, a reçu aussi quelquefois le nom de collet; mais cette membrane est en général connue sous le nom de collier ou d'anneau. (Mass.)

COLLET. (*Chasse.*) On appelle ainsi un piége qui se fait le plus souvent avec des crins de cheval, que l'on tend en forme d'anneau, et qui se ferme au moyen d'un nœud coulant. Ce piége diffère du lacet proprement dit, en ce que celui-ci se fait avec une ficelle que l'on attache, d'un bout, à une branche à côté du nid autour duquel on l'applique, pour serrer le nœud avec l'autre bout, lorsque l'oiseau qui couve est revenu se poser sur les œufs, tandis que les collets se placent en des lieux où les oiseaux se prennent au passage. Il y a plusieurs sortes de collets. On nomme *collets à piquets* ceux qui sont tenus dans la fente de piquets fichés en terre, et que l'on em ploie surtout pour les grives et les merles; *collets pendus* ceux qui sont suspendus par un fil à une baguette de bois vert qu'on retient pliée, et qui se relève avec l'oiseau, quand celui-ci, voulant saisir l'amorce, fait lâcher la détente; *collets à ressort* ceux qui produisent un pareil effet au moyen d'un ressort; et, enfin, *collets trainans* ceux que l'on attache à une ficelle qui traîne à terre, et que l'on emploie spécialement pour les alouettes. On appelle *colleteurs* ceux qui font habituellement usage des collets. (Ch. D.)

COLLET DE NOTRE-DAME (*Bot.*), nom donné dans les Antilles, suivant Plumier, à l'espèce de poivre nommé maintenant *piper peltatum*. (J.)

COLLÈTE, *Colletes*. (*Entomol.*) M. Latreille a désigné sous ce nom, tiré du grec, et qui correspond au mot françois *colleur*, des espèces d'hyménoptères, de la famille des apiaires, ou mellites, qui dégorgent une matière visqueuse ou gommeuse dont elles construisent leurs cellules. C'est l'andrène à ceinture, et l'hlyée glutineux de quelques auteurs. Réaumur a très-bien fait connoître les mœurs de cet insecte dans le tome VI de ses Mémoires, n.° xii. (C. D.)

COLLETIER, *Colletia*. (*Bot.*) Genre de plantes de la famille des rhamnées, appartenant à la *pentandrie monogynie* de Linnæus, caractérisé par un calice inférieur, urcéolé, à cinq découpures, très-souvent muni en dedans de cinq plis en écailles; cinq pétales en forme d'écailles, quelquefois nuls; cinq étamines insérées entre les divisions du calice; un style simple. Le fruit est une baie sèche, placée sur la base persistante du calice, à trois coques monospermes, s'ouvrant en dedans. Ce genre renferme des arbrisseaux qui ont presque le port du *spartium*, à rameaux opposés, épineux, quelquefois dépourvus de feuilles; les fleurs petites, agrégées et axillaires. Ces plantes sont toutes originaires du Pérou et du Brésil; elles offrent les espèces suivantes:

Colletier épineux: *Colletia spinosa*, Lamk. *Ill. gen.*, 2, p. 90, tab. 129; *Colletia horrida*, Vent., *Hort. Cels.*, tab. 92.

Arbrisseau très-rameux; les rameaux glabres, cylindriques, hérissés d'épines nombreuses, opposées; les feuilles sont petites, opposées, pétiolées, glabres, un peu ovales, entières, ou légèrement denticulées vers leur sommet, très-caduques;

les fleurs latérales, solitaires ou réunies plusieurs ensemble, portées sur des pédoncules courts, simples, réfléchis ; le calice urcéolé, à cinq plis en écailles, à cinq découpures courtes, ovales, très-obtuses; point de corolle; l'ovaire trigone; le stigmate à trois lobes; le fruit à trois coques presque réniformes.

Colletier a feuilles dentées; *Colletia serratifolia*, Vent., *Hort. Cels.*, et Choix des pl., tab. 15. Cette espèce a le port d'un *lycium* : elle se rapproche de la précédente, dont elle diffère par ses feuilles nombreuses, persistantes, oblongues, obtuses, finement denticulées à leurs bords, un peu écailleuses à leur base; les épines quelquefois feuillées; les fleurs latérales, axillaires, presque solitaires ; leur pédoncule de la longueur des feuilles; les calices glabres; point de corolle; une baie à trois coques, d'un brun clair; les semences noirâtres et luisantes.

Colletier en cœur; *Colletia obcordata*, Vent., *Hort. Cels.*, tab. 92. Arbrisseau de trois pieds, qui a le port d'un *spartium*, dont les rameaux, élancés, opposés et noueux, sont garnis de feuilles opposées, pétiolées, entières, pubescentes, en cœur renversé, à trois nervures; les fleurs sont petites, un peu odorantes, pubescentes, d'un jaune pâle, axillaires, fasciculées ou presque en épi ; le calice pubescent en dehors, velu en dedans à sa base; cinq pétales arrondis, en forme d'écailles; l'ovaire pubescent ; un fruit à trois coques ; les semences ovales, luisantes.

Colletier sans feuilles; *Colletia ephedra*, Vent., Choix des pl., tab. 16. Les feuilles, dans cette espèce, sont remplacées par de petites écailles opposées, ovales, aiguës, velues en dedans, un peu pileuses en dehors ; ce qui donne à cette plante l'aspect d'un *ephedra*, ayant ses rameaux opposés, entrelacés, épineux à leur sommet : les fleurs situées aux nœuds des rameaux, entourées d'écailles à leur base; cinq pétales en écailles ; un ovaire globuleux, velu, marqué de trois sillons. (Poir.)

COLLETS. (*Bot.*) Ce sont les diverses espèces d'agarics qui ont un anneau ou *collet;* les principaux sont :

Le Collet visqueux blanc. Voyez Capellone, Suppl., tom. VIII, p. 98.

Collet jaune. Voyez, à Collets solitaires, Collet doré.

Collet agathe, ou *Bubboleta* des Italiens. Voyez Bubbola.

Collet blanc a feuillets gris. Voyez Balayeur.

Collet roux et blanc. Voyez Bubbola.

Collet cire jaune. C'est l'*agaricus cereolus*, Schœff., tab. 51. (Lem.)

COLLET EN FAMILLE. (*Bot.*) Paulet désigne par ces mots quelques agarics qui croissent en touffe au pied des arbres, et dont le stipe ou pied est muni d'un collet sensible. Les principales espèces de ce groupe ou de cette famille, sont :

Le Champignon du murier gris ;

Le Champignon du peuplier ;

Le Champignon soyeux du chêne ;

Le Champignon de l'aune ;

La Tête de Méduse.

Voyez ces différens articles à leur mot, excepté pour le *champignon soyeux du chêne*, qui n'est pas décrit : c'est un champignon qui croît au pied des chênes, en touffes très-nombreuses. Il s'élève de trois à cinq pouces ; son chapeau en a deux de diamètre ; il est d'abord blanc-roussâtre, ou couleur de chair, puis roux, enfin marron ; ses bords sont le plus souvent fendus ou en languettes, et le dessus est un peu peluché par des élevures soyeuses. Cette plante croît dans les bois de nos environs ; sa substance est sèche et d'une saveur agréable d'abord, mais qui laisse ensuite un sentiment d'astriction à la gorge. Il n'a pas nui cependant aux animaux qu'on avoit forcés à en manger. (Lem.)

COLLETS SOLITAIRES. (*Bot.*) Famille établie par Paulet dans le genre *Agaric*. Elle contient des champignons qui croissent isolés ou solitaires, et dont le stipe ou pied est cylindrique et colleté, c'est-à-dire, muni d'un anneau. Les principales espèces sont :

Le Grand Collet blanc. (Paul., Tr. 2, pag. 298, pl. 141, f. 1, 2.) Il est d'un beau blanc, et s'élève à sept pouces de hauteur ; son chapeau acquiert jusqu'à cinq pouces de diamètre. On le trouve en octobre dans les bois. Il ne paroît pas malfaisant.

Le Collet doré (Paul., pl. 142, f. 1 à 4), ou le Collet jaune, ou le Safran parfumé. Ce champignon, de couleur jaune dorée, à feuillets roux-clair-vif, et à pied blanc, acquiert trois pouces de hauteur. On le trouve dans nos bois. Il n'est pas suspect.

Le Petit Collet roux fauve. Cette espèce n'a qu'un ou deux pouces de hauteur; elle est rousse ou marron foncé partout. On la trouve dans les bois en automne; elle n'offre rien qui annonce des qualités suspectes.

L'Amande amère et le Damas colleté sont deux autres espèces de cette famille. Voyez à leurs mots. (Lem.)

COLLIBRANCHE (*Ichthyol.*), un des noms du Sphagebranche museau pointu de M. de Lacépède. Voyez ce mot. (H. C.)

COLLIER. (*Bot.*) Voyez Collet. (Mass.)

COLLIER (*Ichthyol.*), nom spécifique d'un Chétodon, *Chætodon collare*. Voyez ce mot. (H. C.)

COLLIER. (*Ornith.*) Ce mot, en latin *collare*, *torques*, désigne, lorsqu'on l'applique aux oiseaux, la bandelette qui leur environne quelquefois le cou. Merrem fait aussi l'application du mot *collare* aux plumes alongées qui, partant des joues et des tempes, pendent aux deux côtés du cou, comme au grèbe à oreilles, *colymbus auritus*. Linn. Le nom de *collier* est donné, à Saint-Domingue et à Cayenne, au pluvier à collier, *chaeradrius hiaticula*, Linn.; en Catalogne, au souchet, *anas clypeata*, Linn. Sonnini a traduit par *collier noir* le nom de *pardo collar negro* donné par M. d'Azara à l'oiseau du Paraguay, dont il est fait mention dans l'ouvrage de ce dernier, sous le n.° 255, et qui paroît devoir être rapporté au *motacilla gularis*, Gmel.; *sylvia gularis*, Lath. Le jabiru, dont il est question au n.° 343 du même ouvrage, sous le nom de *collar roxo*, est aussi appelé *collier rouge*; et, enfin, cette dernière dénomination est donnée, dans Buffon, au colibri représenté sur la 600.e pl. enl., fig. 4, *trochilus leucurus*, Gmel. (Ch. D.)

COLLIER ARGENTÉ. (*Entom.*) C'est le nom d'un papillon de jour (*Pap. euphrosine*), qui appartient au genre Argynnis de Latreille. Voyez Papillon. (C. D.)

COLLIGUAY. (*Bot.*) Arbrisseau du Chili, dont Molina a fait son genre *Colliguaja*, portant des fleurs monoïques, disposées en chatons; il a été rapproché avec doute du *croton*, avec lequel il paroît avoir beaucoup de rapport, d'après la description qu'en donne l'auteur. (J.)

COLLINIER. (*Bot.*) Paulet donne ce nom à l'*agaricus collinus*, Scop. (Lem.)

COLLINSONE, *Collinsonia.* (*Bot.*) Genre de plantes de la famille des labiées, appartenant à la *diandrie monogynie* de Linnæus, offrant pour caractère essentiel : Un calice campanulé, à deux lèvres, à cinq dents inégales; une corolle infundibuliforme, très-longue, à cinq lobes inégaux, l'inférieur frangé, plus alongé; deux étamines plus longues que la corolle; des anthères vacillantes; un ovaire supérieur, à quatre lobes; un style de la longueur des étamines; le stigmate bifide; une semence globuleuse au fond du calice, solitaire par l'avortement de trois ovules.

Ce genre ne renfermoit d'abord qu'une seule espèce découverte dans les forêts du Canada et de la Virginie; on en a depuis recueilli, dans les mêmes contrées, plusieurs autres que nous allons faire connoître.

Collinsone du Canada : *Collinsonia canadensis*, Linn., *Hort.*, *Cliff.*, 14, tab. 3; Lamk., *Ill. gen.*, tab. 21. Ses tiges sont presque simples, tétragones, hautes de trois pieds; ses feuilles à peine pétiolées, opposées, glabres, ridées, presque en cœur, aiguës, dentées en scie, longues de six pouces, larges de quatre ou cinq. Ses fleurs forment une belle panicule pyramidale, à rameaux opposés; elles sont nombreuses, jaunâtres, pédicellées.

Collinsone tubéreuse : *Collinsonia tuberosa*, Vahl., *Enum.*, pl. 1, p. 282; Mich. *Amer.* 1, p. 17; *Collinsonia serotina*, Walt. Carol. 49. Ses racines sont tubéreuses; ses tiges légèrement pileuses, rameuses, longues d'un pied; les feuilles glabres, nerveuses, ovales-oblongues, aiguës à leurs deux extrémités, longues d'un pouce et demi. Les fleurs sont terminales, en grappes paniculées, accompagnées de petites bractées subulées; les pédoncules et les pédicelles un peu pileux; ces derniers opposés; le calice à cinq dents sétacées; la corolle plus petite que celle de l'espèce précédente. Elle croît à la Caroline.

Collinsone rude : *Collinsonia scabra*, Pursh., *Amer.*, 1, pag. 20; *Collinsonia scabriuscula*, Ait., *Hort. Kew.* 1, p. 47; *Collinsonia præcox*, Walt., Carol. 65. Ses tiges sont rudes, un peu pileuses; ses feuilles opposées, ovales, presque en cœur, un peu pileuses; les inférieures pétiolées, les supérieures presque sessiles; les fleurs portées sur des pédoncules velus, disposées en grappes. Elle croît dans la Floride.

Collinsone anisée : *Collinsonia anisata*. Pursh. *Fl. Amer.*, 1, pag. 21; Ait., *Hort. Kew. ed. nov.* 1, pag. 60 : *Bot. magaz.*, tab. 1213. Cette espèce croît sur les montagnes de la Nouvelle-Géorgie. Elle est pourvue de grandes et belles fleurs d'un jaune pâle ; ses tiges sont rameuses et pubescentes ; ses feuilles ovales, en cœur, ridées, un peu glabres, pubescentes en dessous sur les nervures ; la panicule est ramifiée, feuillée, pubescente ; les dents du calice linéaires, de la longueur du tube de la corolle.

Collinsone ovale; *Collinsonia ovata*, Pursh., *Amer.* 1, p. 21. Celle-ci a ses fleurs petites et jaunes, ses tiges glabres ; ses feuilles ovales - oblongues, aiguës à leurs deux extrémités, glabres à leurs deux faces, soutenues par des pétioles très-longs ; la panicule est terminale, simple, presque nue ; les dents du calice très-courtes. Elle croît à la Caroline. (Poir.)

COLLINSONIA. (*Bot.*) Voyez Collinsone. (Poir.)

COLLIROSTRES. (*Entom.*) C'est le nom sous lequel nous avons désigné, dans la Zoologie analytique, la famille des insectes hémiptères, dont le bec paroît naître du cou, comme dans les cigales, que nous avons encore appelées les auchénorinques, nom tiré du grec, et qui exprime à peu près la même idée. Voyez Auchénorinques. (C. D.)

COLLIS DES CHINOIS. (*Bot.*) C'est le *dracana terminalis* qui porte ce nom. On le cultive beaucoup dans les jardins d'ornement. On le nomme à Ternate *ngassi*, ce qui signifie feuille menteuse. parce qu'elle affecte diverses couleurs. C'est l'*andang* des Javanois, et le *somboc* de Banda. (J.)

COLLITORQUIS (*Ornith.*), nom donné par Cælius au torcol, *jynx* d'Aristote, et *yunx torquilla*, Linn. (Ch. D.)

COLLIURE (*Entom.*) : *Colliurus*, Degéer; *collyris* de Fabricius. C'est le nom de genre employé par Degéer pour indiquer une espèce d'insecte coléoptère de la famille des créophages, et voisin des cicindèles, dont il diffère par l'alongement excessif du corselet. Fabricius y rapporte trois espèces, de Siam, des Indes orientales, et de l'Amérique méridionale. (C. D.)

COLLOCOCCUS. (*Bot.*) Brown décrit sous ce nom deux espèces de sebestier, *cordia macrophylla*, et *cordia collococca*. (J.)

COLLOROSSO. (*Ornith.*) Le millouin ou cane à tête rousse de Belon, *anas ferina*, Linn., porte ce nom dans le Boulonnois. (Ch. D.)

COLLOTORTO (*Ornith.*), nom italien du torcol, *yunx torquilla*, Linn. (Ch. D.)

COLLURIO. (*Ornith.*) Ce nom, tiré du grec κολλύριων, et appliqué par Aldrovande et par d'autres auteurs à diverses espèces de pies-grièches, *lanius*, dans le *Systema Naturæ*, a été étendu à ce genre, en lui donnant la terminaison françoise de *collurie;* ce qui seroit, en effet, plus convenable que le mot composé *pie-grièche*, si l'on ne craignoit de multiplier les changemens de nomenclature. Avec une nouvelle terminaison, M. Vieillot en a fait sa quinzième famille, celle des collurions, dans laquelle plusieurs des espèces de *lanius* de Linnæus forment des genres particuliers. Le caractère commun des oiseaux que renferme cette famille est d'avoir le bec convexe, comprimé sur les côtés, échancré ou denté, le plus souvent crochu à la pointe, le pouce grêle. M. Desmarest a aussi donné le nom de *colluriens* à des oiseaux, du genre *Tangara*, qui se rapprochent des pies-grièches par la forme de leur bec. (Ch. D.)

COLLYBITE. (*Ornith.*) M. Vieillot a donné ce nom spécifique à un de ses pouillots, *sylvia rufa* de Bechstein et de Meyer. (Ch. D.)

COLLYRION. (*Ornith.*) Voyez Collurio. (Ch. D.)

COLLYRION. (*Min.*) On distinguoit dans la terre ou argile de Samos, dont Théophraste, Pline et Dioscoride ont parlé, deux variétés : l'une qu'on nommoit *aster*, et l'autre *collyrion*.

L'*aster* étoit blanc, granuleux (*glebosa*), et avoit la densité d'une pierre à aiguiser, ou d'un grès.

Le *collyrion* devoit être doux au toucher et happoit à la langue; il étoit mou et friable; et, d'après un autre passage de Pline, il paroît que l'*aster* étoit blanc et le *collyrion* cendré.

On peut soupçonner, d'après ces caractères et ces propriétés, que l'*aster* avoit quelques rapports avec les argiles kaolin et cimolithe : et le *collyrion* avec les argiles plastiques, dont il offre en effet toutes les propriétés, jusqu'à cette onctuosité qui ne permettoit pas aux peintres d'employer les terres ou argiles de Samos, comme les autres terres blanches. Cette opinion étoit aussi celle de Wallerius, qui rapporte l'*aster* et le *collyrium* de Pline aux argiles apyres, avec lesquelles on fait des pipes, des creusets, etc. Or, celles-ci sont les argiles que nous avons désignées ailleurs par le nom d'Argiles plastiques. Voyez ce mot. (B.)

COLLYRIS. (*Entom.*) C'est le nom donné par Fabricius au genre déjà indiqué par Degéer sous le nom de Colliure. Voyez ce mot. (C. D.)

COLLYRITE. (*Min.*) Espèce du genre argileux, dans Emmerling et dans quelques autres minéralogistes allemands. Ils écrivent *kollyrit*. Voyez la description de cette variété au mot Argile collyrite. (B.)

COLMA (*Ornith.*), nom donné par Buffon à une espèce de fourmilier, *turdus colma*, Gmel. (Ch. D.)

COLMENILLAS (*Bot.*), l'un des noms espagnols des morilles. (Lem.)

COLNUD. (*Ornith.*) Buffon a ainsi nommé un oiseau de Cayenne, de la grosseur du choucas, qui est représenté dans ses planches enluminées, n.° 609, et qui a le cou presque nu, et la tête couverte, depuis et compris les narines, d'une sorte de calotte de velours composée de petites plumes droites, serrées et très-douces au toucher. Gmelin et Latham en ont fait leur *corvus nudus* et leur *gracula fœtida*. C'est aussi le *gracula nudicollis* de Shaw. M. Geoffroy de Saint-Hilaire, dans une dissertation insérée au tome 13.e des Annales du Muséum, a proposé d'en former un genre sous le nom de *gymnodère*. M. Levaillant, qui a décrit et figuré le même oiseau dans ses Oiseaux rares de l'Amérique et des Indes, l'a rangé parmi les cotingas; M. Cuvier l'a placé à la suite de la même famille; Illiger n'a également pas cru devoir le séparer des cotingas, et M. Vieillot en a fait une espèce de son genre Coracine. Voyez Cotinga et Gymnodère. (Ch. D.)

COLOBACHNE. (*Bot.*) Genre de graminées, établi par M. de Beauvois (Agrost., pag. 22, tab. 6, fig. 6), pour le *polypogon vaginatum*, Willd. Il se distingue par les valves du calice inégales, subulées, un peu plus longues que la corolle, dont la valve inférieure est presque trifide, tronquée et munie, un peu au-dessus de sa base, d'une arête torse, coriace, pliée ; la valve supérieure entière, aiguë, le style presque simple ; les stigmates velus, la semence libre, point sillonnée.

Cette plante est l'*alopecurus vaginatus*, Pall., *Nov. act. Petrop.* 10, pag. 304. Ses racines sont composées d'un paquet de fibres noirâtres ; il s'en élève un grand nombre de tiges glabres, menues, ramassées en gazon, hautes de huit à dix pouces ; les feuilles glabres, plus courtes que les tiges, roulées à leurs bords, filiformes, sont toutes radicales ; celles des tiges sont remplacées par deux ou trois gaînes lâches, alternes, longues d'un pouce, un peu ventrues, membraneuses et blanchâtres à leur sommet, quelquefois terminées par une petite feuille courte ; les fleurs sont réunies en un épi ovale, cylindrique, un peu comprimé, obtus, luisant, velu, un peu soyeux, long d'un pouce, d'un vert blanchâtre, composé de petites grappes médiocrement ramifiées. Elle croît sur le mont Caucase. (Poir.)

COLOBE. (*Mamm.*) Illiger, adoptant l'existence des guenons sans pouce aux mains antérieures, décrites par Pennant sous les noms de *full-bottom* et de *bey-monkey*, a fait de ces animaux le genre *Colobus*. Nous renvoyons à parler de ces singuliers quadrumanes à l'article GUENON, parce que le rapport peu circonstancié de Pennant ne nous paroît pas suffisant pour assurer qu'ils existent réellement. (F. C.)

COLOBIQUE. (*Entom.*) M. Latreille a nommé ainsi quelques petites espèces de coléoptères voisins des nitidules, dont la masse des antennes n'est que de deux articles. (C. D.)

COLOBIUM. (*Bot.*) Roth a nommé d'abord *colobium*, puis *thrincia*, un genre de plantes que nous ferons connoître sous ce dernier nom. (H. Cass.)

COLOBRITGENS. (*Ornith.*) Ce nom a été donné, par les Hollandois, à de petits oiseaux de Surinam qui, suivant M.lle Mérian, se trouvent en quantité sur le goyavier, et dont on dit, dans l'Histoire générale des Voyages, tom. 14, p. 321, que les prêtres du pays se nourrissoient, sans avoir la liberté de manger autre chose. Ces oiseaux, d'après une courte description, paroissent être des colibris. (Ch. D.)

COLOCASIA. (*Bot.*) On donnoit anciennement ce nom

au *faba ægyptia* des Latins, au *cyamos* des Grecs, qui est le *nelumbium* des modernes. Daléchamps en donne une description et une figure qui ne sont pas exactes. Clusius, mieux instruit, a parlé un des premiers de la vraie colocase, qui est une espèce de gouet, *arum colocasia*, dont la racine tubéreuse est bonne à manger; il dit qu'elle est commune dans plusieurs lieux du Portugal, où elle avoit été apportée d'Afrique par les Maures, et où on la regardoit comme un igname. Les Espagnols lui donnoient le nom d'*alcolcaz*, qui dérive évidemment du nom primitif. Il paroît que cette racine est aussi le *corsium loti* de Théophraste. (J.)

COLOCOLO (*Ornith.*), L'oiseau pêcheur, de couleur noire, qui est connu sous ce nom aux Philippines, paroît, d'après ce qu'en disent les voyageurs, se rapporter au cormoran, *pelecanus carbo*, Linn. (Ch. D.)

COLOCOLO, *Colocolla*. (*Mamm.*) Molina parle, sous ce nom, d'une petite espèce de chat du Chili, dont le pelage seroit blanc, avec des taches très-irrégulières, noires et jaunes. Le peu qu'il en dit ne permet pas de décider si ce colocolo forme une espèce nouvelle, ou appartient à une espèce déjà connue. (F. C.)

COLOCYNTA (*Bot.*), nom grec de la calebasse, *cucurbita lagenaria*, selon Daléchamps. (J.)

COLOETIA. (*Bot.*) Ce nom étoit donné par Théophraste, suivant Césalpin, au sous-arbrisseau que celui-ci nommoit *emerus*, dont C. Bauhin faisoit un *colutea*, et que Linnæus a rapporté au *coronilla*. Voyez Coronille. (J.)

COLOMANDRA. (*Bot.*) Voyez Douglassia. (J.)

COLOMBAR. (*Ornith.*) Ce nom a été donné par M. Levaillant, dans son Ornithologie d'Afrique, à des pigeons qui ont le bec plus long et plus large que les autres, et dont les deux mandibules, se renflant vers le bout, forment une sorte de tenaille, souvent dentelée sur les tranches, avec laquelle ces oiseaux pincent les fruits dont ils se nourrissent. M. Temminck a aussi fait des colombars une section de son Histoire naturelle des Pigeons, qui correspond au genre Tréron de M. Vieillot. Voyez Pigeon. (Ch. D.)

COLOMBARIO (*Ornith.*), un des noms italiens de l'autour, autrement *astore* ou *falco palumbarius*, Linn. (Ch. D.)

COLOMBASSE. (*Ornith.*) On appelle ainsi, en Picardie, la grive litorne, *turdus pilaris*, Linn. (Ch. D.)

COLOMBATES. (*Chim.*) Combinaisons de l'acide colombique avec les bases salifiables. Voyez Colombium. (Ch.)

COLOMBAUDE. (*Ornith.*) On donne, en Provence, ce nom, qui s'écrit aussi *colombade*, à une fauvette que des auteurs rapportent à la *ficedula septima* d'Aldrovande, à la *motacilla hyppolais* de Linnæus, et au *petty chaps* des Anglois, mais qui ne paroît pas encore bien déterminée. (Ch. D.)

COLOMBE (*Ornith.*), dénomination générique des pigeons. On appelle *colombier* le bâtiment dans lequel nichent les pigeons domestiques, et *colombine* la fiente de ces oiseaux, qui fait un fumier très-chaud et très-actif. (Ch. D.)

COLOMBE DU GROENLAND. (*Ornith.*) Les marins ont improprement donné cette dénomination à un oiseau qui, par sa couleur blanche et noire, et par sa taille, leur a paru avoir des rapports avec le pigeon. C'est le *columba groenlandina* de Martens, *colymbus grylle*, Linn. M. Cuvier a, d'après Pallas, adopté le nom latin de *cephus* (ou *cepphus*, Moehring) pour les colombes du Groënland. (Ch. D.)

COLOMBEIN. (*Ornith.*) On nomme ainsi, en Picardie, le tourne-pierre, *tringa interpres*, Linn. (Ch. D.)

COLOMBELLE, *Columbella*. (*Conch.*) C'est un petit genre assez artificiel, que M. de Lamarck place dans sa famille des columellaires, répondant à peu près au grand genre *Voluta* de Linnæus, mais que je pense devoir être plutôt rapproché des *cônes*, dans la famille que j'ai nommée *angyostome*, d'autant plus qu'il a un très-petit opercule corné, et que ce qu'on nomme les plis de la columelle ne sont réellement que des dents qui n'existent même que dans l'âge adulte. Quoi qu'il en soit, voici le caractère de ce genre : Animal trachélipode; la tête munie de deux tentacules, portant les yeux au-dessous de leur partie moyenne: contenu dans une coquille ovale, appointie aux deux extrémités; la spire assez courte; l'ouverture étroite, un peu sinueuse, à bords paralléles, échancrée antérieurement, un peu rétrécie par le bord droit, renflé dans sa partie moyenne, et denté intérieurement dans toute sa longueur; la columelle, ou mieux le bord columellaire, également denté dans sa partie supérieure; un très-petit opercule corné.

Il ne contient que deux espèces, dont les mœurs et les habitudes sont très-probablement fort semblables à celles des buccins, puisque Adanson les place dans ce genre.

La Colombelle rustique : *Columbella rustica*, Lamk.; *Voluta rustica*, Linn.; le Siger, Adans., Sénég., pl. 9, fig. 98.

Très-petite coquille, épaisse, dont la longueur n'est pas tout-à-fait double de la largeur, à tours de spire un peu aplatis, peu distincts, finement sillonnés; de couleur quelquefois blanche marbrée de jaune et de brun, et quelquefois entièrement brune, sous un épiderme fort mince et cendré.

Elle se trouve en très-grande quantité sur les rochers de l'île de Gorée, au Sénégal.

La Colombelle marchande : *Columbella mercatoria*, Lamk.; *Voluta mercatoria*, Linn.; le Staron, Adans., Sénégal, pl. 9, fig. 29.

Coquille de huit lignes de long, un peu plus épaisse que la précédente, à laquelle elle est presque semblable, de couleur presque entièrement blanche, et marquée de taches d'un bleu d'ardoise.

Elle se trouve avec la précédente. (De B.)

COLOMBETTE. (*Bot.*) Suivant J. Bauhin, aux environs de Montbéliard, on donne ce nom à une grande espèce d'agaric, toute blanche, et qui est très-bonne à manger. Cette espèce n'est pas la même que l'*agaricus candidus* de Schœffer, tab. 225. M. Paulet, qui la rapporte comme une espèce analogue à la colombette n.° 69 de sa Synonymie des espèces de champignons, prévient, pag. 417, que c'est une espèce très-distincte, qu'il nomme *colombette* de Schœffer; elle est piquée et comme peluchée de roux sur un fond blanchâtre. Il ne faut pas confondre ces deux espèces d'agarics avec les *coucoumelles*.

La colombette de Bauhin appartient à la famille des *encriers* mous de Paulet : c'est un champignon à surface sèche, d'une chair ferme et blanche, à suc d'une saveur de bon champignon, et qui se conserve bien; son chapeau, quoique mince, a jusqu'à quatre pouces de diamètre; il se creuse en entonnoir, et il est porté par un stipe d'un pouce et demi de haut. Cette espèce, d'excellente qualité, est fort recherchée pour l'usage. Elle croît en abondance entre Champigny et Passavent, et au Chênois, dans le Montbéliard. (Lem.)

COLOMBIE D'AMÉRIQUE (*Bot.*) : *Columbia americana*, Pers., *Synops.* 2, pag. 66; *Colona serratifolia*, Cav., *Ic. rar.* 4, tab. 370. Genre de plantes de la famille des *tiliacées*, de la *polyandrie monogynie* de Linnæus, ayant pour caractère essentiel : Un calice à cinq folioles caduques; cinq pétales, accompagnés chacun d'une écaille à leur base ; des étamines nombreuses, insérées sur le réceptacle ; un ovaire tétragone porté sur un réceptacle pédicellé ; un style ; un stigmate simple. Le fruit est globuleux, de la grosseur d'un grain de poivre, pourvu de quatre grandes ailes, partagé en quatre loges ; une ou deux semences dans chaque loge.

Ce genre est borné jusqu'à ce jour à une seule espèce, qui a été découverte aux îles Philippines. C'est un arbre de dix-huit à vingt pieds, très-rameux : les rameaux sont cylindriques, hérissés dans leur jeunesse de poils très-courts, garnis de feuilles presque sessiles, alternes, longues de six pouces et plus, vertes en dessus, rudes en dessous, ovales-lancéolées, dentées en scie à leurs bords. Les fleurs sont disposées en grappes axillaires, solitaires, paniculées ; les pédicelles munis de trois fleurs environnées à leur base d'une sorte d'involucre à trois folioles ; leur calice est divisé en cinq folioles linéaires, aiguës, rougeâtres en dedans ; la corolle rouge, plus courte que le calice ; les pétales presque linéaires, échancrés, accompagnés à leur base d'une écaille arrondie et ciliée ; les filamens des étamines rougeâtres, plus courts que le calice ; le fruit est pourvu de quatre ailes brunes, membraneuses. (Poir.)

COLOMBI-GALLINES. (*Ornith.*) MM. Levaillant et Temminck ont donné ce nom à une section du genre Pigeon, comprenant des espèces, telles que le goura, le pigeon de Nicobar, qui se rapprochent des gallinacés ordinaires par leurs tarses plus élevés, leur bec grêle et flexible, et leur habitude de vivre en troupes et de chercher leur nourriture sur la terre sans se percher. Voyez Pigeon. (Ch. D.)

COLOMBINA. (*Ornith.*) On appelle ainsi, en Italie, la grive draine, *turdus viscivorus*, Linn. (Ch. D.)

COLOMBINA. (*Ichthyol.*) Les Siciliens donnent ce nom à

un squale, que M. Schneider range parmi les espèces indéterminées, sous la dénomination de *squalus vacca*. La nageoire dorsale est opposée aux catopes; il n'y a point d'évents. (H. C.)

COLOMBINE PLUMACÉE (*Bot.*), nom vulgaire, dans quelques lieux, d'un pigamon, *thalictrum aquilegifolium*, qui croît sur les montagnes de France, de Suisse et d'Allemagne.

On trouve encore, dans Daléchamps, le nom de colombine donné à l'ancolie, *aquilegia*. (J.)

COLOMBINS. (*Ornith.*) Ce nom a été donné par M. Vieillot aux oiseaux compris dans la vingt-neuvième famille de son ordre des sylvains, tribu des anisodactyles, laquelle est composée des sections Pigeon, Tréron et Goura. (Ch. D.)

COLOMBIQUE (Acide). (*Chim.*) Nous renvoyons la description de cet acide au mot Colombium. (Ch.)

COLOMBIUM. (*Min.*) Voyez Colombium. (B.)

COLOMBIUM ou Columbium. (*Chim.*) Métal qui a été découvert en 1801, par M. Hatchett, dans un minéral où il est à l'état de colombate de protoxides de fer et de manganèse. Ce minéral avoit été envoyé en Angleterre des mines de Massachuset, dans les Etats-Unis. Quelque temps après cette découverte, M. Eckberg fit l'analyse de deux minéraux de Kimist, en Finlande, dont il retira un corps qu'il regarda comme l'oxide d'un nouveau métal, auquel il donna le nom de tantale, parce que cet oxide étoit insoluble dans les acides les plus énergiques; il appela tantalite l'un de ces minéraux, formé d'oxides de tantale, de fer et de manganèse, et yttrotantalite l'autre minéral, qui lui offrit une combinaison d'oxides de tantale, de fer et d'yttrium. Enfin, en 1809, M. Wollaston ayant examiné le tantalite comparativement avec le colombate de fer et de manganèse d'Amérique, trouva que l'oxide de tantale étoit le même corps que l'acide colombique; en conséquence il les réunit tous deux sous le nom d'acide colombique, par la raison que la découverte de M. Hatchett étoit antérieure à celle de M. Eckberg. Le nom de colombium, donné par M. Hatchett au métal trouvé en Amérique, est consacré à la mémoire de Christophe Colomb.

Préparation de l'acide colombique. On met dans un creuset d'argent un mélange de 1 partie de colombate natif de fer et de manganèse, 2 de borax, et 5 de carbonate de potasse; on chauffe graduellement, jusqu'à fondre le mélange. L'acide carbonique se dégage, et l'acide colombique s'unit à la potasse. Les protoxides de fer et de manganèse se suroxident, et sont attaqués, le premier par le borax, le second par l'alcali libre, avec lequel il forme du caméléon minéral. La masse fondue, refroidie et détachée du creuset, doit être traitée par l'acide hydrochlorique foible, qui dissout toute la matière, excepté l'acide colombique. Celui-ci doit être lavé à l'eau bouillante, jusqu'à ce que le lavage ne précipite plus le nitrate d'argent.

Le procédé que nous venons de décrire est de M. Wollaston. Il diffère du procédé de M. Hatchett, en ce que celui-ci fondoit le minéral avec cinq à six fois son poids de carbonate de potasse, lessivoit la masse fondue avec de l'eau, et précipitoit l'acide colombique du lavage en saturant l'alcali qui le tenoit en dissolution par un excès d'acide nitrique. Le résidu, insoluble dans l'eau, étoit traité par l'acide hydrochlorique, qui dissolvoit du fer et le manganèse; et la matière indissoute, qui étoit du colombate natif non attaqué, étoit traitée de nouveau par le carbonate de potasse, l'eau et l'acide hydrochlorique.

Propriétés de l'acide colombique.

Il est blanc; il ne se fond pas, et ne se colore point par la calcination. Suivant M. Eckberg, il auroit une densité de 6,5, après avoir éprouvé l'action d'une forte chaleur. Il est insipide, inodore. Quand il est humide, il rougit le papier, le tournesol. L'alcool et l'eau ne le dissolvent point.

L'acide hydrochlorique n'en dissout qu'une très-petite quantité : il est encore moins soluble dans l'acide nitrique.

L'acide sulfurique, concentré ou bouillant, en dissout une petite quantité. La solution, mêlée à beaucoup d'eau, devient laiteuse, laisse déposer de l'acide colombique, uni à un peu d'acide sulfurique, suivant M. Hatchett. Quant à la liqueur, elle retient un peu d'acide colombique, avec la plus grande partie de l'acide sulfurique. L'infusion de noix de galle qu'on y verse, en précipite l'acide sous la forme de flocons orangés. L'hydrosulfate de potasse n'y produit aucun changement; il en est de même du prussiate de potasse. Si ce réactif produisoit un précipité verdâtre, cela seroit dû à des restes de fer qui n'auroient pas été séparés de l'acide colombique.

La solution sulfurique d'acide colombique précipite ce dernier par les alcalis fixes caustiques : un excès redissout à chaud le précipité.

L'acide phosphorique dissout par la fusion l'acide colombique. On peut s'en assurer en chauffant ce dernier avec du phosphate d'ammoniaque.

Colombate de potasse. La potasse est le véritable dissolvant de l'acide colombique. Il faut, d'après M. Wollaston, chauffer 1 partie d'acide colombique avec 8 de carbonate de potasse cristallisé, pour obtenir une matière entièrement soluble dans l'eau. Pendant la fonte, l'eau et l'acide carbonique du sel se dégagent. Suivant M. Hatchett, il suffit de chauffer l'acide colombique au milieu d'une solution de sous-carbonate de potasse, pour dégager l'acide carbonique, et obtenir du colombate de potasse.

Les acides sulfurique, nitrique, hydrochlorique, succinique et acétique, versés dans une solution de colombate de potasse, séparent la totalité de l'acide colombique à l'état d'hydrate, sous la forme de flocons blancs, qui sont insolubles dans un excès de cet acide. Ce qu'il y a de très-remarquable, c'est que les acides oxalique, citrique et tartarique redissolvent l'acide colombique. Cette dissolution ne pourroit avoir lieu, si l'on présentoit à ces acides végétaux un acide colombique desséché.

L'infusion de noix de galle, l'hydrosulfate de potasse, le prussiate de potasse, ne font éprouver aucun changement au colombate de potasse, qui contient un excès d'alcali ; mais, si on neutralise cet excès de base par un acide, le premier de ces réactifs seulement produit quelque effet. Il détermine le précipité orangé, qui est l'un des caractères les plus saillans de l'acide colombique.

M. Hatchett, en faisant évaporer à une douce chaleur du colombate alcalin de potasse, a obtenu un sel blanc et brillant, cristallisé en gradins, qui, séparé d'une eau mère alcaline, avoit une saveur désagréable, n'éprouvoit pas d'altération par son exposition à l'air, se dissolvoit lentement dans l'eau ; mais la solution, une fois opérée, étoit permanente.

Le tunstate, le molybdate de potasse, précipitent ce sel en blanc ; la teinture alcaline martiale de Stahl le précipite en brun. Ce précipité est, suivant M. Hatchett, du colombate de fer.

Colombate de soude. La soude dissout l'acide colombique ; mais il faut plus de cet alcali et plus d'eau que quand on opère avec la potasse ; et quoique une dissolution faite à chaud soit transparente, par le refroidissement elle devient opaque, et finit par déposer la plus grande partie de l'acide à l'état d'un sel presque insoluble.

Colombate d'ammoniaque. Suivant M. Hatchett, cette combinaison n'existe point.

Quant aux autres combinaisons de l'acide colombique avec les bases, on ne connoît que celles qui se rencontrent dans la nature, c'est-à-dire, le colombate de fer et de manganèse, et le colombate de fer et d'yttria. Nous renvoyons, pour les propriétés de ces composés, aux articles de minéralogie où ces corps sont décrits. Seulement nous ferons observer, avec M. Wollaston, que le colombate de fer et de manganèse d'Amérique a une densité de 5,87, tandis que celui de Finlande en a une de 7,86.

Réduction de l'acide colombique à l'état métallique, etc.

L'acide colombique, retiré du colombate de fer et de manganèse de Finlande, a été réduit par M. Berzelius. Ce chimiste pratiqua dans un charbon une cavité dont le diamètre étoit égal à celui d'une plume à écrire. Il la remplit d'acide colombique, et il l'y comprima fortement. Il plaça ce charbon dans un creuset de Hesse ; puis il l'exposa à une violente chaleur. L'acide fut réduit à l'état métallique ; mais les particules de métal, quoique adhérentes ensemble et formant une masse que l'eau ne pouvoit pénétrer, n'avoient point éprouvé une fusion complète. Le métal avoit les propriétés suivantes :

Il étoit d'un gris sombre. Le frottement contre une pierre à aiguiser lui donnoit le brillant métallique et l'aspect du fer. Il avoit une dureté assez grande pour rayer le verre. Sa densité, prise par M. Wollaston, étoit de 5,61 ; mais il est vraisemblable que sa densité eût été plus grande s'il avoit été complétement fondu. Le colombium se réduisoit, par la trituration, en une poudre dépourvue du brillant métallique, et qui étoit inattaquable par l'acide hydrochlorique, l'acide nitrique et l'eau régale.

Le colombium, chauffé au rouge, s'embrasoit, et s'éteignoit lorsqu'on le retiroit du feu; 100 de métal absorboient de 3,5 à 4,5 d'oxigène : mais le produit de la combustion, qui étoit d'un blanc grisâtre, paroissoit contenir des particules métalliques.

Un mélange de nitre et de colombium, projeté dans un creuset rouge de feu, détonoit, en produisant du colombate de potasse.

M. Berzelius dit que 100 de colombium absorbent 5,485 d'oxigène, et que l'acide qui en résulte produit un hydrate, dans lequel l'eau contient une proportion d'oxigène qui est double de celle unie au métal. Ces 100 d'acide colombique s'unissent à 12,5 d'eau.

Le colombium est susceptible d'être allié avec le manganèse, le fer, etc. (Ch.)

COLOMESTRUM. (*Bot.*) Voyez Cynoctonum. (J.)

COLOMNAIRE (Androphore) (*Bot.*), *Columnare* (*Androphorum*), *Columna*, qui est en colonne, qui forme une colonne. Dans la mauve, l'*hibiscus*, et d'autres malvacées, l'androphore, c'est-à-dire, le support commun des anthères, est colomnaire; il s'élève verticalement du centre de la fleur, et ressemble à une petite colonne. (Mass.)

COLOMNÉE, *Columnea*. (*Bot.*) Genre de plantes de la famille des personnées, de la *didynamie angiospermie* de Linnæus, dont le caractère essentiel consiste dans un calice à cinq divisions profondes; une corolle beaucoup plus longue, tubulée, courbée, gibbeuse à sa base; le limbe à deux lèvres; la supérieure presque entière, en voûte; l'inférieure à trois lobes; quatre étamines didynames; les anthères souvent conniventes; un style, un stigmate à deux lobes. Le fruit est une capsule un peu charnue, globuleuse, à deux loges, entourée par le calice étalé; une cloison charnue, supportant des semences nombreuses fort menues. Ces caractères ont été modifiés selon les changemens introduits dans ce genre.

On a cru devoir retrancher de ce genre quelques espèces, telles que, 1.° le *Columnea erecta*, Lam., qui est le *cyrilla pulchella*, Lhérit., *Stirp.*, tab. 71, ou l'*achimenes coccinea*, Pers.; 2.° le *Columnea longifolia*, Linn., qui est l'*achimenes sesamoides*, Willd. et Vahl, *Symb.*, ou le *diceros longifolius*. (Voyez Diceros et Achimenes.) Les autres espèces sont des herbes, la plupart à tige grimpante ou rampante, à feuilles simples et opposées; les fleurs axillaires, presque solitaires. On distingue les suivantes.

Colomnée grimpante : *Columnea scandens*, Linn.; Lam., *Ill. gen.*, tab. 524, fig. 1; Plum., *Icon.* tab. 89, fig. 1. Ses tiges sont rampantes sur terre, ou grimpantes aux arbres par de petites racines latérales, rameuses, un peu velues; les feuilles sont ovales, pétiolées, entières ou à peine crénelées, un peu pubescentes et blanchâtres; ses fleurs sont ordinairement solitaires, soutenues par des pédoncules et placées dans les aisselles des feuilles supérieures. Sa corolle est d'un beau rouge écarlate, longue de deux pouces, un peu courbée, velue en dehors; les capsules blanches, globuleuses, charnues, un peu plus grosses qu'une noisette. Elle croît dans les bois à la Martinique.

Colomnée hérissée : *Columnea hirsuta*, Swartz, Flor. 2, pag. 1080; Lam., *Ill. gen.*, tab. 524, fig. 2. Cette espèce, recueillie dans les forêts de la Jamaïque, a été confondue, selon Swartz, avec la précédente. Elle en diffère par ses tiges un peu ligneuses, rudes, tétragones et grimpantes; les rameaux herbacés, les feuilles oblongues, acuminées, inégales à leur base, couvertes de poils articulés; les fleurs terminales, axillaires, presque solitaires, très-velues, purpurines ou d'un blanc rougeâtre; les divisions du calice lancéolées, aiguës; le tube de la corolle ventru, globuleux à sa base; le fruit, de la forme et de la grosseur d'un pois.

Colomnée brillante; *Columnea rutilans*, Swartz, Flor. 2, pag. 1083. On distingue cette espèce à la couleur roussâtre et luisante de toutes ses parties. Ses tiges sont lisses, noueuses, un peu ligneuses et grimpantes; ses feuilles ovales, longues de trois pouces, un peu denticulées, velues en dessous; les fleurs velues, d'un jaune rougeâtre, presque solitaires; le calice à quatre ou cinq découpures obtuses, laciniées à leurs bords, très-velues; les lèvres de la corolle profondes. Elle croît dans les forêts, à la Jamaïque.

Colomnée hispide; *Columnea hispida*, Swartz, Flor. 2, pag. 1085. Cette plante croît sur les hautes montagnes, à la Jamaïque. Ses tiges sont simples, articulées, presque ligneuses, longues d'un à trois pieds, hérissées de verrues surmontées d'un poil roide ; les feuilles hispides, ovales, oblongues, obtuses, à peine dentées ; les fleurs axillaires ; les calices très-velus, d'un rouge de sang ; une capsule charnue, ombiliquée, blanchâtre, transparente ; les semences noirâtres, oblongues.

Colomnée ovale ; *Columnea ovata*, Cav., *Icon. rar.* 4, tab. 391. Ses tiges sont ligneuses, rampantes ou grimpantes ; les feuilles ovales, crénelées, hispides en dessus, pubescentes et ferrugineuses en dessous ; les fleurs solitaires : les découpures du calice lancéolées, munies de deux dents à leur base ; la corolle d'un rouge écarlate ; son tube long d'un pouce, pileux en dehors, à quatre découpures ovales, la supérieure bifide, plus large ; les filamens rouges ; les anthères conniventes. Elle croît au Chili.

Loureiro, dans sa Flore de la Cochinchine, rapporte deux autres espèces à ce genre : 1.° le *Columnea stellata*, à tige rampante, herbacée ; les rameaux redressés ; les feuilles ovales, ternées, odorantes, dentées en scie ; les fleurs solitaires, blanches, rayées de rouge ; les découpures du calice subulées, égales ; les capsules pileuses, à deux loges : 2.° le *Columnea cochinchinensis*, très-rapproché par ses fleurs du *Columnea longifolia*, et qui forme avec celui-ci le genre *Dieeros*. Ses tiges sont velues, herbacées, rampantes ; les feuilles glabres, ternées, ovales-lancéolées, dentées en scie ; les fleurs solitaires, pédonculées, d'un blanc-violet, pileuses en dehors ; la corolle presque campanulée, à quatre découpures, dont une plus grande ; les filamens pileux ; une capsule bivalve, à deux loges. En citant ces deux plantes de Loureiro, nous n'osons assurer qu'elles appartiennent à ce genre.

Observation. Le genre *Achimenes* de Brown appartient très-probablement à celui-ci ; Vahl l'en distingue par une corolle à limbe plane, quadrifide, presque égale. Dans le *Columnea*, tel qu'il est présenté par Willdenow, les capsules sont à une et non à deux loges ; les semences nidulantes ; la corolle à deux lèvres, la supérieure à trois divisions profondes, celle du milieu en voûte. (Poir.)

COLON (*Ornith.*), nom donné par M. d'Azara à une espèce de moucherolle qu'il a décrite sous le n.° 180 de ses Oiseaux du Paraguay. (Ch. D.)

COLONA. (*Bot.*) Voyez Colombie. (Poir.)

COLONNARIA. (*Bot.*) Genre de champignons établi par Rafinesque Schmaltz, et qui paroît devoir ne former qu'une section dans celui du *Clathre*. Suivant le botaniste cité, les espèces ont les branches simples, et portent les semences sur leurs bords. Voyez Clathre. (Lem.)

COLONNE TORSE (*Conch.*), nom vulgaire d'une coquille que Bruguières place dans son genre Bulime, sous le nom de *bulimus columna*: c'est une espèce du genre Lymnée. Voyez ce mot. (De B.)

COLOOCE (*Bot.*), espèce d'ortie de Sumatra, dont on tire, suivant Marsden, un fil qui n'est pas inférieur au nôtre. (J.)

COLOPHANE, ou Colophone. (*Chim.*) Voyez Résine. (Ch.)

COLOPHANE. (*Bot.*) Voyez Bois de colophane, Bois-canot. (J.)

COLOPHERME, *Colophermum*. (*Bot.*) Genre de la famille des algues, voisin des *ceramium*, dont il n'est même qu'un démembrement, caractérisé par les gongyles ou tubercules reproducteurs qui terminent des filamens articulés. M. Rafinesque Schmaltz, créateur de ce genre, y rapporte une seule espèce: c'est le colopherme floconneux, *colophermum floccosum*, dont les filamens articulés, un peu rameux, forment des touffes ou flocons; ses articulations sont plus longues que larges, et ses gongyles ovales. Cette plante marine se trouve sur les côtes de Sicile. (Lem.)

COLOPHON. (*Ornith.*) La Chênaye des Bois parle, d'après de Laet, d'oiseaux qu'on nomme ainsi au Pérou, et qu'il désigne comme vivant de poissons, étant tout blancs et plus haut montés que des cigognes. On n'en a pas encore reconnu l'espèce particulière. (Ch. D.)

COLOPHONIA (*Bot.*), un des noms anciens de la scammonée, extraite d'une espèce de liseron, *convolvulus scammonia*. Elle étoit ainsi nommée parce qu'on préféroit celle qui étoit apportée de Colophon, une des villes de l'ancienne Ionie, qui faisoit partie de l'Asie mineure, et bordoit l'Archipel. (J.)

COLOPHONITE. (*Min.*) On a donné ce nom à une variété de grenats d'une couleur jaune-brun roussâtre, et qui paroît avoir la cassure plus résineuse que ne le présente ordinairement cette pierre. M. Haüy l'a nommée *grenat résinite*. Voyez Grenat. (B.)

COLOQUINELLE (*Bot.*), nom donné par M. Duchesne, à une sous-variété du pepon, *cucurbita pepo*, dont le fruit est rond, petit et à peau fine. (J.)

COLOQUINTE, *Colocynthis*. (*Bot.*) Plante cucurbitacée, reportée au genre Concombre. Voyez ce mot. (J.)

COLOQUINTIDA (*Bot.*), nom italien et espagnol de la coloquinte, suivant Daléchamps. (J.)

COLOR SOUSOUNAM (*Ichthyol.*), nom que quelques Hollandois donnent à l'holacanthe bicolore de M. de Lacepède. Voyez Holacanthe. (H. C.)

COLORÉ, *Coloratus*. (*Bot.*) Coloré, en botanique, se dit des parties qui ne sont pas vertes. Lorsque les feuilles, les bractées, le calice, etc. d'une plante, ont une couleur particulière, autre que la verte, on désigne cette couleur si la description qu'on fait de la plante est générale : mais, dans une description ordinaire, à moins que la couleur ne soit caractéristique, on ne la désigne point; on dit simplement d'une partie qu'elle est colorée. C'est ce qui a lieu, par exemple, à l'égard des feuilles du *dracæna terminalis*, des bractées du *melampyrum cristatum*, des calices du fuschia, de la capucine, etc. (Mass.)

COLOS, Colon, *Colus*. (*Mamm.*) Strabon parle, sous le nom de κόλος, d'un animal sauvage de la Scythie, qu'il compare au cerf et au belier, et dans lequel on a cru reconnoître le saïga, *antilope saiga*. Voyez Antilope. (F. C.)

COLOUASSE. (*Ornith.*) Voyez Calouasse. (Ch. D.)

COLPESCE (*Ichthyol.*), nom de l'acipensère huso, dans quelques parties de l'Italie. Voyez Esturgeon. (H. C.)

COLPOON (*Bot.*) Ce genre de plante, établi par Bergius sur un arbrisseau du cap de Bonne-Espérance, constitué de nouveau par Linnæus sous le nom de *fusanus*, a été depuis réuni par son fils au genre *Thesium*, dont il fait encore partie. (J.)

COLSA. (*Bot.*) On croit que c'est l'espèce primitive du chou cultivé, *brassica oleracea*, qui a produit beaucoup de variétés plus ou moins estimées. Le colsa est nommé *brassica oleracea arvensis*. C'est celui que l'on cultive en grand dans la Belgique, pour tirer de sa graine une huile qui est un grand objet de commerce. Voyez CHOU. (J.)

COLT. (*Bot.*) Voyez CALAB. (J.)

COLTOTL. (*Ornith.*) Fernandez désigne, ch. 20, sous ce nom et sous celui d'*avicula inflexa*, un oiseau de la forme et de la taille du moineau commun, dont le plumage, sur un fond noir en dessus et gris en dessous, offre aussi des taches blanches, et dont le chant ressemble à celui du chardonneret. Cet oiseau du Mexique ne paroit pas avoir encore été reconnu par les naturalistes. (CH. D.)

COLTRICIONE. (*Bot.*) Micheli désigne par ce nom un bolet cendré, dont le chapeau est déchiqueté en dessus en façon de treillage; le dessous est celluleux. Ce champignon est son *polyporus alpinus*, *Gen.* p. 130, tab. 71, f. 2. (LEM.)

COLUBER (*Erpétol.*), nom latin de la COULEUVRE. Voyez ce mot. (H. C.)

COLUBRI. (*Ornith.*) Le nom du colibri est quelquefois écrit ainsi dans Salerne, qui, d'ailleurs, ne le distingue pas de l'oiseau-mouche. (CH. D.)

COLUBRIN. (*Erpétol.*) Daubenton a donné ce nom à une espèce de serpent décrit par Hasselquist, *It.*, p. 320, n. 65, et dont Linnæus fit l'*Anguis colubrinus*. Dandin en a fait son Erix couleuvrin. Voyez ERIX. (H. C.)

COLUBRINA. (*Bot.*) Ce nom a été donné anciennement à la grande bistorte, *polygonum bistorta*, et à la serpentaire, *arum dracunculus*, dont la tige est tachée comme la peau d'un serpent. (J.)

COLUBRINE. (*Min.*) C'est le nom que plusieurs auteurs ont donné à quelques variétés de serpentine, et plus particulièrement à la SERPENTINE OLLAIRE. Voyez ce mot. (B.)

COLUBRINE (*Bot.*), nom sous lequel on désigne quelquefois la bryone commune. (L. D.)

COLUBRINE (*Ichthyol.*), nom spécifique d'une MURÆNOPHIS de M. de Lacepède, que M. Cuvier range parmi les OPHISURES. Voyez ces mots. (H. C.)

COLUBRINE, *Colubrina*. (*Ichthyol.*) M. de Lacepède a établi un genre de poissons de ce nom, d'après une figure de la collection des belles peintures exécutées à la Chine et cédées à la France par la Hollande. Ce genre, qui appartient à la famille des cylindrosomes de M. Duméril, présente les caractères suivans :

Nageoire dorsale nulle ; anale courte, étroite ; caudale fourchue ; tête et corps très-alongés ; crâne couvert de plaques, comme dans les serpens.

On distinguera facilement le genre Colubrine de la plupart de ceux de la famille des cylindrosomes, où il y a une nageoire dorsale, et du genre Ompolk, qui a la nageoire de l'anus longue et large. Voyez Cylindrosomes.

La Colubrine chinoise; *Colubrina chinensis*, Lacep. Teinte générale d'un bleu argenté, sans taches. (H. C.)

COLUBRINS, *Colubrini.* (*Erpétol.*) M. Oppel a désigné sous ce nom le septième sous-ordre de l'ordre des ophidiens. Il lui assigne pour caractères, d'avoir la queue plus mince que le corps et arrondie ; de manquer d'une ouverture au-devant des yeux, et de crochets à venin ; de présenter des plaques caudales, le plus souvent doubles. C'est ici que viennent se ranger, dans la méthode de cet erpétologiste, les genres Bongare et Couleuvre. Voyez ces mots. (H. C.)

COLUBRINUM LIGNUM. (*Bot.*) Voy. Bois de Coulebvre. (J.)

COLUM (*Bot.*), nom par lequel Salisbury désigne le placentaire, c'est-à-dire, la partie du péricarpe où les graines sont attachées. (Mass.)

COLUMBA. (*Bot.*) Ruellius, dans son édition de Dioscoride, dit que les Romains nommoient ainsi le gremil, *lithospermum.* (J.)

COLUMBA (*Ornith.*), nom générique du pigeon, en latin. (Ch. D.)

COLUMBARIS (*Bot.*), nom donné par Hermolaus Barbarus à la verveine, suivant C. Bauhin. (J.)

COLUMBEA (*Bot.*), genre mentionné par Salisbury, dans les Trans. de la Soc. Linn. Lond., vol. VIII. C'est le même que le Dombeya, Lam., Encycl. Voyez ce mot. (Poir.)

COLUMBIA. (*Bot.*) Cavanilles, voulant consacrer un genre à la mémoire de Christophe Colomb, qui, par sa découverte du Nouveau-Monde, a beaucoup contribué au progrès de la science des plantes, avoit donné à un de ses genres le nom de *colona*, parce que Colomb se désignoit lui-même sous le nom de Colon, qu'il a transmis à ses descendans. Mais, le nom de Colomb étant trop généralement adopté pour pouvoir être changé,

M. Persoon, dans son *Synopsis*, a substitué au nom *colona* celui de *columbia*, qui n'est cependant pas encore adopté.

D'une autre part, le pin du Chili, *araucaria*, étant regardé comme un des arbres les plus singuliers du Nouveau-Monde, les Anglois, qui en ont découvert deux autres espèces, ont donné le nom de *columbia* à celle qu'ils ont trouvée dans l'île de Norfolk, à l'est de la Nouvelle-Hollande, et qui est maintenant vivante dans le jardin de Kiew. (J.)

COLUMBITE. (*Min.*) C'est le minerai qui renferme le métal découvert par M. Hatchett, et nommé par lui Columbium. Voyez son histoire sous ce dernier mot. (B.)

COLUMBIUM ou Colombium (Hatchett); *Tantalum*, Ekeberg. (*Min.*) Le columbium peut être extrait de son minerai à l'état d'oxide blanc: et cet oxide peut être réduit, au moyen d'une forte chaleur, en un globule médiocrement dur, dont la surface est d'un éclat métallique, et dont la cassure est d'un noir grisâtre.

Cette substance métallique est de nouveau changée en un oxide blanc, par l'action du feu.

La pesanteur spécifique de cet oxide est de 6,50. Sa couleur ne change pas à la chaleur rouge; il ne communique aucune couleur au borax, lorsqu'il est mis en fusion avec lui; il est presque insoluble dans les acides nitrique, muriatique et sulfurique; son dissolvant propre est la potasse, ou le carbonate de potasse cristallisé. Lorsqu'il est fondu avec huit fois son poids de carbonate de potasse, on obtient une masse qui est soluble dans l'eau. Si l'on ajoute à cette dissolution un des trois acides précédens, l'oxide de columbium est précipité, et n'est pas de nouveau dissous par un excès d'acide. Mais le même oxide, si on ne lui laisse pas le temps de sécher, est entièrement dissous par l'acide oxalique, citrique ou tartarique. La teinture de noix de galle produit sur la dissolution de cet oxide un précipité orange, pourvu qu'il n'y ait pas d'excès d'alkali, ou des acides oxalique, citrique ou tartarique; l'excès d'un de ces trois acides seroit détruit au moyen du carbonate d'ammoniaque. Lorsqu'on verse de la teinture de noix de galle sur cet oxide blanc, récemment obtenu et encore humide, il prend une couleur orange. Tels sont les caractères chimiques que M. Wollaston donne au columbium.

Espèce Ire Columbium oxidé; tantale oxidé, (Haüy).

On n'a trouvé jusqu'ici le columbium qu'à l'état d'oxide, combiné avec les oxides de fer et de manganèse, ou avec l'oxide de fer et la terre *yttria*. Cet oxide natif, qui est rare et peu connu, peut être divisé en deux sous-espèces ou variétés.

I.ère *Variété*. COLUMBIUM TANTALITE; Tantale oxidé ferro-manganésifère (Haüy); Tantalite (Ekeberg; Jameson); Columbite (Jameson). Lorsque ce minerai est récemment cassé, sa couleur est d'un gris bleuâtre foncé, ou d'un noir presque ferrugineux. Sa surface, cependant, est ordinairement noirâtre, unie et quelquefois chatoyante. Sa poudre est brune ou d'un gris brunâtre. Il donne des étincelles sous le briquet, et sa pesanteur spécifique paroît varier de 7,95 à 5,92.

Il se présente amorphe, ou en petites masses de la grosseur environ d'une noix, qui paroissent être des cristaux imparfaits, de la forme d'un octaèdre, ou d'un prisme rhomboïdal, à faces additionnelles. Il se casse sans peine, et sa cassure est compacte, ou imparfaitement feuilletée, avec un lustre brillant, métallique. Il n'agit pas sur l'aiguille aimantée.

Un échantillon de columbium tantalite de Suède a donné à M. Vauquelin : oxide de columbium, 83; de fer, 12; de manganèse, 8. Dans un autre du Connecticut, M. Hatchett a trouvé : oxide de columbium, environ 78; de fer, 21.

Cet oxide ferrugineux paroît ne s'être trouvé qu'en deux endroits, qui sont cependant très-éloignés l'un de l'autre. L'un est Brokaern, paroisse de Kimito, gouvernement d'Abo, en Finlande, où on le trouve disséminé dans des filons de quarz ou de felspath traversant du gneiss. L'autre endroit est dans les Etats-Unis, à New-London, dans le Connecticut; mais sa situation précise n'est pas connue.

Il paroît qu'on n'a encore observé qu'un seul échantillon de cet oxide des Etats-Unis. Cet échantillon a été transmis à sir Hans Sloane, par le gouverneur Winthrop. Il avoit été trouvé près d'une fontaine voisine de la maison de ce gouverneur. M. Hatchett a retrouvé ce morceau, en 1801, dans le Muséum britannique; et, y ayant découvert un nouveau métal, il le nomma *columbium*.

Bientôt après, M. Ekeberg, chimiste suédois, découvrit l'oxide blanc d'un nouveau métal, auquel il donna le nom de *tantalum*. Il nomma tantalite le minerai qui le contient.

Vers l'année 1809, le D.r Wollaston, s'étant procuré des échantillons du minerai de Suède et quelques fragmens de l'échantillon d'Amérique, fit une suite d'expériences comparatives, dont le résultat fut que les deux minerais donnoient des oxides blancs, parfaitement semblables dans leurs propriétés les plus caractéristiques. Cinq parties de tantalite lui donnèrent : oxide blanc, 4,25 ; oxide de fer, 0,5 ; oxide de manganèse, 0,2. Cinq parties de colombite donnèrent : oxide blanc, 4,0 ; oxide de fer, 0,75 ; oxide de manganèse, 0,25.

L'identité du columbium et du tantalite semble donc suffisamment établie, et la priorité de la découverte de M. Hatchett paroît réclamer, pour ce nouveau métal, le nom de *columbium*, que nous lui laissons, avec MM. Thénard, Cleaveland, etc.

Le D.r Wollaston observe que la surface extérieure, la couleur et l'éclat de la fracture, la couleur des stries et la dureté, sont les mêmes dans les minerais suédois et américain. Le columbite cependant est plus facile à briser ; sa fracture est moins uniforme, et sa pesanteur spécifique n'est que de 5,92, tandis que celle du tantalite est de 7,95.

Il suppose que la pesanteur spécifique peu élevée du premier peut être due à son état d'oxidation, ou à l'existence de cavités.

II.e *Variété.* Columbium yttrifère ; Tantale oxidé yttrifère (Haüy) ; Tantale yttertantalite (Jameson) ; Yttrotantalite (Brochant). Sa couleur est un gris métallique foncé ou presque noir de fer ; sa poudre est grise. Il est moins dur que la variété précédente, et se raye au couteau, quoique avec assez de difficulté. Sa fracture est granulaire ou inégale, et brille d'un éclat métallique. Sa pesanteur spécifique est au moins 5,18. Il n'est pas magnétique. Il se présente en petites masses, souvent de la grosseur d'une noisette.

Ce minerai contient, dit-on, environ 45 parties d'oxide de columbium, le résidu étant de l'yttria, de l'oxide de fer, et peut-être du manganèse.

On trouve ce minéral à Ytterby, en Suède. Il gît dans le felspath qui contient la gadolinite, et est associé au quarz et au mica. On a trouvé dernièrement, à Bodenman, en Bavière, un minerai de columbium, qui paroît se rapporter à la première variété. (B.)

COLUMBO (*Bot.*), CALUMBA, COLUMBA, sont les différens noms donnés par divers auteurs à une même racine, connue depuis la fin du XVII.e siècle. Elle fut vantée alors pour le traitement de beaucoup de maladies, surtout des douleurs de coliques, des mauvaises digestions, de la diarrhée et des affections venteuses. On a dit qu'elle étoit originaire du continent de l'Asie, d'où elle avoit été transportée à Columbo, ville de Ceilan, et de là dans diverses parties de l'Inde, au Mosambique, dans l'Afrique. Quelques personnes la faisoient venir plutôt de ce dernier lieu. Au moins il est certain que Commerson a trouvé à Madagascar, sous le nom de *columbo*, une plante grimpante, qui paroît appartenir au genre Ménisperme, et conséquemment à la famille des ménispermées. Les Anglois sont les premiers qui l'ont fait connoître en Europe, vers le milieu du dernier siècle. Le docteur Percival, en publiant les expériences faites avec cette racine, lui a procuré en peu de temps une célébrité telle que maintenant elle est relatée dans les pharmacopées les plus estimées. On l'apporte coupée en tranches d'un à trois pouces de diamètre, ou en morceaux longs de deux pouces, ou beaucoup moins. Son écorce est épaisse, raboteuse, d'un vert brun. La partie intérieure, jaunâtre, est retirée et déprimée dans les tranches, de manière à présenter deux surfaces concaves; et chaque morceau ou tranche est percé d'un trou, qui paroît avoir été pratiqué pour faciliter la dessiccation. Le columbo, réduit en poudre, prend une couleur verdâtre, et attire l'humidité. Frotté avec un couteau, il laisse échapper une odeur un peu aromatique; sa saveur est amère et un peu piquante. On la corrige, en mêlant à son infusion de l'écorce d'orange.

Cette racine passe pour antiseptique, mais inférieure en ce point au quinquina. Elle est plus employée comme calmant, pour arrêter les dévoiemens et les vomissemens opiniâtres: Pringle, Percival, Cartheuser, Bertrand de la Gresie, nous ont appris son utilité en ce genre, d'après des épreuves faites en Angleterre, en Hollande et en France. Elle a même soulagé dans l'invasion de la maladie, à l'époque où les astringens sont nuisibles, surtout lorsqu'il étoit question d'arrêter des mouvemens irréguliers dans les premières voies. Cependant elle agit mieux lorsque la maladie commence à décliner. Elle calme aussi les nausées et les vomissemens chez les femmes enceintes ou nouvellement accouchées. Celles qui sont attaquées de la fièvre puerpérale éprouvent du soulagement par son emploi, à la dose d'un tiers ou demi-gros, trois ou quatre fois par jour, en poudre, ou en extrait, ou en infusion, surtout quand elle a été précédée d'un dévoiement très-fort. Son usage, précédé de l'émétique, a fait cesser le vomissement qui accompagne les coliques bilieuses. (J.)

COLUMELLE (*Bot.*), *Columellia*, Vahl, *Fl. Per.* Ce genre comprend quelques arbres et arbrisseaux du Pérou. Il appartient à la *diandrie monogynie* de Linnæus. Son caractère essentiel consiste dans un calice monophylle, à cinq découpures; une corolle supérieure en roue; une capsule à deux valves, les valves doublées. On y rapporte les deux espèces suivantes:

COLUMELLE A FEUILLES ALONGÉES : *Columella oblonga*, Ruiz et Pav., *Fl. Per.*, 1, tab. 12, fig. a; Vahl, *Enum.* Cet arbre s'élève à la hauteur de vingt ou vingt-cinq pieds : ses rameaux sont très-nombreux, cylindriques, de couleur cendrée; ses feuilles oblongues, très-rapprochées, glabres et luisantes en dessus, blanchâtres et pubescentes en dessous, dentées en scie à leurs bords : les fleurs sont disposées en un corymbe terminal; leur pédoncule trifide; les pédicelles uniflores, accompagnés chacun de deux bractées opposées : la corolle est jaune; ses découpures concaves. Il croît dans les forêts, au Pérou.

COLUMELLE A FEUILLES OVALES : *Columella obovata*, Vahl, *Enum.*; *Fl. Per.*, 1, pag. 500, tab. 12, fig. 6. Cette espèce est un arbrisseau d'environ huit pieds. Ses tiges sont droites, cylindriques; ses rameaux nombreux, opposés; ses feuilles très-rapprochées, opposées, sessiles, glauques, luisantes, en ovale renversé, entières ou légèrement dentées, blanchâtres en dessous; les fleurs terminales, médiocrement pédonculées, à une ou trois fleurs jaunes; deux bractées sous le calice. Cette plante croît au Pérou, sur les collines arides. (POIR.)

COLUMELLE (*Bot.*), *Columella; Sporangidium*, Hedw. On donne le nom de columelle au petit axe filiforme qu'on observe au centre de l'urne des mousses. L'axe d'un fruit qui, comme dans celui du *geranium*, persiste après la chute des coques auxquelles il servoit de support, est aussi quelquefois désigné par le nom de columelle. (MASS.)

COLUMELLE (*Conch.*), *Columella*, terme de conchyliologie, par lequel on désigne l'espèce de petite colonne qui forme l'axe d'une coquille spirale, et qui est le résultat de l'enroulement spiral et serré du cône que l'on peut concevoir la former. Voyez CONCHYLIOLOGIE. (DE B.)

COLUMELLEA. (*Bot.*) [*Corymbifères*, Juss. ; *Syngénésie polygamie superflue*, Linn.] Ce genre de plantes, de la famille des synanthérées, appartient probablement à notre tribu naturelle des inulées.

La calathide est radiée, composée d'un disque pluriflore, régulariflore, androgyniflore ; et d'une couronne unisériée, liguliflore, féminiflore. Le péricline est cylindrique, formé de squames imbriquées, dressées, linéaires-lancéolées, aiguës; les intérieures étalées et scarieuses au sommet. Le clinanthe est plane, inappendiculé, un peu alvéolé. L'ovaire est grêle, et surmonté d'une petite aigrette coroniforme, continue, irrégulièrement dentée. Les fleurs, ligulées, ont la languette lancéolée, aiguë, très-entière, légèrement striée, étalée.

Jacquin est l'auteur de ce genre, dont il a décrit et figuré une espèce dans son ouvrage sur les plantes rares du Jardin impérial de Schœnbrunn. Si la figure du style est exacte, cette plante est sans doute de la tribu des inulées.

La COLUMELLÉE BISANNUELLE, *Columellea biennis*, Jacq., a la tige haute d'un à deux pieds, cylindrique, rameuse, garnie de feuilles éparses, linéaires, obtuses, très-entières, tomenteuses. Les calathides, solitaires à l'extrémité des rameaux, sont composées de fleurs jaunes. Cette plante est originaire du cap de Bonne-Espérance. (H. CASS.)

COLUMELLI. (*Foss.*) On a autrefois donné ce nom à des polypiers simples et cylindriques, qui paroissent être rangés dans les coryophillites.

Luid et Plolt ont désigné aussi sous ce nom les moules intérieurs de quelques entroques, ou débris d'encrines, qui ont aussi été appelés *vis de pressoir*. (D. F.)

COLUMELLIA. (*Bot.*) Trois genres de plantes très-différens ont reçu ce nom, consacré à la mémoire de Columelle. L'un a été établi par les auteurs de la Flore du Pérou. Il n'est point encore rapporté à une famille connue. S'il n'avoit pas l'ovaire engagé dans le calice et faisant corps avec lui, il appartiendroit aux jasminées ou se rapprocheroit des calcéolaires. En observant qu'une des deux espèces est nommée *ulux* dans le Pérou, nous proposons de donner au genre le nom d'*uluxia*.

On trouve, dans l'ouvrage de Loureiro, le *cay-rat-loung* de la Cochinchine sous le nom générique de *columellea*. D'après sa description, il a quelques rapports, d'une part, avec le *cissus*, dans les vinifères; de l'autre, avec les rhamnées. Lorsqu'on le connoîtra mieux, on le classera plus sûrement. Mais il lui faut un nom qui le distingue de tout autre, et ce nom peut être celui de *cayratia*, tiré de celui que l'arbre porte dans son pays natal.

Un troisième genre, sous le nom de *columellia*, a été fait par Jacquin, dans l'*Hort. Schœnbr.*, vol. 3, t. 301, sur une plante de la famille des corymbifères, faisant partie des synanthérées. Ce sera probablement celui auquel le nom sera conservé. (J.)

COLUMNEA. (*Bot.*) Voyez Colomnée. (Poir.)

COLUPPA (*Bot.*), nom malabare de l'*illecebrum sessile* de Linnæus, suivant Rheede, qui attribue à son suc pris en boisson avec de l'eau chaude, la propriété de calmer les douleurs d'entrailles. (J.)

COLURNA (*Bot.*), nom spécifique d'un coudrier. (L. D.)

COLUS. (*Bot.*) Ce nom, qui signifie quenouille, a été donné à quelques plantes. Cordus nommoit la carline ordinaire, *colus rustica*. Le nom de *colus Jovis* étoit donné par Gérard au *salvia pratensis*; par Lobel, au *salvia glutinosa*. Cette dernière est la seule des trois dont la tige soit assez longue pour servir de quenouille. Dans le midi de la France, on emploie plus habituellement à cet usage le grand roseau, *arundo donax*. (J.)

COLUTEA. (*Bot.*) Voyez Baguenaudier. (L. D.)

COLUVRINE DE VIRGINIE. (*Bot.*) On donne ce nom à la racine d'une plante qui paroît être l'aristoloche serpentaire, plus vulgairement connue sous le nom de serpentaire de Virginie. (L. D.)

COLVERT. (*Ornith.*) On appelle ainsi, en Piémont, le canard souchet, *anas clypeata*, Linn. (Ch. D.)

COLY (*Ornith.*), nom anglois et générique du coliou, *colius*. (Ch. D.)

COLYDIE, *Colydium*. (*Entom.*) MM. Paykul et Fabricius ont appelé ainsi un petit genre d'insectes coléoptères tétramérés, à antennes en masse non portées sur un bec, à corps très-déprimé, de la famille des omoïdes ou planiformes. Ils vivent sous les écorces humides des arbres, ou dans le bois que l'humidité fait pourrir. Leur corps est linéaire, et la masse de leurs antennes est perfoliée. (C. D.)

COLYEUZ. (*Ornith.*) L'oiseau auquel Albert applique cette dénomination est, d'après Gesner, la hulotte, *strix aluco*, Linn. (Ch. D.)

COLYMBADES. (*Bot.*) Dioscoride, dans le chapitre 139 de son premier livre, donne ce nom grec à une espèce d'olive qui, broyée et appliquée sur les brûlures, empêche qu'il ne s'y forme des pustules, et qui est propre aussi à nettoyer les ulcères. Son suc raffermit les gencives. Lorsqu'elle est fraiche, elle resserre le bas-ventre, mais fortifie l'estomac. Trop mûre, elle se corrompt facilement, devient de difficile digestion, et peut alors occasioner des maux de tête. Telles sont les principales indications tirées de Dioscoride. Elles ne suffisent pas pour déterminer l'espèce ou les variétés de ce fruit, qui en offre beaucoup, dont on peut voir l'énumération dans le Dictionnaire économique. (J.)

COLYMBE. (*Ornith.*) Voyez Colymbus. (Ch. D.)

COLYMBÈTE. (*Entom.*) Ce nom, qui signifie plongeon, a été donné par M. Clairville à une division du genre Dytisque, parmi les coléoptères rémitarses ou nectopodes. Voyez Dytisques. (C. D.)

COLYMBIDA. (*Ornith.*) Ce terme, et celui de *colymbis*, paroissent, dans Athénée, désigner spécialement, savoir: celui-ci les grèbes proprement dits, et le premier les grèbes de plus petite taille ou les castagneux. (Ch. D.)

COLYMBUS. (*Ornith.*) Ce nom latin, qui, chez Linnæus, comprend les plongeons, les grèbes, les guillemots, a été restreint par Brisson et par Illiger aux grèbes; et, tandis que Latham adoptoit pour ceux-ci la dénomination de *podiceps*, il appliquoit celle de *colymbus* aux seuls plongeons, qui sont les *mergus* de Brisson, et les *eudytes* d'Illiger. Le mot *uria*, consacré aux guillemots, a éprouvé moins de variations. (Ch. D.)

COLYTEA. (*Bot.*) Cette plante de Théophraste ne doit pas être confondue avec le baguenaudier, *colutea*, dont elle diffère beaucoup, suivant Clusius. Quelques personnes, de son temps, croyoient que la plante de Théophraste étoit l'arbre de Judée; mais on s'accorde davantage à croire que ce dernier est plutôt le *cercis* de Théophraste, et Linnæus lui en a laissé le nom. Quant au *colytea*, il est indiqué comme ayant des feuilles larges comme celles de l'orme, mais plus alongées et blanches en dessous, et on ajoute qu'il n'a ni fleurs ni fruit. Pourroit-on appliquer cette description incomplète au peuplier blanc? Il reste au moins certain que ce n'est pas le baguenaudier. Césalpin croit que ce peut être l'*anagyris*. (J.)

COMA (*Bot.*), synonyme de *bractées couronnantes*, touffe de bractées placées au-dessus des fleurs. La fritillaire impériale en offre un exemple. (Mass.)

COMA. (*Bot.*) Voyez Cône. (J.)

COMA-AUREA. (*Bot.*) Ce nom a été appliqué par Boërhaave, Commelin, Burmann, à diverses espèces de *chrysocoma*, d'*athanasia*, de *tanacetum*, de *gnaphalium*. (H. Cass.)

COMAÇAI. (*Bot.*) Suivant Fresneau, cité par la Condamine, dans un Mémoire lu à l'Académie des Sciences en 1751, ce nom est donné par les Portugais à une espèce sauvage de figuier, qui est peut-être le *ficus citrifolia*, Lamk. Il est remarquable par la base de son tronc, entourée de plusieurs arcs-boutans très-forts, qui sont autant de racines extérieures, sorties de ce tronc à une certaine hauteur, et se dirigeant obliquement vers la terre. (J.)

COMACON. (*Bot.*) Voyez Comakon. (J.)

COMAGENE. (*Bot.*) Pline parle d'une plante ainsi nommée probablement parce qu'elle croissoit dans un canton de la Syrie appelé Comagène. Il n'en donne aucune description; mais il dit seulement qu'elle entroit dans la composition du *medicamentum comagenum*, fait avec un mélange de graisse d'oie et de *cinnamum*, dans une grande quantité de neige. (J.)

COMAKA. (*Bot.*) Suivant Nicolson, on nomme ainsi dans les Antilles le fromager, *bombax ceiba*, dont le tronc y est employé à la construction des pirogues, et l'écorce en médecine. (J.)

COMAKON. (*Bot.*) Suivant Adanson, Théophraste nommoit ainsi le muscadier. (J.)

COMALTECATL. (*Ornith.*) Cet oiseau, dont Fernandez parle, chap. 22, est l'échasse du Mexique, *himantopus mexicanus*, Briss., présentée comme une variété du *charadrius hi-*

mantopus, mais que Buffon et d'autres naturalistes ne distinguent pas de l'espèce commune. C'est aussi le *mbatuitui à longues jambes* de M. d'Azara, n.° 395. (Ch. D.)

COMANDA-GUIRA. (*Bot.*) Adanson pense que la plante du Brésil décrite par Marcgrave sous ce nom, est le Cajan. Voyez ce mot. (J.)

COMARET (*Bot.*), *Comarum*, Linn. Genre de plantes dicotylédones, polypétales, périgynes, de la famille des rosacées, Juss., et de l'*icosandrie polyandrie*, Linn., dont les principaux caractères sont les suivans : Calice monophylle, 10-fide, à divisions alternativement plus petites; corolle de cinq pétales; étamines nombreuses; ovaires supérieurs, en nombre indéfini, attachés à un réceptacle commun, surmontés chacun d'un style; autant de graines nues, portées sur un réceptacle grand, presque ovale, spongieux, hérissé de poils et persistant. Ce genre ne renferme qu'une espèce, qui croît également dans les marais en Europe et dans l'Amérique septentrionale.

Comaret des marais : *Comarum palustre*, Linn., *Spec.* 718; *Fl. Dan.*, t. 636. Sa racine est rampante; elle donne naissance à une tige herbacée, couchée inférieurement, ensuite redressée, longue d'un pied, garnie de quelques feuilles pétiolées, composées de cinq à sept folioles oblongues, dentées, plus ou moins glabres, souvent un peu pubescentes en-dessous. Ses fleurs sont d'un rouge brun, longuement pédonculées, disposées au sommet des tiges ou dans les aisselles des feuilles supérieures.

Quelques auteurs ont réuni cette plante aux potentilles; d'autres l'ont placée avec les fraisiers. Elle passe pour fébrifuge. (L. D.)

COMAROIDES. (*Bot.*) Pontedera donne ce nom générique aux potentilles à feuilles ternées, qui ont le port du fraisier, mais dont le réceptacle des graines n'est pas charnu. De ce nombre est le *fragaria sterilis* de C. Bauhin et de Tournefort. Ce sont les mêmes plantes dont Necker a fait un genre sous le nom de *tridophyllum*, et M. Lapeyrouse sous celui de *fraga*. M. Roth en fait des espèces de *comarum*. (J.)

COMARON. (*Bot.*) Ce nom grec étoit celui du fraisier, suivant Apulée, cité par C. Bauhin. On l'a donné également à l'arbousier, probablement parce que son fruit, semblable pour la forme et la couleur à une fraise, l'avoit fait nommer fraisier en arbre. Le *comarum* des modernes est un autre genre, voisin du fraisier, que quelques auteurs récens réunissent à la potentille. (J.)

COMATI (*Bot.*), nom brame du *watta-tali* des Malabares, mentionné par Rheede, qui est le *caturus spiciflorus.* (J.)

COMATULE, *Comatula.* (*Echinod.*) M. de Fréminville, Nouveau Bulletin des Sciences, n.° 49, avoit proposé de séparer du genre *Asteria* de Linnæus, sous le nom d'Antedon, quelques espèces réellement fort singulières par leur organisation générale, et même par quelques-unes de leurs habitudes. C'est à ce même groupe que M. de Lamarck donne, depuis long-temps, dans ses cours, le nom générique de comatule, dont les caractères sont : Corps orbiculaire, déprimé, pourvu sur le dos d'une couronne de cirres, ou rayons petits, simples, articulés, terminés par une sorte d'ongle, et dans la circonférence d'autres rayons beaucoup plus grands, pinnés ; les pinnules inférieures, simples et entourant la bouche, qui est isolée, membraneuse, tubuleuse et saillante.

Dans l'état de dessiccation où ces animaux nous sont connus dans les collections, on ne voit que les articulations calcaires dont sont composés leurs rayons ; et l'on remarque que chacune de ces articulations est épaisse d'un côté et mince de l'autre, et cela alternativement, en sorte que les sutures des articulations sont obliques et en zigzag : mais, dans l'état frais, on trouve qu'elles sont enveloppées par une peau mince, transparente, nécessairement contractile, et qui est la partie active du système de locomotion de ces animaux qui doit être fort lente. La face inférieure du corps proprement dit, qui est plus large que la supérieure, offre un sillon circulaire, d'où part celui qui règne le long des rayons et de leurs pinnules. On ignore si ce sillon est pourvu, dans l'animal vivant, d'un très-grand nombre de ventouses tentaculaires qui puissent servir réellement à leur locomotion, comme dans les astéries ordinaires ; mais cela est probable. En général on connoît peu l'organisation des comatules : on sait seulement que leur estomac est simple, et que leurs mœurs diffèrent de celles des autres astéries, en ce qu'au lieu de chercher leur nourriture sur le sol, elles se suspendent à quelque corps marin au moyen de la couronne de rayons simples qu'elles ont sur le dos, et que pendant ce temps les autres rayons agissent pour tâcher d'accrocher les animaux qui passent à leur portée et les dirigent vers la bouche. C'est à M. Peron que nous devons ces observations, ainsi que la connoissance de la plupart des espèces indiquées par M. de Lamarck.

La Comatule solaire; *Comatula solaris*, Lamk. Grande et belle espèce, d'au moins un pied de diamètre, quand elle est bien étendue, et dont les rayons, au nombre de dix, sont larges et élégamment pinnés, un peu aplatis en dessus, sillonnés en dessous, et bordés par des carènes transverses, doublement crénelées. Patrie inconnue.

La Comatule multirayonnée: *Comatula multiradiata*, Lamk.; Linck, *Stell.*, tab. 22, fig. 34. Espèce de l'Inde, dont les rayons, au nombre de cinq à la racine, se subdivisent profondément en cinq, dix, et quelquefois douze branches, dont les pinnules sont un peu déprimées, les rayons dorsaux assez grands et crochus à la pointe.

La Comatule rotulaire; *Comatula rotularis*, Lamk. Espèce rapportée par MM. Peron et Lesueur, probablement des mers australes, et dont les rayons ne sont divisés qu'en deux ou cinq branches, dont les pinnules sont verticalement inclinées en dessous, et les cirres inférieurs très-nombreux.

La Comatule frangée: *Comatula fimbriata*, Lamk.; Petiv., *Gaz.*, tab. 4, fig. 6, *Stella chinensis*. Dans cette espèce, provenant également du voyage de MM. Peron et Lesueur, les rayons pinnés sont grêles, à peine longs de trois pouces, et divisés jusqu'à la base en deux à cinq branches, et les articulations sont un peu ciliées sur les bords.

La Comatule carinée; *Comatula carinata*, Lamk. Espèce dont les rayons pinnés sont seulement bifides, et par conséquent au nombre de dix et obscurément carénés en dessous; les articulations imbriquées, et les cirres dorsaux au nombre de vingt.

Elle habite les mers de l'Ile de France, d'où elle a été rapportée par M. Matthieu.

La Comatule méditerranéenne: *Comatula mediterranea*, Lamk.; *Stella rosacea*, Linck, *Stell.*, pag. 55, tab. 37, n.° 66. Cette espèce, la seule, à ce qu'il paroit, qui vive dans nos mers, a beaucoup de rapports avec la précédente; mais elle est plus petite, et a ses articulations moins serrées, ses pinnules assez longues, subulées, et les cirres dorsaux divisés chacun en trois au lieu de deux, ce qui en fait trente.

La Comatule de l'adéone; *Comatula adeonæ*, Lamk. Celle-ci est petite, délicate; ses rayons pinnés, au nombre de dix, sont fort grêles, pinnacés; ses pinnules sont lancéolées, comme pliées en deux en dessous, suivant leur longueur. Ses cirres sont au nombre de vingt.

Elle vient des mers de la Nouvelle-Hollande, où elle a été trouvée, par MM. Peron et Lesueur, accrochée à l'adéone foliifère.

La Comatule brachiolée; *Comatula brachiolata*, Lamk. Presque aussi petite que la précédente, dont elle diffère, en ce que ses rayons pinnés sont assez épais, courts, subulés; que les pinnules sont lâches et un peu crépues; les cirres dorsaux subdivisés en trois chaque. On ne connoit pas au juste sa patrie. (De B.)

CO-MAY. (*Bot.*) Voyez Cussu-Cussu. (J.)

COMBA-SOU. (*Ornith.*) Cet oiseau, qui est le moineau du Brésil, de Buffon, *fringilla nitens*, Linn., est représenté pl. 21 de l'Histoire naturelle des Oiseaux chanteurs, de M. Vieillot. (Ch. D.)

COMBATTANT. (*Ornith.*) Cet oiseau, qui est le paon de mer, *tringa pugnax*, Linn., ne diffère des maubèches que par une palmure un peu plus considérable entre les doigts extérieurs; on n'en donnera la description que sous ce mot. M. Cuvier l'a séparé des maubèches (*calidris*) et des alouettes de mer (*pelidna*), et il lui a consacré particulièrement le nom de *machetes*. (Ch. D.)

COMBER (*Ichthyol.*), nom anglois du *labrus comber*, Linn. Voyez Labre. (H. C.)

COMBILI. (*Bot.*) C'est le nom que reçoit dans la langue malaise, suivant Rumph, l'igname à aiguillons, *dioscorea aculeata*. (J.)

COMBINAISON. (*Chim.*) C'est l'acte par lequel des corps de nature différente s'unissent de manière à former un tout homogène dans toutes les parties qu'il est possible de séparer par des forces mécaniques. La chaleur, la lumière, l'électricité, l'affinité élective, sont les seules forces capables de dissocier les corps qui ont formé une combinaison.

Le mot *combinaison* s'applique aussi aux corps mêmes qui résultent de cet acte. C'est dans ce sens qu'on dit des *combinaisons définies*, des *combinaisons indéfinies*, pour désigner des unions de corps qui se font en des proportions fixes ou bien en des proportions illimitées. Voyez à l'article ATTRACTION, Supplément du tom. 3, pag. 93, 94, 95, 96, 97, 98. (CH.)

COM-BIRD ou COMMBIRD. (*Ornith.*) L'oiseau du Sénégal, qui est indiqué sous ce nom et sous celui de *peigné*, par Labat, et, d'après lui, par quelques autres auteurs, comme étant de la taille du coq d'Inde, marchant gravement, ayant la tête couverte de poils doux, longs de quatre ou cinq doigts, à pointe frisée, retombant des deux côtés, et dont la queue fait la roue, paroit se rapporter à l'oiseau royal, *ardea pavonina*, ou à la grue de Numidie, *ardea virgo*, Linn. (CH. D.)

COMBOU-NAGOU (*Erpétol.*), nom malabare d'une des variétés du NAJA. Voyez ce mot. (H. C.)

COMBOYE. (*Bot.*) Voyez BOIS DE COMBOYE. (J.)

COMBRE (*Ichthyol.*), nom spécifique d'un labre. Voyez ce mot. (H. C.)

COMBRETACÉES. (*Bot.*) M. R. Brown annonce sous ce nom une famille de plantes dont les genres sont détachés de celle des onagraires, et dont le *combretum* peut être regardé comme le type. Cette famille, caractérisée plus particulièrement par un ovaire uniloculaire et contenant deux ou plusieurs ovules attachés au sommet de la loge, paroit d'abord assez naturelle. M. Brown n'a fait que le proposer, sans en présenter le caractère complet. Il reste à savoir s'il y joint le *gaura* et le *cacucia*, qui ont beaucoup d'affinité avec les onagraires, et s'il regarde véritablement notre famille des myrobalanées comme faisant partie de ses combretacées, quoiqu'elle soit d'une part privée de corolle, et, de l'autre, munie d'un embryon dont les lobes sont contournés autour de la radicule. Ces deux caractères n'existent pas dans le *combretum* et ses analogues. Cependant il faut avouer, et nous l'avons observé nous-mêmes dans le *Genera plantarum*, qu'il y a beaucoup d'affinité entre ces deux séries. (J.)

COMBRETUM. (*Bot.*) Voyez CHIGOMIER. (POIR.)

COMBRETUM. (*Bot.*) La plante que Pline nommoit ainsi, est, selon Anguillara (cité par C. Bauhin), l'espèce de jonc.

juncus campestris de Linnæus, qui fait récemment partie du nouveau genre *Luzula*. Le nom de Pline est maintenant appliqué à un genre très-différent. (J.)

COMBURENS, Combustibles, Combustion. (*Chim.*) Voyez Corps comburens, Combustibles, Combustion. (Ch.)

COME, ou Coma. (*Bot.*) Selon Pline, ce nom, ainsi que celui de *tragopogon*, est donné au cercifis, qui a retenu le dernier. (J.)

COME, ou Kome, ou Wasi (*Bot.*), noms japonois du riz, suivant Kœmpfer. Une variété à grains gros et très-blancs est nommée *ko*. Le *da* est un grain maigre et rougeâtre. Voyez Co. (J.)

COME (*Ichthyol.*), nom japonois de la plie, *platessa vulgaris*. Voyez Pleuronecte et Plie. (H. C.)

COME-GOMMI ou Mantées (*Bot.*), nom japonois du *serissa*, genre de la famille des rubiacées, que quelques auteurs avoient antérieurement mal à propos rapporté au *lycium*, qui est une solanée. M. Thunberg, dans sa *Flora Japonica*, l'écrit *komogommi*. Voyez Serissa. (J.)

COMÉPHORE, *Comephorus*. (*Ichthyol.*) Genre de poissons de la famille des pantoptères, établi par M. le comte de Lacépède, d'après une espèce découverte par Pallas, et rangée par lui dans le genre Callionyme.

Les coméphores ont les caractères suivans :

Première nageoire dorsale très-basse ; museau oblong, large, déprimé ; tête et ouverture de la bouche très-grandes ; dents très-petites ; ouïes très-fendues ; catopes nuls ; nageoires pectorales très-longues ; quinze rayons au moins de la seconde nageoire dorsale garnis de longs filamens.

Le mot *coméphore* est tiré du grec, et signifie *porte-chevelure* (κόμη, φέρω).

Les *coméphores* seront facilement distingués des *anarrhiques*, qui n'ont qu'une nageoire du dos ; des *callionymes*, qui ont des catopes ; des *trichonotes*, qui sont dans le même cas ; des *murènes* et des *ophidies*, qui ont les nageoires dorsale, anale et caudale réunies, tandis qu'elles sont distinctes chez eux, etc. Voyez Pantoptères.

On n'en connoît encore qu'une espèce ; c'est le

Coméphore baïcal : *Comephorus baicalensis*, Lacép. : *Callio-*

nymus baicalensis, Pallas. Mâchoire inférieure saillante, dépourvue de dents au sommet ; corps alongé et comprimé ; chair molle, imprégnée d'huile ; nageoire caudale fourchue ; nageoires pectorales égales à la moitié de la longueur du corps ; deux tubercules auprès des tempes ; ligne latérale rapprochée du dos. Taille d'un pied.

Ce poisson habite le lac Baikal, entre la Russie asiatique et la Chine. Il se tient pendant l'hiver dans les endroits les plus profonds : ce n'est que pendant l'été qu'il s'approche des rivages en troupes nombreuses. Il paroît jouir jusqu'à un certain point de la faculté de se soutenir dans l'air, comme quelques trigles. (H. C.)

COMÈTE. (*Phys.*) Voyez Astre et Planète. (L.)

COMETES. (*Bot.*) Voyez Cobion. (J.)

COMETES A FLEURS ALTERNES (*Bot.*): *Cometes alterniflora*, Burm., Fl. Ind., tab. 15, fig. 5; Lamk., *Ill.*, tab. 76. Burmann nous a fait connoître cette plante des Indes orientales, dont la famille naturelle n'a pas encore pu être déterminée, qui appartient à la *tétrandrie monogynie* de Linnæus, offrant pour caractère essentiel : Un involucre à quatre folioles ; point de corolle ; quatre étamines ; un ovaire supérieur ; un style ; un stigmate trifide ; une capsule à trois coques monospermes.

Cette plante a des racines grêles, simples, fusiformes ; des tiges herbacées, glabres, presque simples, étalées, très-menues. Les feuilles sont alternes, pétiolées, glabres, ovales-lancéolées, entières, aiguës ; les nervures fines, serrées, point ramifiées. Les fleurs sont disposées en têtes, à l'extrémité de pédoncules communs, presque capillaires, axillaires : les inférieurs solitaires ; les supérieurs quelquefois géminés, munis d'une ou de deux paires de folioles pédicellées, opposées. Trois fleurs sessiles, en tête, sont renfermées dans un involucre à quatre folioles oblongues, hispides, ciliées, de même longueur : calice, aussi long que l'involucre, à quatre folioles oblongues ; les filamens des étamines capillaires, de la longueur du calice ; les anthères arrondies ; l'ovaire surmonté d'un style filiforme et d'un stigmate trifide. Le fruit consiste en une capsule à trois coques, à trois semences. (Poir.)

COMETITE. (*Foss.*) C'est un polypier fossile, à rayons

alongés d'un côté et raccourcis de l'autre, qui dépend du genre Astrée; mais il paroit que quelques auteurs anciens qui en ont parlé, ont été séduits par la coupe oblique de ce polypier, qui doit nécessairement, dans ce cas, présenter des rayons courts d'un côté et alongés de l'autre, quoique chacune des étoiles dont il est parsemé soit composée de rayons égaux. (D. F.)

COMÈTRE. (*Bot.*) Voyez Kommitrich. (J.)

COMINHAM (*Bot.*), nom donné, suivant Clusius, à l'arbre du benjoin, par les habitans de la partie de l'Asie où il croît. (J.)

COMINHOS (*Bot.*), nom portugais du cumin, selon Vandelli. C'est le *cominchos* des Espagnols, suivant Dodoens. (J.)

COMINIA. (*Bot.*) Ce genre, de P. Brown, a été réuni au sumac, sous le nom de *rhus cominia*. On trouve le même mot dans Pline, où il désigne une espèce ou variété d'olive. (J.)

COMINIAN. (*Bot.*) Voyez Caminyan. (J.)

COMMA. (*Ornith.*) Suivant Dapper, p. 258 de sa Description de l'Afrique, il y a, en Nigritie, un oiseau nommé *comma*, qui a le cou vert, les ailes rouges et la queue noire. Cette désignation étant insuffisante pour reconnoître l'espèce de l'oiseau, on se bornera à faire observer ici que l'auteur dit ce peu de mots immédiatement après avoir parlé des perroquets. (Ch. D.)

COMMANDEUR (*Ornith.*), nom donné à une espèce de troupiale, l'*acolchichio* d'Hernandez, chap. 4, à cause de la marque rouge qu'il a sur la partie antérieure de l'aile. C'est l'*icterus pterophœniceus* de Brisson, et l'*oriolus phœniceus* de Linnæus et de Latham. M. Temminck a aussi donné le nom de commandeur à sa première espèce de colombar, *columba militaris*. (Ch. D.)

COMMÉLINE, *Commelina*. (*Bot.*) Genre de plantes de la famille des commélinées, de la *triandrie monogynie* de Linnæus, caractérisé par un calice à trois folioles concaves, alternes avec les trois pétales inégaux et onguiculés de la corolle (un calice à six divisions, les intérieures en forme de pétales, Juss.); six étamines, trois terminées par des anthères vacillantes; très-ordinairement trois filamens stériles, surmontés d'une glande jaunâtre, en croix, que Linnæus nomme nectaires; un ovaire supérieur, un style, un stigmate simple. Le fruit est une capsule à trois loges, à trois valves, renfermant trois semences ou plus, quelquefois deux par avortement. Les fleurs sortent ordinairement d'une feuille florale en forme de spathe, qui prend aussi la forme d'un involucre ou d'une bractée.

Ce genre renferme des espèces dont les voyageurs modernes ont considérablement augmenté le nombre, tellement que, au lieu d'une douzaine au plus mentionnées par Linnæus, on en compte aujourd'hui plus de cinquante. Nous nous bornerons à faire connoitre les plus intéressantes, en faisant observer en même temps que le genre *Tradescantia* ne diffère essentiellement de celui-ci que par six étamines velues et toutes fertiles.

Comméline commune : *Commelina communis*, Linn.; Lamk., *Ill. gen.*, tab. 35, fig. 1. Cette espèce est une des mieux connues. On la cultive depuis long-temps dans les jardins botaniques. Ses tiges sont glabres, noueuses, herbacées, rameuses, couchées; les feuilles alternes, glabres, ovales-lancéolées, aiguës, munies d'une gaîne membraneuse, ciliée à ses bords. Les dernières feuilles, en forme de spathe, renferment plusieurs fleurs médiocrement pédonculées, pourvues de deux pétales d'un beau bleu, et d'un troisième plus petit, plus pâle. Elle croît en Amérique. Il paroît qu'elle croît également au Japon, d'après Thunberg. Kœmpfer en a fait aussi mention : il rapporte, mais c'est une erreur, que l'on se sert de ses fleurs pour fabriquer la belle couleur bleue d'outremer. On humecte ses pétales mêlés avec du son de riz. On en retire un suc dans lequel on plonge une carte qu'on laisse sécher. On réitère cette opération autant qu'il est nécessaire, jusqu'à ce que la carte ait pris la couleur. La *commelina polygama*, Roth, et la *commelina caroliniana*, Walth., paroissent être deux variétés de cette espèce.

Comméline d'Afrique : *Commelina africana*, Linn.; Lamk., *Ill. gen.*, tab. 35, fig. 3. Cette espèce ressemble beaucoup à la précédente; mais elle est plus petite : ses feuilles sont plus étroites, ses fleurs jaunes, surtout les deux pétales plus grands, onguiculés; le troisième est plus petit, sessile, de couleur pâle. Elle croît en Afrique : on la cultive au Jardin du Roi.

Comméline droite : *Commelina erecta*, Linn.; Dillen., *Eltham.*, 91, tab. 77, fig. 88. Ses tiges sont droites, un peu velues; ses feuilles ovales-lancéolées, pubescentes sur leur gaîne; les fleurs d'un bleu pâle, assez grandes, réunies dans des feuilles florales, spathacées, couvertes de poils courts. On la cultive au Jardin du Roi : elle est originaire de la Virginie. Peut-être faudra-t-il rapporter à cette espèce, comme variété, la *commelina obliqua* de Vahl. Les feuilles de celui-ci sont glabres, obliques à leur base ; les involucres en forme de rein ; les pédoncules solitaires ou géminés. On ignore son lieu natal.

Comméline a fleurs pales : *Commelina pallida*, Willd., *Hort. Berol.*, 2, tab. 87 ; *Commelina rubens*, Redout., Liliac. *Icon.* Ses tiges sont droites, pileuses, particulièrement sur les rameaux ; ses feuilles plissées, oblongues-lancéolées, rudes en dessus, pubescentes en dessous ; les gaînes renflées ; les involucres ovales, en cœur, un peu arrondis, pubescens ; les fleurs petites, pédonculées, disposées en ombelles ; les pétales d'un bleu pâle, presque égaux. Elle croît au Mexique : on la cultive au Jardin du Roi.

Comméline du Bengale : *Commelina bengalensis*, Linn. ; Pluk., *Almag.*, 130, tab. 27, fig. 3. Cette plante, originaire du Bengale, est aujourd'hui cultivée au Jardin du Roi. Elle a des tiges grêles, rampantes ; des rameaux courts et distans ; des feuilles ovales, obtuses, pétiolées au-dessus de leur base, bordées de poils courts, ainsi que leur gaîne et leur corolle ; les pétales inégaux. Quelques auteurs pensent que la *commelina cucullata*, Linn., doit être considérée comme la même espèce.

Comméline de Virginie : *Commelina virginiana*, Linn. ; Pluk., *Alm.*, tab. 174, fig. 4. Il y a de grands rapports entre cette espèce et la *commelina erecta*. Ses feuilles sont plus étroites, lancéolées, un peu rudes en dessus, pubescentes en dessous et sur leur gaîne ; les fleurs bleues ; les pétales en cœur, très-entiers, presque égaux. On la cultive au Jardin du Roi : elle croît dans la Virginie.

Comméline tubéreuse : *Commelina tuberosa*, Linn. ; Dillen., *Elth.*, 94, tab. 79, fig. 90. Cette plante est remarquable par les tubérosités de ses racines en forme de navets. Ses tiges sont redressées, noueuses, rameuses à leur base ; les feuilles sessiles, ovales-lancéolées, velues sur leur dos ; les fleurs bleues ; les pétales arrondis, presque égaux. Elle croît au Mexique : on la cultive au Jardin du Roi.

Comméline a gaines ; *Commelina vaginata*, Linn. Ses tiges sont ascendantes, un peu rudes; ses feuilles linéaires, sessiles, vaginales; les pédoncules alongés, terminés par une feuille florale, roulée en forme d'une gaîne cylindrique; les folioles du calice lancéolées, colorées à leur sommet; deux étamines à filamens velus, quatre autres stériles, une fois plus courtes; les pétales ovales, égaux, de la longueur du calice; les anthères jaunes avec des taches noires. Elle croît dans les Indes orientales.

Comméline a feuilles étroites; *Commelina angustifolia*, Mich., *Amer.*, 1, pag. 24. Ses feuilles sont glabres, linéaires-lancéolées; leur gaîne étroite, presque ciliée; la feuille florale pliée, longuement pétiolée; les involucres en cœur; la corolle bleue; les pétales presque égaux; les semences cylindriques. Elle croît dans les champs, à la Caroline.

Comméline a fleurs nues: *Commelina nudiflora*, Linn.; Pluk., *Almag.*, tab. 27, fig. 4. Cette espèce est privée d'involucre; elle ressemble à une graminée. Ses tiges sont glabres, menues; ses feuilles sont très-étroites, sessiles, linéaires; leur gaîne courte; les pédoncules droits, capillaires, munis chacun de quatre à six petites fleurs pédicellées; les pétales ovales, presque égaux, plus grands que le calice; deux filamens fertiles et barbus, les autres stériles; les capsules très-petites. Cette plante croît dans les Indes orientales.

Comméline bractéolée; *Commelina bracteolata*, Lamk., Enc., n.° 12. Sa tige est grêle, rameuse, coudée, presque glabre; ses feuilles étroites, lancéolées-linéaires, ciliées, ondulées; ses fleurs paniculées, petites et bleuâtres; les pédoncules ramifiés, capillaires, munis de bractées à demi vaginales et transparentes; trois pétales ovales, un peu plus grands que le calice; le style un peu tortillé en spirale après la floraison. M. de Lamarck soupçonne que cette espèce pourroit bien être la *commelina spirata*, Linn. Elle croît dans les Indes orientales.

Comméline a longues tiges; *Commelina longicaulis*, Jacq., *Ic. rar.*, 2, tab. 294. Ses tiges sont grêles, rameuses, très-longues, rampantes, géniculées; ses feuilles sessiles, linéaires, lancéolées, très-étroites, quelquefois un peu pileuses; la feuille florale, ovale; les pédicelles géminés, géniculés; les fleurs petites; la corolle bleue; les pétales arrondis, presque égaux. Elle croît aux lieux humides, dans les environs de Caracas.

COMMÉLINE A LONGUES FEUILLES : *Commelina longifolia*, Mich., *Amer.*, 1, pag. 23; *Commelina hirtella*, Vahl, *Enum.*, 2, pag. 169. Ses feuilles sont longues de quatre à six pouces, pétiolées, distantes, lancéolées, rudes, pileuses à leurs deux faces; les gaines brunes, ciliées à leur orifice; les bractées ou involucres en cœur, sessiles, colorées; la corolle bleue; les pétales presque égaux. Elle croît à la Caroline et dans la Virginie.

COMMÉLINE FASCICULÉE; *Commelina fasciculata*, *Fl. Per.*, 1, tab. 72, fig. b. Ses racines sont composées de tubercules oblongs, fasciculés, lanugineux; les tiges sont ascendantes et pileuses; les feuilles étroites, lancéolées, pubescentes; l'involucre en cœur; le calice blanchâtre; la corolle bleue; les pétales égaux. Elle croît sur les collines, aux environs de Lima. Dans la *commelina nervosa*, *Fl. Per.*, 1, pag. 44, les feuilles sont glabres, lancéolées, hérissées à leur base; les tiges droites. Celle-ci croît au Pérou.

COMMÉLINE HISPIDE; *Commelina hispida*, *Fl. Per.*, 1, tab. 73, fig. a. Ses tiges sont pubescentes; ses feuilles ovales-lancéolées, obtuses, un peu hispides, les plus grandes longues de six pouces; les gaînes un peu purpurines; les bractées renversées; cinq à six fleurs pédicellées; les pétales très-grands, égaux, ovales, concaves, échancrés, un peu pédonculés; les semences comprimées. Elle croît au Pérou, sur les collines.

COMMÉLINE MOLLE; *Commelina mollis*, Jacq., *Icon. rar.*, 2, tab. 293. Toute la plante est velue; ses feuilles sont molles, ovales, aiguës; les tiges rampantes; les bractées à demi orbiculaires, contenant deux fleurs bleues; les pétales arrondis, presque égaux. Elle croît dans les environs de Caracas. La *commelina turbinata*, Vahl, très-rapprochée de cette espèce, a ses feuilles plus alongées, pubescentes; les bractées turbinées; les pétales égaux. Elle croît dans l'Amérique, à l'île de Sainte-Croix.

COMMÉLINE GRÊLE; *Commelina gracilis*, *Fl. Per.*, 1, tab. 72, fig. a. Ses tiges sont rampantes, fort menues; ses feuilles glabres, ovales, un peu rudes à leurs bords; les gaînes ciliées, en cœur; le calice blanchâtre; la corolle bleue; les bractées ciliées et en cœur. Elle croît dans les environs de Lima, aux lieux humides.

COMMÉLINE A TIGE NUE; *Commelina nudicaulis*, Burm., *Ind.*, tab. 8, fig. 1. Peut-être n'est-elle qu'une variété de la *commelina nudiflora*. Ses tiges sont couchées ; ses feuilles lancéolées, en gaîne à leur base ; les pédoncules droits, filiformes, munis de deux bractées vers le milieu, et de deux fleurs à leur sommet ; la corolle bleue ; les pétales égaux. Elle croît à l'île de Java.

Comméline équinoxiale ; *Commelina æquinoxialis*, Pal. Beauv., *Fl. Owar.*, 1, tab. 38. Ses tiges sont velues, rampantes à leur base ; les feuilles grandes, lancéolées, pileuses ; leur gaîne enflée ; les fleurs paniculées, sortant d'une foliole spathacée ; le calice à trois folioles inégales ; trois pétales inégaux ; six étamines, deux plus longues ; une capsule à deux loges ; deux ou trois semences dans chaque loge. Elle croît dans les environs de la ville de Benin. Il n'est pas très-certain qu'elle appartienne à ce genre. Il en est de même de la *commelina ambigua*, Pal. Beauv., *Fl. Owar.*, 1, tab. 15, à tige ligneuse ; les feuilles ovales-oblongues, acuminées, velues ; les fleurs d'un bleu violet, en grappe terminale ; trois étamines inégales ; une capsule à trois loges ; deux semences dans chaque loge. Elle croît aussi aux environs de Benin.

MM. Humboldt et Bonpland ont découvert plusieurs autres espèces de commélines, que M. Kunth a fait connoître dans le *Nova Genera et Species Plantarum* ; telles sont :

Comméline a feuilles de graminée ; *Commelina graminifolia*, Kunth, *in* Humb. *et* Bonpl. *Nov. Gen.*, 1, pag. 258. Ses tiges sont droites ; ses feuilles linéaires, glabres en dessous, rudes à leurs bords et sur leur gaîne ; les involucres en cœur, hispides à leur base ; une ombelle composée de sept fleurs ; les pédoncules pubescens ; les pétales bleus, presque égaux. Elle croît à la Nouvelle-Espagne, sur les montagnes.

Comméline acuminée ; *Commelina acuminata*, Kunth, l. c. Ses feuilles sont lancéolées, pubescentes à leurs deux faces ; les gaînes glabres et ciliées ; les involucres en cœur, un peu pileux ; la corolle bleue ; les pétales égaux. Elle croît aux mêmes lieux que la précédente.

Comméline couchée ; *Commelina prostrata*, Kunth, l. c. Ses tiges sont rampantes, glabres et rameuses ; ses feuilles glabres, ovales-oblongues ; les involucres en cœur, plissés, aigus ; trois ou quatre fleurs pédicellées, à peine saillantes hors de l'involucre, outre un pédoncule plus long, uniflore ; les pétales bleus, presque égaux ; cinq étamines, deux stériles. Elle croît au Pérou, le long des plages maritimes.

COMMÉLINE ELLIPTIQUE; *Commelina elliptica*, Kunth, l. c. Ses tiges sont glabres, ascendantes ; les feuilles ovales-elliptiques, ciliées à leurs bords et sur leur gaîne ; les involucres pubescens à leur base, ciliés à leurs bords ; les ombelles géminées, à plusieurs fleurs médiocrement pédicellées ; les pétales presque égaux. Elle croît aux lieux ombragés, à Cumana.

COMMÉLINE ÉLÉGANTE ; *Commelina elegans*, Kunth, l. c. Ses tiges sont glabres, couchées et rameuses ; ses feuilles lancéolées, rudes et pileuses en dessus, pubescentes en dessous, un peu ondulées à leurs bords ; les involucres pliés en capuchon, hérissés, striés ; une ombelle pédonculée, à cinq fleurs ; la corolle bleue ; deux pétales réniformes, onguiculés ; le troisième fort petit, ovale, onguiculé ; une capsule à trois loges monospermes. Elle croît dans la Nouvelle-Grenade, aux lieux ombragés et tempérés, sur les rives du fleuve Juanambu.

COMMÉLINE DE CARIPE ; *Commelina caripensis*, Kunth, l. c. Ses tiges sont rameuses, un peu hérissées ; les feuilles oblongues-lancéolées, rudes en dessus, pubescentes en dessous, glabres sur leur gaîne ; les involucres hérissés, en capuchon ; les fleurs bleues, peu nombreuses ; les pétales inégaux. Elle croît dans la vallée de Caripe.

On connoît encore plusieurs autres espèces de *commelina* citées par différens auteurs, telles que la *commelina nervosa*, *Fl. Per.; commelina attenuata; obtusifolia; pacifica; divaricata; Forskaelei; obliqua; barbata; canescens; simplex; gigantea; elata; micrantha; umbrosa; paniculata; serrulata; diffusa*, Vahl, *Enum.*, vol. 2 ; *commelina barbata*, Lamk., *Ill.; commelina medica*, Lour., *Fl. Cochin.* ; *commelina japonica*, Thunb., *Act. Lond.; commelina pilosula*, Act. Soc. d'Hist. natur. Paris ; *commelina cyanea; lanceolata; ensifolia; undulata*, R. Brown, *Nov. Holl.*, pag. 269 ; *commelina beniniensis*, Pal. Beauv., *Fl. Owar.; commelina dianthifolia*, Redouté, Liliac.

On a séparé de ce genre plusieurs espèces placées dans d'autres genres, les unes parmi les *tradescantia*, d'autres parmi les *campelia*, dont il a été fait mention, et que l'on a aussi nommées *zanonia*.

M. R. Brown, dans ses Plantes de la Nouvelle-Hollande, a

retranché du genre *Commelina* toutes les espèces dont les fleurs manquent de cette sorte d'involucre ou de bractée qui les accompagne. J'ai cru, avec le célèbre Vahl, que ce caractère, dans un genre aussi naturel, ne pouvoit servir que de sous-division. Je vais citer les principales espèces qui y sont renfermées sous le nom d'*ancilema*.

* *Aneilema*, Rob. Brown.

Comméline a fleurs nombreuses; *Commelina floribunda*, Kunth, *in* Humb. *et* Bonpl. *Nov. Gen.*, 1, pag. 260. Ses tiges sont glabres, rampantes, cylindriques; les rameaux ascendans; les feuilles sessiles, ovales-lancéolées, aiguës, ciliées à leurs bords; les gaînes renflées, diaphanes; les fleurs presque en ombelles, axillaires, géminées, pédonculées, composées de huit à douze fleurs; point d'involucre; les pédoncules et les pédicelles hérissés, réfléchis à l'époque de la fructification; la corolle bleue; les folioles du calice et les pétales égaux. Elle croît proche Cumana, aux lieux ombragés et humides.

Comméline biflore; *Commelina biflora*, R. Brown, *Nov. Holl.*, 1, pag. 270. Ses tiges sont rampantes, glabres, ainsi que toutes les autres parties de cette plante; les feuilles lancéolées; les pédoncules terminés par deux fleurs; point d'involucre. Cette plante, ainsi que les suivantes, croît sur les côtes de la Nouvelle-Hollande.

Comméline siliculeuse; *Commelina siliculosa*, Brown, l. c. Ses tiges sont ascendantes; les feuilles sessiles, ensiformes, rudes en dessus; les supérieures plus petites et distantes; une panicule ramifiée, ne soutenant que quelques fleurs au sommet de ses rameaux, garnis à leur base de petites bractées concaves, stériles.

Comméline acuminée; *Commelina acuminata*, Brown, l. c. Ses feuilles sont lancéolées, à peine pétiolées, médiocrement acuminées, lisses en dessus, rudes à leurs bords; la panicule comme dans la précédente. La *commelina laxa*, Brown, l. c., n'en diffère que par ses feuilles elliptiques, pétiolées, les supérieures plus petites.

Comméline a grandes feuilles; *Commelina macrophylla*, Brown, l. c. Toute cette plante est glabre; ses tiges sont droites; ses feuilles lisses, pétiolées, oblongues, lancéolées, acuminées; les gaînes distinctes, simples à leur orifice; les fleurs disposées en une grappe lâche, très-simple. Dans la *commelina crispata*, Brown, l. c., les gaînes supérieures sont imbriquées, crépues à leur orifice.

M. R. Brown ajoute aux espèces précédentes les trois suivantes, sous les noms d'*aneilema graminea*, à tige droite, glabre, à demi cylindrique; les feuilles un peu ciliées; tous les filamens barbus, dont trois fertiles: *aneilema affinis*; la tige droite, rude sur ses angles; les feuilles linéaires; une panicule terminale: *aneilema anthericoides*; la tige un peu cylindrique, pubescente, ainsi que les feuilles linéaires; les fleurs disposées en une panicule terminale; tous les filamens barbus, trois fertiles. (Poir.)

COMMÉLINÉES. (*Bot.*) Cette famille de plantes, à laquelle la Comméline donne son nom, fait partie de la classe des monopérigynes ou monocotylédones à étamines insérées au calice. Elle formoit auparavant une section ou portion de section dans celle des jones ou joncées. Un examen plus attentif y a fait découvrir des caractères suffisans pour constituer une famille distincte, mais toujours voisine des joncées, dont on a encore détaché d'autres sections qui sont maintenant autant de familles nouvelles, plus ou moins rapprochées de la famille primitive.

Le caractère général des commélinées consiste dans un calice monophylle à six divisions très-profondes, dont trois plus intérieures sont ordinairement plus grandes et colorées comme des pétales (regardées comme tels par plusieurs auteurs). Les étamines, insérées à la base du calice en nombre égal à celui de ses divisions, leur sont opposées. Quelquefois leur nombre est moindre; quelquefois aussi il y a des anthères avortées ou conformées différemment des autres. L'ovaire, libre ou supère, creusé de trois loges contenant chacune très-peu d'ovules, est surmonté d'un style et d'un seul stigmate. Il devient une capsule à trois loges, dont une avorte quelquefois, s'ouvrant en autant de valves qui portent dans leur milieu une cloison réunie au centre avec les deux correspondantes pour former les trois loges. Chacune contient ordinairement deux graines attachées dans l'angle central, remplies d'un périsperme charnu, au milieu duquel est un embryon dont la radicule est dans une direction opposée à celle de l'ombilic de la graine, c'est-à-dire, tournée vers les parois de la capsule. Les tiges sont herbacées. Les feuilles, toujours alternes, se terminent à leur base en une gaîne tubulée, non fendue, qui entoure la tige. Les fleurs, accompagnées chacune d'une spathe diversement conformée, sont axillaires, ou plus souvent terminales, et ordinairement portées sur des pédoncules multiflores.

Les genres qui appartiennent à cette famille sont le *callisia*, le *commelina*, le *campelia* détaché de ce dernier genre, le *tradescantia*, le *cartonema*, et l'*aneilema*, deux genres nouveaux de M. R. Brown, dont le dernier comprend encore plusieurs espèces anciennes de comméline, auxquelles l'auteur joint avec doute le *pollia* de M. Thunberg. (J.)

COMMENDADOZA (*Ornith.*), nom espagnol du troupiale commandeur, *oriolus phœniceus*, Linn. (Ch. D.)

COMMERSON (*Ichthyol.*), nom spécifique d'un chironecte, *lophius Commersonii*, Lacép., et d'un scombre, placé dans le sous-genre des thons. Voyez Chironecte, Thon. (H. C.)

COMMERSONE A FRUITS HÉRISSÉS (*Bot.*): *Commersonia echinata*, Forst., *Gen.*, n.° 72; Linn., *Sup.* 187; Lam., *Ill. gen.*, tab. 218; *Restiaria alba*, Rumph, *Amb.*, 3, pag. 187, tab. 119. Ce genre a été consacré par Forster à la mémoire du savant botaniste françois Commerson, si bien connu par la riche collection de plantes qu'il recueillit dans son voyage autour du monde. Il mourut, encore jeune, à l'Ile de France, en 1773, victime de ses longs et pénibles travaux. Ce genre appartient à la famille des liliacées et à la *pentandrie pentagynie* de Linnæus, ayant pour caractère essentiel : Un calice à cinq divisions; cinq pétales insérés sur le calice, alternes avec ses divisions; un anneau à cinq découpures, et cinq corpuscules filiformes, velus, entre les divisions de cet anneau; cinq étamines situées à la base des pétales; cinq styles; les stigmates globuleux; une capsule à cinq loges, hérissée de poils plumeux; deux semences dans chaque loge.

Cet arbre ne s'élève qu'à une hauteur médiocre. Son tronc, revêtu d'une écorce glabre, panachée de gris et de brun, est à peu près de la grosseur d'un homme : il soutient une cime lâche, composée de rameaux lanugineux dans leur jeunesse, et garnis de feuilles alternes, pétiolées, ovales, aiguës, dentées en scie, un peu ridées, luisantes, et d'un vert noirâtre en dessus, blanchâtres et pubescentes en dessous. Les fleurs sont blanches, fort petites, disposées en panicules axillaires; les divisions du calice sont ovales, aiguës; les pétales linéaires, très-ouverts, élargis de chaque côté de leur base en un lobe courbé en dedans; de plus on observe dans l'intérieur un appendice en anneau, à cinq divisions lancéolées, plus courtes que les pétales, et cinq corpuscules filiformes, velus, placés entre les divisions de l'anneau : les filamens des étamines sont très-courts, situés à la base des pétales; les anthères arrondies, à deux loges; l'ovaire supérieur, globuleux, velu, à cinq côtes; cinq styles droits et courts; autant de stigmates globuleux. Le fruit consiste en une capsule dure, arrondie, à cinq loges, hérissée de filets longs et plumeux; deux semences dans chaque loge, ovales-oblongues, d'un rouge ferrugineux, noirâtres à leur sommet, munies en partie d'une arille très-mince, membraneuse, déchiquetée. Cet arbre a été observé dans l'île d'Otaïti et aux Moluques. (Poir.)

COMMERSONIA. (*Bot.*) Ce nom avoit été donné par Sonnerat au *butonica* de Rumph, genre de la famille des myrtées, et par Commerson lui-même, dans ses manuscrits, pour désigner son genre nommé par nous *polycardia*, un de ceux qu'il regardoit comme les plus singuliers. Mais, à l'époque de la publication de ce genre, ce nom avoit déjà été appliqué par Forster au *restiaria* de Rumph, décrit ci-dessus, qui doit entrer dans la famille des tiliacées. (J.)

COMMERSONIEN (*Ichthyol.*), nom spécifique donné à un grand nombre de poissons de genres différens, en particulier à un Chironecte, à un Able, à un Exocet, à un Bagre, *pimelodus Commersonii*, Lacép., à un Turbot, *pleuronectes Commersonii*, Lacép., à un Stoléphore, à un Labre, etc. (Voyez ces mots.)

Ce nom est consacré à conserver la mémoire du célèbre et laborieux voyageur Commerson. (H. C.)

COMMIA DE LA COCHINCHINE. (*Bot.*), *Commia cochinchinensis*, Lour., *Fl. Cochin.*, 2, pag. 743. Arbre observé par Loureiro à la Cochinchine, sur les bords de la mer. Il constitue un genre particulier de la famille des euphorbiacées, de la *dioécie monandrie* de Linnæus, offrant pour caractère essentiel : Des fleurs dioïques, disposées en chatons couverts d'écailles imbriquées; sous chaque écaille une anthère à plusieurs loges ; point de corolle dans les fleurs femelles ; un calice à trois folioles persistantes ; un ovaire libre ; trois styles ; une capsule, à trois loges monospermes.

Cet arbre s'élève peu : il en découle une gomme résineuse, blanchâtre, qui passe pour émétique et purgative. Ses rameaux sont étalés ; ses feuilles glabres, alternes, réfléchies, lancéolées, très-entières ; les fleurs mâles disposées sur des chatons courts, axillaires, filiformes, composés d'écailles obtuses, serrées ; sous chacune d'elles se trouve une étamine, dont le filament est très-court, soutenant une anthère arrondie, à plusieurs loges. Les fleurs femelles sont réunies en petites grappes oblongues, nombreuses, presque terminales ; chaque fleur composée d'un calice court, à trois folioles aiguës, persistantes ; point de corolle ; un ovaire supérieur, arrondi, surmonté de trois styles courts, réfléchis, et d'autant de stigmates un peu épais. Le fruit est une capsule à trois lobes, a trois loges, s'ouvrant en dedans, et contenant chacune une semence arrondie. (Poir.)

COMMIER. (*Bot.*) Voyez Gommier. (Poir.)

COMMIPHORA DE MADAGASCAR (*Bot.*) : *Commiphora madagascariensis*, Jacq., *Hort. Schœnbr.*, 2, pag. 66, tab. 49; Willd., *Spec.* 4, pag. 807. Arbrisseau de l'île de Madagascar, à fleurs dioïques, dont on ne connoît encore que les mâles, d'après lesquelles il paroît appartenir à la *dioécie octandrie* de Linnæus, mais dont la famille naturelle ne pourra être déterminée que lorsque les fruits seront connus.

Cet arbrisseau s'élève à la hauteur de quatre pieds, sur une tige droite, rameuse. Les rameaux sont très-étalés, cylindriques, revêtus d'une écorce crevassée, d'un brun cendré ; garnis de feuilles alternes, pétiolées, glabres, veinées, luisantes, oblongues, aiguës, dentées en scie à leurs bords, longues d'environ deux pouces : les pétioles à demi cylindriques, pourvus, à leur sommet ou à la base de la feuille, de deux petites folioles opposées, arrondies. Les fleurs sont dioïques ; les fleurs mâles, seules connues, sont petites, jaunâtres, presque sessiles, agrégées sur les rameaux avant le développement des feuilles. Elles offrent un calice campanulé, fort petit, à quatre dents droites, aiguës ; quatre pétales concaves, alongés, aigus, un peu réfléchis à leur sommet ; huit étamines insérées sur le réceptacle, plus courtes que la corolle, alternes avec les pétales; les filamens subulés; les anthères droites, oblongues; point d'ovaire. (Poir.)

COMMODU. (*Bot.*) Ce nom est, au rapport de Rheede, celui du *menyanthes indica*, dans la langue des Brames. (J.)

COMMUN, *Communis*. (*Bot.*) Mot employé comme synonyme de principal, général, primaire. Ainsi, dans une feuille composée, dans celle du gleditsia ou celle du haricot, par exemple, le pétiole principal, ou primaire, est dit *commun*, parce qu'il est le support commun de plusieurs folioles ou de plusieurs pétioles secondaires. Une grappe, un épi, une panicule, un corymbe, etc., offrent un axe *commun* et des pédoncules secondaires, tertiaires, etc. Une spathe dans laquelle plusieurs fleurs sont renfermées (ail, dattier), un involucre qui embrasse plusieurs fleurs (hemanthe, pissenlit, grand soleil), etc., sont nommés spathe *commune*, involucre *commun*. On nommoit autrefois calice *commun* l'involucre du pissenlit et des autres fleurs dites composées. (Mass.)

COMOCLADE, *Comocladia*. (*Bot.*) Genre de plantes dicotylédones, à fleurs polypétales, de la troisième classe de Linnæus, la *triandrie*, et de la famille naturelle des térébinthacées de Jussieu; ayant pour caractère: Un calice monophylle très-petit, coloré, divisé en trois découpures obrondes; une corolle à trois pétales ovales, pointus, ouverts, plus longs que le calice; trois étamines, dont les filamens, plus courts que les pétales, portent des anthères didymes; un ovaire supérieur sans style, à stigmate obtus. Le fruit est un drupe ovale, marqué au sommet de trois points, contenant un noyau uniloculaire monosperme.

J'ai observé dans les Antilles trois espèces de ce genre:

Comoclade a feuilles entières: *Comocladia foliis integris*, Linn.: *Comocladia caudice simplici, quandoque brachiato, fronde comosa pinnata; floribus confertis, sessilibus; racemis alaribus*, Brown, *Jam.*, 124: *Prunus racemosa caudice non ramoso, alato, fraxini folio non crenato, fructu rubro subdulci*, Sloan. *Jam. Hist.*, 2, p. 131, t. 222, f. 1. Cette espèce constitue un petit arbre de quinze à vingt pieds de hauteur, dont le tronc, presque toujours simple, se divise quelquefois à son sommet en trois ou quatre branches qui sont garnies de feuilles ailées, avec impaires longues de plus de deux pieds, très-rapprochées, et formant une très-grande rosette; les folioles sont opposées, ovales-lancéolées, entières, à nervures transversales, ayant leur bord un peu roulé en dessous. Les fleurs, très-petites, de couleur pourpre foncé, sont disposées par petits paquets sessiles sur de grandes grappes axillaires, rameuses, longues quelquefois de plus de deux pieds; elles sont d'abord droites, et deviennent ensuite pendantes par le poids des fruits, qui sont de petits drupes de la grosseur et de la forme d'une petite olive, d'une couleur rouge avant leur maturité, et d'un pourpre noirâtre lorsqu'ils sont mûrs.

Cet arbre se trouve assez fréquemment dans les terrains arides des montagnes inférieures des Antilles. Il porte à Saint-Domingue le nom trivial de *bresillet;* à la Jamaïque on le nomme *the maiden plumb-tree*, l'arbre aux prunes des vierges, parce que les jeunes Créoles aiment beaucoup ce petit fruit, qui est d'un goût agréable, quoiqu'un peu acide : il seroit dangereux de manger ces fruits avant leur parfaite maturité; mais elle est bien indiquée par la couleur pourpre qu'ils ont à cette époque, laquelle est rouge avant.

Il sort de l'écorce de cet arbre, lorsqu'on y fait une incision, un suc noir très-caustique, qui, quand il reste longtemps sur la peau, désorganise l'épiderme, et y fait une tache qui ne disparoît qu'après la formation d'un épiderme nouveau. Quelques colons se servoient de ce moyen pour imprimer leur nom sur la peau de leurs esclaves.

Le bois de cet arbre est de couleur brune rougeâtre; il pourroit être employé dans les teintures, mais il ne donneroit qu'une couleur terne. Il est employé dans la menuiserie et pour les ouvrages de tour; mais cependant il a l'inconvénient de se tordre, quoique très-sec.

Le nom trivial de bresillet ne lui convient nullement, à moins qu'on n'y ajoute l'épithète de faux; car le vrai bresillet est du genre *Cæsalpinia* : dans ce dernier, la couleur rouge est plus claire et plus prononcée.

La seconde espèce de comoclade, que j'ai eu l'occasion d'observer à la Jamaïque et à Saint-Domingue, est le

Comoclade denté : *Comocladia dentata, foliis pinnatis, foliolis petiolatis oblongis, spinoso-dentatis, basi cuneatis*, Willd.; *Como-*

cladia foliolis spinoso-dentatis, Jacq., *Am.*, 13, t. 173, f. 4, et *Pict.*, p. 12, t. 259, f. 2. Cette espèce diffère peu de la précédente; son port est le même; et les feuilles, également ailées avec impaire, ne diffèrent que par les folioles bordées de dents épineuses. Les fruits de cette espèce ne se mangent pas; les feuilles, quand on les froisse entre les doigts, ont une odeur infecte de foie de soufre. Le suc qui sort de l'écorce est laiteux, mais devient noir par le contact de l'air et de la lumière. Il a la même causticité que celui qui sort du comoclade à feuilles entières; il sert, comme ce dernier, à marquer le linge.

Les Espagnols de Saint-Domingue nomment cet arbre *guao*. Ils prétendent qu'il est très-dangereux de rester long-temps sous son ombre; ils vont jusqu'à citer des personnes qui, s'y étant endormies, ont péri. Il est très-probable, d'après l'odeur des feuilles, que les émanations de cet arbre doivent être délétères. Cependant Jacquin a resté assez long-temps à l'ombre sous un comoclade sans en ressentir aucune incommodité. Le bois de cette espèce n'est pas aussi coloré que celui du comoclade à feuilles entières.

La troisième espèce de comoclade que j'ai observée dans les Antilles, est le

Comoclade a feuilles de houx : *Comocladia ilicifolia*, *foliis pinnatis*, *foliolis sessilibus*, *ovatis tridentatis*, *basi subrotundis*, Willd.; *Comocladia foliolis anguloso-spinosis*, Sw., *Prod.*, 17; *Dodonæa aquifolii folio tricuspidato*, Plum., *Gen.*, 20; *Ic.*, p. 108, t. 118, f. 1. Cette espèce de comoclade est d'une bien plus petite stature que les deux précédentes, et croît aussi dans les lieux secs des mornes ou montagnes inférieures des Antilles.

Plumier désigne une quatrième espèce de comoclade : *Comocladia angulosa*, *foliis pinnatis*, *foliolis sessilibus subrotundis*, Willd.; *Dodonæa aquifolii folio anguloso aculeato*, Plum., *Gen.*, 20. (De T.)

COMODY. (*Bot.*) On lit dans Rheede que le *jussiæa repens* est ainsi nommé dans la langue des Brames. (J.)

COMOLANGA. (*Bot.*) Voyez Camalanga. (J.)

COMON. (*Bot.*) Espèce de palmier très-élevé de la Guiane, dont le fruit, de la grosseur d'une prune de mirabelle, et de couleur violette, est un aliment assez recherché quand il est cuit dans l'eau avec un peu de sel. Aublet, dans un article supplémentaire sur les palmiers, dit qu'on en tire une pulpe blanche qui, délayée dans l'eau, forme pour les habitans une boisson agréable. C'est probablement le même arbre que le *caumoun*, décrit par Préfontaine dans sa Maison rustique de Cayenne. Ces descriptions sont insuffisantes pour déterminer le genre et l'espèce ; mais, dans la série de ces dernières, Aublet cite encore, sous le nom de *coman*, un palmier dont le fruit est de la grosseur d'une balle de fusil, et auquel il attribue les mêmes usages économiques, ce qui peut faire présumer que c'est le même nom autrement orthographié. Ce coman est, selon lui, le *palma dactylifera fructu globoso minor* de Plumier, qui en a donné la description et le dessin non publiés, d'après lesquels on doit ranger ce palmier parmi ceux dont les feuilles sont pennées, et le rapporter au *bactris*, dont il se rapproche plus que de tout autre. (J.)

COMORICHA. (*Bot.*) Dans l'Illyrie, selon Daléchamps, on nomme ainsi le *phyllirea* à feuilles étroites, *alardens* des Dauphinois aux environs du Pont-Saint-Esprit, qu'il croit être le *phytica* des Grecs. (J.)

COMOS ANDALOS (*Bot.*), nom grec, selon Pausanias, cité par Calepin, d'une fleur de jacinthe dont les habitans d'Hermiona, ville du Péloponèse, formoient des couronnes aux fêtes solennelles *Deæ Chtoniæ*. Le mot *Chtonia* est, selon quelques-uns, un ancien nom de l'île de Crête ; mais on ne peut dire quel rapport il a avec la citation précédente. D'une autre part, on lit dans Clusius que quelques personnes, de son temps, croyoient que le nom de *cosmos andalos* avoit été donné par les anciens à la tulipe, et particulièrement à celle qui est rouge. C. Bauhin rapporte ce nom au lis rouge, *lilium bulbiferum*. (J.)

COMOSPERMA. (*Bot.*) Voyez COMOSPERME. (POIR.)

COMOSPERME, *Comosperma*. (*Bot.*) [Urule, Encycl. bot.] Genre de la famille des polygalées, de la *diadelphie octandrie* de Linnæus, composé d'herbes ou d'arbrisseaux originaires de la Nouvelle-Hollande, à feuilles simples, alternes. Les fleurs sont disposées en grappes ou en épis. Leur caractère essentiel consiste dans : Un calice inférieur, à cinq découpures, deux plus grandes, en forme d'ailes, souvent colorées : une corolle monopétale, irrégulière, presque à deux lèvres, la supérieure bifide, l'inférieure concave, entière; huit étamines en deux paquets, placées dans la lèvre inférieure; les anthères à une seule loge; un style simple; le stigmate légèrement bifide; une capsule comprimée, à deux loges, à deux valves s'ouvrant à leurs bords; une semence dans chaque valve, couverte de poils longs et capillaires. Ce dernier caractère est le plus essentiel de ce genre; autrement il ne pourroit être considéré que comme une division des *polygala*. Son nom est composé de deux mots grecs, *κόμη*, *coma*, chevelure; *σπέρμα*, *semen*, semence. Il faut y rapporter les espèces suivantes:

Comosperme a baguettes; *Comosperma virgata*, Labill., *Nov. Holl.*, 2, tab. 159. Cette plante s'élève, en forme d'arbrisseau, à la hauteur de trois ou quatre pieds. Ses rameaux sont grêles, alternes, élancés, un peu anguleux; les feuilles sessiles, alternes, glabres, étroites, un peu épaisses, linéaires-lancéolées, très-entières, obtuses, acuminées. Les fleurs sont terminales, disposées en grappes ou en épis alongés, un peu rameux; les pédicelles triangulaires, munis de trois petites bractées caduques, subulées, dont deux à peine sensibles; les deux grandes divisions du calice un peu violettes; la corolle à peine aussi longue que le calice; la lèvre supérieure bifide, ciliée à ses bords; l'inférieure concave, un peu échancrée à son sommet; les filamens réunis en deux membranes élargies à leur base; les anthères tronquées, percées d'un pore à leur sommet. Le fruit est une capsule oblongue, comprimée, rétrécie à sa base, bivalve, à deux loges; les semences à demi revêtues d'une membrane mince, très-blanche, enveloppée à sa base de très-longs poils. Cette plante a été, ainsi que les suivantes, découverte par M. de Labillardière, dans la terre de Van-Leuwin, à la Nouvelle-Hollande.

Comosperme a feuilles émoussées; *Comosperma retusa*, Labill., *Nov. Holl.*, 2, tab. 160. Cet arbuste, beaucoup moins élevé que le précédent, en est très-rapproché. Il s'en distingue par ses feuilles obtuses, par ses fleurs disposées en grappes plus courtes. Ses tiges sont droites, à demi cylindriques; ses rameaux ramifiés vers leur sommet; les feuilles presque sessiles, glabres, oblongues, un peu épaisses; les fleurs réunies en grappes courtes; les bractées de la longueur des pédicelles; la corolle plus courte que le calice ; sa lèvre inférieure entière ; les capsules presque tronquées à leur sommet ; les semences couvertes de longs poils, mais privées d'enveloppe membraneuse.

Comosperme a feuilles touffues ; *Comosperma conferta*, Labill., *Nov. Holl.*, 2, tab. 161. Ses tiges sont ligneuses, hautes d'environ un pied, marquées, au-dessous de la base des feuilles, de petites lignes courtes ; les rameaux presque simples, élancés, garnis de feuilles éparses, sessiles, nombreuses, linéaires, fort étroites, glabres, roulées à leurs bords, acuminées à leur sommet, longues d'un pouce ; les grappes touffues, terminales, rétrécies vers leur sommet ; les pédicelles munis d'une bractée subulée et de deux autres avortées ; la lèvre inférieure de la corolle légèrement trifide.

Comosperme a calice égal ; *Comosperma calymega*, Labill., *Nov. Holl.*, 2, tab. 162. Ses racines sont grêles, fusiformes, perpendiculaires ; ses tiges droites, herbacées, presque simples, longues d'environ un demi-pied ; les feuilles glabres, sessiles, lancéolées, un peu courbées, rétrécies à leurs deux extrémités, longues d'un pouce, larges de deux lignes ; les grappes droites, terminales ; trois bractées de la longueur des pédicelles ; les divisions du calice presque toutes de même longueur ; les deux intérieures un peu plus courtes, de couleur bleue ; la lèvre inférieure de la corolle entière ; les anthères presque en massue ; le stigmate un peu lanugineux ; les semences privées d'une membrane à leur partie inférieure.

Comosperme grimpante ; *Comosperma volubilis*, Labill., *Nov. Holl.*, 2, tab. 163. Plante couchée ou grimpante, à tige herbacée, longue d'un ou deux pieds ; les rameaux souples, alongés ; les feuilles médiocrement pétiolées, glabres, lancéolées, entières, très-caduques, à peine aiguës, très-rétrécies à leur base. Les fleurs sont disposées en grappes courtes, latérales, redressées ; trois bractées fort petites sur chaque pédicelle ; la lèvre inférieure de la corolle à trois dents obtuses, un peu crénelées ; les filamens réunis en tube à leur base, puis séparés en deux paquets ; les anthères tronquées obliquement, avec un pore à leur sommet ; les semences ridées, sans membrane. Cette plante, ainsi que la précédente, croît au cap Van-Diémen de la Nouvelle-Hollande. (Poir.)

COMPAGNON BLANC (*Bot.*), nom vulgaire du *lychnis*

dioica, qui lui est donné, probablement, parce que les organes sexuels sont sur deux pieds différens. (J.)

COMPEDES. (*Ornith.*) On appelle *aves compedes* les oiseaux qui, comme les manchots, ont les pieds placés à la partie postérieure du corps, et dont la cuisse et une partie de la jambe sont cachées sous la peau de l'abdomen. (Ch. D.)

COMPÈRE-GUILLERIT. (*Ornith.*) Dans les environs de Niort, on appelle ainsi le proyer, *emberiza miliaria*, Linn. (Ch. D.)

COMPÈRE-LORIOT (*Ornith.*), nom vulgaire du loriot commun, *oriolus galbula*, Linn. (Ch. D.)

COMPLÈTE (Fleur), *Completus* (*Flos*). (*Bot.*) La fleur réside essentiellement dans les organes sexuels; mais on est convenu de ne l'appeler complète ou parfaite que lorsque ces organes sont environnés des tégumens particuliers connus sous le nom de calice et de corolle. Ainsi une fleur complète réunit un ou plusieurs pistils, une ou plusieurs étamines, un calice et une corolle. La fleur incomplète, par conséquent, est celle à laquelle il manque une, deux ou trois de ces parties. La rose, l'œillet, la violette, sont des fleurs *complètes*. Le lis, la tubéreuse, le daphné, le chanvre, ont des fleurs *incomplètes*.

Fruit complet signifioit autrefois fruit pourvu de péricarpe; l'expression *fruit incomplet* étoit employée comme synonyme de *graines nues*, c'est-à-dire, dépourvues de péricarpe. Des observations modernes ont démontré l'existence du péricarpe dans ces prétendus fruits incomplets ou graines nues.

Les cloisons, qui se trouvent dans l'intérieur d'un fruit, séparent complétement ou incomplétement la cavité de ce fruit. La giroflée a le fruit divisé en deux loges par une cloison *complète*. Le fruit du pavot, quoique muni de plusieurs cloisons, n'offre qu'une loge, parce que ses cloisons sont *incomplètes*.

L'arille, ce tégument particulier qui revêt certaines graines, les recouvre quelquefois en totalité, et d'autres fois ne les recouvre qu'en partie. Dans le premier cas l'arille est *complet*; c'est ce qu'on peut voir dans la graine de l'oxalis. Dans le second cas il est *incomplet*: le fusain galeux en offre un exemple. (Mass.)

COMPOSÉES ou Synanthérées. (*Bot.*) Ce que le vulgaire prend pour une fleur, dans le chardon, le pissenlit, la marguerite et les plantes analogues, est réellement l'assemblage d'une multitude de petites fleurs très-distinctes et très-complètes. Les botanistes eux-mêmes semblent ne pas s'être entièrement affranchis de ce préjugé, puisqu'ils donnent à cet assemblage de fleurs le nom de fleur composée, et celui de composées à la famille de plantes dont cette inflorescence est l'un des caractères. Quelques-uns cependant ont senti l'impropriété de ces dénominations, qui ne donnent que des idées fausses, et ils en ont proposé d'autres, auxquelles on ne peut reprocher que d'être nouvelles. Ainsi M. Mirbel nomme calathide la prétendue fleur composée qui représente en effet très-bien une petite corbeille de fleurs; et M. Richard nomme synanthérées la famille de plantes dont il s'agit, parce que les anthères y sont presque toujours entre-greffées. Nous avons nous-mêmes proposé, pour désigner la famille, les noms d'androtomes et de névramphipétales, exprimant des caractères très-remarquables, que nous avions observés dans les étamines et dans la corolle de ces végétaux : mais nous adoptons volontiers le nom de synanthérées comme aussi bon et plus ancien.

La famille des synanthérées est la plus nombreuse et l'une des plus naturelles du règne végétal. Elle offre un sujet d'étude intéressant et difficile, sur lequel plusieurs botanistes très-distingués se sont exercés avec plus ou moins de succès. Depuis plusieurs années nous avons consacré tous nos instans de loisir à cette étude. Nous allons exposer, en deux chapitres, les principaux résultats que nous avons obtenus. Dans le premier, nous ferons connoitre les caractères généraux de la famille des synanthérées, déduits de nos propres observations, et nous présenterons en même temps notre nouvelle terminologie. Dans le second, nous discuterons brièvement les principales méthodes de classification proposées pour cette famille par nos prédécesseurs; après quoi nous reproduirons, avec plusieurs changemens et perfectionnemens, les principes et le sommaire de celle que nous avons établie dans nos quatre Mémoires sur les synanthérées, lus à l'Académie des Sciences en 1812, 1813, 1814 et 1816. Quelques réflexions sur la formation et la description des genres termineront le dernier chapitre.

Chapitre premier.

Des caractères généraux de la famille des synanthérées.

Van Berkhey, botaniste hollandois, a publié sur ce sujet, en 1761, un traité fort remarquable, quoique peu connu, intitulé *Expositio characteristica structuræ florum qui dicuntur compositi.* Cet ouvrage est rempli d'excellentes observations, mais dont l'auteur n'a point su tirer parti, parce que, ayant négligé de comparer, il n'a pu généraliser. Il s'y trouve aussi quelques idées fausses. Malgré cela, le traité de Berkhey nous semble bien supérieur à tout ce qui a été écrit par les autres botanistes (1) sur le même sujet; et il a rendu notre tâche difficile, parce que nous avons dû nous imposer l'obligation de le surpasser.

§. I.er *Analyse de la fleur.*

Une fleur complète de synanthérée, mal à propos nommée fleuron ou demi-fleuron par les botanistes, est composée, 1.° d'un ovaire, souvent accompagné de parties accessoires: 2.° d'une corolle; 3.° de cinq étamines; 4.° d'un style avec son stigmate et ses collecteurs.

De l'ovaire et de ses accessoires.

Nous distinguons, dans l'ovaire des synanthérées, l'ovaire proprement dit, et les parties accessoires de cet ovaire.

L'ovaire proprement dit se compose du péricarpe futur et de l'ovule.

Le péricarpe futur offre à ses deux extrémités une aréole basilaire, et une aréole apicilaire, souvent entourées d'un bourrelet basilaire et d'un bourrelet apicilaire. Le corps compris entre les deux aréoles, ou entre les deux bourrelets, se prolonge quelquefois supérieurement en un col, et quelquefois inférieurement en un pied.

L'aréole basilaire est très-souvent oblique-antérieure, comme dans la tribu des centauriées.

(1) Nous ne voulons parler ici que des botanistes qui avoient étudié les synanthérées avant nous, et non de ceux qui se sont livrés à cette étude depuis que nous avons publié le commencement de notre travail, tels que M. R. Brown et d'autres.

Le bourrelet basilaire est quelquefois dimidié-postérieur, comme dans l'*elephantopus*.

Le bourrelet apicilaire est coroniforme, quand il est très-élevé, imitant une aigrette coroniforme, comme dans le *sparganophorus*.

Le corps de l'ovaire est comprimé, quand son plus grand diamètre est de devant en arrière, comme dans la section des hélianthées-prototypes; il est obcomprimé, quand son plus grand diamètre est de droite à gauche, comme dans la section des hélianthées-coréopsidées.

Le col de l'ovaire, que les autres botanistes nomment stipe ou pédile, est un prolongement notable du péricarpe futur au-dessus de la partie occupée par l'ovule. Ordinairement il est fort court avant la fécondation, et s'alonge considérablement pendant la maturation du fruit. Il est presque toujours continu au péricarpe: rarement il est articulé par un diaphragme, comme dans l'*urospermum;* et, dans ce dernier cas, nous pensons qu'il est formé, non par le corps de l'ovaire, mais par le bourrelet apicilaire considérablement accru. C'est à tort que l'on considéroit le col comme le support ou le pied de l'aigrette; car il existe souvent sans elle, et en est toujours indépendant.

Le pied de l'ovaire est un prolongement notable du péricarpe futur au-dessous de la partie occupée par l'ovule. Il est continu dans la tribu des échinopsées, et articulé dans celle des eupatoriées. Dans ce dernier cas, il est formé par le bourrelet basilaire notablement accru.

L'ovaire est dit collifère ou pédifère, quand il est muni d'un col ou d'un pied.

Nous remarquons, à l'intérieur du péricarpe futur, le placentaire, ou la partie basilaire, pleine et charnue, sur laquelle repose l'ovule.

Cet ovule, ordinairement obovale, comprimé, est plutôt ascendant que dressé; car le funicule, fixé par un bout sur le placentaire, s'insère par l'autre bout à côté et un peu au-dessus de la pointe basilaire de l'ovule. Le cordon vasculaire du funicule se prolonge sur ce côté jusqu'au sommet de l'ovule, et redescend sur l'autre côté presque jusqu'à la pointe de l'ovule. Souvent deux branches alternes, simples, se détachant du tronc, descendent le long de l'une et de l'autre face. La graine nous a offert un albumen membraneux, enveloppant l'embryon, et recouvert par la tunique séminale, qui est excessivement mince et fugace. On sait que l'embryon est dicotylédon, et que sa radicule correspond à la pointe de la graine.

Les parties accessoires de l'ovaire des synanthérées sont le pédicellule, l'aigrette, le plateau et le nectaire.

Le pédicellule est filiforme, enchâssé dans une cavité du clinanthe, et son sommet s'insère au centre de l'aréole basilaire. L'ovaire est souvent sessile, comme dans les carduinées.

L'aigrette est un calice d'une nature particulière, propre à la famille des synanthérées. C'est, selon nous, un calice réellement épigyne, et non point un calice adhérent.

L'aigrette est simple, quand elle n'est composée que de parties similaires formant un ensemble uniforme, ou même de pièces dissemblables, mais situées sur le même rang; elle est double, quand elle offre la réunion de deux espèces d'aigrettes non situées sur le même rang. Nous admettons dans l'*echinops* une aigrette quadruple implantée sur toute la surface de l'ovaire, et dont une partie est regardée par les autres botanistes comme un péricline.

Nous distinguons l'aigrette proprement dite, évidemment composée de plusieurs squamellules; et l'aigrette coroniforme, qui consiste en un simple rebord continu, entourant et surmontant l'aréole apicilaire. L'aigrette coroniforme est peut-être composée de plusieurs squamellules semi-avortées, entre-greffées, et entièrement confondues ensemble.

Les squamellules, considérées quant à leur disposition, peuvent être unisériées, bisériées, trisériées, plurisériées ou multisériées, régulièrement ou irrégulièrement imbriquées, contiguës ou distancées, libres ou entre-greffées inférieurement. Considérées quant à leur adhérence avec l'ovaire, elles sont caduques dans le *stokesia*, distinctes de l'ovaire dans la plupart des synanthérées, confondues avec lui dans le *zinnia*. Considérées quant à leur forme, elles sont filiformes, triquètres, laminées ou paléiformes. Considérées quant à leurs appendices, elles sont barbées, ou garnies de barbes, comme dans les cirses, les appendices étant très-longs, flasques, flexueux, très-capillaires; barbellées, ou garnies de barbelles, comme dans les centaurées, les appendices étant beaucoup plus courts, roides, droits, cylindriques, épais; barbellulées, ou garnies de barbellules, comme dans les asters, les appendices étant petits, coniques, pointus, semblables à des épines. Les squamellules sont rarement inappendiculées, comme dans le *grindelia*, les vrais *pectis*.

Le plateau est un disque charnu, interposé entre l'ovaire et les autres organes floraux; il a pour écorce un anneau corné, qui porte l'aigrette et se détache spontanément. Le plateau n'existe que chez les carduinées.

Le nectaire, en forme de godet, de substance glanduleuse, et secrétant un suc mielleux, est articulé par sa base avec l'ovaire, et par son sommet avec le style: il est ordinairement avorté ou demi-avorté dans les fleurs femelles. Nous avons démontré que le prétendu ovaire supère, admis par les botanistes dans le *tarchonanthus*, n'est qu'un gros nectaire.

Nous pensons que le type primitif de l'ovaire des synanthérées est un ovaire triloculaire, triovulé; et nous prévoyons que l'on découvrira un jour, dans la tribu des arctotidées, quelque plante ayant l'ovaire à trois loges et à trois ovules. Nous fondons cette opinion sur l'irrégularité de l'ovaire des synanthérées, sur la distribution de ses vaisseaux ou nervures, sur la situation latérale du point d'attache de l'ovule, sur la structure de l'ovaire de plusieurs arctotidées, où l'on distingue trois loges, dont deux semi-avortées, et sur l'analogie de ces ovaires d'arctotidées avec ceux des valérianées. Suivant ce système, l'irrégularité de l'ovaire des synanthérées résulteroit de l'avortement de deux des trois loges, lequel avortement auroit eu lieu sur le côté de l'ovaire qui regarde le péricline.

En général, l'ovaire des synanthérées a pris toute sa croissance dès la floraison. L'ovule n'occupe d'abord que sa partie basilaire, et il forme lui-même sa loge, en repoussant, à mesure qu'il croît, le parenchyme qui l'environne. Il n'y a donc point d'endocarpe (Rich.) dans le fruit des synanthérées. Dans tous les cas, l'aigrette ne prend aucun accroissement après la fleuraison.

Les poils de l'ovaire des synanthérées sont ordinairement biapiculés, ou échancrés au sommet, et même quelquefois manifestement fourchus; rarement ils sont fasciculés, comme sur la corolle des *picridium*. Tous ces poils, biapiculés, fourchus ou fasciculés, sont à nos yeux des poils entre-greffés.

Les fleurs mâles et les fleurs neutres ont le plus souvent un ovaire, lequel est semi-avorté et inovulé : nous le nommons faux ovaire.

L'ovaire des synanthérées prend le nom de cypsèle, quand il est devenu fruit.

De la corolle.

La base de la corolle des synanthérées, confondue avec celle des étamines, est articulée sur l'aréole apicilaire de l'ovaire, ou sur le plateau quand il existe, et elle est située entre l'aigrette et le nectaire. Nous avons reconnu dans cette corolle trois caractères principaux.

1.° Chacun des cinq pétales entre-greffés inférieurement, dont se compose la corolle des synanthérées, est muni de deux nervures très-simples, qui le bordent d'un bout à l'autre des deux côtés, et confluent par conséquent au sommet. Ce caractère, que nous avons indiqué en 1813, avant M. R. Brown, qui ne l'a publié qu'en 1814, nous a paru tellement remarquable, que nous avons proposé de désigner la famille par le nom de névramphipétales. Indépendamment des nervures marginales, ou vraies nervures, il y a quelquefois des nervures médiaires, que nous nommons nervures surnuméraires, ou fausses nervures.

2.° Durant la préfleuraison, les cinq lobes de la corolle, formés par la partie supérieure libre des pétales, sont immédiatement rapprochés par les bords, sans se recouvrir aucunement.

3.° L'assemblage des cinq pétales constitue un tube et un limbe, qui diffèrent l'un de l'autre par la forme, par la substance et par l'ordre des développemens, comme l'onglet d'un pétale d'œillet diffère de sa lame, ou comme le pétiole d'une feuille diffère de son disque.

Ces trois caractères, qui existent constamment dans toute corolle de synanthérée, accompagnée d'organes mâles parfaits, sont au contraire plus ou moins altérés dans les corolles que ces organes n'accompagnent pas. C'est pourquoi nous distinguons, dans la famille des synanthérées, deux genres de corolles, les masculines et les non-masculines, et nous regardons ces dernières comme étant défigurées par une sorte de monstruosité héréditaire.

Les corolles masculines ou staminées comprennent sept espèces exactement déterminables : 1.° les corolles régulières, dont le limbe est divisé supérieurement par des incisions également profondes ; 2.° les corolles subrégulières, dont les incisions sont un peu inégales ; 3.° les corolles labiées, à limbe partagé supérieurement en deux lèvres, dont l'extérieure ou postérieure comprend les trois cinquièmes, et l'intérieure ou antérieure les deux autres cinquièmes de la corolle ; 4.° les corolles ringentes, dont la lèvre postérieure comprend les quatre cinquièmes, et la lèvre antérieure le cinquième seulement, comme dans les *barnadesia*, *bacazia*, *diacantha ;* 5.° les corolles obringentes, dont la lèvre postérieure comprend un cinquième, et l'antérieure quatre cinquièmes, comme dans les carduinées ; 6.° les corolles palmées, dont l'incision antérieure ou intérieure pénètre à peu près jusqu'à la base du limbe, tandis que les quatre autres s'arrêtent vers la moitié de sa hauteur, comme dans le *cardopatium*, le *stokesia*, l'*elephantopus ;* 7.° les corolles fendues, qui diffèrent des corolles palmées par l'extrême brièveté des quatre incisions postérieures ou extérieures, comme dans les lactucées.

Les corolles non masculines ou instaminées comprennent cinq espèces exactement déterminables : 1.° les corolles ligulées, dont le limbe se prolonge du côté extérieur ou postérieur en une languette ; 2.° les corolles obligulées, dont le limbe se prolonge en une languette du côté intérieur ou antérieur, comme dans le *zoegea ;* 3.° les corolles biligulées, dont le limbe se prolonge en deux languettes, l'une extérieure ou postérieure, l'autre intérieure ou antérieure, comme dans les mutisiées, le *galinsoga trilobata ;* 4.° les corolles tubuleuses, dont le limbe étréci est conforme au tube, et nullement évasé, comme dans les *artemisia* ; 5.° les corolles amplifiées, dont le limbe, notablement élargi ou dilaté, est évasé en tous sens, comme dans plusieurs centauriées.

Quelquefois les corolles masculines, et souvent les corolles non masculines, offrent d'autres formes presque indéterminables. Nous les nommons corolles ambiguës, quand elles sont intermédiaires entre deux formes déterminées ; anomales, quand leur forme est insolite et bizarre; variables, quand elles se présentent sous diverses formes dans les différentes fleurs d'une même calathide incouronnée, ou d'un même disque, ou d'une même couronne. Les corolles indéterminées, c'est-à-dire ambiguës, anomales ou variables, peuvent être régulariformes, subrégulariformes, labiatiformes, ringentiformes, obringentiformes, palmatiformes, fissiformes, liguliformes, obliguliformes, biliguliformes, tubuliformes, ampliatiformes, pinnatifides, etc. La couronne des diverses espèces de centauriées offre des exemples de presque toutes ces formes.

Des étamines.

Une étamine de synanthérée est composée du filet et de l'anthère.

Nous avons observé que le filet étoit divisé par une sorte d'articulation en deux parties : l'une, beaucoup plus longue, que nous appelons l'article inférieur; l'autre, beaucoup plus courte et de substance différente, que nous appelons l'article supérieur, ou l'article anthérifère, et qui est continue par son sommet avec la base du connectif. C'est à raison de cette articulation que nous avions proposé de donner aux synanthérées le nom d'androtomes.

Nous distinguons dans l'anthère un connectif, deux loges, divisées chacune en deux logettes par une cloison très-mobile, quatre valves, dont deux antérieures ou intérieures, mobiles, et deux postérieures ou extérieures, immobiles, le pollen, un appendice apicilaire, deux appendices basilaires.

Les appendices basilaires sont nuls dans plusieurs tribus. L'appendice apicilaire ne manque entièrement que dans le *piqueria*.

La fleur masculine, c'est-à-dire, hermaphrodite ou mâle, contient cinq étamines : leurs filets naissent sur l'ovaire, et sont inférieurement greffés à la surface interne du tube de la corolle, au devant des cinq nervures, de sorte qu'ils alternent avec les lobes; les anthères sont presque toujours entre-greffées latéralement, de manière à former un tube : cette sorte de greffe, qui semble quelquefois n'être qu'une agglutination, a lieu sur la face externe des valves postérieures, près de leurs bords.

Les fleurs non masculines, c'est-à-dire, femelles ou neutres, ont quelquefois des rudimens d'étamines avortées, que nous nommons fausses étamines.

Du style, du stigmate et des collecteurs.

Il y a dans la famille des synanthérées quatre sortes de styles : le style androgynique, le style féminin, le style masculin, le style neutre.

Le style androgynique appartient aux fleurs hermaphrodites, et il est le seul qui offre, sans altération, la réunion de tous les caractères propres à cet organe. Il est formé d'une tige cylindrique, articulée par sa base sur le nectaire, et divisée supérieurement en deux branches ordinairement libres, quelquefois entre-greffées incomplétement. Ces branches portent constamment deux sortes d'organes : 1.° sur leur face intérieure, le stigmate qui reçoit et transmet l'action fécondante du *pollen ;* 2.° sur leur face extérieure, un assemblage très-remarquable de poils ou de papilles, que nous nommons collecteurs, parce que leur destination indubitable est de recueillir le pollen, lorsque le style traverse de bas en haut le tube des anthères. Le stigmate est, en général, unique dans la famille des synanthérées, parce que la substance stigmatique, qui couvre ou borde tout ou partie de la face intérieure de l'une des deux branches du style, conflue presque toujours, par la base, avec celle qui couvre ou borde tout ou partie de la face intérieure de l'autre branche ; l'interruption à la base, qui pourroit autoriser à reconnoître deux stigmates, est très-rare, fort peu constante, et purement accidentelle, chez les synanthérées.

Les collecteurs sont, dans cette famille, des agens probablement nécessaires pour la dispersion du pollen, et par conséquent pour la fécondation, qui doit être presque toujours croisée, parce que le stigmate occupant la face intérieure des branches du style, lesquelles ne se séparent qu'après s'être élevées au-dessus du tube des anthères, le pistil d'une fleur ne peut guère être fécondé que par le pollen expulsé des fleurs voisines. Le stigmate et les collecteurs varient beaucoup suivant les diverses tribus naturelles, qui sont principalement caractérisées par les modifications de ces organes.

Le stigmate est lisse dans les carduinées, papillé dans les lac tucées ; il forme deux bourrelets marginaux, bien distincts dans les anthémidées, plus ou moins confluens dans les hélianthées, une lame continue dans les échinopsées ; il occupe la partie inférieure des branches dans les eupatoriées, leur partie supérieure dans les arctotidées, leurs marges dans les carduinées, toute leur face intérieure dans les lactucées.

Les collecteurs sont piliformes dans les lactucées, papilliformes dans les carduinées, ponctiformes dans les arctotidées, glanduliformes dans les adénostylées, lamelliformes dans le *gundelia ;* ils occupent toute la face extérieure des branches et le haut de la tige dans les lactucées, la face extérieure des branches dans les arctotidées, leur partie supérieure dans les eupatoriées, leur sommet dans les anthémidées. Nous nommons appendice collectifère la partie supérieure des branches, lorsque le stigmate ne se prolonge point sur cette partie, qui ne porte que des collecteurs, comme dans les eupatoriées, les astérées.

Le style féminin diffère du style androgynique par l'avortement complet des collecteurs et de l'appendice collectifère. On conçoit en effet l'inutilité des collecteurs dans une fleur femelle ou dépourvue d'étamines.

Le style masculin, qui appartient aux fleurs mâles, conserve au contraire, comme cela doit être, les collecteurs et l'appendice collectifère, tandis que le stigmate s'évanouit entièrement, et que la partie stigmatifère des branches avorte, ou plutôt se confond avec la tige par la greffe des deux branches en cette partie. C'est une singularité bien remarquable, propre aux synanthérées, et dont la cause finale est évidente, que les styles de fleurs mâles exercent des fonctions importantes dans l'acte de la fécondation.

Quant au style neutre, qui existe très-rarement, et qui ne peut être d'aucun usage pour la fécondation, puisqu'il appartient à des fleurs privées de pistil et d'étamines, il ne possède, et ne doit posséder, en effet, ni stigmate, ni collecteurs.

Chez les synanthérées qui n'ont point de fleurs hermaphrodites, il faut combiner la structure du style féminin avec celle du style masculin, et l'on parvient assez facilement, dans la plupart des cas, à deviner ce que seroit le style androgynique. Cette opération mentale est indispensable pour rapporter ces synanthérées aux tribus naturelles qui les réclament.

Le style de plusieurs synanthérées est irritable par le toucher : quelques arctotidées nous ont offert ce phénomène, qui n'avoit été observé, je crois, que sur des carduinées et des centauriées.

§. II. *Analyse de la calathide.*

La disposition respective des anthères et du stigmate est telle, chez les synanthérées, qu'une fleur, même hermaphrodite, ne peut que très-difficilement se féconder elle-même. Il falloit donc que plusieurs fleurs fussent immédiatement rapprochées ou agglomérées : ces groupes de fleurs sont des calathides. La partie sur laquelle reposent les fleurs de la calathide est le clinanthe. Nous nommons péricline l'assemblage des bractées qui entourent la calathide.

Du capitule.

Quelquefois plusieurs calathides sont groupées ensemble ; nous nommons capitule cette réunion de calathides. Le capitule est composé de calathides sessiles, dans l'*œdera ;* de calathides pédonculées, dans le *richea ;* de calathides uniflores, dans le *lagascœa ;* de deux calathides uniflores, entre-greffées par leurs péricline, dans les *xanthium*.

Nous nommons calathiphore la partie qui porte les calathides du capitule. Le calathiphore est ordinairement hérissé de poils. Il est plane dans l'*œdera* , cylindracé dans le *richea*. Souvent chaque calathide du capitule est accompagnée d'une bractée, située sur le calathiphore, comme dans le *sphœranthus*, ou au sommet du pédoncule de la calathide, comme dans le *richea*.

Nous disons que le capitule est involucré, quand sa base est entourée d'un assemblage de bractées indépendantes de celles qui appartiennent à chaque calathide, comme dans l'*œdera ;* il est nu, quand il n'y a point d'involucre, comme dans le *sphœranthus*, le *richea*.

Composition de la calathide.

La calathide, considérée sous le rapport du sexe des fleurs, est unisexuelle dans les *baccharis*, les *ambrosia*, les *xanthium*, e *tarchonanthus*, l'*oligocarpha*, H. C., les *gnaphalium dioicum* et *margaritaceum ;* bisexuelle, dans la plupart des synanthérées.

Elle est monogame, digame, trigame, selon qu'elle est composée d'une, de deux, ou de trois sortes de fleurs différentes par le sexe. Ainsi, les calathides du chardon, de la laitue, sont monogames; celles de l'*aster*, de l'hélianthe, sont digames; celles de plusieurs calendulées et arctotidées sont trigames.

La calathide, considérée sous le rapport de la forme des fleurs, est uniforme, biforme, triforme, selon qu'elle est composée d'une, de deux, ou de trois sortes de fleurs différentes par la forme : ainsi, la calathide de l'eupatoire est uniforme, celle de la camomille est biforme, celle de l'*erigeron acre* est triforme. La calathide uniforme est homopétale et homocarpe, parce que son uniformité résulte de la similitude de toutes les corolles et de celle de tous les ovaires avec leurs accessoires. La calathide biforme ou triforme est tantôt hétéropétale et hétérocarpe, comme dans le *doronicum;* tantôt hétéropétale et homocarpe, comme dans l'*arnica;* tantôt homopétale et hétérocarpe, comme dans le *geropogon*, le *thrincia*, et beaucoup d'autres lactucées.

La calathide est incouronnée, quand toutes les fleurs qui la composent sont semblables par la corolle, elle est couronnée, quand les fleurs extérieures diffèrent par la corolle des fleurs intérieures; demi-couronnée, quand les fleurs extérieures, qui diffèrent des fleurs intérieures par la corolle, sont situées d'un seul côté de la calathide; bicouronnée, quand il y a trois sortes de fleurs différentes par la corolle, les unes intérieures, les autres extérieures, d'autres intermédiaires.

La calathide incouronnée, considérée quant à la longueur respective de ses fleurs et à leur direction, est équaliflore, ou rectiflore, quand toutes ses fleurs sont égales en longueur, et qu'elles sont parallèles à l'axe de la calathide; elle est radiatiforme, quand les fleurs sont progressivement plus longues à mesure qu'elles s'éloignent du centre, et quand leur partie supérieure se dirige en dehors, comme dans les lactucées et les nassauviées.

La calathide incouronnée, considérée quant au nombre de ses fleurs, est uniflore dans le *turpinia*, l'*ambrosia*, le *xanthium*, le *lagascœa*, le *corymbium;* biflore, triflore, quadriflore, quinquéflore, pauciflore, pluriflore, multiflore.

La calathide incouronnée, considérée quant à la forme de ses corolles, est réguliflore dans l'eupatoire; subréguliflore, dans quelques carduinées ; labiatiflore, dans les nassauviées ; obringentiflore, dans la plupart des carduinées ; palmatiflore, dans le *cardopatium*, l'*elephantopus ;* fissiflore, dans les lactucées ; tubuliflore, dans les individus femelles des *baccharis*, du *gnaphalium dioicum :* enfin la calathide uniflore et féminiflore du *xanthium*, de l'*ambrosia*, est une calathide incouronnée, apétaliflore. La calathide incouronnée est rarement ambiguiflore, anomaliflore, ou diversiflore.

La calathide incouronnée, considérée quant au sexe de ses fleurs, est presque toujours androgyniflore ; rarement féminiflore ou masculiflore, comme dans les *baccharis*, le *gnaphalium dioicum*, les *ambrosia*, les *xanthium ;* jamais neutriflore.

La calathide couronnée, demi-couronnée, ou bicouronnée, est composée d'un disque et d'une couronne ; ou d'un disque et d'une demi-couronne ; ou d'un disque et d'une double couronne.

La calathide couronnée, demi-couronnée ou bicouronnée, est discoïde, quand les fleurs de la couronne ne sont pas plus longues que celles du disque, et qu'elles suivent la même direction, comme dans l'*artemisia*, le *carpesium*, le *sphæranthus ;* elle est radiée, quand les fleurs de la couronne sont radiantes, c'est-à-dire, quand elles sont plus longues que celles du disque, et que leur partie supérieure se dirige en dehors, comme dans le bleuet, la marguerite : elle est quasiradiée, quand la radiation est moins évidente ; elle est discoïde-radiée, quand il y a deux couronnes, l'une extérieure radiante, l'autre intérieure inradiante, comme dans l'*erigeron acre ;* elle est semi-radiée, quand il y a une demi-couronne radiante, comme dans le *milleria*, le *schkuhria*, le *siegesbeckia*, le *phaethusa*, ou quand il y a une couronne entière, radiante d'un côté et inradiante de l'autre, comme dans l'*ædera*.

Le disque est toujours équaliflore ou rectiflore.

Le disque est uniflore dans le *tessaria*, le *monarrhenus*, H. C. ; pauciflore, dans le *sphæranthus*, le *tussilago hybrida*, le *chevreulia*, H. C. ; pluriflore, ou multiflore, dans une foule de genres.

Le disque est régulariflore, dans l'*helianthus ;* subrégulariflore, dans l'*achillea*, le *cherina*, H. C., beaucoup de centauriées ; labiatiflore, dans les mutisiées : ringentiflore, dans le *diacantha;* obringentiflore, dans plusieurs centauriées. Il est rarement ambiguiflore, anomaliflore, ou diversiflore.

Le disque est toujours androgyniflore ou masculiflore, jamais féminiflore ni neutriflore. Dans quelques calendulées et arctotidées, et dans le *chaptalia*, les fleurs intérieures du disque sont mâles, et les extérieures hermaphrodites; dans le disque de l'*amellus*, les fleurs mâles et hermaphrodites paroissent entremêlées : dans l'un et l'autre cas, nous disons que le disque est androgyni-masculiflore.

La couronne est entière dans le *bellis;* dimidiée ou unilatérale, dans le *milleria;* simple, dans l'*aster;* double, dans l'*erigeron acre*, le *chaptalia;* radiante, dans l'*helianthus;* inradiante, dans l'*artemisia;* semi-radiante, dans l'*œdera*, c'est-à-dire, radiante d'un côté de la calathide et inradiante de l'autre côté.

La couronne est unisériée, dans l'*helianthus;* plurisériée, dans les *carpesium*, *gnaphalium;* multisériée, dans le *tussilago hybrida*, le *chevreulia*, H. C. Elle est uniflore dans le *schkuhria*, le *milleria;* bi-triflore, dans le *diglossus*, H. C.; pauciflore, dans le *tagetes*, le *solidago;* pluriflore, dans l'*aster;* multiflore, dans l'*erigeron*.

La couronne est liguliflore, dans l'*aster*, l'*helianthus;* obliguliflore, dans le *zoegea;* biliguliflore, dans la plupart des mutisiées, le *galinsoga trilobata;* tubuliflore, dans l'*artemisia;* ampliatiflore, dans le bleuet; apétaliflore, dans le *gymnostyles*. Elle est très-souvent ambiguiflore, anomaliflore, ou diversiflore.

La couronne est toujours féminiflore, ou neutriflore; jamais androgyniflore, ni masculiflore. Les botanistes qui croient le contraire, prennent pour organes mâles des rudimens d'étamines avortées; ou bien ils confondent la calathide radiatiforme, qui ne peut avoir de véritable couronne, avec la calathide radiée qui en a nécessairement une. Pour éviter toute erreur sur ce point, il faut se rappeler que le disque est essentiellement composé de corolles masculines, et que la couronne est essentiellement composée de corolles non masculines : d'où il suit que la calathide est couronnée, quand ses corolles intérieures sont masculines et ses corolles extérieures non masculines; et qu'elle est incouronnée, quand ses corolles sont toutes masculines, ou quand elles sont toutes non masculines.

Du clinanthe.

Nous distinguons sur le clinanthe, 1.° son aire, c'est-à-dire, sa surface considérée dans son ensemble; 2.° les aréoles ovarifères, qui correspondent exactement aux aréoles basilaires des ovaires; 3.° les cicatricules, qui résultent de la rupture du pédicellule, quand l'ovaire est pédicellulé, ou de la rupture des vaisseaux, quand l'ovaire est sessile : c'est pourquoi il n'y a qu'une cicatricule par chaque aréole dans le premier cas, tandis qu'il y en a plusieurs dans le second; 4.° le réseau, formé par les intervalles qui séparent les aréoles; 5.° les appendices de plusieurs sortes, qui sont presque tous des productions du réseau.

Nous distinguons huit sortes d'appendices du clinanthe : les squamelles, les fimbrilles, les poils, les papilles, les lamelles, les cloisons, les paléoles, les stipes.

Les squamelles sont de vraies bractées, plus ou moins analogues à celles qui composent le péricline : chaque squamelle accompagne immédiatement et extérieurement une fleur, de sorte que le nombre des squamelles n'excède point celui des fleurs. Les squamelles sont squamiformes, quand elles ne diffèrent point des squames ou bractées du péricline; elles sont périclinoïdes, lorsque, étant imbriquées autour d'un clinanthe axiforme dont le sommet inappendiculé porte le disque, elles cachent les fleurs de la couronne à laquelle elles appartiennent, et offrent ainsi l'apparence d'un péricline, comme dans l'*evax*, le *filago*, le *cylindrocline*, H. C. Les squamelles peuvent être coriaces, foliacées, membraneuses, scarieuses, planes, amplexiflores, semi-amplexiflores; égales, supérieures ou inférieures aux fleurs. Les squames du péricline, les squamelles du clinanthe, et les squamellules de l'aigrette sont, suivant nous, des bractées analogues, quoique diversement modifiées : c'est pourquoi nous leur avons donné des noms qui ne diffèrent que par la terminaison, et que nous croyons préférables à ceux d'écailles, de paillettes, de poils, etc. usités par les botanistes.

Les fimbrilles ne sont point des bractées, mais de simples saillies du réseau : ce sont des filets membraneux, laminés, linéaires ou subulés, inégaux, irréguliers, souvent entre-greffés inférieurement, et toujours beaucoup plus nombreux que les fleurs.

Les poils du clinanthe ne diffèrent des fimbrilles que parce qu'ils sont très-courts et filiformes.

Les papilles du clinanthe diffèrent des fimbrilles et des poils en ce qu'elles sont très-courtes, épaisses, charnues, cylindracées.

Les lamelles sont, comme les papilles, très-courtes, épaisses, charnues; mais elles sont laminées, au lieu d'être cylindracées. On peut considérer les lamelles comme des rudimens de cloisons.

Les cloisons ne sont autre chose que les côtés des mailles du réseau, lorsque celui-ci fait une saillie notablement élevée, non interrompue, et peu épaisse : la réunion des cloisons forme des alvéoles régulières ou irrégulières. Les cloisons peuvent être plus ou moins élevées, membraneuses ou charnues, entières ou dentées.

Les paléoles diffèrent des cloisons en ce qu'elles sont distinctes les unes des autres, comme des squamelles, et non point réunies en un assemblage continu d'alvéoles; elles diffèrent des squamelles en ce qu'elles sont situées sur le côté intérieur des fleurs qu'elles accompagnent, et qu'à cet effet leur concavité est tournée en dehors.

Les stipes diffèrent essentiellement de tous les autres appendices du clinanthe, en ce qu'au lieu de faire saillie sur le réseau, ils élèvent sur leur sommet les aréoles ovarifères. Il ne faut pas confondre ces petites colonnes, plus ou moins épaisses et charnues, avec les pédicellules qui attachent les ovaires sur les aréoles ovarifères.

Le clinanthe peut être large ou étroit, épais ou mince, plane, planiuscule, rarement et peu concave, convexe, hémisphérique, globuleux, ovoïde, longuement ou courtement conique, cylindracé, subulé, axiforme.

Le clinanthe est imprimé, quand les aréoles ovarifères et le réseau sont à peu près au même niveau; il est fovéolé, quand les aréoles paroissent enfoncées par l'effet de la saillie du réseau, que les fossettes sont arrondies, et le réseau épais, peu élevé; il est alvéolé, quand la saillie du réseau est plus élevée, peu épaisse, et forme des alvéoles anguleuses.

Le clinanthe est inappendiculé dans le *bellis*; squamellifère, dans l'*helianthus*; fimbrillifère, dans les carduinées; squamellé-fimbrillé, dans le *cladanthus*, H.C., dont le clinanthe porte des squamelles et des fimbrilles; pilifère, dans le *doronicum*; papillifère, ou lamellifère, dans une foule de synanthérées; septifère, dans l'*onopordum*; paléolifère, dans le *leptophytus*, H. C., le *damatris*, H. C.; stipifère, dans le *cotula*.

Du péricline.

Le péricline est toujours composé de plusieurs bractées, que nous nommons des squames.

Nous distinguons la squame proprement dite, son appendice et sa bordure.

Les squames sont inappendiculées, quand elles sont de la même nature et suivent la même direction d'un bout à l'autre, ou quand elles ne changent de nature et de direction du haut en bas que par des degrés insensibles; elles sont appendiculées, quand elles changent brusquement de nature ou de direction à un certain point de leur hauteur, comme dans l'artichaut, auquel cas la partie inférieure doit seule être considérée comme la squame proprement dite, et la partie supérieure en est l'appendice. Ainsi, dans le *podolepis*, ce que les botanistes prennent pour les pédicelles des squames, ce sont réellement les squames elles-mêmes; et ce qu'ils prennent pour les squames, ce sont les appendices des squames. La squame est un rudiment de pétiole semi-avorté et modifié; son appendice est un rudiment de la feuille proprement dite semi-avortée et modifiée. Les squames sont ordinairement appliquées les unes contre les autres, ou contre les fleurs de la calathide, et d'une substance plus ou moins ferme ou coriace; leurs appendices sont ordinairement inappliqués, étalés, ou réfléchis, et ils peuvent être foliacés, bractéiformes, membraneux, scarieux, sphacélés, frangés, spiniformes, spinescens, radians, pétaloïdes, comme dans le *petalolepis*, H. C., décurrens, marginiformes.

Les squames sont immarginées, quand leurs bords sont de la même nature que leur partie moyenne, ou quand la différence est légère, ou enfin quand le changement s'opère par degrés insensibles: elles sont marginées, quand les bords sont d'une autre nature que la partie moyenne, que la différence est notable, et la transition brusque ; alors les bords de la squame prennent le nom de bordure. La bordure est ordinairement membraneuse ou scarieuse : souvent elle est appendiciforme, ce qui a lieu lorsqu'elle est grande, et qu'elle ne borde que la partie supérieure de la squame; dans ce cas, elle se confond presque avec l'appendice décurrent ou marginiforme.

Les squames sont squamelliformes, quand elles ne diffèrent point des squamelles du clinanthe, comme dans l'*evax*, le *filago*, le *cylindrocline*, H. C. ; elles sont bractéiformes, quand elles sont analogues à des bractées d'involucre ; elles sont appendiciformes, quand la véritable squame est entièrement avortée, et que l'appendice subsiste seul, comme il arrive aux squames extérieures du *xeranthemum*, du *catananche*. Elles sont appendiciformes supérieurement, quand, leur partie inférieure étant de la nature des squames et leur partie supérieure de la nature des appendices, le passage de l'une à l'autre s'opère par degrés insensibles.

Les squames sont unisériées, bisériées, trisériées, paucisériées, plurisériées, multisériées, selon qu'elles sont disposées autour de la calathide sur un, deux, trois, ou plusieurs rangs concentriques; elles sont imbriquées, quand, étant plurisériées, celles des rangs intérieurs sont progressivement plus longues que celles des rangs extérieurs, auquel cas elles peuvent être imbriquées régulièrement ou irrégulièrement; elles sont obimbriquées, quand, étant plurisériées, celles des rangs intérieurs sont progressivement plus courtes que celles des rangs extérieurs; elles sont diffuses, quand elles sont plurisériées, et à peu près égales en longueur, ou irrégulièrement inégales. Les squames plurisériées sont extradilatées, quand les extérieures sont les plus larges; intradilatées, quand les intérieures sont les plus larges ; interdilatées, quand les intermédiaires sont les plus larges; équidilatées, quand elles sont toutes à peu près de la même largeur. Les squames plurisériées sont semblables, ou dissemblables : dans ce dernier cas, à moins que les différences ne soient dignes d'être notées, on ne décrit que les squames intermédiaires. Les squames unisériées, ou plurisériées, peuvent être libres ou entre-greffées.

Le péricline est chorisolépide ou libérisquame, quand les squames sont libres, ce qui est le cas le plus ordinaire : il est plécolépide ou connatisquame, quand les squames sont entre-greffées. Le péricline plécolépide est ordinairement formé de squames unisériées, comme dans le *tagetes*, le *lagascœa;* quelquefois de squames plurisériées, comme dans plusieurs arctotidées, et dans les *xanthium*, *ambrosia*.

Le péricline est simple, toutes les fois qu'on n'observe pas une différence ou une interruption bien remarquable et nettement tranchée entre les squames extérieures et les squames intérieures; il est double, lorsque cette différence ou cette interruption est assez prononcée pour qu'on puisse distinguer un péricline extérieur et un péricline intérieur. Dans ce cas, si les squames extérieures sont très-petites, comme semi-avortées, très-peu nombreuses, peu constantes, variables, irrégulièrement disposées, au lieu d'admettre un péricline double, nous disons que le péricline est accompagné de squames surnuméraires. On ne doit pas confondre le péricline extérieur, ni les squames surnuméraires, avec l'involucre dont nous parlerons bientôt. Le péricline est radié, quand ses squames intérieures sont radiantes, c'est-à-dire, prolongées supérieurement en un long appendice scarieux, coloré, liguliforme, étalé, comme dans la carline, le xéranthème, le *tessaria*, le *monarrhenus*, H. C.; il est quasi-radié, quand la radiation est moins évidente.

Le péricline peut être orbiculaire, convexe, hémisphérique, globuleux, ovoïde, campaniforme, cylindrique, cylindracé; rarement réfléchi ou rabattu, comme dans l'*echinops*.

Sa grandeur doit être comparée à celle des fleurs de la calathide, quand celle-ci n'est ni radiée ni radiatiforme; à celle des fleurs du disque, quand la calathide est radiée; à celle des fleurs extérieures ou marginales, quand la calathide est radiatiforme. Ainsi le péricline peut être égal, inférieur ou supérieur aux fleurs de la calathide équaliflore, ou aux fleurs du disque de la calathide radiée, ou aux fleurs marginales de la calathide radiatiforme.

De l'involucre.

Lorsque plusieurs bractées verticillées sont attachées à la base du péricline, et qu'elles sont plus analogues aux feuilles de la plante qu'aux squames de ce péricline, nous nommons involucre cet assemblage de bractées. Ainsi l'involucre diffère du péricline extérieur en ce que celui-ci est formé de squames analogues à celles du péricline intérieur, tandis que l'autre est formé de bractées analogues aux feuilles.

Si les bractées sont très-petites, comme semi-avortées, très-peu nombreuses, peu constantes, variables, irrégulièrement disposées, au lieu d'admettre un involucre, nous disons que le péricline est accompagné de bractéoles.

L'involucre, que les botanistes confondent presque toujours avec le péricline, est très-manifeste dans l'*hololepis*, le *carlowizia*, le *centratherum*, H. C., l'*helmintia*, le *cnicus benedictus*, l'*atractylis cancellata*, le *siegesbeckia*, le *bidens*, la carline, et dans beaucoup d'autres synanthérées.

On se trompera rarement sur la distinction du péricline et de l'involucre, si l'on considère que les squames du péricline sont des rudimens de pétioles, et que les bractées de l'involucre sont, comme les appendices des squames, des rudimens de feuilles proprement dites. Cependant il est de certains cas douteux où nous employons indifféremment les expressions de péricline extérieur involucriforme, ou d'involucre péricliniforme.

Considérations générales sur la calathide, le clinanthe et le péricline.

La calathide des synanthérées, considérée sous un point de vue très-général, nous paroît être *un épi simple, extrêmement court, composé d'un grand nombre de petites fleurs sessiles, immédiatement rapprochées, couvrant toute la surface d'un axe commun, et accompagnées chacune d'une bractée* : le clinanthe est l'axe, extrêmement raccourci et déprimé, de cet épi : le péricline est l'ensemble des bractées appartenant aux fleurs qui occupent le degré le plus bas sur l'axe.

Dans cet état, qui constitue, selon nous, le vrai type de la calathide, le péricline est composé de squames unisériées, et le clinanthe est squamellifère, comme dans les *bidens*, *coreopsis*, *dahlia*.

Maintenant, concevez que plusieurs rangées de fleurs occupant la partie la plus basse soient avortées, et que leurs bractées subsistent, il en résultera un péricline composé de squames plurisériées, avec un clinanthe squamellifère, comme dans les *spilanthus*, *helianthus*, *zinnia*.

Si, au contraire, on conçoit que toutes les bractées, à l'exception de celles qui appartiennent à la rangée la plus basse, soient avortées, tandis que toutes les fleurs subsistent, on aura un clinanthe dépourvu de squamelles, avec un péricline de squames unisériées, comme dans les *bellis*, *calendula*.

Pour avoir un péricline de squames plurisériées, avec un clinanthe dépourvu de squamelles, comme dans les eupatoires, les asters, les chrysanthèmes, il faut concevoir, 1.° que les fleurs des rangs inférieurs sont avortées, et que leurs bractées subsistent; 2.° que les fleurs des rangs supérieurs subsistent, et que leurs bractées sont avortées.

Enfin, supposez une calathide discoïde, dont la couronne soit plurisériée, et faites avorter seulement les bractées des fleurs du disque, vous aurez une disposition très-remarquable, propre au *filago* et à quelques autres genres.

Si ces considérations reposent sur des idées justes, il est vrai de dire que les botanistes, qui nomment la calathide une fleur composée, pourroient, avec tout autant de raison, donner le nom de fleur composée à un épi de plantain.

Chapitre second.

De la classification naturelle des synanthérées.

La classification naturelle des végétaux sexifères ne peut être solidement fondée que sur les caractères fournis par la fleur proprement dite, c'est-à-dire, par les organes sexuels et par leurs enveloppes immédiates. Si cette proposition, généralement admise par les botanistes, mérite la faveur dont elle jouit, il en résulte nécessairement que toutes les méthodes de classification des synanthérées proposées par nos prédécesseurs sont vicieuses, non par leur exécution, mais par leur principe; tandis que la nôtre, très-imparfaite sans doute sous le rapport de l'exécution, repose sur une base inébranlable.

§. 1.er *Examen des anciennes méthodes.*

Tournefort divise les synanthérées en trois classes, sous les titres de *flosculeuses*, *semi-flosculeuses* et *radiées*. La seconde classe est naturelle, parce qu'elle est fondée sur un caractère propre à des corolles masculines: les deux autres sont artificielles, parce qu'elles sont fondées sur la composition de la calathide, ainsi que sur un caractère propre à des corolles non masculines, et par conséquent monstrueuses.

Vaillant a proposé quatre classes, qu'il a nommées *cynarocéphales*, *corymbifères*, *chicoracées*, *dipsacées*. En écartant la dernière, qui est étrangère à la famille des synanthérées, M. de Jussieu a cru que les trois autres offroient une classification plus satisfaisante que celle de Tournefort. Cependant la seule classe qui soit à l'abri de tout reproche, correspond exactement aux semi-flosculeuses de Tournefort; les deux autres ne se distinguent guère que par le port, et, si l'une est passablement naturelle, l'autre est un amas confus d'une multitude de genres mal assortis.

Linnæus, dans son Système sexuel, a fondé la distribution des synanthérées sur des considérations infiniment ingénieuses, faites pour amuser l'imagination, mais dépourvues de toute solidité, et uniquement relatives à la composition de la calathide. Dans ses ordres naturels, il a proposé une distribution plus digne sans doute d'un aussi grand naturaliste; mais, comme il n'a point caractérisé ses groupes, il est impossible d'en faire usage, et très-difficile de les apprécier à leur juste valeur. Cependant sa liste des genres offre plusieurs rapprochemens très-naturels, à côté de plusieurs autres qui le sont beaucoup moins.

Adanson adopte les trois classes de Tournefort, comme divisions primaires de la famille, et il forme, sous le nom de sections, des divisions secondaires au nombre de dix. Leurs titres semblent annoncer qu'elles sont naturelles, car chacune porte le nom de l'un des genres qu'elle comprend; cependant elles sont fondées sur des caractères étrangers à la fleur proprement dite : aussi les associations de genres qu'elles présentent, ne sont guère préférables à celles qui résultent des autres systèmes.

M. de Jussieu admet, comme autant de familles naturelles distinctes, les chicoracées, les cinarocéphales et les corymbifères de Vaillant; puis il divise chacune d'elles en plusieurs sections fondées sur des caractères étrangers à la fleur. Ce système nous semble avoir un défaut de plus que celui d'Adanson, qui ne fait de toutes les synanthérées qu'une seule famille ; et nous le critiquons avec d'autant plus de confiance, que M. de Jussieu a lui-même témoigné qu'il étoit peu satisfait de sa propre classification. Il a cru entrevoir une division naturelle de ses corymbifères en quatre groupes, ayant pour types l'eupatoire, l'aster, la matricaire et l'hélianthe. Quoiqu'il n'ait indiqué ni leurs caractères, ni les genres qui les composent, nous pouvons prononcer que cette distribution est impraticable, et qu'on ne parviendra jamais à diviser les synanthérées en un aussi petit nombre de groupes naturels.

Gærtner divise d'abord les synanthérées en *ligulées*, *capitées*, *discoïdes* et *radiées ;* puis il subdivise plusieurs fois chaque division primaire, en considérant, 1.° pour les ligulées, si la calathide est homocarpe ou hétérocarpe, et pour les capitées, les discoïdes et les radiées, si les calathides sont éloignées les unes des autres, ou réunies en capitules ; 2.° l'absence, l'existence et la nature de l'aigrette ; 3.° l'absence, la présence et la nature des appendices du clinanthe. Cette classification bouleverse le plus souvent les affinités naturelles les moins équivoques; mais, comme méthode purement artificielle, nous la trouvons préférable à toutes celles que nous connoissons.

Si M. Richard n'a pas atteint le but, il a du moins fait quelques pas à l'entrée de la route qui pouvoit l'y conduire. En effet, sa division primaire est fondée sur le style, qui est l'organe floral le plus important pour la classification naturelle des synanthérées ; mais, après s'être arrêté à une seule considération de nulle valeur, qui ne peut jamais être exacte dans cette famille, et dont il a fait une fausse application, il a tout à coup abandonné les organes floraux, pour établir ses divisions secondaires sur des caractères étrangers à la fleur. Il divise en deux ordres la classe qu'il nomme *synanthérie :* le premier de ces ordres est la *monostigmatie*, qu'il subdivise en trois sections artificielles, *échinopsidées*, *carduacées*, *liatridées ;* le second ordre est la *distigmatie*, qu'il subdivise artificiellement en deux sections, savoir les *corymbifères* et les *chicoracées.* Ce système repose sur une erreur, qui consiste à prendre les collecteurs pour le stigmate : si M. Richard avoit connu le vrai stigmate des synanthérées, il auroit senti que la distinction d'un ou de deux stigmates est inadmissible dans cette famille. Il est à remarquer que ce botaniste rapporte les vernoniées à la monostigmatie, et les lactucées à la distigmatie, quoique les vernoniées et les lactucées ne diffèrent aucunement par le style et le stigmate.

MM. Decandolle et Lagasca, en adoptant, comme M. de Jussieu, les chicoracées, les cinarocéphales et les corymbifères de Vaillant, ajoutent un quatrième groupe qu'ils nomment *labiatiflores* ou *chénantophores*. On a dédaigné cette innovation; cependant le groupe des labiatiflores est fondé, comme celui des chicoracées, sur la structure des corolles masculines; et nous avons trouvé le moyen d'en former deux tribus parfaitement naturelles. M. Decandolle a aussi proposé une division des cinarocéphales en quatre sections, les *échinopées*, les *gundéliacées*, les *carduacées*, les *centaurées* : la dernière, fondée sur un caractère de l'ovaire, est la seule qui soit naturelle; les trois autres, fondées sur des caractères étrangers à la fleur, contrarient manifestement les affinités.

§. 2. *Principes et sommaire de la nouvelle méthode.*

Notre méthode de classification repose sur les principes suivans, que nous n'avons point établis selon notre choix et *à priori*, mais que nous avons été contraints d'admettre après avoir long-temps et beaucoup observé.

I. La famille des synanthérées forme un ensemble tellement lié, qu'il est absolument impossible d'y faire un petit nombre de grandes coupes naturelles, et qu'on ne peut la diviser naturellement qu'en une vingtaine de petits groupes ou tribus.

II. Les caractères des tribus naturelles doivent être fournis tout à la fois par le style avec son stigmate et ses collecteurs, par les étamines, par la corolle, et par l'ovaire avec ses accessoires; les autres organes ne peuvent fournir que des caractères génériques.

III. Les fleurs hermaphrodites sont les seules qui puissent présenter, sans aucune altération, la réunion complète de tous les caractères de la tribu à laquelle elles appartiennent.

IV. On ne peut assigner aux tribus naturelles que des caractères *ordinaires* ou habituels, très-souvent démentis par des caractères *insolites*.

V. Beaucoup de synanthérées offrent un mélange de caractères appartenant à plusieurs tribus différentes.

Conformément à ces principes, nous divisons la famille des synanthérées en dix-neuf tribus naturelles, caractérisées par le style avec son stigmate et ses collecteurs, par les étamines, par la corolle, et par l'ovaire avec ses accessoires; en considérant ces organes dans les fleurs hermaphrodites, en ne nous attachant qu'aux caractères ordinaires, et en recourant à la combinaison des analogies, dans les cas d'affinités complexes ou croisées, comme dans tous les autres cas douteux qui résultent des caractères insolites, ou de l'absence des fleurs hermaphrodites.

Nos dix-neuf tribus sont, 1.° les *vernoniées*, 2.° les *eupatoriées*, 3.° les *adénostylées*, 4.° les *tussilaginées*, 5.° les *mutisiées*, 6.° les *nassauviées*, 7.° les *sénécionées*, 8.° les *astérées*, 9.° les *inulées*, 10.° les *anthémidées*, 11.° les *ambrosiées*, 12.° les *hélianthées*, 13.° les *calendulées*, 14.° les *arctotidées*, 15.° les *échinopsées*, 16.° les *carduinées*, 17.° les *centauriées*, 18.° les *carlinées*, 19.° les *lactucées*.

Concevez un tableau où la série des dix-neuf tribus est courbée en cercle, de manière que les vernoniées et les lactucées sont rapprochées immédiatement : l'intérieur du cercle est traversé en tous sens par des lignes aboutissant à des tribus plus ou moins éloignées l'une de l'autre dans l'ordre de la série circulaire, et indiquant ainsi les affinités complexes de ces tribus; d'autres lignes de jonction unissent quelques tribus immédiatement voisines, et qu'on pourroit considérer comme des sections naturelles d'une même tribu; les sections naturelles établies dans plusieurs tribus sont indiquées, suivant l'ordre qui leur convient, autour des tribus auxquelles elles appartiennent; enfin, notre nouvelle famille des boopidées est rappelée sur un côté du tableau auprès des vernoniées, et la famille des goodénoviées sur le côté opposé, auprès des lactucées. Ce tableau, dont l'exécution est facile, d'après le plan que nous venons de tracer, exprime de la manière la plus satisfaisante les différens degrés d'affinité que nous avons reconnus entre les groupes naturels dont il s'agit.

Nous avons dit, au commencement de ce paragraphe, que nous avions été *contraints* d'admettre les cinq principes sur lesquels repose notre méthode. On croira facilement que nous aurions beaucoup mieux aimé pouvoir fonder cette méthode sur des principes tout-à-fait opposés. Mais, quand on se propose de faire une classification naturelle, il faut, avant tout, se résigner à voir la nature absolument telle qu'elle est, et non pas telle que nous la disposerions pour la commodité de notre étude, si la puissance divine étoit entre nos mains. Cette réflexion suffit pour réfuter toutes les objections qui ont été faites contre notre travail. La multiplicité de nos tribus, la complication de leurs caractères, la prolixité de leur signalement; la minutie et l'équivoque de ces caractères, toujours difficiles à observer et souvent réduits à des nuances indécises; les nombreuses et graves exceptions qui les démentent, les hésitations fréquentes de notre classification; enfin, l'impossibilité d'approprier cette méthode de classification à l'usage habituel dans la pratique ordinaire de la botanique; tous ces défauts, ou plutôt tous ces inconvéniens, ne sauroient nous être imputés, s'ils résultent nécessairement de la nature même des choses. En conclura-t-on qu'il faut renoncer à classer naturellement les synanthérées, et s'en tenir à une classification artificielle? Nous répondrons, avec M. de Mirbel (Elémens de Botanique), que le but que se propose le botaniste est moins de rendre la science facile, que solide, profonde et vaste. Toutefois nous conviendrons qu'une classification purement artificielle est indispensable pour l'usage habituel.

§. 3. *Des Genres.*

Une tribu naturelle de synanthérées est une réunion de plusieurs genres appartenant à cette famille, et qui se ressemblent suffisamment par le style, par les étamines, par la corolle et par l'ovaire; ou bien c'est un seul genre qui diffère notablement de tous les autres genres de la famille par le style, par les étamines, par la corolle et par l'ovaire.

Un genre de synanthérées est une réunion de plusieurs espèces appartenant à la même tribu, et qui se ressemblent suffisamment par l'aigrette, par la composition de la calathide, par le clinanthe et par le péricline; ou bien c'est une seule espèce qui diffère notablement de toutes les autres espèces de la même tribu, soit par l'aigrette, soit par la composition de la calathide, soit par le clinanthe, soit par le péricline.

Quant au capitule et à l'involucre, ils ne suffisent pas pour établir des distinctions de genres.

Il y a deux écueils difficiles à éviter dans l'application du principe, que toutes les espèces d'un genre doivent se ressembler par l'aigrette, par la composition de la calathide, par le clinanthe et par le péricline. En appliquant ce principe avec trop de rigueur, on court le risque de faire presque autant de genres qu'il y a d'espèces; si, au contraire, on s'écarte beaucoup du principe par la crainte d'avoir un trop grand nombre de genres, on laisse subsister dans cette partie de la botanique le désordre, la confusion, l'inexactitude qui la déparent, et l'on se prive du moyen le plus efficace d'enrichir la science de nouveaux faits et de les y fixer solidement.

De légères différences dans l'aigrette, dans la composition de la calathide, dans le clinanthe et dans le péricline, ne suffisent point pour constituer des genres différens : il faut que ces différences soient notables, et d'autant plus notables qu'elles sont moins nombreuses, et qu'elles appartiennent à un organe ou à un système moins important. Quant à cette importance, nous estimons qu'en général et sauf exceptions l'on doit mettre l'aigrette au premier rang, la composition de la calathide au second, le clinanthe au troisième, le péricline au quatrième. Nous mettons au dernier rang la corolle masculine, les étamines et le style, qui, dans certains cas seulement, peuvent fournir des caractères génériques.

La description complète des caractères d'un genre de synanthérées doit être faite dans l'ordre suivant : 1.° composition de la calathide : la longueur respective, le nombre, la forme et le sexe de ses fleurs; 2.° péricline : sa grandeur relative, sa forme et sa composition; 3.° clinanthe : sa grandeur, sa forme, ses appendices; 4.° cypsèle et aigrette; 5.° corolle non masculine : dans les seuls cas où ses caractères n'ont pu être suffisamment exprimés, au premier article, par les termes indiquant la composition de la calathide; 6.° corolle masculine, étamines, style : dans les seuls cas où ces organes, s'écartant de la forme qu'ils ont ordinairement dans la tribu, peuvent fournir des caractères génériques.

La nouvelle terminologie, que nous avons proposée dans le premier chapitre, n'a pas seulement pour but d'exprimer les organes et leurs modifications par des termes propres à donner des idées justes sur leur nature et leurs rapports ; elle a encore un autre objet, c'est d'introduire dans la description des genres de la famille des synanthérées l'ordre, l'uniformité, l'exactitude dont l'importance est incontestable, et qu'il est impossible d'obtenir avec l'ancienne terminologie.

Dans la description des genres, il faut se garantir de deux excès : une description trop exacte et trop complète, ou, pour mieux dire, trop minutieuse et trop détaillée, a presque toujours l'inconvénient de ne pouvoir s'appliquer entièrement à toutes les espèces du genre ; une description trop vague, trop générale, trop brève, a l'inconvénient de pouvoir s'appliquer à des espèces de genres différens, outre qu'elle laisse ignorer des particularités remarquables qui contribueroient à enrichir la science.

La nature elle-même s'oppose à ce que la formation des genres et leur description puissent jamais atteindre à un degré de perfection très-élevé : il n'y a que les genres monophytes, ou d'une seule espèce, qui soient susceptibles d'une rigoureuse exactitude, parce que ce ne sont point de vrais genres ; un vrai genre, c'est-à-dire, un genre polyphyte, ou de plusieurs espèces, ne pourra jamais être composé et caractérisé de manière à ce que tous ses caractères soient parfaitement applicables à toutes les espèces comprises et à comprendre dans ce genre, et ne soient applicables qu'à elles seules. (H. Cass.)

COMPOSÉ, *Compositus*. (*Bot.*) Ce mot est employé souvent comme synonyme de *divisé* : ainsi une feuille est dite *composée*, lorsqu'elle est subdivisée en petites feuilles ou folioles (haricot, *gleditsia*) ; le pétiole d'une feuille composée est dit *composé*, lorsqu'il se subdivise en pétioles secondaires, lesquels portent les folioles (*epimedium*) ; un pédoncule est *composé*, lorsqu'il se subdivise en pédoncules partiels (ombellifères) ; l'ombelle est *composée*, lorsqu'elle se subdivise en petites ombelles (carotte, panais). Quelquefois *composé* est pris comme synonyme d'*agrégé* : ainsi une bulbe est dite *composée*, lorsqu'elle est formée par l'agrégation de plusieurs petites bulbes ou cayeux ; l'ail cultivé en offre un exemple. (Mass.)

COMPOSÉS. (*Chim.*) Corps qui résultent de l'union chimique de deux ou de plusieurs corps. On distingue des *com-*

posés binaires, *ternaires*, *quaternaires*, etc. suivant qu'ils sont formés par deux, par trois, par quatre substances. Voyez Attraction moléculaire, Suppl., tom. III, p. 85 et suiv. (Ch.)

COMPOSITÉES (*Bot.*), *Compositi*, Link. C'est le nom de la sixième série du deuxième ordre (*gastromyciens*) de la famille des champignons dans la méthode de Link. Ces champignons sont solides et formés par la réunion de plusieurs sporanges. Les genres sont *Pisocarpium*, *Tuber* (voyez Truffe), *Endogone* et *Nidularia*. Voyez Cyathe. (Lem.)

COMPOSITIFLORES. (*Bot.*) Gærtner nomme ainsi la famille des synanthérées, que la plupart des botanistes nomment composées. (H. Cass.)

COMPOSITION. (*Arts chimiques.*) Dans les ateliers, dans les manufactures, on appelle *composition* un mélange qui doit servir à préparer une certaine combinaison : ainsi, dans les fabriques de glace, la *composition* est le mélange du sable, de la chaux et du sous-carbonate de soude, que l'on met dans les pots pour faire le verre.

Dans les ateliers de teinture, on appelle *composition* la dissolution d'étain dans l'eau régale. (Ch.)

COMPOSITION D'UN CORPS. (*Chim.*) Pour que la composition d'un corps soit déterminée, il faut connoître les élémens qui constituent ce corps, et la proportion dans laquelle ils sont unis, abstraction faite de toute considération sur les propriétés du composé. En cela, l'expression de *composition d'un corps* est moins générale que celle de *nature d'un composé*, qui peut se prendre non-seulement dans le sens que nous venons de définir, mais encore dans cet autre sens qu'un composé a des propriétés d'une telle sorte, comme acides, alcalines, neutres, etc., quelle qu'en soit d'ailleurs la composition. (Ch.)

COMPRIMÉ, DÉPRIMÉ (*Bot.*) ; *Compressus*, *Depressus*. Comprimé exprime aplati latéralement; déprimé exprime aplati de haut en bas. Il y a peu d'exemples de parties déprimées, et il y en a, au contraire, beaucoup de parties comprimées. Voyez, pour exemple de tige comprimée, le *cactus opuntia* ; de hampe comprimée, le narcisse des poëtes; de feuilles comprimées, l'iris des marais ; d'épi comprimé, le *triticum cristatum ;* de calice comprimé, la pédiculaire des marais; d'anthères comprimées, celles des iris, du rhinanthus, etc. Voyez aussi, parmi les fruits, la cypsèle du zinnia, la carcérule du frêne, le légume du bois de Judée, la silique de l'*arabis turrita*, la silicule de la lunaire, la capsule du *rhinanthus crista galli*, le crémocarpe du panais, etc. Voyez aussi le noyau de la prune. (Mass.)

COMPTONIA. (*Bot.*) Genre de plantes qui faisoit d'abord partie des *liquidambar*, mais que ses caractères mieux connus ont déterminé à séparer de ce genre. Il a été dédié par M. Bancks à l'évêque de Londres, M. Compton, amateur de botanique. Ce genre appartient à la famille des amentacées, et à la *monoécie triandrie* de Linnæus. Son caractère essentiel consiste dans des fleurs monoïques, disposées en chatons. Les mâles offrent sous chaque écaille un calice à deux folioles; point de corolle; trois filamens bifurqués, soutenant six anthères bivalves : dans les fleurs femelles on distingue un calice à six folioles très-étroites, opposées par paires; point de corolle; un ovaire supérieur; deux styles; une noix à une seule loge, indéhiscente; une semence globuleuse. On ne connoît encore que l'espèce suivante :

Comptonia a feuilles de doradille : *Comptonia asplenifolia*, Ait., *Hort. Kew.*, 3, pag. 334; Mich., *Amer.*, 2, pag. 203; *Liquidambar asplenifolia*, Linn.; Pluken., *Almag.*, 250, tab. 100, fig. 6, 7. Arbrisseau rameux, qui s'élève au plus à la hauteur de deux ou trois pieds, revêtu d'une écorce brune; les jeunes rameaux velus, garnis d'un grand nombre de feuilles qui ont quelque ressemblance avec celles de l'*asplenium ceterach* : elles sont alternes, un peu velues en dessous, alongées, presque linéaires, pinnatifides, parsemées de quelques points glanduleux et luisans; découpées en lobes courts, alternes, nombreux, arrondis ou obtus. Les chatons des fleurs mâles sont sessiles, cylindriques, longs d'environ un pouce, couverts d'écailles lâches, imbriquées, concaves, réniformes, aiguës, caduques. Chaque écaille renferme une seule fleur, dont le calice est composé de deux folioles égales, naviculaires; trois filamens bifurqués, plus courts que le calice. Le chaton des fleurs femelles est plus court, ovale, imbriqué d'écailles semblables à celles des fleurs mâles. Leur calice est composé de six folioles ou plutôt de six filamens membraneux à leur base, puis filiformes, plus longs que les écailles, ce qui fait paroître ce chaton comme hérissé de pointes molles. L'ovaire est arrondi, surmonté de deux styles capillaires. Le fruit est une noix glabre, elliptique, lenticulaire, à une seule loge indéhiscente, renfermant une seule semence ovale, arrondie. Cet arbrisseau croît aux lieux frais et ombragés de l'Amérique septentrionale. On le cultive au Jardin du Roi. On le multiplie de marcottes et de graines. Il veut être placé à l'ombre, dans la terre de bruyère; mais il est délicat, et dure peu. Au rapport de Marschal, l'infusion de ses feuilles est astringente · on en fait usage contre les diarrhées. (Poir.)

CONABIBY. (*Ornith.*) Sonnini dit qu'à la Guiane ce nom est donné à l'autour. (Ch. D.)

CONAMBAIA. (*Bot.*) Espèce de fougère du Brésil, décrite imparfaitement et figurée par Pison, qui paroit être un *pteris* à feuilles bipennées. Le *canambaya* du même pays, cité par Marcgrave, est très-différent. Sloane le regardoit comme une espèce d'*opuntia*. Il paroît mieux rapporté par M. Lamarck au *conyza genistelloides*, rapporté du Pérou par Joseph de Jussieu. (J.)

CONAMBAI-MIRI. (*Bot.*) Sloane, dans son Histoire de la Jamaïque, donne ce nom à la fougère que les Portugais nomment Avenka. Voyez ce mot. (J.)

CONAMI. (*Bot.*) Aublet, dans ses Plantes de la Guiane, cite sous ce nom deux espèces du genre *Balliera*, de la famille des composées ou synanthères : l'une est le conami franc, *balliera aspera*; l'autre le conami bâtard, *balliera sylvestris*. Elles tirent, dans le pays, leur nom de la propriété qu'elles ont d'enivrer le poisson. La première est encore nommée *coutoubou* par les Galibis. Préfontaine la cite sous le nom de conani franc, et lui assigne la même propriété. Le nom de Préfontaine est peut-être plus exact, ou du moins il devroit être préféré pour distinguer ces plantes d'un autre conami dont Aublet fait un genre décrit imparfaitement, et regardé par Willdenow comme devant être congénère du niruri, *phyllanthus*. Celui-ci est le *conani du Para*, cité par Préfontaine et employé comme le premier, que les sauvages habitant le canton d'Oyapok ont reçu, selon lui, des Indiens fugitifs du Para. Il faut observer ici que le coutoubou des Galibis est très-différent du *coutoubea* des mêmes, dont Aublet fait un autre genre sous son nom primitif. (J.)

CONANAM. (*Bot.*) Palmier de la Guiane mentionné par Aublet, qui ajoute qu'on le nomme aussi *avoira mon pere*. Sa description est trop insuffisante pour qu'on puisse déterminer l'espèce. D'après son second nom, on pourroit présumer qu'il est congénère ou voisin de l'avoira, qui est l'*elais guineensis*. Préfontaine, dans sa Maison rustique de Cayenne, cite aussi sous le nom de conanam un palmier qui est peut-être le même. Il a encore un conanam sauvage, qu'il dit fort différent du premier. (J.)

CONANTHÈRE, *Conanthera*. (*Bot.*) Genre de plantes de la famille des narcissées, de l'*hexandrie monogynie* de Linnæus, offrant pour caractères essentiels : une corolle composée de six pétales réfléchis ; point de calice ; six étamines ; les anthères rapprochées, formant un cône aigu ; un ovaire adhérent avec la base de la corolle ; un style ; une capsule oblongue, à trois loges, à trois valves, renfermant plusieurs semences arrondies.

Ce genre est borné jusqu'à présent à deux espèces : la première est originaire du Chili ; on ne connoît point le lieu natal de la seconde : toutes deux sont des herbes à hampe nue ; leurs fleurs sont disposées en une grappe courte, terminale.

Conanthère a deux feuilles : *Conanthera bifolia*, *Fl. Per.*, 3, pag. 68, tab. 301 ; *Bermudiana pulposa*, Threw., 3, pag. 8, tab. 3 ; vulgairement Illmu, Feuill. Pérou., 3, pag. 8, tab. 3. Ses racines sont composées d'une bulbe ovale, garnie en dessous de fibres nombreuses, capillaires, flexueuses ; elles produisent une hampe grêle, simple, droite, cylindrique, haute de huit ou dix pouces, glabre (ainsi que toute la plante), garnie inférieurement de deux feuilles alternes, très-étroites, linéaires, ensiformes, aiguës à leur sommet ; on distingue, dans la longueur des hampes, plusieurs écailles presque foliacées, alternes, distantes, membraneuses, à demi vaginales, ovales lancéolées : les grappes sont courtes, inclinées ; les pédoncules biflores, munis à leur base d'une bractée ovale, membraneuse, persistante ; la corolle d'un bleu violet, panachée à sa base ; les trois pétales alternes, légèrement ciliés à leurs bords ; une capsule de la grosseur d'un pois. Les bulbes de cette plante sont d'une saveur agréable ; les naturels du pays les mangent crues ou cuites.

Conanthère a trois fleurs : *Conanthera echeandia*, Pers. ; *Echeandia terniflora*, *Orteg.* Decad., pl. 90 ; *Anthericum reflexum*, Cav., *Ic. rar.*, 3, tab. 241. Placée d'abord parmi les *anthericum*, cette espèce a été depuis rapportée aux conanthères, d'après le caractère de ses anthères. Les hampes sont droites, simples, garnies seulement à leur base de feuilles lancéolées, ensiformes ; la corolle est jaune ; les pétales inégaux ; les trois extérieurs très-étroits, recourbés à leur sommet ; les trois intérieurs ovales, élargis ; les anthères rapprochées latéralement. On ignore le lieu natal de cette espèce. (Poir.)

CONASTRELLO (*Bot.*), nom du troëne, *ligustrum*, aux environs de Vérone, suivant Seguier. Daléchamps dit qu'on le nomme *conastello* à Padoue. (J.)

CONCA DE MORU. (*Ornith.*) L'hirondelle de fenêtre, *hirundo urbica*, Linn., est connue sous ce nom en Sardaigne. (Ch. D.)

CONCANAUTHLI. (*Ornith.*) Fernandez, chap. 66, donne ce nom comme étant celui d'une grande espèce de canard du Mexique, qu'il ne décrit pas. (Ch. D.)

CONCAVE (*Bot.*), *concavus*, creux sans former d'angle. On a des exemples de feuilles concaves dans le *cotyledon umbilicus*, le *pinguicula*, le *drosera* ; de pétales concaves, dans le tilleul, la rue ; de valves concaves, dans la silicule de l'*alissum utriculatum* ; de spathelles concaves, dans le briza. Le caractère d'une partie concave est de ne pouvoir être rendue plane sans déchirure ou sans former de plis. (Mass.)

CONCENTRATION. (*Chim.*) Opération par laquelle on diminue la proportion d'un liquide par rapport à la quantité d'un corps quelconque qui est dissous dans ce liquide. On concentre une liqueur par la chaleur, lorsque le dissolvant est plus volatil que le corps auquel il est uni ; on concentre une liqueur par le froid, lorsqu'une portion du dissolvant peut prendre l'état solide à une température moins basse que ne peut le faire l'autre partie qui reste unie au corps : ainsi, l'eau de mer, exposée à quelques degrés au-dessous de zéro, se convertit en glace et en un liquide retenant tout le sel qui étoit dissous dans cette eau ; ainsi le vinaigre, dans la même circonstance, se concentre en ne retenant qu'une portion de l'eau à laquelle l'acide acétique étoit uni dans le vinaigre. (Ch.)

CONCEPTACLE, *Conceptaculum.* (*Bot.*) Dans les plantes qui ont des sexes, la cavité close qui renferme les graines est désignée par le nom de péricarpe. Dans les plantes qui sont privées d'organes sexuels, la cavité close qui contient les séminules ou corps reproducteurs prend le nom de conceptacle. De même que le péricarpe a, suivant sa forme, différens noms, tels que Capsule, Silique, Légume, Drupe, etc., de même le conceptacle reçoit des noms particuliers, suivant les divers groupes de plantes. Dans les lichens, il prend les noms suivans: Pelta, Scutelle, Orbille, Petellule, Mammule, Céphalode, Gyrome, Globule, Pilidium, Cistule, etc.; dans les hypoxylées il porte le nom de Sphérule, de Lirvelle, etc.; dans les champignons angiocarpes, il est désigné par le nom de Péridion. (Voyez ces mots.)

Quelques auteurs emploient le nom de périspore à la place de conceptacle. Ce mot de conceptacle étoit autrefois employé à la place de péricarpe; il a servi à désigner les loges, les coques d'un fruit. Il a été pris aussi comme synonyme de follicule. (Mass.)

CONCEVEIBE DE LA GUIANE (*Bot.*); *Conceveiba guianensis*, Aubl., *Guian.*, pag. 924, tab. 353. Genre de plantes, imparfaitement connu, qui paroît appartenir à la famille des euphorbiacées. Comme les deux sexes sont séparés dans cette plante, et qu'on ne connoît point les fleurs mâles, on ne peut déterminer sa place dans le système sexuel de Linnæus. Ses fleurs femelles sont sessiles, alternes, disposées en épi sur un axe trigone et charnu. Chacune d'elles est composée d'un calice charnu, d'une seule pièce, trigone à sa base avec trois grosses glandes, divisé à son bord en cinq dents épaisses, aiguës, munies chacune à leur base d'une glande appliquée contre l'ovaire. Celui-ci est supérieur, triangulaire, surmonté de trois styles épais, concaves, courbés en dedans, divisés par un sillon. Le fruit consiste en une capsule trigone, globuleuse, à trois sillons, à trois loges, à trois valves bifides. On trouve dans chaque loge une semence arrondie, enveloppée d'une substance pulpeuse, douce, blanchâtre, bonne à manger.

Cet arbre s'élève à la hauteur de dix à douze pieds, sur un pied de diamètre; son bois est blanc; son écorce grise: il en découle, lorsqu'on l'entame ou qu'on arrache des feuilles, un suc verdâtre. Ses branches forment une cime étalée, composée de rameaux nombreux, garnis de feuilles alternes, inégalement distantes, assez longuement pétiolées, ovales-oblongues, acuminées, vertes et glabres en dessus, cendrées en dessous, dentées à leurs bords, accompagnées de stipules caduques, petites et disposées deux par deux. Aublet a découvert cet arbre dans la Guiane, sur le bord des rivières. (Poir.)

CONCHELA (*Bot.*), nom portugais du nombril de Vénus, *cotyledon umbilicus Veneris*, selon Vandelli. (J.)

CONCHIFÈRES. (*Malacoz.*) M. de Lamarck, dans la nouvelle édition de son Histoire naturelle des Animaux sans vertèbres, donne ce nom de classe à tous les animaux mollusques acéphales qui sont contenus entre deux pièces calcaires ou bivalves. Voyez Malacozoaires. (De B.)

CONCHILLE (*Bot.*), nom donné, suivant Olivier de Serres, par les teinturiers de son temps, au chêne kermès, *quercus coccifera*. (J.)

CONCHIS. (*Bot.*) Ce mot, cité par Juvénal et Martial, exprime, selon quelques-uns, la fève que l'on prépare comme aliment sans lui ôter sa peau ou robe, pour la distinguer de celle qu'on a auparavant dépouillée de cette enveloppe. (J.)

CONCHITES. (*Foss.*) Ce nom générique a été donné autrefois aux patelles et aux coquilles bivalves fossiles. (D. F.)

CONCHIUM. (*Bot.*) M. Smith nomme ainsi un genre de protéacées auquel Schrader et Cavanilles ont donné le nom de *hakea*, qui a été adopté par le plus grand nombre. (J.)

CONCHODERME. (*Molluscart.*) M. Olfers a donné le premier, à ce qu'il paroît, ce nom de genre aux espèces d'anatifères qui ont leur manteau terminé par deux tubes en forme d'oreilles, ce qui m'a fait les designer sous celui d'Auritella. Voyez ce mot. (De B.)

CONCHOLEPAS. (*Malacoz.*) Ce genre fort remarquable, dont malheureusement nous ne connoissons pas l'animal, a été établi par MM. Schroter, Martini et de Lamarck, pour une belle et rare coquille que d'Argenville, Da Costa et quelques autres, regardoient comme une espèce de patelle, et que Bruguières plaçoit parmi les buccins; Schroter, Martini, et M. de Lamarck même, l'ont en effet associée long-temps aux patelles, et ce dernier a suivi quelque temps M. Cuvier, qui mettoit ce genre parmi ses inféro-branches ; mais, depuis plusieurs années, tous les zoologistes ont reconnu la justesse du rapprochement établi par Bruguières, et le placent dans la famille des buccins, parce que, d'après ce qu'en a rapporté Dombey, l'animal est pourvu d'un opercule tendineux qui est assez loin de pouvoir fermer l'ouverture de la coquille. Ses caractères génériques sont : Animal inconnu, mais certainement gastéropode, avec un opercule corné, recouvert par une coquille large, rude, ovalaire, patelliforme, à spire fort petite, non saillante, marginale ; ouverture très grande, ovale, évasée, échancrée antérieurement ; les bords réunis ; la lèvre extérieure assez épaisse, dentelée ; les deux dents qui bordent l'échancrure plus grandes que les autres. On ne connoît encore dans ce genre, qui est évidemment assez rapproché de certaines pourpres, qu'une seule espèce, le concholepas du Pérou, *concholepas peruvianus*, figuré dans Favanne, Conchyl., tab. 4, fig. H 2. C'est une coquille assez épaisse, d'un fauve rougeâtre tirant sur le brun, de trois à quatre pouces de long sur deux à trois de large, n'ayant que deux tours et demi à la spire, dont le dernier est si grand, qu'il forme réellement toute la coquille ; sa convexité est garnie de côtes transverses, peu profondes, excepté la première du côté gauche, qui répond à un canal creusé dans la cavité ; ces côtes sont striées transversalement par les stries d'accroissement ; l'ouverture est réellement aussi grande que la coquille, très-évasée. Les bords sont parfaitement réunis, et dépassent de beaucoup en arrière la spire, de manière à imiter une coquille recouvrante. On voit à l'intérieur naître, de la cavité du sommet, un sillon qui va, en s'élargissant, jusqu'au bord antérieur, où il se termine entre deux dents, dont la droite est beaucoup plus forte, ce qui fait paroître la coquille échancrée. L'impression musculaire a réellement quelque ressemblance avec celle des patelles ; elle forme un grand fer à cheval ouvert antérieurement. L'opercule est ovale, peu épais, d'un brun noirâtre. Il a près de deux pouces de long sur quatorze lignes de large. (De B.)

CONCHYLIE, *Conchylium.* (*Malacoz.*) M. Cuvier, dans son nouvel ouvrage sur le Règne animal, réunit sous ce nom plusieurs des genres de M. de Lamarck ; savoir : les PHASIANELLES, les JANTINES les AMPULLAIRES et les MÉLANIES (voyez ces différens mots). Les caractères communs sont d'avoir l'avant-dernier tour de la coquille, comme dans les hélix, formant une saillie convexe, qui donne plus ou moins à l'ouverture la figure d'un croissant, et d'êtres aquatiques. (De B.)

CONCHYLIOLOGIE. On doit entendre sous ce nom composé, et non pas d'après son étymologie, puisque le mot *conchylion* veut dire, non pas une coquille, mais l'animal qui en est revêtu, l'art de disposer les coquilles, ou mieux les enveloppes ou corps protecteurs des animaux testacés, de manière à les faire reconnoître promptement et sûrement, sans faire presou que aucune attention aux animaux qu'elles ont pu contenir auxquels elles ont appartenu. Si l'on veut faire à la fois attention aux coquilles et aux animaux, c'est l'article Malacologie qu'il faut principalement étudier, ou l'art de grouper ou de disposer les animaux mollusques ou malacozoaires de manière à les faire reconnoître; et si l'on veut envisager les coquilles comme faisant partie d'un animal mollusque, c'est-à-dire, quant à leur structure anatomique, à leur composition chimique, à leur mode d'accroissement, il faut recourir au mot Coquille, ou à celui de Mollusques ou Malacozoaires, où l'on traitera de l'organisation générale de ces animaux. D'après cette explication, que j'ai cru nécessaire, on voit qu'il ne sera question ici que des enveloppes seules qui peuvent être conservées indépendamment de l'animal, et qui peuvent en effet avoir appartenu à des animaux de classes et même de types très-différens; et que par conséquent c'est, sous ce rapport, la manière de Linnæus et d'un grand nombre d'autres zoologistes que nous nous proposons de suivre, quoique nous la regardions comme totalement artificielle.

Long-temps cette partie de l'histoire naturelle, qui n'avoit pour ainsi dire été imaginée que pour satisfaire les yeux des amateurs de choses rares et brillantes, fut regardée comme une étude presque oiseuse et inutile par les véritables zoologistes; et cela étoit tellement juste, qu'il étoit souvent plus nécessaire de connoître les coquilles à l'état artificiel (où on les amenoit en employant l'émeri, la meule, la lime, pour leur enlever non-seulement ce qu'on nommoit drap marin, mais souvent une ou deux couches plus ou moins épaisses, et qui en cachoient l'éclat), qu'à leur état vraiment naturel, où elles étoient souvent rejetées : on rebutoit par conséquent des collections toutes celles qui naturellement, ou par l'art, n'offroient pas quelque chose de remarquable, quelque singularité. Les zoologistes méthodistés auroient même fini par faire disparoître presque entièrement cette étude ou cet art, en ne considérant jamais les coquilles que comme dépendantes et encore placées sur les animaux, si la géologie, par le grand essor qu'elle a pris dans ces derniers temps, n'avoit eu besoin de caractères extrêmement minutieux pour comparer entre elles, ou avec les espèces vivantes, les nombreuses dépouilles d'animaux conchylifères qui existent dans le sein de la terre. C'est réellement à cette cause que la conchyliologie, proprement dite, doit encore son existence et les efforts toujours croissans des savans naturalistes qui cherchent à y établir des principes, des règles sûres, au moyen desquels les géologistes puissent se guider dans les recherches délicates et les problèmes extrêmement difficiles qu'ils se proposent de résoudre. La conchyliologie, ou mieux, peut-être, l'ostracologie, forme donc parmi les sciences naturelles une branche tout-à-fait à part, qui peut avoir ses règles propres, particulières, et qui n'auroit rien de comparable, que si l'on vouloit aussi connoître en détail les poils, par exemple, des animaux mammifères, les plumes des oiseaux ou les écailles des poissons. Il me semble cependant que si l'on pouvoit, tout en étudiant la conchyliologie d'une manière parfaitement indépendante, la disposer de telle sorte qu'elle pût être prise en entier par la malacologie, on seroit à la fois utile à la science des animaux et à celle de la géologie ou palæozoologie (1). C'est le but qu'on doit se proposer, mais en admettant toujours que la prédominance doit évidemment être pour la géologie.

Tout art, quel qu'il soit, a nécessairement un plus ou moins grand nombre de termes qui lui sont propres, ou de communs, dont les acceptions lui sont particulières ; c'est là ce qu'on nomme termes techniques, qu'il est très-important de bien définir, afin de les bien faire connoître, et que l'on emploie pour éviter les trop longues circonlocutions auxquelles

(1) Il me semble utile de créer un mot composé pour la science qui s'occupe de l'étude des corps organisés fossiles

il faudroit avoir recours si l'on se servoit des termes ordinaires. Nous allons faire connoître ces termes techniques, ou la terminologie des coquilles, avant d'exposer l'histoire de la conchyliologie et la méthode que nous proposons, et que nous aurons soin de faire marcher avec de bonnes figures.

Nous n'avons réellement point d'autres termes génériques pour indiquer les corps durs, calcaires, cassans, qui font l'objet de cette partie d'histoire naturelle, que celui d'enveloppe, ou mieux de corps protecteur ou de têt; car par celui de coquilles nous entendons seulement celles des animaux mollusques. Les Grecs avoient le mot *ostraca*, d'où ostracodermes et ostracés; et les Latins celui de *testa*, d'où la dénomination de testacés, ou d'animaux couverts d'un têt ou d'une enveloppe dure. Cependant c'est l'acception vulgaire de coquilles que l'on emploie : c'est ce qui fait que nous traitons de cette partie de l'histoire naturelle à l'article *Conchyliologie*, sans cela il eût été, je crois, plus convenable de le faire à celui d'*Ostracologie* ou de *Testaceologie*.

Quoi qu'il en soit, et d'après cela seulement, nous entendons par coquilles ou corps protecteurs, des corps de forme très-variable, crétacés, plus ou moins minces, durs, cassans d'une manière nette, se conservant aisément, et qui sont constamment en rapport avec la peau d'un animal.

Il est deux manières de faire connoître les différentes parties que l'art observe, décrit et nomme dans les corps protecteurs ainsi définis. l'une qui consiste à adopetr, dans l'explication des termes, l'ordre alphabétique, comme l'a fait le premier Daniel Major, imité depuis par beaucoup d'auteurs; et l'autre, à suivre un ordre méthodique quelconque. C'est celle-ci que nous adopterons ici, l'autre étant nécessairement dans le cours du Dictionnaire. Mais, pour suivre cet ordre méthodique, et pour ne rien donner à l'arbitraire, nous croyons, malgré ce que nous avons dit plus haut, devoir considérer la coquille comme ayant été placée sur l'animal, quand ce ne seroit que pour faciliter la fusion de la conchyliologie dans la malacologie. Linnæus, Bruguière et plusieurs autres suivent une autre marche, que nous aurons soin d'exposer, et étudient cette coquille dans une position arbitraire qu'ils ont soin de définir, en la regardant presque comme un corps artificiel.

En considérant d'abord ces corps d'une manière générale et sous le rapport de la structure, on aperçoit une première division des coquilles, en celles qu'on peut appeler *fausses* et *vraies*.

Une coquille fausse est celle qui n'appartient pas à un animal mollusque, ou mieux celle qui est composée d'un très-grand nombre de petits polygones appliqués les uns à côté des autres, et dont l'ensemble forme une enveloppe calcaire, dure, cassante; c'est ce que l'on voit dans le têt des échinites ou oursins.

Une coquille vraie est celle qui est formée de lames appliquées les unes en dedans des autres; la plus nouvelle, la plus grande étant la plus interne, et la plus ancienne, la plus petite, la plus externe, quels que soient sa forme et le nombre de pièces qui la composent.

L'étude générale de cette forme donne ensuite une division en celles qui sont tubuleuses, et en celles qui ne le sont pas.

On appelle *coquilles tubuleuses*, celles dont le diamètre transversal est considérablement plus petit que le longitudinal, et qui ne sont pas enroulées, ou du moins ne le sont que d'une manière fort irrégulière et jamais en spirale; ce sont les tubes de certains genres de *sétipodes*, qui ont un autre caractère distinctif, en ce que le sommet est toujours ouvert, ce qui n'a jamais lieu dans les coquilles des malacozoaires ou mollusques proprement dits.

Les coquilles *non tubuleuses* se divisent ensuite en coquilles d'une seule pièce, ce sont les *univalves*, et en coquilles de plusieurs pièces ou *multivalves*, et celles-ci en *bivalves* et en *multivalves* ou *dissivalves*.

D'après cela on doit entendre par valve (*valve-klappen*, *valvula*), une pièce calcaire de forme très-variable, appliquée sur ou dans la peau d'un animal mollusque, ou mollusquarticulé, et en recouvrant une plus ou moins grande partie; mais alors il faut souvent avoir recours à la peau de l'animal, pour juger qu'un certain nombre de ces valves appartenoient à un seul individu; comme, par exemple, quand elles n'ont aucuns rapports directs entre elles, mais seulement d'indirects au moyen de la peau. C'est ce qui a fait que long-temps une valve du têt de la lingule a été regardée comme une coquille univalve.

Les coquilles *multivalves* sont de trois sortes : celles qui sont composées de plusieurs pièces transversales, imbriquées, comme dans les oscabrions ; celles qui sont formées de cinq ou plusieurs valves, symétriquement rangées à droite et à gauche, et quelquefois même placées en écailles, et réunies entre elles au moyen de la peau (ce sont les dissivalves de M. Denys de Montfort), comme dans les anatifes; enfin, celles qui sont disposées d'une manière presque circulaire, comme dans les balanes et genres voisins (ce sont les coquilles subcoronales de M. de Lamarck).

Les coquilles *bivalves* sont celles qui, comme l'indique leur nom, ne sont formées que de deux pièces, quelquefois, il est vrai, renfermées dans un tube ou enveloppe calcaire, plus ou moins développé, que quelques auteurs regardent à tort comme une autre valve ; elles sont toujours appliquées sur les côtés de l'animal, et constamment dans un rapport plus ou moins marqué entre elles. Cependant nous devons avertir que, ce rapport entre les deux pièces d'une coquille bivalve n'étant pas toujours évident, on peut quelquefois être induit en erreur, et regarder comme ayant appartenu à une univalve, une pièce ou valve qui étoit d'une bivalve, comme dans la lingule, quelques espèces de cames, etc.

Les coquilles *univalves* sont, au contraire, un têt de forme extrêmement variable, quelquefois même presque tubuleuse, qui recouvre plus ou moins un animal mollusque, et peut aussi être entièrement caché dans l'intérieur de sa peau.

CH. I. *Des Coquilles univalves.*

Nous avons déjà vu ce qu'on devoit entendre par-là : plusieurs auteurs les désignent sous les noms de *Monotome*, et, plus généralement encore, sous celui de *cochlæ*, *cochleidæ*, en françois *limaçons*, en anglois *snail*, en allemand *schnecken*, et en italien *chiocciole*.

Ces coquilles, ou corps protecteurs, peuvent être envisagées sous différens rapports dont nous allons traiter successivement.

1.° Sous le rapport des lieux où on les trouve, ou mieux des animaux auxquels elles ont appartenu, on a cru pouvoir les distinguer en *terrestres*, *fluviatiles* et *marines ;* mais il faut convenir que cette distinction est souvent fort difficile, et qu'on en a exagéré l'importance pour l'usage que l'étude des fossiles pourroit en tirer.

Les coquilles univalves *terrestres* sont ordinairement assez minces ; leur surface extérieure, le plus souvent lisse, n'offre guère que les indices des stries d'accroissement, et jamais d'épines ni d'aspérités proprement dites ; jamais la surface interne n'est nacrée, et encore moins l'externe ou sous l'épiderme. Leur ouverture, toujours entière, a fort souvent, au moins dans l'état adulte, et seulement dans ces espèces, ses bords épaissis en bourrelet, ou plus ou moins rejetés en dehors.

Les coquilles univalves *fluviatiles* sont aussi assez ordinairement d'une épaisseur peu considérable : elles sont quelquefois pourvues à l'extérieur de quelques stries et même d'épines, et, sous l'épiderme, qui est presque toujours mince, lisse et d'un vert très-foncé, on trouve assez souvent qu'elles sont nacrées ou d'une grande blancheur. Jamais, du moins jusqu'ici, on n'en a trouvé dont l'ouverture soit réellement échancrée, et ses bords sont toujours droits et tranchans.

Quant aux coquilles univalves *marines*, elles sont souvent assez difficiles à distinguer des précédentes : en général, cependant, elles sont plus épaisses, beaucoup plus fréquemment chargées de bourrelets, de varices, d'épines, etc. Leur ouverture, très-fréquemment échancrée, ou prolongée en un tube plus ou moins long antérieurement, est assez souvent bordée par un bourrelet épais, qui peut être tuberculeux, écailleux ou lacinié. Quelquefois nacrées à l'intérieur, quand elles sont recouvertes d'épiderme, il est écailleux, pileux, et en général d'un aspect très-différent de celui des coquilles terrestres et même fluviatiles.

2.° Sous le rapport du degré de profondeur auquel on les trouve, et surtout les marines, on les a séparées en *littorales* et en *pélasgiennes*, c'est-à-dire en celles qui ne se rencontrent que sur les bords de la mer ou à des profondeurs plus ou moins considérables en haute mer. Mais il faut convenir que cette division est encore plus mauvaise que la précédente, puisqu'aucun caractère inhérent à la coquille ne peut être donné à l'appui.

3.° Sous un rapport presque anatomique, on établit la distinction des coquilles en *externes* et en *internes*. Les coquilles internes sont en général beaucoup plus minces que les externes, presque toujours tout-à-fait plates ou à peine enroulées, et enfin constamment sans épiderme et sans couleur autre que le blanc, quelquefois jaunâtre.

4.° La grandeur est encore prise en considération pour la séparation des coquilles univalves *microscopiques*. Par-là, comme il est aisé de le concevoir, on entend celles qui sont d'une assez grande petitesse pour n'être bien vues qu'au moyen du microscope. Mais c'est une division qui ne peut être en aucune manière tranchée.

5.° Si maintenant on considère la forme générale des coquilles univalves sans faire attention à aucune de leurs parties, on emploie des dénominations qui, quoique encore assez vagues, sont cependant nécessaires à connoître.

La première distinction est celle qui porte sur l'égalité ou l'inégalité des deux côtés d'une coquille de forme quelconque, séparés par un axe fictif étendu du sommet à la base, ou d'une extrémité à l'autre. On nomme coquille *symétrique* celle dont les deux côtés sont parfaitement égaux, et *non symétriques* les autres : ainsi l'os de la sèche, la coquille de l'argonaute, celle des patelles, etc., sont symétriques : la patelle chinoise, le sigaret et beaucoup d'autres sont non symétriques.

Les coquilles *plates* sont celles qui n'ont aucune cavité, comme l'os de la sèche, la patelle chinoise, etc.

Tubuleuses, celles dont le diamètre est considérablement plus petit que la longueur.

Recouvrantes ou *engainantes*, celles qui sont coniques, et sans spire proprement dite, comme dans les patelles.

Spirales, celles qui sont plus ou moins contournées, et dans différens sens, comme il va être expliqué tout à l'heure. Mais auparavant définissons encore quelques termes qui appartiennent à la coquille considérée en masse. On nomme :

Discoïdes, celles qui ressemblent plus ou moins à un disque, et que, en considérant par la suite la manière dont la spire s'enroule, nous nommerons *enroulées*, comme dans les ammonites.

Déprimées, les espèces, ovales ou arrondies, dont la forme est très-aplatie et la spire très-courte : *exemple*, le sigaret.

Globuleuses, celles dont tous les diamètres sont sensiblement égaux, à cause du grand développement du dernier tour de spire, qui est beaucoup plus grand que celui qui précède, comme dans les ampullaires, les tonnes, etc.

Ovales ou *ovoïdes*, les espèces dont le diamètre longitudinal est un peu plus long que le transversal, comme dans les porcelaines, un assez grand nombre d'hélices.

Naviculaires, quelques coquilles qui, renversées sur le dos et l'ouverture en haut, ont une certaine ressemblance avec un petit bateau, comme l'argonaute.

Pyriformes, quand une des extrémités est grosse ou renflée, arrondie, et l'autre appointie en forme de queue : *exemple*, la pyrule.

Coniques, lorsque l'une des extrémités élargie est comme coupée carrément, l'autre étant pointue et formant le sommet: quand c'est le sommet même de la coquille qui fait le sommet du cône, c'est ce qu'on nomme une coquille *turbinée*, comme dans les troques; et elle est dite *conique* ou *conoïde*, quand, au contraire, le sommet du cône est à la partie antérieure de l'ouverture, comme dans les cônes proprement dits.

Cylindriques, quand la coquille est alongée, et d'une largeur ou grosseur à peu près semblable en avant et en arrière. *Exemple* : la plupart des coquilles involvées, comme les olives.

Fusiformes, celles qui, renflées au milieu, sont appointies aux deux extrémités : *exemple*, les fuseaux.

Turriculées, celles qui sont fort alongées, c'est-à-dire, dont le diamètre longitudinal est beaucoup plus long que le transversal, ce qui dépend de la manière dont la spire est formée : *exemple*, la turritelle.

6.° Les coquilles univalves peuvent enfin être considérées sous le rapport de la distinction de chacune de leurs parties.

De la forme extérieure des coquilles univalves.

Une coquille univalve peut être conçue avoir réellement toujours un sommet ou point par où elle a commencé, une base qui est sa terminaison actuelle, et un corps intermédiaire, avec une cavité quelquefois presque imperceptible, dans le cas où elle est extrêmement déprimée, ou tout-à-fait plate; et alors elle a réellement beaucoup de rapports avec une valve d'une coquille bivalve. C'est justement tout le contraire dans les coquilles tubuleuses ou tubiformes, qui ressemblent beaucoup aux tubes calcaires de certains *sétipodes*.

Mais, avant d'aller plus loin, indiquons la position dans laquelle nous étudions et dénommons les différentes parties des coquilles univalves, et comparons-la avec celle des autres conchyliologistes. Linnæus, Bruguières, Da Costa, M. de Lamarck, etc., placent la coquille qu'ils étudient debout sur l'extrémité opposée au sommet, et l'ouverture en face de l'observateur : nous, au contraire, imitant Draparnaud et plusieurs autres auteurs, nous la supposons obliquement sur le dos de l'animal, ou, ce qui est à peu près la même chose, appliquée sur une table, du côté de l'ouverture, et par conséquent le sommet en arrière et en haut; l'extrémité opposée en avant et en bas. Il en résulte que les noms de droite et de gauche sont appliqués aux mêmes côtés, dans les deux manières de voir ; mais que ceux d'inférieur et de supérieur, dans la description de l'ouverture et de ses bords, sont remplacés par les mots d'antérieur pour le premier, et par celui de postérieur pour le second.

Le sommet, *apex* (*the head*, angl. ; *die spitz*, allem. ; *apices*, ital.), qui est la partie par où a commencé la coquille, peut être tout-à-fait plat, ou très-saillant, droit ou vertical, ou penché directement en arrière, à droite ou à gauche, mais jamais, que je sache, en avant. Enfin il peut être pointu, ou mamelonné, entier ou carié, et même quelquefois creux comme dans les bulles.

Il est tout-à-fait *plat* dans la patelle chinoise ;

Très-saillant dans le vermet d'Adanson ;

Vertical dans les patelles ;

Abaissé ou *surbaissé* en arrière dans les septaires ou navicelles ;

Senestre ou penché à gauche dans les ancyles ;

Dextre ou penché à droite dans les cabochons ;

Pointu dans un grand nombre de coquilles ;

Mamelonné ou arrondi dans les volutes ;

Entier dans la plupart ;

Carié (ou *décortiqué*), comme dans le bulime éthiare.

La base, *basis*, ou la partie ordinairement opposée au sommet, est celle dans laquelle est constamment percée l'ouverture dont nous allons parler tout à l'heure. Sous ce nom nous n'entendons cependant pas ce que Linnæus et la plupart des conchyliologistes désignent ainsi : en effet, pour eux c'est l'extrémité, pointue ou non, opposée au sommet, et ils la nommoient ainsi parce que, dans leur manière de dénommer les différentes parties d'une coquille, ils plaçoient celle-ci verticalement, le sommet en haut, l'ouverture en dévant; pour nous, la base est toute cette partie qui appuie plus ou moins obliquement sur le dos de l'animal. Quelquefois cette base est très-large et ronde, comme dans les troques; ce qui leur donne la forme d'une toupie renversée. D'autres fois elle est petite, comme dans les vis, etc.; elle peut être très-alongée; par exemple, dans les cyprées, etc. Elle est formée entièrement par l'ouverture, dans les patelles, les sigarets, et, d'autres fois, par une partie du dernier tour de spire.

Sa direction, qui est ordinairement celle de l'ouverture, offre aussi quelques considérations qu'on ne doit pas négliger : ainsi elle est tout-à-fait perpendiculaire à l'axe de la coquille, dans les patelles, les cadrans, etc.; et elle est presque entièrement dans sa direction dans les cyprées, les olives, etc.; les autres coquilles sont plus ou moins intermédiaires.

Le *corps* de la coquille est tout ce qui se trouve entre la base et le sommet; le plus souvent il est creusé à l'intérieur, et sert non-seulement à recouvrir, mais à contenir une plus ou moins grande partie du corps de l'animal.

Quelquefois on lui donne le nom de *disque*, comme dans les haliotides; mais alors on ne comprend sous ce nom que le dernier tour de la spire.

Dans un certain nombre de coquilles ou de têts, le corps ne se recourbe en aucun sens, ni à droite, ni à gauche, ni en avant, ni en arrière, et même il n'est nullement excavé : il en résulte alors ce que nous avons nommé coquille plate, symétrique dans l'os de la sèche, du calmar, non symétrique dans la patelle chinoise.

Assez souvent la base et le sommet sont réunis par un corps qui n'est recourbé en aucun sens, mais qui est plus ou moins excavé : d'où résulte ce que nous avons désigné plus haut sous le nom de coquille recouvrante ou engainante, comme dans les patelles, les émarginules, les cabochons, et surtout dans les dentales.

Enfin, dans le plus grand nombre de cas, le corps de la coquille est formé par son enroulement, de différentes manières; ce qui donne les véritables cochléides, ou *spirivalves*.

Pour s'en faire une idée juste, il faut concevoir que toute coquille univalve étoit un cône plus ou moins alongé, analogue à une dentale, mais flexible.

S'il s'enroule d'arrière en avant et de haut en bas, absolument dans le même plan vertical, il en résultera une coquille discoïde, comprimée de droite à gauche, dont le sommet ne peut être visible que dans le même sens, et dont l'axe est tout-à-fait également transversal. On peut nommer ces espèces de coquilles *enroulées* (*revolutæ*) : un exemple rigoureux peut être pris dans les argonautes et genres voisins, et non dans les planorbes, qui ne sont réellement que *subenroulées*.

Les principales différences qu'offre cette espèce d'enroulement, consistent dans sa perfection plus ou moins grande. On nomme :

Arquée, la coquille qui n'offre encore qu'une arqûre plus ou moins considérable, comme dans certaines espèces de bélemnites;

Courbée, celle dont le corps commence à être beaucoup plus courbé, comme dans les amnonoceros;

Demi-enroulée, la coquille qui est enroulée de manière à ce que les tours de spire ne se touchent pas, comme dans les spirules;

Enroulée, quand les tours se touchent, mais sans se pénétrer : *exemple*, les véritables ammonacées;

Et enfin, *très-enroulées*, les espèces dont les tours de spires se pénètrent réciproquement, de manière à ce que le dernier tour cache tous les autres et que l'ouverture en soit modifiée, comme cela se voit dans le nautile flambé.

Si, au contraire, l'enroulement du cône spiral se fait transversalement ou de gauche à droite, en suivant sa marche sur l'animal, c'est ce qui forme les coquilles *involvées* (*involvatæ*). Dans ces espèces, la base de la coquille est presque aussi longue qu'elle, ainsi que son ouverture; et l'axe d'enroulement est longitudinal. Il n'y a réellement presque jamais de coquilles complétement involvées : celles qui en approchent le plus sont les cyprées, les ovules. Quelquefois la coquille ne fait pas un tour complet, comme dans les bullées, et alors l'ouverture est aussi large et aussi longue qu'elle.

Enfin la plus grande partie des coquilles univalves sont intermédiaires à ces deux dispositions, c'est-à-dire, que le corps de la coquille est le résultat d'un enroulement oblique de droite à gauche et de bas en haut, si l'on marche de la base au sommet, ou mieux, et tout-à-fait au contraire, si l'on suit l'accroissement de la coquille. Ce sont là les véritables *spirivalves*, que quelques auteurs nomment turbinées, *turbinated shell* des Anglois.

On donne le nom de *spire*, *clavicula* en latin, *turban* ou *clavicle* en anglois, *gewinde* en allemand, *spira* en italien, à toute cette partie d'une coquille spirivalve formée par l'enroulement du cône spiral :

Celui de tour de spire ou de *circonvolution*, *anfractus* en latin, *whril* en anglois, *windungen* en allemand, *anfratto* en italien, à une révolution complète du cône spiral.

Quelquefois on distingue de la totalité de la spire le dernier tour, qui est ordinairement le plus gros, et où se trouve l'ouverture; et on le désigne sous le nom de *corps* de la coquille. La face qui se trouve correspondre à l'ouverture est le *ventre* ; celle qui lui est opposée le *dos*. Mais Bruguières veut que le ventre ne soit que la partie du dernier tour qui forme la partie gauche de l'ouverture, et sur laquelle la lèvre interne est attachée. Quoi qu'il en soit, on réserve le nom de clavicule à tout le reste de la spire.

La direction suivant laquelle se fait l'enroulement du cône spiral, sert à distinguer les coquilles en *droites* et en *gauches*. En général, comme nous le verrons à l'article de l'organisation des *malacozoaires*, la terminaison actuelle d'une coquille est à la droite de l'animal, et par conséquent, en partant de ce point, l'enroulement ou mieux la torsion semble se faire de droite à gauche, en allant de la base au sommet : ce sont les coquilles spirales normales. Mais il arrive assez souvent que l'animal, étant anomal sous ce point, est, pour ainsi dire, renversé, c'est-à-dire, que ce qui est ordinairement à droite se trouve à gauche, *et vice versâ*, et alors la coquille est également anomale, en ce que son bord terminal est à gauche : on donne à ces coquilles le nom de gauches, *sinistræ*, *heterostrophes*.

La considération de la spire proprement dite, mais prise en totalité, donne encore lieu à quelques termes techniques qui rentrent, il est vrai, jusqu'à un certain point, dans ceux employés pour désigner la forme générale des coquilles. On dit la spire,

Aplatie, quand les tours réunis forment une surface tout-à-fait plate, comme dans le cône cardinal.

Ecrasée, quand la marche en sens vertical est peu rapide, en comparaison de celle en sens opposé : ce sont des coquilles qui se rapprochent un peu de celles que nous avons nommées discoïdes ; ainsi, par exemple, les solariums.

Médiocre, lorsque la marche dans les deux sens est à peu près égale, comme dans les buccins, etc.

Elevée, quand le cône spiral avance plus en hauteur qu'en largeur.

Elancée, lorsque cette disposition est encore plus marquée, comme on le voit dans les vis.

Turriculée, quand, avec cette marche, les tours de spire sont bien nettement séparés par leurs différentes tranches d'épaisseur, comme dans les mitres.

Décollée, lorsqu'à la suite de l'âge son extrémité se brise et se casse.

Couronnée enfin, lorsque les bords de chaque tour sont armés de points saillans, de tubercules ou d'épines, comme dans un grand nombre de cônes et dans la volute d'Ethiopie.

Les tours de spire donnent aussi lieu à plusieurs caractères que l'on exprime par des mots déterminés.

Quant à leur nombre, on les compte ou en partant du sommet, ou de la fin du cône spiral.

Leur proportion entre eux s'exprime en termes ordinaires. Assez souvent l'avant-dernier tour est plus gros que tous les autres pris ensemble; quelquefois le dernier est plus petit que l'avant-dernier, etc.

Les tours eux-mêmes peuvent être tout-à-fait plats, c'est ce que je nomme *rubanés*, comme dans les vis; quelquefois ils sont *fondus*, c'est-à-dire qu'on les distingue difficilement, comme dans l'ancillaire ; enfin, ils peuvent être séparés entre eux par un sillon assez profond, comme dans les olives. Cette ligne de séparation des tours se nomme suture, *sutura*.

La superficie des tours de spire est encore à envisager. Ils peuvent être désignés sous le nom de *carenés*, quand, dans le sens de leur longueur, ils offrent un angle ou un pli plus ou moins marqué; *lisses*, lorsqu'ils n'ont aucunes saillies ou anfractuosités; *rugueux*, *tuberculeux*, quand leur surface est chargée de rugosités ou de tubercules; *striés*, quand ce sont des stries en longueur ou en largeur; *treillisés*, lorsque c'est dans les deux sens; *cordonnés*, lorsqu'ils sont bordés par une côte saillante et noueuse; *costés*, lorsque le bourrelet de la lèvre gauche persiste sur les tours de spire, comme dans les harpes; *variqueux*, lorsque les bourrelets persistans de la lèvre droite sont plus ou moins tuberculeux, découpés, comme dans la plupart des murex.

D'après l'idée que nous avons donnée plus haut de la formation d'une coquille spirale, on voit que si les tours de spire ne se touchent ni transversalement ou de droite à gauche, ni de haut en bas, on doit apercevoir, dans le milieu de la coquille, un enfoncement conique étendu du sommet à la base (c'est ce qu'on nomme *ombilic*, *umbilicus* en latin, *navel* en anglois, *nabel* en allemand, *ombilico* en italien), et en même temps un vide plus ou moins considérable entre chaque tour de spire, comme dans le vermet d'Adanson, et même dans la vraie scalaire (c'est ce qu'on nomme coquille à tours séparés, *disjuncti*). Si, en s'enroulant, les révolutions du cône se touchent de haut en bas, mais non transversalement, on a une coquille fortement ombiliquée, comme dans les *solariums;* et, enfin, si les tours de spire se touchent dans tous les sens, sans empiéter, ou surtout en empiétant plus ou moins fortement les uns sur les autres, ce qui constitue le cône spiral complet de M. de Ferussac dans le premier cas, et incomplet dans le second, il en résulte que l'axe fictif n'est plus libre, n'est plus creux, si ce n'est quelquefois à la base, et qu'il est remplacé par une sorte de petite colonne tordue, résultant du contact et de la fusion du bord interne du cône sur lequel il s'enroule. Et en effet, en sciant une coquille de cette nature de la base au sommet, on voit dans son intérieur une partie solide plus ou moins torse; c'est à cette partie qu'on donne le nom de columelle, *columella*, *pillar* en anglois, *säule* en allemand, *colonna* en italien; et comme assez souvent cette espèce de colonne, quand la base de la coquille est très-oblique, se prolonge jusqu'à son extrémité antérieure, c'est elle qui dans ce cas forme en entier le bord gauche de l'ouverture, d'où il prend quelquefois le nom de columellaire.

Cette columelle est dite *pointue*, quand elle se termine antérieurement en pointe, comme dans les harpes; *tronquée*, quand elle semble avoir été coupée, comme dans les agathines; *saillante*, quand elle forme un prolongement en avant de la coquille, comme dans les térébelles; *spirale*, lorsque la partie qui dépasse est tordue comme dans une vrille, *ex.* : cérite télecope; *plissée*, lorsqu'on y aperçoit un plus ou moins grand nombre de plis obliques, provenant de sa torsion, comme dans les volutes; *chargée d'un bourrelet*, quand vers son extrémité elle offre un renflement plus ou moins considérable, transversal, comme dans quelques cérites.

En dehors ou à gauche de la terminaison de la columelle, on voit souvent un trou, ou mieux, une fente plus ou moins profonde, de forme un peu variable, et qui existe surtout dans les jeunes sujets : c'est l'ombilic dont nous avons expliqué plus haut la formation. De la présence ou de l'absence de ce trou résulte la distinction des coquilles en *ombiliquées* ou en *non ombiliquées*. On dit l'ombilic *consolidé* ou *subconsolidé*, lorsque, dans la coquille parvenue à l'âge adulte, il est recouvert par une sorte de dépôt calcaire dit *callosité;* mais il n'en existe pas moins dessous. S'il offre des grains saillans dans sa circonférence, on le dit *crénelé; denté*, s'il est accompagné d'une ou plusieurs dents, comme dans le *turbo pica; canaliculé*, lorsqu'à l'intérieur il offre une gouttière spirale, comme dans quelques sabots et plusieurs cerites.

Après avoir ainsi successivement envisagé les coquilles univalves dans leur ensemble et à leur surface extérieure, voyons maintenant l'intérieur et son orifice.

De la cavité ou de l'intérieur des coquilles univalves.

La cavité d'une coquille peut ne pas être entièrement occupée par l'animal, et ce qui est occupé être séparé de ce qui ne l'est pas par une ou plusieurs cloisons, qui la partagent en plusieurs cavités qu'on nomme *chambres*, *concamérations*, *loges*, *cellules*.

Les coquilles qui n'ont qu'une seule cavité sont dites *unilo-*

culaires ou *monothalames*, comme la très-grande partie des coquilles univalves.

Celles qui ont, au contraire, leur cavité séparée en plusieurs loges, par autant de cloisons, sont nommées, par opposition, *multiloculaires*, *polythalames*, *chambrées*, *cellulées*, et même *cloisonnées*.

La forme des cloisons, qui peut être très-différente, a déterminé les noms de cloisons.

Unies, quand elles sont simples ;

Découpées, *persillées*, *sinueuses*, quand elles offrent, et surtout sur leurs bords, au point de jonction avec la coquille, des sinuosites ou découpures que l'on a comparées à celles des bords de la feuille de persil.

C'est de cette disposition que sont venus, dans la *Paléozoologie*, les noms de coquilles *articulées*, d'*articulation*, tirés de la disposition que conservent entre eux les morceaux de substance étrangère qui se sont moulés dans ces cavités anfractueuses, observés après que la coquille elle-même a été détruite. Ces articulations peuvent être *comprimées*, *cylindriques*, *ventrues*, etc.

Ces différentes chambres ou loges particulières communiquent plus ou moins complétement entre elles au moyen d'un trou en forme de canal qui traverse les cloisons : ce trou est nommé *siphon*, *siphon* angl., *röhre* allem., *sifone* ital. On en étudie,

1°. Le nombre, qui n'est jamais au-dessus de deux, comme dans les bisyphytes ; mais, dans le très-grand nombre de cas, il n'y en a qu'un.

2°. La position : il peut être au milieu de la cloison, ou rapproché de l'une de ses extrémités ; d'où les noms de

Médian, quand il est au milieu ;

Dorsal ou *externe*, lorsque c'est vers le bord externe qu'il est percé ;

Interne, ou contre la spire, lorsque c'est vers le bord interne.

3.° Et quelquefois la forme ronde, ovale ou triangulaire.

Dans les coquilles uniloculaires, la cavité est rarement partagée en deux seulement, et incomplétement, par une lame droite plus ou moins étendue, qu'on nomme *diaphragme*, comme dans les septaires ; d'autres fois, cette lame est plus ou moins recourbée, ce qui forme une languette ou cornet : *ex.*, les crépidules, les calyptrées, etc.

De l'ouverture des coquilles univalves.

L'*ouverture* des coquilles univalves, que la plupart des auteurs nomment encore la bouche, *apertura* en latin, *mouth* ou *aperture* en anglois, *mündungen* ou *mundoffnung* en allemand, est l'entrée de leur cavité; elle est réellement formée ou circonscrite par les bords, qui ne sont que la réunion de la surface intérieure de la coquille avec l'extérieure. Linnæus appelle *faux* ou gorge tout ce qu'on peut voir dans l'intérieur même de la coquille, c'est-à-dire, à peu près le dernier demi-tour.

Quelques auteurs donnent le nom de *péristome* à toute l'épaisseur de la coquille à son ouverture; mais le plus souvent on la divise en deux parties désignées sous les noms de bords ou de lèvres, distinguées en lèvre interne ou lèvre externe, droite ou gauche, ou columellaire, comme nous le dirons plus en détail tout à l'heure.

Considérée en totalité et avec une partie du dernier tour qu'elle termine, on dit que l'ouverture est *tombante*, quand, ne suivant pas la direction de la spire, elle tombe subitement; *renversée*, quand c'est à contre-sens, c'est-à-dire vers la spire, qu'elle se recourbe.

Si nous considérons l'ouverture pour sa régularité ou son irrégularité, elle est *symétrique*, lorsqu'elle peut être partagée en deux parties parfaitement égales et similaires, et *non symétrique*, dans le cas contraire; alors elle peut être formée par l'excavation plus ou moins considérable de l'un ou de l'autre de ses bords, ce qui doit être pris en considération.

Quant à sa grandeur proportionnelle avec le reste de la coquille, elle peut être très-grande, comme dans les haliotides, désignés à cause de cela sous le nom de *mégastomes* ou de *macrostomes;* ou médiocre, petite, etc.

Quant à son intégrité, le dernier tour de spire peut pénétrer plus ou moins dans son intérieur, et la modifier : on dit alors qu'*elle est modifiée par le dernier tour de spire*, comme dans les argonautes, les limaçons, etc. Dans ce cas, suivant l'observation de M. de Férussac, le cône spiral est toujours incomplet, et au contraire dans l'autre. C'est à cette partie que Bruguières donne exclusivement le nom de lèvre gauche.

Mais surtout elle peut être antérieurement plus ou moins profondément *échancrée*, ou *entière* : c'est ce qu'explique le terme d'*entomostomes*, opposé à celui d'*intégrostomes*, qui indique que l'ouverture est entière.

Elle peut indiquer une simple propension à être échancrée, et alors elle est dite *versante*, c'est-à-dire que, si l'on concevoit la coquille sur le dos et remplie d'un fluide, il s'écouleroit par une partie un peu évasée de sa circonférence : *ex.*, plusieurs cônes.

Enfin, on peut encore ranger sous ce titre la forme qui lui vaut le nom de *siphonostome* ou de *canalifère*, c'est-à-dire, quand elle est terminée antérieurement par une espèce de canal ou de siphon plus ou moins alongé, parce que cette forme est en rapport avec une disposition semblable dans l'animal. Ce canal (*cauda*, *rostrum* en latin; *beack* en anglois; *kanal* en allemand, *rostello* en italien), considéré à part, peut ensuite offrir des différences qui sont désignées par les épithètes de *long*, *court*, *médiocre*, *droit*, *recourbé*, *fermé*, *ouvert*, *tronqué*, etc., qui n'ont besoin d'aucune explication.

Sous le rapport de la forme, qui est extrêmement variable, l'ouverture des coquilles univalves peut être,

Ronde, ou à peu de chose près : d'où les noms de *cricostomes* ou de *cyclostomes*.

Ovale: d'où celui d'*ellipsostomes*, lorsque le diamètre longitudinal est plus long que le transversal.

Transversale, lorsqu'elle a plus de largeur que de longueur, comme dans les hélices.

Angulaire, lorsqu'elle offre un angle plus ou moins marqué dans un certain point de sa circonférence : c'est ce qu'on peut désigner sous la dénomination de *goniostomes*.

Demi-circulaire, ou demi-ronde, quand elle représente une sorte de gueule de four, comme dans les natices : d'où le nom d'*hémicyclostomes*.

Etroite, *linéaire*, c'est-à-dire, d'un égal diamètre et de la longueur de la coquille : ce sont les *angyostomes*, comme dans les cyprées, etc.

Des bords de l'ouverture.

Les bords de l'ouverture sont quelquefois désignés par le nom de lèvre, *labium*, lat.; *lip*, angl.; *lippe*, allem.; *labro*, italien.

Draparnaud a proposé le nom de *péristome* pour tout le bord; mais ordinairement on le divise en deux par un axe fictif que l'on suppose aller d'une extrémité à l'autre de la coquille. Tout ce qui se trouve correspondre au côté droit de l'animal, et qui offre la terminaison actuelle de la coquille, depuis son point de départ de l'avant-dernier tour, est appelé bord *droit*, lèvre *droite*, ou mieux, bord *externe* ou lèvre *externe*, et *labium*, pour éviter l'inconvénient d'employer le mot de lèvre droite, quand réellement elle est gauche. On nomme l'autre, c'est-à-dire, celle qui se trouve du côté de la columelle qui la forme quelquefois en plus ou moins grande partie, bord *gauche*, lèvre *gauche*, *interne* ou *columellaire*, ou enfin *labrum*.

Quelquefois les deux bords sont *réunis* complétement, comme dans les cyclostomes, et en général dans les coquilles où l'ouverture n'est pas modifiée par l'avant-dernier tour de spire, ce qui fait que le cône spiral est incomplet : d'autres fois ils ne sont *réunis* qu'incomplétement, et seulement dans l'âge adulte, par une espèce de dépôt calcaire qui recouvre l'avant-dernier tour de spire : enfin, le plus souvent, ils sont *désunis* simplement ou au moyen d'un sinus plus ou moins profond, comme dans certains buccins.

Si nous considérons maintenant chaque bord indépendamment l'un de l'autre, nous trouvons que chacun d'eux peut nous offrir quelques caractères importans.

Le bord *droit* ou *interne* peut être étudié sous le rapport de son épaisseur, de son intégrité, et de son plus ou moins grand développement.

Il est *tranchant*, quand il est mince, et ne s'épaissit pas avec l'âge;

Réfléchi, lorsqu'il s'évase en dehors;

Epais, quand, au contraire, il est assez peu mince et arrondi;

Rebordé, lorsqu'il est épaissi, au moyen d'un bourrelet extérieur, qui peut se conserver en plus ou moins grand nombre sur les tours de spire, ce qui forme les coquilles côtelées, comme dans les harpes ;

Replié, quand il se roule en dedans, comme dans les cyprées ;

Dentelé extérieurement, et surtout intérieurement, quand il offre à sa marge, externe ou interne, un plus ou moins grand nombre de dents ;

Dilaté ou *ailé*, lorsqu'il s'élargit plus ou moins avec l'âge ;

Auriculé, lorsque cette dilatation se fait surtout en arrière et en se prolongeant sur la spire, comme dans quelques strombes ;

Digité, quand cette dilatation est divisée en plusieurs pointes canaliculées qu'on a comparées à des doigts, d'où proviennent les noms spécifiques de *tetra*, *pentadactyle*, donnés à quelques espèces de strombes.

Lorsque ces espèces de dilatation du bord gauche se divisent, se présentent de différentes manières, et qu'elles se conservent en nombre variable sur la spire, on dit que la coquille est *chicoracée*, garnie de bourrelets, de cordons, etc., comme dans un assez grand nombre de murex.

Sous le rapport de son intégrité, le bord droit peut être,

Entier, et c'est le cas le plus ordinaire ;

Echancré, *entaillé*, où pourvu d'un *sinus*, lorsque, dans une partie quelconque de son étendue, il offre un sinus ou une entaille plus ou moins profonde, comme dans les strombes, les pleurotomes, etc.

Le bord *gauche*, *interne*, ou *columellaire*, offre un moins grand nombre de caractères.

Il peut être entièrement indépendant de la columelle, quand elle ne dépasse pas l'avant-dernier tour, comme dans tous les cyclostomes, et même dans les hélices (1).

Quelquefois la partie postérieure est formée par la columelle, comme dans les lymnées, par exemple, et le reste en est bien distinct.

---

(1) On voit que j'envisage le bord gauche un peu différemment que Linnæus et que Bruguières, puisque, lorsque je le trouve le plus considérable, ils le regardent presque comme nul, et cela vient de ce que la lèvre droite n'est, pour moi, étendue que de son origine sur l'avant-dernier tour de spire jusqu'à l'extrémité antérieure de la coquille, et non jusqu'à la columelle.

Enfin, le plus souvent la columelle le forme entièrement, comme dans toutes les coquilles canaliculées et même échancrées, et alors la columelle peut être recouverte par un dépôt calcaire plus ou moins considérable, qui fait dire que le bord gauche ou la columelle est *calleuse*, comme dans les casques, etc.; quelquefois ce dépôt est pris pour la lèvre même, mais à tort, ce nous semble.

Il peut aussi arriver que ce bord soit entièrement formé par l'avant-dernier tour, comme dans les coquilles involvées, et alors il peut être *denté* ou non, comme dans les cyprées; *granulé*, comme dans le casque granuleux; *rugueux*, comme dans le casque *saburon*.

De l'opercule.

Enfin, cette ouverture des coquilles univalves peut être toujours ouverte, ou plus ou moins complétement fermée par une pièce, ou calcaire ou cornée, plate ou légèrement concave, formée d'élémens concentriques, et attachée, comme nous le verrons à l'article de l'organisation des malacozoaires, à la partie postérieure du pied de l'animal. C'est ce qu'on nomme opercule, *operculum* en latin, *cover* ou *lid* en anglois, *deokel* en allemand, *coperchio* en italien.

Sa forme, sa grandeur sont prises en considération, mais ne donnent pas lieu à la formation de termes particuliers. Il n'en est pas de même de la manière dont il se joint à l'ouverture de la coquille. On nomme opercules

Simples, ceux qui n'ont d'autre rapport que celui de la forme avec l'ouverture de la coquille;

Composés, ceux qui sont, pour ainsi dire, articulés au moyen d'éminences et de cavités correspondantes.

C'est encore de là que quelques auteurs, et entre autres, Adanson, ayant comparé à tort cet opercule composé avec la valve plate operculiforme de certains bivalves, ont tiré leur division des coquilles univalves en *unitestacées* et *bitestacées*.

Une très-grande partie des coquilles univalves sont non operculées; mais, comme parmi elles les espèces terrestres vivant dans les climats froids ont la faculté de se former une sorte d'opercule momentané presque membraneux, Draparnaud a donné à cette pièce, qui n'appartient réellement ni à l'animal ni à la coquille, le nom d'*éphigramme*.

CHAP. II. *DES COQUILLES BIVALVES.*

Nous avons dit plus haut ce qu'on doit entendre par coquilles bivalves. Quelques auteurs françois leur donnent le nom de *conques*, ou de *conchæ* en latin : d'où le nom de conchifères, que M. de Lamarck donne aux animaux qui les portent. Les Anglois les désignent sous le nom de *bivalv shell* ou de *conch*, et les Allemands sous celui de *zweylappige schalen* ou de *muschel-schalen*, ou enfin de *shale zwey shale;* les Italiens les nomment *bivalvi.* M. de Lamarck dernièrement, abandonnant tout-à-fait les dénominations linnéennes, les a appelées *cardinifères*, admettant très-probablement que toutes ont une charnière.

On peut considérer les coquilles bivalves à peu près sous les mêmes rapports que les univalves, et sous quelques-uns qui leur sont particuliers.

1.° Sous le rapport des lieux où on les trouve, on les divise en *fluviatiles* et en *marines*, ou d'eau douce et d'eau salée. Il n'en existe aucune de terrestre, au moins n'en connoît-on point.

Les coquilles bivalves *fluviatiles* sont assez peu nombreuses, et peut-être encore plus difficiles à distinguer des marines que les univalves. On remarque cependant qu'ordinairement nacrées à l'intérieur, elles sont recouvertes d'un épiderme épais, d'un vert plus ou moins foncé, et que les crochets ou sommets sont usés, ou ce qu'en terme technique on nomme décortiqués. On n'en connoît encore que parmi les espèces à double impression musculaire, et tout-à-fait closes ou fermées.

Quant aux bivalves *marines*, on les reconnoît par l'absence des caractères que nous venons de donner pour distinguer les fluviatiles.

2.° Sous le rapport de leur fixité ou de leur mobilité, une coquille bivalve est dite *adhérente* ou *non adhérente.*

Une coquille bivalve est adhérente ou fixée de différentes manières : quelquefois c'est immédiatement, comme dans les huîtres, etc., et alors une de ses valves au moins offre des traces de cette adhérence dans une étendue plus ou moins considérable de sa surface, qui est rugueuse, irrégulière, etc.

D'autres fois cette adhérence est due à quelque prolongement des fibres tendineuses de l'animal, et alors on ne peut s'en apercevoir sur la coquille que par un trou percé dans une valve seule, ou résultant d'une échancrure de chaque valve, etc.

Enfin, dans le plus grand nombre de cas, elles ne sont point adhérentes, et alors l'animal peut constamment se mouvoir.

3.° Un troisième rapport sous lequel on peut envisager les coquilles bivalves, est celui de leur apparence ou liberté, ou de leur occultation dans un tuyau plus ou moins développé. Dans ce dernier cas, les valves sont tout-à-fait contenues et cachées dans un tube de même nature qu'elles, et ouvert à une seule de ses extrémités; on peut les appeler *tubicoles*.

4.° Un autre point de vue, qui a quelques rapports avec le précédent, est celui de la substance dans laquelle se trouvent ordinairement les coquilles bivalves. On les divise alors en

Pétricoles, quand elles se trouvent constamment dans des pierres plus ou moins dures, que leurs animaux percent, on ne sait pas encore trop comment : d'où le nom de *térébrantes*, qu'on leur donne aussi quelquefois, ainsi qu'aux suivantes; ou bien de *lithophages*, qui seroit beaucoup mieux remplacé par celui de *lithodomes*.

Lignicoles, quand c'est dans le bois qu'elles établissent leur séjour;

Sabulicoles, lorsque c'est dans le sable;

Vasicoles, quand c'est dans la vase.

Mais, il faut l'avouer, toutes ces dénominations, tirées de notes qui ne sont pas inhérentes à l'objet qu'on veut classer, ne peuvent fournir de bons caractères; et, en effet, on trouve des coquilles bivalves lithodomes dans presque toutes les familles.

5.° En envisageant maintenant une coquille bivalve comme composée d'une seule pièce, comme formant un tout, on explique ce qu'on entend par coquille *longue*, *alongée*, *cylindrique*, *transverse*, *épaisse*, *fort épaisse*, *comprimée*, *très-mince;* mais, pour bien s'entendre à ce sujet, il faut savoir dans quelle position on doit placer la coquille pour l'étudier, soit en totalité, soit dans ses différentes parties.

Nous avons déjà annoncé que, pour prendre un point de départ invariable, nous supposerions la coquille recouvrant l'animal, et celui-ci marchant devant l'observateur, la tête en avant, quoique réellement beaucoup de ces animaux ne changent pas de place, et qu'ils affectent quelquefois une position déterminée sur le flanc, ou même la tête en bas. Alors la coquille sera placée sur la tranche d'avant en arrière, de manière que ses sommets soient presque toujours en haut et très-rarement en avant : dans cette position, la partie opposée aux sommets sera inférieure, et les deux extrémités du diamètre perpendiculaire à cette direction seront l'une en avant et l'autre en arrière. Linnæus, Bruguières, M. de Lamarck, supposent la coquille dans une position tout-à-fait et exactement opposée, c'est-à-dire, reposant sur les crochets, l'ouverture en haut et le ligament en avant. D'après cela, je nommerai *hauteur* d'une coquille le diamètre vertical étendu des crochets ou du ligament, ou mieux du bord dorsal, au bord inférieur ou abdominal qui touchera le sol où la coquille sera posée : c'est la longueur pour Linnæus, Bruguières, Lamarck, Da Costa et Draparnaud, et la largeur pour Muller. Sa *longueur*, avec Muller, sera donc le diamètre perpendiculaire au précédent, c'est-à-dire, étendu d'avant en arrière ou de la tête à l'anus; c'est la largeur pour Da Costa et Draparnaud, ainsi que pour Bruguières et M. de Lamarck. L'extrémité antérieure ou céphalique sera celle qui correspondra à la tête, et la postérieure ou anale à l'opposite, ou celle du côté où se trouve le plus ordinairement l'anus.

L'épaisseur sera indiquée par le diamètre transversal de la partie la plus bombée d'une valve à l'autre; d'où la valve droite sera réellement celle qui correspond au même côté de l'animal, et de même pour la valve gauche. C'est là ce que Draparnaud nomme profondeur.

On devra donc nommer dos de la coquille, ou bord supérieur, celui qui correspond réellement au dos de l'animal, dans lequel se trouve ordinairement le sommet, mais beaucoup plus souvent encore le ligament.

Le côté opposé sera le ventre de la coquille ou son bord inférieur ou abdominal, ou enfin sa base réelle. C'est ainsi que Muller, Da Costa, Draparnaud l'ont envisagé : c'est le contraire pour Linnæus, Bruguières, M. de Lamarck, Bosc, etc., etc.

La circonférence de la coquille, ou la ligne qui réunit

les quatre points dont nous venons de parler, forme les bords de la coquille : *margo aut margines*, lat. ; *the margins*, *borders*, angl. ; *der rand*, allem. ; *margine*, ital.

D'après cela, il est aisé de voir ce que nous entendons par une coquille bivalve longue, etc. Elle sera

Longue, lorsque le diamètre horizontal sera beaucoup plus long que le vertical.

Haute, dans le cas contraire.

Ovale, lorsqu'un des diamètres ne sera qu'un peu plus long que l'autre.

Epaisse, quand le diamètre transversal sera aussi long que les autres, d'où dépendra la profondeur des valves.

Comprimée, *mince*, *très-mince*, quand ce diamètre sera plus ou moins petit, proportionellement aux autres.

Cylindrique, quand, le diamètre longitudinal étant très-long, les deux autres sont près d'être égaux, comme dans certaines espèces de *solen*.

Cordiforme, lorsque, vue en arrière, en avant ou de côté, elle offrira quelque ressemblance avec ce qu'on appelle vulgairement un *cœur*.

Triquètre, lorsque la coquille est comme tronquée à son extrémité antérieure, mais beaucoup plus souvent postérieure, en sorte qu'une coupe horizontale, faite à toute la coquille, auroit la forme d'un triangle : c'est ce dont on voit un exemple dans la trigonie.

Après avoir considéré les deux valves de la coquille comme formant un tout insécable, il nous faut maintenant envisager chacune de ces pièces à part, et ensuite dans leurs rapports réciproques ou moyens d'union.

Une valve peut être *régulière* ou *irrégulière*.

Elle est *régulière*, lorsqu'elle affecte une forme constante, indépendante des corps extérieurs, comme dans la plupart des coquilles bivalves.

Elle est au contraire *irrégulière*, lorsque, se fixant sur les corps marins, elle se modifie suivant leur forme, comme dans toutes les coquilles adhérentes immédiatement, et comme, par exemple, dans les huîtres, les anomies.

Elle peut être mince, ou plus ou moins épaisse, ce qui ne détermine pas de termes techniques.

Chaque valve, régulière ou irrégulière, peut être réellement, et avec juste raison, comparée à une coquille univalve, recouvrante, qui seroit en général fort plate ou peu concave, mais qui, au lieu d'être placée sur le dos de l'animal, le seroit sur les côtés : on doit donc y trouver un sommet et une base, une face externe convexe, et une interne concave.

Le sommet d'une coquille bivalve est ce qu'en terme de conchyliologie on nomme en françois le *crochet*, parce qu'il est ordinairement plus ou moins recourbé : il est désigné sous le nom latin d'*apex; beak*, *tip*, ou *summit*, anglois ; *wirbel*, *rucken*, allemand ; *apice*, italien. C'est par le sommet que commence la formation de la valve.

En considérant sa position générale, en prenant toujours notre point de départ de l'animal, on dit qu'il est

Céphalique, lorsqu'il est à l'extrémité antérieure de la valve, ce qui est assez rare : on en trouve des exemples dans les peignes.

Dorsal, quand il correspond au dos de l'animal, ou au bord supérieur de la coquille, ce qui est de beaucoup le plus ordinaire : mais, dans ce cas, il peut être *antérodorsal*, lorsqu'il est plus en avant qu'en arrière dans la longueur de la valve ; *mediodorsal*, quand il est au milieu, et enfin *postérodorsal*, quand il est plus en arrière qu'en avant.

Anal ou *postérieur*, quand il est à l'extrémité opposée à la bouche, comme dans les térébratules, la lingule, etc.

C'est encore de la position relative du sommet des coquilles bivalves, que se tire le caractère indiqué par les mots équilatéral, subéquilatéral, et inéquilatéral. On dit une valve

Equilatérale, lorsque le sommet céphalique ou dorsal se trouve justement au milieu du côté où il est, en sorte qu'une ligne menée du sommet au côté opposé partageroit la valve en deux parties égales ; c'est ce qu'on voit dans les peignes.

Subéquilatérale, quand il n'y a pas une grande différence dans sa position plus en avant ou plus en arrière.

Inéquilatérale, lorsque la différence entre les deux côtés est assez considérable, et que par conséquent le sommet est antérodorsal, ou postérodorsal.

La direction de ce sommet peut aussi offrir quelques caractères désignés par des termes particuliers : le plus souvent il est un peu courbé ou incliné en *avant*; mais quelquefois il est tout-à-fait vertical, ou dans la direction du diamètre dont il forme une extrémité, et plus rarement incliné en arrière; enfin, il arrive dans certaines espèces, comme dans les *dicerates*, qu'il tend à se contourner en spirale, à la manière des coquilles univalves.

Sous le rapport de son intégrité, on trouve que le plus ordinairement il est *entier;* mais quelquefois, comme dans un assez grand nombre de coquilles fluviatiles, il est plus ou moins carié, ou seulement écorché : c'est ce qu'on nomme *nates decorticatæ*, parce qu'il est rare qu'il le soit sans que les *nates* le soient en même temps.

La base de la valve, comparée à celle d'une coquille univalve, est ce qu'on nomme ici circonférence ou bord, *margo*, *margines*. Ce bord est

Entier, lorsqu'il n'offre aucune déperdition de substance.

Echancré inférieurement, antérieurement, supérieurement, lorsqu'il offre une excavation plus ou moins profonde dans une de ces trois parties de son étendue.

Régulier, lorsque la valve, appliquée sur une table, par exemple, y touche par toute sa circonférence.

Irrégulier, dans le cas contraire.

Epais, *mince*, *tranchant*, lorsqu'il offre la disposition indiquée par ces épithètes.

Feuilleté, lorsque la réunion des lames ou couches, qui le forment, n'est pas complète, comme dans les huitres.

Crénelé, lorsque les sillons de la surface extérieure forment des espèces de festons dans une plus ou moins grande partie de son étendue.

Dentelé, quand les saillies des côtes de la surface extérieure sont plus petites.

De la face externe des valves.

La face externe d'une valve offre un assez grand nombre de choses à étudier.

Elle est d'abord plus ou moins convexe ou plate, termes qui n'ont aucun besoin de définition.

Dans les espèces convexes, on donne à la partie la plus saillante de cette convexité, et par conséquent la plus creuse à l'intérieur, le nom de *natis*, ainsi désignée par Linnæus, parce que sa forme renflée et arrondie fait qu'en considérant à la fois les deux valves, il y a quelque ressemblance avec la partie de l'homme que désigne le mot latin. Souvent ces *nates* sont plus élevés que les crochets, et c'est alors qu'ils méritent mieux leur nom. Dans la position artificielle que Linnæus et ceux qui l'ont suivi donnent aux coquilles bivalves qu'ils veulent étudier, les *nates* servent de base.

Comme nous l'avons fait observer plus haut, cette partie peut être entière ou écorchée : d'où le nom de *nates decorticatæ*, comme dans les unios et les anodontes.

Si nous continuons l'examen de ce que peut offrir la partie dorsale de la face externe d'une valve de coquille bivalve, nous trouverons assez souvent, en avant du sommet pour nous, et, au contraire, en arrière pour Linnæus et ceux qui l'ont suivi, une dépression de forme, d'étendue et de profondeur variables, où la structure de la coquille présente un aspect un peu différent : c'est ce que Linnæus, en l'envisageant sur les deux valves à la fois, et continuant sa comparaison avec la partie inférieure du tronc de la femme, nomme *anus*, que Da Costa, effarouché des termes de Linnæus, a désigné sous ceux de *slope* ou de *declivitas*, et que Bruguières, Draparnaud, M. de Lamarck, ont préféré appeler *lunule*.

Ordinairement *pleine*, elle est quelquefois *ouverte* ou *échancrée*, comme dans les tridacnes.

On dit qu'elle est

Bordée, lorsqu'elle est circonscrite par un bourrelet saillant.

Dentée, lorsque la circonférence est garnie de dents, comme dans les tridacnes.

Cordiforme, *en forme de croissant*, *lancéolée*, *ovale*, *oblongue*, *superficielle*, *profonde*, etc., suivant qu'elle a la forme d'un cœur, comme dans la Vénus cancellée ; d'un croissant, comme dans le Bucarde cœur-de-Diane ; d'un fer de lance, comme dans la Vénus aile-de-papillon, etc.

En arrière des sommets dans notre manière de voir, et, au contraire, en avant pour les Linnéens, on trouve une autre dépression ordinairement beaucoup plus longue que l'antérieure et beaucoup moins large, que Linnæus, dans son système de comparaison, nomme *vulva*, vulve. Da Costa, par la même raison rapportée plus haut, a changé ce nom en celui de *furrow*, *fissura*; et Bruguières, Draparnaud, de Lamarck, le désignent sous la dénomination d'*écusson*. *Suture*, *fente*, *rima*, est le petit espace ou écartement qui se trouve entre les bords des valves, au-dessous du ligament; *nymphæ*, les nymphes, sont chaque lame déprimée; et lèvres, *labia*, c'est le petit bourrelet où prend naissance le ligament.

L'écusson est dit

Canaliculé, lorsqu'il est creusé en gouttière dans toute sa longueur, comme dans la Donace meroé.

Distinct, quand sa couleur diffère de celle du reste de la coquille : *exemple*, Vénus épineuse.

Litturé, lorsque sa superficie est marquée de lignes colorées, un peu ressemblantes à des caractères : *exemple*, Vénus disère.

Replié, lorsque le bord des lèvres est recourbé dans l'intérieur des valves : Vénus cancellée.

La suture est *fermée*, quand elle est entièrement recouverte par le ligament;

Et *ouverte* quand l'extrémité postérieure du ligament, étant saillante, laisse, apercevoir dans cette partie un écartement des valves, qui permet de voir à l'intérieur.

Les lèvres, *labia*, sont les petites lames comprises dans l'écusson, dont les bords forment la suture : elles peuvent être *lisses* ou *striées*, etc., ce qui n'a pas besoin de définition; ou *appuyées*, lorsque l'une ou l'autre, plus large, s'appuie sur celle de l'autre valve, comme dans la Vénus disère.

Cet écusson, dans un certain nombre de coquilles, est compris dans un espace ovalaire, formé à moitié par chaque valve, et situé au côté postérieur pour nous, antérieur pour Linnæus, etc., de la coquille ; c'est ce qu'on nomme *pubes* ou *corselet*. Il peut être plus ou moins étendu, et être circonscrit par une carène saillante, ou par un angle, ou par une ligne enfoncée.

On dit qu'il est

Epineux, quand sa circonférence est bordée d'épines, comme dans la Vénus épineuse.

Carené, quand elle est formée par une carène saillante *exemple*, la Donace triangulaire.

Lamelleux, lorsqu'il est coupé transversalement par des appendices écailleux : Vénus ridée.

Rameux, lorsque les côtes transverses qui s'y remarquent sont bifurquées ou rameuses : *exemple*, Vénus pectinée.

Nu, lorsqu'il n'offre aucune strie, épine ou écaille : Vénus cendrée.

Tout le reste de la surface externe d'une valve de coquille bivalve en forme réellement le disque; mais on le divise en trois parties, auxquelles on donne encore quelquefois une dénomination particulière : ainsi, on appelle *ventre* de la coquille, *testæ umbo*, la partie la plus renflée; et *disque* proprement dit, tout ce qui se trouve entre le ventre et le limbe; et enfin le *limbe*, *limbus*, la bande qui règne le long des bords.

La surface extérieure de la coquille, considérée en général, peut être

Lisse, lorsqu'elle n'offre ni écailles, ni stries, ni rayons.

Ecailleuse, quand les bords des lames composantes ne sont pas bien réunis, mais plus ou moins soulevés, comme dans les huitres : d'où il résulte des espèces d'écailles, et alors ces *écailles* sont dites

Simples, comme dans l'huître commune.

Découpées, quand leur circonférence est divisée en appendices inégaux, comme dans la came feuilletée, etc.

Tubuleuses, lorsqu'en se repliant sur elles-mêmes, elles forment une espèce de tube, comme dans la pinne rouge.

Tuilées, quand elles s'appliquent les unes sur les autres, à la manière des tuiles : *exemple*, le bucarde tuilé.

Voûtées, lorsqu'elles sont larges, voûtées en dessus, et creuses en dessous, comme dans le bucarde tuilé.

Rayonnée, lorsqu'elle est couverte de protubérances longitudinales convexes, qui partent du sommet pour aller à la circonférence, comme dans la plupart des peignes.

Les rayons, *radia*, peuvent être distingués en rayons

Ecailleux, quand ils sont garnis d'écailles droites ou imbriquées, comme dans le bucarde tuilé;

Epineux, lorsqu'ils sont garnis d'épines droites, comme dans le bucarde épineux;

Tuberculeux, quand leur superficie est garnie de grains : *exemple*, l'arche grenu;

Lisses, quand ils n'offrent aucune de ces particularités.

Sillonnée, nécessairement, lorsqu'elle est ou rayonnée ou cotelée : on doit donc, avec Bruguières, entendre par sillons les rigoles ou excavations qui séparent les rayons ou les côtes, et non les parties saillantes même, comme l'a fait Linnæus.

Ces sillons peuvent offrir quelques différences. On conçoit qu'ils peuvent être *ronds*, *triangulaires*, et même *carrés ;* ce qui s'entend de soi-même. On dit en outre qu'ils sont *striés* ou *lamellés*, ou *pointillés*, lorsque leur superficie est garnie de stries transverses, de petites écailles dans le même sens, ou piquée de points enfoncés, comme dans la bucarde hérissée, le peigne ducal et la came arcinelle.

Cotelée, lorsqu'elle est couverte de protubérances, presque toujours longitudinales, rarement anguleuses, ordinairement creusées en autant de sillons dans la face concave : d'où l'on voit que la côte, *costa*, ne diffère guère du rayon que par la direction ; aussi la distingue-t-on par les mêmes termes.

Striée, lorsqu'elle est couverte de lignes, soit en relief, soit en creux, verticales ou longitudinales, ne différant des sillons qu'en ce qu'elles sont beaucoup plus fines ; les stries peuvent être verticales, longitudinales, ou même obliques.

Treillisée, lorsqu'elle offre des stries verticales et longitudinales, se coupant à angle droit.

Considérée sous le rapport de sa structure, la surface externe d'une valve ou d'une coquille est dite *nue*, *lisse*, *denudata*, quand on n'y aperçoit aucune trace d'épiderme, et *recouverte*, lorsqu'au contraire elle est en plus ou moins recouverte ; cet épiderme peut être en forme de poil, d'écaille, etc. M. de Lamarck le nomme *épiphlose*.

Enfin, sous le rapport des couleurs et de leur disposition générale, la surface externe des valves donne encore lieu à quelques dénominations particulières, mais qui n'ont guère besoin d'explication.

De la face interne des valves.

La surface intérieure des valves d'une coquille bivalve offre un moins grand nombre de caractères à la conchyliologie que l'externe, à moins que l'on n'y comprenne, ce qui se pourroit sans inconvénient, les moyens d'union des deux valves entre elles, dont il va être parlé tout à l'heure.

On la subdivise, comme on le pense bien, en autant de régions que l'externe.

Ordinairement lisse, sans traces même des stries d'accroissement, elle peut offrir la contre-partie des côtes et des sillons de l'externe, mais jamais celle des stries ni des écailles, etc.

On dit qu'elle est *chambrée*, quand elle offre un feuillet testacé, détaché du fond, comme dans l'arche et la cardite chambrée.

Ce qu'il est plus important d'y observer, ce sont des parties de forme, d'étendue et de position un peu différentes, qui sont ordinairement plus planes et plus lisses que le reste, et dans lesquelles on aperçoit des stries ordinairement concentriques, extrêmement lisses; c'est ce qu'on nomme *impressions musculaires* et *ligamenteuses*, parce qu'en effet c'est dans ces endroits que s'attachent les muscles ou les ligamens adducteurs, qui, se portant d'une valve à l'autre, les rapprochent l'une contre l'autre, et agissent comme antagonistes du ligament externe. Sous le rapport du nombre, elles sont

Nulles, lorsqu'il n'y a aucune trace d'impression musculaire; ce sont les *amyaires*, comme dans les acardes.

Solitaires ou *uniques*, lorsqu'il n'y en a qu'une qui occupe ordinairement le centre de la cavité : ce sont les *monomyaires* de M. de Lamarck, comme dans l'huître. Les moules sont *submonomyaires*, en ce qu'outre l'impression subcentrale il y en a une, beaucoup plus petite, placée antérieurement.

Doubles, lorsqu'elles sont au nombre de deux, l'une en avant et l'autre en arrière, comme dans un grand nombre de coquilles, et surtout dans les Vénus; ce sont les *dimyaires* de M. de Lamarck.

Triples ou *ternaires*, quand elles sont au nombre de trois, comme on le voit dans les unios et les anodontes; on peut les nommer *trimyaires*.

Multiples, lorsqu'elles sont au-dessus de trois, comme dans la lingule; ce sont les *polymyaires*.

Une autre impression qu'on a négligé jusqu'ici de noter dans l'intérieur des coquilles bivalves, mais à tort, parce qu'on peut en tirer une bonne indication pour distinguer l'extrémité d'une coquille, est celle qui est laissée par l'application constante du corps proprement dit de l'animal, et surtout de son pied : elle est ordinairement un peu moins lisse que le limbe interne, et que l'extrémité postérieure, rendus tels par les mouvemens de rétraction et d'extension des tubes et des bords du manteau de l'animal; sa forme un peu variable est le plus ordinairement sécuriforme à cause de celle du pied, de manière que la convexité est en avant, et la pointe libre ou la concavité en arrière. Je la nommerai impression abdominale, *impressio abdominalis*. Voyez les planches de conchyliologie.

Des valves des coquilles bivalves, étudiées dans leurs rapports entre elles et dans leurs moyens d'union.

D'après leur position sur le corps de l'animal, les valves se divisent en *droite* et en *gauche*.

La droite, *valvula dextra*, est pour moi celle qui occupe la droite de l'animal marchant devant l'observateur, dans quelque position qu'il se fixe d'ailleurs; et, au contraire,

La gauche, *valvula senestra*, celle qui est placée à la gauche de l'animal.

Linnæus, en plaçant la coquille sur les crochets, et en arrière la lunule qui devroit être réellement en avant, se trouve, par cette double indication, donner les mêmes noms que nous à chaque valve, au lieu que, s'il s'étoit contenté de renverser la coquille du bord dorsal au ventral, les dénominations seroient en sens inverse des nôtres. J'avoue ne pas entendre ce que dit Bruguières à ce sujet, que, dans la position où Linnæus met la coquille, la valve droite correspond au côté gauche de l'observateur, et au contraire la gauche au côté droit; car cela n'est certainement pas, à moins qu'il n'ait fait la juste observation que la lunule doit être placée en avant et le ligament en arrière; et alors il aura parfaitement raison.

D'après cela, dans les coquilles inéquivalves, il me semble, contre l'opinion de Bruguières, et dans celle de Murray, que c'est la plus concave qui est la droite.

Nous devons cependant faire ici l'observation que nous avons déjà eu occasion de faire en traitant des coquilles univalves : c'est qu'il est des bivalves anomales et gauches, c'est-à-dire, dans lesquelles ce qui est ordinairement à droite est à gauche, *et vice versà*. M. Faujas de Saint-Fond en possède un bel exemple dans sa collection pour la coquille, que M. de Lamarck a nommée Egérie.

D'après leur différence de forme et de grandeur entre elles, on les distingue en équivalves, en subéquivalves, et en inéquivalves.

Une coquille bivalve est dite *équivalve*, *equivalvis* en latin, *equavalved* en anglois, *gleichklappig* en allemand, *equalvavi* en italien, lorsque les valves sont égales en grandeur et en profondeur, ou sont d'une forme semblable, comme dans les Vénus et le plus grand nombre des coquilles;

Subéquivalve, quand la différence entre les deux valves n'est pas très-grande, comme dans certaines espèces de peignes;

Inéquivalve, *inequivalvis*, *inequalvalved*, angl., *ungleichklappig*, allem., lorsqu'il y a une très-grande différence, soit pour la grandeur, soit pour la forme; dans ce cas, Linnæus et quelques autres conchyliologistes, donnent le nom d'*opercule* à la valve la plus petite et tout-à-fait plate, comme dans les gryphées.

Un point de vue encore plus important que tous ceux qui précèdent, sous lequel il nous reste à étudier les deux valves d'une coquille bivalve, est celui de leurs moyens d'union.

Ces moyens sont de trois sortes. L'un appartient essentiellement à l'animal; c'est celui qui a lieu à l'aide de muscles ou de faisceaux de fibres musculaires ou élastiques, qui se portent plus ou moins transversalement d'une valve à l'autre: ces muscles, de la nature desquels il sera traité à l'article Malacozoaire, laissent, à la face interne des valves, des impressions dont il a été parlé plus haut.

Le second moyen d'union appartient encore assez à l'animal même, quoique beaucoup moins que le précédent; mais il laisse également des indices ou des traces aisées à apercevoir dans les excavations de différentes formes dans lesquelles il étoit attaché: c'est ce qu'on nomme ligament, *ligamentum*, dont la structure et le mécanisme seront également exposés avec détail à l'article d'organisation des malacozoaires; il suffit de dire que c'est un amas plus ou moins considérable de fibres cornées épidermiques, qui se portent transversalement d'une valve à l'autre.

On trouve d'abord quelques coquilles bivalves qui sont entièrement sans ligament, au moins externe, comme les orbicules,

les pholades, et d'autres dans lesquelles il n'est nullement distinct de l'épiderme général, comme dans les jambonneaux ; mais beaucoup plus généralement il y en a.

Quant au nombre, il peut être

Simple, quand il n'y en a qu'un, comme dans les Vénus et la plupart des coquilles.

Double, lorsqu'il y en a deux, l'un antérieur et l'autre postérieur, comme dans certaines tellines ; ou bien quand il y en a à la fois un externe et l'autre interne, comme dans les mactres.

Multiple, quand il y en a une série plus ou moins considérable, comme dans les pernes, et peut-être même, avec une disposition inverse, dans les arches.

Sa position, par rapport aux sommets, explique ce qu'on entend par ligament.

Antérieur, c'est celui qui se trouve en avant d'eux, comme dans les donaces.

Médian, celui qui est immédiatement sous les crochets.

Postérieur, c'est le cas le plus commun, lorsqu'il est en arrière du sommet.

Antéropostérieur, c'est le ligament qui est à la fois antérieur et postérieur, et qui occupe par conséquent un espace fort étendu, comme dans les arches et genres voisins.

La position du ligament, selon qu'il est visible ou non à l'extérieur, sert à le distinguer en

Externe, lorsqu'il est visible, comme dans la plupart des coquilles bivalves.

Profond, lorsqu'il est tellement enfoncé dans la suture, qu'on l'aperçoit difficilement, comme dans la Vénus zigzag.

Interne, lorsqu'il est réellement tout-à-fait intérieur, comme dans les mactres, crassatelles, et même jusqu'à un certain point dans les huîtres.

Quant à sa forme *aplatie*, *bombée*, *courte*, *alongée*, *tronquée*, les mots qui la désignent s'expliquent d'eux-mêmes.

Enfin, le dernier moyen de rapport des deux valves d'une coquille bivalve, est ce qu'on nomme la charnière proprement dite (*cardo; the hinge*, angl. ; *schloss*, *der angel*, en allem. ; *la cerniera*, ital.), et qu'on peut définir une disposition particulière d'éminences et de cavités sur chaque valve, se pénétrant réciproquement. Les auteurs la définissent la partie la plus épaisse de la circonférence des valves, qui offre le plus souvent à l'intérieur des dents et des cavités, de formes différentes, servant à fixer les valves.

Considérée sous ce rapport, une valve ou une coquille est dite *acarde*, quand il n'y a aucune trace de cet appareil de dents et de cavités, non plus que de ligamens. Il n'est pas encore certain qu'il en existe d'autres que la lingule.

Lorsqu'il n'y a à l'endroit de la charnière qu'une seule protubérance, plus ou moins alongée et irrégulière, on dit qu'elle est *calleuse*.

Dans toutes les autres coquilles qui sont pourvues d'une véritable charnière, on doit chercher si elle est semblable sur les deux valves; dans le premier cas, je la nomme *similaire*, et dans le deuxième, *dissimilaire*.

Dans ce dernier cas, lorsqu'il n'y a que d'un côté des dents qui ne correspondent à rien de l'autre côté, Linnæus désigne cette espèce de dents sous le nom de *dentes vacui*.

La position de la charnière, considérée en général, doit aussi nécessiter quelques dénominations particulières, qui seront à peu près les mêmes que pour les sommets; ainsi elle peut être

Céphalique, lorsqu'elle est à l'extrémité où se trouve la tête de l'animal; c'est le *cardo terminalis* de Linnæus et de Bruguières.

Dorsale, lorsqu'au contraire elle est sur le dos; et dans ce cas sa position, par rapport au sommet, la fera distinguer en *præapiciale* ou *postapiciale*, c'est-à-dire, en antérieure ou postérieure au sommet.

Considérée dans les parties qui la composent, la charnière complète est formée d'éminences et de cavités. Les éminences se nomment dents, *dentes*, en latin; *tooth* ou *teeth*, en anglois, *zahn*, en allemand; *dente*, en italien. Les cavités sont appelées fossettes, *fossulæ* en latin, *grube* ou *grübchen* en allemand.

En envisageant d'abord la position de ces éminences ou de ces cavités par rapport au sommet, on arrive à peu près aux mêmes dénominations que pour la charnière en totalité.

Les dents cardinales (*dentes primarii seu cardinales*, en latin; *mittelzahn*, en allemand) sont celles qui se trouvent immédiatement sous les sommets, et qui sont ordinairement les principales.

Les dents *latérales*, *seiten-zæhne*, sont au contraire celles qui, moins importantes, sont plus ou moins écartées en avant ou en arrière du sommet : celle-là, *dens posticus* de Linnæus, je la désigne sous le nom de præapiciale, et celle-ci, *dens anticus*, est pour moi la dent postapiciale ou postcardinale. Elles peuvent être, ensuite, plus ou moins *écartées*.

La forme de ces dents détermine les noms de *lamelleuses*, quand elles sont très-longues, très-comprimées ou déprimées; de *courtes*, d'*épaisses*, quand elles ont une forme opposée; de *droites* ou de *courbes*, d'*entières* ou de *bifides*, de *lisses* ou de *striées*, dénominations qui n'ont besoin d'aucune explication.

Enfin, le nombre des dents de la charnière est aussi quelquefois désigné : d'où les noms de dents *nombreuses*, qui est indiqué autrement par celui de coquilles *multiarticulées*, comme les coquilles acardes sont aussi quelquefois désignées par le mot d'*inarticulées*, celui d'*articulées* étant réservé aux coquilles ordinaires.

Chap. III. *Des Coquilles multivalves.*

Sous ce nom, défini plus haut, je n'entends pas, comme Linnæus, Bruguières, les espèces de tubes, plus ou moins complets, qui peuvent accompagner ou même entièrement envelopper les deux valves d'une coquille bivalve, mais seulement celles qui sont complétement à découvert.

Elles appartiennent constamment à des animaux pour ainsi dire intermédiaires aux malacozoaires et aux entomozoaires, tandis que celles des pholades, tarets, etc., appartiennent à de véritables malacozoaires.

Elles sont du reste si peu nombreuses, qu'il a été à peu près inutile d'établir des termes particuliers pour indiquer chacune de leurs parties, ou que du moins ils rentrent, pour la plupart, dans ceux que nous avons indiqués pour les coquilles bivalves.

On peut, comme je l'ai dit plus haut, les diviser en trois sections.

1.° Les *sériales* ou *articulées*, que je désigne ainsi, parce qu'elles sont placées, à la suite les unes des autres, d'une manière symétrique, dans la ligne moyenne et dorsale de l'animal. Dans un assez grand nombre de cas, elles se touchent, et même s'imbriquent plus ou moins les unes les autres : ce qu'il est assez aisé de reconnoître, parce que leur bord antérieur est aminci aux dépens de la page supérieure, et le postérieur au contraire, excepté la première et la dernière, qui sont arrondies l'une en avant et l'autre en arrière ; du reste, leur surface extérieure peut être lisse ou rugueuse, etc. Dans un certain nombre d'espèces les pièces sont extrêmement petites et ne se touchent plus ; alors on pourroit assez aisément les prendre pour des coquilles imparfaites d'univalves, surtout la première et la dernière de la série.

2.° Les *latérales*, lorsqu'elles sont, en plus ou moins grand nombre, placées d'une manière symétrique de chaque côté de l'enveloppe de l'animal, une seule occupant la ligne dorsale : elles peuvent se toucher ou n'exister que rudimentairement, mais jamais elles ne s'articulent ; elles peuvent aussi considérablement varier de forme et de grandeur, être plus ou moins lisses ou striées.

Ces deux groupes de coquilles multivalves ont été nommés *dissivalves* par M. Denys de Montfort.

3.° Les *coronales* ou *subcoronales*, comme l'a établi le premier M. de Lamarck, lorsque, étant disposées d'une manière plus ou moins régulière autour d'un axe commun, elles sont solidement engrenées entre elles par les bords, de manière à former une cavité complète, close ou ouverte inférieurement, et fermée supérieurement par un petit nombre de pièces de forme un peu variable, dont l'ensemble est appelé *opercule*.

La forme, le nombre des pièces principales, ainsi que de celles de l'opercule, varient assez ; mais les différences qu'elles présentent n'ont pas eu besoin de termes particuliers pour les désigner.

Histoire de la Conchyliologie.

Quoique, dans un ouvrage de la nature de celui-ci, nous ne puissions pas donner autant de développement à la partie historique de la conchyliologie, que dans un traité *ex professo*, nous croyons cependant devoir en donner un abrégé suffisant pour faire connoître ce que nous devons aux meilleurs auteurs dans cette partie, et les principaux ouvrages auxquels les personnes qui désireroient s'occuper de cette espèce d'art, doivent avoir recours.

Aristote, le premier dans cette partie des sciences, comme dans tant d'autres, nous offre sinon une disposition systématique des coquilles, qui n'étoit pas son but, au moins la base de plusieurs divisions qui ont été établies par la suite. Ainsi l'on trouve, dans son principal ouvrage, qu'il a envisagé les coquilles sous les principaux rapports que nous étudions maintenant; c'est-à-dire d'après le nombre des pièces de la coquille, il les divise en *monothyra* ou univalves, et en *dithyra* ou bivalves; il prend ensuite parmi les premières la considération de leur forme turbinée ou non turbinée; d'après leur séjour sur la terre ou dans l'eau, d'après leurs habitudes sur les bords des rivages ou dans la profondeur de la mer, et même d'après leur immobilité ou leur mobilité, ce qui fait les *cinètica* et les *acineta*.

Pline, Appien, etc., n'ajoutèrent rien ou presque rien à ce qu'Aristote avoit consigné dans ses écrits, même sous le rapport des simples faits, et à plus forte raison sous celui de leur distribution. Il faut donc de suite passer aux auteurs de la renaissance des lettres.

Le premier auteur qui se soit réellement occupé de la distribution des coquilles, ou d'établir un véritable système conchyliologique, est évidemment, comme tout le monde en convient, Daniel Major, dans une sorte d'appendice qu'il mit à la suite d'une édition allemande du Traité de la Pourpre de F. Columna, sous le titre de *Ostracologia in ordinem redacta*, imprimé à Kiel en 1675; ce sont des tables synoptiques, qui conduisent à des genres assez naturels, mais peu nombreux, et établis seulement sur les espèces observées par Columna. C'est à lui que nous devons la division des univalves et des multivalves, parmi lesquelles il place les bivalves.

En 1681, Grew, dans son *Museum regium* ou Description du Cabinet de la Société royale, dont il étoit secrétaire, a publié une table systématique et synoptique des genres des coquilles, dans laquelle il renferme tous les têts ou enveloppes testacées, et où, sans employer les termes actuellement reçus, il établit les divisions des coquilles en simples, doubles et multiples ; ce qui correspond à nos univalves, bivalves et multivalves. Parmi les premières il sépare celles qui ne sont pas enroulées, de celles qui le sont, et dans celles-ci les espèces dont les tours de spire sont apparens, de celles chez lesquelles ils ne le sont pas, comme dans les nautiles, les cyprées. S'il nous eût été possible de donner cette table synoptique, on auroit pu voir que Grew arrive à la plupart des genres admis aujourd'hui, et que beaucoup d'auteurs ont pu y puiser d'excellentes indications.

Sibbald, en 1684, dans sa *Scotia illustrata*, revint à peu près à la division d'Aristote, c'est-à-dire qu'il prit en première considération le séjour, d'où il tira la division des coquilles en terrestres et en aquatiques, et celles-ci en fluviatiles et en marines.

C'est aussi ce que fit Lister, qui, arrivé à une époque où le commerce avoit amené un bien plus grand nombre de coquilles en Angleterre, publia un Traité nécessairement beaucoup plus complet, sous le titre de *Historiæ sive Synopsis methodicæ conchyliorum libri quatuor, etc.*, par livraisons, de 1685 à 1688. Nous trouvons dans cet ouvrage, outre de très-excellentes figures dessinées et gravées par sa fille, et des caractères un peu plus nettement circonscrits, l'introduction de la distinction des coquilles d'après l'égalité ou l'inégalité des valves ; il commence en outre à faire une assez grande attention à la charnière des bivalves.

Notre célèbre botaniste Tournefort, mort en 1708, voulut aussi tâcher de faciliter l'étude des coquilles, qu'il désigna sous le nom général de *testacea*, et qu'il définit les enveloppes de certains animaux qui ont la dureté d'une tuile ou d'un vaisseau de terre cuite; mais sa méthode ne fut connue, pour la première fois, que par l'ouvrage de Gualtieri, en 1748. Ce savant botaniste substitua les noms de *monotoma*, *ditoma* et de *polytoma*, à ceux d'univalves, de bivalves et de multivalves. Parmi les monotomes, il établit la distinction des univalves proprement dites, des spirivalves et des fistulivalves ; et dans les caractères génériques il fait assez attention à la forme de l'ouverture. Dans la classe des ditomes, il me paroît être le premier qui ait établi la division des bivalves closes, *closæ*, et bâillantes ou *hiantes*. Du reste, il fait attention à la position de la charnière.

Quant à ses *polytoma* ou multivalves, il y met à la fois les oursins et les balanes.

En 1711, Rumph fit connoître une assez grande quantité de coquilles de la mer des Indes; mais il n'ajouta pas grand' chose à la conchyliologie proprement dite; il ne sépara même plus les bivalves des multivalves; du reste, les univalves sont simples ou turbinées, comme dans Aristote. Il ne faut cependant pas cacher qu'il indique quelques coupes génériques assez bonnes, comme les strombes, les porcelaines, les volutes, etc.

Un peu plus tard, en 1722, Langius proposa une nouvelle distribution conchyliologique, mais partielle, c'est-à-dire, ne traitant que des testacés marins, dans un ouvrage in-4.°, publié à Lucerne, sous le titre de *Methodus nova et facilis testacea marina pleraque, quæ huc usque nobis nota sunt, in suas debitas et distinctas classes, genera et species distribuendi, nominibusque suis propriis, structuræ potissimùm accommodatis, nuncupandi, etc.* Mais il est certain que malgré cette annonce fastueuse, il n'ajouta aucunes considérations bien nouvelles à celles employées par Lister, si ce n'est peut-être celle tirée de l'égalité ou de l'inégalité de chaque valve, ou de la position relative du sommet. Il fit également un peu plus d'attention encore à la forme de l'ouverture des univalves, et du sommet dans les bivalves. Il établit également, parmi ces dernières, une division d'espèces anomales.

C'est à J. Philippe Breynius, en 1730, que nous devons l'emploi d'un nouveau caractère jusque-là tout-à-fait inaperçu, c'est-à-dire, de celui tiré du nombre des loges des coquilles univalves, d'où les noms de polythalames et par conséquent de monothalames; c'est ce qu'il fit dans un ouvrage in-4.°, publié à Dantzick sous le titre de *J. P. Breynii Dissertatio de Polythalamis, nova testaceorum classi, cui quædam præmittuntur de methodo testacea in classes, genera distribuendi : huic adjicitur commentatiuncula de Belemnitis prussicis, tandemque schediasma echinis methodicè disponendis.*

Un peu avant lui, c'est-à-dire, en 1728, J. Ernest Hebenstreit publia à Leipsick une Dissertation in-4.°, intitulée *De ordine*-

bus conchyliorum methodica ratione instituendis, dans laquelle on trouve peu d'innovations importantes : il fit, surtout parmi les univalves, attention à la spire, plus qu'on ne l'avoit peut-être fait avant lui ; et dans les bivalves, sa première division est tirée de l'absence ou de la présence de la charnière.

En 1742, Gualtieri, auteur italien, dont l'ouvrage est encore assez cité pour la grande quantité de figures médiocres qu'il contient, publia une Méthode dans laquelle il a employé toutes les combinaisons de ses prédécesseurs, sans y introduire rien de nouveau. Ainsi sa première division porte également sur le séjour des coquilles ; il nomme *exothalassibiæ* celles qui ne sont pas marines, et du reste les divise, comme à l'ordinaire, en fluviatiles et terrestres ; quant aux marines ou *thalassibiæ*, elles sont turbinées ou non, et celles-ci sont vasculeuses ou tubuleuses ; du reste, il admet les polythalames, il fait attention à l'égalité ou l'inégalité des valves et de leurs côtés ; enfin, il considère la présence ou l'absence de la charnière. En général, quoique dans cet ouvrage on trouve un assez grand nombre de coupes génériques indiquées, elles ne sont pas solidement établies.

Dans la même année on publia en France la première édition d'un ouvrage qui a joui long-temps d'un succès assez peu mérité ; c'est celui de d'Argenville, intitulé : *l'Histoire naturelle éclaircie dans deux de ses parties principales, la Lithologie et la Conchyliologie*, in-4.°. Quoique cet ouvrage ait eu beaucoup de succès, surtout en France, à cause des figures qu'il contient, il faut convenir qu'il ne le méritoit guère. En effet, l'auteur n'a introduit absolument aucune considération nouvelle dans la manière d'envisager les coquilles, qu'il partage encore, d'après l'habitation, en coquilles marines et fluviatiles, quoique cependant il mette les hélix parmi celles-ci. Du reste, chaque section ou subdivision est partagée, d'après le nombre de pièces, en univalves, bivalves et multivalves pour la première, et en univalves et bivalves seulement pour la seconde. On doit même faire l'observation que la classe des multivalves, qui contient jusqu'aux tuyaux de mer, est encore bien plus mauvaise que dans aucun autre système. Quant aux genres, ceux des univalves, quoique très-peu nombreux, sont assez bien caractérisés par la forme de l'ouverture ; mais il n'en est pas de même de ceux des bivalves, dans lesquels il n'est nullement question de la charnière. Ainsi on peut dire que d'Argenville a presque toujours suivi Lister, qu'il a gâté quand il ne l'a pas fait, et que cependant il a toujours fortement critiqué, mais bien à tort.

Je placerai immédiatement après d'Argenville un autre auteur entièrement systématique, qui n'a pas l'avantage de donner de bonnes figures: c'est Klein, qui s'est presque toujours attaché à changer ce que Linnæus essayoit d'établir. Il publia en effet, en 1753, un nouveau Système de Conchyliologie, sous le titre de *Tentamen methodi ostracologiæ, sive dispositio naturalis cochlidum et concharum in suas classes, genera et species, iconibus singulorum generum æri incisis illustrata.* Il comprend tous les têts, qu'il divise en *cochlides*, *conchæ*, *niduli testacei*, *echinodermata*, et enfin en *tubuli* ou *tuyaux marins*. Sous le nom de *cochlides* il entend les coquilles turbinées, qu'il partage en deux sections : les cochlides simples, qu'il définit un canal spiral résultant d'une seule circonvolution de la coquille; et les cochlides composées, qui sont celles dans lesquelles les circonvolutions du têt lui paroissent doubles, de sorte que le têt semble formé de deux cochlides. Quoique ses définitions soient assez mauvaises, on voit cependant que la première section comprend les coquilles spirivalves qui n'ont pas leur ouverture terminée par un siphon, ou mieux, dont le dernier tour n'est pas terminé en pointe, à peu près comme la spire, et qu'il entend, au contraire, par ses cochlides composées celles qui sont appointies en avant comme en arrière. Quoique cette considération soit évidemment nouvelle, il est évident qu'elle ne menoit guère à une bonne division. Une autre innovation de Klein, c'est d'avoir séparé, on ne sait trop pourquoi, les conques, *conchæ*, en monoconques, qui sont les patelles et genres voisins, et en diconques, *diconchæ*, qui sont les bivalves ordinaires : innovation qui a été jusqu'à un certain point adoptée par quelques auteurs de ces derniers temps. Du reste, n'admettant pas de multivalves, il place les anatifes parmi les conques, sous le nom de polyconques, tandis que les balanes forment une division sous le nom de *niduli testacei*. Les bivalves sont ensuite divisés d'après la considération de la ressemblance ou dissemblance des valves, et leur fermeture plus ou moins complète. Il a, en outre, proposé plutôt qu'établi un grand nombre de genres qui ont été adoptés depuis; mais les caractères qu'il leur assigne sont si vagues et si mal circonscrits, qu'il n'est pas étonnant que cet auteur soit resté dans une sorte d'oubli.

Nous placerons encore avant Linnæus, quoique les premières éditions du *Systema Naturæ* eussent déjà paru, notre célèbre Adanson, parce qu'il me paroît à peu près indubitable que c'est dans le Voyage au Sénégal de celui-ci, publié en 1757, que Linnæus a pris la très-grande partie de ses principes fixes généraux de conchyliologie. Adanson, dont nous aurons occasion de parler avec plus de détails à l'article Malacologie, parce qu'il envisage à la fois l'animal et la coquille, a cependant apporté quelques innovations à la conchyliologie proprement dite : ainsi, outre l'étude approfondie de chacune des parties des coquilles, et l'exposition des caractères qu'on en peut tirer, il a, pour ainsi dire, établi sur chacune d'elles un système particulier; il a, entre autres, divisé les coquilles bivalves d'après le nombre des muscles ou de leurs attaches, et surtout il a introduit la considération des opercules qui avoient été presque négligés jusqu'alors, ou seulement envisagés à part sous le nom d'ombilics marins, sans aucun rapport avec les coquilles auxquelles ils avoient appartenu. C'est d'après cela qu'il établit dans la famille des limaçons deux sections : la première, les limaçons univalves, et la seconde, les limaçons operculés, qu'il regarde comme faisant le passage aux conques ou bivalves, mais bien à tort. Nous devons aussi faire l'observation que c'est lui qui le premier, à ce qu'il nous semble, a rangé avec les patelles les oscabrions, la section de ses conques multivalves ne contenant que les pholades et les tarets. Linnæus, qui, dans la première édition de son *Systema Naturæ*, n'avoit pas montré qu'il fût réellement au niveau de cette partie des sciences naturelles, fit voir dans celle qui suivit la publication de l'ouvrage d'Adanson, qu'on pouvoit y appliquer les mêmes principes qu'il avoit imaginés et employés avec tant d'avantages en botanique. Il ne créa cependant aucune considération bien nouvelle dans les coupes primaires, ni même dans les secondaires, puisqu'il divise les têts en multivalves par lesquels il commence et dans lesquels il range les oscabrions, en bivalves et en univalves, qu'il subdivise ensuite en turbinés et en non turbinés; mais il fit entrer dans l'exposition des caractères, dans leur circonscription, et dans la création du langage conchyliologique, cette netteté, cette clarté qui le feront toujours regarder comme le modèle et le maître de tous les naturalistes systématiques. On trouvera l'exposition détaillée de sa méthode conchyliologique dans une thèse ou dissertation qu'il fit soutenir sous sa présidence par J. Murray, et qui est insérée dans le tome huitième des Aménités académiques.

C'est à peu près à cette époque que commença à être publié, en 1769, le grand ouvrage de Martini, continué et terminé par Chemnitz en 1788. Comme nous le regardons plutôt comme un recueil de figures de coquilles, que comme un véritable système de conchyliologie, nous nous contenterons de dire que l'ordre qui a été adopté par ce dernier tient à la fois de celui de Gesner et de Lister, sous le rapport des divisions premières, tirées encore du séjour des animaux; du reste, il suit Linnæus à peu près, et l'on peut dire que ses coupes sont assez simples et rompent assez peu de rapports naturels.

En 1776, Da Costa donna en anglois de véritables élémens de conchyliologie, sous le titre de *Elements of Conchology*. Son système diffère évidemment assez peu de celui de Linnæus; cependant il me paroît encore avoir insisté davantage sur la prédominance des caractères tirés de la forme de l'ouverture dans les univalves turbinées, et de la charnière dans les bivalves. C'est lui qui le premier, ce nous semble, a proposé de changer les termes réellement un peu obscènes, surtout quand on les traduit en langue vulgaire, imaginés par Linnæus pour désigner certaines parties des coquilles bivalves; il a en outre assez augmenté le nombre des genres du naturaliste suédois, et a joint constamment une figure assez passable d'une espèce de chacun. En général son ouvrage est fort instructif, quoiqu'il n'ait introduit dans la conchyliologie aucune considération bien nouvelle.

Nous passerons sous silence un assez grand nombre d'auteurs, comme Muller, de Born, etc., qui n'ont presque rien ajouté à l'art conchyliologique que de nouvelles espèces, pour arriver aux auteurs françois, que l'on peut presque dire avoir transporté chez nous le centre de cet art; je veux parler de Bruguières et de M. de Lamarck.

Bruguières, en 1792, a suivi presque entièrement Linnæus; mais il faut lui rendre la justice de dire qu'il a encore beaucoup plus nettement circonscrit et caractérisé les genres, ce qui a nécessité qu'il en augmentât considérablement le nombre. Les descriptions des espèces, dans le petit nombre de genres qu'il a pu traiter, la mort l'ayant ravi bien avant qu'il eût terminé son ouvrage, sont bien faites, entières, et, ce qui est très-important, parfaitement comparables; en un mot, il nous semble qu'il doit être regardé comme le conchyliologiste qui a commencé à introduire dans la conchyliologie cette exactitude et ces détails qui ont permis de s'en servir dans la palæozoologie, ou dans la comparaison des fossiles. Nous devons cependant faire observer qu'il n'a introduit aucune considération nouvelle.

M. de Lamarck perfectionna encore beaucoup la méthode ou la manière de voir de Bruguières, son ami: non-seulement en ne se bornant pas à la considération de la coquille, et en l'envisageant comme faisant partie d'un animal, c'est-à-dire, en suivant les erremens d'Adanson, de Geoffroy, de Muller, et de MM. Poli et Cuvier, d'Audebard de Ferussac, etc., comme il sera exposé à l'article Malacologie, mais encore dans la conchyliologie proprement dite, par le grand nombre de coupes génériques nouvelles, par l'emploi d'une terminologie encore plus rigoureuse; enfin, par l'introduction, comme base d'une division principale des coquilles bivalves, du nombre des impressions musculaires, en 1807, ce qui a été adopté en 1810 par M. Ocken. Il crut cependant devoir placer les oscabrions avec les patelles, contre l'heureuse inspiration de Linnæus. En général, comme on pourra s'en convaincre dans l'exposition complète de son nouveau système, dont nous donnerons une table synoptique plus loin, on verra qu'il abandonne entièrement la division de la plupart des conchyliologistes ses prédécesseurs, établie d'après le nombre des pièces dont se compose le têt, et que c'est plutôt la forme générale des coquilles qu'il envisage, pour établir ses quatre premières divisions en subspirales, cardinifères, subcoronales et vermiculaires : et en effet il ne pouvoit plus admettre les univalves, bivalves et multivalves, puisqu'il place les oscabrions parmi les subspirales, ce que certainement ne pourra supposer celui qui voudra ranger une collection de coquilles. En général il me semble que M. de Lamarck, dans cette disposition systématique des coquilles, a trop voulu la mettre en rapport avec celle de leurs animaux, ce qui pourra la rendre plus difficile, mais peut-être aussi plus intéressante sous le rapport de la véritable science.

Depuis et pendant la publication de la méthode successivement perfectionnée de M. de Lamarck, d'autres conchyliologistes s'en tenoient presque rigoureusement au système de Linnæus, étendu par Bruguières, comme M. Bosc et plusieurs auteurs étrangers, tels que Donavent, Montagu, etc.; ou portoient à l'excès les coupes ou subdivisions génériques, comme M. Denys de Montfort, dans sa Conchyliologie systématique, imprimée en 1808, mais qui ne contient que les coquilles univalves. Cet auteur, ne faisant absolument attention qu'au têt, a nécessairement multiplié considérablement les genres, en voulant trop spécialiser ou rendre rigoureux leurs caractères; mais il ne faut pas cacher qu'un assez grand nombre devront être et sont même déjà adoptés, et qu'il a le premier appelé l'attention des conchyliologistes sur les coquilles extrêmement petites, dites microscopiques, et que, quoique cette partie de son travail doive surtout être considérablement modifiée, la conchyliologie ne lui doit pas moins en cela un véritable service; il a aussi séparé des multivalves les coquilles ou têts des anatifes, sous le nom de fissivalves.

Peu d'années après, M. Megerle proposa une nouvelle distribution des coquilles; mais je n'en connois de publié que la partie qui traite des bivalves dans le Magasin de Berlin pour 1811; et, quoiqu'il l'ait intitulée Nouveau Système de Conchyliologie, il est évident qu'il suit presque scrupuleusement Linnæus, avec cette différence qu'il a établi un assez grand nombre de nouveaux genres, qui depuis ont été également proposés parmi nous.

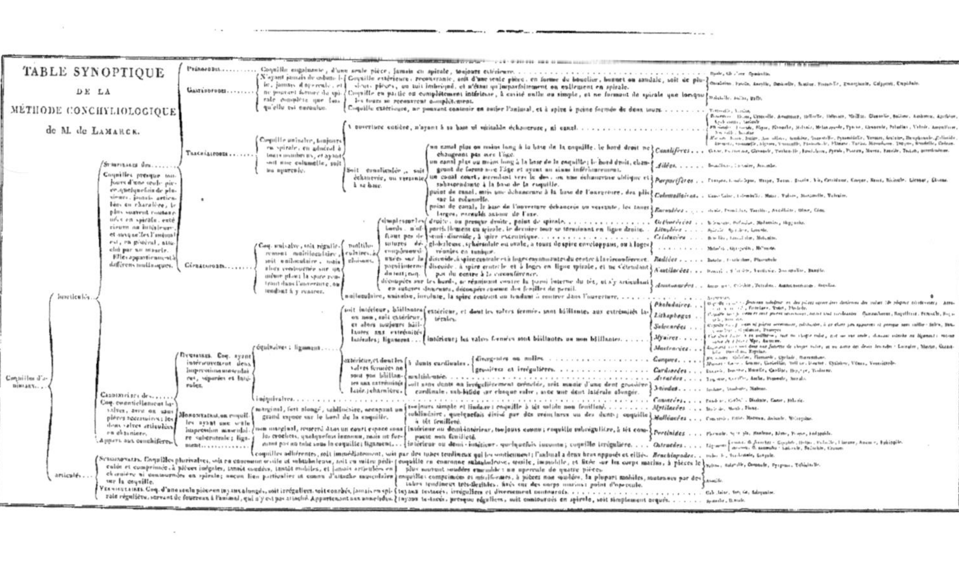

Enfin, dans un Mémoire lu à la Société philomathique en 1812, et inséré par extrait dans son Bulletin, quoique ma classification ait essentiellement trait aux animaux et non à

TABLE SYNOPTIQUE
DE LA
MÉTHODE CONCHYLIOLOGIQUE
de M. de Lamarck.

- **Coquilles d'animaux...**
  - **Inarticulés...**
    - [illegible] des... Coquilles presque toujours d'une seule pièce, quelquefois de plusieurs, jamais articulées en charnière, le plus souvent contournées en spirale, extérieures ou intérieures, et auxquelles l'animal est, en général, attaché par un muscle. Elles appartiennent à différens mollusques.
      - **Ptéropodes**... Coquille engainante, d'une seule pièce, jamais en spirale, toujours extérieure... Hyale, [illegible].
      - **Gastéropodes**... N'ayant jamais de columelle, jamais d'opercule, et ne pouvant former de spirale complète que lorsqu'elle est extérieure.
        - Coquille extérieure, recouvrante, soit d'une seule pièce, en forme de bouclier, bonnet ou sandale, soit de plusieurs pièces, en toit imbriqué, et n'étant qu'imparfaitement ou nullement en spirale... Oscabrion, Patelle, Ancyle, [illegible], Calyptrée, Crépidule.
        - Coquille en partie ou complètement intérieure, à cavité nulle ou simple, et ne formant de spirale que lorsque les tours se recouvrent complètement... Dolabelle, Bullée, Bulle.
        - Coquille extérieure, ne pouvant contenir en entier l'animal, et à spire à peine formée de deux tours... Testacelle, Vitrine.
      - **Trachélipodes**... Coquille univalve, toujours en spirale, en général à tours nombreux, et ayant soit une columelle, soit un opercule.
        - A ouverture entière, n'ayant à sa base ni véritable échancrure, ni canal... Terrestres : [illegible]. Fluviatiles : [illegible]. Marines : [illegible].
        - Soit canaliculée, soit échancrée, ou versante à sa base.
          - un canal plus ou moins long à la base de la coquille, le bord droit ne changeant pas avec l'âge... *Canalifères*... [illegible].
          - un canal plus ou moins long à la base de la coquille; le bord droit, changeant de forme avec l'âge et ayant un sinus inférieurement... *Ailées*... [illegible].
          - un canal court, remontant vers le dos, ou une échancrure oblique et subascendante à la base de la coquille... *Purpurifères*... [illegible].
          - point de canal, mais une échancrure à la base de l'ouverture, des plis sur la columelle... *Columellaires*... [illegible], Colombelle, Mitre, Volute, Marginelle, Volvaire.
          - point de canal, la base de l'ouverture échancrée ou versante, les tours larges, enroulés autour de l'axe... *Enroulées*... Ovule, Porcelaine, Tarière, Ancillaire, Olive, Cône.
      - **Céphalopodes**... Coq. univalve, soit régulièrement multiloculaire, soit uniloculaire, mais alors contournée sur un même plan; la spire rentrant dans l'ouverture, ou tendant à y rentrer.
        - multiloculaires, à cloisons
          - simples sur les bords, n'offrant pas de sutures découpées ou sinuées sur la paroi interne du test; coq.
            - droite, ou presque droite, point de spirale... *Orthocérées*... Bélemnite, Orthocère, Nodosaire, Hippurite.
            - partiellement en spirale, le dernier tour se terminant en ligne droite... *Lituolées*... Spirule, [illegible], Lituole.
            - semi-discoïde, à spire excentrique... *Cristacées*... [illegible], Cristellaire, Orbiculine.
            - globuleuse, sphéroïdale ou ovale, à tours de spire enveloppans, ou à loges réunies en tunique... Miliole, Gyrogonite, Mélonie.
            - discoïde, à spire centrale et à loges rayonnantes du centre à la circonférence... *Radiolées*... Rotalie, [illegible], Placentule.
            - discoïde, à spire centrale et à loges en ligne spirale, et ne s'étendant pas du centre à la circonférence... *Nautilacées*... [illegible], Nummulite, Nautile.
          - découpées sur les bords, se réunissant contre la paroi interne du têt, et s'y articulant en sutures sinueuses, découpées comme des feuilles de persil... *Ammonées*... [illegible], Turrilite, Ammonocératite, Baculite.
        - uniloculaire, univalve, involute, la spire rentrant ou tendant à rentrer dans l'ouverture... Argonaute.
    - Cardinifères des... Coq. essentiellement bivalves, avec ou sans pièces accessoires; les deux valves articulées en charnière. Appart. aux conchifères.
      - **Dimyaires**. Coq. ayant intérieurement deux impressions musculaires, séparées et latérales.
        - équivalves; ligament...
          - soit intérieur, bâillantes ou non, soit extérieur, et alors toujours bâillantes aux extrémités latérales; ligament...
            - extérieur, et dont les valves fermées sont bâillantes aux extrémités latérales... *Pholadaires*... [illegible]. *Lithophages*... [illegible]. *Solenacées*... [illegible].
            - intérieur; les valves fermées sont bâillantes ou non bâillantes... *Myaires*... [illegible]. *Mactracées*... [illegible].
          - extérieur, et dont les valves fermées ne sont pas bâillantes aux extrémités latér.; charnière.
            - à dents cardinales.
              - divergentes ou nulles... *Conques*... [illegible].
              - grossières et irrégulières... *Cardiacées*... Isocarde, Bucarde, Hémicarde, Cardite, Hyppope, Tridacne.
            - multidentée... *Arcacées*... Trigonie, [illegible], Arche, Pétoncle, [illegible].
            - soit sans dents ou irrégulièrement crénelée, soit munie d'une dent grossière cardinale, sub-bifide sur chaque valve, avec une dent latérale alongée... *Naïades*... [illegible], Anodonte, Mulette.
        - inéquivalves... *Camacées*... [illegible], Dicérate, Came, Ethérie.
      - **Monomyaires**, ou coquilles ayant une seule impression musculaire subcentrale; ligament...
        - marginal, fort alongé, sublinéaire, occupant un grand espace sur le bord de la coquille.
          - toujours simple et linéaire; coquille à têt solide non feuilleté... *Mytilacées*... Modiole, Moule, Pinne.
          - sublinéaire, quelquefois divisé par des crénelures ou des dents; coquille à têt feuilleté... *Malléacées*... Crénatule, Perne, Marteau, Avicule, Méléagrine.
        - non marginal, resserré dans un court espace sous les crochets, quelquefois inconnu, mais ne formant pas un tube sous la coquille; ligament...
          - intérieur ou demi-intérieur, toujours connu; coquille subrégulière, à têt compacte non feuilleté... *Pectinides*... Plagiostome, Spondyle, Peigne, Lime, [illegible].
          - intérieur ou demi-intérieur, quelquefois inconnu; coquille irrégulière... *Ostracées*... Ligament [illegible] : [illegible].
        - coquilles adhérentes, soit immédiatement, soit par des tubes tendineux qui les soutiennent; l'animal a deux bras opposés et ciliés... *Brachiopodes*... [illegible], Térébratule, Lingule.
  - **Articulés...**
    - [illegible]. Coquilles plurivalves, soit en couronne sessile et subtubuleuse, soit en mitre pédiculée et comprimée, à pièces inégales, tantôt soudées, tantôt mobiles, et jamais articulées en charnière ni contournées en spirale; aucun lien particulier et connu d'attache musculaire sur la coquille.
      - coquille en couronne subtubuleuse, sessile, immobile, et fixée sur les corps marins, à pièces le plus souvent soudées ensemble; un opercule de quatre pièces... Balane, [illegible], Coronule, Pyrgome, Tubicinelle.
      - coquilles comprimées et mitriformes, à pièces non soudées, la plupart mobiles, soutenues par des tubes tendineux très-flexibles, fixés sur des corps marins; point d'opercule... Anatife.
    - **Vermiculaires**. Coq. d'une seule pièce en tuyaux alongés, soit irréguliers, soit courbés, jamais en spirale régulière, servant de fourreau à l'animal, qui n'y est pas attaché. Appartenant aux annelides.
      - tuyaux testacés, irréguliers et diversement contournés... [illegible].
      - tuyaux testacés, presque réguliers, soit contournés en spirale, soit simplement arqués... [illegible].

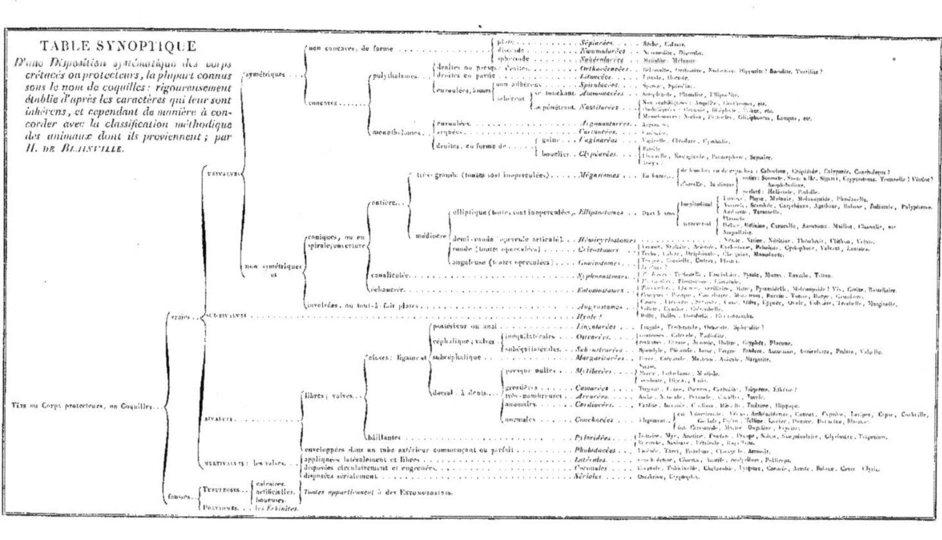

TABLE SYNOPTIQUE

D'une Disposition systématique des corps crétacés ou protecteurs, la plupart connus sous le nom de coquilles : rigoureusement établie d'après les caractères qui leur sont inhérens, et cependant de manière à concorder avec la classification méthodique des animaux dont ils proviennent ; par H. de Blainville.

- Têts ou Corps protecteurs, ou Coquilles...
  - vrais...
    - Univalves
      - symétriques...
        - non concaves, de forme
          - plate ... *Sépiacées* ... Sèche, Calmar.
          - discoïde ... *Nummulacées* ... Nummulite, Discolite.
          - sphéroïde ... *Sphérulacées* ... Miliolite, Mélonie.
        - concaves...
          - polythalames...
            - droites ou presque droites ... *Orthocératées* ... Bélemnite, Orthocératite, Nodosaire, Hippurite? Baculite, Turrilite?
            - droites en partie ... *Lituacées* ... Lituole, [illegible].
            - enroulées, à tours
              - non adhérens ... *Spirulacées* ... Spirule, Spiroline.
              - adhérens
                - se touchant. *Ammonacées* ... Simplégade, Planulite, Ellipsolite.
                - se pénétrant. *Nautilacées* ...
                  - Non ombiliquées : Angulite, [illegible], etc.
                  - Ombiliquées : [illegible], [illegible], [illegible], etc.
                  - Monothalames : [illegible], [illegible], Céliphores, Lampas, etc.
          - monothalames...
            - enroulées ... *Argonautacées* ... Argonaute.
            - arquées ... *Carinacées* ... Carinaire.
            - droites, en forme de...
              - gaîne ... *Vaginacées* ... Vaginelle, Cléodore, Cymbulie.
              - bouclier ... *Clypéacées* ... Patelle / Fissurelle, Émarginule, Parmophore, Septaire. / Ancyle?
      - non symétriques et
        - coniques, ou en spirale; ouverture
          - entière...
            - très-grande (toutes sont inoperculées) ... *Mégastomes* ... En forme...
              - de bouclier ou de cymbales : Cabochon, Crépidule, Calyptrée, Concholepas?
              - d'oreille, la spire
                - entier : Stomate, Stomatelle, Sigaret, Cryptostome, Testacelle? Vitrine? Amphibuline.
                - perforé : Haliotide, Padolle.
            - médiocre
              - elliptique (toutes sont inoperculées) ... *Ellipsostomes* ... Dans le sens
                - longitudinal
                  - Limnée, Physe, Mélanie, Mélanopside, [illegible].
                  - Auricule, Scarabe, Carychium, Agathine, Bulime, Bulimule, Polyphème.
                  - [illegible], Tornatelle.
                - transversal
                  - Planorbe
                  - Hélice, Hélicine, Carocolle, Anostome, Maillot, Clausilie, etc.
                  - Ampullaire.
              - demi-ronde (opercule articulé) ... *Hémicyclostomes* ... Nérite, Natice, Néritine, [illegible], Clithon, Vélate.
              - ronde (toutes operculées) ... *Cricostomes* ... Vermet, [illegible], [illegible], Cyclostome, Paludine, Cyclophore, Valvée, Janthine. / [illegible], [illegible], Delphinule, [illegible], Monodonte.
              - anguleuse (toutes operculées) ... *Goniostomes* ... Toupie, [illegible], Cadran, [illegible]. / [illegible]?
          - canaliculée ... *Syphonostomes* ... [illegible], Turbinelle, Fasciolaire, Pyrule, Murex, Ranelle, Triton. / [illegible], [illegible], Clavatule.
          - échancrée ... *Entomostomes* ... [illegible], [illegible], [illegible], Mitre, Pyramidelle, Mélanopside? Vis, Cérite, Rostellaire. / [illegible], Pourpre, Cancellaire, Monoceros, Buccin, Tonne, Harpe, [illegible].
        - involvées, ou tout-à-fait plates ... *Angyostomes* ... Cônes, [illegible], [illegible], Cône, Olive, Cypraée, Ovule, Volvaire, Térébelle, Marginelle. / Volute, Cymbier, Colombelle.
    - Subbivalves ... *Hyale?* ... Bulle, Bullée, Dolabelle, Pleurobranche.
    - Bivalves...
      - libres; valves...
        - closes : ligament
          - postérieur ou anal ... *Lingulacées* ... Lingule, Térébratule, Orbicule, Sphérulite?
          - céphalique; valves
            - inéquilatérales ... *Ostracées* ... [illegible], Calcéole, Radiolite. / [illegible], Cranie, Anomie, Huître, Gryphée, Placune.
            - subéquilatérales ... *Sub-ostracées* ... Spondyle, Plicatule, Lime, Peigne, Pandore, Amussium, [illegible], Pedum, Vulselle.
          - subcéphalique ... *Margaritacées* ... Perne, Crénatule, Marteau, Avicule, Margarite.
          - dorsal, à dents...
            - presque nulles ... *Mytilacées* ... Pinne. / Moule, Lithophage, Modiole. / Anodonte, Iridine, Unio.
            - grossières ... *Camacées* ... [illegible], Came, [illegible], Corbule, Trigonie, Éthérie?
            - très-nombreuses ... *Arcacées* ... Arche, Nucule, Pétoncle, Cucullée, [illegible].
            - anomales ... *Cardiacées* ... Cardite, Isocarde, [illegible], [illegible], Tridacne, Hippope.
            - normales ... *Conchacées* ... ligament
              - ext. : Vénéricarde, Vénus, [illegible], [illegible], Cyprine, Lucine, Cyrène, Corbeille, [illegible], [illegible], Telline, [illegible], Donace, [illegible], [illegible].
              - int. : Crassatelle, Mactre, Onguline, Érycine.
        - bâillantes ... *Pyloridées* ... Lutraire, Mye, Anatine, [illegible], [illegible], Solen, Sanguinolaire, Glycimère, Trapézium. / [illegible], Saxicave, Pétricole, [illegible].
      - enveloppées dans un tube extérieur commençant ou parfait ... *Pholadacées* ... [illegible], Taret, Fistulane, Clavagelle, Arrosoir.
    - Multivalves : les valves...
      - appliquées latéralement et libres ... *Latérales* ... [illegible], Cinéras, [illegible], Pollicipes.
      - disposées circulairement et engrenées ... *Coronales* ... Coronule, Tubicinelle, [illegible], Pyrgome, Creusie, Acaste, Balane, Conie, Clysie.
      - disposées sérialement ... *Sériales* ... Oscabrion, [illegible].
  - fausses...
    - Tubuleuses... calcaires, artificielles, boueuses. — *Toutes appartiennent à des* Entomozoaires.
    - Polyiomes... les *Échinites*.

graver d'autres ; d'où il résulte qu'il y a des exemplaires où l'on trouve ces deux figures, et quelquefois seulement la première ou la seconde.

Da Costa pense en outre que Lister lui-même en a publié deux éditions; l'une en pièces détachées, depuis 1685 à 1692, et une seconde tout à la fois après l'épuisement de la première.

Il paroît que l'exemplaire le plus complet est celui qui existe à la Bibliothèque du Roi de France, et qui lui a été donné par l'auteur. On en trouve une bonne description dans la Bibliographie de M. de Bure, qui a été copiée par Davila, dans le tome troisième de son Catalogue.

Du reste, cet ouvrage ne contient pas de descriptions, mais presque toujours une synonymie exacte; souvent même les coquilles n'ont pas de nom, et leur patrie n'est pas indiquée.

On reconnoît les deux éditions de Lister aux caractères suivans : 1.° la deuxième a soixante-quinze coquilles de plus que la première; 2.° dans la préface, p. *h.*, le troisième paragraphe commence par les mots *septuaginta autem*, etc., et, dans la dernière, par *centum autem*, etc.; 3.° dans la planche 7, qui spécifie les lieux où les coquilles ont été trouvées, la première édition n'a qu'une seule colonne de noms, tandis que la deuxième a un nom, c'est-à-dire *Fret. Magell.*, dans une deuxième colonne; 4.° le titre et toutes les têtes des planches de la première, comme, 1, 2, 3, 100, 106, 139, 140, etc. sont imprimés en partie en lettres noires et en partie en rouges, tandis que, dans la deuxième, le titre seulement et la tête de la planche première sont en lettres rouges et noires; toutes les autres sont en noir.

Il a été publié, en 1770, à Oxford, une nouvelle édition sous le titre de M. LISTER, *Medicinæ doctoris, historia sive synopsis methodica Conchyliorum et tabularum anatomicarum, editio altera; recensuit et iconibus auxit Gullielmus Huddesford, s. to. coll. SS. Trinitatis socius et Musei Askeoleani custos. Oxonn.*, 1770. *Cum tabulis* 438. Cette édition, qui diffère de la précédente, surtout en ce que l'on a fait entrer dans la même planche un assez grand nombre de celles de l'édition originale, offre, à ce qu'il paroît, beaucoup d'erreurs et d'inexactitudes dans les additions qu'on y a faites.

Gualtieri. *Index testarum Conchyliorum.* Un gros vol. in-fol. en latin. Florence, 1742.

Cet ouvrage, dont les planches sont souvent citées, quoique assez médiocres, surtout pour les bivalves, est presque entièrement nul sous le rapport des descriptions et de la synonymie.

D'Argenville (Dezallier). L'Histoire naturelle éclaircie dans deux de ses parties principales, la Lithologie et la Conchyliologie; par M.***. In-4.°, Paris, 1742 et 1757, ne contenant que la Conchyliologie.

Cet ouvrage, dont les figures gravées sur cuivre sont assez bonnes, contient trente-huit planches consacrées aux coquilles vivantes, et une dernière pour les fossiles; et en outre dans la 2.e édition, sous le titre de Zoomorphose, quelques détails sur les animaux des coquilles.

Il a joui d'un très-grand succès. MM. de Favannes en ont donné en 1780 une troisième édition, augmentée d'un assez grand nombre de figures intercalées dans les planches de la deuxième, ce qui les rend moins agréables à l'œil.

Il en existe une traduction allemande, faite à Vienne en 1772.

MARTINI (Fréd.-Henr.-Will.) et CHEMNITZ (Jean-Jér.). *Neues systematische Conchylien Kabinet, geordnet und beschrieben von Martini, fortgesetet von Chemnitz und Schröter;* c'est-à-dire, Nouveau Cabinet systématique de Coquilles, mis en ordre et décrit par Martini, et continué par Chemnitz et Schröter. Onze vol. in-4.°. Nuremberg, 1769 à 1793.

Cet ouvrage, le plus complet qui ait encore paru sur la conchyliologie, est entièrement en allemand. Les trois premières parties sont de Martini; les sept suivantes de Chemintz; et enfin la onzième, qui comprend une nomenclature systématique, est de Schröter.

La partie descriptive est assez bonne, ainsi que la synonymie, qui est très-correcte. Quant aux figures, qui sont souvent coloriées, il y en a un assez grand nombre de très-incorrectes, et surtout sous le rapport des couleurs.

Anonyme (DA COSTA). Six numéros d'une Conchyliologie, ou Histoire naturelle des Coquillages, contenant les figures des coquilles très-correctement gravées, et accompagnées de leur description en anglois et en françois. In-fol. Londres, 1770.

Ces numéros devoient faire partie d'une Histoire naturelle des Coquilles qui n'a pas été continuée : ils ne représentent que les espèces de patelles, d'oreilles de mer et de tuyaux marins.

MARTYN (Thom.). *The universal Conchologist;* c'est-à-dire, le Conchyliologiste universel, donnant la figure de toutes les coquilles aujourd'hui connues, soigneusement dessinées et peintes d'après nature : le tout arrangé d'après le système de l'auteur. Quatre vol. in-fol., texte anglois et françois. Londres, 1784.

Cet ouvrage, le plus beau qui ait encore été fait sur cette matière, est vraiment remarquable par l'exactitude des figures, et surtout par la manière parfaite dont elles sont enluminées.

PERRY. *Conchology or natural history of the shells, containing a new arrangement of the genera and species, illustrated by coloured engravings executed from natural specimens, and including the latest discoveries;* c'est-à-dire, Conchyliologie, ou Histoire naturelle des Coquilles, contenant une nouvelle disposition des genres et espèces; ornée de gravures coloriées faites d'après nature, et contenant les plus nouvelles découvertes. In-fol., contenant quatre cents figures. Londres, 1811.

3. *Musæographes.*

Musæum Kircherianum, par Bonanni. Un vol. in-fol. en latin. Rome, 1709.

La dernière classe de cet ouvrage est entièrement consacrée aux coquilles, à leur figure et à leur description, qui se montent à près de six cents espèces. Il est assez généralement estimé.

SEBA. *Locupletissimi rerum naturalium thesauri accurata Descriptio, cum iconibus.* In-fol., latin et françois. Amsterd., 1758.

Le troisième volume de cet ouvrage, plus généralement connu par la beauté de ses figures que par la bonté de ses descriptions, est pour la plus grande partie consacré aux coquilles, puisqu'il y a cinquante planches remplies de figures, assez souvent, il est vrai, répétées par symétrie pour la même espèce.

BOORN (Ign.-A.). *Testacea Musæi Cæsarei Vindobonensis.* In-fol. *Vindobonæ*, 1780.

Ouvrage contenant d'assez bonnes figures de plusieurs espèces nouvelles.

SCHRÖTER (J.-S.). *Musæum Gotwald.* Un vol. in-fol., avec un grand nombre de planches.

On peut encore placer dans cette section les auteurs de catalogues estimés, et dans lesquels on trouve souvent d'assez bonnes figures ou des dispositions systématiques un peu nouvelles; nous nous bornerons à citer :

DUGUAST. Catalogue de Davila, dont le premier volume est entièrement consacré à la conchyliologie, et qui contient vingt planches des espèces les plus remarquables. Cette partie est certainement due à l'abbé Duguast.

4. *Iconographes.*

BONAMNI. *Recreatio mentis et oculi in observatione animalium testaceorum*, avec des figures gravées en cuivre et à gauche, mais assez bonnes. In-4.°. *Romæ*, 1681 en italien, et 1684 en latin.

GEVE (Georges). Le Plaisir mensuel des Coquilles et des Productions de la mer, avec des figures enluminées. In-4.°. Hambourg, 1755.

Cet ouvrage, entrepris par un peintre assez célèbre, n'a pas été continué; il ne contient que vingt-quatre planches avec deux cent soixante-cinq figures de nautiles, patelles, etc.; mais il n'y a de descriptions que pour cent soixante-quinze figures.

REGENFUSEN (Franç.-Mich.). Choix de Coquillages et de Crustacés, peints d'après nature, gravés en taille-douce, et enluminés de leurs vraies couleurs. Un vol. in-fol. en allemand et en françois. Copenhague, 1758.

Cet ouvrage, qui contient une introduction par Cramer, est remarquable par la beauté des figures, qui, malheureusement, ne sont pas nombreuses.

KNORR. *Vergnügen des Auges und des Gemüths in der Vorstellung einer allgemeinen Sammlung von Schnecken und Muscheln*; c'est-à-dire, les Délices des yeux et de l'esprit, ou Collection générale des différentes espèces de Coquilles que la mer renferme. Six part. in-4.°. 1764 à 1773, avec des figures nombreuses enluminées.

C'est un ouvrage sans aucun ordre, sans aucun système, en allemand et en françois, mais dont les figures sont généralement fort bonnes.

Martyn (Thomas). Figures de Coquilles non décrites, recueillies dans différens voyages faits aux mers du Sud depuis 1764. Un vol. in-4.°, Londres.

Dictionnaires.

Favart d'Herbigny. Dictionnaire d'Histoire naturelle qui concerne les Testacés ou les Coquillages de mer, de terre et d'eau douce. Trois vol. in-12. Paris, 1775.

Bruguières, Dictionnaire des Vers testacés, dans l'Encyclopédie par ordre de matières, a traité spécialement de la conchyliologie avec beaucoup de soins et de détails.

Il n'a paru encore que deux volumes de texte; mais toutes les planches sont publiees, et l'ouvrage sera terminé par M. de Lamarck.

Journaux.

Schröter (J.-S.). *Journal fur die Liebhaber des Steinreichs und der Conchyliologie*; c'est-à-dire, Journal pour les Amateurs du Règne minéral et de Conchyliologie.

Il a paru six vol. in-8.° de cet ouvrage, depuis 1774 jusqu'à 1780, à Weimar. Il contient un grand nombre de dissertations particulières, et entre autres une bibliographie raisonnée et détaillée des auteurs de conchyliologie.

Du même. *Neue Litteratur und Beytrage zur Kentniss der Naturgeschichte, sonderlich der Conchylien und der Steine*; c'est-à-dire, Nouveaux Matériaux pour l'Histoire naturelle, et spécialement pour la Conchyliologie et la Minéralogie. Deux vol. in-8.° Leipsick, 1784 à 1785.

Schröter est bien certainement l'auteur qui s'est le plus spécialement occupé de l'étude des coquilles, mais toujours dans le système de Linnæus. Aussi a-t-il publié un très-grand nombre d'ouvrages sur cette matière, dont nous avons cité les principaux; malheureusement ils sont assez peu connus en France. On trouve beaucoup de ses mémoires dans le *Naturforscher* et autres journaux allemands.

Du même. *Conchyliologische Rapsodien*, dans le *Naturforscher*, tom. 26, p. 154.

Les journaux non spéciaux qui contiennent le plus de dissertations sur les coquilles, sont:

1.° Le *Naturforscher;*

2.° Les Mémoires de la Société des Amis de l'Histoire naturelle, de Berlin, qui ont paru en allemand sous différens titres, d'abord in-8.° et ensuite in-4.°;

3.° Ceux de la Société Linnéenne de Londres;

4.° Les Annales des Professeurs du Muséum d'Histoire naturelle de Paris.

Partiels, d'après le groupe ou famille.

Univalves.

Denys de Montfort. Conchyliologie systématique, ou Classification méthodique des Coquilles. Deux vol. in-8.°. Paris, 1810.

Cet ouvrage, qui n'est réellement qu'une espèce de *genera*, n'a point été terminé: il ne contient que les coquilles univalves cloisonnées et non cloisonnées, les caractères de chaque genre, des figures en bois assez grossières de l'espèce qui a servi à son établissement, avec une synonymie étendue. C'est le premier auteur qui ait essayé de faire entrer dans les systèmes les corps crétacés microscopiques.

Je ne connois jusqu'ici, en outre, aucun auteur qui se soit spécialement occupé des coquilles univalves en totalité; mais on trouvera plusieurs monographies, par M. de Lamarck, dans les Annales du Muséum de Paris, et entre autres celle du genre Cône.

Bivalves.

Megerle (von Mühlfeld, Johann-Karle). *Entwurf eines neuen System's der Schalthiergehäusen: erste Abtheilung, die Muscheln:* c'est-à-dire, Essai d'un nouveau Système de Conchyliologie, première partie, des bivalves, dans le Magasin de Berlin pour les nouvelles découvertes en histoire naturelle. Premier trimestre 1811.

Je ne connois de cet ouvrage que cette première partie; mais il n'est guère douteux que l'autre n'ait paru depuis.

Multivalves.

Latérales, Subcoronales et Sériales.

Leach (Will.-Elford). Nouvelle distribution des Cirripèdes, *Journ. de Phys.*, 1817, 2.

Chemnitz (Joh.-Hyeron.). *Von einem Geschlechte vielschalichter Conchylien mi sichtbaren Gelenken, welche beym Linné Chitons heissen;* c'est-à-dire, Sur une Famille de Coquilles multivalves, évidemment articuléesl, appelée Chiton par Linnæus. In-4.° avec figures. Nuremberg, 1784.

D'après leur patrie.

Lister (Martin). *Historiæ animalium Angliæ tres tractatus: unus de araneis; alter de cochleis tum terrestribus tum fluviatilibus; tertius de cochleis marinis.* In-8.°. Londres, 1678.

Da Costa (Emmanuel-Mendes). *Historia naturalis Testaceorum Britanniæ;* c'est-à-dire, Conchyliologie britannique, avec figures en taille-douce; le texte en françois et en anglois. Un vol. in-4.°. Londres, 1778.

Pennant, dans sa Zoologie britannique, a aussi traité, quoique assez incomplétement, des coquilles de l'Angleterre.

Donavent (Edward). *British shells or natural History of British shells;* c'est-à-dire, Histoire naturelle des Coquilles britanniques. Cinq vol. in-8.°, avec figures coloriées. Londres, 1802.

Montagu (Georg.) *Testacea britannica or natural History of Shells marin, land and fresh water;* c'est-à-dire, Histoire naturelle des Coquilles marines, terrestres et fluviatiles d'Angleterre. Deux vol. in-4.°, 1803, et un troisième vol. de supplément, 1808, avec des figures coloriées, assez bonnes.

Olivi (Joseph). *Zoologia adriatica ossia Catalogo ragionalo degli Animali del golfo e delle lagune di Venezia.* In-4.°, avec neuf planches. Bassano, 1792.

Excellent ouvrage, qui contient beaucoup d'observations tout-à-fait neuves, et entre autres plusieurs bonnes choses sur les coquilles de l'Adriatique, disposées rigoureusement d'après le système de Linnæus.

Renieri. *Tavola alphabetica delle Conchiglie adriatiche.* Un vol. extrêmement mince, in-fol. avec figures, sans nom d'imprimeur ni de ville, et même sans date dans l'exemplaire que j'ai vu.

Rumphs (Georg.-Eberhard). *D'Amboinsche rareties Kamer,* etc.; c'est-à-dire, Cabinet des Curiosités d'Amboine, contenant l'histoire des crustacés, coquilles, qui se trouvent à Amboine. Un vol. in-fol., imprimé d'abord en allemand à Amsterdam, en 1705, puis en 1711, et enfin en 1745 en hollandois, avec le texte de Rumph et les commentaires de Halma.

Ce même ouvrage a été traduit en allemand par Ph. Ludwig Statien Muller, sous le titre d'Histoire naturelle des Animaux testacés d'Amboine, avec un Supplément sur les meilleurs écrivains de Conchyliologie, par Jérôme Chemnitz, et une Préface par J.-A. Cramer. Vienne, 1766.

Cet ouvrage contient des choses encore tout-à-fait nouvelles aujourd'hui.

Valentyn (François). *Verhandling der zee-horenkens, en zee gewassenin en omtrent in Amboyna en de nabygelegene eilanden door Fr. Valentyn;* c'est-à-dire, Histoire des Coquilles et des Productions de la mer dans les eaux d'Amboine et îles environnantes, servant de supplément à l'ouvrage de Rumph. Un grand vol. in-fol. avec dix-huit planches, publié à Amsterdam en 1754.

Cet ouvrage, dans lequel son auteur suit pied à pied Rumph, qu'il étend ou rectifie, a été également traduit en allemand par P.-L.-S. Muller, et publié à Vienne en 1773.

Adanson (Michel). Histoire naturelle des Coquillages du Sénégal, faisant suite à son Voyage en ce pays. Un vol. in-4.°; Paris, 1757.

Cet ouvrage, dont nous aurons occasion de parler à l'article Malacologie, est remarquable par de bonnes descriptions des espèces, des mœurs de leurs animaux, et par un grand nombre de figures assez bonnes, au moins pour les univalves. Aussi est-il regardé comme classique.

Des auteurs qui ont traité des coquilles d'après leur habitation.

Fluviatiles et Terrestres.

GEOFFROY. Traité sommaire des Coquilles, tant fluviatiles que terrestres, qui se trouvent aux environs de Paris. Un vol. in-12. Paris, 1767.

LE MÊME. Recueil des Coquilles, fluviatiles et terrestres, qui se trouvent aux environs de Paris, dessinées, gravées et enluminées d'après nature, par Duchesne, peintre d'histoire naturelle; et disposées d'après l'ordre de M. Geoffroy. In-4.°, sept planches. Paris, sans date.

POIRET. Histoire naturelle des Coquilles terrestres et fluviatiles du département de l'Aisne.

DRAPARNAUD (Sag.-Philip.-Raymond). Histoire naturelle des Mollusques terrestres et fluviatiles de la France. Un vol. in-4.° avec treize planches. Paris, an XIII.

Draparnaud avoit publié en l'an XI, à Montpellier, un Prodrome de cet ouvrage, sous le titre de Tableau des Mollusques terrestres et fluviatiles. Il contient un grand nombre d'espèces nouvelles et de bonnes figures. Les descriptions sont bonnes et la synonymie ordinairement exacte : il s'y est cependant glissé quelques erreurs, que M. de Ferussac a relevées dans son Essai.

D'AUDEBART DE FERUSSAC. Essai d'une Méthode conchyliologique appliquée aux Mollusques terrestres et fluviatiles, d'après la considération de l'animal et de son têt. In-8.°; Paris, 1807.

Cet ouvrage, dont nous aurons de nouveau occasion de parler à l'article de la MALACOLOGIE, ainsi que du précédent, avoit paru pour la première fois dans le quatrième tome des Mémoires de la Société d'Emulation de Paris. Nous le citons ici, parce qu'il contient un grand nombre d'observations nouvelles, une synonymie critique, et une table de concordance systématique des espèces de coquilles qui ont été décrites par Geoffroy, Poiret et Draparnaud, avec Muller et Linnæus.

SAY (Thomas). Histoire naturelle des Coquilles terrestres et fluviatiles de l'Amérique septentrionale, à l'article *Conchology* de l'édition américaine de l'Encyclopédie méthodique de Nicholson. New-Yorck, 1817.

Fluviatiles.

SCHRÖTER (J. S.). *Die geschichte der fluss-Conchylien mit vorzüglicher rüchsicht auf diejenigen, welche in den Thuringischen wässern leben;* c'est-à-dire, Histoire des Coquilles fluviatiles, et spécialement de celles qui vivent dans les eaux de la Thuringe. Un vol. in-8.°, avec onze planches, dont sept enluminées. Halle, 1779.

C'est un ouvrage dont les figures sont mauvaises, et les descriptions au moins bien confuses.

Terrestres.

SCHRÖTER (J. S.). *Systematische Klassification der Erdschnecken;* c'est-à-dire, Classification systématique des Coquilles terrestres, par J. S. Schröter. In-8.°, Berlin, 1770.

Le même Traité avoit eu une première édition avec de mauvaises figures en bois, imprimée à Berlin en 1771.

SCHIRACS (Adam-Gottlob). *Naturliche Geschichte der Erd, Fell oder Acker-Schnecken;* c'est-à-dire, Histoire naturelle des Coquilles terrestres. In-8.°, Leipsick, 1772.

SCHRÖTER (J. S.). *Verzeichniss der in der gegend um Weimar befindlichen Erdschnecken;* c'est-à-dire, Catalogue des Coquilles terrestres trouvées dans la contrée de Weimar. *Berlin.* Samm., tom. 2, p. 229; et *Naturforscher,* tom. 4, p. 179; tom. 9, p. 295; et tom. 11, p. 170.

Auteurs qui ont traité des coquilles d'après la grandeur.

Microscopiques.

JANI PLANCI (Bianchi), *Ariminensis, de conchis minus notis, Liber. Venetiis.* 1739. In-4.° avec figures en cuivre, assez généralement bonnes. Deuxième édition en 1748; et troisième en 1760: l'une et l'autre à Rome.

SOLDANI (Ambrogio). *Testaceographiæ et Zoophytographiæ parvæ et minutæ del Padre don Ambrogio Soldani Ab. Camald.* In-fol., avec un très-grand nombre de figures. *Senis*, 1789 à 1791.

DU MÊME. *Saggio orittografico ovvero Osservazioni sopra le terre nautiliche, etc.* Un vol. in-4.°; Sienne, 1780.

BOYS (William). *A Collection of the minute and rare shells lately discovered in the sand of the seashore near Sandwich, by William Boys Esq. F. S. A. considerably augmented and all their figures accurately drawn and magnified with the microscop by Georg. Walker Bookseller to feversham.* In-4.°; Londres, avec figures.

FISCHTEL (Leopold von), et MOLL (Jos. Carol. von). *Testacea microscopia aliaque minuta ex generibus argonautæ et nautiliæ ad naturam delineatæ et descriptæ a L. Von Fichtel et J. C. Von Moll cum triginta quatuor tabulis æri incisis.* In-4.°; Vindobonæ, 1803.

SPLENGER (Lorenz), *Inspectoris musæi rerum naturæ et artis regis Dan. Havn tres tabulæ æneæ, cum iconibus testaceorum partim rarissimorum.* In-fol.

BATSCH (A. S. G. G.). *Sechs kupfertafeln mit Conchylien des Seesandes, gezeichnet und gestochen;* c'est-à-dire, six planches contenant les coquilles de sable de mer (microscopiques), découvertes et gravées par Batsch. In-4.°; Jena, 1794. (DE B.)

CONCHYLIOTYPOLITHES. (*Foss.*) On a nommé ainsi les empreintes de la figure extérieure des coquilles dans les pierres après leur disparition. Voyez Pétrification. (D. F.)

CONCILIUM. (*Bot.*) Pline donne ce nom et celui de *jasione* à une plante laiteuse, rampante, à fleurs blanches, qu'il indique comme aphrodisiaque, bonne aussi pour prévenir la phthisie, pour rendre la peau plus ferme, et faire pousser les cheveux lorsqu'on bassine la tête des enfans avec sa décoction. Adanson croit que cette plante est une campanule. (J.)

CONCIRRUS (*Ichthyol.*), un des noms du cirrhite tacheté. (H. C.)

CONCOMBRE (*Bot.*), *Cucumis*, Linn. Genre de plantes dicotylédones, apétales, diclines, de la famille des cucurbitacées, Juss., et de la *monoécie monadelphie*, Linn., ayant les sexes séparés dans des fleurs différentes, réunis sur le même individu, et dont les caractères principaux sont les suivans : Dans les mâles, calice monophylle, campanulé, à cinq dents; corolle campanulée, en partie soudée avec le calice, plissée, à cinq divisions; étamines à trois filamens, dont deux fourchus à leur sommet, portant chacun deux anthères : dans les femelles, calice et corolle comme dans les mâles; trois filets très-petits et stériles; un ovaire inférieur, surmonté d'un style court, terminé par trois stigmates fourchus; une grosse baie ou pomme charnue, succulente, divisée intérieurement en trois loges par des cloisons molles et membraneuses, renfermant des graines nombreuses, ovales, comprimées, dépourvues de rebord.

Dans le caractère que nous venons de donner du genre Concombre, nous avons considéré, à l'exemple de Linnæus, d'Adanson, de M. de Lamarck et de plusieurs autres botanistes, les fleurs des plantes qui le composent, comme munies d'un calice et d'une corolle distincts; M. de Jussieu, au contraire, ne leur attribue qu'un calice à dix divisions, dont cinq supérieures et cinq extérieures. En suivant la première manière de voir pour toutes les cucurbitacées, celles-ci, dans le tableau méthodique des familles, pourront se trouver placées à côté des campanulées; ce qui nous paroit un ordre beaucoup plus naturel.

Les concombres sont en général des plantes herbacées,

annuelles ; à tiges couchées sur la terre ou grimpantes ; à feuilles alternes ; à fleurs axillaires. On en connoît aujourd'hui seize espèces, pour la plupart originaires des climats chauds de l'ancien continent. Les fruits de plusieurs sont bons à manger ; dans une espèce, ils sont fortement purgatifs. Nous parlerons de cette dernière espèce, après avoir traité de celles qui sont en usage comme alimentaires.

* *Feuilles simples, anguleuses ou lobées.*

CONCOMBRE MELON, vulgairement MELON : *Cucumis Melo*, Linn., *Spec.* 1436 ; *Melo*, Blackw., *Herb.*, tom. 329. Ses tiges sont rameuses, sarmenteuses, couchées sur la terre, très-longues, rudes au toucher, comme toute la plante, garnies de vrilles simples, et de feuilles pétiolées, arrondies, un peu anguleuses. Ses fleurs sont jaunes, pédonculées, réunies en petit nombre dans les aisselles des feuilles. Il succède aux fleurs femelles des fruits ovoïdes ou globuleux, dont la grosseur et la couleur varient selon les variétés.

Le melon, cultivé depuis un temps immémorial dans les jardins de l'Europe, à cause de l'excellence de son fruit, est originaire des climats chauds de l'Asie. Il a produit de nombreuses variétés, qu'on distingue à la forme générale des fruits plus ou moins globuleux, plus ou moins ovales, relevés de côtes ou non ; à la couleur de leur écorce unie, réticulée ou tuberculeuse, verte, grisâtre ou jaunâtre ; à la teinte de leur chair, qui prend toutes les nuances entre le jaune orangé et le blanc, dont la consistance est succulente, tendre, fondante, abondante en eau, et dont la saveur, douce, sucrée, délicieuse, est relevée d'un parfum agréable, quelquefois comme musqué.

Toutes les variétés connues des melons peuvent se réduire à trois races principales.

La première de ces races comprend les melons à écorce réticulée, grisâtre, parmi lesquels on distingue :

Le MELON MARAÎCHER, arrondi dans sa forme, ayant la chair très-épaisse, abondante en eau, d'une saveur médiocre, rarement parfumée.

Le MELON DE HONFLEUR, qui est très-gros, ovale, à côtes, et à chair de bonne qualité. A Honfleur, ce melon pèse quelquefois jusqu'à vingt-quatre et trente livres.

Le Melon de Coulommiers, dont la forme est moins régulière, d'un moindre volume, et d'une chair inférieure en qualité.

Le Melon des Carmes, qui présente deux sous-variétés, l'une plus grosse et l'autre plus petite, ayant toutes deux la chair pâle, très-fondante et très-sucrée.

Le Melon de Langeais, qui est ovale, de grosseur médiocre, à côtes, et qui a la chair d'un jaune orangé, d'une saveur sucrée et parfumée.

Le Melon sucrin de Tours ; il est gros, arrondi, et il a la chair un peu ferme, très-sucrée, d'un jaune orangé.

La seconde race comprend les melons cantaloups, qui tirent leur nom de *Cantalupo*, maison de campagne des papes, à quatre ou cinq lieues de Rome, où ils furent d'abord cultivés. Les variétés qui appartiennent à cette race, ont l'écorce épaisse, relevée de grosses côtes, et chargée de tubercules galeux ; les principales sont :

Le Cantaloup orange, qui est petit, très-hâtif, qui a le fond de son écorce d'un vert brun, relevé de côtes et surchargé de tubercules grisâtres. Sa chair est un peu ferme, d'un jaune orangé, d'un goût délicieux.

Le Cantaloup hatif d'Allemagne. Il est aussi précoce que le précédent, dont il diffère en ce qu'il est plus gros, en ce que son écorce est d'un vert clair ou jaunâtre, presque unie, et que sa chair est moins bonne.

Le Cantaloup petit prescott, relevé de côtes galeuses, aplati à sa base et à son sommet, couronné en cette dernière partie. Il est hâtif et a la chair excellente.

Le Cantaloup gros prescott, dans lequel on distingue deux sous-variétés, l'une à écorce fond noirâtre, et l'autre à fond blanchâtre ; elles mûrissent toutes deux de bonne heure, et leur chair est très-délicate.

Le Cantaloup boule de Siam, moins bon que les précédens, est très-aplati à sa base et à son sommet, relevé de larges côtes chargées de tubercules galeux, et le fond de sa couleur est d'un vert noirâtre.

Les melons de la troisième et dernière race ont l'écorce unie et mince ; tels sont les suivans :

Le Melon de Malte, qui est hâtif, de moyenne grosseur,

d'une forme ovale-alongée, et dans lequel on distingue deux sous-variétés : dans la première, la chair est blanche, fondante et sucrée ; dans la seconde, elle est d'un jaune orangé, et elle a plus de parfum.

Le Melon de Morée, de Candie, ou de Malte d'hiver, parce qu'il peut se conserver jusqu'au mois de février.

Le melon que les Latins appeloient *cucumis*, est très-anciennement cultivé, puisque Pline, en parlant de cette plante, ne nous dit pas à quelle époque elle fut introduite en Italie ; mais le même auteur et Columelle nous apprennent que l'empereur Tibère aimoit beaucoup les melons, qu'il en mangeoit presque toute l'année, et que, pour en avoir dans toutes les saisons, on en plantoit dans des caisses et dans de grands vases posés sur des roues, afin de pouvoir facilement les rentrer dans les serres pendant l'hiver, et qu'on recouvroit aussi ces caisses de vitrages transparens, afin de les exposer sans danger au soleil, même dans les jours les plus froids.

Depuis le temps où Pline et Columelle écrivoient, la culture des melons s'est sans doute beaucoup améliorée ; mais c'est plus probablement dans les détails que dans le fond de la chose. On ne place plus aujourd'hui ces plantes dans des caisses ambulantes, et l'on se borne à en avoir à la fin du printemps, en été et pendant l'automne ; mais on emploie toujours, pour les élever, surtout dans les pays septentrionaux, des châssis et des cloches de verre.

Voici, dans le climat de Paris, la pratique le plus généralement en usage pour ce genre de culture. Les jardiniers, pour se procurer de bonnes semences, laissent parvenir à la maturité la plus parfaite les fruits qu'ils destinent pour la récolte des graines, et après avoir retiré celles-ci des fruits, ils les laissent bien sécher à l'ombre, pendant plusieurs jours. Ces graines, ainsi préparées, peuvent se conserver pendant six à huit ans.

Si l'on veut avoir des melons hâtifs, on sème, dès le mois de janvier ou de février, sous châssis et sur couche convenablement préparée. Pour faciliter la transplantation quand il en sera temps, le semis se fait communément dans de petits pots qu'on enterre les uns à côté des autres dans la couche, et l'on met une graine dans chaque pot. Quand les melons sont levés, on leur donne, petit à petit, un peu de lumière pendant la journée, en soulevant les paillassons dont les châssis sont couverts pour les garantir du froid, et on les accoutume ainsi à l'air, en les découvrant tous les jours davantage, jusqu'à ce qu'on ne leur mette plus les paillassons que pendant les nuits et lorsqu'il gèle. On leur donne aussi un peu d'air lorsque le soleil luit, et pendant les momens les plus chauds de la journée, en soulevant un peu les panneaux des châssis. Lorsque les jeunes plantes ont quatre feuilles, sans compter les cotylédons, on pince leur sommité, c'est-à-dire, qu'on la retranche en la coupant avec les ongles de l'index et du pouce, afin de les forcer à pousser plusieurs branches latérales, et afin de hâter le moment de leur fructification. Deux ou trois jours après cette opération, on relève tous les jeunes pieds de leur première couche, on les retire de leur pot sans briser leur motte, et on les plante à demeure sous de nouveaux châssis convenablement préparés et aussi sur couche, en mettant deux pieds sous chaque panneau. Les soins qu'exigent les melons après la transplantation, sont à peu près les mêmes que dans leur premier âge; on leur donne seulement plus d'air, à mesure que la chaleur de l'atmosphère s'élève davantage. Bientôt les branches augmentent en nombre et en longueur, les plantes donnent des fleurs mâles et des fleurs femelles. On est dans l'usage d'enlever les premières tout de suite après la fécondation : mais on ne doit pas trop se presser de faire cette castration; car il est à craindre, en l'opérant trop prématurément, de causer la stérilité des fleurs femelles. D'ailleurs les fleurs mâles se flétrissent d'elles-mêmes aussitôt que leurs étamines ont répandu leur poussière fécondante, de sorte qu'elles cessent dès-lors d'attirer la séve à elles, et il n'y a véritablement aucun avantage à les retrancher. On peut même regarder cette pratique comme mal à propos consacrée par l'usage; car, quoique les jardiniers ordinaires y attachent beaucoup d'importance, elle n'en a véritablement aucune, si ce n'est dans la mauvaise application qu'ils en font souvent par l'enlèvement trop prompt des fleurs mâles, ce qui est alors véritablement plus nuisible qu'utile. Dans la suite, lorsque le fruit est noué, on taille les branches, et on ne leur laisse que la longueur convenable; on supprime celles qui sont foibles et inutiles; s'il y a plus d'un fruit sur une branche, on retranche les plus petits ou les moins bien faits, et on ne conserve que celui qui a la plus belle apparence. Pendant tout ce temps, on donne aux plantes le plus d'air qu'il est possible, jusqu'au moment où l'on peut enfin, la saison étant assez chaude, leur enlever tout-à-fait les châssis. Jusqu'à ce dernier moment, les melons ne doivent être arrosés que médiocrement, et l'eau, qui doit être au moins aussi chaude que l'atmosphère, se répand seulement à leur pied et non sur les feuilles. Quand les fruits sont près de leur maturité, pour la hâter autant que possible, on les soulève doucement pour les placer sur une tuile ou sur un morceau de planche.

Lorsqu'on ne veut point avoir de melons de primeur, il faut beaucoup moins de soins; on ne sème qu'en avril et même au commencement de mai. On plante alors les graines à demeure sur couches, et même en pleine terre, en ayant le soin d'ajouter un peu de terreau consommé à chaque place où l'on met une graine. On peut se passer de châssis; de simples cloches suffisent, dans les premiers temps, pour garantir les plantes du froid.

Dans les contrées méridionales, où la chaleur du climat favorise beaucoup la végétation, on cultive les melons sans toutes les précautions qui leur sont nécessaires dans le Nord, et on les plante non-seulement en pleine terre dans les jardins, mais même en plein champ dans la campagne; on se contente de bien fumer la place qu'on y destine, et l'on y met cinq à six graines. Lorsque celles-ci sont levées, on conserve les deux plus beaux pieds, et on les abandonne à la nature.

La chair de melon est humectante, rafraîchissante, très-agréable; mangée modérément, elle se digère aisément; mais elle ne convient pas aux estomacs foibles et délicats. L'excès en devient facilement nuisible; il donne des coliques, relâche le ventre, et produit la diarrhée, la dyssenterie. Les graines de melon faisoient autrefois partie de ce qu'on appeloit les quatre semences froides majeures; on les employoit alors pour faire des émulsions : mais elles sont aujourd'hui presque entièrement tombées en désuétude; on leur préfère en général les amandes douces de l'amandier ordinaire. On peut, par expression, en retirer une huile douce, qui, à raison de ses propriétés anodines, étoit aussi autrefois beaucoup plus en usage dans la médecine qu'elle ne l'est maintenant.

Concombre délicieux: *Cucumis deliciosus*, Roth. Catal. 3, p. 80. Cette espèce se distingue essentiellement du melon par les poils courts qui recouvrent l'écorce de ses fruits. Ceux-ci sont ovales-arrondis, de la grosseur du poing, panachés de jaune plus ou moins foncé; leur chair est blanche, fort odorante, et elle a une saveur très-délicate et très-parfumée. Cette espèce est cultivée en Portugal. On ignore le pays dont elle est originaire. Il lui faut, pour la maturité de ses fruits, plus de chaleur qu'au melon.

Concombre cultivé: *Cucumis sativus*, Linn., *Spec.* 1437; *Cucumis vulgaris*, Dod., Pempt. 662. Les tiges de cette espèce sont, ainsi que celles du melon, rampantes, rudes au toucher, comme toute la plante, garnies de feuilles pétiolées, fortement échancrées à leur base, découpées en leurs bords en cinq angles aigus, dont celui du milieu est plus grand que les autres. De longues vrilles simples naissent de l'aisselle des feuilles, ainsi que les fleurs, qui sont jaunes, courtement pédonculées, deux ou plusieurs ensemble. Aux fleurs femelles succèdent des fruits alongés, presque cylindriques, souvent verruqueux et légèrement recourbés en arc. Ses fruits sont verdâtres, jaunes ou blanchâtres, selon les variétés, dont les principales sont les suivantes:

Le Concombre jaune. C'est la variété la plus commune et la plus productive.

Le Concombre hatif. Son fruit est plus petit et moins abondant; il est bon pour avoir des primeurs. On le sème sous châssis, depuis le mois d'octobre jusqu'au milieu de l'hiver; les fruits des premiers semés peuvent se manger en avril.

Le Concombre de Russie est aussi hâtif que le précédent, et se cultive de même. Il se distingue par son fruit très-court.

Le Grand Concombre blanc, dont la chair est blanche et fondante. C'est celui qu'on préfère dans les cuisines.

Le Concombre perroquet. Sa peau est d'un vert pâle et inégal, quelquefois jaune et verte par moitiés; sa saveur est relevée, souvent même trop.

Le Concombre a bouquet, dont les tiges s'alongent peu, et qui produisent vers leur extrémité quatre à cinq fruits groupés ensemble.

Le Concombre tardif. On le sème jusqu'à la fin de juin.

Le Concombre vert, ou a cornichons. C'est la variété qui paroit, par le peu de volume de son fruit, se rapprocher le plus du type de l'espèce sauvage.

Les concombres passent pour être originaires des Indes; ils aiment en général la chaleur et l'eau. Leur culture ne diffère pas sensiblement de celle des melons. Pour en avoir de bonne heure, on les élève de même sous des châssis ; quand l'hiver est plus avancé, on peut se contenter de cloches, et quand on ne craint plus les gelées, on peut enfin les planter en pleine terre.

Tout le monde connoît les usages qu'on fait des concombres dans la cuisine. On les mange cuits, préparés de différentes manières ; mais ils doivent être regardés plutôt comme une substance rafraîchissante que comme alimentaire, parce qu'ils ne contiennent que peu ou point de parties nutritives. Ils ont en général besoin d'assaisonnement pour être facilement digérés, et ils ne conviennent point aux tempéramens lymphatiques, mais bien aux sanguins et aux bilieux.

Les petits concombres encore verts sont bons à confire dans du vinaigre, et en cet état on en fait, sous le nom de cornichons, un grand usage sur les tables. Les graines de concombres sont une des quatre semences froides majeures qui, comme nous l'avons déjà dit, sont fort peu usitées maintenant.

La pommade dite de concombres, parce que ces fruits entrent dans sa composition, a, comme cosmétique, de la réputation chez les femmes ; elle passe pour avoir la propriété d'adoucir la peau, et l'on sait que les dames sont très-curieuses de tout ce qui peut leur procurer cette sorte de beauté. Cette pommade, que les pharmaciens et les parfumeurs ne peuvent préparer qu'à l'époque de la maturité des concombres, a le défaut de contracter, pendant le reste de l'année, comme toutes les préparations graisseuses de ce genre, de la rancidité qui la prive des vertus qu'on recherche en elle, et qui la rend propre à produire des effets tout-à-fait opposés à ceux que l'on en attend.

Concombre serpent : *Cucumis flexuosus*, Linn., *Spec.* 1437 ; *Cucumis oblongus*, Dod., Pempt. 662. Les tiges de cette espèce sont grêles, rampantes, velues, garnies de feuilles assez semblables à celles du concombre cultivé, mais moins larges. Les fleurs sont jaunes, petites et axillaires ; il succède aux femelles des fruits alongés, cylindriques, sillonnés, courbés, repliés, flexueux, obtus et plus gros à leur sommet, d'une couleur blanchâtre ou d'un jaune pâle. Cette plante passe pour être originaire des Indes orientales. On ne la cultive guère que comme objet de curiosité.

Concombre d'Egypte, ou Abdélaoui : *Cucumis chate*, Linn., *Spec.* 1437 ; *Chate*, Alp., *Ægypt.*, p. 54 et 198, t. 40. Ses tiges sont rampantes, velues comme toute la plante, rameuses, coudées en zigzag, garnies de feuilles pétiolées, arrondies, un peu anguleuses, abondamment chargées de poils mous et blanchâtres. Ses fleurs sont jaunes, petites, portées sur de très-courts pédoncules. Ses fruits en forme de fuseau sont hérissés de poils blancs. Cette espèce croît en Egypte et en Arabie ; on la cultive au Jardin du Roi à Paris. Les Egyptiens mangent ses fruits crus ou cuits, et ils les cultivent abondamment dans les champs. Ils en préparent aussi une boisson rafraîchissante et agréable, en changeant par un procédé particulier la pulpe en liqueur.

Concombre conomôn, ou Concombre du Japon ; *Cucumis conomon*, Thunb., *Fl. jap.*, 324. Ses tiges sont couchées, striées, hérissées de quelques poils et garnies de feuilles pétiolées, en cœur, anguleuses ou lobées, velues sur leurs deux faces, et principalement sur leurs nervures postérieures. Ses fleurs sont jaunes, portées sur des pédoncules courts, hispides, et ramassées plusieurs ensemble. Ses fruits sont de la grosseur de la tête d'un homme, oblongs, glabres et marqués de six stries. Cette espèce est fréquemment cultivée au Japon. La chair de son fruit est ferme ; mais elle devient fondante par la cuisson, de même que nos potirons. Les Japonois l'apprêtent communément avec le marc de cerises.

Concombre a angles tranchans, ou Paponge, ou Papengaïe ; *Cucumis acutangulus*, Linn., *Spec.* 1436. Ses tiges sont menues, anguleuses, presque glabres, rampantes ou grimpantes, garnies de feuilles pétiolées, en cœur, arrondies, anguleuses, un peu rudes au toucher. Ses fleurs sont jaunâtres, assez grandes ; les mâles viennent disposées en grappe, munies de bractées à leur base, et s'épanouissent successivement. Ses fruits sont alongés, de la grosseur d'un petit concombre, chargés de dix angles tranchans et terminés par un opercule pointu et caduc. Lors de leur maturité, la pulpe se dessèche, devient fibreuse, et il ne reste que l'écorce, qui devient solide, presque ligneuse; mais lorsque ces fruits sont encore tendres et seulement à moitié mûrs, leur pulpe est blanche et juteuse : alors on en coupe les angles, et on les prépare pour les manger. Les papengaïes sont très-bonnes, cuites sur la braise et assaisonnées avec de l'huile et du vinaigre, ou cuites avec du riz. Cette plante croît naturellement à la Chine, dans le Bengale et en Tartarie. Pallas l'a trouvée cultivée sur les bords de la mer Noire, où elle avoit été apportée du Mogol par des négocians indiens qui étoient venus s'établir à Azof. On ne la cultive en France que dans les jardins de botanique.

** *Feuilles palmées ou laciniées.*

Concombre angurie, ou Concombre d'Amérique; *Cucumis anguria*, Linn., *Spec.* 1436. Ses tiges sont anguleuses, hispides, grimpantes, longues de cinq à six pieds, garnies de feuilles pétiolées, palmées, rudes au toucher. Ses fleurs sont jaunes, petites. Ses fruits sont petits, ovoïdes, blanchâtres, hérissés de poils roides comme de petites épines; ils contiennent une pulpe très-agréable au goût. Cette espèce croît naturellement à la Jamaïque, où elle est assez recherchée. On la cultive au Jardin du Roi.

Concombre coloquinte, ou Concombre amer, vulgairement Coloquinte : *Cucumis colocynthis*, Linn., *Spec.* 1435; *Colocynthis*, Blackw., *Herb.*, t. 441. Ses tiges sont grêles, anguleuses, hérissées, rameuses, couchées; garnies de feuilles pétiolées, profondément laciniées, vertes en dessus, velues et blanchâtres en dessous. Ses fleurs sont jaunâtres, petites, solitaires. Ses fruits sont globuleux, glabres, de la grosseur du poing, d'abord verdâtres, et ensuite jaunâtres dans leur maturité; ils contiennent une pulpe blanche, spongieuse, d'une saveur extraordinairement amère. Cette plante croît naturellement sur les côtes sablonneuses et maritimes des îles de l'Archipel, de l'Égypte, et d'autres contrées du Levant. On la cultive dans les jardins de botanique.

La pulpe de coloquinte, desséchée et dépouillée de son écorce, est un purgatif drastique qui étoit autrefois beaucoup plus en usage en médecine que maintenant. Celle qu'on trouve encore, mais en petite quantité dans les pharmacies, nous vient d'Alep. Les maladies dans lesquelles il peut être utile de s'en servir, sont l'apoplexie, l'hydropisie, la colique des peintres ; mais il ne faut l'employer qu'à petites doses. (L. D.)

CONCOMBRE. (*Bot.*) Outre les espèces portant ce nom, et rapportées au genre *Cucumis*, on remarque encore le concombre aux ânes, qui est le *momordica elaterium*, et le concombre sauvage de Cayenne, qui est le *melothria pendula*, suivant M. Richard. (J.)

CONCOMBRE DE MER. (*Actinoz.*) C'est un des noms que les marins et les habitans des bords de la mer donnent à certaines espèces d'holothurie, dont la forme alongée permet assez bien la comparaison. (De B.)

CONCOMBRES. (*Foss.*) Quelques pointes d'oursins fossiles, d'une forme oblongue, ont reçu cette dénomination. Voyez Pointes d'oursins. (D. F.)

CONCORDITA. (*Ichthyol.*) En Sardaigne, on donne ce nom au Muge céphale. Voyez ce mot. (H. C.)

CONCRÉTION. (*Chim.*) Ce mot s'applique en général à une substance solide presque toujours irrégulière, dont les particules se sont réunies plus ou moins lentement. (Ch.)

CONCRÉTIONS ANIMALES (*Chim.*), matières solides, qui se trouvent dans le corps des animaux, et qui, loin d'être essentielles à leur état de vie, sont le résultat d'une maladie des organes, tels que les calculs biliaires, arthritiques, etc.; ou bien elles sont formées par l'agrégation de substances avalées par les animaux, telles que les ægagropiles. (Ch.)

CONCRÉTIONS. (*Min.*) Ce nom a été donné, en minéralogie, à des substances pierreuses ou même métalliques, dont les unes ont été évidemment formées par agrégations des parties en couches paralleles en s'enveloppant, et dont les autres semblent, par leur structure, indiquer pareillement un mode de formation analogue aux précédens.

On a aussi donné ce nom à des nodules, ou parties grossièrement arrondies, plus denses que le milieu qui les renferme, et qui se trouvent au milieu de certaines roches ou terrains calcaires, marneux, argileux et schisteux.

Plusieurs concrétions de la première division portent aussi le nom de stalactite, stalagmite, albâtre, etc. Leur histoire particulière a été faite, à l'article de chacune des espèces minérales auxquelles elles appartiennent, sous l'épithète de *concrétionné*.

Celles de la seconde, suivant les formes extérieures qu'elles présentent, ont reçu les noms des objets avec lesquels on a cru y trouver de la ressemblance, tels que Priapolite, Tête de chat, Œtites, Ostéocolle, etc. Voyez ces mots.

Lorsqu'on remarque dans l'intérieur de ces concrétions une division prismatique, offrant ou des prismes solides, ou des cavités prismatiques séparées par des cloisons, on leur a donné le nom de Ludus. Voyez ce mot. (B.)

CONDALIA. (*Bot.*) Cavanilles avoit établi sous ce nom un genre qui doit être reporté au jujubier, et qui paroît être le *ziziphus myrtoides* d'Ortega. On trouve aussi, dans la Flore du Pérou, le même nom générique donné à une plante que les auteurs de cette Flore ont reconnue depuis être une espèce de *coccocipsilum*. (J.)

CONDANAROUSE. (*Erpétol.*) Suivant Daudin, c'est le nom indien de la couleuvre rayée, *coluber lineatus*, Linn. Elle vit au Bengale et à Ceylan. Voyez Couleuvre. (H. C.)

CONDANG. (*Bot.*) Rumph dit que les Malais nomment ainsi un figuier, le même que les Macassars appellent birani, qu'il décrit sous le nom de *caprificus amboinensis*, et qui, d'après ses remarques, seroit le *ficus bengalensis* de Linnæus. Loureiro a depuis avancé, mais avec doute, que c'est le même que son *ficus auriculata*. (J.)

CONDANG-WARU. (*Bot.*) A Java, on nomme ainsi, suivant Burmann, un grand ketmie, *hibiscus tiliaccus*, qui est la parité des Malabares. (J.)

CONDEA. (*Bot.*) Adanson avoit donné ce nom générique à une plante réunie au genre Sarriète. (J.)

CONDER (*Bot.*), nom arabe, donné par Avicenne à l'encens, suivant Daléchamps. (J.)

CONDIO. (*Mamm.*) M. Desmarest dit que ce nom est celui de l'ours en finlandois. (F. C.)

CONDI-PALAI. (*Bot.*) Dans un herbier de Coromandel une clématite est ainsi nommée. (J.)

CONDISI. (*Bot.*) Il paroît, d'après Daléchamps, que ce nom arabe appartient au *struthium* des anciens, nommé aussi *lanaria*, parce qu'il étoit employé pour dégraisser les laines. C'est le *gypsophila struthium* des botanistes. On trouve dans Daléchamps les noms de *condi* et *condisum*, cités pour la même plante. (J.)

CONDOMA. (*Mamm.*) Buffon, ayant trouvé ce nom attaché à des cornes qu'il reconnut pour appartenir à une antilope non encore décrite, le donna à cette espèce nouvelle, comme étant celui qu'elle portoit au Cap de Bonne-Espérance. Depuis on a appris que le véritable nom de cet animal se prononçoit *coudous*. Voyez ANTILOPE, tom. II, pag. 246. (F. C.)

CONDONDOUG (*Bot.*), nom malais d'un petit arbre que Rumph nomme *condondum*, et qui est, selon lui, le *ngandu* des habitans de Ternate, le *ulit* ou *urit* de ceux de Java; le *hureck*, à Banda; le *catsjem-tsjem*, à Baly; la *carunrun* chez les Macassars. C'est, selon lui, le même qui est l'*ambalam* des Malabares, cité par Rheede, espèce de monbin, *spondia amara*, de Lamarck. (Voyez AMBELAM.) Rumph en cite une seconde espèce, sous le nom de *condondum malacansi*, qui est, selon lui, le *malu d'ambiu*, le *mudu* de Ternate, et qu'il croit aussi être le *cat-ambulan* de Rheede. (J.)

CONDOR. (*Ornith.*) Cet oiseau, que l'on nomme aussi conoor, cuntur, condur et contour, est le grand vautour des Andes, *vultur gryphus*, Linn. Voyez VAUTOUR. (CH. D.)

CONDORI, *Adenanthera*. (*Bot.*) Genre de plantes de la famille des légumineuses, appartenant à la *décandrie monogynie* de Linnæus, dont le caractère essentiel consiste dans un calice fort petit, à cinq dents; cinq pétales égaux; dix étamines libres; les anthères chargées chacune d'une glande située extérieurement vers le sommet; un style; un stigmate. Le fruit est une gousse membraneuse, alongée, comprimée, renfermant plusieurs semences arrondies et distantes. Ce genre, borné à un très-petit nombre d'espèces, renferme quelques arbres, originaires la plupart des îles Moluques, dont les feuilles sont deux fois ailées; les fleurs disposées en épis lâches, axillaires ou terminaux. Telles sont les espèces suivantes :

CONDORI A GRAINES ROUGES : *Adenanthera pavonina*, Linn.; Lamk., *Ill. gen.*, tab. 334; *Mandsjadi*, Rheede, *Hort. malab.* 6, pag. 25, tab. 14, Var., etc.; *Corallaria parvifolia*, Rumph, Amb. 3, pag. 173, tab. 109. Cet arbre est d'un beau port. Son tronc s'élève très-haut. Au rapport de Rheede, il ne fleurit qu'à l'âge de vingt ans, et vit environ deux cents ans. Son bois est d'un jaune rougeâtre, surtout vers le cœur et dans sa vieillesse; ses rameaux sont glabres, garnis de feuilles deux fois ailées, composées de quatre à cinq paires de pinnules, chargées de folioles glabres, molles, elliptiques, vertes en dessus, plus claires en dessous; les fleurs petites, pédicellées, disposées au sommet des rameaux en grappes lâches, grêles, alongées; la corolle est d'un blanc-jaunâtre; les pétales lancéolés, un peu plus longs que le calice. Ses fruits sont des gousses d'un brun noirâtre, longues de sept à huit pouces, presque larges d'un pouce, renfermant des semences dures, arrondies, d'un beau rouge. Les habitans du Malabar les mangent cuites, ou réduites en farine. On s'en sert pour peser les ouvrages d'or et d'argent, à cause de l'égalité de leur poids. On les emploie aussi, étant humectées dans l'eau et pilées avec le borax, pour recoler les morceaux brisés des vases de prix. Les femmes en font des espèces de colliers qu'elles mettent comme des amulettes au cou des enfans. L'ombre agréable et la forme élégante, ainsi que la belle verdure de cet arbre, lui ont fait trouver place comme arbre d'ornement, autour des maisons, où il produit un très-bel effet, surtout lorsque ses gousses ouvertes et presque roulées en spirale laissent apercevoir ses semences d'un beau rouge de corail, en contraste avec la verdure des feuilles. Il croît avec beaucoup de vigueur dans les terrains légers et sablonneux.

CONDORI A GRAINES NOIRES : *Adenanthera falcata*, Linn.; *Clypearia alba*, Rumph, Amboin. 3, pag. 176, tab. 111. Ses branches étalées donnent de loin à ce bel arbre l'aspect d'une ombelle. Ses rameaux sont striés, parsemés de points blancs, garnis de feuilles deux fois ailées, divisées en pinnules nombreuses, chargées chacune de dix à douze paires de folioles petites, elliptiques, d'un vert foncé en dessus, blanchâtres et cotonneuses en dessous. Les fleurs sont petites et jaunâtres, disposées en grappes courtes et lâches. Elles produisent des gousses très-minces, comprimées, un peu arquées en faucille, contenant des semences elliptiques, de couleur noirâtre à l'époque de leur maturité. On se sert du bois de cet arbre pour faire des boucliers; il est léger, d'un blanc un peu roussâtre. Il croît aux Moluques dans les clairières des forêts.

Forster cite, de l'île Madicollo, une autre espèce sous le nom d'*adenanthera scandens* (*Prodrom.*, n.° 1117), qu'on ne peut encore admettre qu'avec doute. Les feuilles sont ailées; elles n'ont que deux paires de folioles glabres, ovales, obliques; les pétioles se terminent par des vrilles bifides. La plante désignée par Rumph sous le nom de *clypearia rubra*, Amb. 3, tab. 112, paroît devoir former une nouvelle espèce d'*adenanthera*. Son tronc est plus élevé; son bois, d'abord blanc, prend, en vieillissant, une couleur d'un rouge foncé; les feuilles sont deux fois ailées; les fleurs petites, blanchâtres, disposées en grappes paniculées, terminales; les gousses sont minces, planes, à demi contournées en coquilles de limaçon, d'un jaune orangé, contenant des semences arrondies, d'abord vertes, puis brunes et osseuses. (Poir.)

CONDRACANTHE (1), *Chondracanthus.* (*Entomoz.*) Ce genre, établi par M. de la Roche, malheureusement trop tôt enlevé aux sciences naturelles qu'il cultivoit avec beaucoup de succès, est fort remarquable, surtout dans notre manière de voir, parce qu'il fait une sorte de passage des lernées aux animaux articulés, et surtout aux cyames et autres genres voisins. En effet, c'est un animal parfaitement symétrique, ayant le corps véritablement subarticulé, avec des appendices rudimentaires. Il peut être caractérisé: corps symétrique pair, subarticulé, recouvert d'une peau comme cartilagineuse, assez dure, partagé en thorax et en abdomen: le premier formant une sorte de tête bien distincte, avec la bouche armée d'espèces de palpes; le second, pourvu de chaque côté d'un certain nombre d'appendices pairs, divisés en plusieurs

(1) L'oubli du mot Chondracanthe sous sa véritable orthographe nous a forcés de le placer ici.

lobules, rudimens de membres, branchies, et terminés en arrière par deux ovaires de forme un peu variable.

Ce que M. de la Roche a nommé la tête, me semble devoir être regardé comme le thorax : il est convexe en dessus, concave en dessous; à son bord antérieur, et de chaque côté de la ligne médiane, est un tubercule ovalaire placé de champ, ayant sa base en dedans, séparé de celui du côté opposé par une rainure assez profonde et se prolongeant en dehors par un petit tentacule conique, collé contre le bord antérieur du thorax. La partie supérieure de cette espèce de thorax est occupée par une sorte de bouclier corné, sous la peau, séparé en deux par un sillon longitudinal assez profond; et de chaque côté est un bourrelet charnu qui, à la partie inférieure, fait de ce thorax une sorte de ventouse. Dans son milieu, mais surtout à la partie antérieure, est une paire de pattes ou d'organes légèrement cornés, recourbés en dedans, adhérens au tronc par un petit tubercule. Au-dessus, se voit évidemment la bouche qui est oblique.

Ce qu'on prend pour le cou, c'est-à-dire, le rétrécissement qui suit le thorax, est analogue à l'espace qui, dans le cyame, porte la fausse patte; il en est de même ici. On y distingue, en effet, assez bien, trois articulations, dont la première, la plus courte, n'a pas d'appendice; la seconde en a évidemment une paire latérale, à trois rameaux mous et renflés à l'extrémité; la troisième, enfin, a une seconde paire de pattes semblables à la précédente, mais attachées plus en dessous.

Vient ensuite l'abdomen : beaucoup plus large en avant, il se rétrécit à mesure qu'il se porte davantage en arrière; on n'y distingue que deux articulations ou anneaux. L'antérieur, le plus large, porte une paire d'appendices assez semblables à ce qu'on nomme griffes de renoncule, c'est-à-dire, que du pédoncule partent trois espèces de cornes coniques, recourbées en dedans, sans compter trois ou quatre autres petites cornes dont est hérissé le pédoncule lui-même. Enfin, le dernier anneau offre aussi une paire de ces espèces de griffes, mais beaucoup plus larges et plus longues, subdivisées en trois principales branches, dont l'inférieure n'est que bifurquée, et la supérieure divisée en cinq à six cornes.

Il faut peut-être encore regarder comme un anneau une

sorte de queue qui termine le corps à la partie postérieure et supérieure, recouvrant la racine des ovaires, et qui est composé de deux cornes, dont la médiane est la plus longue.

En regardant le corps en dessus, on voit que chaque anneau est encore hérissé, à la partie supérieure, d'un assez grand nombre d'épines de même nature que celles des appendices, mais plus courtes, courbées et dirigées en arrière, et disposées par anneaux.

Enfin, l'abdomen proprement dit est terminé par une sorte de bande transverse, au-delà de laquelle on voit, 1.° deux tubercules, un à droite et l'autre à gauche, d'où dépendent les sacs des ovaires, qui sont ovales, courts, très-minces et remplis de corps oviformes; 2.° une autre paire de petits corps cylindriques, renflés à leur extrémité, au milieu desquels est l'anneau.

En sorte qu'il est évident que ces animaux ont beaucoup de rapport avec les cyames, comme nous le montrerons à ce mot. La peau est en effet déjà dure, et tout l'intérieur est rempli par une grande quantité de grains assez analogues à ceux qui remplissent les sacs regardés comme des ovaires; on voit aussi une organisation assez compliquée. La fibre musculaire, tout-à-fait distincte de la peau et entièrement semblable à celle des animaux articulés, est disposée en faisceaux bien distincts, ayant une forme et une direction déterminée: il y a, par exemple, un grand muscle dorsal qui, de l'écaille thoracique, se porte au dernier anneau, et de chaque côté il en part un faisceau pour chaque appendice.

Ces animaux sont cependant entièrement parasites, et vivent fixés sur les branchies des poissons. L'espèce observée par M. de la Roche, et dont j'ai reçu un bel individu de M. le docteur Leach, a été trouvée sur le thon; aussi a-t-elle reçu le nom de C. du thon. C'est celle qui a servi à ma description.

Il est très-probable qu'il en existe plusieurs autres espèces. M. Cuvier, Règne anim., en rapproche en effet trois espèces de lernées, et entre autres une qui paroît avoir quelques caractères de ce genre; mais la figure qu'il en donne est si peu détaillée, d'autant plus qu'elle n'est accompagnée d'aucune description, qu'il est difficile de l'assurer. (De B.)

CONDRIS, Chondris. (*Bot.*) Pline dit que quelques personnes nommoient ainsi le *pseudodictamnus* qui, d'après l'opinion de plusieurs anciens botanistes, paroît être le *marrubium pseudodictamnus*. (J.)

CONDUCTEUR DU REQUIN (*Ichthyol.*), nom vulgaire du pilote. Voyez Centronote. (H. C.)

CONDUCTEURS DES ÆGLEFINS. (*Ichthyol.*) On donne quelquefois ce nom aux capelans, *gadus minutus*, Bloch. Voyez Morue. (H. C.)

CONDUM-NAGOU (*Erpétol.*), nom indien d'une des variétés du naja. Russel l'a figurée pl. VI, fig. 3 de son Histoire des serpens de Coromandel. Voyez Naja. (H. C.)

CONDUPLIQUÉ, *Conduplicatus*. (*Bot.*) Si l'on observe les feuilles pendant qu'elles sont encore enfermées dans leur bouton, on les trouve tantôt plissées irrégulièrement ou en éventail fermé, tantôt roulées sur elles-mêmes du haut en bas ou dans leur longueur, tantôt pliées en deux longitudinalement et placées les unes à côté des autres; c'est lorsqu'elles offrent cette dernière disposition qu'on les dit *condupliquées*. On a des exemples de feuilles condupliquées dans le tilleul, le rosier, le cerisier, le bois de Judée, le noisettier, le chêne, etc. Les cotylédons, dans la graine, offrent à peu près les mêmes dispositions que les feuilles dans le bouton. Ils sont dits *condupliqués* par M. Mirbel, lorsqu'ils offrent la même disposition que les feuilles condupliquées; il y a cependant cette différence, qu'ils sont pliés deux ensemble, au lieu d'être pliés un à un. On en a un exemple dans l'*avicenia*. (Mass.)

CONDUR. (*Ornith.*) Voyez Condor. (Ch. D.)

CONDURDUM. (*Bot.*) C. Bauhin dit que, selon quelques auteurs, la plante ainsi nommée par Pline, est la valérianne rouge des jardins, séparée maintenant du genre sous le nom de *centrumtheis*, caractérisé par l'acidité d'étamine et le long éperon de la corolle. (J.)

CONDURI (*Bot.*), nom malais, selon Linscot, d'une plante dont les graines petites, rouges et marquées d'une tache, servoient, de son temps, de monnoie à la Chine pour les transactions commerciales. Il ajoute que les Latins la nommoient *abrus*, et la plante qui porte maintenant ce nom, a en effet les graines conformées de même. C. Bauhin, citant Linscot, fait de cette plante un pois qu'il nomme *piscoa virulentum chinense*. Cependant l'*abrus* n'a jamais passé pour poison; il a seulement été reconnu comme un aliment venteux. Il ne faut pas confondre ce *conduri*, qui est, selon C. Bauhin, le *saga* des Javanais, avec le conduri, *adenanthera*, dont la graine, conformée comme une lentille, est d'un rouge de corail, sans aucune tache. (J.)

CONDYLURE (*Mamm.*), nom générique formé par Illiger, pour le *sorex cristatus*, Linn., qui est une véritable TAUPE. Voyez ce mot. (F. C.)

CONE. (*Chim.*) Vaisseau de terre, de fer ou de bronze, dont la cavité est un cône renversé. Il se termine inférieurement en un disque qui lui sert de pied. Cet instrument étoit beaucoup plus fréquemment employé autrefois qu'il ne l'est aujourd'hui. On s'en servoit pour couler les métaux que l'on avoit fondus. Lorsque la matière du cône étoit susceptible de contracter quelque adhésion avec le métal que l'on y versoit, on en enduisoit l'intérieur avec de la graisse ou du savon; par ce moyen, on évitoit l'action qui seroit résultée du contact du corps. (CH.)

CONE, *Conus*. (*Bot.*) Le pin, le sapin, le mèleze, ont pour fruit des espèces de glands (carcérules) cachés entre des écailles dont la réunion forme un corps conique. C'est à cause de cette forme qu'on a donné à ce groupe d'arbres le nom de conifères ou portant des cônes. Mais, comme les conifères n'ont pas tous des fruits de forme conique, et que des arbres différens, tels que l'aune, le bouleau, par exemple, ont des fruits organisés de la même manière, on a remplacé le mot cône par celui de STROBILE. (Voyez ce mot.) Voyez aussi le mot CHATON, car le strobile est organisé comme un chaton, et, à l'époque de la floraison, il en a l'apparence. (MASS.)

CONE, *Conus*. (*Malacoz.*) Genre fort naturel d'animaux mollusques, établi par Linnæus, adopté par presque tous les conchyliologistes modernes, et qui comprend un très-grand nombre des plus belles coquilles, que l'on connoît vulgairement chez nous sous les noms de cornets, de volutes, de cornets cylindriques ou de rouleaux, de cylindres et de pyramides. Adanson les nomme strombes ou rouleaux; M. de Lamarck les place dans la famille des enroulées, et M. de

Blainville dans celle qu'il a désignée sous le nom d'angyostomes (voyez Conchyliologie), à côté des strombes. Ses caractères sont : corps alongé ; le pied assez petit, étroit, également alongé, le manteau ne débordant pas ; deux tentacules portant les yeux près de leur sommet qui est sétacé ; la bouche pourvue d'une trompe ; les organes de la respiration terminés par un tube fort long ; coquille conique, enroulée, le sommet en avant, la base en arrière, la spire peu ou point saillante ; ouverture longitudinale fort étroite, versante et un peu échancrée à son extrémité antérieure ; le bord externe est droit, tranchant ; l'interne également droit, entièrement formé par le dernier tour de spire, avec des plis obliques à la partie antérieure de la columelle ; un très-petit opercule corné, du moins dans plusieurs espèces.

Ce genre, remarquable par la très-grande quantité d'espèces ou peut-être de variétés que les conchyliologistes y distinguent, contient des animaux qui ont évidemment des rapports avec ceux des strombes. D'après ce que nous dit Adanson de son jamar, variété du cône-musique, la tête est petite, cylindrique, de longueur et de largeur égales, tronquée obliquement en dessous à son extrémité, et portée sur un cou alongé ; les tentacules cylindriques portent au côté externe, et vers leur tiers terminal, un œil fort petit, au-delà duquel ils se prolongent en une pointe très-fine. La bouche n'est qu'un petit trou rond, creusé dans le milieu d'une large fossette, placée sous le milieu de la tête, et qui sert à l'animal comme de ventouse ou de suçoir pour s'attacher. Le corps proprement dit est en général fort petit, proportionnellement à la grandeur de la coquille, et spécialement avec sa pesanteur. Le manteau, qui ne tapisse que l'interieur de la coquille, sans sortir en aucune manière au dehors, forme en avant un tuyau cylindrique, un peu plus long que les tentacules, fendu dans toute sa longueur, et qui est rejeté communément vers la gauche de l'animal quand il marche. Le pied assez elliptique, quoique étroit, un peu plus large en avant, offre en cet endroit un sillon transversal et profond. A son extrémité postérieure est un petit opercule elliptique, corné, fort mince, véritablement rudimentaire, cinq fois plus court que l'ouverture, dont il n'occupe que l'angle antérieur. Je ne connois aucun auteur qui ait donné l'anatomie d'une espèce de ce genre, mais je pense qu'elle n'offriroit rien de bien différent de ce qui a lieu dans les syphonobranches.

Les coquilles de cônes remarquables dans nos collections, par la variété, la beauté et la disposition de leurs couleurs, en même temps que par leur forme plus ou moins enroulée, c'est-à-dire dans laquelle la marche de la spire s'est faite presque transversalement, sont toujours, dans l'état naturel, recouvertes par un drap marin. Cet épiderme plus ou moins épais, suivant l'âge de l'animal, peut être ou fauve-clair, ou passer au brun, ou même presque au noir; ce n'est qu'après qu'il a été enlevé, qu'on peut apercevoir la coquille dans l'état brillant où nous les trouvons dans les collections des amateurs de conchyliologie; et encore, dit-on, faut-il qu'elles aient été pêchées vivantes pour qu'elles jouissent de toute leur beauté.

C'est seulement dans les mers des pays chauds, et même surtout entre les tropiques, que l'on trouve ces animaux et leurs coquilles, à la profondeur de dix à douze brasses, près des côtes sablonneuses. On n'en connoît qu'un assez petit nombre dans la Méditerranée; mais, quoi qu'en ait dit Bruguières, il y en a plus d'une espèce, d'après les recherches de M. Reniéri.

Il paroit que les cônes ne sont d'aucune utilité à l'homme.

Ce genre, considéré sous le rapport des espèces qu'il contient, est un des exemples les plus remarquables de la difficulté de déterminer ce qu'on doit désigner ainsi parmi les coquilles. En effet, Bruguières lui-même qui a eu l'avantage d'employer presque en entier le beau travail de M. Hwass, célèbre amateur danois, sur les cônes très-nombreux de sa collection, est obligé d'avouer que, dans ce genre, la même espèce peut offrir des différences notables, non-seulement sous le rapport des couleurs qu'il dit être en général très-inconstantes, mais encore sous celui de l'aplatissement plus ou moins considérable de la spire, et quant à l'état lisse ou granuleux du corps de la coquille. La distinction des espèces ne peut donc être établie que sur l'ensemble de la configuration de la coquille et sur les proportions. On conçoit alors quelle est la difficulté qu'on doit éprouver, pour déterminer si les différences qu'on aperçoit entre deux individus, sont suffisantes pour en former des espèces ou non. C'est probablement à cela qu'est dû le parti que certains naturalistes ont pris de considérer la plupart des espèces de ce genre comme de simples variétés : aussi Adanson, qui avoit si bien envisagé la conchyliologie en ne la distinguant pas de la malacologie, pensoit-il que le *cône tine*, le *cône spectre*, le *cône aile-de-papillon*, le *cône tipou*, le *cône cierge*, n'étoient que des variétés d'une seule et unique espèce. J'avoue que je serois fort porté à admettre cette manière de voir; mais, comme je ne pourrois l'appuyer sur des observations directes, et que d'ailleurs ces coquilles sont plus souvent regardées comme des objets de luxe que comme des objets dépendans de la zoologie, j'admettrai avec Bruguières un parti moyen, qui consiste à regarder comme de véritables espèces tous les cônes dont la coquille présente des différences constantes, c'est-à-dire, des différences qu'on retrouve sur un grand nombre d'individus, lorsqu'elles dépendent de la forme de la coquille, de la proportion relative et de la configuration de ses parties, pourvu cependant que ces différences ne soient pas bornées à une seule condition isolée. Une autre raison qui détermine presque toujours la zoologie à être un peu moins sévère pour la séparation des espèces parmi les coquilles, est l'emploi que la géologie fait de la conchyliologie. En effet, s'il étoit vrai que les différences dont nous venons de parler ne pussent suffire pour établir des espèces parmi les animaux vivans, que seroit-ce pour les espèces fossiles ?

Bruguières, qui a publié sur ce genre, dans l'Encyclopédie méthodique, un très-beau travail entièrement tiré des manuscrits de M. Hwass, divise les espèces de ce genre, qui vont maintenant au-delà peut-être de 200, en trois sections que M. de Lamarck a adoptées dans son Mémoire sur les espèces de ce genre, inséré dans les Annales du Muséum, et que M. Denys de Montfort a converties en genres particuliers.

A. *Espèces à spire couronnée.*

G. *Rhombus* de M. Denys de Montfort.

1.° Le Cône Cedonulli; *Conus Cedonulli*, Encyc., pl. 139, fig. 1. Le Vrai Cedonulli; *Conus Cedonulli amiralis* : coquille conique couronnée ; couleur fond de cannelle, avec deux cordons réguliers de taches d'une couleur bleuâtre, difformes, circonscrites de brun, formant des bandes sur le corps de la coquille ; quatre cordelettes formées de petites taches blanches presque arrondies, perlées et distantes ; le tout indépendant des lignes transverses, brunes ou roussâtres, articulées de points blancs.

a. Le Faux Cedonulli et ses variétés ; *Conus pseudo Cedonulli* : point de cordons doubles et réguliers au milieu de la coquille, ni de cordelettes au nombre de quatre, deux en haut et deux en bas, mais seulement des lignes transverses, brunes ou roussâtres, articulées de points blancs, et des taches blanches de grandeur diverse, irrégulières, rarement circonscrites de brun ; le tout disposé sur un fond soit couleur de cannelle, soit orangé, soit fauve brun, soit enfin d'un noir roussâtre.

b. Le Faux Cedonulli géographique ; *Conus Cedonulli mappa*, Encycl. méthod., pl. 316, fig. 7 : fond orangé ou cannelle.

c. Var. de Curaçao ; *Conus Cedonulli curassaviensis*, Encycl. méthod., pl. 316, fig. 4 : fond d'un fauve-citron.

d. Var. de l'île de la Trinité ; *Conus Cedonulli trinitarius*, Encyclop., pl. 316, fig. 2 : fond olivâtre.

e. Var. de la Martinique ; *Conus Cedonulli martinicensis*, Encycl., pl. 316, fig. 3 : fond couleur de marron.

f. Var. de la Dominique ; *Conus Cedonulli dominicanus*, Encycl. méthod., pl. 316, fig. 8 : fond d'un jaune de safran.

g. Var. de Surinam ; *Conus Cedonulli surinamensis*, Encycl. méthod., pl. 316, fig. 9.

h. Var. de la Grenade ; *Conus Cedonulli granadensis*, Encycl. méthod., pl. 316, fig. 5 : fond jaune.

i. Var. de Caracao ; *Conus Cedonulli caracanus*, Encyclop. méthod., pl. 316, fig. 6 : fond d'un brun noirâtre.

Le Cedonulli et toutes ses variétés habitent, comme il est aisé de le voir, les mers de l'Amérique méridionale et celle des Antilles ; c'est, de toutes les espèces de ce genre, la plus recherchée, la plus renommée et la plus précieuse, à cause de sa beauté et surtout de sa rareté : d'où le nom un peu emphatique de cedonulli. Long-temps on n'en a connu que trois ou quatre individus, et on en a vu qui ont été vendus jusqu'à

500 florins et au-delà. Quoique un peu plus nombreuse maintenant, cette variété n'en monte pas moins encore à des prix très-considérables. D'après une observation de M. de Lamarck, il paroît que le véritable cedonulli, celui qui offre des cordons réguliers et des cordelettes perlées, indépendamment des lignes articulées de points blancs, présente lui-même des variétés. Quant aux huit autres que Bruguières rapporte à cette espèce, il paroît qu'elles pourroient l'être tout aussi bien à la suivante.

2.° Le Cône écorce d'orange; *Conus aurantius*, Hwass, Encycl., pl. 317, fig. 7 : conique, couronné; spire aiguë, de couleur fauve ou de citron, granulée, tachetée de blanc avec des lignes transversales ponctuées.

Cette espèce, qui vient de l'Océan asiatique, et spécialement des îles Philippines, est assez rapprochée des variétés du faux cedonulli, et n'est pas très-commune.

3.° Le Cône papier-marbré : *Conus nebulosus*, Hwass, Encycl. méthod., pl. 317, fig. 1; vulgairement le Papier marbré : conique, couronné, à spire aiguë, souvent granulé, d'un brun jaunâtre, marbré de blanc ou de brun.

Ce cône, qui offre quelques variétés dans les couleurs et dans leurs dispositions, vient de l'Océan américain et des grandes Indes.

4.° Le Cône papier-turc; *Conus minimus*, Hwass, Encycl. méthod., pl. 322, fig. 2; vulgairement le Papier turc, ou le Petit moine : petite coquille courte, de forme conique ovale, couronnée, à spire obtuse, tachetée de roux brun, et ornée de lignes transverses articulées, sur un fond d'un blanc rosé ou teint de violet.

Elle vient de la mer des grandes Indes.

5.° Le Cône cannelé; *Conus sulcatus*, Hwass, Encycl. méth., pl. 321, fig. 6 : très-petite coquille blanche, à peine longue d'un pouce, à spire obtuse, sillonnée transversalement.

Elle est assez commune, et vient, à ce qu'il paroît, des mers de l'Inde.

6.° Le Cône hébraïque; *Conus hebræus*, Hwass, Encyclop. méthod., pl. 321, fig. 9; vulgairement l'Hébraïque.

Cette espèce, qui n'est pas rare, et qui vient des mers d'Asie, d'Afrique et d'Amérique, est blanche avec des taches noires, carrées, ou à peu près, et disposées par bandes transversales; la spire est convexe.

Elle offre un assez grand nombre de variétés; Adanson, *Seneg.*, en a décrit une sous le nom de *coupet*.

7.° Le Cône piqûre-de-mouche; *Conus arenatus*, Hwass, Encycl. méthod., pl. 320, fig. 6; vulgairement la Piqûre de mouche : coquille d'environ deux pouces de long, épaisse, lisse, luisante; à spire courte, obtuse, couronnée, parsemée de points noirs nombreux sur un fond blanc.

Il paroît qu'elle présente aussi quelques variétés; elle n'est pas rare, et vient de l'Océan asiatique.

8.° Le Cône morsure-de-puce; *Conus pulicarius*, Hwass, Encycl. méthod., pl. 320, fig. 2. C'est encore une coquille blanche, parsemée de gros points d'un brun rougeâtre, groupés ordinairement par place; son ouverture est échancrée antérieurement, comme la précédente, dont elle pourroit bien, suivant Bruguières, n'être qu'une variété. Elle vient des îles de l'océan Pacifique, et est rare.

9.° Le Cône fustigé; *Conus fustigatus*, Hwass, Encyclop. méthod., pl. 320, fig. 1.

Cette espèce a aussi son ouverture échancrée, et elle est aussi blanche; mais les gros points rougeâtres ou d'un brun-cannelle dont elle est ornée, sont difformes.

Assez rare; elle vient des îles Moluques.

10.° Le Cône civette; *Conus obesus*, Hwass, Encycl. méth., pl. 320, fig. 8; vulgairement Peau de civette : conique, couronnée; la spire concave, obtuse; l'ouverture échancrée; des mouchetures brunes et violettes, sur un fond blanc, nuancé de rose.

C'est une belle coquille, très-recherchée, assez peu commune, venant des mers des Indes orientales.

Le Cône impérial; *Conus imperialis*, Linn.; vulgairement la Couronne impériale, Brug., Encycl. méth., pl. 319, fig. 7.

Très-belle espèce, de deux à trois pouces de long, couronnée, avec la spire obtuse et déprimée, de couleur blanche, cerclée de bandes d'un fauve verdâtre ou jaunâtre, et ornée de cordelettes transverses linéaires, articulées de blanc et de brun.

Cette espèce, qui varie un peu pour la couleur et pour

l'élévation de la spire, étoit anciennement fort rare, et par conséquent fort chère; elle est assez commune maintenant. Elle vient de la mer des Moluques.

Le Cône royal; *Conus regius*, Hwass, Encycl. méthod., pl. 318, fig. 3 : assez petite coquille, de près de deux pouces de long, lisse, luisante, couronnée, à spire convexe; couleur rougeâtre, avec des flammes longitudinales, étroites et d'un pourpre brun.

Elle est très-rare dans les collections, et vient de la mer des Indes.

Le Cône brocard, *Conus geographus*, Linn., Encycl. méth., pl. 322, fig. 12 : une des plus grandes espèces du genre, puisqu'elle atteint jusqu'à six pouces de long; elle est fort mince; la spire est concave, obtuse; l'ouverture est ovale; sa couleur est nuancée de blanc et de brun.

Les deux variétés de cette espèce, l'une réticulaire, et l'autre non, viennent également des mers des grandes Indes.

Le Cône ponctué; *Conus punctatus*, Chemnitz, Encycl. méth., pl. 319, fig. 8 : coquille épaisse, pesante, de deux pouces de long, couronnée de tubercules gros et saillans; à spire obtuse; couleur d'un fauve pâle; coupée en dessous du milieu du tour extérieur, par une bande blanche, finement ponctuée de rouge brun sur les saillies de ses stries transverses.

Elle est fort rare, et vient de l'Océan africain.

Le Cône-musique; *Conus tæniatus*, Hwass, Encycl. méth., pl. 319, fig. 5 : coquille assez petite, quelquefois d'un pouce et demi de long, épaisse, renflée, lisse, sillonnée longitudinalement; spire obtuse; couleur fond blanc, marquée de trois bandes d'un violet clair, formées de petites taches noires et carrées, qu'on a comparées à des notes de musique.

Des îles de la Chine.

Le Cône miliaire; *Conus miliaris*, Hwass, Encycl. méth., pl. 319, fig. 6 : coquille assez rapprochée, par la forme, du cône-musique; d'un pouce et demi de long; à spire obtuse, ornée partout de très-petits points bruns, sur un fond couleur de chair, avec deux zones pâles, jaunâtres ou livides.

Cette espèce, qui n'est pas commune, vient des côtes de la Chine.

Le Cône cardinal; *Conus cardinalis*, Hwass, Encycl. méth., pl. 322, fig. 6 : d'un pouce de long sur sept lignes de diamètre. Ce cône est remarquable par sa couleur incarnat ou d'un rouge de corail, avec une et quelquefois deux bandes blanches tachetées de brun.

Il est assez rare et vient de l'Océan indien et américain.

Le Cône magellanique; *Conus magellanicus*, Hwass, Encycl. méthod., pl. 322, fig. 3.

Assez semblable au précédent; sa spire est plus tronquée; sa couleur est orangée avec une bande ponctuée de blanc et de brun.

Il vient du détroit de Magellan, et n'est pas commun.

Le Cône distant; *Conus distans*, Hwass, Encycl. méthod., pl. 321, fig. 11: c'est une coquille épaisse, de trois à quatre pouces de long, couronnée, de forme conique-oblongue, marquée de lignes brunes, transverses, distantes; sa spire est convexe, tachetée de blanc et de brun; le reste est subviolacé.

Elle est assez rare, et vient de la Nouvelle-Zélande.

Le Cône pontifical; *Conus pontificalis*, Lamk.: coquille conique-ovale, couronnée, sillonnée très-finement en travers, à spire élevée et conique; couleur d'un blanc de lait, sous un épiderme d'un vert jaunâtre.

Elle a quelque ressemblance avec une thiare pontificale, et vient de la terre de Diemen, d'où elle a été rapportée par Peron.

Le Cône calédonien; *Conus caledonicus*, Hwass, Encyclop. méthod., pl. 321, fig. 10: vulgairement le Fileur couronné.

Cette espèce, de deux pouces de longueur, est épaisse, de forme conique; garnie, d'un bout à l'autre de son tour extérieur, de lignes circulaires, parallèles, semblables à des fils; la spire est aiguë, et sa couleur orangée.

Elle vient de la mer Pacifique; elle est extrêmement rare, au point que, du temps de Bruguières, on n'en comptoit que deux individus dans les collections d'Europe.

Le Cône époux; *Conus sponsalis*, Hwass, Encycl. méthod., pl. 322, fig. 1: coquille petite, ventrue et arrondie sur la moitié supérieure; spire convexe, aiguë, tuberculeuse, jaunâtre et blanchâtre, avec des flammes onduleuses, fauves ou roses en dehors, et d'un violet presque noir en dedans.

Elle habite les parages des îles Saint-Georges dans la mer Pacifique, et est rare.

Le Cône piqué; *Conus punctatus*, Hwass, Encycl. méthod., pl. 322, fig. 9: coquille très-petite, conique, couronnée, entourée de sillons piqués en creux; la spire obtuse; couleur livide, zonée de blanc supérieurement, rosée en avant, et l'ouverture améthyste.

Elle est rare, et vient des mers de la Nouvelle-Hollande.

Le Cône chingulan; *Conus ceylanensis*, Hwass, Encyclop. méthod., pl. 322, fig. 10: coquille petite, conique, mince, granuleuse antérieurement; à spire obtuse, couronnée de tubercules très-petits; couleur jaunâtre avec une bande blanche supérieurement; accompagnée de deux ou trois lignes circulaires ponctuées de fauve, et une autre bande de même couleur, rameuse au milieu; l'ouverture violacée.

Espèce rare des côtes de l'île de Ceylan.

Le Cône lamelleux; *Conus lamellosus*, Hwass, Encyclop. méthod., pl. 322, fig. 5: très-petite coquille blanche; couronnée, un peu sillonnée, granuleuse antérieurement; la spire aiguë, garnie de petites lames nombreuses, saillantes et en forme de croissant; la couleur est blanche, tachetée de rose.

Elle vient des mêmes mers que la précédente, et n'est pas moins rare.

Le Cône nain: *Conus pusillus*, Lamk.; Chemnitz, *Conchyl.* XI, tab. 183, fig. 1788 et 1789: coquille conique, à peine couronnée, à spire convexe, aiguë, blanche, panachée d'une couleur orangée plus ou moins brune, avec des lignes transverses articulées de blanc et de brun; l'ouverture un peu violacée.

Elle habite les parages de la Guiane.

Le Cône exigu; *Conus exiguus*, Lamk.: coquille conique-oblongue, avec des stries transverses assez distantes, et la spire convexe aiguë. La couleur est blanche, avec des taches longitudinales d'un brun rougeâtre, sans zones ni lignes ponctuées; ce qui la distingue essentiellement du cône de Ceylan, avec qui elle a beaucoup de rapport pour la forme et la grandeur.

Le Cône rude: *Conus asper*, Lamk.; *Conus costatus*, Chemnitz, XI, tab. 181, fig. 1745 à 1747: coquille conique, couronnée, garnie de sillons transverses, élevés, plus ou moins scabres; la spire convexe, aiguë, avec les tours canaliculés, striés et noduleux; couleur d'un blanc jaunâtre.

Il habite les mers de la Chine.

B. *Espèces coniques à spire non couronnée.*

Le Cône tigre; *Conus litteratus*, Hwass, Encycl. méthod., pl. 323, fig. 5: coquille presque toujours épaisse, pesante, conique, bien proportionnée; les tours de la spire, qui est obtuse, sont toujours concaves, lisses et bordés sur le côté extérieur d'un talus arrondi, plus ou moins marqué ou subcaniculé. La couleur est blanche, marquée de points nombreux, noirs ou bruns, disposés par bandes transverses. Le bord inférieur de la spire est anguleux.

C'est une grande et belle coquille, provenant des mers d'Asie, et qui offre un assez grand nombre de variétés.

Le Cône arabe; *Conus arabicus*, Lamk., Encycl. méth., pl. 323, fig. 1: vulgairement le Tigre a bandes ou arabe: coquille à peu près de même forme que la précédente, mais dont la spire est constamment tronquée ou aplatie; trois zones jaunâtres ou orangées, plus ou moins vives, sur un fond blanc tacheté de noir ou de brun.

Elle vient également de l'Océan asiatique, et étoit regardée par Bruguières comme une simple variété de l'espèce précédente.

Le Cône pavé: *Conus eburneus*, Hwass; Martini, *Conchyl.*, tab. 61, fig. 674; vulgairement le Pavé noir, ou le Charançon: coquille un peu plus renflée et plus petite que le cône tigre, sillonnée antérieurement; blanche, marquée de bandes jaunes peu apparentes, et de taches transverses, fauves ou couleur de cannelle; la spire obtuse.

Des mers des Indes orientales.

Le Cône mosaïque; *Conus tessellatus*, Born.; Martini, *Conchyl.*, tab. 59, fig. 653 et 654; vulgairement la Natte d'Italie, ou la Mosaïque: très-rapprochée de la précédente, quoique un peu plus grande; sa partie antérieure est violacée à l'intérieur, et les taches dont elle est ornée sont d'un beau rouge d'écarlate ou souci, ou enfin couleur de minium, sur un fond blanc. Il est très-commun dans la mer des Indes.

* Le Cône flamboyant: *Conus generalis*, Linn.; Favann., Conch., pl. 14, fig. K, 2; vulgairement la flamboyante,

BRUNE, BRULÉE, ORANGÉE OU A BANDES : coquille conique, étroite, alongée ; à spire aplatie, très-élevée au centre, brune ou orangée ; marquée de bandes blanches, interrompues ou blanches tachées de brun ; noire antérieurement.

Elle vient des mers des Indes orientales.

Le CÔNE FILEUR : *Conus lineatus*, Chemnitz ; le FILEUR D'OR, Favannes, Conchyl., pl. 15, fig. 52 : coquille conique, courte, granulée antérieurement, à spire obtuse ; couleur blanche, marquée de taches longitudinales brunes et de fils nombreux, transverses, interrompus.

Cette espèce, assez rare, vient de l'Océan asiatique.

Le CÔNE FAISAN : *Conus monile*, Hwass ; Martini, *Conchyl.*, tab. 140, fig. 1301-1303 ; vulgairement le FAISAN : coquille très-rapprochée du cône flamboyant, et n'en différant presque que par la disposition des couleurs ; elle est rougeâtre, sans tache noire antérieurement, et marquée d'une bande blanche ponctuée de lignes transverses et de taches sériales d'un rouge foncé.

De l'Océan asiatique.

Le CÔNE VITULIN : *Conus vitulinus*, Hwass ; le VEAU PANACHÉ, Favannes, Conchyl., pl. 13, fig. R : coquille conique à spire obtuse, striée par des points ; l'extrémité antérieure granuleuse ; couleur fauve, marquée de bandes blanches, coupées longitudinalement par des flammes brunes.

De l'Océan asiatique.

Le CÔNE CIERGE : *Conus virgo*, Linn. ; le CIERGE, Favann., Conchyl., pl. 15, fig. P. Q. ; vulgairement le CIERGE, le CIGNE, l'ONIX, ou le MENNONITE : c'est une coquille conique, jaune, couleur de soufre, avec une tache violacée antérieurement ; la spire plane obtuse.

Des mers des Indes orientales.

Le CÔNE CAPITAINE : *Conus capitaneus*, Linn. ; Martini, *Conchyl.*, tab. 59, fig. 660-662 ; vulgairement l'HERMINE : coquille conique, d'un jaune verdâtre, traversée par deux bandes blanches tachetées de brun, et quelquefois parsemée de points bruns ; la spire légèrement convexe.

Cette espèce qui vient de l'Océan asiatique, offre un assez grand nombre de variétés.

Le CÔNE LOUP ; *Conus sumatrensis*, Hwass ; Martini, *Conchyl.*, tab. 144, A, fig. A. B; vulgairement le Loup rayé, ou le Prince de Sumatra. Cette coquille, fort rare, est distincte par sa forme renflée, son épaisseur, et surtout par les lignes longitudinales, ramifiées, d'un brun noirâtre, dont elle est ornée sur un fond blanc.

Elle vient surtout des mers de Sumatra.

Le Cône navet : *Conus miles*, Linn.; Favannes, Conchyl., pl. 16, fig. 8 ; vulgairement le Navet : coquille remarquable par son épaisseur et sa pesanteur, à spire plane-obtuse, d'un jaune pâle, marquée de deux larges bandes d'un brun tirant sur le noir, dont l'une occupe le tiers postérieur et la spire de la coquille, et l'autre, beaucoup plus considérable, toute la partie antérieure.

De l'Océan asiatique.

Le Cône amiral : *Conus amiralis*, Linn.; coquille d'un brun-citron, marquée de taches blanches presque triangulaires, et de bandes fauves, peintes en réseaux très-fins; la spire concave-aiguë.

Variété A. A. *Polizonus*. L'Amiral ordinaire, Favann., Conchyl., pl, 17, fig. I, 1 : une seule bande.

Variété B. A. *Extraordinarius*. Le Grand Amiral, Favann., *Conchyl.*, pl. 17, fig. I, 2 : trois bandes, dont l'antérieure et celle du milieu sont divisées en deux cordons.

Variété C. L'Extra-Amiral, Favann., Conch., pl. 17, fig. I, 4: quatre bandes dont les trois inférieures pleines.

Variété D. A. *Palinurus*. Le Double Amiral, Born. *Mus. Cæsar.*, tab. 7, fig. 11 : trois bandes, celle du milieu formée de deux cordons.

Variété E. A. *Vicarius*. Le Contre-Amiral, ou le Vice-Amiral, Favann., Conchyl., pl. 17, fig. I, 5 : trois ou quatre bandes sans cordons.

Variété F. A. *Architalassus*. L'Amiral grenu, Favann., Conchyl., pl. 17, fig. I, 7 : granulée, avec trois bandes, dont celle du milieu divisée en cordons.

Variété G. A. *Architalassus vicarius*. Le Vice-Amiral grenu, Favann., pl. 17, fig. I, 6 : granulée, avec trois bandes non cordonnées.

Variété H. L'Amiral masqué; A. *Personnatus*, Favann., pl. 17, fig. I, 3 : lisse, sans bandes ni cordons.

Cette espèce, à laquelle les amateurs de conchyliologie attachoient, surtout autrefois, une si grande valeur, et qu'ils estiment encore beaucoup, offre un très-grand nombre de variétés dont nous avons cité les principales, et qui portent essentiellement sur l'état grenu ou lisse, et surtout sur le nombre et les subdivisions des bandes ou cordelettes. Toutes viennent, à ce qu'il paroît, des mers des Moluques.

Le Cône aile-de-papillon ; *Conus genuanus*, Linn. ; Martini, *Conchyl.*, tab. 56, fig. 624 et 625 ; vulgairement l'Aile de papillon, simple ou double. C'est une coquille très-rare, remarquable par l'élégance de sa forme et la régularité de ses bandes, qui sont inégales et articulées de brun et de blanc sur un fond rougeâtre.

Elle vient de l'Inde.

Le Cône renoncule ; *Conus ranunculus*, Hwass, ; Seba, tom. 3, tab. 43, fig. 36 : coquille conique-ovale, pourvue de stries élevées et ponctuées ; spire obtuse ; des flammes longitudinales, d'un rouge orangé, sur un fond blanchâtre ou blanc roussâtre.

De l'Océan américain.

Le Cône réseau ; *Conus mercator*, Linn. ; Lister, *Synops.*, tab. 788, fig. 4 ; vulgairement le Réseau blanc-jaune, le Tricot jaune ou olivatre : petite coquille d'un pouce et quelques lignes de long, ovale, à spire convexe, couleur blanche avec des bandes réticulées jaunes. Elle est assez commune sur les côtes occidentales d'Afrique. Adanson l'a décrite, avec son animal, sous le nom de *tilin*.

Le Cône tine : *Conus betulinus*, Linn. ; Martini, *Conchyl.*, tab. 40, fig. 665 ; vulgairement la Tine *jaune à grandes taches*, ou *à liseré*, *régulière ; à taches barlongaes*, *à taches longitudinales*, *à taches rondes* : ce qui fait autant de variétés.

Coquille d'un grand volume, épaisse, pesante, très-large postérieurement ; la spire convexe, pointue, tachetée de brun, échancrée antérieurement et rugueuse ; couleur citrine, avec des taches brunes sériales dans toute la longueur. De la mer des Grandes-Indes, depuis Madagascar jusqu'en Chine.

Le Cône Linnée : *Conus guercinus*, Hwass ; Martini, *Conchyl.*, t. 2, tab. 59, fig. 637 ; vulgairement la Fileuse.

Coquille conique, à spire striée, plane obtuse, scabre antérieurement; couleur jaune, avec un grand nombre de fils ferrugineux transverses.

Elle n'est pas rare, et vient des Indes orientales.

Le Cône amadis: *Conus amadis*, Hwass; Favann., *Conchyl.*, pl. 17, fig. M; vulgairement l'Amadis.

Coquille conique, à spire canaliculée; le sommet saillant; d'un brun orange, parsemé de taches blanches cordées, presque triangulaires et réunies.

Elle est peu commune et vient des mers de Java.

Le Cône étourneau: *Conus litoglyphus*, Menschen; l'Étourneau granuleux, Favann., *Conchyl.*, pl. 18, fig. F.

Coquille conique à spire obtuse; couleur d'un rouge tirant sur le fauve, avec deux bandes blanches écartées, la supérieure variée de fauve.

Peu commune, vient des mers des deux Indes.

Le Cône chat: *Conus catus*, Hwass; Martini, *Conchyl.*, tab. 55, fig. 609-610; vulgairement le Chat ponctué, le Chat panaché, le Chat roux boutonné. Coquille épaisse, courte, bombée; à spire obtuse, striée, le plus souvent sillonnée d'un bout à l'autre, et garnie de cordelettes saillantes, convexes; de couleur blanchâtre, variée de traits rouges transversaux, et de taches fauves irrégulières.

Des mers d'Amérique.

Le Cône colombe; *Conus columba*, Hwass; Favan., *Conchyl.*, pl. 18, fig. K. 1; vulgairement la Colombe rose ou la Colombe blanche.

C'est une des plus petites espèces de ce genre, puisqu'elle atteint à peine huit lignes de long sur un diamètre de quatre et demie. Elle est conique, striée antérieurement avec la spire aiguë: sa couleur est entièrement rose plus ou moins foncée.

Elle habite l'Océan asiatique.

Le Cône pluie-d'or; *Conus japonicus*, Hwass; vulgairement la Pluie-d'or.

Coquille conique, sillonnée antérieurement, avec une spire élevée; couleur jaune, parsemée de blanc, marquée de lignes brunes interrompues, ponctuées.

Elle est peu commune, et vient des mers du Japon, ainsi que le cône pluie-d'argent, qui en diffère assez peu.

Le Cône ambassadeur; *Conus tinianus*, Hwass.

Coquille conique, ovale, bornée postérieurement, effilée antérieurement; de couleur de cinnabre, ornée de taches d'un bleu cendré, avec des points fauves mêlés.

Elle est très-rare, et vient de l'île Tinian.

Le Cône de la Méditerranée ; *Conus mediterraneus*, Hwass. ; Seba, tab. 47, fig. 2, 7.

Petite coquille d'environ un pouce et demi de long, à spire presque aiguë, de couleur livide, marquée de bandes blanches, de lignes et de points bruns.

Elle se trouve par toute la Méditerranée ; et même à l'époque où Bruguières écrivoit, on ne connoissoit que cette espèce dans cette mer ; mais aujourd'hui nous savons, par l'ouvrage d'Olivi, et surtout de Renieri, qu'il en existe plusieurs autres dans la mer Adriatique.

C. *Espèces qui ont la coquille cylindracée et la spire lisse.*
Cylindre de M. Denys de Montfort.

Le Cône noble : *Conus nobilis*, Linn. ; Chemnitz ; Martini, *Conchyl.*, tab. 141, fig. 1314 ; vulgairement le Damier chinois et le Damier chinois a bandes.

Coquille cylindracée, peu épaisse, très-lustrée, échancrée antérieurement ; la spire plane, concave, accompagnée d'un rebord aigu ; le sommet mucroné, de couleur de rose ; couleur jaune tirant sur le citron, ornée de taches blanches cordées, et de deux bandes composées de lignes ponctuées, distinctes des taches blanches.

C'est une coquille fort rare, des mers d'Amboine.

Le Cône d'Oma : *Conus omaicus*, Hwass ; Chemn. ; Martini, *Conchyl.*, tab. 147, fig. 1351, n.° 2 ; vulgairement l'Amiral d'Oma ou le Cornet de Saint-Thomas.

Coquille l'une des plus précieuses du genre, joignant à une forme conique, alongée, cylindracée, une superficie très-lisse. La spire est concave obtuse ; la couleur est orangée, ornée de trois bandes blanches, de zones et de lignes nombreuses, composées de fauve et de blanc, imitant souvent des espèces de lettres.

Elle vient de l'île d'Oma dans l'Océan asiatique.

Le Cône d'Orange : *Conus aurantiacus*, Linn. ; Dargenv., Conchyl., éd. 2, append., pl. 1, fig. 1 ; vulgairement l'Amiral d'Orange.

Coquille d'une épaisseur moyenne, d'une forme alongée, de deux pouces de longueur ; la spire obtuse, canaliculée ; de couleur incarnate, marquée de bandes blanches, mêlées de rose tendre, et de zones élevées, articulées de brun et de blanc.

Cette belle coquille, extrêmement rare, vient des côtes de Surinam.

Le Cône commandant : *Conus dux*, Hwass ; Martini, *Conchyl.*, tab. 52, fig. 571.

Coquille d'une forme cylindracée, très-rétrécie, striée transversalement, à spire convexe, élevée ; couleur d'une teinte bleue rougeâtre, entourée de lignes blanchâtres distinctes, tachetées de brun.

Cette coquille, encore plus rare que la précédente, vient des mers des Indes orientales.

Le Cône prélat : *Conus prælatus*, Hwass ; Favann., *Conchyl.*, pl. 18, fig. 7 ; vulgairement le Drap-d'or amiral.

Coquille subcylindrique ; la spire aiguë ; de couleur jaune ; marquée de deux bandes variées de brun, de blanc, de verdâtre, et de lignes très-fines ponctuées.

Le Cône drap-d'or : *Conus textile*, Linn. ; Favann., *Conchyl.*, pl. 18, fig. B, 1.

Coquille ovale, subcylindrique ; à spire élevée ; couleur jaune ; ornée de lignes longitudinales, onduleuses, brunes, et de taches cordées blanches, circonscrites de fauve.

Il y a peu de coquilles qui offrent autant de variétés, que l'on désigne par autant de noms vulgaires, composés du nom de drap-d'or avec l'épithète d'*ordinaire*, *paseré*, *cannelé*, *ventru*, *rayé*, *bleu*, *rouge*, *rose*, *pyramidal*, etc. ; et Bruguières fait à ce sujet une observation très-importante, que, dans bien des cas, on distingue dans ce genre, comme espèces, des coquilles qui diffèrent moins entre elles que quelques variétés de l'espèce du drap-d'or.

Il paroît que cette espèce se trouve dans les mers des deux Indes.

Le Cône gloire-de-la-mer : *Conus gloria maris*, Hwass ; Chemn., *Conchyl.*, tom. 10, tab. 143, fig. 1324 à 1325 ; vulgairement le Gloria maris.

Coquille presque cylindracée, oblongue ; la spire aiguë, élevée ; l'ouverture profondément échancrée postérieurement ;

couleur blanche, fasciée d'orange, réticulée par des taches très-nombreuses, triangulaires, blanches, circonscrites de brun. C'est une des plus belles espèces de ce genre, en même temps qu'une des plus rares.

Elle vient des Indes orientales. (De B.)

CONE. (*Foss.*) On rencontre beaucoup d'espèces de ce genre dans les couches de la terre; mais l'absence de leurs couleurs fait qu'on en confond probablement ensemble qui seroient très-distinctes si elles ne les avoient pas perdues. Voici celles que je connois :

Le Cône perdu : *Conus deperditus*, Lamk., Ann. du Mus., tom. VII, pl. 15, fig 1; Dict. encycl., n.° 80; Dargenville, Conch., pl. 29, fig. 8.

Coquille conique, à spire aiguë, composée de dix à douze tours concaves et couverts de stries croisées; les six ou sept premiers sont quelquefois légèrement couronnés; le reste de la coquille est couvert de stries transverses qui sont d'autant plus fortes qu'elles sont plus près de la base; l'ouverture se termine en haut par un sinus. Longueur, 70 millimètres (2 pouces et demi).

On trouve cette espèce à Grignon, près de Versailles : dans le calcaire coquillier des environs de Paris; à Courtagnon, près de Reims; à Pontlevoye; à Montebourg, département de la Manche; aux environs de Soissons, et à Turin. On trouve aussi à Betz, département de l'Oise, une variété de cette espèce, qui en diffère par la spire qui est beaucoup moins élevée, et par l'absence des stries transverses, dont quelques-unes seulement se trouvent à la base.

Il paroît, d'après Bruguières, que le cône perdu est l'analogue fossile du cône treillisé, qu'on trouve vivant dans l'océan Pacifique, aux environs d'Otaïti, et dont on voit une figure dans l'Encyclopédie, pl. 337, fig. 7.

On trouve en Piémont une espèce qui se rapporte au cône perdu; mais les tours de la spire sont un peu moins concaves.

Le Cône stromboïde : *Conus stromboides*, Lamk. (*loc. cit.*), pl. 15, fig. 2; *Conus lineatus*, Brander, fig. 22.

Coquille subfusiforme, transversalement striée, à spire pointue et noduleuse. Longueur, 17 millimètres (7 lignes).

On trouve cette espèce à Grignon; on rencontre avec elle

des variétés ou d'autres espèces qui s'en rapprochent : l'une est un peu plus grande, et les stries qui la couvrent sont interrompues; l'autre, dont la spire n'est pas ou presque pas noduleuse, est un peu moins grande et presque lisse. Une troisième, qui se trouve à Hauteville, près de Valognes, est beaucoup plus étroite que les précédentes; sa spire n'est pas noduleuse, et les stries transverses qui couvrent la coquille sont plus rares.

Le Cône du Piémont; *Conus pedemontanus*, Nob.

Coquille conique, à spire peu élevée, composée de dix tours inclinés, et portant des sillons circulaires à sa base. Longueur, 40 millimètres (un pouce et demi).

Un des caractères de cette espèce consiste dans la présence de couleurs fauves, distribuées en lignes longitudinales, ondulées, qui s'étendent sur toute la coquille. On la trouve dans le Piémont.

Le Cône côtelé. *Conus pelagicus*, Brocchi (*Conch. foss. subapp.*), tab. 11, fig. 9.

Coquille conique, à spire un peu élevée, composée de dix à douze tours inclinés, dont quelques-uns sont légèrement bombés. Longueur, 54 millimètres (deux pouces).

Cette espèce, ainsi que celle qui suit immédiatement, porte de légères couleurs fauves, distribuées sur les petites côtes circulaires dont elle est couverte, indépendamment de quelques marbrures longitudinales qui s'étendent sur elles.

On la trouve dans le Plaisantin. J'y rapporte des cônes décolorés qui ont à peu près les mêmes formes, et que l'on trouve à San-Miniato et à Sienne. Elle a quelques rapports avec le *conus mediterraneus*, et avec le *conus jamaicensis* de Bruguières.

Le Cône coloré; *Conus coloratus*, Nob.

Cette espèce a beaucoup de rapport, pour la grandeur, avec la précédente; mais elle en diffère par sa spire, qui est plus élevée, et dont les tours sont un peu concaves à leur partie supérieure, et par les côtes circulaires qu'elle porte à sa base.

C'est une des coquilles fossiles sur lesquelles j'ai remarqué le plus de couleurs, elles sont rousses et distribuées sur toute sa surface, les unes en petites barres interrompues qui forment des lignes circulaires, et les autres en marbrures; indépendamment de ces couleurs rousses, on voit des rubans circulaires qui ont une légère teinte violette.

Cette espèce se trouve dans le Plaisantin.

Le Cône lisse; *Conus levigatus*, Nob.

Coquille conique, à spire très-courte, composée de dix à douze tours aplatis, et portant de légères stries circulaires. Longueur, 68 millimètres (2 pouces et demi).

Cette espèce est blanche et lisse; elle porte quelques sillons transverses à sa base. On en voit une figure dans l'ouvrage de Knorr, vol. II, tab. C, III, fig. 3. On la trouve dans le Piémont.

Le Cône antique; *Conus antiquus*, Lam.

Coquille subfusiforme à spire conique, composée de dix à douze tours inclinés et canaliculés à la partie inférieure voisine de l'endroit où le tour suivant va s'appliquer, en sorte que le canal reste à découvert sur toute la spire. Cette espèce ne porte aucunes stries transverses. Longueur, 88 millimètres (3 pouces 3 lignes.) On la trouve dans le Plaisantin et dans le Piémont.

Le Cône turriculé; *Conus turritus*, Lamk., Ann. du Mus., tom. I, pag. 387.

Coquille subfusiforme, à spire conique, aiguë, un peu couronnée et composée de dix tours inclinés; il se trouve, au haut de chacun d'eux, une carène au-dessous de laquelle il règne deux petits sillons formés de points creux, ainsi que ceux qui se trouvent à la base de la coquille dont le milieu, est lisse. Longueur, 32 millimètres (14 lignes).

On a dit que cette espèce se trouve à Courtagnon; on la trouve aussi à Laugnan, près de Bordeaux : mais celle-ci n'a point les deux petits sillons au-dessous de la carène. On rencontre aux environs d'Angers et dans la Touraine, des cônes qui ont beaucoup de rapport avec le cône turriculé.

Le Cône antidiluvien; *Conus antidiluvianus*, Brug., Dict. encycl., n.° 37, tab. 347, fig. 6 (mauvaise); Brocchi (*loc. cit.*), tab. II, fig. II, a., b., c.

Coquille conique, oblongue, à spire très-élevée, composée de douze à treize tours, divisée en deux parties : la supérieure est légèrement canaliculée et inclinée; l'autre, à partir de l'avant-dernier tour, porte des tubercules qui sont d'autant plus marqués que les tours sur lesquels ils se trouvent s'approchent du sommet. Longueur, 77 millimètres (2 pouces 10 lignes), dont la spire forme le tiers.

Bruguières annonce que cette espèce a été trouvée à Courtagnon, et qu'elle est couverte de stries transverses. Celle qui se trouve dans la collection de M. Lamarck, et celle que j'ai reçue du Plaisantin, ne portent d'autres stries transverses que celles qui se trouvent à la base.

Cette espèce est très-commune en Italie, aux environs de Sienne, à San-Miniato, dans les collines de Bologne et dans le Piémont.

On connoît encore à l'état fossile le cône Fuseau qu'on trouve à Hauteville; le cône Granulé qui se trouve au même lieu; le cône Douteux, qui se rapporte à la variété du cône Drap-d'or, dont on trouve la figure dans l'Encyclopédie, pl. 344, fig. 3; le cône d'Aldrovande; le cône de Mercatus; le cône Petite-tour; le cône Virginal; le cône Pesant; le cône de Noé; le cône Striatule; le cône Canaliculé, dont le sommet est mamelonné; le cône *Betulinoides*, le cône *Avellana* et le cône *Intermedius*, qui ont été trouvés dans le Plaisantin et dans les environs, et dont on trouve la description, ainsi que les figures, dans l'ouvrage de M. Brocchi, ci-devant cité. (D. F.)

CONE D'OR. (*Bot.*) Agaric décrit par Tournefort, d'environ un pouce de haut, à chapeau en cône pointu, et de couleur d'or ou d'orange. D'après M. Paulet, il varie à l'infini, et tous les agarics suivans s'y rapportent, savoir : les *agaricus conicus*, *coccineus*, *fastigiatus* et *acicula*, Schæffer; *hyacinthus*, et peut-être *aurivenius* de Batsch : mais il est possible que plusieurs espèces soient confondues ici, d'autant plus que Bulliard et Persoon regardent plusieurs de ces agarics comme très-distincts.

Le cône doré est un champignon à chair aqueuse et tendre, avec odeur de terre humide, ou sans odeur et à saveur fade. Paulet en distingue quatre variétés, qu'il figure sous les n.os 1 à 8 de la pl. 120 de son Traité. Ces quatre variétés, dont les noms indiquent le caractère principal de chacune, sont le *grand cône doré*, le *petit cône doré*, le *mamelon aurore*, et l'*aiguille rouge*; elles font partie de la famille des Mamelonnés de cou-

LEUR. Données à manger aux animaux, elles ne les ont pas incommodés. On les trouve dans les bois aux environs de Paris. (LEM.)

CONEJO (*Mamm.*), nom du lapin chez les Espagnols. (F. C.)

CONEPATE (*Mamm.*), nom que Buffon tira de conepatl, pour le donner à une de ses moufettes, ou *viverra puatorius*, Linn. Voyez CONEPATL. (F. C.)

CONEPATL. (*Mamm.*) Hernandès donne ce nom mexicain à l'une des trois moufettes dont il parle, et dont Linnæus a fait son *viverra conepatl*. Voyez MOUFETTES. (F. C.)

CONESSI. (*Bot.*) Voyez CODAGAPALA. (J.)

CONFANONS (*Bot.*), nom ancien du coquelicot, cité par Dodoens. (J.)

CONFERVA (*Bot.*), nom sous lequel Pline mentionne une plante aquatique, plus voisine, dit-il, de l'éponge d'eau douce que de la mousse et de l'herbe : elle avoit la densité d'un corps velu, et étoit creuse ; elle croissoit principalement dans les fleuves des Alpes. On s'en servoit pour guérir les blessures qu'on faisoit aux grands arbres en les élaguant ; pour cet effet, on enveloppoit la partie malade avec le conferva, qui, par son humidité naturelle, opéroit la cicatrisation avec une célérité incroyable.

C'est de cette propriété que Pline fait venir le nom de *conferva* qu'il donne à cette plante ; car il le tire de *conferruminare*, souder, consolider. Celse emploie directement, dans ce cas, le verbe *confervere*. Lobel rapporte le conferva de Pline à l'une des plantes que nous nommons *conferves*. Depuis ce naturaliste, le nom de *conferva* s'est étendu à toutes les plantes capillacées aquatiques, jusqu'à Linnæus, qui unit en un seul genre *Conferva* toutes les espèces d'algues articulées. Voyez CONFERVES. (LEM.)

CONFERVES, *Conferva*. (*Bot.*) Les botanistes ont compris sous ce nom, depuis Vaillant, Dillen et Linnæus, toutes les plantes aquatiques et marines qui sont capillaires, articulées ou cloisonnées. Lorsque Linnæus a fixé les caractères de son genre *Conferva*, le nombre des espèces qu'il indiqua ne s'élevoit qu'à une vingtaine. Ce petit nombre ne faisoit pas sentir le besoin de diviser ce genre en plusieurs autres. Il n'en a pas été de même après Linnæus : en effet, ce genre s'est tellement accru, que la nécessité de le partager est devenue indispensable. L'examen et l'observation ont fait connoître des caractères et des habitudes particulières aux espèces, qui ont aidé à établir des groupes ou genres que par la suite on a un peu trop multipliés; et comme il n'y a point encore de *species* de ces plantes, il en résulte que le même genre existe souvent sous plusieurs noms différens, avec des caractères aussi différens, parce que chaque auteur a cru devoir prendre les caractères sur telle ou telle partie du végétal, plutôt que de les prendre sur la même. Quelques botanistes persistent à ne voir qu'un seul genre dans les conferves, qui cependant, par leur variétés et par leur nombre, exigent absolument d'être divisées. L'étude et le classement des espèces n'en sont pas plus faciles alors. Ces plantes constituent dans la famille des algues une section distincte. Voyez, au mot ALGUES, l'exposition des principaux genres qui composent cette section, et ce que nous avons dit sur les conferves en général.

Le genre qui y est cité sous le nom de *Conferve*, est celui que Vaucher nommoit les CONJUGUÉES, *conjugata;* M. Decandolle l'appelle *conferva*, et lui conserve les mêmes caractères, dont le plus curieux est celui de présenter un genre d'accouplement particulier, d'où résulte un être susceptible de se développer, comme nous le dirons à l'instant. Toutes les espèces sont confondues par Linnæus sous le nom de *conferva bullosa*, nom spécifique qui explique une manière d'être qui leur est assez commune, celle de former dans l'eau de petits paquets ou flocons qui retiennent des bulles d'air, que nous voyons quelquefois s'échapper de l'eau.

Ces plantes sont filamenteuses, simples, cloisonnées; l'entre-deux des cloisons est deux fois plus long que large, et rempli d'une matière verte granuliforme, disposée en spirale ou en étoile, ou bien éparse. On ne voit point, sur ces filamens, de tubercules, ni aucuns bourgeons propagateurs, comme dans les genres voisins; mais, à une certaine époque, deux filamens ou deux tubes se rapprochent, et ils produisent mutuellement de petits corps creux, qui naissent du milieu des loges et pénètrent dans les loges correspondantes du tube accouplé : la matière verte passe ainsi d'un tube dans une loge correspondante de l'autre tube, et s'y rassemble en un globule qui reste dans sa nouvelle loge et n'en sort que par la destruction de la plante pour en produire une nouvelle. Pendant cet accouplement il ne se passe aucune circonstance qui puisse faire croire à un mouvement spontané qui donne lieu à penser que ces conferves soient des animalcules; elles se distinguent par là des oscillatoires, avec lesquelles elles ont beaucoup de rapport, et que plusieurs botanistes rapportent au règne animal.

L'accouplement et la reproduction des *conjuguées* sont deux belles découvertes dues à Vaucher; elles sont singulières, et, quoique difficiles à expliquer, elles jettent un grand jour sur la physiologie des êtres de la même famille.

Les espèces de ce genre curieux, auquel M. Agardh donne le nom de *zygnema*, sont au nombre de plus d'une vingtaine; on les trouve dans les eaux douces, calmes et stagnantes, principalement dans les étangs et les canaux. C'est vers la fin de l'hiver et au printemps que la plupart se montrent et s'accouplent; beaucoup d'entre elles ont l'habitude de relever l'extrémité de leurs filamens hors de l'eau. On les reconnoît le plus souvent aux flocons vert-jaunâtres qu'elles forment, et qui sont soutenus par les globules d'air qu'ils retiennent et qui s'échappent ensuite de l'eau, comme nous l'avons dit.

Voici les espèces les plus remarquables de ce genre.

§. 1.er *Conferves dont la matière verte est disposée en spirale.*

Conferve conjuguée : *Conferva jugalis*, Decand., Fl. Fr., n.° 125; Fl. Dan., tab. 883; Dillw., Conf., tab. 5; *Conjugata princeps*, Vauch., Conf., tab. 4, fig. 1, 3. Filamens un peu frisés, plus alongés que dans les autres espèces; matière verte disposée, dans la jeunesse de la plante, en plusieurs spirales entremêlées; loges un peu plus longues que larges, ne contenant qu'un globule après l'accouplement. Cette espèce forme des flocons dont l'extrémité des filamens se redresse hors de l'eau. On la trouve flottante sur les eaux stagnantes au printemps et au commencement de l'hiver.

Conferve a portique : *Conferva porticalis*, Müll.; Decand.; *Conjugata*, Vauch., Conf., tab. 5, f. 1; *Conferva spiralis*, Roth. Loges deux fois plus longues que larges, remplies dans la jeunesse d'une triple spirale de points blancs, formant comme des arcades ou portiques. Chaque loge est polysperme. C'est au printemps qu'on trouve cette plante.

§. 2. *Matière verte disposée en étoiles doubles.*

Conferve jaunatre : *Conferva lutescens*, Decand.; *Conjugata*, Vauch., Conf., tab. 6, f. 3; *Conferva bullosa*, Linn. En flocons jaunâtres, d'un coup d'œil gras et luisant; loges deux fois plus longues que larges; matière verte, d'abord informe, puis divisée en deux étoiles à peine distinctes. Fort commune dans les fossés et les étangs marécageux exposés au soleil.

Conferve en croix : *Conferva cruciata*, Decand.; *Conjugata*, Vauch., tab. 7, f. 2; Dillw., Conf., tab. 2. Vert-jaunâtre; loges deux fois plus longues que larges; matière verte se divisant en deux petites étoiles, à quatre rayons chacune; graines sphériques. Elle forme, à l'entrée de l'hiver, de grandes masses flottantes. Le *conferva bipunctata* de Roth, ainsi nommé parce que les deux étoiles paroissent comme deux points dans les loges, se rapproche infiniment de celles-ci. Quelques botanistes ont cru devoir en faire un genre particulier. (Voyez Diadène et Lucernaire.)

§. 3. *Matière verte éparse et n'affectant aucune forme déterminée.*

Conferve genouillée : *Conferva genuflexa*, Roth; Decand.; Dillw., Conf., tab. 6; *Conjugata angulata*, Vauch., Conf., tab. 8, fig. 1-9. En flocons d'un vert-jaunâtre, doux et lisses au toucher; loges trois fois plus longues que larges, à moitié remplies d'une matière verte dans laquelle sont disséminés des points brillans; filamens se coudant une ou plusieurs fois, et s'accouplant par le sommet de l'angle formé par leur coudoiement.

Vaucher croit que la matière verte ne passe pas d'un filament dans l'autre, et que chaque loge donne naissance à une nouvelle plante qui se développe dans le tube intérieur renfermant la matière verte.

On trouve abondamment cette conferve dans les fossés, et dans toutes les saisons.

Nous ne citerons pas d'autres espèces de ce genre, dont il seroit convenable de changer le nom générique de *conferva* en celui de *conjugata* que lui donna Vaucher, ou en celui de *zygnema* par lequel M. Agardh l'indique; on éviteroit par là l'inconvénient d'appliquer le mot *conferva* à différens genres de la même famille. Par exemple, on voit qu'il est donné par plusieurs botanistes du Nord aux *chantransies*, ou aux seuls *ceramium vers*, qui sont des plantes marines. D'autres botanistes réunissent sous ce nom les deux genres ci-dessus, et un grand nombre de bysses filamenteux de Linnæus, tels que les *byssus*, *jolithus* et *aureus*, qu'on trouve placés aussi dans les *oscillatoires*. Il est impossible de rendre compte de la confusion qui existe à cet égard, et il est à regretter que MM. Bory de Saint-Vincent et Grateloup n'aient pas exécuté le travail général qu'ils avoient annoncé sur cette famille intéressante de plantes. En attendant, nous avons préféré suivre la distribution établie par M. Decandolle, fondée sur les observations très-intéressantes de Vaucher, qui les ont conduits à donner à leurs genres des caractères un peu trop généralisés, sans doute, mais à en faire des groupes naturels, et non pas des groupes artificiels: de cette sorte, la détermination des espèces paroît plus aisée dans les plantes cloisonnées et articulées de la famille des algues. Nous avons cité au mot Algues (Suppl.) les genres de M. Decandolle; ils sont fondés sur le mode de reproduction de ces plantes. Voici ceux que Vaucher crut devoir établir aussi d'après ce principe: Prolifera, Polyspermum, Conjugata, Batrachospermum, Hydrodyction, Ectospermum. Voyez ces mots. (Lem.)

CONFLUENS (*Bot.*), Lobes, Cotylédons, etc. Il est des anthères dont les deux *lobes*, unis l'un à l'autre, paroissent n'en former qu'un seul; ces lobes sont dits *confluens* : le *plectranthus* en offre un exemple. Les cotylédons, dans la graine, sont pétiolés ou sessiles : dans ce dernier cas, qui est le plus ordinaire, tantôt ils sont resserrés à leur base, de manière qu'on voit distinctement leur point d'insertion sur le Blastème (voyez ce mot, Suppl.); tantôt ils se confondent absolument par leur base avec le blastème, de sorte qu'on ne peut distinguer leur origine. M. Mirbel désigne ces derniers par l'épithète de *confluens*. Le grand soleil, par exemple, et les autres synanthérées ont les cotylédons confluens. Si l'on examine les nervures des feuilles, on voit que ces nervures sont tantôt rameuses et dirigées vers divers points de la surface de la feuille, tantôt simples et réunies à son sommet. Ces dernières nervures sont nommées *confluentes* par M. Decandolle. (Mass.)

CONFUSI (*Bot.*), Sisi, Kobus, noms japonois d'un magnolier, *magnolia glauca*, suivant Kæmpfer et Thunberg; celui-ci ajoute que le *mokkwuren*, cité à la suite par Kæmpfer, est une variété du même. (J.)

CONGE ou Bong-sa (*Bot.*), nom donné dans la Chine, suivant M. Poiret, dans le Dict. encycl., à une variété de thé qui a les feuilles larges. (J.)

CONGÉLATION. (*Chim.*) C'est ce qui arrive à un liquide, lorsqu'il passe à l'état solide par un abaissement de température. Le degré de congélation d'un liquide est le degré du thermomètre où ce liquide prend l'état solide. (Ch.)

CONGER et Conger-eal (*Ichthyol.*), noms anglois du congre. (H. C.)

CONGHAS. (*Bot.*) L'arbrisseau connu sous ce nom à Ceylan y a été décrit avec soin par le botaniste Kœnig, qui y étoit en résidence. Burmann le cite dans son *Thesaurus Zeylanicus*. Willdenow en a fait un genre nouveau sous le nom de *Schleichera*. Il nous a paru que ses rapports étoient très-grands avec le *melicocca*, dans les sapindées, dont il ne diffère que par l'absence d'une corolle, et nous l'avons nommé *melicocca trijuga*, dans le troisième volume des Mémoires du Muséum d'Histoire naturelle. (J.)

CONGI. (*Bot.*) Dans un Herbier de Pondichéry, ce nom est donné à un échantillon sans fleur, qui paroît être une espèce de sebestier, ou un *ehretia*, genre voisin. (J.)

CONGLOBÉ (*Bot.*) se dit des feuilles, des fleurs et des parties quelconques ramassées en boule. (Mass.)

CONGLOBÉES. (*Bot.*) Pontedera nomme ainsi les synanthérées. (H. Cass.)

CONGO MAHOE. (*Bot.*) Swartz dit, et Willdenow répète après lui, que l'*hibiscus clypeatus* reçoit vulgairement ce nom à la Jamaïque, parce que les Nègres croient qu'il a été autrefois apporté d'Afrique. (J.)

CONGONA, Congonita. (*Bot.*) Dans le Pérou, on nomme

ainsi une plante d'un genre voisin du poivre, nommée par MM. Ruiz et Paven *peperomia inæqualifolia*, qui fleurit toute l'année, et est pour cette raison nommée *sierapreviva* à Huanaco. On l'emploie dans le pays, soit comme assaisonnement, à cause de sa saveur agréable, soit comme médicament, pour fortifier l'estomac. (J.)

CONGONO. (*Bot.*) C'est ainsi, selon Aublet, qu'une espèce de poivre qui croît dans l'île de Cayenne, le *piper trifolium*, est nommée par les Espagnols et les Portugais. Ils font usage de ses feuilles pour les maux d'estomac, en guise de thé, et les Nègres de Madagascar l'appliquent sur les bubons vénériens pour les dissiper. (J.)

CONGOXA (*Bot.*), nom portugais de la grande pervenche, *vinca major*. (J.)

CONGRE, *Conger*. (*Ichthyol.*) Ce nom avoit été donné d'abord à une espèce d'anguille, *muræna conger*, d'après Aristote et Athénée, qui avoient appelé κέγγρος l'anguille de mer. M. Cuvier vient de retirer ce poisson du genre Anguille, et en a fait la base d'un sous-genre sous le nom de Congre.

Ce sous-genre appartient à la famille des pantoptères, de la zoologie analytique, et à celle des malacoptérigiens apodes anguilliformes de M. Cuvier.

Il présente les caractère suivans :

Ouïes ouvertes de chaque côté sous les nageoires pectorales ; nageoire dorsale commençant immédiatement au-dessus de celles-ci ; mâchoire supérieure plus longue ; corps arrondi.

L'estomac des congres, comme celui des anguilles, est un long cul-de-sac ; leur intestin est à peu près droit ; leur vessie aérienne, alongée, porte dans son milieu une glande spéciale.

On les distingue des anguilles véritables, parce que celles-ci ont une nageoire du dos qui naît bien en arrière des nageoires pectorales ; des ophisures, parce que ceux-ci n'ont pas de nageoire caudale ; des murénophides, parce qu'elles sont dépourvues de nageoires pectorales ; des donzelles, parce qu'elles ont le corps comprimé, etc. (Voyez Pantoptères.)

On en connoît plusieurs espèces.

Le Congre commun : *Conger communis; Muræna conger*, Linn. Deux appendices cylindriques à la lèvre supérieure ; nageoires dorsale et anale bordées de noir ; ligne latérale ponctuée de blanchâtre ; ventre blanc ; dos cendré ou noirâtre ; des teintes vertes sur la tête, bleues sur le dos, et jaunâtres sous le ventre et sous la queue.

Le congre a des dimensions supérieures à celles de l'anguille. Long ordinairement de six à sept pieds, il en a quelquefois dix ou douze, et même dix-huit, suivant Gesner.

On le trouve dans les mers de l'Europe, de l'Asie septentrionale, et dans celles de l'Amérique jusqu'aux Antilles. Il est fort abondant sur les côtes d'Angleterre et de France, dans la mer Méditerranée, où il étoit recherché des anciens, et dans la Propontide, où naguère encore il avoit de la réputation. (Belon, liv. 1, chap. 64.) Ceux de Sycione étoient surtout estimés, témoin ces deux vers grecs :

Ἠκ τῆς Σικυῶνος της φίλης, ὅν τοῖς θεοῖς
Φέρει Ποσειδῶν Κόγγρον εἰς τον οὐρανόν.

Les congres sont extrêmement voraces ; ils vivent de poissons, de mollusques et de crustacés ; ils n'épargnent pas même leur propre espèce ; ils aiment beaucoup la charogne, et l'on est sûr d'en prendre dans les lieux où l'on a jeté des cadavres d'animaux. Ils se tiennent ordinairement en embuscade aux embouchures des grands fleuves, pour s'emparer des poissons qui les remontent ou qui les descendent : ils s'entortillent autour d'eux, à la manière des serpens ; ils semblent les renfermer comme dans un filet, et c'est de là que leur vient le nom de *filat* qu'ils ont dans quelques ports de la mer Méditerranée.

Ils sont eux-mêmes exposés à beaucoup d'ennemis. L'homme les poursuit avec ardeur ; on les prend à la ligne, ou avec les mêmes filets que l'anguille. Les lignes. doivent être longues de trois à quatre cents pieds, chargées d'un plomb à une de leurs extrémités, et munies chacune de vingt-cinq ou trente cordelettes, avec des hameçons et des appâts. Dans la Saverne, en Angleterre, ils sont, dit-on, si nombreux que, dans l'intervalle d'une marée à une autre, un seul pêcheur, avec une truble en crin, qu'il promène dans les trous où il est resté de l'eau, peut en prendre un boisseau de petits, particulièrement au mois d'avril. En Sardaigne, on s'en empare avec des nasses que l'on enfonce fort avant dans la mer. Les gros individus se défendent long-temps, et s'ils trouvent un corps autour duquel ils puissent contourner leur queue, ils se laissent arracher la mâchoire plutôt que de lâcher prise. Ils ont la vie très-dure.

On assure que les langoustes combattent le congre avec avantage, en lui ouvrant le ventre avec leurs pinces. Les murénophides les dévorent également, et il n'est pas rare de voir des congres mutilés par elles. Au reste, on assure encore que la queue du congre peut se reproduire.

La chair de ce poisson est blanche et de bon goût; mais comme elle est très-grasse, elle ne convient pas à tous les estomacs. On en mange souvent à Paris, sous le nom d'anguille de mer.

Les anciens, Oppien entre autres, ont avancé qu'il s'accouploit à la manière des serpens. Il est plus que probable qu'il est ovovivipare; mais on n'a encore aucun fait qui le prouve positivement.

Sur plusieurs de nos côtes on fait sécher les congres pour les envoyer au loin. A cet effet on les fend inférieurement dans toute leur longueur, on enlève les intestins, on fait des scarifications profondes sur le dos, on tient les chairs écartées à l'aide de petits bâtons, et on les suspend par la queue à des perches et à des branches d'arbres. Lorsqu'ils sont bien secs, on les rassemble par paquets d'environ deux cents livres.

Redi a trouvé, dans plusieurs congres qu'il a disséqués, des espèces d'hydatides, de neuf à dix pouces de longueur, placées sur les tuniques de l'estomac, le foie, les muscles du ventre, les ovaires, etc.

Le Myre : *Conger myrus; Muræna myrus*, Linn.; Lacép. Forme du congre, dimensions plus petites, des taches sur le museau, une bande en travers sur l'occiput, et deux rangées de points sur la nuque, de couleur blanchâtre; nageoires impaires blanches, bordées de noir.

Ce poisson vit dans la mer Méditerranée. Il s'approche des rivages en mai et en août. A Nice, suivant M. Risso, on le nomme *moruo*.

Forskaël dit en avoir observé une variété d'un gris cendré uniforme, dans la mer Rouge. Les Arabes la nomment *sjæga*, et prétendent que sa tête renferme un poison actif.

Le Congre des îles Baléares : *Conger balearicus; Muræna*

balearica, De la Roche, Ann. du Mus., XIII; *Muræna Cassini*, Risso. Mâchoire supérieure plus longue; museau étroit; corps d'un jaune verdâtre brillant; bord des nageoires dorsale, anale et caudale, noir.

Cette espèce diffère du congre commun par sa petitesse, par son museau beaucoup plus étroit et pointu, par sa nageoire dorsale qui naît immédiatement au-dessus des ouvertures branchiales; par ses nageoires pectorales plus étroites, par sa couleur jaunâtre et son aspect brillant. Elle diffère du myre par l'absence des lignes blanches de la tête.

Le congre des îles Baléares n'est pas rare à Iviça, où les pêcheurs le nomment *varga*. On le prend près du rivage. Sa chair est peu estimée. Le congre habite aussi les profondeurs de la mer de Nice.

Le Congre a larges lèvres : *Conger mystax; Muræna mystax*, De la Roche, Ann. du Mus., XIII. Mâchoire supérieure beaucoup plus longue; lèvre supérieure élargie, soutenue de chaque côté par deux rayons osseux, transversaux; corps d'un gris pâle; yeux très-grands.

Ce poisson est assez commun à Barcelonne au commencement d'avril. Il est en général d'une taille médiocre.

Le Congre noir : *Conger niger; Muræna nigra*, Risso. Corps noir; museau pointu; ligne latérale à points gris; nageoires noires.

Cette espèce vit dans les rochers de la mer de Nice, et parvient au poids de quarante livres. Sa chair est beaucoup meilleure que celle du congre commun. (H. C.)

CONGRE SERPET. (*Ichthyol.*) A Barcelonne, suivant F. De la Roche, on donne ce nom au congre à larges lèvres, *conger mystax*. Voyez Congre. (H. C.)

CONGRÉGÉES. (*Bot.*) Gærtner, dans sa classification artificielle des synanthérées, nomme *congrégées* celles dont les calathides sont éloignées les unes des autres; *ségrégées*, celles dont les calathides sont réunies en capitules; et *séparées*, celles qui portent sur la même tige des calathides différentes par le sexe, la forme et la situation. (H. Cass.)

CONIA. (*Bot.*) Ventenat proposoit de donner ce nom, qui signifie *pulvérulent* en grec, à un genre dans lequel il plaçoit les espèces de *byssus* de Linnæus, qui sont crustacées et pulvérulentes. Ce genre, qui avoit déjà été créé, sera décrit dans ce Dictionnaire à l'article Lèpre ; car c'est le même que le *lepra* ou *lepraria* des botanistes, placé maintenant dans la famille des lichens. Le genre *Coccodea* de M. Palisot-Beauvois n'est point le même ; il appartient à une famille différente, celle des algues. (Lem.)

CONIANTHOS (*Bot.*), nom donné, par M. Palisot-Beauvois, à un genre qui répond exactement au *jungermannia* de Micheli, lequel n'est point le même que le *jungermannia* de Linnæus; celui-ci comprend le genre ainsi nommé par Micheli, le *marsilea* et le *muscoides* du même auteur. M. Beauvois trouve le caractère du *conianthos* dans les fleurs ou semences qui sont nues et rassemblées en boules au sommet de quelques rameaux ou des feuilles, dans plusieurs espèces. (Lem.)

CONICHTYODONTES. (*Foss.*) Les auteurs anciens ont donné ce nom à des dents de poissons fossiles. Voyez Glossopetre. (D. F.)

CONICI TERETES. (*Foss.*) Gesner a donné ce nom aux dents de poissons fossiles d'une forme conique et à pointe émoussée. Voyez Glossopetre. (D. F.)

CONIE, *Conia.* (*Molluscart.*) Ce nom de genre a été proposé par M. le docteur Leach, pour désigner un petit groupe d'animaux démembrés du genre Balane des auteurs ; son caractère principal consiste à avoir le têt bien divisé en quatre parties, et les valves de l'opercule divisées en deux. Il ne contient que deux espèces, dont les habitudes doivent être entièrement semblables à celles des autres balanes : l'une, *conia porosa*, la conie poreuse, *lepas porosa*, Linn., Chemn., *Conchyliol.* 8, t. 98, p. 836 ; son têt est conique, tubuleux, strié et granuleux, de couleur verte en dehors quand il est frais, et ensuite noire en dessus et blanc en dessous ; l'opercule est obtus. Elle vient de l'Inde. La seconde espèce que M. le docteur Leach rapporte à ce genre, est nouvelle et ne m'est pas connue. (De B.)

CONIFÈRES. (*Bot.*) Ce nom est donné à une famille de la classe des diclines, dont les fleurs femelles sont rassemblées en têtes tantôt sphériques, tantôt et plus souvent alongées, plus larges à leur base, et présentant la forme d'un cône, d'où elles ont tiré leur nom. Ces fleurs sont diclines, c'est-à-dire que les unes sont mâles, et les autres femelles, portées sur des chatons séparés tantôt sur le même pied, tantôt sur des pieds différens; les unes et les autres manquent d'un calice, qui est remplacé par une simple écaille. Dans les fleurs mâles les étamines, placées sous chaque écaille, sont en nombre défini ou indéfini, et leurs filets sont ou distincts ou réunis en un pivot simple ou rameux. Les fleurs femelles sont rassemblées, comme on l'a dit, en têtes plus ou moins sphériques, ou plus souvent en cônes composés d'écailles qui se recouvrent mutuellement, sous chacune desquelles reposent un ou plusieurs ovaires surmontés d'un style ou seulement d'un stigmate, et qui deviennent autant de graines nues, ou plutôt des capsules monospermes. Dans chaque graine un embryon cylindrique, occupant le centre d'un périsperme charnu, est muni de deux lobes quelquefois subdivisés en plusieurs parties en forme de main ouverte : ce qui a fait croire que ces embryons ainsi conformés étoient polycotylédones. Les végétaux qui composent cette famille, sont des arbres ou des arbrisseaux : les feuilles sont ordinairement très-étroites; les chatons, soit mâles, soit femelles, n'ont point de place fixe. Les genres composant cette famille sont le genevrier, auquel la sabine est réunie; le cyprès, le thuya, l'araucaria; le pin, détaché des suivans; le sapin et le mélèze, restés unis en un seul, qui comprend aussi le cèdre du Liban.

A cette famille, qui est celle des vrais conifères, se joignent dans une section distincte, comme genres accessoires, remarquables par un calice remplaçant l'écaille, l'éphedra, le filao ou *casuarina*, l'if, le *podocarpus*, le *salisburia* ou gingko, et probablement encore l'*exocarpus* de Labillardière. Ces divers genres doivent être examinés de nouveau pour être absolument détachés des conifères, et former une ou plusieurs familles distinctes. (J.)

CONIFFEL (*Mamm.*), nom du lapin chez les Celtes, dit-on. (F. C.)

CONILA. (*Bot.*) Quelques auteurs ont cru que la plante ainsi nommée par les anciens est la même que le *myrrhis* de Dioscoride. Cependant Calepin observe que d'autres combattent cette opinion, et il ajoute que Nicander, dans sa composition de la thériaque, assimile le *conila* à l'origan. (J.)

CONIOCARPE, *Coniocarpon.* (*Bot.*) Genre de la famille des lichens, établi par Decandolle pour y placer quelques espèces qui croissent sur les écorces d'arbres, et y forment des taches plus ou moins grandes. Ces espèces offrent une croûte extrêmement mince, à peine visible, qui pourroit être prise pour une décoloration de l'épiderme de l'écorce, blanche ou grisâtre, et comme lépreuse.

De nombreux tubercules ou conceptacles s'élèvent au-dessus de cette croûte; ils sont fort petits, difformes, sans bords, et composés d'un amas de poussière colorée qu'on dit être une réunion de graines.

Acharius nomme ce genre *Spiloma*, et y ramène seize espèces toutes d'Europe, parmi lesquelles quatre seulement ont été trouvées en France; ce sont:

Le Coniocarpe rouge; *Coniocarpon cinnabarinum*, Dec., Fl. Fr., n.° 880: croûte arrondie, blanchâtre; tubercules nombreux d'un rouge brun, pulvérulent. Cette espèce est commune, aux environs de Paris, sur les écorces du charme, du chêne, du peuplier, etc. Acharius en fait une variété de son *spiloma tumidulum.*

Le Coniocarpe olivatre, qui a les tubercules de couleur olive, ainsi que sa croûte. Il se trouve, mais assez rarement, sur l'écorce du saule.

Le Coniocarpe noir; *Coniocarpon nigrum*, Dec. Sa croûte est blanche, bordée de noir; les tubercules sont un peu convexes, noirs et un peu rudes. Cette espèce est assez rare, ses tubercules tombent moins en poussière que dans les espèces précédentes, et salissent moins la croûte. Acharius en fait une variété de son *spiloma melaleucum.*

Le Coniocarpe tacheté: *Coniocarpon vitiligo*, Dec.; *Spiloma*, Ach., Meth. 10, t. 1, f. 4. Sa croûte est étendue, d'un blanc cendré; les tubercules sont très-nombreux, arrondis ou ovales, de même couleur, ou d'un gris sale, et recouverts d'une poussière noirâtre. On trouve cette espèce sur le bois de sapin sec, dans les Vosges et le Jura. (Lem.)

CONIOCARPON et Coniocarpum. (*Bot.*) Voyez Coniocarpe. (Lem.)

CONION. (*Bot.*) Ce nom grec ancien, sous lequel Dioscoride désignoit la ciguë ordinaire, a été repris par Linnæus pour désigner la même plante, quoique tous les auteurs intermédiaires, et même les traducteurs de Dioscoride, l'aient toujours indiquée sous le nom de *cicuta*, qui lui est donné dans la plupart des livres de pharmacie et de matière médicale. C'est ce motif qui, dans les publications du *Genera Plantarum* disposé en familles, a fait rétablir le nom de *cicuta* pour la ciguë employée en médecine. On ajoutera que le nom de *conion*, donné anciennement à une plante très-pernicieuse que l'on employoit à Athènes pour des peines capitales, convient peut-être mieux au *cicuta virosa* de Linnæus, maintenant *cicutaria*, que l'on croit être la ciguë de Socrate. (J.)

CONIOPHORA. (*Bot.*) Genre de plantes acotylédones, de la famille des champignons, voisin des auriculaires, et qui a quelques rapports avec les trichodermes. Ses caractères sont: Chapeau orbiculaire, mince, membraneux, adhérent par la surface stérile, portant sur la surface fructifère des amas très-nombreux de poussière, diposés par zones à peu près concentriques.

Le Coniophore membraneux; *Coniophora membranacea*, Decand., Fl. Fr., vol. 6, pag. 34, est la seule espèce connue de ce genre établi par M. Decandolle. C'est un champignon remarquable: il forme des plaques membraneuses, de l'épaisseur d'une feuille de papier, arrondies, et qui atteignent quatre à cinq pouces de diamètre; il adhère au corps qui le supporte par toute sa surface, mais il peut cependant en être détaché; la face inférieure est un peu noirâtre, blanchâtre vers les bords; la supérieure est d'un blanc tirant légèrement sur le roux. Celle-ci porte un très-grand nombre de petits paquets d'une poussière brune, très-fine et très-adhérente. Ces paquets sont oblongs ou linéaires, et disposés d'abord comme des fragmens de rayons; ensuite ils se réunissent de manière à former des boules concentriques: celles au centre sont presque continues, et celles du bord sont entrecoupées. Ce champignon a été trouvé par M. Ledru, au Mans, sur les poutres d'une serre chaude. (Lem.)

CONIOPHORE. (*Bot.*) Voyez Coniophora et Coniophorus. (Lem.)

CONIOPHORUS. (*Bot.*) Genre établi par M. Palisot-Beauvois sur quelques espèces détachées du genre *Dematium* de Persoon, que M. Decandolle a réunies au genre *Byssus*. M. Decandolle place ce dernier genre dans la famille des champignons, tandis que M. Beauvois le rapporte, ainsi que le *coniophorus* et le *erineum* de Persoon, à la famille des algues. M. Beauvois n'a pas encore fait connoître les caractères génériques et les espèces de son genre *Coniophorus*, qu'il ne faut pas confondre avec le *Coniophora* de M. Decandolle, mentionné ci-dessus. (Lem.)

CONIQUE, *Conicus*. (*Bot.*) La forme conique s'offre quelquefois dans diverses parties des végétaux. Voyez la racine de la carotte, les aiguillons du *zanthoxylum clava Herculis*, le calice du grenadier, le clinanthe de la petite marguerite, le stigmate de l'héliotrope, le fruit (strobile) du pin sauvage, la radicule de la fève, l'embryon de l'épilobe velu, etc. (Mass.)

CONIROSTRE. (*Ornith.*) Ce terme, qui signifie bec en cône, a été employé par plusieurs naturalistes pour désigner une famille d'oiseaux, de l'ordre des passereaux, à bec fort, plus ou moins conique et sans échancrure. Les moineaux, les bruants, les gros becs, etc. sont des conirostres. M. Duméril, dans sa Zoologie analytique, les appelle aussi conoramphes, des deux mots grecs *κώνος* et *ῥάμφος* ayant la même signification que les mots latins *conus* et *rostrum*. (Ch. D.)

CONISES. (*Bot.*) C'est la septième des dix sections artificielles formées par Adanson dans la famille des synanthérées. Il y rapporte douze genres qui, dans l'ordre naturel, appartiennent à sept tribus différentes. En effet, le *filago*, l'*elichrysum* et le *conyza* sont des inulées; l'*anaschovadi* est une vernoniée; le *marsea* et le *chrysocome* sont des astérées; le *petasites* est une tussilaginée; le *cacalia* et le *senecio* sont des sénécionées; le *porophyllum* est une hélianthée tagétinée; enfin l'*eupatorium* et le *carelia* sont des eupatoriées. Voyez Conyzes. (H. Cass.)

CONISPORÉES (*Bot.*), *Conisporæ*, nom de la deuxième série du premier ordre (voyez Mucédines) de la famille des champignons, dans la Méthode de Link; les conceptacles libres et pulvérulens à la surface donnent le caractère de cette série, qui ne renferme qu'un genre, Conisporium. Voyez ce mot. (Lem.)

CONISPORIUM. (*Bot.*) Genre de champignons de la famille des conisporées établie par Link, et qu'une seule espèce compose. C'est le *conisporium olivaceum* de Link, *Berl. Mag.* 1813, pl. 1, f. 5. Ce champignon est une réunion de conceptacles oblongs, poudreux en dehors, olivâtres, non cloisonnés, formant de petites masses grumeleuses, olivâtres, d'une demi-ligne de diamètre au plus. M. Link l'a observé, en Portugal, sur des charpentes de pin maritime. (Lem.)

CONITE. (*Min.*) M. Schumacher paroît être le premier qui ait donné ce nom, d'après le professeur Retzius, à un minéral que l'on a regardé comme un mélange naturel de chaux carbonatée et de silice, et rapporté, d'après cette opinion, à la substance pierreuse décrite par de Saussure sous le nom de *silicicalce*. M. Schumacher a décrit le conite comme une pierre d'un blanc grisâtre ou blanche, qui se trouve en morceaux roulés plus ou moins gros, ayant une cassure compacte, un peu écailleuse, quelquefois aussi conchoïde; l'aspect de la cassure présente quelques points brillans; ce qui paroît caractériser plus particulièrement cette variété, c'est sa dureté, qui est assez considérable pour lui donner la facilité de recevoir l'empreinte du fer et même pour faire feu sous le choc du briquet, mais point assez grande pour la faire résister à l'acier qui raye cette pierre assez facilement. A ce caractère se joint la propriété de faire effervescence avec l'acide nitrique.

Les exemples de conite que cite M. Schumacher, et que presque tous les minéralogistes ont cités d'après lui, viennent d'Islande.

On a ensuite rapporté au conite différentes variétés de chaux carbonatée. M. Oken a donné le nom de conite spathique au calcaire particulier nommé *schaalstein* ou *tafelspath*. On y a rapporté aussi un calcaire jaunâtre, presque translucide sur les bords, dur, etc., qu'on trouve aux environs du Meissner; mais M. Stromeyer, qui a analysé ce calcaire, n'y a point trouvé de silice : il n'y a reconnu que de la magnésie. Nous en avons donné la composition à l'article de la Chaux, au mot *calcaire lent compacte*.

L'analyse qui a été faite de cette pierre par M. John, diffère peu de celle que nous avons rapportée, t. VIII, p. 311 de ce Dictionnaire. (B.)

CONIUM. (*Bot.*) Voyez Conion, Cigue. (L. D.)

CONJOINTES (*Bot.*), *Connatæ*, *Caadunatæ*, *Coalitæ*. Parties de même nature soudées ensemble. Des feuilles opposées ou verticillées sont dites *conjointes* lorsqu'elles sont soudées entre elles par leur partie inférieure; telles sont celles du chardon, du chèvrefeuille des jardins, de la saponaire, etc. Les stipules sont *conjointes* dans le houblon, le mélianthe. On a des exemples de pétales *conjoints* dans le *statice monopetala*, le *vaccinium oxycoccus*, la vigne (dans le statice la soudure des pétales est si foible qu'on peut les séparer sans lésion apparente du tissu; dans le *vaccinium* les pétales sont soudés par la base; dans la vigne, ils sont soudés par le sommet). On a des exemples d'étamines *conjointes* dans les synanthérées, les malvacées, etc.; lorsqu'elles sont conjointes par les anthères, on les dit syngénèses (pissenlit, grand soleil, lobelia); lorsqu'elles sont conjointes par les filets, on les dit adelphes : les étamines adelphes, suivant que les filets sont soudés en un, deux, trois, etc., ou plusieurs corps (androphores), sont dites monadelphes (mauve), diadelphes (fumeterre, fève), triadelphes (*hypericum ægyptiacum*), pentadelphes (*melaleuca hypericifolia*), polyadelphes, etc. Dans les fruits, il arrive que les parties rentrantes de deux valves sont tantôt soudées entre elles, et tantôt n'adhèrent pas l'une à l'autre : le colchique offre un exemple de valves rentrantes distinctes; le rhododendrum offre un exemple de valves rentrantes *conjointes* (*conjunctim introflexæ*). (Mass.)

CONJUGATA. (*Bot.*) Voyez Conjuguée. (Lem.)

CONJUGUÉE (Feuille) (*Bot.*), (*Conjugatum*, *opposite-pinnatum* (*Folium*). Lorsque les folioles d'une feuille composée sont disposées des deux côtés du pétiole, la feuille est dite pennée, et lorsque ces folioles sont attachées par paires, c'est-à-dire opposées deux à deux, la feuille est dite pennée-conjuguée, ou simplement *conjuguée*. La feuille conjuguée est dite unijuguée, bijuguée, trijuguée, quadrijuguée, quinquejuguée, multijuguée, selon qu'elle porte une, deux, trois, quatre, cinq ou plusieurs paires de folioles. Le *lathyrus sylvestris*, le *mimosa fagifolia*, l'*orobus tuberosus*, le *cassia longisiliqua*, le *cassia fistula*, le sainfoin, etc., offrent des exemples de chacune de ces feuilles. (Mass.)

CONJUGUÉE, *Conjugata*. (*Bot.*) Ce genre, établi par Vaucher, est le même que le *conferva*, Decand. Voyez Conferve. (Lem.)

CONNA (*Erpétol.*), nom des crapauds en Finlande. Voyez Crapaud. (H. C.)

CONNA (*Bot.*), nom malabare de la casse des boutiques, *cassia fistula*, que les Brames appellent *baio*, suivant Rheede. C'est le *conné*, ou *connai-marou* de la côte de Coromandel, suivant des catalogues manuscrits des plantes de cette région. (J.)

CONNA CONATI (*Bot.*), nom caraïbe du *phyllanthus niruri*, cité dans l'Herbier de Surian. (J.)

CONNAROS, Conaros. (*Bot.*) L'arbrisseau que l'on nommoit ainsi à Alexandrie paroît être le *paliurus*, ou une espèce de jujubier, que C. Bauhin nomme *œnoplia*, et qui a du rapport avec le *rhamnus spina Christi* de Linnæus. (J.)

CONNARUS. (*Bot.*) Genre de plantes de la famille des térébinthacées, de la *monadelphie décandrie* de Linnæus, dont le caractère essentiel consiste dans un calice à cinq divisions; cinq pétales; dix étamines conniventes à leur base, alternativement plus grandes et plus petites; un, quelquefois cinq styles: le fruit est une capsule bivalve, en bosse sur le dos, à une seule loge monosperme.

Ce genre renferme des arbres ou arbrisseaux, la plupart originaires des Indes orientales, à feuilles alternes, ternées ou ailées; les fleurs disposées en panicule. On y trouve quelques anomalies, telles, par exemple, que le *connarus pentagynus*, pourvu de cinq styles: le *connarus africanus*, qui paroît se rapprocher beaucoup des légumineuses, et peut-être devoir former un genre particulier, et se rapprocher de l'*omphalium* de Gærtner, si toutefois ce n'est pas la même plante: enfin l'*hermannia triphylla* a été placée par Thunberg et Willdenow parmi les *connarus*. Ce qui fait que ce genre est aujourd'hui composé des espèces suivantes:

Connarus santaloïde: *Connarus santaloides*, Vahl, *Symb.* 3, pag 87; *Santaloides*, *Fl. Zeyl.*, n.° 408. Arbre des Indes orientales, dont les rameaux sont glabres, alternes, cylindriques; les feuilles alternes, pétiolées, ailées, avec une impaire, composées de onze à dix-neuf folioles, glabres, pédicellées, un peu épaisses, très-entières, ovales, acuminées, luisantes en dessus, veinées, réticulées à leurs deux faces, longues d'environ un pouce et demi. Les fleurs sont réunies, en quatre ou cinq petites grappes pédonculées, dans les aisselles des feuilles supérieures, de moitié plus courtes que les feuilles; leur calice urcéolé, à cinq découpures arrondies; les pétales, lancéolés, un peu obtus.

CONNARUS A FEUILLES D'ACACIA; *Connarus mimosoides*, Vahl, *Symb.* 3, pag. 87. Ses rameaux sont cylindriques, velus à leur partie supérieure; les feuilles alternes, ailées, avec une impaire; à neuf ou onze paires de folioles légèrement pédicellées, opposées ou alternes, glabres à leurs deux faces, ovales, obtuses, profondément échancrées à leur sommet, longues d'environ un demi-pouce; les fleurs disposées en grappes axillaires. Elle croît aux Indes orientales, dans les îles Nicobares.

CONNARUS AILÉ: *Connarus pinnatus*, Encycl. 2, pag. 95; *Ill. gen.*, tab. 572; Cavan., Diss. 7, pag. 375, t. 222; *Perim-curigil*, Rheed., *Hort. mal.* 6, pag. 43, tab. 24. Arbre des Indes orientales, remarquable par ses feuilles, les unes à cinq, d'autres à trois folioles pédicellées, opposées, ovales-oblongues, entières, un peu aiguës, glabres à leurs deux faces, veinées, réticulées; les fleurs disposées en panicules terminales et axillaires; le calice velu; la corolle blanche; les pétales oblongs, munis, de chaque côté de leur base, d'une soie rabattue; l'ovaire conique et velu; le style de la longueur des étamines: les fruits sont des capsules oblongues, un peu comprimées latéralement, aiguës à leurs deux extrémités, à une seule loge monosperme.

CONNARUS A CINQ STYLES: *Connarus pentagynus*, Encycl. 2, pag. 95; Cavan., Diss. 7, 376, tab. 223. Cette espèce se distingue par ses fleurs renfermant cinq ovaires et cinq styles; mais, ses fruits n'ayant point encore été observés, on ignore s'ils sont composés d'une ou de cinq capsules. Ses rameaux sont glabres, roides, cylindriques; ses feuilles composées de trois folioles ovales, arrondies, coriaces, glabres, entières, marquées de trois nervures, finement veinées en dessous; les fleurs sont nombreuses, petites, paniculées; le calice velouté; cinq pistils, quelquefois trois, rapprochés à leur base. Elle croît dans les Indes et à l'île de Madagascar.

CONNARUS MONOCARPE: *Connarus monocarpus*, Linn.; *Connarus asiaticus*, Willd., *Spec.* 3, tab. 692; Burm., *Zeyl.*, tab. 89. Cette plante, très-voisine de la précédente, à laquelle M. de Lamarck l'avoit réunie, en a été distinguée par plusieurs auteurs modernes, ses folioles n'ayant constamment qu'une seule nervure au lieu de trois. Ses rameaux sont roides, élancés, très-nombreux ; les folioles assez grandes, ovales, aiguës, réticulées ; les fleurs nombreuses, petites, en grappes droites terminales, paniculées ; le calice velouté. Elle croît dans les Indes orientales.

Connarus d'Afrique : *Connarus africanus*, Encycl. 2, pag. 95 ; Cavan., Diss. 7, pag. 375, tab. 221. Ses feuilles sont composées de trois folioles glabres, ovales, aiguës, lisses en dessus, nerveuses et veinées en dessous, longues de quatre à cinq pouces ; les fleurs nombreuses, réunies en une panicule oblongue, terminale ; les capsules ovales, presque cylindriques, glabres, pédicellées, en bosse d'un côté, à deux valves, à une seule loge monosperme. Cet arbrisseau croît sur les montagnes de Sierra-Leona, en Afrique.

Thunberg, et Willdenow d'après lui, rapportoit au genre *Connarus*, l'*hermannia triphylla*, Linn., plante herbacée, rampante, très-différente des *connarus* par son port, en supposant qu'elle y convienne par les caractères de sa fructification (Poir.)

CONNECTIF, *Connectivum*. (*Bot.*) Si l'on examine diverses anthères, on trouve que les loges qui contiennent le pollen se touchent (graminées, patience), ou sont éloignées (sauge, mélastomes). Lorsque les loges sont séparées l'une de l'autre, elles le sont, ou par le filet, le long duquel elles sont alors fixées (*begonia*, *anona*, *kæmpferia*), ou bien par un corps charnu, particulier, distinct du filet : c'est ce corps que M. Richard désigne par le nom de connectif. On l'observe communément dans les étamines des plantes à corolle monopétale irrégulière, particulièrement dans les labiées et les personnées. Il varie beaucoup par sa forme. Dans le *melissa grandiflora*, il éloigne peu les loges l'une de l'autre : dans la sauge, il les éloigne tellement qu'elles ne paroissent plus faire partie d'une même anthère ; il ressemble alors à un filet qui seroit terminé à chaque bout par une anthère uniloculaire : dans plusieurs sauges, une des loges est ordinairement avortée. (Mass.)

CONNEMON. (*Bot.*) Kæmpfer dit qu'on nomme ainsi, dans le Japon, une espèce de concombre dans l'intérieur duquel on a introduit de la lie de bière, ce qui fait un assaisonnement usité au Japon. Thunberg le nomme *cucumis cononou.* (J.)

CONNILS, Coni, Conin, ou Connin. (*Mamm.*) On se servoit autrefois de ce nom en France pour désigner le lapin. Les uns le dérivent du latin *cuniculus;* Pline et Elien font venir *cuniculus* de l'espagnol *conejo*, et quelques modernes ont cherché l'étymologie de connil dans le vieux nom celtique du lapin, *coniffel.* (F. C.)

CONNILUS. (*Orn.*) Le *connilus nocturnus* est, dans Schwenckfeld, l'engoulevent, *caprimulgus europæus*, Linn. (Ch. D.)

CONNINA (*Bot.*), nom italien donné, suivant Césalpin, à la vulvaire, *chenopodium vulvaria.* (J.)

CONNIVENT, *Connivens.* (*Bot.*) Ce mot est employé comme synonyme de convergent. Un calice est dit connivent, soit lorsque le bord entier de son limbe est contracté d'une manière remarquable; soit lorsque les dents de son bord convergent vers le centre de la fleur; soit lorsque les sépales sont rapprochés entre eux, ou tendent à se rapprocher par introflexion. Le *trollius europæus*, le chou, ont le calice connivent.

Si l'on examine la position des feuilles de certaines plantes pendant la nuit, on voit qu'elle est différente de ce qu'elle étoit pendant le jour. Il y a des feuilles qui se renversent et offrent un abri aux fleurs placées au-dessous d'elles; telles sont celles de la balsamine *noli tangere.* Il y en a, au contraire, qui se relèvent: alors, si elles sont alternes, elles se roulent autour de la tige (mauve du Pérou), ou s'appliquent contre la tige (sida); et si elles sont opposées, elles s'appliquent l'une contre l'autre par leur face supérieure. Dans ce dernier cas, on dit qu'elles sont *conniventes*; l'arroche des jardins en offre un exemple. (Mass.)

CONNORO (*Ornith.*), nom donné par les naturels de la Guiane à une espèce d'*ara.* (Ch. D.)

CONOBEA. (*Bot.*) Voyez Conobée. (Poir.)

CONOBÉE AQUATIQUE: *Conobea aquatica*, Aubl., Guian., pag. 639, tab. 268; Lamk., *Ill. gen.*, tab. 522. Plante aquatique, observée dans la Guiane par Aublet, et qui forme seule un genre particulier de la famille des personnées et de la *didynamie angiospermie* de Linnæus, caractérisé par un calice tubulé, à cinq dents, muni à sa base de deux petites bractées;

une corolle à deux lèvres, la supérieure droite, échancrée, l'inférieure à trois lobes inégaux ; quatre étamines didynames ; les anthères sagittées ; un style ; un stigmate à deux lobes ; une capsule biloculaire, à deux valves bifides, contenant des semences fort menues, attachées à un placenta central.

Cette plante croît sur le bord des ruisseaux ; elle s'étend sur l'eau, ou se répand sur les herbes voisines par ses tiges couchées, herbacées, glabres, rameuses, quadrangulaires ; les feuilles sont distantes, sessiles, opposées, amplexicaules, un peu arrondies, larges d'un demi-pouce, échancrées en rein, glabres, ondulées, ou à peine denticulées à leurs bords. Les fleurs sont petites, d'un bleu pâle, solitaires, axillaires ou opposées deux à deux, portées sur des pédoncules simples, capillaires, beaucoup plus longs que les feuilles. Leur calice est glabre, à cinq dents alongées, trois aiguës ; deux bractées opposées, oblongues, acuminées; a corolle un peu plus longue que le calice ; l'ovaire supérieur un peu arrondi ; le style fort menu, légèrement pileux ; une capsule glabre, arrondie, de la grosseur d'une graine de poivre, entourée par le calice persistant; les semences fort menues, oblongues, sillonnées. (Poir.)

CONOCARPE, *Conocarpus.* (*Bot.*) Genre de plantes, de la famille des éléagnées, appartenant à la *pentandrie monogynie* de Linnæus, dont le caractère essentiel consiste dans un calice fort petit, à cinq découpures subulées ; point de corolle ; cinq étamines ; un ovaire inférieur ; un style ; un stigmate ; une capsule fort petite, comprimée, indéhiscente, membraneuse sur ses bords, monosperme.

Les fleurs sont ramassées en têtes; les semences qui leur succèdent, ressemblent à autant d'écailles imbriquées, formant un petit cône globuleux : ce qui a fait donner à ce genre le nom de conocarpe, composé de deux mots grecs qui signifient fruits en cône. Les espèces qui le composent ne sont la plupart qu'imparfaitement connues. Elles sont composées d'arbres et arbrisseaux, originaires de l'Amérique méridionale, à feuilles simples et alternes ; les fleurs ramassées en boule sur des grappes axillaires et terminales. Les espèces sont :

Conocarpe droit : *Conocarpus erecta*, Linn. ; Lamk., *Ill. gen.*, tab. 126, fig. 1 ; Jacq., *Amer.*, tab. 52, fig. 1. Arbre d'environ trente pieds et plus, dont les rameaux sont anguleux dans leur jeunesse, garnis de feuilles nombreuses, alternes, très-médiocrement pétiolées, glabres, fermes, un peu épaisses, lancéolées, aiguës, très-entières, longues de deux à trois pouces, larges d'un pouce; les pétioles bordées de quelques points glanduleux. Les fleurs sont petites, jaunâtres, réunies en têtes globuleuses, disposées sur des pédoncules cotonneux, en grappes paniculées, axillaires, terminales et feuillées. Selon Jacquin, ces fleurs ont tantôt cinq étamines courtes, tantôt dix étamines saillantes. Aux fleurs succèdent des semences irrégulièrement trigones, réfléchies et un peu velues à leur sommet, formant de petits cônes sphériques, obtus, de la grosseur d'un pois. Cet arbre croît aux Antilles, à la Jamaïque, et dans plusieurs autres contrées de l'Amérique, dans les baies sablonneuses et le long des côtes de la mer.

On en cite une espèce très-rapprochée de celle-ci, rapportée du Sénégal par M. Roussillon, dont les cônes sont rougeâtres, de la grosseur d'une noisette; les feuilles plus grandes, les panicules moins rameuses, outre beaucoup de fleurs de têtes presque sessiles à l'extrémité des grappes. (Voyez Manglier, Encycl., vol. 3, pag. 698.)

Conocarpe couché : *Conocarpus procumbens*, Linn.; Lamk., *Ill. gen.*, tab. 126, fig. 2; Jacq., *Amer.*, pag. 79, tab. 52, fig. 2. Cet arbrisseau, très-voisin de l'espèce précédente, s'en distingue par ses feuilles obtuses, en ovale alongé, plus larges, assez souvent terminées par une pointe courte, glabres, fermes, entières : d'ailleurs ses tiges sont très-rameuses, presque tout-à-fait couchées, se conformant aux inégalités de la surface des rochers sur lesquels elles croissent. Les fleurs sont très-petites, les unes pourvues de cinq, les autres de six étamines, selon Jacquin. A en juger d'après un exemplaire dont M. de Lamarck a donné la figure, ces fleurs sont disposées en grappes simples, feuillées, terminales; les cônes presque sessiles. Cet arbrisseau croît à Cuba, le long des côtes maritimes, sur les montagnes couvertes de rochers.

Conocarpe a grappes : *Conocarpus racemosa*, Linn.; Jacq., *Amer.*, pag. 80, tab. 53; Sloan, Jam. Hist., pag. 66, tab. 187, fig. 1. Cet arbrisseau a un port très-différent de celui des précédens; ses feuilles opposées, ses fruits séparés et non rapprochés en cône, ont déterminé plusieurs auteurs à en former un genre particulier, que M. Richard a nommé *sphænocarpus*, et Gærtner fils *laguncularia*. Ses tiges sont glabres, cendrées ; ses rameaux cylindriques, rougeâtres dans leur jeunesse ; les feuilles glabres, coriaces, pétiolées, opposées, ovales-elliptiques, obtuses à leurs deux extrémités, longues de trois pouces, sur un de large ; les fleurs petites, disposées en grappes presque simples ; chaque fleur sessile, distincte, accompagnée d'une petite bractée en écaille ; le calice à cinq découpures courtes, arrondies. Le fruit est une petite capsule ovale, un peu pubescente, renfermée dans le calice. Cet arbrisseau croît aux Antilles. J'en ai donné la description d'après un exemplaire que M. Ledru m'a communiqué et qu'il a recueilli à l'île de Saint-Thomas ; mais je n'ai pu observer ni les étamines ni le pistil.

D'après Miller, on cultive les deux premières espèces dans quelques jardins en Angleterre. On les multiplie par semences en les répandant sur une bonne couche chaude ; elles poussent de très-bonne heure : on met ensuite les plantes dans des pots, et on les conserve dans une serre chaude de tan, où elles font de grands progrès ; mais elles sont trop tendres pour être exposées au dehors. Comme elles croissent naturellement dans des lieux humides et marécageux, il faut les arroser souvent en été, peu en hiver. Elles conservent toujours leur verdure, parce que les feuilles ne tombent que lorsque les nouvelles commencent à pousser. (Poir.)

CONOCARPODENDRON. (*Bot.*) Boerhaave, dans son *Index plantarum Horti Lugduno-Batavi*, rapporte sous ce nom plusieurs arbrisseaux de la famille des protéacées, que Linnæus a réunis à son genre *Protea*, et que M. R. Brown, divisant ce dernier genre beaucoup trop nombreux, a séparés sous le nom de *leucadendron*. (J.)

CONOCEPHALUM. (*Bot.*) Hill nomme ainsi un genre qu'on a appelé depuis *Anthoconum*. Voyez Anthocone et Marchantie. (Lem.)

CONOCHIA, Conochielle. (*Bot.*) Ces noms italiens signifient *quenouille* et *quenouillette ;* ce sont ceux de l'agaric élevé (*agaricus procerus*, Pers.). J. B. Porta dit que ce champignon plaît même à ceux qui ont le goût le plus difficile. Voyez Coche et Coulemelle. (Lem.)

CONOCRAMBE. (*Bot.*) Voyez Cynocrambe. (J.)

CONOHORIA. (*Bot.*) Voyez Conori. (Poir.)

CONOHORIÉ (*Bot.*), nom galibi d'un genre de plantes de la Guiane, décrit par Aublet, sous celui de conori, *conohoria flavescens*. (J.)

CONOOR. (*Ornith.*) Voyez Condor. (Ch. D.)

CONOPHOROS (*Bot.*), nom sous lequel Petiver a le premier fait connoître le *protea rosacea* de Linnæus. (J.)

CONOPLÉE, *Conoplea*. (*Bot.*) Genre de plantes de la famille des champignons, ordre des gymnocarpes. Ce sont de très-petits végétaux qui forment sur le bois et sur les feuilles mortes de petits amas ou tubercules d'une ligne au plus de diamètre. Ils sont composés de filamens très-courts, rameux, roides, souvent cloisonnés, sur lesquels sont parsemés les séminules. Ce genre renferme sept espèces ; la plus remarquable est

La Conoplée puccinoïde ; *Conoplea puccinoides*, Dec., Fl. Fr., n.° 184. Elle forme, sur les feuilles mortes des laiches (*carex*), des tubercules noirs, qui, vus au microscope, sont composés de filamens transparens, rameux, portant sur toute leur surface des globules opaques et anguleux. Quand on froisse la plante, les séminules se détachent sous forme d'une poussière très-fine.

Les autres espèces de ce genre sont la *conoplea sphærica*, Pers.; *hispidula*, Pers.; *atra*, Pers.; *cylindrica*, Pers.; *tiliæ*, Link; et *clavuligera*, Link. Ces deux dernières espèces ne paroissent pas devoir appartenir à ce genre, surtout la première que Link avoit d'abord placée avec les *exosporium*. (*Berl. Mag.* 3, p. 70, tab. 1, fig. 8.) Link place ce genre dont il modifie un peu les caractères, dans la série des Sphærobases (voyez ce mot), ordre des mucédines. (Lem.)

CONOPOPHAGE. (*Ornith.*) Ce terme, tiré des mots grecs *κώνωψ*, *culex*, *φάγω*, *edo*, mangeur de moucherons, a été employé par M. Vieillot, dans son Ornithologie élémentaire, pour former un genre de la famille des myothères ou gobe-mouches, composé d'oiseaux placés par Gmelin et Latham parmi les manakins, et par Buffon au nombre de ses fourmiliers ; mais que M. Vieillot a cru devoir isoler, parce qu'il a trouvé chez eux plusieurs caractères appartenant aux fourmiliers, aux manakins et aux gobe-mouches, c'est-à-dire, les pieds, la queue et les ailes des premiers, les doigts extérieurs réunis jusqu'au-delà du milieu, comme aux seconds, et le bec déprimé des derniers. Ce genre n'est composé que de deux espèces d'Amérique, qui sont : 1.° le fourmilier à oreilles blanches, de Buffon, pl. enlum., n.° 822, *turdus auritus*, et *pipra leucotis*, Gmel. et Lath.; 2.° le fourmilier tacheté, Buff., pl. 823; *pipra nævia*, Gmel. et Lath. M. Cuvier a placé ces oiseaux parmi ses MOUCHEROLLES. Voyez ce mot. (CH. D.)

CONOPS (*Entom.*), nom d'un genre d'insectes à deux ailes, à suçoir saillant alongé, sortant de la tête dans l'état de repos, et par conséquent de la famille des sclérostomes, dont les antennes, en fuseau, sont sans poil isolé, et dont l'abdomen, comme pétiolé, se termine à son extrémité libre par une sorte de renflement ou de masse : de là le nom de *conops*, imaginé par Linnæus, qui l'a emprunté de deux mots grecs *κῶνος-ȣ*, qui signifie *cône*, *pyramide arrondie*, et de ὤψ, que nous traduisons par les mots *forme*, *figure*.

Les espèces de ce genre sont encore peu connues quant à leurs mœurs. Fabricius, dans la dernière édition de son Système des Antliates, n'y rapporte que onze espèces, dont la moitié ont été observées dans l'Amérique méridionale, ou aux Indes.

Il est facile de distinguer les espèces de conops d'avec celles des autres genres de la même famille des sclérostomes, aux caractères suivans. D'abord les rhingies, les stomoxes, les myopes et les hippobosques ont les antennes munies, sur leur dernier article, d'un poil isolé, latéral ou terminal; ensuite les empis, les taons et les bombyles ont les antennes en fer d'alène, et les cousins, ainsi que les asiles, ont ces parties de même grosseur depuis la racine jusqu'à la pointe : c'est ce qu'on nomme des antennes filiformes, tandis que, comme nous l'avons dit, elles sont en fuseau dans les conops.

Quoique sous l'état parfait on trouve les conops sur les fleurs, dont ils paroissent sucer le nectar, il paroît, d'après quelques observations faites sur l'une des espèces, que les œufs de ces diptères sont pondus dans les larves ou les individus parfaits des abeilles bourdons; et qu'éclos ils y subissent toutes leurs métamorphoses, à peu près comme les oëstres sous la peau des mammifères, et les ichneumons sous celle des chenilles.

Les conops sont faciles à reconnoître : leur tête est grosse, arrondie, plus large que leur corselet, qui est court, presque carré, bossu sur l'origine des ailes qui sont étroites, aussi longues que le corps, et étendues légèrement dans le repos, pour recouvrir deux balanciers alongés et découverts par le cuilleron. Mais la partie la plus remarquable de leur corps est leur ventre, qui est mince, comme pétiolé à la base, tandis qu'il est renflé, comme en massue, à l'extrémité, où il se recourbe. Cette conformation de l'abdomen est probablement relative à la manière dont les femelles doivent déposer leurs œufs sous les articulations des insectes, comme on l'observe également dans les oëstres. Leurs pattes sont aussi fort alongées, et leurs tarses sont terminés par deux crochets, avec deux pelottes à l'extrémité.

Les espèces principales de ce genre sont les suivantes, qui se trouvent aux environs de Paris.

Conops vésiculaire : *Conops vesicularis*, Linn.; *Asile à antennes en massue, et à ailes brunes bordées de blanc*, Geoffroy, tom. II, pag. 472, n.° 13. Noirâtre; corselet avec quelques points rouges; abdomen jaunâtre, noir à la base; ailes brunes, blanches extérieurement; tête jaune, renflée, à antennes noires.

Conops pattes-rousses; *Conops rufipes*. Noir, à base de l'abdomen ferrugineuse, et à bords des anneaux blanchâtres; pattes rousses.

Conops grosse-tête; *Conops macrocephala*, Linn. Noir, à antennes et pattes rousses, quatre anneaux de l'abdomen à bords jaunes.

C'est une des plus grandes espèces, qui a près d'un demi-pouce de long. Elle est prise au premier aspect pour une guêpe. Le bord externe des ailes est noir.

Conops aiguillonné; *Conops aculeata*, Linn. Tout noir, avec les bords des anneaux de l'abdomen et deux points sur le devant du corselet jaunes.

C'est l'espèce d'après laquelle M. Fabricius a tracé les caractères du genre, pris des parties de la bouche. Il ne seroit pas éloigné de croire qu'elle n'est peut-être qu'une variété de celle qu'il a nommée flavipède, d'après Linnæus, et qui n'a que trois cerceaux jaunes à l'abdomen. (C. D.)

CONOPSAIRES. (*Entom.*) M. Latreille avoit désigné, sous ce nom de famille, quelques genres d'insectes diptères sclérostomes, ou à suçoir saillant, tels que les myopes, stomoxes, conops, etc. Depuis, il les a rangés dans sa première division des athéricères, ou des diptères à antennes en aigrettes. Voyez Sclérostomes et Conops. (C. D.)

CONORO-ANTEGRI. (*Bot.*) Les Galibis nomment ainsi un arbre de la Guiane, suivant Aublet, parce que son épi de fleurs est rouge et violet, et que le mot *conoro* exprime, dans leur langue, la couleur rouge. Aublet a fait de cet arbre un genre, sous le nom de *norantea*, qu'il ne faut point confondre avec le *conori* ou *conohoria* du même pays et du même auteur. (J.)

CONOSPERME, *Conospermum*. (*Bot.*) Genre de plantes, très-voisin des *protea*, qui appartient à la famille des protéacées, et à la *tétrandrie monogynie* de Linnæus, ayant pour caractère essentiel : Une corolle (un calice) tubulée, en masque ; la lèvre supérieure concave, l'inférieure à trois divisions ; trois filamens insérés à l'orifice du tube ; deux placés sous les découpures latérales de la lèvre inférieure ; les anthères à une seule loge ; le troisième filament sous la lèvre supérieure, portant une anthère double ou à deux loges ; un style ; un stigmate libre ; une semence nue, aigrettée.

Les espèces renfermées dans ce genre sont des arbrisseaux tous originaires de la Nouvelle-Hollande, la plupart imparfaitement connus, à feuilles éparses, planes, très-entières, quelquefois presque filiformes ; les fleurs sessiles, solitaires, réunies en épis axillaires ou terminaux, simples ou composés, munis de bractées concaves, persistantes ; la corolle caduque, ordinairement blanche ou bleuâtre. Les principales espèces sont :

Conosperme a feuilles de bruyère ; *Conospermum ericifolium*, Rudg., Trans. Linn., vol. 10, pag. 292, tab. 17, fig. 1. Arbrisseau observé au port Jackson. Ses tiges sont grêles, droites, peu rameuses, soyeuses et pubescentes ; ses feuilles fortement imbriquées, très-étroites, linéaires, aiguës, longues de trois ou quatre lignes. Les fleurs forment une panicule prolongée en épi, garni de bractées ovales, aiguës ; la corolle est irrégulière, à quatre découpures, dont une concave reçoit une anthère à deux loges, et les deux découpures, latérale et inférieure, chacune une anthère à une seule loge. L'ovaire est presque globuleux, couronné par une aigrette touffue et pileuse; le style filiforme, placé vis-à-vis la quatrième découpure de la corolle ; le stigmate en massue.

Conosperme a longues feuilles : *Conospermum longifolium*, Smith, Bot. Exot., 2, pag. 45, tab. 81. Cet arbrisseau a des tiges droites, roides, hautes d'environ trois pieds, garnies de feuilles glabres, éparses, alternes, étroites, très-entières, aiguës, rétrécies à leur base, traversées vers leurs bords par deux nervures latérales, longues de deux ou trois pouces et plus. Les pédoncules sont axillaires, chargés de fleurs paniculées, en tête. Sa corolle est glabre, d'un blanc lavé de rose, à deux lèvres : la supérieure concave, contenant deux étamines fertiles, deux autres en dehors, souvent stériles ; la lèvre inférieure à trois lobes lancéolés, aigus ; l'ovaire conique, surmonté d'une touffe de filamens soyeux. Elle croît à la Nouvelle-Hollande, ainsi que les suivantes.

Conosperme a feuilles menues : *Conospermum tenuifolium*, Rob. Brown, Trans. Linn., 10, pag. 153. Cette plante, très-rapprochée de l'espèce précédente, a des feuilles linéaires, presque filiformes, un peu canaliculées, sans nervures ; les pédoncules alongés en forme de hampe, soutenant des fleurs en corymbes presque simples ; le limbe de la corolle pubescent en dehors, plus long que le tube.

Conosperme a feuilles d'if ; *Conospermum taxifolium*, Rob. Brown, *loc. cit.* Ses feuilles sont lancéolées, linéaires, aiguës, mucronées, finement pubescentes, verticales, torses à leur base ; les pédoncules axillaires.

Conosperme elliptique ; *Conospermum ellipticum*, Rob. Brown, *loc. cit.* Dans cette espèce, très-voisine de la précédente, les feuilles sont ovales, oblongues, obtuses, et légèrement mucronées à leur sommet, sans nervures sensibles ; les pédoncules axillaires.

Conosperme a fleurs bleues ; *Conospermum cœruleum*, Rob. Brown, *loc. cit.* Ses feuilles sont planes, veinées, oblongues ou lancéolées : les pédoncules prolongés en forme de hampe ; ils soutiennent des fleurs en corymbes composés : le limbe de la corolle est très-glabre, plus long que le tube.

Les trois espèces suivantes, mentionnées par M. Rob. Brown dans le même ouvrage, forment, sous le nom de *chilurus*, une sous-division distinguée par le prolongement en forme de queue des découpures de la corolle. Ces espèces sont : 1.° *Conospermum teretifolium*. Ses feuilles sont cylindriques ; les pédoncules alongés, terminés par des corymbes composés. 2.° *Conospermum capitatum*, à feuilles torses, linéaires, alongées ; les fleurs sont réunies en têtes sessiles, composées d'épillets entassés, peu garnis. 3.° Enfin, dans le *Conospermum distichum*, les feuilles sont presque disposées sur deux rangs opposés, filiformes, courbées en faucille : les fleurs réunies en épis simples, axillaires. (Poir.)

CONOSTOME, *Conostomum*. (*Bot.*) Ce genre, de la famille des mousses, appartient à la section qui comprend les genres chez lesquels l'urne n'offre qu'un seul péristome. Il forme, avec le genre *Andræa*, un groupe très-distinct par les dents du péristome, qui sont soudées aux sommets. Dans le conostome, les dents sont au nombre de seize et réellement soudées par le sommet, comme l'a observé Wahlenberg, et non pas simplement rapprochées, comme on l'avoit cru d'abord. Elles forment au-dessus de l'urne un dôme persistant.

Du reste, ce genre est très-voisin des grimmies, dont il a même fait partie. On y rapporte deux espèces qui se trouvent principalement dans le Nord. La plus remarquable est

Le Conostome boréal : *Conostomum boreale*, Schwaeg., *Musc.*, *Supp.* 1, tab. 21. ; Wahlenb., *Fl. Lap.*, 37, tab. 21. Cette mousse a été parfaitement décrite et figurée par Wahlenberg. Elle se trouve dans les tourbières et les lieux inondés, au sommet des Alpes de la Suède et de la Laponie, en Norwége, en Angleterre. Elle a un peu le port de la bartramie des fontaines. Elle forme des touffes épaisses ; ses tiges sont courtes, garnies de cinq rangs de feuilles imbriquées, lancéolées et pointues. Les pieds sont dioïques : les uns sont terminés par une rosette ; les autres portent une urne oblongue, pendante après le pédoncule, munie d'un opercule un peu conique, à pointe courte au sommet. Le péristome, lorsqu'il est humide, est exactement conique, et d'une seule pièce sans division ; par la sécheresse, il se fait à sa base seize fentes. La coiffe est petite et fendue latéralement. (Lem.)

CONOSTYLIS. (*Bot.*) Genre de plantes très-voisin de l'*anigosanthos* de Labillardière, dont il ne diffère que par sa corolle campanulée et non tubulée, ainsi que par la forme et la persistance du style. Il appartient à la famille des *iridées*, à l'*hexandrie monogynie* de Linnæus. Son caractère consiste dans une corolle en forme de cloche, à six divisions très-profondes, régulières, persistantes, couvertes de poils rameux, lanugineux; six étamines; les anthères redressées; le style conique, dilaté, fistuleux; un stigmate court; une capsule s'ouvrant à son sommet, couronnée par le style persistant, partagé en trois; un placenta trigone et central; les semences nombreuses.

Les espèces renfermées dans ce genre sont toutes originaires de la Nouvelle-Hollande, excepté la première : leurs racines sont fibreuses, fasciculées; les feuilles, presque toutes radicales, sont ensiformes, disposées sur deux rangs opposés; les fleurs terminales, en épi, en corymbe ou en tête. Les principales espèces sont :

Conostyle d'Amérique; *Conostylis americana*, Pursh, *Fl. Amer.*, 1, pag. 224, tab. 6. Cette plante croît à la Caroline et à New-Jersey. Elle n'offre qu'imparfaitement les principaux caractères de ce genre; elle se rapproche beaucoup des *argolasia* et des *anigosanthos*. C'est d'ailleurs une très-belle espèce, dont les feuilles radicales sont assez semblables à celles des graminées, glauques, étroites, très-glabres, ensiformes, aiguës, plus courtes que la hampe; celle-ci est droite, cylindrique, tomenteuse, lanugineuse, munie d'une ou de deux feuilles courtes, supportant un corymbe de fleurs nombreuses, tomenteuses, blanches en dehors, jaunes en dedans; les pédicelles de la longueur des fleurs; la corolle partagée en six découpures oblongues, aiguës; les trois intérieures un peu plus étroites, glabres et d'un brun jaunâtre vers leur sommet, chargées à leur partie inférieure de poils plumeux, d'un jaune d'or; les filamens glabres, plus courts que la corolle; les anthères droites; l'ovaire supérieur, glabre, arrondi; le style subulé, de la longueur des étamines, à trois divisions; le stigmate simple.

Les espèces observées à la Nouvelle-Hollande par M. Rob. Brown, (*Prodr. pl. Nov. Holl.*, pag. 300) sont : 1.° *Conostylis aculeata*, à feuilles glabres, armées à leurs bords de petits aiguillons alternativement plus courts; les hampes divisées en corymbes rameux; la corolle glabre en dedans. 2.° *Conostylis serrulata*, dont les feuilles sont nerveuses, striées, denticulées à leurs bords; les dentelures terminées par une soie; les hampes simples, munies de bractées; la corolle glabre en dedans. 3.° *Conostylis setigera* : les corolles sont lanugineuses à leur intérieur; les feuilles munies de soie à leurs bords; les fleurs réunies en têtes; les filamens alternativement plus longs; les hampes simples, quatre et six fois plus longues que les têtes des fleurs. 4.° *Conostylis breviscapa* : ses feuilles sont tomenteuses, rudes sur leurs bords; les corolles tomenteuses en dedans; tous les filamens égaux; les hampes simples, à peine plus longues que les têtes des fleurs. (Poir.)

CONOTROCHITES. (*Foss.*) C'est le nom qu'on a donné autrefois aux coquilles fossiles que l'on connoît aujourd'hui sous le nom de *volutes*. (D. F.)

CONOTZQUI. (*Ornith.*) Au lieu de ce mot, qu'on trouve par erreur dans quelques ouvrages, voyez Cenotzqui. (Ch. D.)

CONOVALVE, *Conovalvus*. (*Conch.*) M. de Lamarck paroît désigner sous ce nom le genre de coquilles que M. Denys de Montfort avoit antérieurement appelé mélampe, et qui a pour type le bulime coniforme de Bruguières. Voyez Mélampe. (De B.)

CONQUATOTOLT. (*Ornith.*) Ce mot, mal orthographié dans le Dictionnaire des Animaux, doit s'écrire *caquantotolt*. Voyez Coquantototl. (Ch. D.)

CONQUE. (*Conch.*) C'est un nom que les marchands d'histoire naturelle joignent souvent à quelque épithète ou à quelque autre substantif, pour désigner beaucoup de coquilles bivalves, et entre autres plusieurs espèces de Vénus, et quelquefois des univalves. (De B.)

CONQUE ANATIFÈRE (*Conch.*), nom vulgaire et très-mauvais du têt complexe des anatifes. (De B.)

CONQUE EXOTIQUE. (*Conch.*) C'est une espèce du genre Bucarde, *cardium costatum*, Linn. (De B.)

CONQUE ONGLÉE (*Conch.*), *Chama hippopus*, Linn. (De B.)

CONQUE PERSIQUE. (*Conch.*) C'est une espèce de pourpre pour M. de Lamarck, *buccinum persicum*, Linn., et quelquefois le nom de la volute éthiopienne, *voluta ethiopica*, Linn. (De B.)

CONQUE SPHÉRIQUE. (*Conch.*) On désigne quelquefois

sous ce nom les coquilles du genre Tonne. Voyez ce mot. (De B.)

CONQUE DE TRITON (*Conch.*), *Buccinum tritonium*, Linn.; faisant maintenant partie du genre Triton de M. Denys de Montfort. Voyez ce mot. (De B.)

CONQUE TUILÉE (*Conch.*), *Chama hippopus*, Linn. (De B.)

CONQUE NON TUILÉE (*Conch.*), *Chama hippopus*, Linn. (De B.)

CONQUE A TUILEAUX (*Conch.*), variété du *chama hippopus*, Linn. (De B.)

CONQUE DE VÉNUS. (*Conch.*) Ce nom est donné par les modernes à un assez grand nombre d'espèces de Vénus qui offrent, soit par la manière dont elles sont tronquées, soit par la forme de la place du ligament, quelque ressemblance avec l'orifice des organes de la génération de la femme. Il paroît que les anciens désignoient sous cette dénomination les coquilles du genre Porcelaine. (De B.)

CONQUE DE VÉNUS MALÉFICIÉE (*Conch.*), *Venus verrucosa*, Linn. (De B.)

CONQUE DE VÉNUS ORIENTALE (*Conch.*); *Venus dysera*, Linn. (De B.)

CONQUE DE VÉNUS A POINTES OCCIDENTALE (*Conch.*), *Venus Dione*, Linn. (De B.)

CONQUE DE VÉNUS SANS POINTE (*Conch.*); *Cardium pectinatum*, Linn. (De B.)

CONQUES. (*Conch.*) M. de Lamarck établit sous ce nom une famille parmi ses conchifères ou mollusques bivalves, qui a pour caractères d'être équivalve, non bâillante; d'avoir le ligament extérieur, deux impressions musculaires, et enfin des dents cardinales divergentes ou nulles. Elle contient les genres Galathée, Fluvicole, Cyclade, Diacanthine, qui sont fluviatiles, et Capse, Lucine, Corbeille, Telline, Donace, Cythérée, Vénus et Vénéricarde, qui sont marines.

Adanson et plusieurs anciens employoient aussi ce mot, *conchæ* en latin, pour désigner les enveloppes des coquilles bivalves, par opposition à celui de limaçons ou de *cochleæ*. (De B.)

CONQUE ANATIFÈRE. (*Foss.*) Scheuchzer et d'autres auteurs ont cru pouvoir rapporter au têt des anatifs de petites pièces fossiles qu'on rencontre sur le mont Randen en Suisse, et dont on voit la figure dans le Traité des Pétrifications, tab. 53, n.° 355. L'auteur de cet ouvrage la désigne sous le nom de petit os d'échinite. Je crois que cette pièce dépend en effet d'un oursin, et j'en possède qui ont cette forme.

Scheuchzer (*Oryctogr.*, n.° 110, et *Specim. lithogr.*, n.° 27), croit qu'on peut aussi rapporter au genre *Anatife* d'autres pièces qu'on rencontre au même endroit, qui ont la forme d'une telline comprimée, qui sont triangulaires, coupées d'un côté en ligne droite avec la coupure très-épaisse, lisses en dehors et striées en dedans. (D. F.)

CONQUE DE VÉNUS. (*Foss.*) Rumphius et quelques autres auteurs ont donné ce nom aux trigonies fossiles. (D. F.)

CONQUES-OREILLES. (*Bot.*) Genre de champignons établi par Paulet dans le premier ordre, celui des *Coccigrues*, de la deuxième classe de sa Méthode. Le caractère de ce genre est d'offrir des champignons fongueux ou membraneux, creusés en forme de conques marines ou d'oreilles. Il se divise en deux familles, celle des conques-oreilles coriaces, celle des conques-oreilles cassantes.

Dans la première sont placées trois espèces :

1.° L'Oreille de Judas, qui est la *tremella auricula*, Pers.

2.° La Conque marine, qui est une espèce de tremelle qu'on trouve sur le saule, et que Sterbeeck a fait connoître. (*Elench.*, tab. 27, f. E.)

3.° La Conque-oreille frisée, qui est le *tremella lichenoides*, Linn., mais qui maintenant fait partie du genre *Collema* dans la famille des lichens.

La famille des Conques-oreilles cassantes comprend quatre espèces; savoir :

La Petite Oreille de cochon;

L'Oreille brune ou coquillière;

La Grande Oreille de cochon,

Et l'Oreille d'ours. (Voyez ces mots.)

Tous ces champignons n'ont point des qualités malfaisantes; dans le Nord on en mange quelques-uns. (Lem.)

CONSANA. (*Bot.*) Genre établi par Adanson pour le subularia aquatica de Linnæus. Voyez ce mot. (Poir.)

CONSEILLER. (*Ornith.*) Ce nom paroît être donné, dans

quelques cantons de l'Italie, au rouge-gorge, *motacilla rubecula*, Linn. (Ch. D.)

CONSILIGO. (*Bot.*) Pline nommoit ainsi l'hellebore vert, suivant C. Bauhin. (J.)

CONSIRE (*Bot.*), un des noms vulgaires anciens de la grande consoude, *symphytum*, suivant Olivier de Serres et Daléchamps. (J.)

CONSOLIDA. (*Bot.*) Ce nom, qui exprime la propriété de consolider des plaies ou des organes affoiblis, a été donné à diverses plantes dans lesquelles on croyoit reconnoître cette propriété : ainsi on nommoit *consolida aurea* l'hélianthème; *regalis*, quelques espèces de pied d'alouette; *palustris*, la jacobée des marais; *sarracenica*, plusieurs verges d'or; *minor*, la brunelle et la paquerette; *media*, la marguerite et plusieurs bugles; *major*, la grande consoude, laquelle seule porte en françois un nom qui rappelle son nom latin primitif. (J.)

CONSOUDE (*Bot.*), *Symphytum*, Linn. Genre de plantes dicotylédones, monopétales, hypogynes, de la famille des borraginées, Juss., et de la *pentandrie monogynie* de Linnæus, dont les principaux caractères sont d'avoir un calice monophylle, persistant, à cinq divisions; une corolle monopétale, tubuleuse, fermée à la gorge par cinq rayons subulés et connivens, un peu évasée en cloche, à limbe découpé en cinq dents; cinq étamines à anthères oblongues; un ovaire supérieur, à quatre lobes, surmonté d'un style et d'un stigmate simples; quatre petites noix monospermes au fond du calice. On connoît aujourd'hui huit espèces de ce genre, toutes naturelles aux contrées tempérées ou septentrionales de l'ancien continent. Les plus remarquables sont les suivantes :

Consoude officinale, vulgairement Grande Consoude : *Symphytum officinale*, Linn., *Spec.* 195; *Fl. Dan.*, t. 664. Sa racine est fusiforme, charnue, noirâtre à l'extérieur; elle donne naissance à une tige herbacée, haute de deux pieds ou plus, hérissée de poils et garnie de feuilles lancéolées, rudes au toucher, rétrécies en pétiole à leur base et un peu décurrentes. Ses fleurs sont blanchâtres, jaunâtres ou rougeâtres, disposées, à l'extrémité de la tige et des rameaux, en grappes courtes, bifides, un peu roulées avant leur développement. Cette plante croît dans les prairies humides et sur le bord des eaux. On emploie sa racine en médecine, comme astringente, adoucissante et béchique; on en fait surtout usage dans les crachemens de sang, les hémorrhagies, la dyssenterie, la diarrhée. On en prépare, dans les pharmacies, un sirop auquel elle donne son nom, et dont on se sert dans les mêmes circonstances.

Consoude tubéreuse : *Symphytum tuberosum*, Linn., *Spec.* 195; Jacq., *Fl. Austr.*, tab. 225. Cette espèce diffère de la précédente par sa racine horizontale, renflée et tuberculeuse de distance en distance, par sa tige moins élevée, par ses feuilles ovales-lancéolées; ses fleurs sont d'un blanc jaunâtre. Elle croît dans les bois et les lieux ombragés des parties méridionales de la France, de l'Espagne, de l'Italie, etc.

Consoude a feuilles en cœur; *Symphytum cordatum*, Waldst. et Kitaib., *Plant. rar. Hung.* 1, p. 6, t. 7. Sa racine est tubéreuse et rampante; elle donne naissance à une tige simple, droite, haute d'un pied ou environ, garnie de feuilles larges, en cœur, hispides sur leurs deux faces, et terminée à son sommet par une courte grappe de fleurs d'un blanc jaunâtre. Cette plante croît dans la Hongrie et dans la Transylvanie. (L. D.)

CONSOUDES (Petites), (*Bot.*) On donne vulgairement ce nom à plusieurs espèces de bugles. (L. D.)

CONSOUDE ROYALE (*Bot.*), nom vulgaire du pied-d'alouette des jardins. Voyez Dauphinelle. (L. D.)

CONSTELLATIONS. (*Astron.*) Assemblage d'étoiles auxquelles on a donné des noms. Voyez Étoiles. (L.)

CONSTRICTEURS, *Constrictores*. (*Erpétol.*) M. Oppel désigne sous ce nom le second sous-ordre de l'ordre des ophidiens, et lui donne pour caractères d'avoir la queue amincie et arrondie, de manquer de crochets à venins, et d'offrir des ergots auprès de l'anus. Tels sont les genres Boa et Eryx. Voyez ces mots. (H. C.)

CONSUL. (*Ornith.*) L'oiseau du Spitzberg, à trois doigts palmés, qui est désigné sous ce nom, p. 168, §. 11, du *Prodromus avium* de Klein, et auquel cet auteur donne pour synonyme, p. 148, n.° 6, le *plautus senator*, ou *raeds-heer* de Martens, paroît, d'après son bec noir et la blancheur de son plumage, se rapporter au pétrel blanc de Buffon, *procellaria nivea*. Gmel. (Ch. D.)

CONSUL. (*Mamm.*) M. Salt, dans son Voyage en Abyssinie, dit que ce nom est celui d'un renard, dans la langue du Tacassé. (F. C.)

CONTACITRAIN ou Fente dure. (*Bot.*) Préfontaine applique ce nom à un arbre de la Guiane, dont le bois serré est très-difficile à fendre. (J.)

CONTA-FASONA. (*Ornith.*) Il paroît, d'après Monbelliart, que le troglodyte, *motacilla troglodytes*, Linn., se nomme ainsi dans certaines contrées d'Amérique. (Ch. D.)

CONTARENIE, *Contarenia*. (*Bot.*) Vandelli désigne, sous ce nom générique, une plante du Brésil dont les feuilles sont marquées de trois nervures, et les fleurs petites, disposées en épis colorés; elles ont, selon lui, un calice tubulé, à deux divisions; une petite corolle monopétale, en forme de languette, divisée par le haut en trois lobes; quatre étamines courtes; un ovaire; un style grêle, persistant; un stigmate en tête; une capsule à deux loges, remplie de beaucoup de graines. On ne peut indiquer sa famille, parce qu'on ne connoît pas la structure interne du fruit, et surtout la disposition de la cloison qui sépare les loges.

Adanson, dans ses Familles, avoit nommé *contarena* le genre qui est le *corymbium* de Linnæus et des autres botanistes. (J.)

CONTIA (*Bot.*), nom d'une des variétés d'olives désignées par Pline. (J.)

CONTIGUS (*Bot.*), se touchant sans adhérer ensemble. On dit d'un calice, par exemple, que ses pétales sont contigus, lorsque, étant rapprochés longitudinalement, ils ne laissent pas d'intervalle notable entre leurs côtés : la giroflée en offre un exemple. Si on ouvre diverses graines, on trouve les cotylédons tantôt divergens, tantôt renversés, etc.; mais ordinairement on les trouve appliqués l'un contre l'autre par leur face interne : dans ce dernier cas, M. Mirbel les dit *contigus* (fève, haricot, et autres légumineuses). (Mass.)

CONTILUS. (*Ornith.*) Gesner qui, après avoir assez longue-[illegible] parlé de la tourterelle, cite ce nom comme désignant un [illegible] d'oiseaux, hésite sur son application aux cailles ou aux Becs-fins. (Ch. D.)

CONTINUE (Tige), *continuus* (*Caulis*). (*Bot.*) Lorsqu'une tige se divise en branches et rameaux, on la dit rameuse; lorsque malgré ses branches et ses rameaux elle conserve un axe principal de la base au sommet, on la dit *continue*. Le sapin, le pin du Nord ont la tige *continue*. Voyez Rameux. (Mass.)

CONTRA. (*Ornith.*) L'oiseau du Bengale qui est figuré sous ce nom dans Albin, tom. 3, pl. 21, est la 4.e espèce d'étourneau, *sturnus contra*, Linn. (Ch. D.)

CONTRA CAPETAN. (*Bot.*) Les habitans de Carthagène, en Amérique, donnent ce nom à une aristoloche, dont le suc de la racine passe chez eux pour un remède préservatif ou curatif de la morsure des serpens. Si on peut en verser quelques gouttes dans leur bouche, ils tombent aussitôt dans un état de torpeur qui permet de les manier impunément. Une dose plus forte leur occasione des mouvemens convulsifs qui se terminent bientôt par leur mort. C'est pour cela que M. Jacquin a nommé cette plante *aristolochia anguicida*. (J.)

CONTRACTÉ (Nectaire), *contractum* (*Nectarium*). (*Bot.*) Lorsque le nectaire est placé sur le réceptacle, il est tantôt plus large que la base de l'ovaire, et alors M. Mirbel le dit débordant; tantôt il ne déborde pas la base de l'ovaire, et dans ce cas M. Mirbel le dit *contracté*. La bourrache, le fusain, etc., ont un nectaire débordant; l'oranger, le *cneorum*, etc., ont un nectaire *contracté*. (Mass.)

CONTRAYERVA. (*Bot.*) Ce nom, qui signifie herbe contre les poisons, a été donné primitivement à la racine d'une plante que Clusius avoit nommée *drakena*, parce qu'il l'avoit reçue du navigateur Drake: c'est le *dorstenia* de Plumier, maintenant *dorstenia contrayerva* de Linnæus. On trouve dans l'ouvrage de Hernandez sur le Mexique, un autre contrayerva, nommé sur les lieux *counanapilli*, qui est le *passiflora normalis*. Un troisième contrayerva existe au Pérou, nommé aussi *matagusanos* à Lima, et *chinapaja* à Cusco; c'est le *vermifuga corymbosa* de la Flore du Pérou, le *milleria contrayerva* de Cavanilles. Une quatrième est l'*aristolochia trilobata*, mentionnée par Brown, dans l'Histoire de la Jamaïque. (J.)

CONTRE-MAITRE (*Ornith.*), traduction du nom de *contra-maestre*, imposé par M. d'Azara à une famille de petits oiseaux du Paraguay, contenant neuf espèces, qu'il décrit sous les n.ºs 102 à 110, et qui sont des fauvettes ou autres becs-fins. (Ch. D.)

CONTRIOUX. (*Ornith.*) On donne ce nom, en Saintonge, au cujelier, *alauda arborea*, Linn. (Ch. D.)

CONTRUNIQUE. (*Conch.*) Les conchyliologistes françois du siècle dernier désignoient sous ce nom les individus normaux des espèces de coquilles ordinairement normales ou gauches. (De B.)

CONTSJOR. (*Bot.*) C'est, suivant Rumph, le nom du *kæmpferia galanga* à l'île d'Amboine; mais il reçoit celui de *tsjoncor* dans l'île de Baly et dans celle de Java, où il est encore appelé *kuntsn*. Ses feuilles y sont employées comme aliment, sa racine comme remède. C'est pourquoi on le cultive dans les jardins, quoiqu'il naisse spontanément dans les campagnes. (J.)

CONTURNIX. (*Bot.*) On trouve dans Césalpin ce nom ancien donné dans quelques lieux au plantain. Il dit que Dioscoride et Théophraste le nommoient *arnoglossum*, et quelquefois aussi *stelephuron*. L'espèce à feuilles étroites, lancéolées, est le *lanceola* de Césalpin. Quelques auteurs nomment *cynoglossa* le *plantago media*. (J.)

CONULE (*Bot.*), nom françois, proposé par Bridel, pour désigner le genre de mousses nommées *conostomum* par Swartz. Voyez Conostome. (Lem.)

CONVALLARIA. (*Bot.*) Voyez Muguet. (L. D.)

CONVERS (*Ichthyol.*), nom vulgaire des jeunes aloses dans quelques cantons de la France. Voyez Clupée. (H. C.)

CONVEXE (*Bot.*), *Convexus* : dont la partie supérieure (considérée seule) est bombée, sans former d'angle. On en a des exemples, parmi les feuilles, dans celles du grand basilic; parmi les réceptacles, dans celui de la framboise; parmi les clinanthes, dans celui de la grande marguerite; parmi les hiles, dans celui du marron d'Inde. (Mass.)

CONVOLUTÉ (*Bot.*), *Convolutus;* roulé en cornet. Les feuilles du bananier, du balisier, de l'épine-vinette, des asters, du blé, etc., avant leur entier développement, sont *convolutées*. Les cotylédons du grenadier sont *convolutés* dans la graine ou au moment de la germination. Le pétiole des graminées forme autour de la tige une gaîne *convolutée*. (Mass.)

CONVOLVULACÉES. (*Bot.*) Cette famille, faisant partie de la classe des plantes dicotylédones et hypo-corollées, c'est-à-dire, à corolle monopétale insérée sous l'ovaire, tire son nom du liseron, *convolvulus*, qui en est le genre principal. Ses caractères sont un calice à cinq divisions; une corolle régulière, dont le limbe est divisé en cinq lobes égaux; cinq étamines insérées à son tube et alternes avec ses lobes. L'ovaire libre est surmonté d'un style unique, ou plus rarement de deux à cinq. Dans ce dernier cas, le nombre des stigmates égale celui des styles. Dans le premier, il est terminé par un seul ou plusieurs stigmates. Cet ovaire devient une capsule ordinairement à trois loges, quelquefois à deux ou quatre, s'ouvrant en autant de valves qui sont appliquées par leurs bords aux angles d'un réceptacle anguleux central. Chaque loge contient une ou plusieurs graines, attachées au bas des faces du réceptacle. Les graines, recouvertes d'une enveloppe dure et osseuse, ont le hile ou ombilic tourné du côté du point de leur attache. L'embryon qu'elles contiennent a sa radicule dirigée vers le même point; ses lobes sont repliés irrégulièrement sur eux-mêmes. Il est entouré d'une matière mucilagineuse, soluble dans l'eau, qui pénètre dans les replis des lobes et tient lieu de périsperme. Les plantes de cette famille sont des arbrisseaux, ou plus souvent des herbes dont plusieurs sont volubles, et beaucoup sont laiteuses. Les feuilles sont le plus souvent alternes; les fleurs, ordinairement axillaires, sont portées sur des pédoncules uniflores ou multiflores.

On peut diviser cette famille en deux sections. Dans la première, qui comprend les genres monostyles, se placent l'*arygreia* de Loureiro, le *maripa* et le *murucoa* d'Aublet, le *retzia*, l'*endrachium*, le *convolvulus* dont il sera difficile de distinguer l'*ipomœa*, le *pelymeria* de Rob. Brown, le *calboa* de Cavanilles. Une seconde section réunit les genres à deux ou plusieurs styles, qui sont l'*evolvulus*, le *dichoandra*, le *nama*, l'*erycibe* de Roxburg, le *porana*, le *cladostyles* de Humboldt, le *sagonea*, le *cressa*, le *falkia*, qui, à raison de ses deux styles, paroît devoir rester séparé du *convolvulus* auquel certains botanistes l'ont réuni. A la fin de la famille on laisse le *cuscuta* comme genre voisin, mais différent en plusieurs points. (J.)

CONVOLVULUS. (*Bot.*) Voyez Liseron. (L. D.)

CONYZA. (*Bot.*) Beaucoup de plantes de la famille des corymbifères, mais de genres différens, ont reçu ce nom de divers auteurs qui n'avoient que des idées vagues sur la composition de ce genre. Ainsi, notre *ambrosia maritima* est, suivant C. Bauhin, la *conyza* d'Hippocrate. Selon le même, les *conyza mas* et *femina* de Théophraste, ou *major* et *minor* de Dioscoride, sont les *erigeron viscosum* et *graveolens* de Linnæus. Cet auteur a peut-être eu tort de nommer *baccharis Dioscoridis* une autre plante que Ranvolf croit encore être un *conyza* de Dioscoride, puisque lui-même, d'après Ranvolf, cite la *baccharis* de Dioscoride comme synonyme de son *gnaphalium sanguineum*. Si l'on parcourt les divers ouvrages anciens et modernes, on trouve le nom de *conyza* donné à des espèces des genres *Chrysocoma*, *Encelia*, *Eupatorium*, *Ageratum*, *Mikania*, *Gnaphalium*, *Stræbe*, *Pteronia*, *Tarchonanthus*, *Cineraria*, *Inula*, *Bidens*.

La distinction des genres *Conyza* et *Baccharis*, établis par Linnæus, a paru insuffisante à plusieurs auteurs, puisque la différence consiste dans les fleurons femelles, ceux du *conyza* étant trifides, et ceux du *baccharis* entiers et tellement appliqués contre le style qu'on ne les aperçoit qu'avec peine. Comme tous les *baccharis* d'Amérique connus sont dioïques, on a peut-être raison maintenant de vouloir adopter pour ce genre ce dernier caractère, en reportant au *conyza* les *baccharis* de Linnæus non dioïques : on réuniroit alors au *baccharis* le genre *Molina* de la Flore du Pérou, qui a de même les sexes séparés sur des pieds différens. (J.)

CONYZÆA (*Bot.*), nom de la quatrième espèce ou sous-genre des verrucaires (*verrucaria*) d'Achard, qui comprend les espèces dont l'expansion crustacée est entièrement lépreuse et pulvéracée. Voyez Verrucaires. (Lem.)

CONYZÆ SPECIES. (*Bot.*) Jean Bauhin nommoit ainsi l'*erigeron siculum*, Linn. (H. Cass.)

CONYZE, *Conyza*. (*Bot.*) [*Corymbifères*, Juss.; *Syngénésie polygamie superflue*, Linn.] Ce genre de plantes, de la famille des synanthérées, appartient à notre tribu naturelle des inulées.

La calathide est discoïde, cylindracée ; composée d'un disque multiflore, régulariflore, androgyniflore, et d'une couronne uni-bisériée, tubuliflore, féminiflore. Le péricline est à peu près égal aux fleurs, cylindracé, formé de squames imbriquées, extradilatées, linéaires, appliquées, nullement scarieuses ; les extérieures surmontées d'un petit appendice foliacé, inappliqué. Le clinanthe est plane, inappendiculé. L'ovaire est cylindracé, strié, hispidule, muni d'un bourrelet basilaire, et d'une longue aigrette composée de squamellules unisériées, entregreffées à la base, très-droites, filiformes, subtriquètres, régulièrement barbellulées. Les corolles de la couronne ont le limbe étréci en tube, et irrégulièrement tri-quadrilobé. Les anthères sont munies de longs appendices basilaires filiformes, barbus.

La Conyze vulgaire, *Conyza squarrosa*, Linn., est une plante herbacée, bisannuelle, dont la tige, haute de deux à trois pieds, est dressée, rameuse, velue et rougeâtre; les feuilles sont ovales-lancéolées, pubescentes en dessous; les inférieures pétiolées et dentées, les supérieures sessiles et entières; les calathides, composées de fleurs jaunes, sont disposées en corymbe terminal. On rencontre fréquemment cette plante sur le bord des bois, et dans les terrains secs, en France, en Angleterre, en Allemagne; elle fleurit aux mois de juillet et d'août. On la nomme vulgairement *herbe-aux-mouches*, parce que son odeur forte et désagréable fait, dit-on, périr ces insectes.

Le genre *Conyza* est, dans l'ordre naturel, immédiatement voisin du genre *Inula*, et surtout du sous-genre *corvisartia*, dont il ne diffère essentiellement que par la couronne tubuliflore et non radiante dans le *conyza*, liguliflore et radiante dans le *corvisartia*. La *conyza squarrosa* est le vrai type du genre, auquel se rapporte parfaitement la *conyza thapsoides*, et qui, sans doute, conservera encore légitimement quelques autres espèces. Mais il faut en expulser le plus grand nombre de celles que les auteurs y ont confusément entassées : il faut surtout se garder d'imiter quelques botanistes qui, en réunissant les *baccharis* aux *conyza*, ont doublé la confusion, et, ce qui est bien pire, ont mêlé deux genres appartenant à deux tribus naturelles différentes; car les *conyza* sont des inulées, et les *baccharis* sont des astérées. Si l'on adopte les caractères génériques que nous proposons, et surtout celui qui consiste dans l'existence des appendices basilaires de l'anthère, on ne risquera plus de tomber dans un pareil écart; et le genre *Conyza* cessera d'être le réceptacle monstrueux de la plupart des synanthérées que les botanistes ne savent où placer. Les auteurs qui séparent, avec raison, les *baccharis* des *conyza*, comptent encore, dans ce dernier genre, environ quatre-vingts espèces, dont au moins les trois quarts appartiennent réellement à des genres différens, et même à des tribus différentes. Un désordre presque aussi grand règne dans le genre *Baccharis*, qu'il est pourtant très-facile de caractériser et de circonscrire avec précision, en n'y comprenant, comme on l'a déjà proposé avant nous, que des espèces dioïques ou à calathides unisexuelles. On ne doit donc pas s'étonner si les faux *conyza* et *baccharis* ont servi de types à un grand nombre des nouveaux genres que nous avons proposés dans le Bulletin des sciences de la Société philomathique des années 1816 et 1817. (H. Cass.)

CONYZELLA. (*Bot.*) Dillenius donnoit ce nom à la verge d'or du Canada, *erigeron canadense*, originaire du Nouveau-Monde, et apportée en Europe, où elle s'est très-multipliée par ses graines aigrettées, et conséquemment très-faciles à être transportées par le vent. (J.)

CONYZIS AFFINIS. (*Bot.*) Gaspard Bauhin nommoit ainsi l'*inula britannica*, Linn. (H. Cass.)

CONYZOIDES. (*Bot.*) Ce nom avoit été donné par Gesner à l'*erigeron acre*, par Tournefort et Dillen à un autre genre, le *carpesium* de Linnæus. (J.)

CONZAMBAC. (*Bot.*) Clusius nous apprend que c'est sous ce nom qu'on avoit d'abord envoyé de Constantinople en Espagne la plante qu'il nomme *hemerocallis valentina*. Elle a été ensuite le *narcissus maritimus* de C. Bauhin et de Tournefort. Maintenant c'est le *pancratium maritimum* de Linnæus. (J.)

COODO. (*Mamm.*) Marsden écrit ainsi le nom que le cheval reçoit dans l'île de Sumatra. Il faut prononcer en françois *coudo*. (F. C.)

COODOAYER (*Mamm.*), nom de l'hippopotame à Sumatra, suivant Marsden. Il faut prononcer *coudeyer*. (F. C.)

COOK (*Ichthyol.*), nom d'une espèce de labre que M. Schneider regarde comme indéterminée. Il a le dos pourpre et indigo, le ventre jaunâtre, la queue arrondie. Pennant en parle, *Britann. Zoolog.* 253, n.° 123. (H. C.)

COOKE. (*Ichthyol.*) Voyez Cook. (H. C.)

COOKIA (*Bot.*), vulgairement Vampi ou Wampi. Genre de plantes de la famille des aurantiacées, placé dans la *décandrie monogynie* de Linnæus, dont le caractère essentiel est d'avoir un calice fort petit, à cinq divisions; cinq pétales étalés; dix étamines libres; un ovaire velu, un peu pédicellé;

un style, un stigmate en tête, une petite baie ponctuée, ordinairement à cinq loges, dont souvent trois avortent; chaque loge monosperme. Ce genre ne renferme que l'espèce suivante.

Cookia ponctué : *Cookia punctata*, Sonner., Voyag. des Ind., vol. 1, pag. 181, tab. 130; Lamk. *Ill. gen.*, tab. 354; Jacq., *Schœnbr.*, 1 tab. 101; *Quinaria lansium*, Lour., Coch., pag. 334. Arbre originaire de la Chine, cultivé à l'île de France. Son tronc est gros; il soutient une cime touffue dont les rameaux sont couverts, dans leur jeunesse, de poils courts et de points verruqueux, garnis de feuilles alternes, pétiolées, ailées avec une impaire, composées de trois à cinq paires de folioles membraneuses, glabres, alternes, pédicellées, ovales, lancéolées, aiguës, entières ou ondulées à leurs bords, longues de trois à quatre pouces, larges d'un pouce et demi, parsemées de points transparens. Les fleurs sont blanches, petites, disposées en une panicule terminale, ample, étalée; chaque fleur pédicellée, les pédoncules et les pédicelles chargés de poils courts et de points glanduleux; les calices sont très-courts; la corolle au moins deux fois plus longue que le calice; les pétales lancéolés, un peu aigus; les filamens plus longs que la corolle; les anthères arrondies, l'ovaire supérieur, ovale, velu, presque pentagone; le style court. Le fruit est une baie ovale, de la grosseur d'une noisette, ponctuée, à cinq ou deux loges par avortement; chaque loge renferme une semence dure, oblongue.

Le genre *Cookia*, cité par Gmelin dans le *Systema Naturæ*, formé de plusieurs espèces de *bancksia* de Forster, est très-différent de celui-ci. Aujourd'hui il fait partie du genre *Pimelea*. Voyez Pimelée. (Poir.)

COOLÉET-MANÉES. (*Bot.*) A Sumatra on nomme ainsi, suivant M. Marsden, une espèce de cannellier qui croît loin du bord de la mer, et fournit une cannelle grossière. Il s'élève à la hauteur de quarante à cinquante pieds; sa racine contient beaucoup de camphre, mais on le cultive plutôt à cause de son écorce. On ne la cueille que sur des pieds qui ont acquis quinze à dix-huit pouces de diamètre; prise sur un plus jeune, elle seroit trop mince et perdroit son aromate. (J.)

COONIET. (*Bot.*) Le *curcuum* est ainsi nommé à Sumatra;

Marsden dit qu'on y en distingue deux espèces, le *cooniet-mera* qui est employé dans les alimens, et le *cooniet-tummoo* qui fournit une excellente teinture jaune, et que l'on administre aussi comme médicament. (J.)

COO-OW. (*Ornith.*) On appelle ainsi, à Sumatra, l'argus placé, par Linnæus et Latham, au rang des faisans, sous le nom de *phasianus argus*, et dont M. Temminck a fait un genre particulier. L'espèce est nommée, par ce naturaliste, *argus giganteus*, et par M. Vieillot *argus luen.* (Ch. D.)

COOROUS. (*Bot.*) Voyez Carri. (J.)

COORZA. (*Ichthyol.*) Pison donne ce nom à un poisson qui paroît être voisin des maquereaux, et dont la chair est bonne à manger. Voyez Ray, *Synop. meth. Av.*, pag. 60. (H. C.)

COOT (*Ornith.*), nom générique, en anglois, des foulques, *Fulica*, Linn. (Ch. D.)

COOYOO. (*Mamm.*) Marsden dit que l'on donne ce nom au chien à Sumatra. Il doit être prononcé en françois couyou. (F. C.)

COP (*Ornith.*), nom vulgaire du scops ou petit duc, *strix scops*, dans quelques cantons du département des Deux-Sèvres. (Ch. D.)

COPAHU DE SAINT-DOMINGUE (*Bot.*), nom donné, dans cette colonie, au *croton origanifolium* de M. Lamarck, qui n'est pas cité par d'autres auteurs. (J.)

COPAIA. (*Bot.*) Grand arbre de la Guiane, cité par Aublet comme une espèce de bignone, *bignonia copaia.* Quelques habitans de cette colonie le regardoient comme une espèce de simarouba, et en faisoient usage en tisane pour guérir les dévoiemens et les dyssenteries. C'est le même que Préfontaine nomme *coupaya.* Les Nègres préparent, avec le suc de ses feuilles, un extrait pour couvrir les parties affectées du pian : d'où lui est encore venu le nom d'*onguent pian.* (J.)

COPAIBA. (*Bot.*) La plante que Pison décrit sous ce nom, et qu'il figure, pag. 118, dans son Histoire naturelle et médicale des deux Indes, publiée en 1658, paroit différente du *copayva officinalis*, décrit et figuré dans les Plantes d'Amérique de Jacquin, quoique celui-ci cite comme synonyme le nom de Pison. Les fleurs et même les feuilles ne se ressemblent point. Pison, dans cet ouvrage, présente une fleur qui est la même que celle qui est figurée, p. 131, dans l'Histoire du Brésil par Marcgraave, publiée en 1648, sous le nom de *coapoiba;* que celui-ci donne comme différente de son *copaiba*, p. 130, dont il ne dessine que le fruit. Pison, au contraire, réunit sous le nom de *copaiba*, la fleur et le fruit des deux plantes de Marcgraave, en quoi il peut avoir raison; mais il restera toujours certain que le *copaiva* de Jacquin n'est pas la même plante. Ces différens noms sont rapportés au copahu ou copaier, *copaifera*, d'où découle la résine dite de *copahu*. (J.)

COPAL. (*Bot.*) La substance connue sous le nom de gomme copal, *copal gummi*, est plutôt une résine qui se vend en morceaux de diverses grandeurs, dont les plus gros n'excèdent pas le volume d'une noix. Ils sont transparens, durs, de couleur citrine pâle, inodores, insipides, insolubles dans l'esprit de vin, et répandent, lorsqu'on les brûle, une odeur agréable. Il paroît qu'il existe deux substances de ce nom, l'une apportée de l'Orient et de l'Inde, plus rare parmi nous et plus estimée, l'autre envoyée d'Amérique.

La première, celle des Indes, découle d'un arbre qui a été long-temps inconnu. Lemery, qui décrit cet arbre d'après Monardès, dit qu'il est de moyenne hauteur, que ses feuilles sont ce que nous nommons conjuguées, c'est-à-dire, deux à deux sur la même queue, longues, assez larges et pointues; que ses fruits sont oblongs, assez plats, de couleur brune, renfermant une espèce de farine de bon goût. Cette description semble désigner complétement le courbaril, *hymenæa*, grand arbre légumineux, duquel découle, non la résine copal, mais la résine *animée*, qui a souvent été confondue avec elle. Au rapport de Pison, toutes les résines et gommes odorantes portoient en Amérique le nom de copal; et, suivant Hernandez, ce nom étoit réservé à celles qui sont blanches, et l'on donnoit celui d'animée aux résines odorantes de couleur brune ou brunâtre. C'est à l'article COURBARIL que nous devons renvoyer ce qui a rapport à l'animé, puisqu'on convient que c'est cet arbre qui fournit cette résine, du moins celle qui est apportée d'Occident ou d'Amérique.

Geoffroy, dans sa Matière médicale, parle d'un autre animé d'Orient ou d'Ethiopie, nommé *animum* par les Portugais, qui est une résine transparente, en grands morceaux de différentes couleurs, tantôt blancs, tantôt roussâtres ou bruns, un peu semblables à la myrrhe, et répandant par la combustion une odeur agréable. Il dit, d'après Garcias, qu'on l'apportoit autrefois d'Ethiopie, et il ajoute qu'on ignore de quel arbre elle découle.

Lorsqu'il parle ensuite du véritable copal, que nous avons décrit en premier, et qui, selon lui, ne nous est connu que depuis la découverte du Nouveau-Monde, il le fait venir du Mexique, où existent plusieurs arbres mentionnés sous le nom de *copalli* par Hernandez, dans son ouvrage sur les productions naturelles de ce pays. L'espèce principale qui fournit ce copal, soit par transsudation, soit par incision, est un sumac, que les botanistes nomment *rhus copallinum*. Les Mexicains employoient cette résine comme un encens en l'honneur de leurs dieux; ils le brûlèrent également pour honorer les Européens qui abordèrent les premiers dans leur pays, les prenant pour des êtres surnaturels.

On l'emploie rarement en médecine, mais comme substance résineuse et balsamique; on s'en sert plus communément dans les arts pour faire du vernis.

Rheede, dans son *Hortus malabaricus*, parle d'un arbre nommé *pœnoc* au Malabar, et dont Linnæus fait son *vrateria indica*. Il a été depuis réuni au genre Elœocarpe, sous le nom de *elœocarpus copalliferus*, parce qu'on croit que c'est de cet arbre que découle le copal d'Orient, beaucoup plus rare parmi nous, comme nous l'avons dit, que celui d'Occident ou d'Amérique, et ayant des qualités supérieures, employé cependant aux mêmes usages. C'est peut-être la même résine que l'animé d'Orient dont parle Geoffroy. Ce copal est employé dans l'Inde comme encens. On s'en sert aussi à l'intérieur pour guérir des gonorrhées et autres affections vénériennes; à l'extérieur, pour le traitement des plaies. (J.)

COPAL. (*Chim.*) Voyez Résine. (Ch.)

COPALLI-QUAHUITL (*Bot.*), nom mexicain, cité par Hernandez, du *rhus copallineus*, dont on tire une résine analogue au vrai copal, mais beaucoup moins estimée. Le *copalli totopocense* paroît appartenir au même genre, et fournit également une résine odorante. (J.)

COPAYER, *Copaifera*. (*Bot.*) Genre de plantes dicotylédones, de la dixième classe de Linnæus, la *décandrie monogynie*, et de la famille naturelle des légumineuses de Jussieu.

Ce genre a pour caractère un calice à quatre folioles (corolle de Jacquin) ovales, pointues ; point de corolle ; dix étamines distinctes, dont les filamens, courbés en dedans, portent des anthères vacillantes.

L'ovaire est supérieur, pédiculé, comprimé, surmonté d'un style filiforme, courbé, à stigmate obtus.

Le fruit est une capsule ovale, pointue à son extrémité, bivalve, contenant une seule graine, couverte d'un arille charnu.

On ne connoît qu'une seule espèce de ce genre.

Le COPAYER DES BOUTIQUES : *Copaifera officinalis*, Linn. ; *Copaiva*, Jacq., *Am.*, 133, t. 86, pict. 67, t. 123. Cet arbre, qui s'élève quelquefois à plus de quarante pieds de hauteur, a une cime très-touffue, composée de rameaux diversement disposés, dont les plus jeunes sont flexueux et couverts d'une écorce grisâtre ; ils sont garnis de feuilles alternes, ailées, à trois ou quatre paires de folioles pétiolées, ovales-lancéolées, entières, plus étroites d'un côté que de l'autre, luisantes, alternes, excepté la dernière paire. Les fleurs, d'un blanc éclatant, forment des grappes paniculées, lâches, portées par des pédoncules axillaires.

Cet arbre, originaire du Brésil, a été apporté dans les Antilles, et s'y est si bien naturalisé qu'on peut le mettre au nombre des plantes utiles de ce pays. Tout le monde connoît le baume de copahu et ses usages. On le retire de l'écorce du copayer, en y faisant une incision dans la saison des grandes chaleurs, et mettant au-dessous un petit vase fait de la moitié d'une petite calebasse. La liqueur qui découle est d'abord liquide comme de l'huile ; elle s'épaissit ensuite, et prend la consistance que l'on connoît à ce baume que l'on vend dans les pharmacies sous le nom de baume de copahu. Son goût est âcre et amer ; mais son odeur est aromatique et agréable. Il passe pour être adoucissant, pectoral, détersif et vulnéraire consolidant. On l'emploie aussi quelquefois dans les dyssenteries. Son plus grand usage, dans l'Amérique, est pour arrêter les gonorrhées.

Le célèbre Jacquin a observé cet arbre aux environs d'un village nommé le Carbet, à la Martinique. On le cultive à la

Jamaïque et à Saint-Domingue, dans différens jardins curieux. (De T.)

COPEI (*Bot.*), nom caraïbe d'un raisinier d'Amérique, *coccoloba uvifera*, cité par Nicolson, d'après M. Desportes. (J.)

COPERTOIVOLE (*Bot.*), nom toscan de la plante dite nombril de Vénus, *cotyledon umbilicus Veneris*, tiré de la ressemblance de ses feuilles avec des couvercles de pots de terre, suivant Daléchamps. (J.)

COPHER (*Bot*), nom hébreu, suivant Rumph, du Henné des Arabes, *lawsoniu inermis*. (J.)

COPORAL. (*Ornith.*) Suivant Barrère, France équinoxiale, pag. 148, on donne, à Cayenne, ce nom à l'engoulevent varié de ce pays, *caprimulgus cayennensis*, Gmel. (Ch. D.)

COPOUN-GAUNE. (*Ichthyol.*) A Nice, on donne ce nom à la scorpène jaune de M. Risso. Voyez Scorpène. (H. C.)

COPOUS. (*Bot.*) Belon, dans son Voyage du Levant, p. 181, parle d'une plante cucurbitacée de ce nom, cultivée aux environs de Constantinople et dans le pays où étoit située l'ancienne Troie. Il dit que c'est sous ce nom arabe qu'elle est connue dans la Turquie et la Grèce; mais que les Grecs qui suivent l'antiquité la nomment *chimonicha*, et les Latins *anguria*. D'après ce passage, on pourroit croire que le copous est notre pastèque ou melon d'eau. Il ajoute qu'on le nomme aussi *napeca*; mais ce dernier nom est donné plus particulièrement, en Egypte, à une espèce de jujubier, *ziziphus spina Christi*. Ailleurs, p. 303, en parlant de quelques plantes de ce dernier pays, il fait mention d'une espèce de citrouille nommée *copus* par les Egyptiens, et qui est, selon lui, le *batega* des Arabes, quelquefois si gros qu'un seul fait la charge d'un homme. Comme, d'ailleurs, le *bathec* ou *batecha* mentionné par Daléchamps est bien véritablement le pastèque, il paroît prouvé que le copous est la même plante. Rumph, parlant du *bateca*, vol. 5. p. 40, dit aussi que c'est le *copus* de Belon, et il croit que c'est l'*abbatiach* des Hébreux, si recherché par eux, dont le nom dérive de celui de *battich*, donné généralement à beaucoup de plantes cucurbitacées. C'est encore, selon lui, le *battich-indi* ou le *chirbaz* des Arabes, le *charbosa* des Perses, le *calangari* de l'Indostan, le *samanca* d'Amboine et de Java. Kolbe, dans sa Description du cap de Bonne-Espérance, parle aussi de ce fruit qui y a été rendu commun par la culture, et que les navigateurs, relâchant dans ces parages, recherchent avec empressement a cause de sa nature rafraîchissante. Il ajoute que ces citrouilles sont nommées *batiec* par les Indiens, *carpus* par les Turcs et les Tartares, *hinduana* par les Persans. Il paroit évident qu'il aura ici mal transcrit le mot *copous*. Voyez PASTÈQUE. (J.)

COPPER-BELLY-SNAKE (*Erpétol.*), nom donné par Catesby à la couleuvre sillonnée de Daudin, *coluber porcatus*, Bosc. Elle a été découverte en Caroline par M. Bosc. Voyez COULEUVRE. (H. C.)

COPRA. (*Bot.*) Suivant Clusius, on nomme ainsi dans l'Inde les noix de coco dépouillées de leur brou, ou les amandes dépouillées de leur coque, desquelles on retire par expression une huile bonne pour les lampes, et même pour cuire le riz. (J.)

COPRIDE, *Copris*. (*Entom.*) C'est le nom latin d'un genre d'insectes coléoptères, que nous avons décrit sous le nom de BOUSIER (voyez ce mot); cependant nous avons cru devoir distinguer sous ce nom de *copride* une division entière des bousiers, celle qui réunit les espèces à tête ou corselet cornus, tandis que nous avons indiqué sous le nom d'*ateuches* ou d'*onites* les deux autres divisions. (C. D.)

COPRIN, *Coprinus*. (*Bot.*) Section du genre *Agaricus* de Persoon (voyez FONGE), qui comprend les espèces à pédicule central nu ou muni d'un anneau; à feuillets inégaux sous un chapeau membraneux, et se fondant en une eau noire dans leur vieillesse. Ces espèces sont assez nombreuses, et presque toutes suspectes. On les nomme *encriers*. Quelques botanistes en font un genre distinct. Le *coprinus* de Link ne renferme que des agarics dont les feuillets portent des groupes de séminules presque disposés en quinconce. De plus chaque groupe est enfoncé dans la substance des feuillets, et paroît être formé de quatre fils de séminule. Ce genre, dont les caractères sont très-difficiles à saisir, renferme des espèces de *coprinus* de Persoon. Les feuillets de plusieurs d'entre elles sont couverts de grandes papilles luisantes. Presque toutes sont très-fugaces. Voyez ENCRIERS et FONGE. (LEM.)

COPROPHAGES. (*Entom.*) M. Latreille avoit indiqué sous ce nom la famille des insectes pétalocères, qu'il a depuis désignée sous le nom de scarabéides. Voyez PÉTALOCÈRES. (C. D.)

COPROSMA. (*Bot.*) Genre de plantes de la famille des rubiacées, appartenant à la *pentandrie digynie* de Linnæus, caractérisé par un calice supérieur, à cinq ou sept découpures; une corolle infundibuliforme; le limbe à cinq ou sept lobes; autant d'étamines; deux styles alongés; une baie inférieure, à deux semences.

Outre des fleurs hermaphrodites, il n'est pas rare de rencontrer encore, dans plusieurs espèces, des fleurs unisexuelles, les unes mâles, d'autres femelles. On distingue les espèces suivantes :

COPROSMA HÉRISSÉE; *Coprosma hirtella*, Labill., *Nov. Holl.*, 1, pag. 70, tab. 95. Arbrisseau découvert par M. Delabillardière au cap Van-Diémen, sur les côtes de la Nouvelle-Hollande. Il s'élève à la hauteur de huit pieds sur une tige glabre, très-rameuse. Ses feuilles sont opposées, pétiolées, glabres à leurs deux faces, ovales-lancéolées, aiguës à leurs deux extrémités, quelques-unes spatulées, réunies à leur base par une stipule acuminée, à demi orbiculaire. Les fleurs sont toutes hermaphrodites, axillaires, terminales, réunies trois ou quatre à l'extrémité d'un pédoncule court, accompagnées à leur base de deux bractées, quelquefois de deux autres sur le pédoncule. Leur calice est divisé en quatre ou sept dents; la corolle campanulée, à quatre ou sept découpures lancéolées; autant d'étamines insérées à la base du tube, alternes avec les divisions de la corolle; les filamens très-courts; les anthères oblongues, acuminées, à deux loges; l'ovaire en ovale renversé; deux styles très-longs et velus, rarement trois. Le fruit est une baie ovale, alongée, ombiliquée à son sommet, rougeâtre, pulpeuse, à deux loges; une semence dans chaque loge.

COPROSMA LUISANTE: *Coprosma lucida*, Forst., *Gen.*, pag. 138; Lamk., *Ill.*, tab. 186. Cette espèce croît à la Nouvelle-Zélande. Elle a le port d'un *phyllis*. Ses feuilles sont opposées, pétiolées, glabres, ovales, très-entières, aiguës à leurs deux extrémités; les stipules intermédiaires, aiguës, solitaires; les pédoncules axillaires, solitaires, opposés, accompagnés de deux feuilles : ils se divisent, à leur sommet, en pédicelles terminés par des têtes de fleurs verdâtres. Les styles sont glabres, alongés, aigus.

Forster fait mention d'une autre espèce, recueillie dans le même lieu, qu'il nomme *coprosma fœtidissima ;* mais il n'en dit autre chose, sinon qu'elle est d'une odeur fétide, et que ses fleurs sont solitaires. (Poir.)

COPS. (*Ichthyol.*) Suivant Rondelet, c'est un des noms de l'Esturgeon. Voyez ce mot. (H. C.)

COPSE. (*Ichthyol.*) Suivant Rondelet, c'est un des noms de l'*acipenser huso*. Voyez Esturgeon. (H. C.)

COPSO (*Ichthyol.*), nom que l'on donne, à Bologne, à l'Esturgeon. Voyez ce mot. (H. C.)

COPTIS. (*Bot.*) Ce genre, séparé des hellébores par quelques botanistes modernes, en est bien distingué par son port ; mais il en diffère très-peu par le caractère de ses fleurs. Leur calice est divisé en cinq ou six folioles colorées, caduques ; la corolle composée de cinq ou six pétales tubulés, en forme de capuchon ; un grand nombre d'étamines insérées sur le réceptacle ; cinq à huit styles ; autant de capsules pédicellées, étalées en étoile, terminées par une pointe courbée en bec, contenant plusieurs semences. (Voyez Hellébore.)

Ce genre, comme l'hellébore, appartient à la famille des renonculacées, ainsi qu'à la *polyandrie polygynie* de Linnæus. L'espèce qui a donné lieu à son établissement est l'*helleborus trifolius*, Linn., qui est le

Coptis a trois folioles : *Coptis trifolia*, Pursh, *Fl. Amer.*, 2, pag. 390 ; Salisb., Trans. Linn., 8, pag. 305 ; *Helleborus trifolius*, Linn. ; *Amœnit. acad.*, 2, pag. 356, tab. 4, fig. 18.

Cette plante est remarquable par son port : elle est fluette, fort petite ; ses racines grêles, fibreuses, couvertes d'écailles imbriquées sur le collet, produisant plusieurs feuilles longuement pétiolées, toutes radicales, composées de trois folioles assez petites, ovales, arrondies, sessiles, rétrécies à leur base, à double crenelure aiguë. La hampe est droite, presque filiforme, longue d'environ deux à trois pouces, munie vers son sommet d'une petite bractée ovale, sessile, terminée par une petite fleur blanche ; le calice composé de cinq folioles caduques, ovales, striées. Les pétales, beaucoup plus courts que le calice, varient par leur nombre et leur figure, ainsi que le nombre des ovaires de deux à six ; autant de capsules ovales, oblongues, pédicellées, offrant l'aspect d'une petite ombelle. Elle croît, aux lieux humides et ombragés, dans l'Amérique septentrionale et dans la Sibérie.

Pursh, dans sa Flore de l'Amérique, en a mentionné une seconde espèce, qu'il nomme *coptis asplenifolius*, distinguée par ses feuilles deux fois ternées; les folioles presque pinnatifides; les hampes terminées par deux fleurs une fois plus grandes que celles de l'espèce précédente. (Poir.)

COPUS. (*Bot.*) Voyez Copous. (J.)

COQ. (*Ichthyol.*) On donne ce nom vulgairement au *zeus vomer* de Bloch, qui est une Argyréiose de M. de Lacépède. (Voyez ce mot.)

C'est aussi le nom vulgaire du *tetraodon hispidus*. Voyez Tetraodon. (H. C.)

COQ, *Gallus*. (*Ornith.*) On trouvera l'histoire naturelle du coq et de ses espèces ou variétés sous le mot Faisan; mais le nom de coq a été mal à propos donné à des oiseaux étrangers à ce genre, et c'est ici qu'il doit en être fait mention.

Coq d'eau. M. Descourtils, Voyages d'un naturaliste, t. II, pag. 238, décrit, sous cette denomination et sous celle de butor brun rayé, un oiseau de Saint-Domingue, de la grosseur du coq, dont la voix grave prononce le nom, mais qui n'a pas plus de rapport avec lui qu'avec le butor brun rayé de Buffon, *ardea danubialis*, Gmel., que M. Meyer regarde comme un jeune blongios, et dont par conséquent la taille est bien plus petite.

Coq de bois. On appelle ainsi, dans quelques départemens, le tétras ou grand coq de bruyère, *tetrao urogallus*, Linn.; et les François de la Guiane donnent ce nom au rupicole ou coq de roche, *pipra rupicola*, Linn. C'est encore un des noms vulgaires de la huppe, *upupa epops*, que l'on appelle aussi coq d'été, coq merdeux, coq puant. Le coq de bois d'Amérique, de Catesby, et le coq de bois d'Écosse sont des gelinottes.

Coq de bouleau, un des noms sous lesquels est connu le petit tétras, *tetrao tetrix*, Linn.

Coq de bruyère. Cette dénomination, accompagnée de différentes épithètes, a été donnée aux grands et petits tétras, au ganga, à des gelinottes.

Coq de Curaçao. Le hocco de cette île, *crax globicera*, Linn., est ainsi désigné par quelques auteurs.

Coq d'Inde. (Voyez Dindon.)

Coq indien. L'oiseau qui est indiqué sous ce nom par *Longolius*, Gesner, Aldrovande, et par MM. de l'Académie des Sciences, tom. III, part. 1, pag. 221, est le hocco proprement dit, *crax alector*, Linn.

Coq de Limoges, un des noms donnés, en France, au grand tétras, *tetrao urogallus*, Linn.

Coq des marais. On désigne sous ce nom, dans quelques endroits de la France, la gelinotte huppée, le francolin et l'attagas.

Coq marron. Il paroît qu'on appelle ainsi, à l'Ile-de-France, un petit oiseau qui chante au lever de l'aurore, et qui ressemble au rouge-gorge.

Coq de mer, nom donné par quelques-uns au canard à longue queue, *anas acuta*, Linn.

Coq de montagne. Cette dénomination, qui s'applique vulgairement au tétras, se donne, au cap de Bonne-Espérance, à plusieurs oiseaux de proie, et notamment à l'aigle bateleur de M. Levaillant, *falco ecaudatus*, Daud. et Lath.

Coq noir. Le petit tétras à queue pleine, *tetrao betulinus*, Linn., porte ce nom en Ecosse. Les coq et poule noirs des montagnes de Moscovie sont aussi, chez Albin, des coq et poule de bruyère.

Coq de Perse. Jonston a, par erreur, appliqué cette dénomination au hocco, *crax alector*, Linn. Le coq de Perse, dont parle Chardin, est une autre espèce, qui appartient effectivement au coq.

Coq (Petit). Sonnini a traduit par petit coq le nom de *gallito*, que M. d'Azara a donné à l'oiseau par lui décrit, sous le n.° 225, dans son Ornithologie du Paraguay. M. Vieillot en a fait un genre sous le nom de Gallite. (Voyez ce mot.)

Coq puant. Voyez Coq des bois. (Ch. D.)

COQ DE MER (*Ichthyol.*), nom vulgaire du *zeus gallus* de Linnæus. Voyez Gal. (H. C.)

COQ DE ROCHE. (*Ornith.*) On appelle ainsi un oiseau qui n'appartient pas à l'ordre des gallinacés, mais qui a quelque ressemblance dans le port avec un petit coq : et c'est un de ces noms qui présentent des idées fausses, et dont la conservation ne pourroit qu'entretenir des préjugés populaires.

Quelque ancienne que soit l'habitude, il faut donc changer une dénomination aussi vicieuse. D'une autre part, les naturalistes, apercevant dans la forme du bec de cet oiseau, et dans la réunion du doigt extérieur à celui du milieu, jusqu'à la troisième articulation, certains rapports avec les manakins, ont cru devoir les placer ensemble; et, sans s'arrêter à des différences assez marquées pour empêcher de réunir, même d'après les principes d'une méthode absolument artificielle, des oiseaux que leurs habitudes et leur manière de vivre isoloient si visiblement, ils ont associé le coq de roche, oiseau frugivore, de la taille d'un pigeon ramier, qui habite le plus souvent les cavernes obscures, gratte la terre ainsi que les poules, et fait dans des trous de rochers un nid composé de petites buchettes, où, comme les colombins, il pond seulement deux œufs, aux manakins, dont les nids et la ponte sont bien différens, et qui, n'excédant pas en grosseur nos mésanges, habitent les grands bois, où, perchés sur les arbres, ils se nourrissent d'insectes et de petits fruits sauvages. Brisson avoit déjà fait le genre *Rupicola*, distinct du genre *Manacus;* mais les caractères indiqués n'offroient d'opposition qu'en ce que la tête du premier étoit ornée d'une huppe, c'est-à-dire qu'on ne fondoit une séparation de genres que sur un caractère purement spécifique, et qui même n'existoit point, puisqu'il y a des manakins huppés. Aussi Linnæus et Latham n'eurent-ils point d'égard à un genre si peu solidement formé, et reunirent-ils le coq de roche et les manakins sous la dénomination commune de *pipra*. Bonnaterre a essayé de rétablir le genre *Rupicola*, mais en faisant encore usage de la huppe; et l'on verra, au mot Rupicole, qu'il n'étoit pas nécessaire de recourir à cet accessoire pour motiver une séparation aussi naturelle. (Ch. D.)

COQ DES JARDINS, Menthe-Coq (*Bot.*), noms vulgaires de la plante que Linnæus nommoit *tanacetum balsamita*, et que M. Desfontaines rapporte à son nouveau genre *Balsamita*. Voyez Balsamite. (J.)

COQU (*Ornith.*), nom du coucou, *cuculus canorus*, Linn., en vieux françois. (Ch. D.)

COQUALIN (*Mamm.*), nom tiré, par Buffon, de celui de *quanhicallotquapachli*, que les Mexicains donnent à un écureuil, au rapport de Fernandès. Le coqualin est le *sciurus variegatus* de Linnæus. Voyez Ecureuil. (F. C.)

COQUANT (*Ornith.*), un des noms vulgaires de la marouette ou petit râle d'eau, *rallus porzana*, Linn. (Ch. D.)

COQUANTOTOTL. (*Ornith.*) On a déjà parlé, dans ce Dictionnaire, sous le mot Caquantototl, de l'oiseau du Mexique qui est décrit par Fernandez, chap. 215, comme étant huppé, de la taille du moineau et de couleur cendrée, et qui, d'après les filets écarlates dont plusieurs pennes secondaires de ses ailes sont terminées, a été rapporté au jaseur, Séba n'a pas eu d'autre type que cet oiseau lorsque, dans le tome 2, p. 74, de son *Thesaurus*, il a donné une description tronquée du *coquantototl*, où le nom se trouve altéré, dans la seconde lettre seulement, par la substitution d'un *o* à l'*a*; mais cette circonstance aura empêché les ornithologistes modernes de rapprocher les deux articles, et Brisson, Linnæus, Latham ont classé parmi les manakins, sous les noms de *manacus cristatus griseus* et de *pipra grisea*, l'oiseau gris, à huppe occipitale, que Séba annonce lui-même comme ayant les ailes mélangées de quelques plumes grêles incarnates, et qui ne peut être que le jaseur, *ampelis garrulus*, Linn., ou la variété *b*. Il est assez étonnant que Buffon, qui a très-bien fait sentir, au mot *Manakin*, que l'oiseau dont il s'agit étoit étranger à ce genre, ne se soit pas souvenu qu'il l'avoit lui-même cité dans sa Synonymie de la variété du jaseur. Au reste, toute incertitude doit maintenant cesser; et, en retranchant désormais le mot *coquantototl* de la liste des oiseaux, pour n'y laisser subsister que *caquantototl*, il faudra rayer le *pipra grisea*, Linn. et Lath., du nombre des espèces de ce genre. (Ch. D.)

COQUAR. (*Ornith.*) On a parlé de ce faisan bâtard sous le mot Cocquard. (Ch. D.)

COQUE, *Coccum*. (*Bot.*) Si l'on observe le fruit de la coriandre, de l'anis, de l'angélique, de la mercuriale, du ricin, de la capucine, du geranium, de la mauve, du caille-lait, etc., on voit qu'à la maturité ce fruit est divisible en parties distinctes: ces parties portent le nom de *coques*. Un grain de coriandre est une des deux coques sphériques qui composoient le fruit de cette plante. Le fruit de la capucine se divise en trois coques; celui du geranium en cinq; celui de la mauve en un grand nombre. Les valves d'un fruit divisible en coques se courbent et s'enfoncent, par les bords, vers l'axe du fruit, qu'elles divisent ainsi en plusieurs parties. Ces parties, ces coques, restent presque ordinairement toujours closes. Une coque est ordinairement formée par une seule valve, pliée dans sa longueur et soudée par ses bords, comme un follicule (coriandre, mauve); tantôt elle est formée par deux valves soudées, qui paroissent alors n'en former qu'une seule (ricin, fraxinelle). Les coques n'ont ordinairement qu'une loge et une graine (capucines); le *tribulus terrestris* offre un exemple de coques à deux ou trois loges et à deux ou trois graines; les coques de la fraxinelle, qui sont uniloculaires, contiennent deux graines dans chaque loge.

Les fruits nommés par M. Mirbel Crémocarpe, Regmate, Diérésile (voyez ces mots), sont tous les trois formés de coques. Gærtner s'est servi du mot *coque* pour désigner l'espèce de fruit que M. Mirbel nomme crémocarpe, et dont l'euphorbe et le ricin offrent des exemples. (Mass.)

COQUE ou Coquille de l'œuf. (*Ornith.*) Voyez Œuf. (Ch.D.)

COQUECULE, *Cocculus.* (*Bot.*) Genre de plantes établi par M. Decandolle, pour plusieurs espèces de *menispermum*, et beaucoup d'autres, la plupart nouvelles. Il appartient à la famille des ménispermées, et à la *dioécie hexandrie* de Linnæus. Il est caractérisé par des fleurs dioïques; un calice à six ou neuf folioles, disposées sur deux, quelquefois trois rangs; six pétales sur deux rangs: dans les fleurs mâles, six étamines opposées aux pétales; un ovaire nul, ou avorté: dans les femelles, point d'étamines, ou quelquefois six filamens stériles; trois à six ovaires, surmontés chacun d'un style souvent bifide au sommet: une à six baies drupacées, souvent obliquement réniformes, un peu comprimées, monospermes.

Il est difficile d'assigner à ce genre, ainsi qu'à plusieurs autres de la famille des ménispermées, un caractère bien déterminé, vu l'anomalie de plusieurs parties de la fleur. Le nombre des étamines libres, le port des espèces, serviront à le faire distinguer. Les espèces sont nombreuses; elles consistent la plupart en arbrisseaux grimpans, à feuilles alternes, pétiolées, les unes peltées, d'autres en cœur à leur base, ou bien ovales, oblongues, entières, quelquefois lobées. M. Decandolle a employé ces différences pour établir autant de sous-divisions parmi les espèces. Les pédoncules sont axillaires, rarement latéraux ; les fleurs mâles assez généralement plus nombreuses que les femelles; les bractées nulles ou très-petites. La plupart des espèces sont originaires des Indes orientales, quelques-unes de l'Amérique. Les plus remarquables sont :

* *Feuilles peltées ; le pétiole attaché, non sur le bord, mais dans le disque des feuilles.*

COQUECULE DU JAPON : *Cocculus japonicus*, Dec., *Regn. veg. syst.*, pag. 516 ; *Menispermum japonicum*, Thunb., *Jap.*, 195. Toute cette plante est glabre ; ses tiges grimpantes, anguleuses, striées ; ses feuilles peltées, ovales, arrondies, acuminées, très-entières, un peu glauques en-dessous ; les pétioles un peu contournées, de la longueur des feuilles ; les pédoncules trois fois plus courts que les pétioles, terminés par de petites ombelles ; les pédicelles courts, striés, anguleux ; deux baies un peu comprimées, ovales, réniformes, hérissonnées ; les semences blanches. Elle croît au Japon. Le *cocculus roxburgianus*, Dec., *loc. cit.*, peu différent de l'espèce précédente, a ses rameaux cylindriques, ses feuilles ovales, presque rondes, un peu aiguës à un de leurs bords ; les pétioles trois fois plus courts que les feuilles. Les fleurs renferment cinq à six ovaires glabres, globuleux. Elle vient dans les Indes orientales. Il faut y ajouter, comme très-rapproché, le *cocculus Forsteri*, Dec., *loc. cit.* Ses feuilles sont grandes ; les pétioles longs de quatre à cinq pouces, les pédoncules longs de deux.

COQUECULE PELTÉ : *Cocculus peltatus*, Dec., *loc. cit.* ; *Menispermum peltatum*, Lamk., Encycl. ; *Pada-Valli*, Rheed., *Mal.*, 7, tab. 43 ; Pluk., *Phyt.*, tab. 24, f. 6. Sa racine, que quelques-uns ont cru être plus particulièrement celle qui porte le nom de *racine de colombo*, est longue, épaisse, presque aussi grosse que celle de la carotte cultivée. Les tiges sont grêles et pileuses ; les feuilles presque triangulaires, épaisses, alongées, cuspidées, un peu rudes, à nervures saillantes ; les fleurs femelles fort petites, blanchâtres, en grappes ; les fruits solitaires, oblongs, arrondis, un peu pileux, puis luisans, ronds et blancs. Cette plante croît au Malabar. Sa racine est amère ; on l'emploie dans la dyssenterie et contre les hémorrhoïdes. Le *cocculus Burmani*, Dec. et Burm., *Zeyl.*, tab. 101, pourroit être considéré comme l'individu mâle de cette espèce.

** *Feuilles échancrées en cœur à leur base.*

Coquecule a feuilles en cœur : *Cocculus cordifolius*, Dec.; *Menispermum cordifolium*, Willd.; *Citamerdu*, Rheede, *Mal.*, 7, tab. 21. Ses tiges sont glabres, cylindriques; les feuilles orbiculaires, profondément échancrées en cœur, glabres à leurs deux faces, à sept nervures; les fruits ovales, ternés; les pédoncules un peu plus longs que les feuilles. Elle croît au Malabar. Le suc de cette plante, d'après Rheede, est bon pour la guérison des vieux ulcères; la décoction de ses fruits favorable pour rétablir les forces. Le *cocculus convolvulaceus*, Dec., à fleurs mâles, axillaires, plus courtes que les feuilles, est peut-être l'individu mâle de cette espèce. Le *cocculus malabaricus*, Dec.; *pee-amerdu*, Rheede, *Malab.*, 7, tab. 19 et 20, confondu avec le *cocculus cordifolius*, en diffère par ses tiges pileuses, par ses feuilles velues en dessous : ses fleurs sont peut-être hermaphrodites. Le *cocculus rotundifolius*, Dec., cultivé autrefois au Jardin du Roi, a ses feuilles un peu peltées, glabres, mucronées; les fleurs en grappes paniculées, plus courtes que les feuilles.

Coquecule a feuilles de peuplier; *Cocculus populifolius*, Dec. Cette espèce, de l'île de Limar, est un arbrisseau très-glabre, à grandes feuilles glabres, entières, acuminées; les fleurs femelles nombreuses, en grappes amples et paniculées, produisant deux ou trois baies pédicellées, presque globuleuses, de la grosseur d'un pois.

Coquecule lacuneux : *Cocculus lacunosus*, Dec.; *Tuba baccifera*, Rumph, *Amb.*, 5, tab. 22; *Menispermum lacunosum*, Lamk., Encycl.; *an Menispermum cocculus?* Linn. On avoit d'abord soupçonné que cette espèce étoit celle qui fournissoit la *coque du Levant.* Aujourd'hui M. Decandolle l'attribue à l'espece suivante. Ses tiges sont épaisses, grimpantes; le bois poreux, d'une odeur désagréable; les feuilles en cœur, acuminées, vertes et glabres en dessus, jaunâtres et lanugineuses en dessous; les fleurs petites, à six divisions, d'une odeur nauséabonde; une à trois baies en grappe, blanches, puis d'un rouge foncé. Ces baies sont employées dans les Indes pour prendre les poissons et les oiseaux, auxquels elles procurent une sorte d'ivresse ou d'engourdissement.

Coquecule subéreux : *Cocculus suberosus*, Dec., l. c. ; *Grana Orientis*, Ruell., Hist., 630 ; *Nux vomica seu galla orientalis*, Cæsalp., 85 ; *Cocci orientales*, Tabern., *Icon.*, 924 ; J. Bauh., *Hist.*, 1, pag. 348, *Icon.* ; vulgairement Coques du Levant. Ce nom n'a été donné aux fruits de cette plante que parce que les premiers introduits en Europe avoient été apportés d'Alexandrie en Italie par la voie du commerce ; on croyoit en conséquence que la plante qui les produit croissoit en Egypte. On sait aujourd'hui que ces fruits appartiennent à un arbrisseau des Indes orientales ; mais il reste quelques doutes sur l'espèce à laquelle il faut les rapporter : il est même probable que les coques du commerce proviennent de plusieurs espèces, dont les fruits se ressemblent et ont les mêmes propriétés. D'après M. Decandolle, Roxburg en reçut des graines, en 1807, de la côte de Malabar. Il les sema dans le Jardin de Calcutta : elles lui ont produit un arbrisseau revêtu d'une écorce subéreuse, fendrillée, comme dans l'espèce précédente ; mais ses feuilles sont compactes, glabres, luisantes, échancrées en cœur, presque tronquées à leur base. Roxburg dit qu'il ne connoît aucune figure à laquelle on puisse rapporter cette espèce, excepté celle de Gærtner, pour les fruits. La figure que j'ai fait dessiner pour la Flore médicale (voyez Coque du Levant, Fl. méd., vol. 3, tab. 133), d'après un exemplaire de l'Herbier de M. de Jussieu, me paroît appartenir à cette espèce. Ses fruits sont composés de deux ou trois baies sèches, presque en rein, d'un rouge vif.

Les coques du Levant sont renommées par la propriété qu'elles ont d'enivrer, et de donner la mort aux poissons. En les mêlant avec de la mie de pain, les pêcheurs en font une pâte dont les poissons sont très-avides ; on la jette dans les rivières et les étangs : ces animaux, bientôt étourdis par l'action vénéneuse de cette substance, viennent nager à la surface de l'eau, où on les prend avec facilité. Dans certaines contrées, on se saisit également de plusieurs espèces d'oiseaux, en jetant dans l'eau des mares, où ils vont se désaltérer, un certain nombre de ces mêmes baies. Mais toutes leurs parties ne sont pas également vénéneuses. M. Goupil a reconnu que le principe délétère résidoit essentiellement dans l'amande, et que la partie corticale de ces fruits n'avoit qu'une simple propriété émétique. On n'en a pas encore fait usage à l'intérieur. Le seul emploi médical de cette substance se borne à quelques applications extérieures contre les pous. Pour cela, on la pulvérise, et on en répand une certaine quantité sur la tête. Quelques auteurs ont cru que ces coques étoient également vénéneuses pour les chèvres, les vaches et même pour les animaux carnivores; qu'elles n'étoient pas moins dangereuses pour l'homme; que leur principe vénéneux résistoit à l'action digestive, qu'il passoit avec toutes ses propriétés dans les vaisseaux absorbans, et que la chair des poissons empoisonnés avec cette substance agissoit sur l'homme comme la coque du Levant elle-même. Loin de confirmer cette assertion, l'expérience, ainsi que le remarque M. Peyrilhe, prouve que la chair de ces animaux n'occasione aucun accident à ceux qui en mangent, et que, s'il en est résulté dans quelques cas, ils ont été produits par des poissons mal vidés et dans la cavité abdominale desquels il étoit resté une certaine quantité de ce poison.

La plante que Willdenow a nommée *menispermum cocculus* est le *cocculus Plukenetii*, Dec.; Pluk. *Mant.*, tab. 345, fig. 7. Ses feuilles sont ovales, presque en cœur à leur base, tronquées et légèrement mucronées à leur sommet; les grappes des fleurs femelles simples, axillaires, un peu plus longues que les fleurs. Elle croît à Java et au Malabar. Le *cocculus aristolochiæ*, Dec., Pluk., *Alm.*, tab. 13, fig. 2, en est très-voisin. Les pédoncules des fleurs femelles sont uniflores, plus courts que les pétioles. Elle croît à Madras.

Coquecule jaunatre : *Cocculus flavescens*, Dec., *loc. cit.*; *Menispermum flavescens*, Lamk., Encycl.; *Tuba flava*, Rumph, *Amb.*, 5, tab. 24. Ses rameaux sont cylindriques, jaunâtres en dedans; les feuilles presque en cœur, ovales, un peu obtuses, acuminées, un peu pubescentes et orbiculaires dans leur jeunesse; les fleurs femelles disposées en grappes paniculées, latérales, plus longues que les feuilles. Ses baies sont employées dans les îles Moluques aux mêmes usages que la coque du Levant.

Coquecule glauque : *Cocculus glaucus*, Dec., l. c.; *Meni-*

spermum glaucum, Lamk., Encycl.; *Folium lunatum minus*, Rumph, *Amb.*, 5, tab. 25, fig. 1. Autre plante prise pour le *Menispermum Cocculus*. Ses tiges sont cylindriques et pileuses; ses feuilles pubescentes en dessous, en forme de cœur, entières, acuminées; les fleurs petites, d'un vert jaunâtre, disposées en petites panicules axillaires; les fruits arrondis, un peu comprimés, d'un pourpre noirâtre. Elle croît à Amboine.

Coquecule crépu : *Cocculus crispus*, Dec., l. c.; *Menispermum crispum*, Linn.; *Funis felleus*, Rumph, *Amb.*, 5, tab. 44, fig. 1. Ses tiges sont un peu charnues, presque anguleuses, hérissées de tubercules et d'écailles; les feuilles glabres, en cœur, acuminées; les grappes latérales, simples et fort grêles. Cette plante est très-amère. On l'emploie aux Moluques, ainsi que son suc, contre les vers et les coliques.

Coquecule de la Caroline : *Cocculus carolinus*, Dec., l. c.; *Menispermum carolinum*, Linn.; *Wenlandia populifolia*, Willd.; *Androphylax scandens*, Wendl., *Hort. Herr.*, 3, tab. 16; *Baumgartia scandens*, Mœnch., *Meth.* Ses tiges sont grêles, cylindriques, un peu velues; les feuilles en cœur ou ovales, entières, quelquefois presque à trois lobes, pubescentes et veloutées en dessous; les fleurs mâles disposées en grappes axillaires et fleuries dans toute leur longueur; les femelles à trois fleurs; les baies rouges, à trois coques. Le *cocculus tamoides*, Dec., *loc. cit.*, diffère de cette espèce par ses feuilles glabres à leurs deux faces, ainsi que les tiges; les grappes plus longues et plus grêles. Il croît à Cayenne. M. Decandolle rapporte à ce genre, sous le nom de *cocculus chondodendrum*, la plante nommée *chondodendrum tomentosum* par les auteurs de la Flore du Pérou. Ses tiges sont grimpantes, leur écorce très-amère; les feuilles en cœur, légèrement crénelées, tomenteuses en dessous; six étamines dans les fleurs mâles. Cette plante croît au Pérou.

Coquecule hasté : *Cocculus hastatus*, Dec.; *Menispermum hastatum*, Lamk., Encycl. Ses rameaux sont cylindriques, grêles et pubescens; les feuilles hastées, en cœur à leur base, velues en dessous; les oreillettes obtuses, souvent un lobe placé au-dessus de chaque oreillette; les pétioles courts et velus. On la soupçonne originaire des Indes orientales. Le *cocculus trilobus*, rapproché de cette espèce, est hérissé et velu sur toutes ses parties; ses tiges sont filiformes, à peine rameuses; ses feuilles nerveuses, à trois lobes aigus, entiers, mucronés; les pétioles rabattus à leur base ; les fleurs en grappes, plus courtes que les pétioles. Elle croît au Japon.

COQUECULE PALMÉ : *Cocculus palmatus*, Dec., l. c.; *Menispermum palmatum*, Willd. Cette espèce, que l'on croit plus généralement être celle qui fournit la racine de *columbo* ou *calombo*, est pourvue d'une racine épaisse, partagée en plusieurs rameaux fusiformes. Ses tiges sont simples, grimpantes, herbacées, cylindriques et pileuses ; ses feuilles hérissées de longs poils roussâtres, en cœur à leur base, palmées, divisées en cinq digitations, acuminées, très-entières ; les grappes axillaires, pédonculées, plus courtes que les feuilles. Elle croît sur les côtes orientales de l'Afrique. Ses racines sont amères, stomachiques, dyssentériques : elle est employée contre les coliques et les indigestions. On l'apporte, de l'Inde en Europe, en morceaux jaunâtres. Elle est recueillie au mois de mars par les habitans de la côte d'Afrique, qui vont la vendre aux Indiens. Redi en fit la découverte vers l'an 1685.

COQUECULE ORBICULAIRE : *Cocculus orbiculatus*, Dec., l. c.; *Menispermum orbiculatum*, Linn.; *Cattu-Valli*, Rheed., *Mal.*, 11, tab. 62 ; Pluk., *Alm.*, 384, fig. 6. Ses rameaux sont glabres, striés, pubescens ; les feuilles orbiculaires, presque en cœur, obtuses, un peu mucronées, cendrées et pubescentes en dessous, à cinq ou sept nervures ; les fleurs mâles disposées en grappes plus courtes que les pétioles. Elle croît au Malabar.

COQUECULE A FEUILLES VARIÉES ; *Cocculus diversifolius*, Dec., l. c. Ses tiges sont cylindriques, grêles et grimpantes ; ses feuilles d'un vert pâle, les inférieures en cœur avec les oreillettes arrondies, celles du milieu ovales, les supérieures oblongues, toutes tronquées, obtuses, mucronées, longues d'un à deux pouces ; les pédoncules axillaires, solitaires, à peu près de la longueur des pétioles, chargés de deux ou trois fleurs blanches, petites, à six parties ; les baies charnues, rougeâtres, souvent solitaires. Elle croît au Mexique.

*** *Feuilles ovales, ou ovales-oblongues.*

COQUECULE DE THUNBERG : *Cocculus Thunbergii*, Dec., l. c.; *Menispermum orbiculatum*, Thunb., *Fl. Jap.*, 194 ; Lamk.,

Encycl. Cette plante est légèrement velue sur toutes ses parties ; ses tiges sont grimpantes, cylindriques, à rameaux alternes ; les feuilles ovales, obtuses, velues en dessous, les inférieures presque triangulaires, les supérieures orbiculaires ; les fleurs paniculées et axillaires. Elle croît au Japon.

Coquecule velu : *Cocculus villosus*, Dec., l. c. ; *Menispermum villosum*, Lamk., Encycl. ; *Menispermum hirsutum* et *myosotoides*, Linn. ; Pluk., *Phyth.*, tab. 384, fig. 3 et fig. 7 var. ou fig. 5 var. ? Ses tiges sont grêles, cylindriques, grimpantes et velues ; ses feuilles ovales, ovales-oblongues ou lancéolées, entières, mucronées, molles, cotonneuses, à trois ou cinq nervures ; les pédoncules solitaires, géminés ou ternés, axillaires, de la longueur des pédoncules ; les fleurs peu nombreuses. Elle croît au Malabar. Dans le *cocculus cotoneaster*, Dec., *loc. cit.*, les feuilles sont ovales, très-entières, mucronées, tomenteuses en dessous ; les rameaux tomenteux ; les pédoncules axillaires, cotonneux, plus longs que les feuilles ; les fleurs fort petites, en grappes. On la soupçonne originaire d'Amérique.

Coquecule fibres-d'or : *Cocculus fibraurea*, Dec., l. c. ; *Fibraurea tinctoria*, Lour., *Cochin.*, 2, pag. 769. Ses tiges sont épaisses, grimpantes et ligneuses, composées de fibres souples, d'un jaune doré ; les feuilles glabres, ovales, aiguës, très-entières, longuement pétiolées ; les grappes oblongues, latérales ; six pétales, autant d'étamines ; trois stigmates bifides ; trois baies lisses, ovales, un peu comprimées, petites, jaunâtres, point comestibles. Loureiro l'a découvert à la Cochinchine. Cette plante est d'une saveur amère ; sa racine diurétique : ses tiges fournissent une couleur jaune, de bon teint.

Coquecule a feuilles ovales : *Cocculus ovalifolius*, Dec., l. c. ; *Menispermum ovalifolium*, Pers. Cette plante croît dans la Chine et à Java. Ses rameaux sont grêles, velus dans leur jeunesse ; les feuilles glabres, ovales, entières, mucronées, à trois nervures ; les pédoncules inférieurs axillaires, à peine plus longs que les pétioles, les supérieurs disposés en une grappe terminale ; les pédicelles pubescens ; deux ou trois baies glabres, comprimées, orbiculaires.

Coquecule elliptique : *Cocculus ellipticus*, Dec., l. c. ; *Menispermum ellipticum*, Poir., Encycl., Supp., 3, pag. 637. Cette espèce, qui m'a été communiquée du Sénégal, a ses rameaux glabres, cylindriques, striés; ses feuilles elliptiques, obtuses à leurs deux extrémités, glabres, entières; les fleurs verdâtres, disposées en petites grappes géminées, axillaires, plus courtes que les feuilles.

Coquecule limacie : *Cocculus limacia*, Dec., l. c.; *Limacia scandens*, Lour., *Cochin.*, 2, pag. 761. Arbrisseau grimpant, très-rameux, à feuilles alternes, glabres, ovales-oblongues, acuminées, très-entières; les fleurs d'un jaune verdâtre; les mâles presque terminales, agglomérées; six étamines opposées aux pétales; les femelles deux à deux, axillaires; trois stigmates; un petit drupe glabre et charnu, presque réniforme, d'une saveur acide, bon à manger; un noyau monosperme, sillonné en spirale. Cette plante croît à la Cochinchine.

Coquecule Sebaste : *Cocculus Sebastha*, Dec., l. c.; *Menispermum edule*, Wahl, *Symb.* 1, pag. 80. Forskaël avoit formé de cette espèce un genre, sous le nom de *Sebastha*. Dans l'Egypte, où elle croît, on forme avec ses baies, d'une saveur acide, une sorte de vin. Ses rameaux sont glabres, cylindriques; ses feuilles ovales-oblongues, glabres, luisantes, mucronées; les pédoncules axillaires, de la longueur des pétioles; les fleurs mâles réunies en têtes, à six étamines; les pédoncules des fleurs femelles filiformes, géminés, uniflores; trois styles courts; une baie rouge à trois coques soudées par leur base.

Coquecule acuminé : *Cocculus acuminatus*, Dec., l. c.; *Menispermum acuminatum*, Lamk., Encycl.; *Bagalatta*, Roxb., inéd. Ses rameaux sont grêles, ligneux, sarmenteux; ses feuilles ovales, acuminées, très-entières, à cinq nervures à la base, puis ramifiées en réseau; les grappes axillaires, un peu velues, à peine plus longues que les pétioles. Le *cocculus radiatus*, qui est le *brunea menispermoides* de Willdenow, le *valli-caniram* de Rheede, *Malab.*, 7, tab. 3, très-rapproché de cette espèce, a ses feuilles un peu échancrées en cœur, ovales-oblongues, acuminées, glabres entières, à nervures en réseau, longuement pétiolées; les fleurs disposées en grappes paniculées, trois fois plus longues que les pétioles. Toutes deux croissent dans les Indes orientales.

Coquecule a épis grêles; *Cocculus leptostachyus*, Dec., l. c. Arbrisseau de l'île de Limar, muni de rameaux grêles, cylindriques, un peu velus vers leur sommet dans leur jeunesse;

les feuilles glabres, ovales-acuminées, à trois nervures; les grappes simples, axillaires, fort grêles, de la longueur des feuilles; les pédicelles pubescens. Dans le *cocculus brachystachyus*, Dec., originaire du même pays, les feuilles sont ovales, aiguës à leurs deux extrémités, à trois ou cinq nervures; les fleurs femelles disposées en grappes axillaires, plus courtes que les pétioles; les pédicelles très-courts; une ou deux baies glabres, ovales, obtuses, marquées d'un sillon fortement arqué; la semence courbée en arc.

Coquecule de Saint-Domingue; *Cocculus domingensis*, Dec. Cette espèce a beaucoup de rapport avec le *cocculus brachystachyus*. Ses feuilles sont ovales, acuminées, glabres, très-entières, légèrement marquées à leur base de trois nervures; les pédoncules grêles, axillaires, un peu plus courts que les feuilles, velus et tuberculés à leur base, soutenant des fleurs en grappes paniculées. Elle a été découverte à Saint-Domingue par M. Poiteau.

Coquecule leæba: *Cocculus leæba*, Dec., l. c.; *Leæba*, Forsk., *Ægypt.*, 172; *Menispermum leæba*, *Fl. Ægypt. Descr.*, tab. 51, fig. 2. 3. Cette plante a été découverte dans l'Egypte par Forskaël. Cet auteur en avoit fait un genre particulier, en donnant à plusieurs parties de la fleur un nom différent de ceux employés pour les *menispermum*. Ses tiges sont grêles, ligneuses; les feuilles médiocrement pétiolées, ovales-oblongues, obtuses, glauques, légèrement pubescentes; le calice à six divisions, sur deux rangs, accompagné en dehors de deux écailles arrondies; six pétales, autant d'étamines; chaque filament enveloppé par la base conique de chacun des pétales.

Coquecule a feuilles oblongues; *Cocculus oblongifolius*, Dec. Arbrisseau du Mexique, à tiges grimpantes, cylindriques; les feuilles glabres, oblongues, à trois nervures, obtuses à leurs deux extrémités, mucronées à leur sommet; les pédoncules axillaires, plus courts que les feuilles, en petites grappes pour les fleurs mâles, uniflores pour les femelles; les fleurs petites et blanches, à six parties; les baies ovales en largeur, charnues, mucronées.

Coquecule triflore; *Cocculus triflorus*, Dec., l. c. Cette plante, recueillie à Java par Commerson, est un arbrisseau à tige glabre, cylindrique; les rameaux grimpans, menus, un peu pubescens; les feuilles glabres, ovales-lancéolées, acuminées, marquées de trois nervures à leur base, à peine longues d'un pouce; les pédoncules des fleurs femelles axillaires, de la longueur des pétioles, trifides, à trois fleurs; les baies glabres, comprimées, orbiculaires.

Coquecule a feuilles de laurier; *Cocculus laurifolius*, Dec., l. c. Arbrisseau recueilli par Roxburg dans les Indes orientales. Ses rameaux sont anguleux, presque lisses; ses feuilles glabres, oblongues, luisantes, très-aiguës à leurs deux extrémités; les pédoncules axillaires, un peu plus courts que les pétioles, terminés en grappes.

Coquecule mille-fleurs: *Cocculus milleflorus*, Dec., l. c.; *Azon-minti*, ou *fruit velouté en poire;* Poivre, *in Herb.* Juss. Arbrisseau de Madagascar, dont les feuilles sont ovales, obtuses, glabres, luisantes, à nervures réticulées; les fleurs nombreuses, réunies en une panicule terminale; ses rameaux étalés et géminés. Dans le *cocculus gomphioides*, Dec., du même pays, les feuilles sont plus petites, oblongues, acuminées, luisantes, très-entières; les pédoncules axillaires, une fois plus longs que les feuilles; deux ou trois baies ovales, presque globuleuses, à peine pédicellées.

Dans une sous-division à fleurs monoïques, M. Decandolle rapporte à ce genre l'*epibaterium pendulum* de Forster, et le *nephroia sarmentosa* de Loureiro. (Poir.)

COQUE DU LEVANT. (*Bot.*) C'est le fruit d'un ménisperme, *menispermum cocculus*, que M. Decandolle rapporte à son genre *Cocculus*, sous le nom de *cocculus suberosus*, Coquecule subéreux. Voyez ce mot. (J.)

COQUEDRIE ou Cocodrille. (*Ornith.*) Voyez Caquedrie. (Ch. D.)

COQUELICOT (*Bot.*), nom vulgaire du pavot-coquelicot, *papaver rhœas*, Linn. (L. D.)

COQUELOURDE. (*Bot.*) On connoît sous ce nom, et sous celui de coquerelle, l'*anemone pulsatilla*. On le donne aussi dans les parterres à l'*agrostemma coronaria*. (J.)

COQUELUCHE. (*Ornith.*) L'oiseau que Montbeillard a décrit sous ce nom, comme une espèce d'ortolan, et qui a été regardé par Latham, *General synopsis of birds*, t. II, p. 174, n.° 8, comme une variété du bruant de roseaux, *emberiza schœniclus*, Linn., paroît n'être que ce dernier oiseau dans son habit d'été. (Ch. D.)

COQUELUCHIOLE (*Bot.*), *Cornucopiæ*, Linn. Genre de plantes monocotylédones, hypogynes, de la famille des graminées, Juss., et de la *triandrie digynie*, Linn., dont les principaux caractères sont les suivans : involucre monophylle, infundibuliforme ou en godet, entier ou crénelé en son bord, enveloppant plusieurs fleurs ; calice uniflore, à deux glumes égales ; corolle d'une seule balle de la grandeur des glumes ; trois étamines ; un ovaire supérieur, surmonté de deux styles capillaires ; une seule graine nue. Ce genre ne comprend que deux espèces qu'aucune propriété ne rend recommandables.

Coqueluchiole alopécuroïde ; *Cornucopiæ alopecuroides*, Linn., *Mant.* 29. Ses chaumes sont lisses, droits, garnis de feuilles glabres, et terminés par un épi de fleurs qui est ovale, lâche, enveloppé à sa base par un involucre en forme de godet, de la consistance des feuilles, et ayant son bord entier. Cette plante croît en Italie.

Coqueluchiole en capuchon : *Cornucopiæ cucullatum*, Linn., *Spec.* 79 ; Lamk., *Illustr.*, tab. 40. Ses chaumes sont menus, un peu rameux, coudés à leurs articulations, garnis de feuilles glabres, à gaînes formant des renflemens. Deux ou trois pédoncules simples, longs d'un pouce, arqués et un peu renflés à leur extrémité, prennent naissance dans les gaînes des feuilles supérieures, et se terminent par un cornet infundibuliforme, à bords crénelés, renfermant plusieurs fleurs. Cette espèce croît dans le Levant. (L. D.)

COQUELUCHON DE MOINE. (*Conch.*) C'est le nom d'une espèce du genre Arche. (De B.)

COQUEMELLE. (*Bot.*) Deux espèces du genre Agaric portent ce nom : l'une est l'agaric élevé, *agaricus procerus*, nommé encore grisette ; l'autre est l'agaric ovoïde ou oronge blanche, *agaricus ovoideus*, Decand., Fl. Fr., n.° 562 a. C'est même la véritable coquemelle, celle que les habitans du Languedoc nomment *coucoumelle blanche* et *champignon blanc*. C'est aussi un des agarics les plus délicats ; comme l'oronge, il appartient au genre Amanite. Voyez Coucoumelle. (Lem.)

COQUEMOLLIER, *Theophrasta.* (*Bot.*) Genre de plantes dicotylédones à fleurs monopétales, de la cinquième classe de Linnæus, la *pentandrie monogynie*, et de la famille naturelle des apocinées de Jussieu.

Ce genre a pour caractère un calice monophylle persistant, à cinq découpures ciliées; une corolle monopétale campanulée, marcescente, à limbe découpé en cinq parties; cinq étamines, dont les filamens, plus courts que la corolle, portent des anthères pointues.

Un ovaire supérieur ovale, surmonté d'un style épais, de la longueur des étamines, dont le stigmate est obtus et perforé.

Le fruit est une grosse capsule presque ronde, uniloculaire, couverte d'une écorce fragile, mince, jaune et luisante: elle renferme un grand nombre de graines ovales, arrondies, attachées à un réceptacle pulpeux.

On connoît deux espèces de ce genre indigène des Antilles.

Le COQUEMOLLIER D'AMÉRIQUE: *Theophrasta americana*, Linn.; *Eresia foliis aquifolii longissimis*, Plum., *gen.* 8, *icon.* 126.

Ce petit arbrisseau se fait remarquer dans les bois par la singularité de son port. Son tronc, qui est toujours simple, s'élève à la hauteur d'environ trois à quatre pieds, sur un pouce ou deux de diamètre; il est recouvert d'une écorce d'un brun noir, raboteuse; ses grandes feuilles, opposées et verticillées, forment au sommet du tronc une très-grande rosette, et sont tellement rapprochées les unes des autres par leur base, qu'elles forment une espèce de bassin qui, retenant parfois les eaux pluviales trop long-temps, occasione la destruction des fleurs ou des fruits. Ces feuilles, qui ont quelquefois plus de deux pieds de long, sont lancéolées, larges de deux à trois pouces; leur marge est garnie de dents épineuses, dont la pointe est aiguë et noire; elles sont glabres, coriaces, assez épaisses, obtuses à leur sommet, et rétrécies vers leur base, près du pétiole qui est très-court et épais. Du centre des feuilles sortent plusieurs grappes courtes de fleurs d'un jaune rougeâtre, auxquelles succèdent des fruits de la grosseur d'une petite pomme, recouverts d'une écorce jaune, fragile, luisante, renfermant une pulpe blanche, dans laquelle se trouvent beaucoup de graines osseuses noirâtres.

Ce joli végétal se trouve dans les bois des Antilles, aux lieux ombragés; ses fruits, d'un beau jaune, sont quelquefois en grand nombre au centre des feuilles, et y font un effet très-agréable. Quoique d'un goût assez insipide, ils ne laissent pas que d'être recherchés par les petits créoles blancs et nègres : ils le sont encore davantage par les rats, et quelques espèces d'oiseaux. Aussi n'est-il pas rare de les trouver percés d'un côté, et vides de pulpe.

Il existe une autre espèce de ce genre : le Coquemollier a longues feuilles, *Theophrasta longifolia*. Il diffère du précédent par une stature plus élevée, des feuilles sans dentelures, pointues à leurs extrémités. (De T.)

COQUERELLES. (*Bot.*) Chomel cite sous ce nom le coqueret ou alkekenge. (J.)

COQUERET ou COQUERELLE (*Bot.*), *Physalis*, Linn. Genre de plantes dicotylédones, monopétales, hypogynes, de la famille des solanées, Juss., et de la *pentandrie monogynie*, Linn., dont les principaux caracteres sont les suivans : Calice monophylle, ventru, persistant, quinquefide; corolle monopétale, en roue, à tube court, à limbe quinquefide; cinq étamines à anthères oblongues, conniventes; un ovaire supérieur, surmonté d'un style simple et terminé par un stigmate obtus; une baie globuleuse, renfermée dans le calice renflé et devenu vésiculeux, partagée en deux loges contenant plusieurs graines aplaties, réniformes.

Les coquerets sont des plantes herbacées ou frutescentes, à feuilles alternes, quelquefois géminées; à fleurs axillaires, solitaires ou plusieurs ensemble. On en connoit aujourd'hui vingt et quelques espèces; deux seulement sont naturelles à l'Europe, les autres sont répandues dans les différentes parties du monde; plusieurs se trouvent particulièrement dans l'Amérique septentrionale. Les plus remarquables sont les suivantes :

Coqueret alkekenge, vulgairement Alkekenge, Coquerelle : *Physalis alkekengi*, Linn., *Spec.* 262; Blackw, Herb., t. 161. Sa racine rampante donne naissance à des tiges herbacées, redressées, rameuses, garnies de feuilles ovales, pétiolées, géminées. Ses fleurs sont jaunâtres ou blanchâtres, pédonculées, solitaires dans les aisselles des feuilles supérieures. Les calices, qui se renflent après la floraison, prennent en même temps une belle couleur rouge. Cette plante croît dans les vignes et dans les bois, en France, en Allemagne, en Italie, etc. Ses baies ont une saveur aigrelette; elles sont diurétiques, rafraîchissantes et un peu laxatives. On les emploie dans les rétentions d'urine, dans l'hydropisie. Il faut avoir soin de les dépouiller de leur calice qui est amer.

Coqueret de Pensylvanie; *Physalis pensylvanica*, Linn., *Spec.* 1670. Ses tiges sont nombreuses, couchées ou redressées, à peine hautes d'un pied, un peu flexueuses et anguleuses, garnies de feuilles ovales, obtuses, pétiolées, géminées. Ses fleurs sont jaunes, portées sur des pédoncules solitaires dans les bifurcations des rameaux. Le limbe de leur corolle est à cinq dents très-petites. Les fruits sont des baies rouges et de la grosseur d'un pois ordinaire. Cette plante croît dans la Virginie et la Pensylvanie.

Coqueret arborescent; *Physalis arborescens*, Linn., *Spec.* 261. Sa tige est ligneuse, haute de quatre à cinq pieds, divisée en rameaux un peu cotonneux dans leur jeunesse, garnis de feuilles ovales, légèrement anguleuses, d'un vert foncé en dessus, un peu cotonneuses en dessous, géminées à leur insertion. Ses fleurs sont jaunâtres, petites, courtement pédonculées, plusieurs ensemble dans les aisselles des feuilles. Cet arbrisseau croît naturellement dans les environs de Campêche.

Coqueret somnifère : *Physalis somnifera*, Linn. *Spec.* 261; *Solanum somniferum*, Clus. Hist. 2, p. 85. Sa tige est ligneuse, haute de deux pieds ou environ, divisée en rameaux cotonneux, garnis de feuilles ovales ou ovales-lancéolées, pétiolées, solitaires, pubescentes. Ses fleurs d'un jaune pâle, petites, sont très-courtement pédonculées, réunies trois à cinq dans les aisselles des feuilles. Les calices, cotonneux, deviennent un peu vésiculeux, ovales-pyramidaux, et renferment les fruits. Ce petit arbrisseau croît dans les contrées méridionales de l'Europe et dans le Levant. Ses feuilles sont narcotiques, et ses fruits passent pour diurétiques.

Coqueret comestible, vulgairement Coqueret des Barbades; *Physalis edulis*, Curt., *Bot. Mag.*, n.° 1068. Sa tige est herbacée, rameuse, velue, garnie de feuilles en cœur, pétiolées, solitaires.

Ses fleurs sont également solitaires, portées sur des pédoncules axillaires, courts, recourbés; leur corolle est d'un jaune de soufre, avec cinq taches brunes placées à l'entrée de la gorge. Cette plante est originaire du Pérou. On la cultive dans les jardins d'Europe. Elle craint le froid et doit être rentrée pendant l'hiver dans la serre tempérée. Mordant-Delaunay dit qu'il a connu plusieurs personnes qui avoient mangé beaucoup de ses fruits sans en avoir ressenti d'inconvéniens, mais qu'ils avoient causé à d'autres des assoupissemens.

Coqueret anguleux : *Physalis angulata*, Linn. *Spec.* 262 ; *Alkekengi indicum, glabrum, chenopodii folio*, Dill., *Elth.*, 13, t. 12, f. 12. Ses tiges sont herbacées, anguleuses, glabres, très-rameuses, hautes d'un pied et demi à deux pieds, garnies de feuilles pétiolées, ovales, entières ou un peu anguleuses en leurs bords. Ses fleurs sont d'un jaune pâle, marquées de cinq taches roussâtres, solitaires dans les aisselles des feuilles supérieures. Cette espèce croît dans les Indes.

Coqueret couché; *Physalis prostata*, Lamk., Dict. encycl. 2, p. 102. Ses tiges sont herbacées, succulentes, couchées, rameuses, hérissées de poils, et garnies de feuilles ovales, légèrement anguleuses, glabres, longuement pétiolées. Ses fleurs sont d'un violet bleu, pédonculées, axillaires : leur calice a dix angles hispides, colorés ; il est deux ou trois fois plus court que la corolle, qui est campanulée. Cette plante a été découverte au Pérou par Dombey. On la cultive au Jardin du Roi.

Coqueret obscur; *Physalis obscura*, Mich., *Fl. Bor. Amer.* 1, p. 149. Ses tiges sont herbacées, étalées, très-rameuses, garnies de feuilles un peu arrondies, aiguës, inégalement dentées en leurs bords, glabres ou pubescentes et visqueuses. Ses fleurs sont jaunes, marquées de taches brunes ; leur calice est velu. Cette espèce croît dans la Caroline. (L. D.)

COQUESIGRUE (*Bot.*), nom vulgaire du sumac-fustet, *Rhus cotinus*, Linn. (L. D.)

COQUETON (*Bot.*), vieux nom françois du narcisse. (L. D.)

COQUETTE. (*Bot.*) Les jardiniers donnent ce nom à une variété de la laitue cultivée. On désigne aussi sous ce nom le cyclame d'Europe. (L. D.)

COQUETTE. (*Entom.*) C'est le cossus du marronnier de Geoffroy. Voyez Cossus. (C. D.)

COQUETTE (*Ichthyol.*), Coquette des iles américaines, Bloch. On donne vulgairement ce nom à un Chætodon, *Chætodon capistratus.* Voyez ce mot. (H. C.)

COQUIL-BOQUIL. (*Bot.*) Voyez Coguilluoqui. (J.)

COQUILLADE (*Ichthyol.*), nom spécifique d'un Blennie, *blennius gattorugine*, Linn. Voyez ce mot. (H. C.)

COQUILLADE. (*Ornith.*) L'alouette, figurée dans les planches enluminées de Buffon sous le n.° 662, et décrite dans les ouvrages d'histoire naturelle sous le nom d'*alauda undata*, n'est pas, suivant plusieurs Provençaux, une espèce particulière et différente de l'alouette cochevis, *alauda cristata*, Linn., qu'on nomme dans ce pays *coquillado.* (Ch. D.)

COQUILLAGES. (*Malacoz.*) La plupart des naturalistes du dernier siècle qui traitèrent des mollusques, employèrent ce mot pour désigner les mollusques à coquilles, c'est-à-dire, en même temps l'animal et sa coquille. Il n'est, assez généralement, plus employé aujourd'hui, quoiqu'il ne soit réellement pas remplacé. Voyez Malacozoaires. (De B.)

COQUILLE. (*Bot.*) Dans quelques cantons on appelle ainsi la mâche cultivée. (L. D.)

COQUILLE. (*Conch.*) Sous ce nom on entend en général un corps plus ou moins crétacé, composé de lames, recouvrant ou quelquefois contenu dans la peau d'un animal mollusque, et servant ordinairement à le protéger contre l'action nuisible des corps extérieurs. Si l'on désire apprendre l'art de les reconnoître, il faudra recourir à l'article Conchyliologie, et si l'on veut connoître leur structure, leur mode d'accroissement, en un mot leurs rapports avec l'animal auquel elles appartiennent, c'est l'article de l'organisation des animaux mollusques ou Malacozoaires qu'il faut consulter, la connoissance de l'animal étant absolument nécessaire pour se faire une idée un peu satisfaisante de la coquille. (De B.)

COQUILLE DE PHARAON. (*Conch.*) C'est la coquille connue sous le nom de bouton de camisole, *trochus pharaonicus*, Linn. (De B.)

COQUILLE DE SAINT-JACQUES (*Conch.*); *Pecten jacobæus*, Linn. La pélerine commune. (De B.)

COQUILLE DES PEINTRES. (*Conch.*) C'est une espèce de coquille dont les peintres, suivant Aristote, tiroient une couleur de cinabre qui se trouvoit dans les sinuosités internes, mais qui paroît inconnue aux modernes.

On le donne aussi quelquefois à la mulette, *unio pictorum*. (De B.)

COQUILLE. (*Foss.*) On a trouvé des coquilles fossiles sur presque tous les points de la terre qui ont été observés, et il y a lieu de croire qu'il s'en trouve sur la plus grande étendue de sa surface. On en rencontre, à de très-grandes profondeurs, sur les plus hautes montagnes, et dans les parties de la terre qui servent aujourd'hui de bassin aux mers.

Ces dépouilles sont autant de témoins des différentes révolutions que le globe terrestre a éprouvées. Leur gisement, leur conservation, leur réunion en familles, comme celles que l'on trouve vivantes aujourd'hui dans les mers; la présence, dans les terres du Nord, des genres et des espèces qui paroissent ne pouvoir exister que dans les mers de la zone torride; la rareté d'une parfaite analogie entre les espèces fossiles et celles qui sont vivantes; la découverte d'un grand nombre de genres dont il existe des quantités considérables d'espèces à l'état fossile, et qu'on ne retrouve pas parmi les êtres qui vivent aujourd'hui; enfin, les différentes couches qui prouvent jusqu'à l'évidence le long séjour et le retour des mers sur les parties qu'elles avoient déjà abandonnées, et dont elles se sont éloignées de nouveau: tout est là pour nous étonner.

Si nous n'entendons pas toutes les grandes vérités que ces faits nous annoncent, c'est au petit nombre d'observations qui ont été faites jusqu'à ce jour, et surtout à leur isolement, qu'il faut s'en prendre.

On trouve des coquilles dans les pierres calcaires, dans les marbres, dans les craies, dans les sables quarzeux, dans les grès, dans les ardoises, mais jamais dans les gneiss, ni dans les granits, ni dans les porphyres.

Quelques familles, comme celles des astéries, des oursins et des encrines, ne se rencontrent jamais que changées en spath calcaire qui se brise en lames rhomboïdales. Les belemnites ont une organisation qui leur est propre, et je n'ai vu d'exception que pour les morceaux pénétrés de quelque substance métallique ou de silice.

Dans quelques endroits, comme à Grignon près de Versailles, on trouve, dans un lieu qui n'a pas un arpent d'étendue, trois à quatre cents espèces de productions marines. Elles sont demeurées là dans l'état de conservation dans lequel elles se trouvoient lorsqu'elles ont été abandonnées par les eaux de la mer. Elles n'ont perdu que leurs couleurs; quelques espèces même en ont conservé, et on retrouve avec leur nacre celles qui en étoient pourvues avant de passer à l'état fossile. Etant entourées du sable marin qui les a protégées et qui n'a presque aucune adhérence avec elles, on retrouve avec des épines, quelquefois longues et très-fragiles, celles qui en étoient couvertes pendant la vie des animaux qui les ont formées.

Tous les mollusques dont on trouve les dépouilles à Grignon et aux environs de Paris, ont vécu là ou à très-peu de distance de l'endroit où on les trouve. Rien ne paroît plus certain : la conservation des coquilles et autres productions les plus fragiles, le sable calcaire, entièrement composé de débris de ces dépouilles, qui remplit l'intérieur de ces coquilles, ne laissent aucun doute à cet égard; car, si elles eussent été apportées, par les eaux, de quelques lieues seulement, toutes les univalves ne se trouveroient pas remplies, comme elles le sont, jusqu'aux premiers tours de la spire, de ce sable ou falun qui est le même que celui dont elles sont entourées. J'ai trouvé dans des coquilles, dont la capacité n'étoit pas plus considérable que celle d'un dé à coudre, de petites coquilles, ou des débris de plus grandes, et d'autres productions marines de plus de cent espèces. Ce sable n'a pu être introduit dans ces coquilles que par le balancement des eaux qui le tenoient dans une espèce d'état de fluidité, et il n'a pu y être retenu que parce que ces coquilles sont restées dans le même endroit où elles en ont été remplies. Il en est bien autrement des coquilles qui ont été apportées seulement de quelques lieues : on en a la preuve dans celles que l'on rencontre aux environs de Paris, dans la plaine de Grenelle, à Choisi-le-Roi, à Champigny, et sans doute dans beaucoup d'autres endroits, en descendant ou en remontant la Seine.

Postérieurement à toutes les révolutions qui ont formé les couches de ces environs, il y a eu une inondation telle, qu'elle a déposé, depuis Mont-Rouge jusqu'à la plaine des Sablons, et sans doute bien au-delà, vers le nord de Paris, une couche qui a quelquefois plus de quinze pieds d'épaisseur. Cette couche est composée de débris roulés de toutes les autres couches, tels que des silex, des poudingues, des morceaux de granit rouge, des débris de pierre calcaire coquillière, de beaucoup de sable quarzeux rougeâtre et de coquilles marines fossiles, que l'inondation a enlevées dans quelques couches éloignées. Parmi ces coquilles on distingue des *fuseaux* et des *cérites*, qu'on ne trouve pas dans le calcaire coquillier des environs de Paris. Elles sont usées par le frottement et en partie détruites; celles qui ont conservé quelques tours de spire sont remplies du même sable grossier avec lequel elles ont été transportées, et qui ne ressemble en rien à celui qu'on voit dans les coquilles que l'on trouve en place dans les lieux où ont vécu les animaux qui les ont formées et où ils ont péri, comme à Grignon.

On trouve dans ce dernier endroit, et dans les autres couches du calcaire coquillier des environs de Paris, beaucoup de coquilles brisées, parmi lesquelles on en voit de fort épaisses, telles que le *cerithium gigas*, le *cardium gigas*, la *crassatella tumida*, et autres, dont les morceaux sont épars et isolés; ce qui prouveroit que la violence des eaux les auroit portées contre des rochers ou contre d'autres coquilles : mais les angles de ces morceaux ne sont pas émoussés; ce qui prouveroit aussi que les tourmentes qui les ont brisées ont été d'une courte durée, comme des tempêtes.

On ne rencontre pas en place, dans les couches des environs de Paris, des coquilles roulées et usées, comme le sont presque toutes celles qu'on trouve non fossiles sur les bords de la mer. J'ai remarqué le contraire, pour celles qui composent le falun de la Touraine. En général, elles sont frustes et en mauvais état; les angles en sont usés et arrondis, comme si elles eussent été long-temps battues par les vagues sur un rivage.

Pourroit-on conclure de l'état différent dans lequel on trouve ces débris, que le terrain de la Touraine auroit été un rivage, et celui des environs de Paris un fond de mer éloigné du rivage; ou que, lors de la retraite des eaux de la mer, ces dernières auroient battu plus long-temps le terrain de la Touraine que les environs de Paris ? L'étude approfondie de la géologie pourra peut-être rendre raison de la différence que l'on remarque dans la conservation de ces fossiles.

Certaines couches ne paroissent composées quelquefois que d'une seule espèce de coquilles; mais il y a lieu de croire que tous les individus de cette espèce n'ont pas vécu exclusivement dans le même endroit. Le balancement des eaux a pu faire le départ de différentes espèces mêlées ensemble, d'après leur gravité spécifique.

On trouve des coquilles dans les sables quarzeux ; mais, en général, elles sont très-friables, et j'ai remarqué qu'on les rencontre plutôt dans les couches supérieures de ces sables, que dans les autres. Il est probable qu'il y en a eu autrefois dans des sables de cette espèce où l'on n'en trouve aucune trace aujourd'hui, parce qu'elles ont disparu, comme cela arrive fréquemment dans les grès et dans les pierres calcaires, où elles n'ont souvent laissé que leur empreinte.

On pourra peut-être un jour expliquer pourquoi les coquilles et autres productions marines, ont disparu dans certains cantons plutôt que dans d'autres, et pourquoi certains genres, comme les huîtres et les anomies, ne disparoissent jamais.

Les effets de ces disparitions des coquilles, dans les pierres, sont très-singuliers. Quelquefois la place de la coquille se trouve entièrement vide, et on ne voit alors que la trace de ses formes extérieures; souvent, avec ces dernières, l'espace vide qui contenoit le corps de l'animal s'est trouvé rempli, et son moule est resté. Il a fallu pour cela qu'une cristallisation ait d'abord saisi tout ce qui entouroit les coquilles, ainsi que ce qui les remplissoit; depuis, elles ont été dissoutes, probablement, par les infiltrations des eaux qui ont pénétré des parties supérieures. Ces eaux ont été entraînées plus bas, et ont sans doute déposé ailleurs les parties calcaires qu'elles tenoient en dissolution.

Quelquefois les moules intérieurs ont été changés en silex, dans des coquilles dont le têt est resté calcaire. Quelques naturalistes ont pensé que cela étoit ainsi arrivé, parce qu'ils contenoient le corps de l'animal au moment où ils ont passé à l'état fossile. Cela ne paroît pas probable. (Voyez ce qui a été dit à cet égard au mot Ananchite, dans le Supplément du tome II.)

Il est vraisemblable qu'aujourd'hui, comme autrefois, certaines espèces sont remplacées par d'autres dans les mêmes endroits. On en trouve la preuve, pour les fossiles, dans un monticule de sable quarzeux, près de Beauvais, au lieu appelé Bracheux.

Ce monticule est coupé à pic, et peut avoir quinze à seize pieds d'élévation. On trouve au sommet une couche de terre végétale de quinze à dix-huit pouces d'épaisseur ; au-dessous est un banc d'huîtres, de deux à trois pieds d'épaisseur, mêlées de quelques petites espèces de coquilles très-friables. Ces huîtres (*ostrea bellovacina*, Lam.) sont très-bien conservées avec leurs deux valves, et sont accompagnées de jeunes individus de la même espèce, ce qui est une preuve évidente qu'elles ont vécu dans l'endroit même où on les trouve.

Plus bas, on trouve une couche de trois à quatre pieds d'épaisseur, composée de turritelles, de pétoncles, de grandes vénéricardes, de cucullées et d'autres espèces de coquilles, mêlées avec du sable. Presque toutes les bivalves s'y trouvent avec les deux valves jointes ensemble.

Au-dessous on trouve une couche de sable de cinq à six pieds d'épaisseur, qui contient quelques coquilles isolées ; et plus bas on voit des couches de ces dernières, qui alternent avec des couches de sable.

Il paroît certain que ce monticule est de la formation la plus récente ; mais ce qui est hors de doute, c'est que les huîtres n'ont vécu là qu'après la destruction et, sans doute, après la mort naturelle des animaux auxquels ont appartenu les coquilles qu'on trouve au-dessous d'elles.

Il est rare qu'il y ait entre les coquilles ou autres corps marins fossiles, et ceux qui ne le sont pas, une identité aussi rapprochée que celle qu'ont entre eux les individus d'une même espèce, soit vivante ou fossile ; et il n'y a presque que les fossiles des collines basses de l'Apennin qui soient dans ce cas.

Les coquilles fossiles présentent, ainsi que celles qui ne le sont pas, un plus grand nombre de genres dans les univalves, que dans les bivalves et les multivalves.

Certains genres, tels que ceux des corbules, des ancillaires, des térébratules, des nautiles, etc. présentent peu d'espèces et peu d'individus à l'état vivant, tandis qu'ils en présentent beaucoup à l'état fossile. C'est le contraire pour d'autres, tels que les patelles, les cônes, les porcelaines et autres, qui présentent beaucoup moins d'espèces fossiles qu'à l'état vivant.

D'autres genres, tels que les concholépas, les colombelles, les éburnes, les haliotides, etc. ne se sont pas encore montrés à l'état fossile, tandis que d'autres n'ont encore été trouvés que fossiles, tels que les ammonites, les planulites, les turrilites, les baculites, et autres.

Il faut être en garde pour prononcer sur le véritable état des coquilles qu'on n'a pas trouvées soi-même, ou qui ne sont point accompagnées d'une gangue qui puisse attester qu'elles sont fossiles; car on pourroit aisément prendre pour fossiles celles qui, s'étant trouvées pendant long-temps dans des terres ou des sables, ont perdu leurs couleurs et une partie de leur poids. J'en ai rencontré dans cet état qu'on auroit pu regarder comme fossiles, et qui n'étoient qu'altérées par un séjour de cinquante à soixante ans peut-être dans les terres.

J'ai remarqué que les coquilles non fossiles sont d'un plus grand volume que les autres dans certains genres, comme dans les casques, et que c'est le contraire pour d'autres genres, comme les huîtres.

Les coquilles fossiles, ainsi que celles qu'on trouve aujourd'hui dans les mers, sont quelquefois percées d'un ou de plusieurs trous ronds, qui sont l'ouvrage de quelques animaux qui se nourrissent de la substance des mollusques qui les ont formées. Les coquilles des couches à cornes d'ammon, ainsi que celles des couches de craie, ne paroissent pas avoir été exposées à ces ennemis, puisqu'on n'y remarque jamais de pareils trous; mais dans les couches supérieures, qui ont beaucoup plus d'analogie avec ce qui est vivant aujourd'hui, on en trouve beaucoup qui portent ces traces. Presque tous les individus de certaines espèces, comme celle du *cerithium unisulcatum*, paroissent avoir péri de cette manière. (D. F.)

COQUILLERS, ou Polypores coquillers. (*Bot.*) C'est le nom que Paulet donne à une petite famille qu'il établit aux dépens des bolets de Linnæus. Elle comprend deux espèces très-rameuses, dont les chapeaux sont disposés les uns au-dessus des autres, sans se toucher. Ces espèces acquièrent un volume considérable, et pèsent jusqu'à trente ou quarante livres. Clusius conjecture que c'est vraisemblablement sur un de ces champignons que fut gravée cette inscription latine que les Barbares, au rapport de Dion-Cassius, apportèrent en hommage et en triomphe à l'empereur Trajan, lors de son expédition contre Décebale, roi des Daces.

Ces espèces croissent au pied et sur le tronc des arbres. Ce sont le Coquiller en bouquet (Paul., pl. 29, fig. 1, 2; *Boletus ramosissimus*, Schœff., tab. 111 et 265, 266; Jacq., *Amst.*; *Boletus polycephalus*, Pers.), et le Coquiller en plateau (Paul., pl. 30, fig. 1 à 2), qui ne paroît être qu'une variété du précédent. Leur chair a une saveur et une odeur agréables de champignon; elle est très-bonne, et bien loin d'incommoder ou d'être lourde sur l'estomac, elle semble, dit Paulet, rendre plus légers ceux qui s'en régalent. On la mange en fricassée de poulet, c'est-à-dire, après l'avoir passée à l'eau bouillante, cuite dans le beurre avec l'assaisonnement ordinaire. On en fait un grand usage en Bavière et en Hongrie, où il paroît que ces champignons sont plus abondans. Les Hongrois prétendent que leur grosseur est quelquefois monstrueuse et capable de remplir une voiture à deux chevaux. (Lem.)

COQUILLES (*Bot.*), nom donné par Paulet à des champignons qui, par la forme de leur chapeau dimidié, ressemblent à des coquilles. Il y en a de trois sortes: 1.° les coquilles proprement dites; 2.° les coquilles pétoncles, et 3.° les coquilles tigrées.

I. Les coquilles proprement dites forment, chez Paulet, la première section de la famille qu'il nomme *oreilles des arbres*. Cette section comprend l'Oreille du noyer (voyez ce mot), la coquille de l'aune et la coquille du chêne.

La Coquille de l'aune. C'est l'*agaricus alneus*, Schœff., tab. 246, ou *agaricus ochraceus*, Jacq., *Misc.*, 2, tab. 16; espèce différente de l'*agaricus alneus*, Linn. Dans sa Synonymie Paulet les réunit l'une et l'autre dans la famille des coquilles pétoncles. Cette espèce, dont la chair est sèche et ferme, est blanche, mais elle roussit avec l'âge. On la trouve sur les arbres. Donnée en quantité et crue aux animaux, elle ne les incommode pas.

La Coquille du chêne (voyez la planche 21, f. 34, du Traité de M. Paulet) paroît être l'*agaricus dimidiatus*, Schœff., tab. 253. Elle croît sur le chêne. Sa couleur est le blanc lavé de roux. Elle a les mêmes qualités que la coquille de l'aune.

II. Les coquilles pétoncles sont des agarics qui doivent leur nom à la forme de leur chapeau, semblable à celle des pétoncles, espèces de coquilles. Elles forment une famille assez nombreuse, dont les espèces principales sont les suivantes :

1.ere Espèce, blanche à feuillets blancs, qui est l'*agaricus alneus*, Linn., ou l'*agaricus multifidus* de Batsch, *Elench*, tab. 24, fig. 126. M. Paulet en donne la description, vol. 2, p. 83, pl. 5, f. 1 à 3, sous le nom de petite coquille pétoncle, qu'il donne aussi à la petite famille dans laquelle il range ce champignon. Cette espèce, commune sur le tronc des noyers et d'autres arbres, a un parfum des plus agréables. Donnée aux animaux par poignées, elle ne les incommode pas d'une manière sensible : toutefois ils semblent tristes, et leur estomac paroît se gonfler. La surface de ce champignon est d'un blanc cotonneux ; ses feuillets sont roses, ou couleur de chair.

M. Paulet y ramène, comme variété, l'*agaricus defluens*, Batsch. Voyez plus bas, n.e 5, une espèce distincte.

2.e Espèce, blanche et soyeuse. Elle a pour type l'*agaricus betulinus*, Linn. Suivant Paulet, elle offriroit un grand nombre de variétés qui auroient été prises pour autant d'espèces distinctes. De ce nombre sont l'*agaricus betulinus*, Jacq. ; *imbricatus*, Buxb., *Cent.*, tab. 7, fig. 1, 6 ; *tristis* et *glaucus*, Batsch.

3.e Espèce, plus forte, de l'aune, couleur de noisette, à surface unie. (Voyez ci-dessus Coquille de l'aune.)

4.e Espèce, molle, blanche et tremblante. C'est l'*agaricus niveus*, Jacq., ou *lacteus*, Scopoli.

5.e Espèce, blanche, à feuillets sanguins, où se range l'*agaricus defluens*, Batsch.

6.e Espèce, à feuillets pourpres et à écailles. C'est l'*agaricus* représenté par Micheli, tab. 65, f. 3 de son *Genera*.

7.e Espèce, rousse et jaune. C'est l'*agaricus lateralis* d'Hudson.

8.e Les coquilles tigrées, ou les agarics-coquilles tigrés, sont ainsi nommés de leur forme en coquille, et de leur peau tigrée par des élevures ou petites écailles, de couleur rousse ou de safran. Ces champignons sont remarquables par l'odeur de farine fraîchement moulue qu'ils répandent. Ils constituent une petite famille, qui comprend deux espèces, savoir :

La Coquille tigrée de l'orme, nommée *oreille de Malchus* et *oreille d'homme* : *Boletus polymorphus*, Bull., 114 ; Paul., pl. 16, f. 2.

La Coquille tigrée du noyer : Paul., pl. 16, f. 3 ; *Boletus juglandis*, Schœff., tab. 101, 102, et Bull., tab. 19.

La première espèce paroît avoir des qualités suspectes ; la seconde est, dit-on, bonne à manger. Il y a des auteurs qui ne les regardent que comme des variétés d'une même espèce. Il ne faut pas les confondre avec l'Oreille du noyer. Voyez ce mot. (Lem.)

COQUILLES DES MOLLUSQUES. (*Chim.*) M. Hatchett, qui s'est occupé de l'analyse de ces substances, les a partagées en deux divisions, en *coquilles porcelaines* et en *coquilles formées de nacre de perles.*

Coquilles porcelaines. Elles ont l'aspect de la porcelaine ; souvent elles sont ornées à l'extérieur de points, de lignes droites ou ondées, de taches plus ou moins régulières, qui ont presque toujours une disposition symétrique et une couleur qui tranche agréablement sur celle du fond. Les cônes, les olives, les porcelaines sont des exemples des coquilles rangées dans cette division.

Les coquilles porcelaines sont formées, suivant M. Hatchett, de sous-carbonate de chaux et d'une très-petite quantité de matière azotée, analogue à la gélatine. Elles sont absolument dépourvues de phosphate et de sulfate de chaux. Lorsqu'on les expose à une chaleur rouge, elles décrépitent un peu, perdent les couleurs dont leur surface pouvoit être teinte, ne répandent ni fumée ni odeur, deviennent d'un blanc opaque nuancé de gris, et conservent leur forme. Une température suffisamment élevée les convertiroit en chaux.

Les coquilles porcelaines se dissolvent sans résidu et avec effervescence dans l'acide nitrique et l'acide hydrochlorique foibles. Si elles avoient été préalablement calcinées, elles laisseroient un peu de charbon. La dissolution de ces coquilles ne précipite ni par l'ammoniaque ni par l'acétate de plomb.

Coquilles de nacre de perles. Elles ont l'aspect de la nacre de perles. Elles doivent cette propriété à l'arrangement de leurs particules, puisqu'il suffit de presser de la cire noire sur leur surface pour que la cire, en en recevant l'empreinte, prenne l'aspect de la nacre. Ces coquilles sont presque toujours revêtues extérieurement d'une peau brune verdâtre.

Elles sont formées, suivant M. Hatchett, de sous-carbonate de chaux et d'albumine coagulée, dont la proportion est plus grande que celle de la matière gélatineuse contenue dans les coquilles porcelaines. Lorsqu'on les expose au feu, elles décrépitent un peu, s'exfolient, brunissent et exhalent une odeur de corne. Comme les précédentes, elles se convertissent en chaux à une température rouge blanche.

Traitées par les acides nitrique et hydrochlorique foibles, elles font effervescence, et ne se dissolvent qu'en partie; ce qui reste est l'albumine coagulée.

M. Hatchett regarde la nacre de perles comme étant formée de

Sous-carbonate de chaux. . . .	66
Membranes organiques.	34

L'os de la sèche a la même composition.

Mais, d'après les travaux même de M. Hatchett, il ne faut pas croire que toutes les coquilles de la seconde division aient la même composition que la nacre de perles; car les coquilles d'huîtres contiennent beaucoup moins de matière animale, et celle-ci a presque les caractères d'une substance gélatineuse. D'une autre part, les patelles ont présenté à M. Hatchett une composition qui est encore plus rapprochée des coquilles porcelaines.

Depuis le travail de M. Hatchett, M. Vauquelin a fait une analyse des coquilles d'huîtres, de laquelle il résulte qu'elles sont formées

d'une matière organique,
de sous-carbonate de chaux,
de phosphate de chaux,
de sous-carbonate de magnésie,
d'oxide de fer. (Ch.)

COQUILLES D'ŒUFS. (*Chim.*) M. Vauquelin les a trouvées formées

d'une matière organique unie à du soufre,
de sous-carbonate de chaux,
de sous-carbonate de magnésie,
de phosphate de chaux,
d'oxide de fer.

On y reconnoît la présence de ces corps en calcinant des coquilles d'œufs, afin d'en charbonner la matière organique.

On les traite par l'acide hydrochlorique foible : il y a dégagement de gaz carbonique et d'acide hydrosulfurique, et un léger résidu de charbon. La liqueur filtrée, étant évaporée à siccité, laisse une matière qui, étant reprise par l'eau, s'y dissout, a l'exception du phosphate de chaux. La liqueur filtrée, mêlée à de l'ammoniaque, laisse précipiter de la magnésie, de l'oxide de fer, un peu de chaux, et les restes de phosphate de cette base qui n'auroient point été séparés dans la première opération. (Ch.)

COQUILLIÈRE (*Bot.*), espèce de champignon. Voyez Oreilles. (Lem.)

COQUILLO. (*Bot.*) Dans le Recueil des Voyages aux Indes occidentales, par Théodore de Bry, part. 9, liv. 4, ch. 26, il est fait mention d'un palmier croissant dans le Chili, et nommé *coquillo*, qui produit un fruit plus petit et plus rond qu'une noix, et dont la substance intérieure est d'un goût plus agréable que celle du coco. C'est peut-être la même espèce nommée plus bas *coquito*. (J.)

COQUINKO. (*Bot.*) Voyez Coco des Maldives. (J.)

COQUIOLE. (*Bot.*) Desmoulins, traducteur de Daléchamps, indique, sous ce nom, une plante que Dodoens a figurée sous le nom de *festuca prior*, et dont Daléchamps a copié la figure, sous celui d'*œgylops Dodonœi*. C'est l'espèce de *festuca* de C. Bauhin, et de *gramen avenaceum* de Tournefort, regardée maintenant comme l'*avena fatua*. (J.)

COQUIOULE (*Bot.*), nom vulgaire de l'avoine folle, dans quelques parties de la France. On désigne aussi quelquefois sous le même nom la fétuque ovine. (L. D.)

COQUITO (*Bot.*), nom que porte, dans le Chili, un nouveau genre de palmier, établi par MM. de Humbolt et Kunth sous celui de Jubæa. Voyez ce mot. (J.)

CORAB (*Ichthyol.*), nom arabe d'une espèce de caranx, que Forskaël a indiqué sous le nom de *scomber ignobilis*. Il habite la mer Rouge. Voyez Caranx. (H. C.)

CORACA, Coracinos, Coracon. (*Ichthyol.*) Κοράκα, κοράκινος, κοράκον, sont les noms que, d'après Gesner, les Grecs modernes donnent à la *sciœna umbra*, Linn. Voyez Sciène. (H. C.)

CORACAS (*Ornith.*), nom du corbeau en grec moderne. (Ch. D.)

CORACES, *Coraces.* (*Ornith.*) Ce nom a été appliqué à un ordre ou une famille d'oiseaux, dont le bec, robuste, droit, ou un peu crochu, est tranchant sur les bords, et a la base glabre ou garnie de plumes sétacées qui se dirigent en avant et recouvrent les narines ; dont les tarses sont annelés et munis de quatre doigts, trois devant et un derrière ; qui ont les ongles foibles et peu recourbés ; dont les ailes, médiocres, ont les pennes terminées en pointe ; dont la plupart vivent en troupes pendant une partie de l'année, et chez lesquels la femelle, aussi grosse que le mâle, a généralement un plumage semblable. Ces oiseaux sont monogames et couvent alternativement ; ils se nourrissent de fruits, de graines, de vers, d'insectes et de voirie. Leur chair est le plus souvent dure et de mauvais goût. Les corbeaux, les pics, les geais, le casse-noix, les rolliers sont de cette famille. (Ch. D.)

CORACIAS. (*Ornith.*) Ce mot, tiré du grec *κορακίας*, désignoit dans Aristote, liv. 9, chap. 24, le crave, *corvus graculus*, ou le chocard des Alpes, *corvus pyrrhocorax;* mais depuis il a été spécialement appliqué, par Linnæus et par la plupart des naturalistes, aux rolliers qui, compris dans la famille des coraces, ainsi que les corbeaux, se distinguent de ces derniers par la nudité de leurs narines, couvertes chez les autres. Brisson, consacrant le mot *galgulus* aux rolliers, a établi, sous le nom de *coracia*, un genre particulier, composé du crave ou coracias, *corvus graculus*, Linn., et de l'oiseau que Gesner a appelé *corvus sylvaticus*, et Linnæus *corvus eremita*. M. Vieillot a adopté le genre de Brisson, caractérisé surtout par les deux mandibules également courbées en arc ; et sans y admettre comme espèce réelle le *caracia cristata* de cet auteur, *corvus eremita*, Linn., et coracias huppé ou sonneur, Buff., il a composé ce genre du coracias à bec rouge, *corvus graculus*, Linn., d'un coracias à bec noir, qui a le plumage de la même couleur, et qui se trouve à la Nouvelle-Hollande, et du coracias tivouch, représenté dans les planches enluminées de Buffon, n.° 697, et dans l'Histoire naturelle des promérops, à la suite de celle des oiseaux dorés, sous le nom de huppe du Cap. M. Cuvier a laissé ce dernier oiseau parmi les huppes proprement dites, et il a rangé les deux autres, sous le nom de craves, *fregilus*, dans la même famille. Comme cette classification ne laisse pas subsister un double genre *Coracias*, et évite toute confusion avec les rolliers, on croit devoir renvoyer, pour la description des espèces dont il s'agit, aux mots *Crave* et *Huppe*. (Ch. D.)

CORACINE, *Coracina*. (*Ornith.*) M. Vieillot a formé ce genre d'oiseaux auparavant classés parmi les corbeaux : il lui a donné pour caractères un bec à base glabre chez les uns, et couvert de plumes veloutées ou cétacées chez les autres, épais, robuste, déprimé, anguleux, étroit vers le bout; la mandibule supérieure entière ou échancrée et courbée vers la pointe; l'inférieure plus courte, un peu aplatie en dessous; les narines ovales, ouvertes, situées près du front; les pennes bâtardes des ailes courtes, et les seconde, troisième et quatrième les plus longues de toutes. Ce genre a été divisé en quatre sections. Dans la première, le bec est garni à la base de plumes veloutées; dans la seconde, les narines sont recouvertes par des plumes cétacées, dirigées en avant avec la mandibule supérieure échancrée vers le bout; dans la troisième, le bec, nu à la base, est aussi échancré à la pointe; et dans la quatrième, le bec est entier, et les narines sont découvertes.

Les espèces que M. Vieillot a distribuées dans ces différentes sections, sont : 1.° la coracine céphaloptère; 2.° la coracine chauve ou gymnocéphale; 3.° la coracine à col nu, ou gymnodère; 4.° la coracine choucari; 5.° la coracine kailora; 6.° la coracine à ventre rayé; 7.° la coracine verte; 8.° la coracine à front blanc; 9.° la coracine à gorge rouge. (Voyez pour la première de ces espèces, le mot Céphaloptère; pour la seconde et pour la troisième, le mot Cotinga; pour les 4.e, 5.e, 6.e et 7.e, les choucaris des papous, à ventre rayé, à masque noir et violet, sous le mot Choucari.) Voici une notice des deux dernières.

La Coracine a front blanc, *Coracina albifrons*, Vieill., correspond au *corvus pacificus*, Gmel. et Lath. Cet oiseau, qui se trouve dans les îles de la mer du Sud, est long de dix pouces; le front et la gorge sont blanchâtres; le sommet de la tête et la nuque noirs; les parties supérieures du corps cendrées, et les parties inférieures d'un brun rougeâtre; les ailes et la queue sont noires; mais leurs pennes ont l'extrémité blanche, à l'exception des deux rectrices intermédiaires; le bec, les pieds et les ongles sont noirs.

La Coracine a gorge rouge, *Coracina rubricollis*, Vieill., est toute noire, à l'exception d'une grande plaque d'un rouge éclatant, qui s'étend depuis le haut de la gorge jusqu'au milieu de la poitrine. Sa taille est de dix-sept pouces; son bec, bleu dans presque toute sa longueur, est blanchâtre à la pointe, et garni à sa base, dans tout son contour, de poils courts et roides. Son cou, principalement la partie supérieure, est couvert d'une masse considérable de plumes; sa queue est un peu arrondie, les tarses sont plombés. Chez la femelle, le bec est brun, le corps d'un noir moins foncé, la plaque d'un rouge moins vif, et le bas de la poitrine moitié rouge et moitié noir. Cette espèce a beaucoup de ressemblance avec le piauhau ordinaire, *muscicapa rubricollis*, Gmel., représenté pl. 381 de Buffon, et pl. 47 et 48 des Oiseaux rares de l'Afrique et des Indes, de Levaillant; mais celui-ci appartient à la famille des cotingas, et M. Vieillot fait observer qu'il a le bec moins évasé, plus caréné en dessus, que les plumes qui recouvrent la base de son bec ne sont point dirigées en avant, et que ses narines sont totalement à découvert. La description de M. Vieillot est d'ailleurs calquée sur celle que M. d'Azara donne, sous le n.° 57, de la *degollada*, ou *pie ensanglantée*, que Sonnini regarde aussi comme différente du piauhau. Suivant l'auteur espagnol, cette espèce n'habite pas ordinairement le Paraguay, et c'est par une rencontre fortuite que son ami Nozeda y a pris un mâle vivant et tué sa femelle. (Ch. D.)

CORACITES (*Foss.*), nom que l'on a donné aux Bélemnites. Voyez ce mot. (D. F.)

CORAÇONCILLO (*Bot.*), nom espagnol donné, suivant Clusius, dans les environs de Salamanque, au millepertuis rampant, *hypericum humifusum*. (J.)

CORA-CORAS. (*Erpét.*) Suivant la Chênaye des Bois, on appelle ainsi un joli serpent d'Amérique, que les Portugais nomment encore Talieboebot. Voyez ce mot. (H. C.)

CORACORHINCUS ou Coracorhyncus. (*Ichthyol.*) Nieuhoff. Ray et quelques autres donnent ce nom à un poisson des Indes, dont le bout des mâchoires est courbé comme le bec d'un corbeau : ce mot est tiré du grec, κόραξ, *corvus*, et ῥὶν, *rostrum*. Voyez Ravenbeck. (H. C.)

CORAI-CODI. (*Bot.*) La plante, nommée ainsi dans un herbier du Coromandel, paroît être une espèce de bryone. (J.)

CORAIL, *Corallium*. (*Zooph.*) Il n'est personne qui ne sache que l'on entend vulgairement sous ce nom une sorte d'arbuscule, plus ou moins branchu, pierreux, calcaire, de couleur tantôt d'un beau rouge, tantôt plus ou moins rosée, ou même tout-à-fait blanche; employé, de temps presque immémorial, pour faire des bijoux ou des objets d'ornement, et qui est l'objet d'une pêche et d'un commerce fort considérables dans différens ports de la Méditerranée : mais il s'en faut que tout le monde ait des idées justes sur cette singulière production. Tous les naturalistes anciens, et même ceux de la renaissance des lettres, n'en connoissant que ce que le commerce leur fournissoit, le regardèrent comme une simple pierre, un minéral ayant, jusqu'à un certain point, la forme d'un arbre; mais un certain nombre d'autres, comme Pline, Dioscoride, et par suite les premiers botanistes, n'envisageant plus la matière, mais seulement la forme, crurent que c'étoit un véritable arbrisseau, dans lequel ils voyoient une racine, un tronc, des branches et des rameaux; et comme les couches formées les dernières sont moins dures, moins solides, plus friables, ils en firent l'écorce. Le comte de Marsigli, en 1703, ayant même eu l'occasion d'observer le corail sortant immédiatement de la mer, et ayant aperçu, dans différens points de la surface, de petits corps rayonnés à peu près comme la corolle des fleurs régulières, il en fit les fleurs de cet arbre, auquel, par conséquent, il ne manqua plus rien pour être un arbre véritable. Alors tous les auteurs de botanique, n'ayant aucun doute sur la nature du corail, le rangèrent dans le règne végétal, jusqu'au moment où Peyssonel, devenu justement célèbre par cette seule découverte, étendit au corail ce qu'il avoit observé pour une foule d'autres êtres organisés également complexes, et fit voir, par des preuves sans réplique, que ce qu'on regardoit comme les fleurs du corail étoient de véritables animaux. Cette découverte n'eut cependant pas tout-à-fait le succès qu'elle méritoit, et Réaumur, qui étoit alors en France le chef de toutes les personnes qui s'occupoient d'histoire naturelle, soutint encore quelque temps l'ancienne opinion. Cependant, la découverte, jusqu'à un certain point analogue, du polype d'eau douce par Trembley, fit revenir sur l'opinion de Peyssonel; l'Académie des Sciences envoya sur les bords de la mer deux de ses membres, MM. Guettard et de Jussieu, et il fut confirmé que tous ces êtres floriformes étoient de véritables animaux, ce dont maintenant il n'est plus permis de douter. Quant à la structure, à la physiologie, au mode d'accroissement du corail, à la manière dont on le pêche, c'est aux observateurs italiens que nous devons les vérités que nous connoissons, comme, avant la découverte de Peyssonel, c'étoit aussi d'eux que nous venoient les erreurs accréditées. En effet, P. Boccone, Marsigli, et Donati, Cavolini, Spallanzani, parmi les modernes, sont les auteurs qui s'en sont le plus spécialement occupés, et dont nous allons extraire les principaux matériaux de cet article.

Le corail, ou plutôt la partie commune à tous les animaux d'un même polypier, forme réellement une espèce de petit arbrisseau, d'un pied et demi à peu près de hauteur, et d'un pouce environ de diamètre, dans sa partie la plus grosse. Cette partie, qui forme le tronc, très-variable par sa hauteur, commence toujours par un élargissement plus ou moins considérable, qu'on a comparé à tort aux racines des arbres, car il n'en a nullement les usages ni même la forme : il a beaucoup plus de ressemblance avec ce qui se trouve au même endroit dans certains fucus ; et, en effet, ses usages sont les mêmes, c'est-à-dire, de fixer le polypier aux corps sous-marins. De cet empâtement sort la tige, qui, ordinairement ronde, mais quelquefois comprimée, se ramifie bientôt en branches irrégulières, pour les places qu'elles occupent ainsi que pour la forme. Enfin, quelquefois des branches il naît aussi de petits rameaux, également irréguliers, qui sont terminés par une partie mousse et évidemment plus molle que le reste du polypier. La structure de cette partie du corail a évidemment quelques rapports avec celles des arbres, en ce qu'elle offre un grand nombre de couches concentriques et bien nettement circonscrites, plus ou moins épaisses, quelquefois de différentes couleurs : mais on n'y aperçoit aucune trace de fibres rayonnantes, d'aucune espèce, chaque couche étant formée de grains d'autant plus serrés qu'elle s'approche davantage du centre ; toutes offrent des stries longitudinales très-fines, mais qui ne sont bien visibles que sur la dernière couche ou la plus extérieure. Dans le corail préparé on ne trouve que ce que nous venons de dire, parce qu'on en a enlevé une sorte d'écorce dont nous devons parler maintenant. Dans l'état de mort ou de dessiccation, cette couche extérieure est sèche et friable; mais, dans l'état frais, on trouve immédiatement appliquée sur l'axe une enveloppe blanche, ou de couleur pâle, médiocrement molle, dans laquelle on aperçoit une disposition réticulaire et de petits vaisseaux remplis d'un suc blanchâtre, qui se répand dans les utricules que contiennent les mailles du réseau. Il paroît que l'on trouve dans ces espèces d'utricules des corpuscules sphériques très-petits, rouges, qui doivent par leur entassement former la dernière couche de l'axe. En dehors de cette membrane se trouve la partie essentiellement vivante, commune à tous les polypes; c'est ce qu'on nomme l'écorce. Elle est molle, et d'une couleur un peu moins foncée que celle de l'axe ou du corail proprement dit. Elle paroît être formée à peu près comme la précédente; mais ce en quoi elle diffère essentiellement, c'est qu'outre les mailles formées par des fibres cellulaires, entre lesquelles est un grand nombre de corpuscules rouges, elle est traversée dans toute sa longueur, c'est-à-dire, de l'extrémité d'une branche jusqu'au pied, par de véritables canaux cylindriques qui, par leurs ramifications, communiquent avec les utricules. Ces vaisseaux, disent les observateurs, sont entièrement remplis d'un suc laiteux. Je présume que ces vaisseaux sont la terminaison de chaque petit animal. Cette partie forme la surface extérieure du polypier, qui, lorsqu'on vient de le tirer de la mer, est lisse et polie, mais qui, comme l'axe lui-même, est tantôt plus basse et tantôt plus élevée.

On trouve en outre, dans différens endroits de cette surface, mais répartis d'une manière fort irrégulière, de petits tubercules ou élévations ressemblant, au premier aspect, à des gouttes de lait : ce sont les loges des polypes ou des animaux; élargies à leur base, elles se rétrécissent à leur extrémité, et offrent une ouverture divisée régulièrement en huit parties, et plus ou moins raboteuse, qui est l'orifice de la loge. Elles sont réellement formées par l'enveloppe commune, et, à l'intérieur, par la membrane intermédiaire ou blanche qui s'est dédoublée, une partie tapissant la cellule creusée dans l'axe, et l'autre la face interne du tubercule jusqu'à l'origine de l'ouverture. Les cellules sont d'autant plus profondes qu'elles appartiennent à des rameaux plus jeunes. Elles sont toujours obliquement dirigées de dedans en dehors et de bas en haut, ou mieux de la base au sommet. C'est dans ces cellules que sont les polypes. Ils sont très-mous, tout-à-fait blancs, et assez peu transparens; leur corps ou ventre est cylindrique et entièrement caché dans la cellule, à laquelle il est sans doute adhérent par son extrémité, que, par analogie avec les pennatules que j'ai disséquées, je pense se continuer avec les vaisseaux de l'enveloppe charnue et commune. Donati dit cependant expressément qu'il en est entièrement détaché et séparé. Quoi qu'il en soit, le corps du polype est terminé par huit appendices disposés en rayons autour de la bouche, ou d'une ouverture que Donati dit formée par une coquille un peu évasée à sa racine, avec une large ouverture au sommet, et creusée de huit larges sillons entre chacun desquels s'élève une sorte de dos d'âne; c'est entre deux de ces élévations qu'est placé un des appendices tentaculaires, qui sont ainsi sur le même plan : ils sont tous parfaitement égaux, coniques, un peu comprimés, et pourvus de chaque côté d'appendices ou barbules régulièrement décroissans de la base à l'extrémité. Donati ajoute qu'il a vu, à la partie inférieure du corps de quelques polypes, de petits corps hydatiformes, assez ronds, d'une extrême petitesse, mous, transparens et jaunâtres. Il pense, avec raison, que ce sont les œufs ou corpuscules reproducteurs.

Le corail vit dans la mer Méditerranée, seulement à des profondeurs assez considérables, mais en général assez variables. On ne l'a pas encore pêché au-dessous de six à sept cents pieds; mais ce n'est pas une raison pour qu'il ne puisse exister à de plus grandes profondeurs. Il paroit cependant que, plus on descend, plus le corail est petit : c'est du moins l'opinion généralement admise parmi les pêcheurs de corail. Quant au point le plus élevé où l'on en a recueilli, Marsigli dit qu'il n'en a jamais vu de moins profond qu'à dix pieds. Ce même observateur assure que les sites les plus propres à l'accroissement du corail sont ceux où la mer est tranquille et les eaux presque dormantes ; ce qui nous paroît fondé en raison, quoique Spallanzani lui oppose que dans le détroit de Messine, où la mer est très-agitée, le corail paroît atteindre sa perfection : en effet, il convient lui-même qu'il est plus petit dans cet endroit ; et d'ailleurs ne se peut-il pas qu'il croisse dans des excavations où les courans ne se fassent pas sentir ? Quant à l'aspect qu'il préfère, il paroît que c'est surtout celui du sud, du moins à Messine, qu'on le trouve rarement dans les sites de l'ouest, et qu'il ne se propage jamais sous l'influence du nord. Le corail, comme nous l'avons dit plus haut, se cramponne, pour ainsi dire, indifféremment sur tous les corps qui se trouvent dans le fond de la mer, et sa croissance se fait absolument dans tous les sens, quoique Marsigli ait assuré qu'il naissoit et croissoit seulement à la voûte des cavernes, et que ses rameaux étoient toujours dirigés en en bas. La preuve la plus évidente est qu'il peut encore vivre, quoique détaché du corps marin sur lequel il étoit fixé ; mais alors il faut croire qu'il se trouve dans un lieu bien tranquille, sans quoi le roulement qu'il éprouveroit auroit bientôt détruit la partie réellement vivante. Son accroisssement exige, à ce qu'il paroît, au moins dix ans pour être complet. Voici comme la propagation a lieu : les œufs ou corpuscules reproducteurs, rejetés par la bouche de l'animal, ou mieux peut-être par des orifices qui sont à sa marge, tombent sur un corps quelconque, et y adhèrent très-probablement par leur nature gélatineuse, certainement entièrement molle ; ils s'étendent un peu, prennent de l'accroissement, surtout à la partie en contact, qui s'élargit et se moule sur le corps sous-marin. Du milieu de cette espèce de goutte de corail s'élève un tubercule, dans lequel on voit évidemment une cavité intérieure et huit rides à la partie supérieure, mais sans ouverture. Le polype n'est encore dans son intérieur qu'à l'état de fœtus ; mais successivement il prend de l'accroissement. Toutes les parties se développent, et c'est alors que la capsule s'ouvre pour lui permettre de sortir ses tentacules afin de saisir sa nourriture, et, peut-être encore mieux, de respirer. L'accroissement de la partie centrale devient alors plus rapide ; il se dépose dans son milieu de la matière calcaire ; elle pousse de plus en plus, et il se développe à mesure de nouveaux polypes dans des points non déterminés : en sorte que l'on peut dire que le polypier est presque en totalité indépendant du polype, et que sa partie dure, ou son axe, est toujours plus molle vers les extrémités des rameaux par où elle pousse que dans tout autre endroit; ce qui, très-probablement, a été la cause de l'erreur long-temps admise, que le corail, mou dans le sein de la mer, n'acquéroit sa dureté qu'à l'air. Il paroît qu'il faut environ dix ans pour que les arbres de corail atteignent la grandeur dont ils sont susceptibles : du moins Spallanzani dit que le champ de corail exploité par les pêcheurs de Messine est, pour ainsi dire, partagé en coupes réglées et divisé en dix parties, dont une seule est pêchée chaque année, et qu'il a observé que le corail qu'on y pêche est aussi élevé que celui qu'on pêcha dans un gîte nouvellement découvert de son temps, et qu'on n'avoit par conséquent jamais exploré. Ce dernier étoit cependant, ajoute-t-il, un tiers plus gros. Il paroît que la beauté de sa couleur est aussi en rapport avec son âge.

Le corail qui, habituellement, est d'un beau rouge, peut, par des nuances insensibles, passer au blanc le plus pur. On a cru quelque temps que le corail blanc étoit un résultat de l'art; mais Spallanzani tenoit de l'abbé Grano de Messine, une série de rameaux qui, par nuances, passoient du rouge plus ou moins vif au gris foncé, du gris foncé au gris clair, et enfin du gris clair au blanc pur. Nous avons même dit plus haut, d'après Donati, que dans le même morceau de corail on peut trouver des couches concentriques de différentes couleurs. Dans le commerce on en distingue de trois sortes : le rouge, qui se divise en rouge cramoisi foncé et en rouge plus clair; le vermeil, qui est très-rare, et le blanc clair ou terne, qui est commun.

L'analyse chimique du corail a prouvé qu'il est entièrement, du moins son axe, composé de carbonate de chaux; car il se dissout entièrement dans l'acide nitrique.

On pêche le corail en différens lieux de la Méditerranée, et spécialement sur les côtes d'Afrique, dans le détroit de Messine et dans différens endroits de l'Archipel de la Grèce. Les pêcheurs de corail sont, en général, des gens robustes et hardis, qui ne font guère cette sorte de pêche que dans leurs momens perdus, et en tout temps, du moins à Messine. L'instrument dont ils se servent est une sorte de croix de bois ayant un filet à chacune de ses branches qui sont égales, et une grosse pierre dans son milieu, auquel on attache la corde, plus ou moins longue, qui sert à promener le filet au fond de la mer. Par cette manœuvre ils parviennent à détacher, le plus souvent en les brisant, une plus ou moins grande quantité d'arbres de coraux. Mais, en général. cette espèce de pêche est extrêmement variable pour ses produits ; il n'y a guère de doute que les lieux qui ont été le siége de pêches nombreuses doivent finir à la longue par s'épuiser. Aussi, comme nous l'avons déjà dit, le gouvernement de Sicile a-t-il établi des réglemens rigoureux, qui défendent de pêcher ailleurs que dans les lieux déterminés pour chaque année.

Il ne nous reste plus, pour terminer l'histoire de cette production intéressante de la mer, qu'à la considérer zoologiquement. Long-temps séparé en un genre particulier par les botanistes, sous le nom de *corallum* ou *corallium*, comme par Gesner, Bauhin, Tournefort, le corail fut ensuite admis comme tel par Donati : Linnæus, dans ses premières éditions, en fit une espèce de madrépore ; Pallas le fit passer, avec plus de raison, dans le genre Isis, sous le nom d'*Isis nobilis*. Gmelin et Solander en firent une espèce de Gorgone. Enfin, M. de Lamarck l'a définitivement séparé des Isis par des caractères évidens, ce qui a été imité par la plupart des naturalistes modernes. Les caractères de ce genre sont : Polypes pourvus de huit tentacules penniformes, contenus dans des loges ou cellules, éparses dans une sorte d'écorce charnue, devenant friable par la dessiccation, et enveloppant un axe entièrement pierreux, formé de couches concentriques, se ramifiant d'une manière irrégulière, et adhérant par sa base aux corps sous-marins. Il ne contient qu'une seule espèce, le corail rouge, ou *corallium rubrum*, dont nous avons donné précédemment l'histoire, et qui paroît n'exister que dans la mer Méditerranée et la mer Rouge. M. de Lamarck et M. Lamouroux, considérant en premier lieu le polypier, placent ce genre à la tête de leur premier ordre des polypiers corticifères : j'ai cru devoir le ranger, dans mes zoophytes proprement dits, parmi les actinozoaires essentiellement composés. M. Cuvier suit à peu près M. de Lamarck. (De B.)

CORAIL. (*Foss.*) Scheuchzer et beaucoup d'autres auteurs anciens ont donné ce nom à presque tous les polypiers branchus fossiles; mais jusqu'à présent il paroît qu'on n'a point trouvé dans cet état le corail proprement dit, quoiqu'il soit très-commun à l'état frais dans la Méditerranée et dans la mer Rouge. (D. F.)

CORAIL. (*Chim.*) Voyez Zoophytes. (Ch.)

CORAIL (Petit), (*Bot.*), dénomination vulgaire que quelques jardiniers donnent au néflier buisson-ardent. (L. D.)

CORAIL DES JARDINS (*Bot.*), nom donné, soit à une érythrine, *erythrina corallodendron*, remarquable par ses épis de fleurs d'une belle couleur rouge, ainsi que ses graines; soit au piment, *capsicum annuum*, dont les fruits ont la même couleur. Ce nom, aux environs de Montpellier, correspond à celui de *courals*, sous lequel ce dernier est désigné dans l'idiome languedocien. (J.)

CORAIL TERRESTRE. (*Bot.*) On donne ce nom à quelques espèces de lichens, et notamment au *lichen des rennes*, de Linnæus. Voyez Cladonie. (Lem.)

CORAI-PILLOU. (*Bot.*) Dans un herbier de Coromandel on trouve ce nom appliqué soit au coracan, *cleusine*, genre de graminée, soit au *schœnus coloratus*, qui est une cypéracée. (J.)

CORAI-PON (*Bot.*), nom d'un souchet, *cyperus*, de la côte de Coromandel. (J.)

CORAL. (*Erpétol.*) Sur les bords de la rivière des Amazones, on appelle ainsi le boa devin, *boa constrictor*. Voyez Boa. (H. C.)

CORALLAIRES, *Corallaria*. (*Zooph.*) Sous ce nom de famille ou d'ordre des zoophytaires, c'est-à-dire des animaux véritablement composés, j'entends des polypes à huit tentacules penniformes à la bouche, communiquant entre eux, en plus ou moins grand nombre, au moyen d'une pulpe charnue, contractile, entourant un axe central, calcaire ou corné, plein ou articulé, formant un polypier phytoïde, fixé aux corps sous-marins par un empâtement de sa base. Ce groupe, qui ne contient qu'un assez petit nombre de genres, *Corail*, *Isis*, *Gorgone*, est fort rapproché des pennatulaires, dans lesquels l'axe central est beaucoup plus petit, non fixé, non ramifié, et où surtout la partie charnue est assez épaisse pour être contractile et déterminer la locomotion de tout le polypier. (De B.)

CORALLARIA. (*Bot.*) Rumph donne ce nom à des arbres

des Moluques dont les graines sont de couleur de corail. L'une est le Condori (voyez ce mot) des Malais, *adenanthera* des botanistes, qui, dans une gousse alongée et contournée, renferme des graines lenticulaires, nommées *tsjongfidii* chez les Chinois. L'autre espèce, à feuilles plus larges, paroît être du même genre que le *caju-gadelupa* du même auteur, *gadelupa* de Lamarck, congénère aussi du *pungam* des Malabares. (J.)

CORALLE, *Corallus.* (*Erpétol.*) Feu Daudin a établi sous ce nom un genre d'Ophidiens, de la famille des hétérodermes, très-voisin des boas. Il lui assigne les caractères suivans :

Corps cylindrique; queue courte; écailles nombreuses sous la tete, le corps, et sous la queue et la gorge; des rangées de doubles plaques sous le cou; des plaques entières sous le ventre et la queue; anus simple, transversal; pas de crochets venimeux.

Daudin a tiré d'Ovide le nom de *coralle.* Le poëte latin appelle ainsi certains peuples sauvages et barbares, et le naturaliste l'a appliqué aux serpens de ce genre, à cause de leur air féroce et de leur cruauté.

Il est probable que ce genre, qui n'a point encore été généralement adopté, ne restera pas dans la science ; il paroît fondé sur un caractère accidentel et individuel, celui des deux premières plaques doubles sous le cou.

Il ne renferme qu'une seule espèce, c'est le *coralle à tête obtuse*, *corallus obtusirostris*, de Daudin, et le *boa merremii*, de Schneider, qui restera sans doute parmi les boas. (H. C.)

CORALLIN. (*Erpét.*) Serpent d'Amboine, représenté par Seba, Th. 11, pl. xxx, n.° 1. Il paroît que c'est un Boa. Voyez ce mot. (H. C.)

CORALLINE, *Corallina.* (*Zoophyt.*) Genre de corps organisés, sur la nature duquel, quoique très-commun dans toutes les mers d'Europe et employé depuis fort long-temps en thérapeutique, les auteurs ne sont pas d'accord, les uns le regardant comme appartenant au règne végétal, et les autres aux animaux. Pallas, Cavolini, Spallanzani, Olivi, Renieri, et surtout les trois derniers, sont de la première opinion, et cela d'après des observations directes faites sur des individus à l'état frais. En effet, quelques soins qu'ils aient mis à observer des corallines vivantes dans le sein de la mer, ils n'ont pu y apercevoir aucun signe d'animalité : les petits trous ou pores qu'Ellis, qui étoit de l'opinion contraire, dit avoir observés à la surface de la croûte calcaire qui les recouvre, n'ont paru à Spallanzani que des pores absorbans de la nourriture. Le dernier argument qu'on a opposé à cette manière de voir, savoir que toute la matière calcaire est la production des animaux, ne peut guère être regardé comme concluant depuis qu'on connoît des fucus et des lichens, etc., qui en contiennent une assez grande quantité, et l'analyse chimique par laquelle M. Bouvier a montré que la coralline contient de l'albumine et de la gélatine, n'est pas une objection d'une plus grande force. Cependant les sectateurs de la dernière opinion, parmi lesquels il faut compter Ellis, Linnæus, M. de Lamarck, et dernièrement M. Lamouroux, voyant dans la structure de la coralline des rapprochemens qui leur paroissent évidens avec celle des sertulaires, etc., parce que, disent-ils, on trouve à l'intérieur des fibres cornuées, revêtues d'une enveloppe calcaire fracturée par des espèces d'articulations, demandent sur quels caractères on peut assurer que ce sont des végétaux. Cavolini, observateur extrêmement habile, et auquel la science doit tout ce qu'elle possède d'un peu bon sur les zoophytes, pense avoir découvert les fructifications dans des filets, quelquefois simples ou bifurqués, que, dans le mois d'août, il a trouvés attachés à des corallines; il suppose que ces filets contiennent une série de semences, qui, vues au microscope, lui ont paru de forme parallélipipède. Mais Olivi, quoique d'une opinion semblable à celle de Cavolini sur la nature des corallines, s'est assuré, d'une manière qui paroît certaine, que ces filamens ne sont autre chose que des conferves, et que, par conséquent, on n'en peut tirer aucun argument favorable à leur végétabilité. Ceux sur lesquels il s'appuie sont essentiellement tirés de l'examen comparé de leur tissu. Après une anatomie comparée de la structure des fucus et des conferves, des sertulaires et des tubulaires, avec celle des corallines, il en conclut que les résultats certains et constans qu'il a obtenus l'ont convaincu de la ressemblance de la structure, de l'organisation et de la nature des corallines et des fucus, et qu'on en peut tirer des argumens propres à prouver la végétabilité de celles-là beaucoup plus forts que tous ceux qu'on a employés jusqu'ici; que par conséquent, dit-il, ce sont de vrais végétaux, quoiqu'on ignore encore quel est leur mode de fructification. Mais d'où vient la matière calcaire qui recouvre les corallines? Spallanzani s'étoit proposé de prouver que, suspendue dans les eaux de la mer, elle se déposoit sur elles d'une manière presque mécanique. Mais quand on vient à réfléchir sur la régularité avec laquelle cette matière calcaire est disposée, cette opinion n'est réellement guère soutenable : il est indubitable qu'elle fait une partie essentielle de leur nature, qu'elle est le produit d'une élaboration interne, et qu'elle est seulement plus abondante et autrement placée dans les corallines que dans les fucus, parce que, dit Olivi, la circulation des fluides nutritifs est plus abondante. Malgré cette assertion d'Olivi, l'auteur le plus récent qui se soit occupé de ces corps organisés, M. Lamouroux, paroît n'avoir aucun doute sur leur nature animale, et il s'appuie surtout sur l'anatomie qu'Ellis a donnée de certaines espèces qui offrent à leur surface des pores évidens qui lui semblent devoir être les loges des polypes, et, de plus, sur la structure qui, suivant lui, n'a aucun rapport avec celle des tallasyophytes ou plantes marines, en ce qu'elle ne montre point de traces de tissu celluleux. M. Lamouroux paroît en outre regarder comme les animaux polypes, dans les corallines, certains filamens assez courts dans lesquels il a cru apercevoir quelque mouvement, et qui, très-probablement, sont ceux qu'Olivi dit s'être assuré n'être que des conferves. Dans ce conflit d'opinions entièrement opposées, nous dirons ce que nous avons observé nous-même sur la coralline officinale, si commune sur nos côtes. Cette espèce est toujours fixée solidement par un petit empâtement entièrement calcaire, fort mince, et formant comme une sorte de lichen attaché sur les corps sous-marins, de quelque nature qu'ils soient : de sa face supérieure s'élève une touffe plus ou moins considérable de petites tiges, de hauteur un peu variable, très-serrées les unes contre les autres, et dirigées dans toutes sortes de directions : chacune de ces petites tiges, composée d'un nombre variable d'articulations assez égales, un peu comprimées, tend à se subdiviser en rameaux plus ou moins nombreux et irrégulièrement disposés, qui se ramifient eux-mêmes quelquefois, mais qui sont le plus souvent comme penniformes. Les articulations, qui sont ordinairement plus cylindriques et plus petites inférieurement que supérieurement, offrent toujours à l'extrémité supérieure une tendance à se diviser en trois parties, une médiane, plus large, et deux latérales; et comme celles-ci peuvent ensuite se subdiviser de même, il en résulte qu'une branche de coralline forme un petit arbrisseau tout-à-fait plat, les rameaux naissant sur le même plan. L'articulation terminale commence par être une espèce de petit bourgeon comme vésiculeux, qui s'élargit et s'aplatit ensuite en fer de lance, et du bord supérieur duquel naissent, sous forme de petits tubercules, les trois articulations qui doivent continuer la branche. Ces parties terminales, dans un individu bien vivant, sont toujours plus blanches que le reste, qui est ou rougeâtre ou violacé, et ne peuvent être mieux comparées qu'au sommet d'une jeune branche d'arbre. C'étoit donc en cet endroit qu'il falloit chercher des animaux, s'il y en avoit: c'est ce que j'ai fait. Mais, quelque soin que j'y aie mis, en observant ces individus à l'ombre ou au soleil, dans de petits trous de rochers remplis d'eau, quelque temps après que la mer en fut retirée, avec une forte loupe, jamais je n'ai pu apercevoir la moindre trace d'animaux, ou même de filamens qui en sortiroient. Si, après avoir envisagé l'extérieur d'une coralline, on étudie sa structure interne, on ne trouve pas, comme le disent les auteurs, que ce soit un axe fibreux, corné, entouré d'une croûte calcaire, mais, au contraire, une espèce de tissu cellulaire, dans les mailles duquel est déposée la matière calcaire: et, en effet, quand on met une coralline dans un acide foible, on la ramollit absolument comme un os, sans qu'elle diminue aucunement de volume, qu'elle prenne une autre forme, ni même qu'elle change de couleur, en sorte qu'il me semble difficile d'y apercevoir ce qu'Ellis dit à ce sujet, et que je crois principalement tiré d'une grande espèce de la Jamaïque, dont M. Lamouroux a fait un genre distinct avec beaucoup de raison. C'est ce qui fait que je doute réellement beaucoup que les véritables corallines puissent être formées par des polypes distincts, comme il y en a dans les cellaires, etc. Mais est-ce réellement un végétal? C'est ce que je ne voudrois pas assurer davantage, quoique tous les Italiens, qui ont le plus observé ces sortes de corps, paroissent en être entièrement convaincus. Quoi qu'il en soit, ce genre peut être caractérisé ainsi, en y plaçant la plupart des espèces qu'y range M. de Lamarck: Corps phytoïde, composé d'articulations plus ou moins distinctes, calcaires, fibreuses, comprimées; entièrement lisses, formant des espèces de branches ou de rameaux constamment dans le même plan, ou flabelliformes, fixés sur les corps sous-marins.

Les corallines se trouvent, à ce qu'il paroît, dans toutes les mers, souvent en grande abondance, fixées sur toute espèce de corps, à des profondeurs extrêmement variables, et surtout, à ce qu'il paroît, sur les bords de la mer, dans des excavations de rochers. On en emploie quelques espèces comme vermifuges; mais il paroît que ce n'est pas la coralline proprement dite qui l'est, mais certains fucus que l'on trouve dans le commerce, sous le nom de mousse de Corse.

M. Lamouroux compte dans ce genre jusqu'à vingt espèces, parmi lesquelles il est très-probable qu'il y en a plusieurs qui ne sont que de simples variétés; et M. de Lamarck, qui y comprend avec juste raison, ce nous semble, trois genres de M. Lamouroux, savoir, les corallines, les cymopolies et les amphiroa, en caractérise trente-deux.

A. Espèces trichotomes; les articulations peu séparées.

1.° Coralline officinale : *Corallina officinalis*, Linn.; Sol. et Ell., tab. 25, fig. 14 et 15. Coralline trichotome, de couleur verdâtre; les rameaux pinnés; les pinnules distiques, ordinairement cylindriques et en massue; les articles des tiges et des rameaux cunéiformes et un peu comprimés. Elle se trouve dans toutes les mers de l'Europe

2.° Coralline cuirassée : *Corallina loricata*, Gmel.; *laxa*, Lamk. Cette espèce, qui paroît fort rapprochée de la précédente dont elle n'est peut-être qu'une variété, en diffère surtout en ce qu'elle est plus rameuse, plus lâche et d'un rouge livide. Elle est des mêmes mers que la précédente.

3.° Coralline nodulaire : *Corallina nodularia*, Gmel.; *longicaulis*, Lamk. Elle est aussi très-voisine de la coralline officinale; mais elle est encore plus rameuse, surtout à l'extrémité; ses rameaux sont grêles et fort alongés; les articulations sont très-nombreuses, un peu comprimées. Des mers d'Europe.

4.° Coralline écailleuse : *Corallina squamata*, Sol. et Ell., *Corall.*, tab. 24, n.° 4, C. 6. Les rameaux sont pinnés, élargis à l'extrémité; les ramules étroits, déprimés; les articulations inférieures arrondies, comprimées et cunéiformes; celles des rameaux aplaties; les supérieures tranchantes. Des mêmes mers que les précédentes.

5.° Coralline sapinette; *Corallina abietina*, Lamk. M. de Lamarck distingue de la précédente, avec laquelle M. Lamouroux la confond, une coralline d'un rouge sombre ou pourpré, qui est bipinnée, avec ses pinnules serrées, penniformes; les articulations assez grandes, turbinées et subcomprimées. Elle vient aussi des mers d'Europe.

6.° Coralline pectinée; *Corallina pectinata*, Lamk. Les rejetons sont fasciculés, droits, nus inférieurement, pectinés supérieurement; les pinnules sont subulées, et les articulations cylindriques. On croit qu'elle vient d'Amérique.

7.° Coralline millegraine; *Corallina millegrana*, Lamk. Dans cette espèce les tiges sont grêles, rameuses supérieurement et un peu en faisceaux; les rameaux sont droits, pinnés; les pinnules un peu subulées. Elle vient des côtes de Ténériffe.

M. de Lamarck ajoute aux caractères de cette espèce, *fertilibus graniferis* : ce qui feroit croire qu'il regarderoit comme des graines les petites vésicules, irrégulièrement placées, qu'on trouve quelquefois dans la coralline commune.

8.° Coralline granifère : *Corallina granifera*, Lamk., *an* Soland. et Ell., pag. 120, t. 21, fig. CC? Rameuse, très-petite; les rameaux subpinnés, lancéolés; les pinnules presque sétacées.

Cette espèce, qui offre aussi de petites graines à l'extrémité de ses pinnules ou de ses divisions terminales, forme des touffes étalées en rosette, verdâtres et pourprées. Dans la mer Méditerranée et l'océan Atlantique.

9.° Coralline en cyprès; *Corallina cupressina*, Esper., Suppl. 2, tab. 7. Très-peu élevée, subpinnée; les rameaux petits, pennacés, élargis à leur extrémité et comprimés; les barbes et les barbules serrées et distiques. Elle vient de l'océan Atlantique, près de Ténériffe.

10.° Coralline chapelet : *Corallina rosarium*, Soland.; Ell., p. 111, t. 21, fig. h. Alongée, rameuse, dichotome; les tiges et les rameaux moniliformes; les articulations inférieures cylindriques, les supérieures un peu comprimées. De la mer des Antilles. Cette espèce appartient au genre Cymopolie de M. Lamouroux.

11.° Coralline filicule; *Corallina filicula*, Lamk. Peu

élevée, subtrichotome, comprimée en crête ; les rameaux et ramuscules dilatés supérieurement et aplatis ; les articulations comprimées, cunéiformes, angulaires, lobées ; les terminales subpalmées. De l'Océan américain.

12.° Coralline en corymbe : *Corallina corymbosa*, Lamk. ; *an palmata*, Soland. et Ell., p. 118, t. 21, fig. a. A. ? Elle paroît avoir beaucoup de rapports avec la précédente, dont elle diffère en ce qu'elle est plus élevée, moins aplatie, et terminée davantage en corymbe. Elle vient des mêmes mers.

13.° Coralline livide ; *Corallina livida*, Lamk. C'est une espèce assez voisine des précédentes, mais qui est de couleur verte olivacée ou rougeâtre. Elle vient des mêmes pays.

14.° Coralline plumeuse ; *Corallina plumosa*, Lamk. Les tiges sont un peu rameuses, bipinnées, penniformes ; les articulations sont à peine comprimées ; les barbules sont courtes et très-fines. Elle a été rapportée des mers de l'Australasie par MM. Péron et Lesueur.

15.° Coralline rose : *Corallina rosea*, Lamk. ; *Corallina crispata*, Lamx., Polyp., pl. 10, fig. 3. C'est encore aux mêmes voyageurs que nous devons cette espèce, l'une des plus jolies du genre, et qui est très-rameuse, d'un pourpre rosacé ; les rameaux sont subpinnés ; les barbes pennacées ; les barbules en forme de cils, et les articulations des rameaux très-courtes et très-nombreuses.

16.° Coralline mucronée ; *Corallina mucronata*, Lamk. Rameuse, subdichotome ; les tiges et les rameaux sont pinnés, si ce n'est inférieurement ; les barbules courtes, grêles, aiguës ; les articulations des tiges cunéiformes. Des mers d'Europe.

17.° Coralline corniculée ; *Corallina corniculata*, Ell., Corall., tab. 24, n.° 6, fig. d'h. Subcapillaire, dichotome ; les rameaux pinnés ; les articulations des tiges à deux cornes, celles des rameaux arrondies. Des mers d'Europe.

18.° Coralline alongée : *Corallina elongata*, Gmel. ; Ell., Corall., tab. 24, n.° 3, fig. 3. Tiges grêles, alongées, trichotomes ; les articulations de la base cunéiformes, celles des rameaux cylindriques, et du sommet obtuses. De la Manche.

19.° Coralline polychotome ; *Corallina polychotoma*, Lamx. Articulations de formes très-variables, subtriangulaires, quelquefois scutiformes ou ondulées, cylindriques dans la tige, comprimées aux extrémités. Elle vient de la baie de Cadix.

20.° Coralline lobée; *Corallina lobata*, Lamx. Les articulations des tiges et des rameaux sont cylindriques à la base, élargies, comprimées, ou presque planes à l'extrémité qui est tronquée horizontalement et marquée de trois à quatre lobes plus ou moins profonds; couleur violet-verdâtre. Des Canaries.

21.° Coralline de Cuvier; *Corallina Cuvieri*, Lamx., Hist. des Polyp., pl. 9, fig. 8 a B. Très-rameuse; les rameaux bipinnés; les barbules sétacées; articulations globulaires, avec les tiges comprimées dans les rameaux et cylindriques dans les barbules; d'un violet rougeâtre. Des mers de l'Australasie. Ne seroit-ce pas la *corallina plumosa* de M. de Lamarck?

22.° Coralline subulée: *Corallina subulata*, Soland. et Ell., tab. 21, fig. 6. Trichotome, les rameaux courts, subulés, avec les articulations cylindriques, celles de la tige tranchantes, cunéiformes, prolifères à leurs angles supérieurs. Des mers d'Amérique.

23.° Coralline grêle; *Corallina gracilis*, Lamx. Dans cette espèce, provenant de l'Australasie, les rameaux sont nombreux, alongés, flexibles; les articulations sont rondes inférieurement et comprimées supérieurement. Couleur variée de rouge et de violet.

24.° Coralline de Turner; *Corallina Turneri*, Lamx., Polyp., pl. 10, fig. 2, a B. Très-rameuse, fort élégante, très-mince; les articulations des principaux rameaux un peu comprimés, cunéiformes; les autres entièrement cylindriques. Couleur variée de vert, de rouge et de violet. Des mers de l'Australasie.

25.° Coralline pilifère; *Corallina pilifera*, Lamx. Les articulations de la tige et des rameaux subglobuleux couvertes de filamens épars, capillaires, longs et cylindriques; corps oviformes, souvent aussi pilifères. Couleur blanche nuancée de violet. De l'Australasie.

26.° Coralline simple; *Corallina simplex*, Lamx., Polyp., pl. 10, fig. h. Très-peu rameuse, les articulations très-variables par la forme et la grandeur; d'un jaune de paille. Des mers d'Amérique.

27.° Coralline du Calvados: *Corallina calvadosii*, *Corallina officinalis*, *var.*, Soland. et Ell., tab. 23, fig. 14. Articulations irrégulièrement comprimées, quelquefois zonées, les inférieures larges, presque triangulaires, les supérieures presque cylindriques. De la Manche.

28.° Coralline palmée : *Corallina palmata*, Soland, et Ell., n.° 20, tab. 21, fig. a A. Trichotome, articulations convexes, cunéiformes, les supérieures larges et lobées. Des mers d'Amérique.

29.° Coralline prolifère; *Corallina prolifera*, Lamx., Polyp., pl. 10, fig. 1. Cette espèce, très-différente des précédentes, a de petites ramifications implantées sur la surface des articulations, qui sont comprimées et comme cornées. Elle vient des Indes orientales.

B. Espèces à tiges très-fines, subdichotomes, et à articulations cylindriques, formant le genre Janie, *jania*, de M. Lamouroux.

30.° Coralline rougeatre : *Corallina rubens*, Linn.; Ell., Corall., n.° 5, tab. 34, fig. e E. Très-fine et très-jolie espèce de l'océan d'Europe, musciforme, rougeâtre; articulations terminales et celle des bifurcations renflées en massue.

M. Lamouroux rapporte avec raison, à ce qu'il nous semble, à cette espèce, comme de simples variétés, la *corallina spermophoros*, Linn., Ell., Corall., tab. 24, n.° 8, fig. 96; la *corallina cristata*, Linn., Ell., Corall., tab. 24, n.° 5, fig. f F, que M. de Lamarck en distingue.

31.° Coralline floconneuse; *Corallina floccosa*, Lamk. Cette espèce, établie par M. de Lamarck, qui ignore sa patrie, est extrêmement rameuse, et ses ramifications sont couvertes d'aspérités très-petites.

32.° Coralline pourprée; *Corallina purpurata*, Lamk. Elle est touffue, de couleur de pourpre; les rameaux comprimés; les ramuscules terminaux, claviformes, subbilobés. De l'océan Atlantique. Diffère-t-elle de la coralline rouge?

33.° Coralline bossue; *Corallina gibbosa*, Lamk. Très-petite espèce d'un à trois millimètres, dont les articulations sont renflées dans leur milieu, et qui a été trouvée sur un fucus dans la mer Rouge.

34.° Coralline pygmée; *Corallina pygmœa*, Lamx., Polyp., pl. 9, fig. 1. De la grandeur de la précédente; ses rameaux sont divergens; les articulations inégales, flexueuses, à surface rugueuse; de couleur violette rougeâtre. Du cap de Bonne-Espérance.

35.° Coralline petite ; *Corallina pumila*, Lamx., Polyp., pl. 9, fig. 2. Un peu plus grande ; ses rameaux sont subulés ; les articulations supérieures deux ou trois fois plus longues que les inférieures. Sur des fucus de la mer Rouge et des Indes.

36.° Coralline adhérente ; *Corallina adhærens*, Lamx. Tiges extrêmement fines, tout-à-fait capillaires, divergentes, mêlées, de couleur rougeâtre. De la Méditerranée.

37.° Coralline pédonculée ; *Corallina pedunculata*, Lamx., Polyp., pl. 9, fig. 3, a B. D'un à deux centimètres ; rameaux tronqués ; articulations courtes ; corps oviformes, stipités, jamais appendiculés. Australasie.

38.° Coralline verruqueuse ; *Corallina verrucosa*, Lamx., Polyp., pl. 9, fig. 4, a B. Rameaux peu nombreux, roides ; articulations alongées, couvertes de pustules verruqueuses. De l'Amérique méridionale.

M. Lamouroux fait l'observation que ces pustules ou aspérités se détachent par un léger frottement, et n'appartiennent pas à la coralline. Il en est probalement de même de la coralline floconneuse de M. de Lamarck.

39.° Coralline a petites articulations ; *Corallina micrarthrodia*, Lamx., Polyp., pl. 9, fig. 5, a B. Cette espèce ne diffère de la rouge que par la petitesse de ses articulations, qui sont aussi longues que larges. Elle vient de l'Australasie.

C. Espèces qui sont rameuses, dichotomes, trichotomes, ou verticillées ; les articulations longues et très-séparées les unes des autres par une substance nue et cornée. Genre *Amphiroa* de M. Lamouroux.

40.° Coralline gladiée ; *Corallina anceps*, Lamk. Très-rameuse ; les articulations inférieures cylindriques ; les supérieures alongées, tranchantes, dilatées supérieurement. Du Voyage de MM. Péron et Lesueur. C'est probablement l'*amphiroa dilatata*, de M. Lamouroux.

41.° Coralline éphédrée ; *Corallina ephedræa*. Lamk. Extrêmement rameuse, avec des articulations longues, grêles, subcylindriques ; les terminales tranchantes. Rapportée par les mêmes voyageurs. N'est-ce pas la même espèce que M. Lamouroux a nommée amphiroë de Gaillon, figurée, Polyp., pl. 11, fig. 3 ?

42.° Coralline cylindrique ; *Corallina cylindrica*, Soland. et Ell., t. 22, fig. 4. Très-grêle, très-rameuse ; les ramuscules bifurqués au sommet ; les articulations cylindriques et presque égales. Des mers d'Amérique.

43.° Coralline cuspidée ; *Corallina cuspidata*, Soland. et Ell., tab. 21, fig. f. Subtétrachotome, avec des articulations cylindriques et les ramuscules terminaux aigus. Des mêmes mers. C'est l'amphiroë fourchue de M. Lamouroux.

44.° Coralline chaussetrape ; *Corallina tribulus*, Soland. et Ell., tab. 21, fig. c. Subpentachotome, très-rameuse, diffuse, muriquée ; les ramuscules divergens en étoiles à leur racine ; les articulations inférieures tranchantes, les supérieures cylindriques. Des mêmes mers.

45.° Coralline interrompue ; *Corallina interrupta*, Lamk. ; Lamx., Polyp., pl. 11, fig. 5, A. Très-grêle, très-rameuse, diffuse ; les ramuscules naissans par verticilles de deux ou trois ; les ramifications souvent éloignées, cylindriques, quelquefois un peu gibbeuses. De l'Océan atlantique.

46.° Coralline stellifère ; *Corallina stellifera*, Lamk. ; *A. jubata*, Lamx., pl. 11, fig. 6. Subpentachotome, très-rameuse : les rameaux alongés, lâches, garnis de cils ; les ramuscules aciculaires ou capillaires, naissant en étoiles ; les articulations des rameaux très-grosses, celles des ramuscules très-fines. C'est une bien singulière espèce, rapportée par MM. Péron et Lesueur.

47.° Coralline charaque ; *Corallina chara*, Lamk. ; *A. charoides*, Lamx. Polychotome ; les rameaux verticillés, ainsi que les ramuscules, qui sont très-petits, ascendans ; articulations cylindriques, longues, inégales, verruqueuses ou tuberculeuses ; couleur d'un jaune terreux. Elle vient du voyage de MM. Péron et Lesueur, ainsi que la coralline rayonnée, *corallina radiata*, Lamk., et gallioïde, *corallina gallioides* du même, qui, d'après ses propres observations, n'en sont peut-être que des variétés, car leurs rameaux et ramuscules sont également verticillés.

48.° Coralline verruqueuse ; *Corallina verrucosa*, Lamx., Polyp., pl. 11, fig. 4. Trichotome, ou subverticillée ; les artilations cylindriques un peu renflées aux deux extrémités et très-verruqueuses. Couleur rose-verdâtre. Du Voyage de MM. Péron et Lesueur.

49.° Coralline de Beauvois ; *Corallina Beauvoisii*, Lamx.

Dichotome; les tiges cylindriques, les rameaux comprimés, presque planes à leur extrémité. Des côtes du Portugal.

50.° Coralline très-fragile; *Corallina fragilissima*, Soland. et Ell., tab. 21, fig. d. Presque dichotome, roide, droite; les rameaux capillaires; articulations longues, cylindriques et un peu étranglées au milieu. Méditerranée, et mers d'Amérique et des Indes.

51.° Coralline fusoïde; *Corallina fusoides*, Lamx., Polyp., pl. 11, fig. 2. Dichotome; à articulations fusiformes, verruqueuse inférieurement et lisse supérieurement. De l'Océan indien.

52.° Coralline luisante; *Corallina lucida*, Lamx. Rameuse, dichotome; les articulations parfaitement cylindriques et luisantes. Patrie ignorée.

53.° Coralline roide; *Corallina rigida*; Lamx., Polyp., pl. 11, fig. 1. Rameuse; les rameaux épars et peu nombreux; articulations cylindriques, très-rapprochées et rugueuses. De la mer Méditerranée. (De B.)

CORALLINE. (*Conchyl.*) C'est un des noms vulgaires du *pecten sanguineus*. (De B.)

CORALLINE. (*Erpét.*) Vipère de l'île d'Amboine, représentée par Seba, Th. 11, pl. 17, n.° 1. Voyez Vipère. (H. C.)

CORALLINE, ou Mousse de Corse. (*Bot.*) L'on vend dans les boutiques, sous le nom de *mousse de Corse*, un mélange de plusieurs productions marines, qu'on emploie comme vermifuge. Le *fucus helminthocorthon*, qui est regardé comme la matière éminemment vermifuge, est en quantité très-variable dans les divers paquets de cette mousse; on n'en trouve quelquefois que le huitième, et rarement au-delà du tiers. M. Decandolle a prouvé que ce mélange est composé d'une vingtaine d'espèces différentes de polypiers flexibles et de plantes de la famille des algues; ce sont des *corallina* et des espèces de *fucus*, de *ceramium*, et d'*ulva*, qui varient beaucoup pour la quantité.

Lorsque la mousse de Corse est presque entièrement composée du polypier que les naturalistes ont nommé *corallina officinalis*, elle porte le nom de *coralline blanche*; dans le cas opposé, c'est la *coralline rouge*.

Latourette a fixé le premier son attention sur cette mousse, et il attribuoit sa propriété vermifuge au *fucus helminthocorthon ;* mais il est probable qu'elle est commune à toutes les autres productions marines qui sont mélangées dans cette mousse, et même à toutes celles qui leur sont analogues. Voyez Gigartina. (Lem.)

CORALLINE DE PAQUES. (*Bot.*) C'est le *lichen pascalis* de Linnæus. Voyez Stercocaulon. (Lem.)

CORALLINÉES (*Zooph.*), *Corallineæ*, Lamx. M. Lamouroux réunit sous ce nom de famille plusieurs genres, qui très-probablement n'ont guère de rapports entre eux. Les caractères qu'il lui donne sont : polypiers phitoïdes, presque toujours articulés, formés de deux substances : l'une intérieure, ou axe, membraneuse ou fibreuse, fistuleuse ou compacte ; l'autre extérieure ou écorce plus ou moins épaisse, calcaire et renfermant des cellules polypifères, très-rarement visibles à l'œil nu, quelquefois à l'extrémité des rameaux ou de leurs divisions, ou sur leurs parties latérales. Les genres qu'il met dans cette famille sont les suivans : Acetabalaire, Polyphyse, *Nésée*, *Galaxaure*, qui ont, suivant lui, les polypes aux extrémités des rameaux ; Janie. Coralline, Cymopolie, Amphyroe, *Halimède*, dont les polypes ne sont pas apparens, et les polypiers articulés ; enfin, Udotée et Melobesie, dont les polypiers ne sont pas articulés. Voyez ces différens mots, et surtout Coralline. (De B.)

CORALLINES. (*Zooph.*) Sous ce nom, plusieurs anciens naturalistes, et entre autres Ellis, dont les travaux à ce sujet servent encore de base aux améliorations successives qu'on cherche à apporter dans la disposition méthodique de ces corps organisés, comprenoient non seulement les véritables Corallines sous le nom de *corallines articulées*, mais encore les Tubulaires, sous celui de *corallines tubuleuses ;* les Sertulaires qu'ils nommoient *corallines vésiculeuses ;* les Cellaires, appelées *corallines celluleuses*. Voyez ces différens mots. (De B.)

CORALLINES. (*Foss.*) Quoique Fortis ait annoncé dans ses Mémoires pour servir à l'Histoire naturelle de l'Italie, tom. I, pag. 45, que dans les montagnes de Brendola en Italie, il avoit trouvé de petites branches de corallines fossiles, il y a tout lieu de croire que sous cette dénomination il n'a entendu parler que de petits polypiers branchus ; il n'est pas vraisemblable qu'on ait rencontré à l'état fossile des corallines proprement dites ; leurs articulations cornées s'opposeroient à ce qu'on les trouvât entières. On en a la preuve dans les isis, que l'on trouve fossiles, et dont les articulations cornées ont toujours disparu. (D. F.)

CORALLINITE (*Foss.*), *Corallinites*, Guett. C'est le nom que Guettard donne à certains corps fossiles, finement branchus et ramifiés, dans son travail sur la classification des polypiers fossiles, tom. II, pag. 412 de ses Mémoires. (De B.)

CORALLIS. (*Min.*) C'étoit, suivant Pline, une pierre du rouge du minium, et qui se trouvoit dans l'Inde et à Syène : c'est tout ce qu'en dit le naturaliste romain. On croit que ce pouvoit être un jaspe rouge ; mais cette indication incomplète et isolée peut convenir à beaucoup de minéraux rouges. (B.)

CORALLITES. (*Foss.*) Scheuchzer et d'autres auteurs anciens ont désigné, sous ce nom générique, les madrépores, les isis et les méandrines fossiles. (D. F.)

CORALLODENDRON. (*Zooph.*) Seba donne ce nom à une espèce d'escharre, *S. crustulenta*, Pall. (De B.)

CORALLO-FUNGUS. (*Bot.*) Les clavaires charnues et rameuses qui croissent aux environs de Paris, ont été appelées *corallo-fungus* (*champignons-corail*) par Vaillant ; elles rentrent dans les *Coralloïdes* de Tournefort, de Micheli et de Paulet, et dans le genre *Manina* d'Adanson. Voyez Clavaires. (Lem.)

CORALLOIDE (*Foss.*), *Coralloides*, Guett. Assez mauvais genre établi par Guettard, dans son Mémoire sur la classification des polypiers fossiles, pour placer quelques corps crétacés, cylindriques, branchus ou non branchus, ayant leurs troncs simples ou étoilés, sans stries ou avec des stries. Ces corps ont-ils appartenu réellement à des corps organisés ? Voyez Mém. de Guettard, tom. II, pag. 414, et tom. III, pl. 45. (De B.)

CORALLOIDES. (*Bot.*) Ce nom a été employé en botanique pour désigner des espèces de champignons et des espèces de lichens qui, par leur forme branchue, imitent le corail. Tournefort l'appliquoit spécialement aux espèces de clavaires rameuses et charnues, et à quelques espèces d'*hydnum* dans le même cas. Micheli le restreint aux seules clavaires ci-dessus. Adanson, qui est de cette opinion, donne à ce groupe le nom de *manina;* il se trouve compris dans le *corallo-fungus* de Vaillant. C'est aussi celui qui constitue la famille que Paulet nomme des *coralloïdes.* (Voyez CLAVAIRES.)

Les lichens qui ont mérité cette dénomination de *coralloïdes*, font partie de plusieurs des nouveaux genres qu'on a établis dans la famille de ce nom. Dillen s'est servi du même nom pour en faire connoître beaucoup d'espèces qui rentrent dans le genre *Sphærophorus* et dans le genre *Cladonia* d'Hoffmann, que M. Acharius réunit au *Cenomyce.* (Voyez CLADONIE.)

Le *coralloïdes* d'Hoffmann est un genre qui renfermoit des espèces placées maintenant dans les genres *Cornicularia*, *Stereocaulon*, et *Sphærophorus.* (LEM.)

CORALLORHIZE, *Corallorhiza.* (*Bot.*) Genre de plantes monocotylédones, à fleurs irrégulières, de la famille des orchidées, de la *gynandrie diandrie* de Linnæus, dont le caractère essentiel consiste dans une corolle à six pétales irréguliers ; l'inférieur ou la lèvre prolongée à sa base en un petit éperon libre ou soudé ; la colonne de la fructification libre ; le pollen distribué en quatre paquets obliques et non parallèles.

Ce genre a été établi par M. Rob. Brown, dans la nouvelle édition de l'*Hortus Kewensis*, pour quelques espèces d'*ophrys* de Linnæus, réunies d'abord aux *cymbidium*, dont ils diffèrent par leur pollen en quatre paquets, et par le caractère de leur pétale inférieur. Voici quelques-unes des espèces qui doivent être rapportées à ce genre.

CORALLORHIZE A BULBES RAMEUSES : *Corallorhiza innata*, Brown, *in Ait.*, *nov. ed.*, *Hort. Kew.* 5, pag. 209 ; *Ophrys corallorhiza*, Linn. ; Hall., Helv., n.° 1301, tab. 44 ; Rudb., *Elys.* 2, p. 234, fig. 16 ; Ruyp., *Gen.* 284, tab. 2 ; Mentz., tom. 9. Cette espèce croît dans les forêts ombragées de l'Europe septentrionale, dans les Alpes et dans les départemens méridionaux de la France. Ses racines sont composées de fibres charnues, tortueuses, très-rameuses, quelquefois un peu rougeâtres, ressemblant par leur forme à des branches de corail. Ses tiges sont nues, longues de six à huit pouces, garnies de quelques écailles alternes, qui tiennent lieu de feuilles ; les fleurs sont petites, blanchâtres, d'une couleur herbacée, peu nombreuses, presque unilatérales, réunies en un épi terminal, munies chacune d'une bractée plus longue que l'ovaire; la lèvre ou le pétale inférieur oblong, aigu, presque entier, n'offrant au-dessus de sa base que deux petits lobes peu sensibles; les autres pétales lancéolés; deux latéraux linéaires, rabattus.

Corallorhize a bulbes en dents; *Corallorhiza odontorhizon*, Poir.; *Cymbidium odontorhizon*, Willd.; *Ophrys corallorhiza*, Mich., *Amer.*; Pluken, *Almag.*, tab. 211, fig. 1, 2. Cette plante, découverte dans l'Amérique septentrionale, au Canada, dans la Virginie, a le port de la précédente; elle en diffère évidemment par ses racines grumeleuses, ramifiées, semblables à de petites dents enchâssées les unes dans les autres, hérissées de petites pointes à leurs bords; ses pétales sont lancéolés; la lèvre ovale, obtuse; les hampes enveloppées de gaînes alternes, presque obtuses; les fleurs petites, pédicellées, disposées en un épi terminal, peu garni, pourvu de tres-petites bractées. Peut-être faudroit-il rapporter au même genre l'*ophrys squammata*, Forst., *seu cymbidium squammatum*, Swart., dont le pétale inférieur est renversé, barbu, à trois lobes; la hampe droite et nue; les feuilles toutes radicales, oblongues, saillantes en carêne. M. Brown en a formé son genre *Dipodium*. (Poir.)

CORAMBÉ, Coramblé (*Bot.*), noms grecs du chou, desquels paroissent dérivés, soit le mot *crambe*, sous lequel il a été aussi connu, soit les noms de *corumb* et *karumb*, qui lui étoient donnés chez les Maures, suivant Daléchamps. On trouve encore dans Mentzel le nom de *corumba*, cité comme synonyme d'un palmier, peut-être parce que la sommité non développée de celui-ci est un aliment recherché sous le nom de chou-palmiste. (J.)

CORANÇONCILLO. (*Bot.*) Aux environs de Salamanque, suivant Clusius, on nomme ainsi le millepertuis couché, *hypericum humifusum*. (J.)

CORAPHOS. (*Ornith.*), nom grec d'un oiseau cité par Hesychius et Varinus, mais non déterminé. (Ch. D.)

CORAS (*Ichthyol.*), nom hongrois du *cyprin hamburge*, *cyprinus carassius*. Voyez Carpe, Carassin, Cyprin. (H. C.)

CORATOÉ ou Curaça (*Bot.*), noms que porte à la Jamaïque, suivant P. Brown, une espèce de pitte, *agave vivipara*. (J.)

CORAX. (*Ichthyol.*) Κόραξ est le nom grec de la trigle hirondelle. Voyez TRIGLE. (H. C.)

CORAX. (*Ornith.*) Ce nom grec, qui désigne le corbeau, a aussi été appliqué, par Aristote, au cormoran, autrement corbeau de mer. (CH. D.)

CORAYA (*Ornith.*), nom donné par Buffon à une espèce de ses fourmiliers rossignols, *turdus coraya*, Gmel. et Lath. (CH. D.)

CORB (*Ichthyol.*), un des noms vulgaires de la *sciæna umbra*, Linn. Voyez SCIÈNE. (H. C.)

CORBAT (*Ornith.*), un des noms vulgaires du cormoran, *pelecanus carbo*, Linn. Le jeune corbeau se nomme en espagnol *corbato*. (CH. D.)

CORBEAU. (*Bot.*) *Corvo* des Italiens, champignon du genre des bolets de Linnæus, qui doit son nom à sa couleur noirgrisâtre. Micheli en donne une figure, *Gen.*, pl. 70, fig. 2. Il le dit très-bon à manger. Selon lui, c'est un petit champignon dont le dessous du chapeau est blanc et finement poreux. Il croît aux environs de Florence. C'est le *porcelet brun* de Paulet qui le place dans sa petite famille des cèpes polypores. (LEM.)

CORBEAU, *Corvus*. (*Ornith.*) Les principaux caractères de ce genre d'oiseaux sont d'avoir le bec fort, plus ou moins aplati par les côtés, à bords tranchans; les narines un peu ovales, recouvertes par des plumes roides, dirigées en avant; la mandibule supérieure à arêtes plus arquées que l'inférieure; la langue cartilagineuse et bifide; quatre doigts, dont trois devant et un derrière; les troisième et quatrième rémiges les plus longues de toutes; la queue ronde ou carrée.

Ce genre, tel qu'il a été établi par Linnæus, étoit plutôt un ordre, et comprenoit les pies, les geais, les casse-noix, les craves, etc. La plupart de ces oiseaux offrent, à la vérité, de grands rapprochemens dans leur organisation, et même dans leurs mœurs: mais le premier but des classifications doit être de faciliter la connoissance des espèces, et lorsqu'elles sont très-nombreuses, on peut faire des séparations fondées sur des différences moins importantes que s'il s'agissoit de créer, arbitrairement et sans nécessité, des genres nouveaux pour une seule ou pour fort peu d'espèces. C'est d'ailleurs moins le cas d'hésiter, quand les groupes qu'on veut isoler sont formés d'espèces reconnoissables à leur port, que l'on distingue, en général, au premier coup d'œil, et auxquelles l'habitude a consacré une dénomination particulière. Quoique la structure du bec et la direction des plumes sétacées qui couvrent les narines soient presque les mêmes chez les pics et les geais que chez les corbeaux, il a donc paru suffisant que la queue fût toujours étagée chez les premières, qui ont constamment les rectrices du centre plus longues que celles des côtés, pour leur conserver le nom générique de pie, *pica;* et quoique la queue des geais soit tantôt ronde, tantôt étagée, comme elle est toujours peu étendue, et que d'ailleurs ces oiseaux ont les deux mandibules plus courtes, finissant par une courbure subite et presque égale, et des plumes lâches, effilées, redressables à volonté sur le sommet de la tête, on a cru pouvoir leur conserver le nom de geai, *garrulus*. Les craves, *fregilus*, Cuv., dont les quatrième et cinquième rémiges sont ordinairement les plus longues, ont la queue courte et égale; mais ils présentent dans la partie la plus essentielle, le bec, une différence qui suffit pour empêcher de les confondre avec les corbeaux, les pics et les geais: leurs deux mandibules sont arquées en en bas, tandis que l'inférieure est droite ou redressée chez les autres. Les casse-noix, *nucifraga*, Briss., *caryocatactes*, Cuv., ont aussi la queue égale; mais leur bec, en cône alongé, est tout-à-fait droit, et les deux mandibules sont pointues et sans courbures. Les chocards, *pyrrhocorax*, ont, avec les narines couvertes comme celles des corbeaux, le bec comprimé, arqué et échancré des merles. Les brèves, *myiothera*, Illig., se reconnoissent suffisamment à leurs hautes jambes et à leur queue courte. Enfin le *temia*, décrit par M. Levaillant, a le port et la queue des pies; mais son bec, élevé, a la base garnie de plumes veloutées, comme dans les oiseaux de paradis, au lieu des soies roides qu'on remarque chez les premiers.

On ne traitera donc ici que des corbeaux proprement dits et des corneilles.

Une observation générale, qui s'applique aux corbeaux, aux pics et aux geais, c'est que les corbeaux marchent, tandis que les autres sautent. Leurs mœurs se ressemblent par une disposition naturelle à cacher ce qu'ils ont dérobé, par leur habitude de faire des provisions pour l'arrière-saison, de se nourrir de toutes sortes d'alimens, et leur aptitude à contrefaire des voix étrangères quand ils sont tenus en captivité. Il y a cependant des différences, sous le rapport de la nourriture. Les corbeaux proprement dits ont de l'appétit pour les charognes, qu'ils sentent de très-loin à cause de la finesse de leur odorat; il en est de même de la corbine et de la corneille mantelée: mais dans l'état sauvage, les freux et les choucas ne sont pas carnivores, et leur chair n'a pas la mauvaise odeur qui s'exhale du corps des autres; les graines germées, les fruits, les insectes et les vers sont plus particulièrement recherchés par ceux-ci. Les corbeaux et les corbines d'Europe vivent par paires, et restent toute l'année dans le canton qu'ils ont choisi; mais les corneilles mantelées abandonnent leur pays natal dans l'arrière-saison. Les corbeaux nichent dans les rochers ou à la cime des plus grands arbres, et les corneilles construisent leur nid au milieu des arbres dans les forêts, sans se réunir en familles comme les freux, qui nichent aussi sur les arbres, et comme les choucas, qui donnent la préférence aux anciens édifices.

Grand Corbeau; *Corvus corax*, Linn. Cet oiseau, le plus grand des passereaux qui habitent en Europe, a la taille d'un coq. Sa longueur, depuis le bout du bec jusqu'à celui de la queue, est d'un pied dix pouces, et jusqu'à celui des ongles, d'un pied sept pouces: il a trois pieds sept pouces d'envergure, et ses ailes, pliées, s'étendent jusqu'aux trois quarts de la queue, qui est arrondie, les deux pennes du milieu étant un peu plus longues que les autres. Son plumage est d'un noir brillant avec des reflets légèrement pourprés. Le bec, les pieds et les ongles sont noirs. La femelle est d'un noir moins décidé, et sa taille est un peu plus petite. Le plumage des jeunes est encore plus sombre.

La marche de ce corbeau est grave et posée, son vol élevé et facile. Les lieux où il se plaît sont les vastes forêts et les rochers, qu'il ne quitte presque point. Si, des montagnes où il se choisit une retraite, sous les voûtes que forment les avances ou les enfoncemens de rochers escarpés, il descend quelquefois dans la plaine, c'est pour y chercher sa subsistance, et cela n'a guère lieu que dans l'hiver. Plus retiré que les corneilles, on ne le voit jamais en grandes bandes; il sent les cadavres de très-loin, et il se porte, à de fort grandes distances, vers les lieux où il en existe ; mais, à leur défaut, il vit de fruits, de graines, d'insectes, de poissons morts, de mollusques qu'il emporte pour en briser les coquilles contre les rochers. On prétend qu'il attaque aussi des animaux vivans, qu'il dévore les plus foibles, comme les rats, les mulots, les perdrix, les grenouilles, etc., et que, se cramponnant sur le dos des plus forts, tels que les ânes, les buffles, il les ronge en les assaillant à grands coups de bec ; mais, comme les charognes pourries sont la nourriture qu'il semble préférer, son corps exhale une mauvaise odeur : aussi sa chair, qui étoit interdite aux Juifs, répugne également aux Sauvages. Parmi nous, les plus misérables n'en mangent qu'après en avoir enlevé la peau, qui est très-coriace.

On sait, par les observations de Spallanzani, que l'estomac du corbeau n'est pas proprement musculeux, comme celui des gallinacés, ni membraneux ou d'une foible épaisseur, comme celui des oiseaux de proie, mais qu'il a une grosseur et une solidité moyennes entre l'un et l'autre ; quoiqu'il aplatisse les tubes de plomb, les grains ne s'y digèrent que difficilement quand la peau qui les recouvre est coriace et entière : aussi, lorsqu'on leur en présente, ils les assujétissent sous leurs pieds, et ne les avalent qu'après les avoir écrasés avec le bec. La chair se dissout au contraire parfaitement, dans l'espace de sept heures, par la seule action des sucs gastriques.

Cet oiseau, lorsqu'il est privé, ne craint ni les chats ni les chiens, et il se rend redoutable, non-seulement aux enfans qui l'agacent, mais aux hommes, sur les jambes desquels il se jette, et dont il perce les vêtemens. Cependant on cite des faits qui sembleroient propres à le faire regarder comme capable d'un attachement personnel et durable. Un corbeau dont parle Schwenckfelt, dans ses Animaux de Silésie, s'étant laissé entraîner par ses camarades sauvages, reconnut, au bout de quelque temps, sur le grand chemin, l'homme qui avoit coutume de lui donner à manger, et, après avoir plané au-dessus de lui en croassant, il vint se poser sur sa main, et ne le quitta plus. Si l'on ne peut parvenir à dépouiller entièrement ces oiseaux de leur voracité, on est parvenu à la régler et à l'employer au service de l'homme. Il y a plusieurs exemples de corbeaux dressés à la fauconnerie ; et, d'un autre côté, Aulu-Gelle cite celui de Valerius, qui avoit appris à défendre son maître et à l'aider contre ses ennemis par une manœuvre combinée.

Les corbeaux ont le talent d'imiter le cri des autres animaux, même la parole de l'homme ; et les inflexions de leur voix, comme les circonstances de leur vol, étoient autrefois un objet d'étude pour les aruspices. Il y a encore, en Amérique, des peuplades sauvages où les magiciens invoquent le corbeau, qui est pour le malade un signe de guérison ; mais, en général, on le regarde plutôt comme un oiseau sinistre, annonçant des malheurs, et son croassement intimide encore beaucoup de gens.

L'universalité d'appétit du corbeau, et sa voracité, l'ont fait proscrire comme un animal nuisible et destructeur dans les pays pauvres, tandis qu'il a été protégé par les lois dans des pays riches, comme consommant les immondices de toute espèce. C'est ainsi que, tandis qu'on mettoit à prix, dans l'île de Féroë, ces oiseaux qui attaquoient les brebis paissant dans les campagnes, on défendoit de les tuer en Angleterre.

Les corbeaux savent s'inspirer un amour réciproque et constant : chaque mâle a sa femelle, à laquelle il reste attaché pendant un grand nombre d'années, peut-être même pour la vie entière, comme on pourroit l'induire des observations faites sur le couple qui s'étoit établi dans l'île de Belle-Ile, sur le lac Erié, où milord Ross ne l'a point perdu de vue durant trente ans, ainsi qu'il résulte d'une lettre insérée dans la Bibliothèque Britannique du mois de janvier 1796. Ils font leur nid dans les crevasses des rochers, ou dans les trous de murailles, au haut des vieilles tours abandonnées, et quelquefois sur le sommet des arbres isolés. Ce nid, très-grand, est composé extérieurement de rameaux et de racines d'arbrisseaux ; des os de quadrupèdes, ou des fragmens de substances dures, forment la seconde couche, et l'intérieur du nid est tapissé de graminées, de mousse et de bourre. La femelle y pond, vers le mois de mars, cinq ou six œufs d'un vert pâle et bleuâtre, marquetés d'un grand nombre de taches et de traits de couleur obscure, qui sont figurés dans Lewin, pl. 8, n.° 1. Le mâle partage avec la femelle les soins de l'incubation, qui dure une vingtaine de jours, et l'on a trouvé dans le nid ou aux environs des amas considérables de grains, de noix, de fruits, qui, au reste, n'y avoient peut-être pas été accumulés pour le seul usage de la couveuse, mais par une suite de l'habitude qu'ont ces oiseaux de faire des provisions de tout ce qu'ils peuvent attraper. Les petits à leur naissance sont blanchâtres : on prétend que la mère les laisse quelque temps sans leur donner de nourriture, et qu'elle fait subir, dans son jabot, aux premiers alimens qu'elle dégorge dans leur bec, une préparation semblable à celle qui a lieu chez les pigeons. Le mâle, qui pourvoit à la subsistance de sa famille, veille aussi à sa défense; aperçoit-il un milan ou un autre oiseau de proie, il s'élance, et, gagnant le dessus, il le frappe violemment du bec. On a vu, dans ces combats, les deux champions, après avoir ainsi pris alternativement leurs avantages, et s'être élevés à perte de vue, se laisser tomber du haut des airs, excédés de fatigue.

Les petits corbeaux, qui éclosent de bonne heure, sont dès le mois de mai en état de quitter le nid. Tant qu'ils ne sont pas assez forts pour pourvoir eux-mêmes à leur nourriture, les parens leur en apportent sur les rocs qu'ils n'osent encore abandonner que pour y revenir bientôt, et chaque soir la bande est ramenée au gîte, ce qui dure tout l'été, et donne lieu de penser que les corbeaux, qui d'ailleurs commencent à muer au mois de juin, ne font pas deux couvées par an. Au surplus, ce peu de fécondité se trouveroit bien compensé par la durée de leur vie, qu'on dit être de plus d'un siècle. Lorsque les jeunes sont en état de se suffire à eux-mêmes, les père et mère, qui aiment à rester solitaires dans leur canton, les en chassent.

Le corbeau ayant un vol très-élevé, et s'accommodant des diverses températures, le monde entier lui est ouvert : aussi est-il répandu depuis le cercle polaire jusqu'au cap de Bonne-Espérance, à l'ile de Madagascar, et le retrouve-t-on de même en Amérique, dans des quantités proportionnelles à celle de la nourriture que lui offre chaque pays, qui devient sa demeure définitive lorsqu'une fois il y a pris ses habitudes. Il y subit les influences du climat; mais il ne paroît pas que quelques altérations dans les couleurs, quelque mélange de blanc et même des variations dans la grandeur, doivent faire considérer ces divers corbeaux comme étant d'espèces différentes. C'est ainsi que M. Levaillant, n'ayant remarqué qu'une taille un peu plus forte, un bec un peu plus recourbé, l'absence de reflets sur le noir décidé et luisant du plumage, dans le corbeau du cap de Bonne-Espérance, dont les mœurs sont d'ailleurs absolument les mêmes, n'a pas hésité à le regarder comme d'espèce identique avec celle qui a été décrite par Buffon, sous le simple nom de *corbeau*; et la figure que le voyageur a donnée de cet oiseau, pl. 51, tom. 2, de l'Ornithologie d'Afrique, est meilleure que celle des planches enluminées, n.° 495, laquelle paroît simplement représenter une corneille. Les observations particulières que M. Levaillant a faites sur cet oiseau, dans les montagnes des environs de la baie de Saldanha, consistent en ce qu'il n'y est pas de passage, ne se mêle pas avec les autres espèces du même genre, vit en petites troupes isolées, qui attaquent les jeunes gazelles, et viennent quelquefois à bout de les tuer. Ce voyageur n'a jamais trouvé que des nourritures animales dans l'estomac de ceux qu'il a tués, quoiqu'ils se répandissent sur les terres d'un Nègre qui récoltoit beaucoup de grains.

En Europe, on prend les corbeaux avec la vache artificielle, aux lacets, aux cornets englués, à la pince amorcée de chair, et surtout avec de petites boulettes de viande mêlées de poudre de noix vomique, qui les enivrent et les font tomber; mais il faut les saisir aussitôt, vu qu'ils reprennent souvent assez de force pour s'envoler et aller périr ou languir plus loin.

On regarde comme simples variétés accidentelles du grand corbeau, le corbeau varié, ou *cacalotl* d'Hernandez, qui se trouve au Mexique, et ne diffère du *corvus corax* que par quelques taches blanches mêlées parmi les noires; le corbeau blanc, *corvus candidus*, trouvé dans le nord de l'Europe; le corbeau à bec croisé, *corvus crucirostra*, qui a été rapporté de Porto-Ricco par Maugé. Les corbeaux à une et à deux cornes, qui ont été présentés, à peu près dans le même temps, au duc de Saxe et à la duchesse Christine, n'offroient vraisemblablement ces singularités que par une implantation artificielle, pratiquée de la même manière qu'on fixe des ergots sur la tête des coqs; mais on peut considérer comme des races particulières ou des variétés assez constantes, 1.° le corbeau noir et blanc de l'île de Féroë, *corvus leucophæus*, Vieill., sur lequel les taches noires et blanches sont distribuées assez régulièrement; 2.° le corbeau austral, *corvus australis*, qui paroît venir de l'île des Amis, a le bec plus épais à la base et plus comprimé sur les côtés, sa gorge est couverte de plumes lâches et peu serrées, et son vêtement, au lieu d'être d'un noir prononcé, a une teinte brunâtre.

Wilson, dans son Ornithologie Américaine, décrit aussi et figure, p. 37, n.° 2, un oiseau noir, qui se trouve sur les côtes maritimes de la Géorgie, et dont la voix a du rapport avec celle du corbeau, quoiqu'elle soit plus rauque et plus gutturale; mais cet oiseau, de seize pouces de longueur totale et de deux pieds neuf pouces d'envergure, a le menton dénué de plumes, et les deux mandibules à bords rentrans en dedans vers le milieu : il seroit bon de pouvoir l'examiner plus soigneusement avant de déterminer si la dénomination de corbeau ossifrague, *corvus ossifragus*, lui convient.

Un corbeau que l'on peut véritablement considérer comme espèce particulière, est celui que M. Levaillant a décrit dans son Ornithologie d'Afrique, sous le nom de *corbivau*, pl. 50, et que Daudin a appelé corbeau vautourin, *corvus albicollis*, nom préférable à celui de corbeau corbivau, qui offriroit un pléonasme, ce dernier terme, imaginé pour indiquer les rapports de l'oiseau avec deux genres différens, ne pouvant convenir que lorsqu'il est isolément employé. La taille du corbivau tient le milieu entre celle du grand corbeau et de la corneille mantelée; il est long de dix-huit pouces. Son bec, dont la base est entourée de plumes dirigées en avant, comme dans le genre Corbeau, est convexe en dessus, et comprimé latéralement; la couleur en est noire, excepté à la pointe, qui est blanche. L'iris est d'un brun noisette. Le plumage est d'un noir lustré, avec une large tache blanche derrière le cou, des deux côtés duquel part encore un trait blanc qui ceint la poitrine. La gorge, d'un noir moins prononcé que sur le reste du corps, est couverte de plumes dont les barbes dépassent la tige, et qui sont en conséquence fourchues; ses ailes excèdent de trois pouces la queue, qui est étagée, et cette circonstance établit, outre la forme du bec, des rapports avec le vautour. La femelle, dont le corps est d'un noir plus rembruni, a la tache de la nuque moins étendue.

Cet oiseau, vorace et criard, comme le grand corbeau, a

le même goût pour la charogne, et il y joint un appétit marqué pour la chair vivante. Non-seulement il attaque et tue les agneaux et les gazelles, qu'il dévore en commençant par leur arracher les yeux et la langue; mais il poursuit les buffles, les rhinocéros, les éléphans, et, perché sur leur dos, il s'y repaît des larves d'œstres et de taons qui les tourmentent, en introduisant son bec dans les plaies qu'elles y ont faites. Le corbeau vautourin n'abandonne à aucune époque de l'année le canton qui l'a vu naître. La femelle, un peu plus petite que le mâle, a le collier moins étendu, et la teinte de son plumage est plus rembrunie.

Les autres corbeaux portent plus communément le nom de corneille.

Corneille Corbine; *Corvus corone*, Linn., pl. enlum. de Buffon, n.° 483, et de Lewin, n.° 33. Cette espèce, à laquelle Brisson donne en françois le nom simple de corneille, et en latin celui de *cornix*, qu'il a également substitué, pour les espèces suivantes, au mot *corvus*, et qu'on appelle aussi corneille noire, a dix-huit pouces de longueur et pèse dix à douze onces; son bec et ses pieds sont d'un noir mat, et son plumage est en entier d'un noir à reflets violets; la queue, arrondie, dépasse un peu les ailes. La femelle est un peu plus petite que le mâle. La corbine, dont la taille est plus courte et le corps de moitié moins gros que celui du corbeau, s'en distingue encore par la forme des plumes qui couvrent la poitrine, et qui sont larges et arrondies vers le bout, tandis qu'elles sont étroites et pointues dans le corbeau. Chez ce dernier la troisième rémige est aussi la plus longue, et chez la corbine c'est la quatrième qui excède toutes les autres. Quant à l'instinct, ce sont ces deux espèces qui ont le plus de rapports ensemble.

Les corbines, répandues dans l'ancien et le nouveau continent, se nourrissent, comme les corbeaux, de charogne, et y ajoutent les insectes, les vers, les poissons, les grains, les fruits, les œufs d'oiseaux, et surtout ceux des perdrix, auxquelles elles font même la chasse lorsque la terre est couverte de neige. Elles se joignent pendant l'hiver aux freux, aux corneilles mantelées, et on les voit, durant le jour, chercher, dans les terres fraîchement labourées, des lombrics et des larves de hannetons : à l'approche de la nuit, elles se rassemblent en bandes nombreuses, et se juchent pêle-mêle dans les forêts, sur de grands arbres qu'elles paroissent avoir adoptés. Vers la fin de l'hiver, tandis que les freux vont nicher dans d'autres climats, les corbines se séparent deux à deux et restent dans les bois, dont elles ne sortent plus que pour chercher leur nourriture à peu de distance. Elles construisent sur la cime des arbres les plus élevés, et quelquefois à une moindre hauteur, un nid composé de menues branches, mastiquées avec de la boue et du crotin de cheval, et garni en dedans du chevelu des racines. La femelle y pond quatre ou cinq œufs de la même couleur que ceux du grand corbeau, et les couve alternativement avec le mâle, pendant environ vingt jours. Ces œufs sont figurés dans Lewin, pl. 8, n.° 2. Les père et mère ont beaucoup d'attachement pour leurs petits, dont ils prennent long-temps soin, et auxquels ils ont l'adresse de porter, entre autres alimens, des œufs de perdrix, en insérant l'extrémité de leur bec dans l'ouverture qu'ils ont antérieurement pratiquée; ils ne font qu'une couvée par an, à moins que quelque accident n'ait détruit la première, pour la conservation de laquelle ils combattent les oiseaux de proie qui en approchent. On prétend que les amours de ces oiseaux durent pendant toute leur vie, quoique les bandes se reforment à la fin de l'automne.

La corbine apprend à parler, comme le corbeau, et sait, comme lui, casser les noix en les laissant tomber d'une certaine hauteur; elle visite les lacets et les piéges pour dévorer les oiseaux qu'elle y trouve engagés; et, dans certains pays, on l'a aussi élevée pour la fauconnerie. Son odorat étant très-subtil, elle ne donne guère elle-même dans les piéges des oiseleurs; cependant on l'attrape de différentes manières en hiver. La plus simple consiste à mettre de la viande dans des cornets de papier dont les bords intérieurs sont enduits de glu, et à en placer, surtout dans les temps de neige, sur les grandes routes ou dans d'autres endroits fréquentés par ces oiseaux, qui, comme les corbeaux, s'y empêtrent, et, après s'être élevés perpendiculairement à une grande hauteur, retombent, épuisés de fatigue, et sans être parvenus à s'en débarrasser. On peut les prendre également avec des boulettes de viande enduites de poudre de noix vomique ; mais cette méthode est dangereuse, en ce qu'elle expose les chiens, et particulièrement ceux de bergers, à s'empoisonner en traversant les champs où ces appâts ont été dispersés.

Il y a des corbines blanches et variées : on a vu qu'il en est de même parmi les corbeaux, et les pays du nord sont ceux où ces variétés se rencontrent le plus fréquemment. L'espèce des corbines est aussi répandue sur les deux continens, et on l'y trouve dans les bois, dans les plaines ou sur le rivage de la mer.

On voit en Sibérie une corneille qui ne diffère des corbines qu'en ce qu'elle a quelques plumes grises sur le dos, et qui se joint à elles pendant l'hiver.

Il faut probablement rapporter aussi à la corbine l'oiseau figuré par Sparmann, pl. 2 de son *Museum carlsonianum*, lequel est tout noir, à l'exception d'une tache blanche qu'il a au menton, et d'une nuance cendrée à la base du bec. L'auteur ayant négligé d'indiquer les dimensions de cet oiseau, les naturalistes ont hésité à l'associer à la corbine ou au corbeau proprement dit; mais quoique, après l'avoir donné d'abord comme une variété de la corbine, Latham l'ait ensuite rangé (dans le 2.e Supplément de son *Synopsis*, p. 106) avec une variété du grand corbeau observée en Egypte, au mois de février, dans les environs de Rosette, tout porte à croire que cet oiseau, très-rare même en Suède où il a été trouvé, est tout simplement une variété accidentelle. C'est lui qu'on a nommé *corvus clericus*, corneille à rabat.

Corneille freux ou frayonne: *Corvus frugilegus*, Linn.; Corneille moissonneuse, *Cornix frugilega*, Briss.; pl. enl. de Buffon, n.° 484, et de Lewin n.° 34. La taille de cet oiseau diffère peu de celle de la corneille corbine. Tout son plumage est d'un beau noir à reflets, qui sont moins éclatans chez la femelle, d'ailleurs un peu plus petite; mais un signe auquel il est aisé de reconnoître les freux, c'est la nudité du bec à sa base, et même du front et du haut de la gorge, qui paroissent comme râpés, tandis que la corbine a toutes ces parties couvertes de plumes. Cet état, quoique constant, n'existe cependant point dans le principe, et les jeunes, avant leur première mue, ont, comme dans les autres espèces, le front, la base du bec et le menton emplumés tout annonce même que l'oiseau représenté dans les pl. enl. de Buffon, sous le n.° 483, n'est qu'un jeune freux. Cette sorte de difformité ne provient que de la manière de vivre de l'espèce, qui, outre les graines, recherche particulièrement les larves de hannetons et les lombrics, et enfonçant perpétuellement le bec dans la terre pour les y trouver, s'en déchausse peu à peu la base : aussi la peau offre-t-elle, en ces endroits, des rugosités qui ne sont produites que par des tiges de plumes encore persistantes. Afin de pouvoir reconnoître le freux avant cette époque, il est bon d'observer, d'une part, que son bec, plus long que la tête, est entier avec la pointe droite, tandis que chez la corbine il n'excède pas la longueur de la tête, et que la mandibule supérieure, courbée à la pointe, est entaillée vers le bout sur chaque côté ; d'une autre part, que les plumes du devant du cou, soyeuses et arrondies à l'extrémité chez le freux, sont roides et terminées en pointe chez la corbine ; enfin, que l'iris, de couleur noisette dans la corbine, est bleuâtre dans l'autre espèce.

Les freux paroissent moins répandus dans le Midi que dans le Nord ; et, quoiqu'il en reste en France pendant toute l'année, nous n'en voyons de grandes troupes qu'à l'approche de l'hiver.

C'est au mois de mars que les freux qui n'ont pas quitté la France commencent à y faire leurs nids, dont on voit jusqu'à dix ou douze sur le même arbre ; et, d'après le goût pour la société qu'annonce cette réunion, l'on a peut-être lieu d'être surpris que, pendant qu'un individu de chaque couple va à la recherche des matériaux, l'autre se trouve dans la nécessité de garder le nid, pour empêcher le pillage de ceux qui ont déjà été amassés. La ponte est de quatre ou cinq œufs d'un vert clair et tachetés de brun, qui sont figurés dans les *Ova avium* de Klein, pl. 8, n.° 10, et dans les Oiseaux d'Angleterre de Lewin, pl. 8, n.° 3. Les uns disent que le mâle et la femelle couvent tour à tour ; suivant d'autres, cette fonction ne seroit remplie que par la femelle, à laquelle le mâle dégorgeroit des alimens tenus en réserve dans une sorte de poche, formée par la dilatation de l'œsophage : mais il est probable que les choses ne se passent pas autrement chez cette espèce que chez les autres, et si la nourriture est ainsi dégorgée.

c'est vraisemblablement aux seuls petits. Quand ceux-ci sont assez grands pour suivre leurs père et mère, ils quittent tous ensemble nos contrées, où, comme les choucas, ils ne reparoissent qu'en septembre, après une absence de deux ou trois mois.

Comme les freux ne recherchent point les charognes, on a pour eux moins de répugnance, et si les vieux, presque toujours maigres, ne sont jamais un bon manger, les jeunes, plus gras, surtout à la sortie du nid, passent pour être fort délicats. Ces oiseaux, très-défians et difficiles à approcher, se prennent aux mêmes piéges que les précédentes espèces.

M. Levaillant a trouvé au cap de Bonne-Espérance une corneille tout-à-fait semblable au freux, et qui n'en différoit qu'en ce qu'elle n'avoit pas le devant de la tête dégarni de plumes. Cela peut provenir, comme il l'avoue lui-même, de ce que, trouvant une nourriture plus abondante dans ce pays, elle ne seroit pas obligée de fourrer aussi profondément et aussi fréquemment son bec dans la terre. Ses habitudes sont d'ailleurs les mêmes que celles du freux, quoiqu'elle se nourrisse quelquefois de charognes, ce que l'auteur prétend, au reste, que fait également le freux d'Europe. Cette corneille est représentée pl. 52 de l'Ornithologie d'Afrique.

Corneille mantelée : *Corvus cornix*, Linn. ; *Cornix cinerea*, Briss. ; pl. enl. de Buffon, n.° 76 ; de Lewin n.° 35 ; de Donovan, n.° 117, et de Graves, tom. 1. Cette espèce, qu'on appelle aussi *bedaude*, *meunière*, *jacobin*, *corneille d'hiver*, *corneille cendrée*, *corneille marine*, *sauvage*, *aquatique*, *corneille cendrée de Royston*, a environ vingt pouces de longueur. Le bec, les pieds et les ongles sont noirs ; la tête, la queue et les ailes sont de la même couleur avec des reflets bleuâtres ; le dos, la poitrine et le ventre, d'un gris cendré ; l'iris est brun. Le cou a moins de noir sur la femelle, qui est plus petite, et les parties grises ont chez elle une nuance roussâtre. Les pennes de la queue, légèrement arrondies chez l'un et l'autre, n'excèdent pas beaucoup celles des ailes, dont la seconde et la troisième sont les plus longues.

Cette corneille change de demeure deux fois par an. Elle arrive, sur la fin de l'automne, en troupes qui se mêlent aux freux et aux corbines, et qui augmentent successivement, à tel point que l'air en est quelquefois obscurci. M. de France, un de nos collaborateurs les plus distingués, a observé, dans la campagne qu'il habite près de Paris, que leur vol, très-élevé dans un temps calme et beau, l'étoit bien moins dans le cas contraire; que ces passages, bien plus fréquens et plus nombreux vers la mi-décembre, s'opéroient constamment dans la direction du nord-est au sud-ouest, et qu'au commencement de mars les mêmes oiseaux repassoient en plus petites troupes et dans une direction opposée à celle de leur arrivée. Pendant leur séjour dans nos contrées, elles se répandent dans les champs et les prairies, où elles détruisent beaucoup de grains nouvellement germés et de larves d'insectes, compensant ainsi le bien et le mal qu'elles causent. Les bandes qui fréquentent les rivages de la mer, y vivent de coquillages et de poissons jetés sur le sable, ou même pris à la surface de l'eau, et celles qui habitent les marais s'y nourrissent de limaçons, de grenouilles, etc. Lewin dit qu'en Ecosse et en Irlande, où plusieurs demeurent toute l'année, elles attaquent les brebis et les agneaux, et ont le même goût que les corbeaux pour les charognes.

Ces oiseaux, qui s'isolent au printemps comme les autres espèces, font dans les bois, sur les grands arbres, des nids composés de matériaux semblables, et où les femelles pondent quatre ou six œufs d'un vert bleuâtre, avec des taches d'un brun foncé. L'auteur qu'on vient de citer en a donné la figure pl. 9, n.° 1; elle se trouve aussi dans Klein, pl. 8, n.° 9, et, en noir seulement, dans Zinanni, pl. 10, n.° 61. La plupart ne nichent que dans les pays les plus septentrionaux, sur les pins et les sapins. Ces corneilles, qui font entendre deux cris, l'un grave et l'autre aigu, ont pour leurs petits le même attachement que les autres espèces, et elles montrent le même courage pour les défendre. Suivant Frisch, on a d'elles des exemples de tendresse maternelle, dans lesquels elles se sont laissées tomber avec l'arbre qui portoit leur nid, plutôt que d'abandonner leur couvée pendant qu'on le coupoit.

Corneille choucas : *Corvus monedula*, Linn.; pl. enlum. de Buffon, n.° 523, et de Lewin n.° 36. Cette espèce, que l'on nomme aussi petite corneille des clochers, et qui est à peu près de la taille d'un pigeon, a treize pouces de longueur, vingt-huit d'envergure, et pèse neuf onces. Son bec est de couleur de corne foncée; l'iris d'un gris pâle. Son plumage est d'un noir moins profond que celui des espèces précédentes; il tire même, en général, au cendré autour du cou et sous le ventre: mais l'oiseau est quelquefois tout noir. Les pennes de la queue sont coupées carrément à leur bout, et les ailes pliées vont jusqu'au tiers de leur longueur. Plusieurs auteurs regardent comme une variété les individus tout noirs, que Gueneau de Montbeillard a désignés séparément sous le nom de *chouc*, et qu'on trouve peints dans les pl. enlum. sous le n.° 522, et dans Frisch sous le n.° 68, avec la dénomination particulière de *corvus spermologus*. Mais, tandis que M. Levaillant (Ornith. d'Afr., tom. 2, p. 93) assure qu'il a constaté, en disséquant beaucoup de ces oiseaux, tués dans les mêmes bandes, que ceux qui offroient un mélange de gris et de noir étoient les femelles, et les autres les mâles, d'autres naturalistes, se fondant sur des différences observées dans leurs attributs extérieurs, les regardent comme formant deux espèces. Dans cet état des choses, on croit devoir se borner à observer ici que les choucas sont d'autant plus sujets à des variations de couleur dans le plumage, que déjà l'on a noté un choucas à collier blanc, un choucas blanc à cire jaunâtre, un choucas tout noir à occiput blanc, des choucas à ailes ou à épaules blanches, etc., et que des dissemblances légères dans les proportions des parties, dans la longueur respective de quelques pennes, ne sont pas toujours des motifs suffisans pour séparer, comme espèces, des oiseaux dont les mœurs, les habitudes, le cri, le port et la conformation générale sont absolument les mêmes.

Les choucas vivent de graines, de fruits, de lombrics ou vers de terre, de larves de scarabées, de divers insectes, et ils paroissent ne toucher aux cadavres que dans la disette d'autre nourriture. On en trouve dans toute l'Europe, jusqu'à la partie occidentale de la Sibérie. Ceux qui restent constamment dans nos contrées ne s'isolent point au temps des amours, comme la plupart des autres espèces, et, soit qu'ils nichent sur les arbres des forêts, dans les châteaux abandonnés, ou dans les tours des églises, auxquelles ils donnent la préférence, ils placent leurs nids les uns près des autres. Les couples appariés sont fidèles à leur union, et ils se donnent fréquemment des preuves d'un attachement très-vif. La femelle pond cinq à six œufs, marqués de quelques taches brunes sur un fond verdâtre ; Lewin les a représentés dans sa neuvième planche, n.° 2. Le mâle et la femelle couvent alternativement et partagent les soins de l'éducation des petits, auxquels ils apportent de fort loin des alimens que la dilatation de leur œsophage leur permet d'y conserver. Schwenckfeld et Charleton prétendent qu'ils font deux couvées par an ; mais ce fait est douteux. Vers les mois de juin et de juillet, les choucas disparoissent, et reviennent à l'automne, époque à laquelle ils se répandent dans les terres labourées. Quoiqu'alors ils se réunissent aux grandes troupes de leurs congénères venant du Nord, et forment des bandes nombreuses avec d'autres corneilles, on a remarqué qu'ils se tenoient en groupes distincts. Ils ne cessent de faire entendre en volant un cri perçant et aigu, auquel ils joignent quelquefois les sons particuliers, *tian*, *tian*, *tian*.

Ces oiseaux ont, comme les corbeaux et les pies, l'habitude de dérober et de cacher ce qui brille aux yeux. Ils apprennent aussi à parler, et s'habituent assez aisément à la domesticité.

Corneille a duvet blanc ; *Corvus leucognaphalus*, Daud. Cet oiseau, que le naturaliste Maugé a trouvé à Porto-Ricco, et dont un individu est déposé au Muséum d'histoire naturelle de Paris, a tout le plumage d'un noir très-foncé ; mais il offre une particularité remarquable et suffisante pour le faire reconnoître : ses plumes sont garnies à leur base d'un duvet blanc. Dampier, tom. 5, p. 81 de ses Voyages, avoit déjà consigné une semblable observation sur des corneilles de la Nouvelle-Guinée, qui paroissoient tout-à-fait noires, à moins qu'on n'écartât leurs plumes ; et quoiqu'elle n'ait pas été faite sur la corneille de la Jamaïque de Brisson, *corvus jamaicensis*, Linn., les rapports qui existent entre ces deux oiseaux pour la taille et la couleur, font présumer que c'est aussi la même espèce, dont le cri ne ressemble pas à celui de nos corneilles d'Europe. On n'a aucun détail sur la corneille à duvet, mais on sait que celle de la Jamaïque, qui abonde dans les montagnes de la partie septentrionale de cette île, et dont la longueur est d'environ dix-huit pouces, se nourrit de baies, de graines et d'insectes à élytres.

Corneille a scapulaire blanc ; *Corvus scapulatus*, Daud. M. Levaillant a donné, tom. 2, pl. 53, de ses Oiseaux d'Afrique, la figure de cette espèce, déjà décrite par Gueneau de Montbeillard, sous le nom de corneille du Sénégal, *corvus dauricus*, Gmel., et représentée dans les planches enluminées de Buffon, n.° 327. La taille de cette corneille est celle du choucas ; sa queue est arrondie, et les ailes s'étendent au-delà des trois quarts de sa longueur, quoique dans la planche défectueuse de Buffon elles en dépassent à peine la naissance. Le bec est noir, et l'iris d'un brun noisette. Le plumage est noir sur tout le corps, à l'exception d'un scapulaire que présente le blanc qui entoure le bas du cou et se prolonge sur toute la poitrine. Cette dernière couleur est moins étendue et moins pure sur la femelle, qui est aussi un peu plus petite.

On trouve ces oiseaux dans la Mongolie, la Daourie, la Perse, la Chine, à l'île de Madagascar, etc. Réunis en troupes, au cap de Bonne-Espérance, ils se tiennent près des habitations, et viennent même jusqu'aux portes des boucheries de la ville, où ils se mêlent avec les corbivaux ; ils se perchent aussi sur les grands animaux, pour dévorer les insectes parasites qui se sont attachés à leur peau. Leur nid est construit sur les arbres ou dans des buissons touffus : la femelle y pond cinq ou six œufs d'un vert pâle, avec des taches brunes.

Cette espèce, qui, au premier printemps, arrive de la Mongolie méridionale et de la Chine dans les contrées de la Russie voisines du lac Baïkal, se répand autour des habitations jusqu'au fleuve Léna. Les Burates l'appellent *alactu*. Pallas l'a regardée comme une variété des individus qui avoient plus de noir dans le plumage, et dont le cou et la gorge étoient d'une couleur brunâtre ; mais il est probable que c'étoient des femelles.

Beaucoup d'autres oiseaux ont été rangés par divers auteurs, et notamment par Latham, dans le genre *Corvus ;* mais les uns n'ont pas été décrits assez exactement pour mettre à portée de s'assurer s'ils appartiennent réellement à ce genre, ou de reconnoitre quelle place leur conviendroit le mieux dans les sous-divisions, et d'autres leur sont visiblement étrangers. Dans la première catégorie sont :

1.° Le *Corvus versicolor* de Latham, qui n'a été décrit que d'après un dessin, et dont la taille, assez grande, n'est pas déterminée. Ce que Latham dit de cet oiseau de la Nouvelle-Hollande, dans le second Supplément de son *Synopsis*, p. 117, se borne à annoncer que son bec, noir ainsi que ses pieds, ressemble à celui du corbeau, quoiqu'il soit plus petit, et que son plumage, sombre, a des reflets bleus et rougeâtres.

2.° Le *Corvus columbiana*, Wilson, *Ornith. Amer.*, tom. 3, pl. 20, fig. 2, qui a été trouvé sur les bords de la rivière Columbia, et dont il n'existe qu'un individu. La description qui en a été faite annonce que cet oiseau a treize pouces anglois de longueur totale; que la tête, le cou, le dessus et le dessous du corps sont d'une teinte isabelle, plus foncée sur la poitrine et le ventre; que les ailes, la première penne latérale de la queue, et les barbes internes des pennes voisines, sont d'un noir bronzé; que les pennes secondaires, à l'exception des trois les plus proches du corps, ont leur extrémité blanche dans l'étendue d'un pouce, ce qui forme une bande de cette couleur sur l'aile en état de repos; que la queue, arrondie, a les six pennes intermédiaires blanches, ainsi que le croupion; enfin, que le bec est de couleur de corne, et que les pieds sont noirs. Une circonstance à remarquer, c'est que l'oiseau a des ongles forts et crochus, qui ressemblent aux serres du faucon, et que sa nourriture consiste en poissons qu'il pêche sur les bords de la mer et des fleuves, où il se tient en troupes nombreuses. Quoique, suivant l'auteur, cet oiseau, criard comme le choucas d'Europe, ait des rapports avec lui par ses formes, il est fort douteux qu'il soit du même genre.

3.° Le *Corvus splendens*, Vieill., aussi de la même taille que la corneille choucas, a le plumage lustré. Sa tête, sa gorge, ses ailes, sa queue, son bec et ses pieds, sont noirs, et le reste du corps est d'un gris sombre. Ces détails sont insuffisans pour justifier si le nom de choucas gris du Bengale, qui lui est donné, lui convient réellement.

4.° Le *Corvus mexicanus*, qui est rapporté par Gmelin, Latham, etc., à l'oiseau dont Fernandez, ch. 33, a parlé sous le nom d'*hocitzanatl*, que Buffon a adouci en écrivant *hocizana*. Cet oiseau a été appelé par Brisson, tom. 2, p. 43, grande pie du Mexique. Fernandez, qui lui applique la seconde dénomination de grand étourneau, le donne comme ayant de la ressemblance avec le choucas qu'il surpasse en grandeur; il ajoute que cet oiseau, très-babillard, est d'un noir azuré, et qu'il a la queue fort longue. Ces diverses circonstances semblent demander son classement avec les pies ou les cassiques, et non parmi les corneilles, auxquelles il ne paroît pas convenablement associé.

5.° Il en est de même du *Corvus caledonicus*, indiqué par des naturalistes sous le nom de corneille de la Nouvelle-Calédonie, quoique Latham, p. 116 du 2.ᵉ Supplément à son *Synopsis*, décrive cet oiseau, d'une taille de vingt pouces et d'un plumage noirâtre, comme ayant la queue très-étagée.

Le nom de corbeau a été donné mal à propos à divers oiseaux de genres tout-à-fait différens. En voici des exemples. On a appelé *corbeau aquatique*, l'acalot du Mexique, espèce de courlis; *corbeau cornu*, *corbeau rhinocéros* et *corbeau des Indes*, des espèces de calaos; *corbeau d'Egypte*, l'oiseau dont il est parlé sous le mot Athis dans le 3.ᵉ volume de ce Dictionnaire et dans son Supplément; *corbeau marin*, ou *corbeau de mer*, le pélican et le cormoran; *corbeau de nuit*, l'engoulevent, la hulotte; *corbeau de paradis*, une espèce de tyran. On a aussi donné le nom de *corneille de mer* et de *corneille des bois des cantons suisses*, au prétendu coracias huppé, *corvus eremita*, Linn.; celui de *corneille de Cornouailles*, au crave ou coracias à bec rouge, auquel paroît également se rapporter le *corbeau du désert*, dont il est fait mention dans les Voyages en Barbarie de Shaw et de Poiret. Enfin, la corneille bleue d'Edwards est un rollier; et, dans quelques ouvrages, le choucas est désigné sous le nom de *corbeau à collier*.

Une foule d'applications également fautives ont été faites du mot latin *corvus* à des oiseaux qui n'appartiennent point à ce genre considéré dans toute l'étendue que lui ont donnée Linnæus, Gmelin et Latham. Tels sont:

1.° Le *Corvus flavigaster*, Lath., représenté dans les pl. enl. de Buffon, sous le nom de geai à ventre jaune de Cayenne, et qui est un tyran;

2.° Le *Corvus hottentotus*, pl. enl., n.° 226, sous le nom de choucas du cap de Bonne-Espérance, contrée où M. Levaillant l'a vainement cherché, et qui paroît aussi voisin des tyrans;

3.° Le *Corvus argyrophthalmus*, Gmel. et Brown, *Illustrat.*, pl. 10, sous le nom de choucas de Surinam, lequel est un cassique, comme très-probablement aussi le *corvus mexicanus*, Gmel.;

4.° Les *Corvus Novæ-Guineæ* et *papuensis*, Gmel., pl. enl., n.os 629 et 630, qui sont des choucaris;

5.° Le *Corvus graculinus* de J. White, Appendix de son Voyage à la Nouvelle-Galle, pag. 251, pl. 36, qui est un cassican;

6.° Le *Corvus balicassius*, Gmel., pl. enl. de Buffon, 603, sous le nom de choucas des Philippines, qui est un drongo;

7.° Le *Corvus calvus*, Gmel., pl. enl. 521, sous le nom de choucas chauve, lequel est un gymnocéphale;

8.° Le *Corvus speciosus*, Shaw, pl. enlum. de Buffon, 620, sous son véritable nom de rollier de la Chine;

9.° Les *Corvus cyanurus*, *brachyurus*, Gmel., et *Grallarius*, Shaw, pl. enl. de Buffon, n.os 355, 257, 258 et 702, qui sont des brèves et des fourmiliers;

10.° Le *Corvus rufipennis*, qui est le même que le *turdus morio*, ou merle du cap de Bonne-Espérance, représenté dans les pl. enl. de Buffon, sous le n.° 199;

11.° Le *Corvus caribæus*, Gmel., lequel est un guêpier;

Le *Corvus pyrrhocorax*, représenté dans les pl. enl., n.° 531, sous le nom de choucas des Alpes, a aussi paru à M. Cuvier devoir être rapproché des merles, et nous l'avons décrit au mot Chocard. Le *corvus graculus*, mêmes planches, n° 255, se rapproche des huppes; on en parlera sous le mot Crave. Pour le *corvus caruncalatus*, Daud. (Voyez le mot Philédon.) Les *corvus melanops* et *melanogaster*, que M. Vieillot a placés parmi les coracines, ont été décrits sous celui de *choucari*. Enfin, la non-existence du *corvus eremita* sera démontrée au mot Crave. (Ch. D.)

CORBEAU DE MER (*Ichthyol.*), un des noms vulgaires de la *sciæna umbra*, Linn. (Voyez Sciène.)

C'est aussi un des noms de la trigle hirondelle. Voyez Trigle. (H. C.)

CORBEAU DU NIL. (*Ichthyol.*) Suivant Rondelet, c'est la Sciène umbre. Voyez ce mot. (H. C.)

CORBEGEAU. (*Ornith.*) Voyez Corbigeau. (Ch. D.)

CORBEILLE (*Conchyl.*) : *Corbis*, Cuvier. Depuis long-temps les amateurs de coquilles désignoient sous ce nom, des bivalves sur lesquelles on voit des lignes saillantes se croisant à angle droit, et donnant, jusqu'à un certain point, l'idée de nos ouvrages de vannerie, comme à l'arche grenue, *arca granosa*, Linn., qu'ils nommoient *corbeille cœur en arche*, au peigne orbiculaire, *pecten orbicularis*, Linn., qu'ils appeloient *corbeille-huitre*, à l'arche senile, *arca senilis*, Gmel., nommée vulgairement *corbeille des Indes*. M. Cuvier, Règne anim., tom. II, pag. 408, a donné le nom de corbeilles à un petit genre distinct, qui a pour type principal, la *Venus fimbriata*, Chemnitz, VII, fig. 48 : ce sont des coquilles oblongues transversalement, avec de fortes dents cardinales, des dents latérales écartées, très-marquées, et dont la surface extérieure est garnie de côtes transverses croisées par des rayons; l'empreinte abdominale n'offrant pas de replis en arrière, il est probable, d'après M. Cuvier, que les tubes ne sont pas très-longs. Ce genre me paroît avoir été établi depuis assez long-temps par M. Megerle, sous le nom de FIMBRIA. Voyez ce mot. (DE B.)

CORBEILLE DORÉE, CORBEILLE D'OR (*Bot.*), nom que porte dans les parterres l'*alyssum saxatile*, dont les touffes de fleurs jaunes présentent la forme d'une corbeille de fleurs. (J.)

CORBEL (*Ornith.*), nom ancien du corbeau, *corvus corax*, Linn. (CH. D.)

CORBI. (*Erpétol.*) Suivant Dapper, c'est un des noms arabes du CROCODILE. Voyez ce mot. (H. C.)

CORBI-CALAO. (*Ornith.*) M. Levaillant a décrit et figuré sous ce nom, dans ses Oiseaux rares de l'Amérique et des Indes, pag. 50 et pl. 24, un oiseau qu'il n'avoit pas encore vu, et qu'il a ainsi nommé parce qu'il lui a trouvé des rapports avec les corbeaux et les calaos, d'après la forme du bec et la petite protubérance qui le surmonte entre le front et les narines. Mais cet oiseau, originaire de la Nouvelle-Hollande, avoit déjà été rangé, par Latham, parmi les guêpiers, et décrit sous le nom de *merops corniculatus*. Depuis, M. Cuvier l'a placé dans son genre PHILÉDON. Voyez ce mot. (CH. D.)

CORBICHET (*Ornith.*), nom sous lequel est vulgairement connu en Bretagne le courlis, *scolopax arcuata*. Linn. (CH. D.)

CORBICHONIA. (*Bot.*) Scopoli a substitué ce nom à celui d'*orygia* donné par Forskaël à un genre de la famille des ficoïdes; mais il n'a pas été adopté. (J.)

CORBICULE, *Corbicula.* (*Conchyl.*) M. Megerle a établi ce petit genre de coquilles bivalves pour quelques espèces de tellines, et entre autres pour la *tellina fluminalis* de Gmelin. Ses caractères sont : coquille bivalve, équivalve, de forme triangulaire, un peu arrondie, avec les bords entiers. La charnière médiane est formée de six dents médianes et d'une dent latérale de chaque côté, alongée et crénelée, ainsi que les sillons qui la recouvrent.

L'espèce qui sert de type à ce genre, et que Gmelin avoit réellement à tort placée parmi les tellines, dont la charnière est fort différente, est fluviatile, et a été trouvée dans l'Euphrate en Asie : elle est un peu triangulaire, épaisse, vert-olive en dehors, violette intérieurement; chaque valve est bombée, canelée; la lunule et le corcelet sont ovales, lisses, et les dents latérales sillonnées. Elle est figurée dans la Conchyliologie de Chemnitz, 6, t. 30, fig. 320. M. Megerle, qui la nomme *corbicula hummalis*, dit que ce genre contient encore neuf espèces qu'il ne désigne pas; mais comme il paroît être très-voisin des Cyclades, il est probable que ce sont les espèces de ce genre qu'il y rapporte. (De B.)

CORBIGEAU. (*Ornith.*) Le courlis d'Europe, *scolopax arcuata*, Linn., porte vulgairement ce nom et celui de *corbegeau* dans plusieurs départemens de la France. Le nom de corbijeau est aussi employé par Lepage-Dupratz, dans son Histoire de la Louisiane, pour désigner le courlis. (Ch. D.)

CORBILLARDS. (*Ornith.*) Dans plusieurs départemens on donne ce nom et celui de *corbillats* aux jeunes corbeaux. (Ch. D.)

CORBIN (*Ornith.*), nom du corbeau en vieux françois. (Ch. D.)

CORBINE (*Ornith.*), nom particulier de la corneille noire. *corvus corone*, Linn. Voyez Corbeau. (Ch. D.)

CORBIS. (*Conchyl.*) Voyez Corbeille. (De B.)

CORBIVAU (*Ornith.*), nom donné par M. Levaillant à l'oiseau décrit au mot Corbeau, sous la dénomination spécifique de corbeau vautourin. (Ch. D.)

CORBULE (*Conchyl.*); *Corbula*, Brug. Genre de coquilles

bivalves, de la famille des *camacées*, établi par Bruguières et de Lamarck, et contenant plusieurs espèces fossiles. Les caractères sont : coquille souvent très-inéquivalve, assez alongée, renflée antérieurement, libre ; charnière similaire formée par une dent cardinale, conique, courbée, saillante, mais inégale sur chaque valve ; ligament interne postapicial ; impression musculaire double. Ce genre, dont on connoit surtout plusieurs espèces fossiles, est très-remarquable par la très-grande inégalité des valves, qui est quelquefois telle, qu'elles ne se joignent pas à leur extrémité postérieure et inférieure.

M. Cuvier rapporte à ce genre la Vénus monstrueuse, *Venus monstruosa*, Gmel.[n], Chemn.[tz], *Conchyl.* 7, tom. XLII, fig 445-446, a. b. C'est une coquille ovale, blanche, striée longitudinalement et verticalement, dont l'une des valves est beaucoup plus grande que l'autre, et la dépasse au moyen d'appendices, non-seulement à la charnière, mais encore en avant comme en arrière, et qui paroit avoir deux dents à l'une des valves. Elle est très-rare, vient des îles Nicobar, et paroît être lithodome ou pétricole. (De B.)

CORBULE. (*Foss.*) Ce genre, qui présente un très-petit nombre d'espèces à l'état vivant, en offre un assez grand nombre à l'état fossile. On ne les rencontre ni dans les couches à cornes d'Ammon, ni dans celles des craies, mais seulement dans les plus nouvelles. Voici les principales espèces que je connois :

La Corbule gauloise : *Corbula gallica*, Lamk., Vél. du Mus., n.° 38, fig. 3 ; Encycl., tab. 230, fig. 5 ? Coquille transverse, ovale, trigone, ventrue, à valves d'inégale grandeur, et très-finement striées, surtout vers le sommet. Chaque valve porte une dent cardinale ; celle de la plus grande naît au-dessous du bord, et se courbe vers le crochet ; celle qui se trouve sur l'autre valve nait sur le bord même, est comprimée, et perpendiculaire au plan de la valve. Sur cette dernière on voit souvent quatre à cinq petites côtes longitudinales et irrégulières. Largeur, 40 millimètres (1 pouce et demi).

On trouve cette espèce à Grignon près de Versailles, à Fontenai-Saints-Pères près de Mantes, et dans d'autres couches analogues, aux environs de Paris ; mais on ne trouve presque jamais les deux valves réunies.

La Corbule de Hauteville ; *Corbula altavillensis*, Desf. Coquille transverse, à crochets fortement recourbés en dedans, à bord postérieur alongé et évasé ; elle est couverte de fortes stries transverses. Le têt est fragile, quoiqu'il soit épais, et il se divise aisément dans son épaisseur. Largeur, 54 millimètres (2 pouces). On la trouve dans le falun de Hauteville près de Valognes. Elle a beaucoup de rapports avec une espèce à l'état frais, qui se trouve dans ma collection, et dont on voit une figure dans l'Encyclopédie, table 230, fig. 1 ; mais celle-ci est moins grande, et son têt est plus épais.

La Corbule striée ; *Corbula striata*, Lamk., Vélins du Mus., n.° 38, fig. 7. Coquille transverse, à bord postérieur alongé et anguleux ; les deux valves sont chargées de stries transverses au sommet ; ensuite, sur la plus grande, il se trouve des stries devenues beaucoup plus grosses, sans intermédiaire, comme sur les autres coquilles bivalves qui portent des stries parallèles aux bords ; sur l'autre valve il ne s'en trouve plus aucune. Largeur, 12 à 13 millimètres (6 lignes). On rencontre cette espèce à Grignon, où elle n'est pas rare ; on en trouve, à Pontchartrain et à Nice, qui peuvent être regardées comme des variétés de cette espèce. Il existe dans la Manche, sur les côtes de la Hougue, une espèce à l'état frais, qui a les plus grands rapports avec elle.

On trouve encore, à Grignon, la *corbula anatina*, Lamk., dont on voit une figure dans l'Encyclopédie, tab. 230, fig. 3 ; la *corbula fragilis*, Desf., Vélins du Mus., n.° 38, fig. 11 ; la *corbula rostrata*, Lamk., même Vélin, n.° 12 ; la *corbula cancellata*, Lamk., Vélins du Mus., n.° 39, fig. 5 ; une autre variété de la même espèce, Lamk., même Vélin, fig. 11, mais qui est treillissée.

Dans une couche analogue à celle de Grignon, on trouve, à Parnes près de Gisors, la *corbula argentea*, Lamk., Vélin, n.° 39, fig. 4. Cette espèce est extrêmement singulière, en ce que ses valves sont chargées de stries transverses sur toute la partie antérieure, et que, sur la partie postérieure, il se trouve seulement deux côtes longitudinales.

On trouve à Crépy, département de l'Oise, dans une couche de grès marin supérieur, la *corbula angulata*, Lamk., Vélins du Mus., n.° 38, fig. 9.

On trouve encore différentes autres espèces de corbules dans les faluns de Hauteville et de la Touraine, et dans le Piémont; dans la vallée d'Andone et dans le Plaisantin, on trouve très-abondamment la *corbula gibba* (*tellina gibba olivi*), dont on voit une figure dans l'Encyclopédie, tab. 230, fig. 4.

On voit, dans l'ouvrage de Brander sur les fossiles du Hampshire, sous le n.° 103, la figure d'une corbule à laquelle il a donné le nom de *solen ficus*. (D. F.)

CORCELET ou Corselet. (*Entom.*) On nomme ainsi, dans les insectes, tantôt le thorax, tantôt la poitrine, mais généralement la partie du tronc qui vient immédiatement après la tête, et qui soutient la première paire de pattes. Voyez Corselet et Insectes. (C. D.)

CORCELET (*Conchyl.*); *Pubes*, Linn. C'est un terme de conchyliologie, employé par Linnæus, dans son Système de comparaison des parties qui entourent les sommets des coquilles bivalves, avec celles qui terminent le corps de la femme, pour indiquer un espace plus ou moins étendu qui se trouve à la partie postérieure (antérieure, Linn.) de certaines coquilles bivalves entourant l'enfoncement qu'il appeloit valve, et qui est circonscrit ou séparé du disque par une carène saillante, ou par un angle, ou par une ligne enfoncée. Voyez, pour la considération de cette partie, l'article Conchyliologie, chap. des *Coquilles bivalves*, considéré comme un tout à la partie supérieure. (De B.)

CORCHORON. (*Bot.*) Selon Césalpin, on a donné anciennement ce nom au mouron, *anagallis*; il ajoute que Théophraste le nommoit *chorchorus*, ou, selon C. Bauhin, *corchorus*. Ce dernier nom est encore donné par Daléchamps à l'épervière, *hieracium murorum*; par Gesner, à la podagraire, *ægopodium podagraria*; par Lobel, à la corête, à laquelle il est resté. Voyez Corête. (J.)

CORCHORUS. (*Ichthyol.*) Les Grecs appeloient κόρχορος ou κόρκορος une espèce de plante potagère à bas prix, d'où étoit venu chez eux le proverbe καὶ κόρκορος ἐν λάχανοις, *corchorus inter olera*. Quelques commentateurs d'Aristophane ont prétendu que par ce mot les Grecs désignoient un petit poisson sans nulle valeur. (H. C.)

CORCOLEN (*Bot.*), nom donné par les habitans du Chili aux

diverses espèces du genre *Azara* de MM. Ruiz et Pavon, dont les fleurs exhalent une odeur agréable. (J.)

CORCOPAL (*Bot.*), nom d'un fruit de l'Inde, gros comme un melon; il croît sur un arbre qui a, selon C. Bauhin, le port d'un coignassier. (J.)

CORCOVADA. (*Ichthyol.*) Marcgrave et Ray (*Synop. meth. Pisc.*, pag. 154) parlent de ce poisson comme étant le meilleur de ceux des Indes. Ils lui donnent la taille de la grande morue. Nous ne pouvons indiquer le genre auquel il appartient. (H. C.)

CORCULUM. (*Bot.*) Voyez Embryon. (Mass.)

CORDA. (*Bot.*) Voyez Chorda. (Lem.)

CORDA ANGUINA ou Corda marina (*Foss.*), noms que l'on a donnés autrefois à ceux des *spatangues* qui ont la forme d'un cœur. Voyez Spatangue. (D. F.)

CORDE A VIOLON. (*Bot.*) Voyez Achyry. (J.)

CORDE DES LAMPROIES. (*Ichthyol.*) A certaines époques de l'année, la tige fibro-cartilagineuse qui semble former le rachis des lamproies, paroît acquérir plus de consistance; alors on la nomme vulgairement *corde*, et on appelle *cordées* les lamproies qui sont dans cet état. Voyez Cyclostomes. (H. C.)

CORDEAU A SONNETTES. (*Chasse.*) Dans les chasses qui se nomment de *bourrée*, et que l'on fait avec des halliers, on se sert, pour battre ou traquer les endroits où l'on ne peut avoir accès, d'un cordeau auquel sont attachés des grelots. Telle est la chasse aux cailles dans les chénevières. (Ch. D.)

CORDELIÈRE. (*Conchyl.*) C'est le nom que les marchands d'histoire naturelle donnent à quelques coquilles du genre Buccin ou Rocher, qui offrent, sur un fond bleu, une série de petits tubercules blancs qu'ils comparoient à la cordelette de cette couleur, que les cordeliers emploient pour ceindre leur robe. (De B.)

CORDERA. (*Bot.*) Voyez Kordera. (Lem.)

CORDIA (*Bot.*), vulgairement Sébestier. Genre de plantes de la famille des borraginées, de la *pentandrie monogynie* de Linnæus, offrant pour caractère essentiel : un calice presque tubulé, à cinq dents; une corolle infundibuliforme, quelquefois campanulée; son limbe à cinq lobes, rarement à quatre; autant d'étamines, quelquefois au nombre de quatre ou huit;

un style bifide, ses divisions dichotomes ; un drupe renfermant un noyau à deux ou quatre loges monospermes.

Ce genre, dans Linnæus, n'étoit composé que de six espèces ; il en renferme aujourd'hui plus de trente : mais il en est résulté que plusieurs de ces espèces, qu'on ne peut séparer de ce genre sans rompre les affinités naturelles, ont diminué de beaucoup la valeur des caractères génériques, tellement que le plus essentiel paroît maintenant consister dans le style bifide à son sommet, chaque division dichotome. M. Robert Brown pense que le *varronia* devroit être réuni à ce genre. Les fruits, dans l'un et l'autre genre, doivent avoir quatre loges, souvent réduites à deux par avortement. Les principales espèces sont :

Cordia officinal ou Sébestier domestique : *Cordia myxa*, Linn. ; *Cordia officinalis*, Lamk., *Ill. gen.*, tab. 96, fig. 3 ; *Vidi Maram.*, Rheed., *Malab.*, 4, tab. 37 ; *Sebastena*, Gærtn. *de Fruct.*, tab. 76. Cette espèce a la grandeur et le port de nos arbres fruitiers. Son tronc est épais ; son bois blanchâtre, son écorce écailleuse ; ses rameaux cendrés, ponctués ; les feuilles alternes, pétiolées, assez grandes, ovales, tantôt arrondies à leur sommet, tantôt acuminées, variables dans leur forme, d'un vert foncé en dessus, plus pâles en dessous, pubescentes dans leur jeunesse, rudes dans leur vieillesse, entières, quelquefois sinuées ou crénelées, les nervures latérales et obliques. Les fleurs sont légèrement odorantes, nombreuses, disposées en corymbes touffus, formant par leur ensemble une panicule assez ample. Le calice est court, presque cylindrique, à dix stries, à cinq dents aiguës ; la corolle blanche, à cinq ou six lobes, un peu réfléchis. Ses fruits sont pulpeux, au moins de la grosseur d'une olive, noirâtres, renfermant un noyau ponctué, profondément sillonné, à deux loges, très-rarement à quatre. Cet arbre est originaire de l'Inde et du Malabar, d'où probablement il a été transporté en Egypte, où on le cultive depuis long-temps. Il en est résulté plusieurs variétés, que quelques auteurs ont distinguées comme des espèces. Il varie particulièrement dans ses feuilles, comme on l'a vu plus haut. Je soupçonne que le *cordia obliqua*, Willd., *Phyt.* 1, pag. 4, tab. 4, fig. 1, est une autre variété, à feuilles entières, point sinuées ni dentées ; les calices dépourvus de stries. Le *cordia crenata*, Del., *Ægypt.*, et Desf., *Catal.*, se distingue de cette espèce par ses feuilles elliptiques, obtuses à leurs deux extrémités, crénelées à leur moitié supérieure. On le cultive en Egypte. Il a le port d'un poirier.

Les fruits de cet arbre, connus dans le commerce sous le nom de *sébestes*, sont plutôt employés comme remèdes que comme aliment : cependant on les mange dans l'Inde, après les avoir fait macérer dans le sel et le vinaigre. Les sébestes sont plus visqueuses que les jujubes, plus en usage dans les rhumes, dans la difficulté de respirer, dans l'enrouement et l'ardeur d'urine. Ils amollissent et lâchent le ventre ; aussi entrent-ils dans les tisanes humectantes, adoucissantes et pectorales. On fait une très-bonne glu avec leur pulpe, en les pilant lorsqu'elles sont mûres, et en les lavant dans de l'eau qui se charge d'un mucilage très-visqueux. En Egypte, on se sert de ce mucilage, en forme d'emplâtre, pour toutes les humeurs squirreuses : quelques-uns font aussi usage, pendant plusieurs jours, de bols préparés avec ce mélange, du sucre de Candi et de la poudre de réglisse, pour se guérir de la toux.

Cordia monoique ; *Cordia monoica*, Roxb., *Corom.* 1, pag. 43, tab. 98. Cette espèce est distinguée par ses fleurs blanches, monoïques ; par ses fruits jaunâtres, globuleux, aigus à leur sommet ; par ses feuilles très-rudes, ovales, un peu arrondies et dentées ; les corymbes beaucoup plus courts que les feuilles. Elle croît au Coromandel. Le *cordia serrata*, Poir., Encyc., vol. 7, pag. 41, se rapproche beaucoup de la précédente par son port ; elle en diffère par ses feuilles glabres, point rudes au toucher, à dentelures beaucoup plus serrées ; les fleurs disposées en panicules ; le calice petit, urcéolé, à cinq lobes ; la corolle blanche. Elle croît dans les Indes.

Cordia a feuilles de verveine : *Cordia gerascanthus*, Linn. ; Jacq., *Amer.*, tab. 175, fig. 16 ; Lamk., *Ill.*, tab. 98, fig. 4 ; vulgairement Bois de Chypre. Ses rameaux sont couverts à leur partie supérieure d'un duvet court et cendré ; les feuilles ovales-lancéolées, rudes, très-entières ; les fleurs disposées en une panicule terminale ; les calices tomenteux, à dix stries. Elle croît dans les forêts de la Jamaïque. On la cultive au Jardin du Roi. Le *cordia glabra*, Linn., *seu collococca*, Lamk., a les feuilles plus alongées ; les fleurs en corymbes ; les calices tomenteux en dedans; les fruits rouges. Elle croît à la Jamaïque. Le *cordia chretioides*, Lamk., recueilli à Saint-Domingue, a ses feuilles plus aiguës surtout à leur base ; les panicules latérales, plus courtes que les feuilles. Dans le *cordia subcordata*, Lamk., les feuilles sont presque en cœur, entières, lisses en dessus; les calices cylindriques. Peut-être faut-il y rapporter le *novella nigra seu salimari* de Rumph, *Amb.* 2, tab. 75.

Cordia a quatre feuilles; *Cordia tetraphylla*, Aubl., Guian., 1, pag. 224, tab. 88. Plante d'Aublet, découverte aux lieux sablonneux dans la Guiane, en forme d'arbrisseau ; distinguée par ses rameaux noueux, garnis à chaque nœud de quatre feuilles verticillées, presque sessiles, glabres, ovales, très-entières : les fleurs latérales, peu nombreuses, sessiles à l'extrémité d'un long pédoncule ; la corolle blanche, en entonnoir; le fruit charnu, de la grosseur d'une olive.

Cordia noueux: *Cordia nodosa*, Lamk.; *Cordia hirsuta*, Willd.; *Cordia collococca*, Aubl. Guian., 1, pag. 219, tab. 86; vulgairement Achira-mouron. Autre plante d'Aublet: arbrisseau de la Guiane et de Cayenne, distingué du *cordia collococca*, Lamk., par ses feuilles plus étroites, pubescentes, par ses tiges et ses pédoncules velus, par ses corymbes plus serrés, presque en ombelle, point dichotomes, enfin par ses fruits blancs. On trouve encore dans Aublet le *cordia flavescens*, Aubl., Guian. 1, pag. 226, tab. 89; *cordia sarmentosa*, Lamk. Arbrisseau d'environ neuf pieds, à tiges sarmenteuses, très-longues; les feuilles lisses, ovales, oblongues, acuminées; les grappes axillaires, portées sur de longs pédoncules; la corolle jaune, en entonnoir; les drupes de couleur purpurine.

Cordia épineux; *Cordia spinescens*, Linn., *Mant.* Cette espèce des Indes orientales est remarquable par les pétioles de ses feuilles, très-courts, géniculés, dont la base devient épineuse à la partie de l'articulation qui persiste après la chute des feuilles. Celles-ci sont ovales, aiguës, rudes en dessus, tomenteuses en dessous; les grappes axillaires, filiformes, simples ou bifides; le calice campanulé; les drupes petits, de couleur noire, de la grosseur d'un grain de groseille.

Cordia a quatre étamines; *Cordia tetrandra*, Aubl., Guian. 1, tab. 87; vulgairement Bois marguerite, Arbre a parasol. Cet arbre s'élève à quarante ou cinquante pieds. Son écorce est grisâtre; ses rameaux diffus, très-étalés; les feuilles ovales-oblongues, aiguës, un peu en cœur à leur base, rudes en dessous, légèrement ondulées; les fleurs verdâtres, en corymbes touffus, axillaires; les pédoncules deux fois bifurqués; le calice turbiné, à quatre lobes; la corolle infundibuliforme; le limbe à quatre lobes; autant d'étamines; l'ovaire rougeâtre; les drupes blanchâtres, arrondis, à trois ou quatre osselets enveloppés d'une substance blanche et gélatineuse. Elle croît à Cayenne, et dans la Guiane.

CORDIA VELU : *Cordia toqueve*, Aubl., Guian., 1, tab. 90; vulgairement TOQUÉVE. Arbrisseau de la Guiane, de cinq à six pieds de haut, dont les rameaux sont tendres, velus et cassans; les feuilles presque sessiles, ovales, en cœur, entières, rudes et velues en dessus, tomenteuses en dessous; les grappes rameuses, axillaires et terminales; les pédoncules longs et velus; la corolle blanche; le tube court; le limbe évasé, à cinq lobes; le drupe jaunâtre; un noyau à une seule loge.

CORDIA A GRANDES FEUILLES : *Cordia macrophylla*, Linn.; Sloan., *Jam.*, 2, pag. 130, tab. 221, fig. 1. Arbre de la Jamaïque, de dix-huit à vingt pieds, pubescent sur ses rameaux, remarquable par ses grandes feuilles ovales, velues, très-entières, médiocrement pétiolées; les fleurs nombreuses, disposées en grappes paniculées; les fruits rouges, très-pulpeux, de la grosseur d'un pois.

CORDIA SÉBESTIER : *Cordia sebestena*, Linn.; Lamk., *Ill.*, tab. 96, fig. 1; Andr., *Bot. Rep.*, tab. 137; Curtis, *Magaz.*, tab. 794. Cette espèce se distingue par ses fleurs en grosses grappes terminales, dont le calice est alongé, tubulé; la corolle grande, d'un jaune plus ou moins foncé, en forme d'entonnoir, à cinq grandes divisions obtuses, ondulées ou crénelées; les feuilles rudes, ovales, ou ovales-oblongues, légèrement ondulées à leurs bords, ou dentées, surtout dans leur jeunesse; les supérieures entières; les drupes sont assez gros, en forme de poire; leur noyau creusé par plusieurs sillons profonds. On trouve cet arbrisseau à Saint-Domingue et dans plusieurs autres contrées de l'Amérique.

Le *wanzey* de Bruce (Voyag. d'Abyss., vol. 5, tab. 17), rapporté d'abord comme variété du cordia sébestier, forme une espèce particulière, dont les feuilles sont ovales, moins alongées, entières; les fleurs paniculées; les calices turbinés; les drupes renferment un noyau à trois côtes. Cet arbre, dit Bruce, s'élève à la hauteur de dix-huit ou vingt pieds. Il a la forme de nos poiriers : son bois est serré et pesant, l'aubier blanc, le cœur d'un brun noir et rougeâtre. Il n'est point employé dans les usages domestiques ; mais, chez les Gallas, le wanzey reçoit les honneurs divins parmi les sept tribus principales de cette nombreuse nation. C'est sous le wanzey qu'ils élisent leur roi ; c'est sous cet arbre que le roi tient son premier conseil, nomme les ennemis qu'il faut combattre, et indique le temps et la manière d'aller envahir leur pays : son sceptre est un bâton de wanzey qu'on porte devant lui partout où il va. Cet arbre est très-commun en Abyssinie ; toutes les villes en sont remplies : il n'y a pas de maison à Gondar autour de laquelle il n'y ait deux ou trois wanzey, de sorte que lorsque l'on approche de cette capitale, surtout dans la saison des pluies, on croit voir une forêt. Ses fleurs paroissent en septembre, à la cessation des pluies. Gondar, et toutes les villes des environs semblent être alors cachées sous un voile de neiges nouvellement tombées.

Le *cordia levis* de Jacquin (*Hort. Schœnbr.* 1, pag. 36, tab. 40) diffère peu du sébestier. Ses tiges sont peu élevées; ses feuilles lisses, ovales, sinuées, presque à cinq nervures; les grappes courtes, ramifiées; la corolle rougeâtre; le limbe ample, à six ou sept lobes à demi ovales. Cette plante croît dans les environs de Caraccas.

Cordia du Pérou; *Cordia lutea*, Lamk., *Ill. gen.*, n.° 1897. Arbrisseau de douze à quatorze pieds, très-commun aux environs de Lima, où il porte le nom de *membrileso* ou *petit coignassier*. Ses feuilles sont ovales, obtuses, crénelées à leur moitié supérieure, parsemées en dessous de pointes rudes et blanchâtres : les calices sont ovales, striés, à quatre dents; la corolle jaune, tubulée, assez grande, à six ou huit lobes; huit étamines velues à leur base; les drupes blanchâtres, à quatre ou deux loges.

Cordia a feuilles de sauge; *Cordia salvifolia*, Poir., Encycl., vol. 7, pag. 46. Cette plante, dont on ignore le lieu natal, a ses rameaux pubescens dans leur jeunesse, des feuilles dures, très-rudes, lancéolées; les nervures épaisses; les veines saillantes, en réseau ; les fleurs disposées en petites grappes latérales ; les pédoncules et pédicelles roides, velus, hérissés de poils blanchâtres. Dans le *cordia domingensis*, Lamk., peu différent de l'espèce précédente, les feuilles sont ovales, épaisses, coriaces, rudes à leurs deux faces, blanchâtres en dessous ; les fleurs disposées en grappes paniculées, terminales ; les calices cylindriques et roussâtres.

CORDIA ÉLEVÉ ; *Cordia exaltata*, Lamk., *Ill. gen.*, n.° 1910. Grand arbre de la Guiane, à feuilles ovales, presque luisantes, rudes, ovales, entières, aiguës à leur base, à peine pétiolées ; les corymbes terminaux, plus longs que les feuilles ; le calice campanulé, à cinq petites dents aiguës ; un drupe à deux loges, de la grosseur d'un pois.

CORDIA NERVEUX ; *Cordia nervosa*, Lam., *Ill. gen.*, n.° 1906. Autre arbre de la Guiane, à très-grandes feuilles ovales-oblongues, luisantes en dessus, un peu pubescentes et jaunâtres en dessous, à grosses nervures saillantes ; les corymbes courts, accompagnés de bractées subulées.

CORDIA A FEUILLES RONDES : *Cordia rotundifolia*, *Fl. Per.* 2, pag. 24, tab. 148 ; Pluk., *Phyt.*, tab. 217, fig. 2. Arbrisseau d'environ douze pieds, des environs de Lima, dont les rameaux sont flexueux, velus dans leur jeunesse ; les feuilles ovales ou arrondies, rudes, crénelées, un peu hispides ; les corymbes terminaux et dichotomes ; le calice tubulé, strié ; la corolle grande, jaune, infundibuliforme, à cinq lobes ovales, plissés, aigus ; les drupes ovales, blanchâtres, à demi enveloppés par le calice. Les parties de la fleur varient de cinq à huit. Cette plante est employée au Pérou, en décoction, dans les fluxions et l'inflammation des yeux.

CORDIA DENTÉ : *Cordia dentata*, Poir., Encycl. 7, pag. 48 ; Desf., *Catal.* 84. Cette plante est remarquable par la grandeur de ses panicules amples, étalées, dichotomes, pubescentes ; le calice est court, campanulé ; la corolle blanche ; le limbe ample, à cinq ou six lobes très-courts ; les feuilles ovales, anguleuses, incisées et dentées, rudes, parsemées de points blancs ; les pétioles velus ; les rameaux rudes, un peu flexueux.

CORDIA A PETITES FLEURS ; *Cordia micranthus*, Swart., *Fl. Ind. occid.*, 1, pag. 460. Ses feuilles sont membraneuses, elliptiques, entières, aiguës, un peu hispides en dessous ; les grappes courtes, paniculées; les calices très-courts, striés: la corolle fort petite. Elle croit dans les forêts, sur les montagnes de la Jamaïque.

Cordia a feuilles elliptiques; *Cordia elliptica*, Swart., *Fl. Ind. occ.*, 1, pag. 461; vulgairement Manjack. Grand arbre que l'on rencontre à la Jamaïque et à Saint-Domingue, dont les rameaux sont cylindriques, dichotomes, striés; les feuilles oblongues, rétrécies à leur base, lancéolées à leur sommet, glabres, entières, luisantes; les grappes dichotomes, paniculées, très-étalées; le calice tubulé, de deux à cinq découpures; la corolle blanche; le tube en bosse à sa base, à cinq lobes; les filamens barbus; le drupe ovale, acuminé, soutenu par le calice agrandi.

Cordia de la Chine; *Cordia sinensis*, Lamk., *Illustr. gen.*, n.° 1914. Cette espèce a des rameaux grêles, des feuilles oblongues, étroites, presque elliptiques, munies dans les aisselles des nervures de petites touffes de poils cendrés: les panicules courtes, latérales et terminales; le calice ovale, campanulé, et agrandi après la floraison; la corolle blanche, en forme d'entonnoir; les drupes ovales, contenant un noyau à deux loges.

Cordia de l'Inde; *Cordia indica*, Lamk., *Ill. gen.*, n.° 1913. Il diffère de l'espèce précédente par ses feuilles ovales, plus larges, à nervures réticulées, nues dans leurs aiselles; les panicules oblongues, terminales; le calice blanchâtre, campanulé, presque déchiré à ses bords; la corolle petite; son tube renfermé dans le calice; le limbe court; les drupes petits, ovales, à deux loges. Cette espèce a été découverte dans les Indes par Sonnerat.

Cordia a feuilles lisses: *Cordia lævigata*, Lamk., *Ill. gen.*, n.° 1912. Ses rameaux sont grêles, noueux, cylindriques; ses feuilles ovales, assez petites, luisantes, glabres, coriaces; les panicules latérales courtes, plus longues que les feuilles; les calices courts, striés; la corolle presque en soucoupe; ses lobes ovales; les étamines velues à leur base. Elle croit à Saint-Domingue et aux Antilles.

Cordia a feuilles rétuses: *Cordia retusa*, Wahl., *Symb.* 2, pag. 42; *Ehretia buxifolia*, Roxb., *Corom.*, 1, pag. 42, tab. 37; *Carmona heterophylla*, Cav., *Ic. rar.*, 5, tab. 438. Cavanilles a formé de cette plante un genre particulier, qui auroit pu être conservé, mais qui a été oublié. Il se distingue par le calice persistant, à cinq divisions ; par une corolle en roue ; cinq étamines ; un style capillaire, bifide ; les stigmates simples ; un drupe globuleux, à six loges ; une semence dans chaque loge. Les feuilles sont petites, alternes, fasciculées, oblongues-ovales, les unes ovales, entières, d'autres tridentées à leur sommet ; les fleurs en grappes paniculées. Elle croît dans l'île de Luzon, et dans les Indes orientales.

Cordia a feuilles de buis ; *Cordia buxifolia*, Poir., Encycl., vol. 7, pag. 47. Cette plante, dont on ignore le lieu natal, ressemble beaucoup à la précédente par la forme de ses feuilles ovales-cunéiformes, petites, semblables à celles du buis, rudes, chargées de points blanchâtres, arrondies à leur sommet ; les panicules un peu pubescentes ; le calice à quatre lobes obtus ; la corolle en forme d'entonnoir ; le tube plus long que le calice ; le style bifide ; deux stigmates simples, en tête.

Cordia du Sénégal ; *Cordia senegalensis*, Poir., Encycl., 7, pag. 48. Cet arbre, par son port et son style, appartient aux *cordia*, quoiqu'il paroisse s'en éloigner par ses fleurs. Son tronc s'élève à la hauteur de vingt pieds, chargé de rameaux grêles, noirâtres ; ses feuilles sont glabres, membraneuses, ovales, entières ; les grappes petites, paniculées ; les calices à trois découpures ; la corolle à demi divisée en quatre lobes ; un style surmonté de deux stigmates dichotomes : les fruits n'ont pas encore été observés. M. Adanson a rapporté cette plante du Sénégal.

Cordia a feuilles luisantes : *Cordia nitida*, Desf., *Catal. Hort. reg. paris.*, 84 ; Vahl., Mss. Cette espèce me paroît se rapprocher beaucoup du *cordia lævigata*. Ses feuilles sont très-glabres, coriaces, ovales-lancéolées, luisantes ; les rameaux marqués très-souvent de lignes saillantes, circulaires ; les panicules latérales, plus courtes que les feuilles, glabres, petites ; les drupes de la grosseur d'un pois, enveloppés par le calice agrandi. Elle croît aux Antilles.

Cordia hétérophylle, *Cordia heterophylla.* Cette plante, originaire de Cayenne, observée dans l'Herbier de M. Desfontaines, jusqu'alors non décrite, est remarquable par le duvet roussâtre, épais et velouté qui revêt toutes ses parties : par ses feuilles à peine pétiolées, alternativement plus grandes et plus petites ; les premières ovales-lancéolées, grandes, acuminées, entières ; les secondes une fois plus courtes, aussi larges, arrondies, échancrées en cœur à leur base ; une panicule étalée, les calices persistans à la base des fruits ; les drupes très-velus, de la grosseur d'une petite groseille : les rameaux hérissés, très-rudes, épais.

Joseph Martin a découvert à Cayenne une autre espèce qu'il a nommée *cordia scandens*, à grandes feuilles ovales, très-ridées ; à grosses nervures, rudes et verdâtres en dessus, cotonneuses et roussâtres en dessous ; les rameaux tomenteux ; les fruits très-velus, de la grosseur d'une olive. M. de Labillardière a rapporté de Java une espèce (*cordia copulata*, Poir.) remarquable par le calice pubescent, persistant, agrandi, enveloppant à moitié un drupe ovale, de la grosseur d'une olive. Les feuilles sont membraneuses, sinuées à leurs bords, glabres, luisantes en dessus, cotonneuses, d'un brun roussâtre en dessous, longuement pétiolées.

Il faudra encore distinguer comme espèce, le *cordia mucronata*, Poir., de Cayenne, dont les rameaux sont rudes, anguleux, peut-être grimpans ; les feuilles oblongues, presque cunéiformes, rudes à leurs deux faces, luisantes, longues de six à huit pouces, mucronées ou quelquefois échancrées à leur sommet ; les fleurs nombreuses, en corymbes touffus, paniculés : les calices tubulés, à cinq dents ; les drupes de la grosseur d'un pois, rétrécis et presque pédicellés dans le calice persistant en forme de cupule.

Le *cordia aspera* et le *cordia dichotoma* de Forster sont peu connus. On a encore le *cordia orientalis* de R. Brown, *Nov. Holl.* Quelques autres espèces ont été transportées dans d'autres genres. On soupçonne que le genre *Cerdana*, de la Flore du Pérou, vol. 2, tab. 184, vulgairement *arbre à l'ail*, pourroit bien n'être qu'une variété du *cordia sebestena*. Le *cordia parviflora* d'Ortéga est un *varronia* de Cavanilles. Voyez, pour le *cordia patagonula*, Linn., le genre PATAGONULA. (POIR.)

CORDIÉRITE. (*Min.*) M. Lucas propose de donner ce nom à l'espèce minérale décrite par M. Cordier sous le nom de *dichroïte*, sous le motif que ce nom fait allusion à un phénomène qui n'est pas particulier à cette substance. Si on adoptoit un pareil motif, il faudroit changer les noms des dix-neuf vingtièmes des espèces minérales. Nos principes, et ceux que nous voyons avec plaisir adoptés par un grand nombre de naturalistes, sont de ne point scruter ces étymologies, et de respecter les premiers noms donnés, ou au moins les plus généralement reçus, quand même ces noms seroient mauvais. Nous conserverons celui de Dichroïte. Voyez ce mot. (B.)

CORDIFORME (*Bot.*), *Cordiformis*, ayant la forme du cœur des cartes à jouer. On a des exemples de feuilles cordiformes dans le tilleul, le *tamnus communis*, l'alliaire, etc.; de bractées cordiformes, dans le *lactuca virosa*, le *melampyrum cristatum*, etc.; d'anthères cordiformes, dans le basilic, etc. L'embryon de l'aristoloche, les cotylédons du café, le style du *cardiospermum* sont aussi cordiformes.

Une partie est cordiforme proprement dite, lorsque l'échancrure du cœur est en bas; on la dit obcordiforme, ou en cœur renversé, lorsque, comme dans les cartes, l'échancrure du cœur est en haut. Les feuilles de l'*oxalis acetosella* offrent un joli exemple de folioles obcordiformes. (Mass.)

CORDON BLEU (*Conchyl.*), nom vulgaire d'une espèce du genre Ampullaire, *Ampullaria*. (De B.)

CORDON BLEU. (*Ornith.*) Cette dénomination, qui s'applique à une espèce de cotinga, *ampelis cotinga*, Linn., est aussi donnée à une variété du bengali, *fringilla bengalensis*, Linn. (Ch. D.)

CORDON DE CARDINAL. (*Bot.*) Sous ce nom, suivant M. Decandolle, et sous ceux de *monte au ciel*, et de *bâton de saint Jean*, est cultivée dans les jardins la persicaire du Levant, ou renouée d'Orient, *polygonum orientale*. (J.)

CORDON NOIR. (*Ornith.*) M. Levaillant a donné ce nom à un gobe-mouche par lui décrit, tom. 3, pag. 143 de son Ornithologie d'Afrique, et dont il a figuré le mâle et la femelle pl. 150 du même ouvrage. (Ch. D.)

CORDON OMBILICAL, *Funiculus umbilicalis*. (*Bot.*) Par suite d'une comparaison entre les organes reproducteurs des végétaux et des animaux, on a nommé *cordon ombilical* la partie qui unit la graine à la plante mère; *placenta*, le point où le cordon ombilical s'attache à l'ovaire; *ombilic*, la cicatrice qui reste sur la graine, lorsqu'à la maturité elle s'est séparée du cordon ombilical. Le cordon ombilical est nommé aujourd'hui funicule; M. Richard le désigne par le nom de podosperme.

Dans les plantaginées, les primulacées, etc., le cordon ombilical ou funicule est si court qu'il n'est pas apparent; il est court, mais visible, dans l'acanthe, le *ruellia*, etc., où il a la forme d'un crochet; il est très-apparent dans la groseille à maquereau, la giroflée, etc.; il est si long dans le *magnolia grandiflora*, que, lorsque les graines sont sorties de leurs loges, elles restent pendues au fruit comme par des fils. Dans l'asclépias, le cordon ombilical se divise, lors de la maturité, en une très-grande quantité de filets soyeux qui, lorsque la graine est détachée, la couronnent sous la forme d'une aigrette. (Mass.)

CORDON PISTILLAIRE (*Bot.*); *Chorda pistillaris*, Corr. Ensemble de vaisseaux qui, sous la forme d'un ou plusieurs filets, vont du stigmate aux ovules. Ces vaisseaux sont regardés comme les conducteurs de la matière fécondante; mais l'anatomie montre qu'en approchant de l'épiderme du stigmate, ils se changent en un tissu cellulaire extrêmement délié, de manière que les conduits de la matière fécondante échappent aux plus forts microscopes. (Mass.)

CORDONNIER. (*Ichthyol.*) Dans la baie de Serra-Leona on donne ce nom à un poisson qui a un barbillon de chaque côté de la tête. Il grogne comme le cochon. C'est probablement une Trigle. Voyez ce mot. (H. C.)

CORDONNIER. (*Ornith.*) Ce nom a été donné, par quelques navigateurs, au goëland brun, *larus catharrhactes*, Linn. (Ch. D.)

CORDUMENI. (*Bot.*) Daléchamps et Rumph disent que le cardamome est ainsi nommé chez les Arabes. Ce nom est changé en celui de *cardumeni* par Desmoulins, dans sa Traduction de Daléchamps. On lit dans Garcias, que la même plante est nommée *cacolaa* ou *kacula*; cependant, suivant Rumph, Avicenne qui parle aussi du cardumeni et du kacala, les indique comme des plantes différentes. (J.)

CORDYLA ou Cordylia. (*Bot.*) Voyez Cordyle. (Poir.)

CORDYLE D'AFRIQUE (*Bot.*); *Cordylia africana*, Lour., *Fl. coch.*, 2, pag. 500. Grand arbre observé par Loureiro sur les côtes orientales de l'Afrique, dont la famille naturelle n'est pas encore déterminée, qui appartient à la *monadelphie polyandrie* de Linnæus, ayant pour caractère essentiel : Un calice inférieur, campanulé, à quatre découpures ; point de corolle ; des étamines nombreuses, monadelphes ; un ovaire libre ; un style ; une baie pédicellée, à une seule loge polysperme.

Ses rameaux sont très-étalés, garnis de feuilles alternes, ailées ; les folioles glabres, petites, oblongues, échancrées ; les pédoncules solitaires, latéraux, chargés de plusieurs fleurs ; leur calice est partagé en quatre folioles aiguës ; les étamines, au nombre d'environ trente-quatre, sont composées de filamens d'un beau jaune de safran, longs, subulés, un peu inclinés, soutenant des anthères ovales, inclinées. L'ovaire est ovale, acuminé, longuement pédicellé ; le style court, subulé ; le stigmate simple. Le fruit consiste en une baie ovale, aiguë, à une seule loge, pédicellée, renfermant environ six semences ovales. (Poir.)

CORDYLE, *Cordyla.* (*Entom.*) M. Meigen a désigné sous ce nom de genre une espèce d'insecte à deux ailes, de la famille des tipules ou des hydromies, dont les antennes courtes et grosses sont formées d'articles perfoliés, dont l'ensemble représente un fuseau. Nous n'avons pas observé ce diptère. (C. D.)

CORDYLE, *Cordylus.* (*Erpét.*) Daudin a assigné ce nom à un sous-genre des stellions, dans la famille des sauriens eumérodes de M. Duméril, et dans celle des iguaniens de M. Cuvier. On en a fait depuis un genre.

Les caractères de ce genre sont les suivans :

Queue longue, entourée par des anneaux composés de grandes écailles épineuses ; ventre et dos garnis de grandes écailles sur des rangées transversales ; de petites épines sur les côtés du dos, des épaules et des cuisses ; langue charnue, épaisse, non extensible, seulement échancrée au sommet ; point de dents au palais ; ligne de pores très-grands sur les cuisses ; tête munie d'un bouclier osseux continu et couvert de plaques.

Aristote a employé le mot κορδύλος pour désigner un animal qui a, tout à la fois, des pieds et des branchies ; qui vit dans les marais, sort quelquefois de l'eau, mais alors se dessèche et meurt. M. Schneider a pensé avec raison que le naturaliste ancien avoit voulu parler de la larve des salamandres aquatiques, que Belon a décrite sous le nom de cordyle, quoique, par inadvertance, on ait mis en regard la figure du *sauve-garde du Nil*. Rondelet et Gesner ont cru que le grand stellion d'Egypte étoit le cordyle, etc.; en sorte qu'il règne une grande confusion dans la synonymie de ce reptile, et qu'il faut bien se figurer que le cordyle, dont il s'agit ici, est bien différent du *κορδύλος* d'Aristote.

On distinguera facilement les cordyles des *stellions proprement dits*, en ce que ceux-ci manquent de pores aux cuisses, et ont de petits groupes d'épines autour des oreilles. On les séparera aisément du *fouette-queue* ou *caudiverbera*, qui a toutes les écailles du corps petites, lisses et uniformes.

On n'en connoît encore qu'une espèce, c'est

Le Cordyle, *Cordylus verus : Stellio cordylus*, Daudin; *Lacerta cordylus*, Linn. Il est un peu plus grand que notre lézard vert commun, et d'un bleuâtre livide ou d'un brun noirâtre. Il vit d'insectes, et habite le cap de Bonne-Espérance. Sa tête est large et triangulaire. Ses pieds ont chacun cinq doigts séparés, minces et munis de petits ongles peu crochus. (H. C.)

CORDYLÉE, *Cordylea*. (*Erpét.*) On a donné ce nom aux excrémens du stellion du Levant, que les médecins de la secte des Arabistes ont vantés comme un remède contre les maladies cutanées, et que l'on a vus pendant long-temps figurer dans les officines comme un cosmétique : mais il paroît que les anciens assignoient plutôt ce nom, et celui de *crocodilea*, aux excrémens du monitor. Depuis long-temps ce prétendu médicament est tombé dans un juste discrédit. (H. C.)

CORDYLINE, *Cordyline*. (*Bot.*) Genre de plantes très-voisin des *dracæna*, appartenant à la famille des asparagées, à l'*hexandrie monogynie* de Linnæus, offrant pour caractère essentiel : Une corolle campanulée, à six découpures profondes, égales, caduques; point de calice; six étamines insérées à l'orifice de la corolle; les filamens glabres, subulés; un ovaire libre, à trois loges polyspermes; un style; un stigmate à trois lobes; une baie globuleuse. La plupart des semences avortent, une seule exceptée.

Ce genre ne renferme jusqu'à ce jour qu'un très-petit nombre d'espèces, la plupart à tige simple, ligneuse, offrant le port des palmiers; les feuilles simples, réunies en touffes terminales; les fleurs disposées en panicules très-rameuses, garnies de bractées. Les espèces sont :

Cordyline a feuilles de balisier; *Cordyline cannæfolia*, R. Brown, *Nov. Holl.*, 1, pag. 280. Plante de la Nouvelle-Hollande, à tige simple, ligneuse. Ses feuilles sont pétiolées, simples, alongées, lancéolées, nerveuses, striées, légèrement acuminées; les fleurs disposées en une panicule terminale, composée de grappes alternes, rameuses; chaque fleur pédicellée, accompagnée de deux bractées et d'une troisième intérieure; les deux extérieures aiguës, une fois plus grandes que l'intérieure; les pédicelles courts.

Cordyline demi-dorée; *Cordyline hemichrysa*, Commers., *Herb. mss.* et *Icon.* Cette plante a des tiges nues, trigones, en forme de hampe, chargées d'un duvet roussâtre. Les feuilles sont radicales, ensiformes, longues d'un pied et demi et plus, striées, glabres en dessus; couvertes en dessous d'un duvet lanugineux, comme doré : les tiges soutiennent à leur sommet quelques grappes alternes, touffues, presque sessiles, longues d'un pouce et demi, munies chacune à leur base de bractées étroites, plus longues que les grappes; les capsules sont ovales, coniques, à une seule loge polysperme. Commerson a découvert cette plante à l'île Bourbon. M. de Lamarck l'avoit rapportée aux *dianella*; M. R. Brown pense qu'elle appartient aux *cordyline*.

Cordyline a petites fleurs : *Cordyline parviflora*, Kunth *in* Humb. et Bonpl., *Nov. gen.*, 1, pag. 269. Cette belle plante habite les plaines élevées du Mexique. Ses tiges sont arborescentes, hautes de six à douze pieds, portant à leur sommet des feuilles lancéolées, ensiformes; une panicule très-ramifiée, presque longue de deux pieds; il existe, à la base des rameaux de très-grandes bractées, longues de six ou huit pouces, munies à leurs bords, vers leur sommet, de dents épineuses; celles des rameaux plus courtes, membraneuses; les bractées des pédicelles acuminées, plus longues que les fleurs; la corolle blanche; ses découpures ovales, aiguës; l'ovaire supérieur et trigone. Les fruits n'ont point été observés. (Poir.)

CORDYLOCARPE (*Bot.*); *Cordylocarpus. Sinapi*, Encycl. Genre de plantes de la famille des crucifères, appartenant a la *tétradynamie siliqueuse* de Linnæus, ayant pour caractère essentiel : Un calice à quatre folioles un peu lâches; quatre pétales en croix; six étamines tétradynames; un style court; une silique cylindrique, articulée; la dernière articulation globuleuse ou renflée en massue, quelquefois hérissée de pointes presque épineuses.

Ce genre, établi par M. Desfontaines, porte un nom composé de deux mots grecs indiquant son principal caractère, qui le distingue essentiellement du genre *Raphanus*, savoir, *cordule*, massue, *carpos*, fruit. Quelques espèces de *bunias* et de *myagrum* appartiennent à ce genre, d'où résultent les espèces suivantes :

Cordylocarpe a fruits épineux; *Cordylocarpus muricatus*, Desf., *Atl.*, vol. 2, pag. 79, tab. 152. Plante découverte par M. Desfontaines dans le royaume d'Alger, aux environs de Mayane. Ses tiges sont droites, rudes, pileuses; les rameaux alternes; les feuilles glabres, oblongues, à peine pileuses, les unes entières, d'autres presque en lyre; les fleurs presque sessiles, disposées en grappes alongées, terminales; le calice coloré, presque glabre; la corolle d'un jaune pâle; les onglets de la longueur du calice, leur limbe ovale, entier; les siliques presque horizontales, à peine pédonculées, étroites, cylindriques, à une seule loge, terminées par une articulation globuleuse, hérissée de pointes, mucronée par le style; quatre ou cinq semences oblongues, distantes, saillantes en dehors.

Cordylocarpe a fruits lisses : *Cardylocarpus lævigatus*, Willd.; Sibth., *Fl. græc.*, 1, pag. 31, tab. 649; *Bunias myagroides*, Linn., *Mant.*, 96; *Erucaria aleppica*, Gærtn., *de Fruct.*, tab. 143; Vent., Jard. de Cels., tab. 64. Cette plante, découverte par Tournefort dans les îles de l'Archipel, diffère de la précédente par ses siliques à deux loges; la dernière articulation glabre et non hérissée de pointes épineuses : ses tiges sont glabres; ses feuilles ciliées on pinnatifides; les segmens linéaires, entiers, canaliculés; la corolle d'un pourpre clair; les siliques glabres, serrées contre la tige.

Cordylocarpe a feuilles menues : *Cordylocarpus tenuifolius*, Sibth., *Fl. græc.*; *Sinapis hispanica.*, Linn. Ses feuilles sont lancéolées, pinnatifides; les découpures entières, obtuses; celles des feuilles supérieures beaucoup plus étroites; la corolle jaunâtre ; les siliques glabres, étroites, un peu anguleuses, élargies à leur sommet. Cette plante croît en Espagne et dans le Levant.

Cordylocarpe pubescent : *Cordylocarpus pubescens*, Sibth., *Prodr. Fl. græc.*, 2, pag. 33 ; *Myagrum hispanicum*, Linn. ; *Erysimum foliis subincanis*, etc., Herm., *Parad.* 155, *Icon.* Ses tiges sont rudes, chargées de poils rares et réfléchis ; les feuilles oblongues, en forme de lyre, pubescentes ; les fleurs jaunes, disposées en grappes alongées ; les siliques serrées contre les tiges, lisses, à deux loges, l'articulation terminale très-glabre. Cette espèce croît dans les îles du Levant et en Espagne. (Poir.)

COREDULA. (*Ornith.*) Albert, en parlant de cet oiseau de proie, dit qu'il ne mange que le cœur des animaux dont il s'empare, ce qui n'est guère présumable ; et d'ailleurs il ne le désigne point assez exactement pour en reconnoître l'espèce. (Ch. D.)

CORÉE, *Coreus.* (*Entom.*) Ce nom, tiré du grec κορὶς, et qui signifie punaise, a été donné par Fabricius à un genre d'insectes hémiptères, de la famille des rhinostomes, confondus par Linnæus avec les espèces du genre *Cimex*, dont ils diffèrent essentiellement, 1.° par la forme de leurs antennes de quatre pièces, qui sont terminées par une sorte de masse ovale, ou arrondie, dépendant du dernier article ; 2.° par la conformation de leur corps, qui est large, déprimé, de manière que le dos est concave, et les bords du corselet et de l'abdomen relevés, quelquefois membraneux et ciliés.

Toutes ces particularités distinguent les corées des pentatomes et des scutellaires qui ont les antennes en fil, formées de cinq articles, ainsi que des acanthies, des lygées et des gerres, qui ont aussi les antennes en fil, quoique composées de quatre articles ; enfin, des podicères qui ont le corps excessivement étroit et alongé, tandis que dans les corées le corps est large et ovale.

Les corées, comme toutes les espèces des genres d'insectes hémiptères, à ailes supérieures croisées et à antennes longues, en fil ou en massue, se développent, sous leurs trois états de larves, de nymphes et d'insectes parfaits, sur les végétaux, dont elles sucent les humeurs, et éprouvent toutes leurs transformations en une seule saison.

Les principales espèces de ce genre que l'on trouve en France, et surtout aux environs de Paris, sont les suivantes :

Corée bordée : *Coreus marginatus ;* la punaise à ailerons, Geoff., tom. 1, pag. 446. D'un brun plus ou moins roussâtre, plus pâle en dessous ; tête à deux épines à la base des antennes. Le corselet a les bords relevés formant des angles saillans, et imitant, comme le dit Geoffroy, des moignons d'ailes ; l'abdomen est plus large que les élytres.

Corée barque ; *Coreus scapha*, Coquebert, *Illustrat. iconogr.*, pag. 80, tab. 19, n.° 8. Brun, à antennes noires, excepté le deuxième article et la base du troisième ; abdomen gris à taches blanches ; élytres et écusson noirs ; ailes noires.

Cette espèce ressemble à la précédente, mais elle est un peu plus petite.

Corée paradoxale ; *Coreus paradoxus*. (Voyez la planche des Rhinostomes de ce Dictionnaire.) Gris, très-déprimé, à bords du corselet et de l'abdomen épineux et ciliés.

Cette espèce, qui paroît avoir été trouvée par Sparmann au cap de Bonne-Espérance, se rencontre dans les environs de Paris, où nous l'avons trouvée deux fois. C'est un insecte des plus bizarres. M. Latreille croit que cette espèce est différente de celle de Sparmann, et il l'a nommée porc-épic (*hystrix*).

Corée encadrée ; *Coreus quadratus*. Brun en dessus, jaunâtre en dessous ; corselet épineux ; abdomen presque carré.

Corée rhomboïde ; *Coreus rhumbeus*. Corselet épineux ; abdomen dilaté rhomboïdal, à six dentelures vers l'anus.

Cet insecte ressemble tellement à l'espèce précédente qu'il n'en est peut-être qu'une variété de sexe.

Corée hirticorne ; *Coreus hirticornis*. Roussâtre, à corselet épineux et dentelé ; à antennes hérissées d'épines ; à cuisses postérieures dentelées.

Les espèces du genre *Tingis* de Fabricius, qui ressemblent beaucoup en petit à la corée paradoxale, telles que la punaise à fraise antique, la punaise tigre, la punaise chartreuse, et celles que Fabricius a nommées de la vipérine, du houblon, du coton, etc., paroissent appartenir à ce genre. (C. D.)

CORÉGONE (*Ichthyol.*) Voyez Corrégone. (H. C.)

COREIGARAS. (*Ornith.*) Kœmpfer parle d'un oiseau de

Corée fort rare, qui fut offert à l'empereur du Japon, et auquel on donnoit ce nom, qui signifie corbeau de Corée. (Ch. D.)

CORELLIANA (*Bot.*), nom donné, suivant Pline, à une variété estimée de châtaigne, obtenue par Corellius, chevalier romain, en greffant sur le châtaignier un rameau du même arbre. (J.)

COREMBLŒM (*Bot.*), nom belge du bleuet, suivant Mentzel. (J.)

COREMIUM. (*Bot.*) Genre de plantes de la cinquième série (byssoïdées) du premier ordre (mucédines) de la famille des champignons, dans la Méthode de Link, qui caractérise ainsi ce genre dont il est l'auteur : flocons composés de filets entrelacés d'abord en manière de stipe, puis se terminant en autant de pinceaux; sporidies (conceptacles) éparses sur les filets.

Coremium glaucum, Link, *Berl. Mag.*, 1813, pl. 1, f. 31. Son stipe n'a pas une ligne de hauteur. Sa couleur est le jaune brunâtre. Ses sporidies sont glauques. On trouve ce champignon sur les conserves de fruits qui sont pourries.

Le *monilia penicillus* de Persoon paroît devoir rentrer dans ce genre, suivant Link. (Lem.)

CORÉOPSIDÉES. (*Bot.*) Notre tribu naturelle des hélianthées comprend un trop grand nombre de genres pour qu'il ne soit pas indispensable de la diviser en plusieurs sections. Nous en avons proposé six que nous croyons assez naturelles, et que nous caractérisons principalement par la forme de l'ovaire : nous les nommons *prototypes*, *rudbeckiées*, *coréopsidées*, *héléniées*, *tagétinées*, *millériées*. Dans la section des hélianthées-coréopsidées, l'ovaire est ordinairement tétragone et obcomprimé, c'est-à-dire, comprimé antérieurement et postérieurement, de sorte que son plus grand diamètre est de droite à gauche; c'est tout le contraire de ce qui a lieu dans les hélianthées-prototypes : ainsi les *bidens*, *heterospermum*, *synedrella*, *glossocardia*, H. Cass., *coreopsis*, *cosmus*, *dahlia*, *silphium*, *parthenium*, sont des hélianthées-coréopsidées, tandis que les *spilanthus* et *verbesina*, que les botanistes croient très-analogues au *bidens*, sont des hélianthées-prototypes. On peut maintenant apprécier la réunion en un seul genre des *bidens* et des *spilanthus*, opérée par M. de Lamarck. (H. Cass.)

CORÉOPSIS. (*Bot.*) [*Corymbifères*, Juss.; *Syngénésie poly-*

gamie frustranée, Linn.] Ce genre de plantes, de la famille des synanthérées, appartient à la tribu naturelle des hélianthées, et à la section des hélianthées-coréopsidées.

La calathide est radiée, composée d'un disque multiflore, réguliflore, androgyniflore, et d'une couronne unisériée, liguliflore, neutriflore. Le péricline est double : l'intérieur composé de squames unisériées, égales, appliquées, ovales-oblongues, obtuses, submembraneuses ; l'extérieur involucriforme, et composé de squames unisériées, inappliquées, foliacées. Le clinanthe est planiuscule, muni de squamelles étroites, linéaires, obtuses, membraneuses. L'ovaire est comprimé antérieurement et postérieurement; l'aigrette est nulle, ou réduite à un ou deux rudimens informes de squamellules très-courtes, très-épaisses, triquètres, barbellulées, confondues avec les sommets des deux arêtes latérales de l'ovaire.

Ce genre est très-mal défini, et diffère à peine du *dahlia*. Les botanistes y rapportent une trentaine d'espèces, dont la plupart sont des herbes vivaces de l'Amérique septentrionale, et dont plusieurs sont propres à décorer de leurs fleurs jaunes nos grands jardins, à la fin de l'été.

La Coréopside triptère (*Coreopsis tripteris*, Linn.) a des tiges de quatre à six pieds, dressées, rameuses, glabres; des feuilles opposées, glabres, dont les inférieures sont à cinq folioles linéaires-lancéolées, entières, aiguës, les intermédiaires à trois folioles, et les supérieures simples; les calathides terminent les rameaux; leur disque est brun, et leur couronne jaune à languettes bidentées. Cette plante est vivace, et originaire des hautes montagnes de la Virginie et de la Caroline ; elle fleurit en août et septembre dans nos jardins : on l'y multiplie par ses graines ou par la division de sa souche; elle n'exige aucun soin, et s'accommode de presque tous les terrains, pourvu qu'ils ne soient point ombragés. Il est bon de la mêler avec des asters, pour rompre l'uniformité des couleurs. (H. Cass.)

CORÉOPSOIDES. (*Bot.*) Mœnch a fait, sous ce nom, un genre particulier de la *coreopsis lanceolata*, Linn., parce que, dans cette espèce, la cypsèle est ovale-subtétragone, cymbiforme, muriquée, auriculée, munie au sommet de deux arêtes très-courtes. Nous ne pensons pas que ce prétendu genre puisse être distingué du *coreopsis*. (H. Cass.)

CORET. (*Malacoz.*) Adanson, le premier naturaliste qui ait envisagé d'une manière rationnelle la classification des animaux mollusques et de leurs coquilles, avoit donné ce nom de genre, qu'il avoit parfaitement caractérisé, aux animaux mollusques conchylifères, que Bruguières a long-temps après désignés sous celui de planorbes; nom qui, on ne sait pas trop pourquoi, a été préféré et généralement admis. *Voyez* Planorbe. (De B.)

CORETA. (*Bot.*) Une espèce de *corchorus* étoit désignée par P. Brown sous ce nom, qui, avec une autre terminaison, désigne ce genre en françois. (J.)

CORÊTE, *Corchorus.* (*Bot.*) Genre de plantes de la famille des tiliacées, appartenant à la *polyandrie monogynie* de Linnæus, offrant pour caractère essentiel : Un calice à cinq folioles caduques; cinq pétales; des étamines nombreuses, insérées, ainsi que la corolle, sur le réceptacle ; un ovaire supérieur; le style très-court ou nul; un à trois stigmates simples ou bifides. Le fruit est une capsule oblongue, quelquefois sphérique, à deux, trois ou cinq valves, divisée intérieurement en autant de loges, renfermant des semences nombreuses, anguleuses.

Ce genre comprend des herbes, rarement des arbustes, exotiques à l'Europe, les unes originaires de l'Amérique, les autres des Indes orientales, à feuilles simples, alternes, souvent munies, à la dentelure de la base, d'un long filet sétacé ; les fleurs sont petites, latérales, ordinairement opposées aux feuilles, et réunies en petits bouquets sur des pédoncules courts. On distingue parmi les espèces :

Corête potagère : *Corchorus olitorius*, Linn.; Lamk., *Ill.*, tab. 64, fig. 1; Lobel., *Icon.*, 505; *Melochia*, Alp. Ægyp., 45, tab. 30; *Corchorus*, Commel., *Hort.*, 47, tab. 12; vulgairement Mélochie. Ses tiges sont glabres, cylindriques, herbacées, peu rameuses, hautes d'environ deux pieds; les feuilles glabres, alternes, pétiolées, ovales-lancéolées, à dentelures aiguës; les deux dentelures inférieures prolongées en un long filet sétacé, particulièrement aux feuilles supérieures; les stipules axillaires sétacées. Les pédoncules sont très-courts, latéraux, munis de trois écailles subulées; ils supportent quelques fleurs petites, d'un jaune rougeâtre. Il leur succède des capsules droites, longues de deux pouces, un peu ventrues, en forme de fuseau, à cinq loges, à cinq valves ondulées, et un peu crépues sur leurs bords, renfermant un grand nombre de semences anguleuses.

Cette plante croît dans plusieurs contrées de l'Asie, de l'Afrique et de l'Amérique. On la cultive en Egypte comme plante alimentaire. Olivier rapporte que les Egyptiens en mangent les feuilles avec plaisir, pendant tout l'été, en ragoût ou simplement bouillies, exprimées ou assaisonnées avec l'huile d'olive. On a soin d'en semer les graines depuis la fin de l'hiver jusqu'à la fin du printemps. Les Indiens la mettent également au nombre de leurs plantes potagères. On prétend que cet aliment est plus agréable que sain. Ses feuilles passent pour émollientes, pectorales, adoucissantes.

Corête triloculaire : *Corchorus trilocularis*, Linn.; Jacq., *Hort.*, vol. 2, tab. 173; *Corchorus æstuans*, Forsk., *Ægypt.*, pag. 101. Cette espèce est très-rapprochée de la précédente, et paroît jouir des mêmes propriétés alimentaires. Il est même possible que plusieurs voyageurs les aient confondues, en parlant des usages auxquels on les emploie dans l'Egypte, la Barbarie, etc. Les feuilles sont lancéolées, très-aiguës, munies, comme dans l'espèce précédente, de dents sétacées à leur base; les pédoncules sont courts, chargés d'une à deux fleurs jaunes; mais les capsules ne sont composées que de trois valves au lieu de cinq, longues de deux pouces et plus, glabres, trigones, obtuses, un peu rudes au toucher, une rainure sur chaque angle : les valves, à l'époque de la parfaite maturité, se divisent, dans toute leur longueur, en deux parties; elles renferment des semences anguleuses et bleuâtres. Elle croît dans l'Arabie. Je l'ai vue cultivée sur les côtes d'Afrique. Les Maures en font le même usage que les Egyptiens des feuilles de la corête comestible.

Corête a feuilles de charme : *Corchorus æstuans*, Linn.; Jacq., *Hort.*, 1, tab. 85; Pluken., tab. 127, fig. 3. Cette plante, qui croît dans les pays chauds de l'Amérique, a beaucoup de rapports avec la corête triloculaire; mais ses feuilles sont ovales, en cœur, bordées de dents aiguës, dont les inférieures souvent sétacées; les fleurs sont jaunes, petites, latérales; les capsules géminées, linéaires, à six angles, longues de deux pouces, à six pointes à leur sommet au moment de l'émission des semences.

Corête capsulaire : *Corchorus capsularis*, Linn.; Pluk., *Almag.*, tab 235, fig. 4; *Ganja sativa*, Rumph, *Amb.*, 5, pag. 212, tab. 78, fig. 1. Cette espèce, remarquable par ses fruits, s'élève à la hauteur de six à dix pieds sur une tige droite, glabre, rameuse, garnie de feuilles longues de cinq à six pouces, ovales-lancéolées, dentées, d'un vert glauque en dessus, munies à leur base de deux filets sétacés : les folioles du calice sont ponctuées en dehors; les pétales échancrés; les capsules sont un peu globuleuses, courtes, ridées, à cinq valves, à cinq loges. Dans les Indes orientales, d'où elle est originaire, on retire de l'écorce de ses tiges, macérées dans l'eau comme le chanvre, une filasse employée principalement à la Chine.

Corête a angles tranchans : *Corchorus acutangulus*, Encycl., 2, pag. 104; Pluken., tab. 44, fig. 1. Cette plante, découverte dans les Indes par Sonnerat, est facile à reconnoître par la forme de ses fruits, qui ont l'aspect de gros clous de girofle; ils sont longs d'un pouce, prismatiques, à cinq angles, dont deux plus saillans et à trois pointes bifides au sommet. Ses tiges sont hispides; ses feuilles ovales, dentées; les pétioles hérissés; les stipules sétacées; les fleurs petites, géminées; les pétales étroits, alongés; les pédoncules très-courts, munis de trois écailles sétacées.

Corête fasciculée : *Corchorus fascicularis*, Lamk., Encycl. 2, pag. 104; Pluk., *Almag.* 85, tab. 439, fig. 6. Ses tiges sont grêles, presque glabres; les feuilles oblongues-elliptiques, à peine longues d'un pouce, dentées, avec un filet sétacé; les stipules étroites, lancéolées les fleurs jaunâtres, petites, presque sessiles, réunies par bouquets opposés aux feuilles; les capsules lanugineuses, à trois ou six valves; les semences anguleuses et noirâtres. Elle croît dans les Indes orientales.

Corête siliqueuse : *Corchorus siliquosus*, Linn.; Jacq., *Hort.* 3, tab. 59; Burm., *Amer.*, tab. 103, fig. 1; Sloan., *Jam.* 1, tab. 194, fig. 1. Petit arbuste de l'Amérique méridionale, à tige droite, paniculée, un peu pubescente, garnie de feuilles ovales-lancéolées, dentées; les pétioles pubescens; les pédoncules latéraux, uniflores; les ovaires pileux : les capsules presque glabres, linéaires, bivalves, un peu comprimées.

Corête lanugineuse : *Corchorus hirsutus*, Linn.; Burm., *Amer.*, tab. 104. Cet arbrisseau, de l'Amérique méridionale, s'élève à la hauteur de deux ou trois pieds. Ses rameaux sont cylindriques, couverts d'un duvet cotonneux, un peu roussâtre : garnis de feuilles elliptiques, cotonneuses à leurs deux faces, longues de deux pouces sur un de large, à crénelures un peu anguleuses : les pédoncules chargés de cinq à six fleurs pédicellées, presque en ombelle ; le calice cotonneux, les pétales jaunes ; les capsules très-lanugineuses, ovales-oblongues, un peu arquées.

Corête hérissée : *Corchorus hirsutus*, Linn.; Jacq., *Hort.* 3, tab. 58 ; Burm., *Amer.*, tab. 103, fig. 2. Ses tiges sont dures, hérissées de poils ; ses feuilles ovales, dentées en scie, inégales à leur base, à pétioles hispides, ainsi que les stipules ; les pétales jaunes, oblongs ; l'ovaire chargé de poils blancs ; le style terminé par deux stigmates droits. Elle croît dans l'Amérique méridionale.

Corête a trois dents : *Corchorus tridens*, Linn. ; Pluken, tab. 127, fig. 4. Cette espèce, d'après Linnæus, a ses tiges lisses : ses feuilles lancéolées, rayées, ondulées, dentées, à dentelures sétacées : les stipules divisées en trois filets sétacés ; trois styles très-divergens et bifides ; les capsules linéaires, rudes au toucher. Elle croît aux Indes orientales.

Thunberg, dans le 2.e volume des Transactions de la Société Linnéenne de Londres, a mentionné quelques espèces de corête du Japon, telles que, 1.° le *corchorus scandens*, à tiges grimpantes, cylindriques, flexueuses, à feuilles médiocrement pétiolées, opposées, glabres, arrondies à leur base, acuminées au sommet, à dentelures terminées par un poil sétacé ; les fleurs jaunes, solitaires ; les feuilles opposées ; les fruits inconnus peuvent faire douter du genre et même de la famille de cette plante. 2.° Le *corchorus serratus* : ses tiges sont droites ; ses rameaux glabres, redressés, de couleur purpurine ; les feuilles alternes, longues de deux pouces, oblongues, cuspidées, rudes en dessus, parsemées de poils très-courts ; les dentelures grandes, sétacées à leur sommet. 3.° Le *corchorus flexuosus*, distingué par ses tiges glabres, flexueuses : ses feuilles alternes, pétiolées, ovales, cuspidées, en cœur oblique à leur base, velues, longues de deux pouces, à double dentelure ; les fleurs jaunes.

Le *corchorus tomentosus*, observé au Japon par Thunberg, ne doit pas être confondu avec le *corchorus hirsutus* de Linnæus, de l'Amérique méridionale. Ses feuilles sont tomenteuses; ses capsules oblongues, lanugineuses. Nous ne parlerons pas du *corchorus japonicus*, qui est le *rubus japonicus*, Linn., *Mant.* et *Herb.* Suivant M. Decandolle, cette plante doit former un genre particulier. (Poir.)

CORETHRE, *Corethra*. (*Entom.*) Meigen a donné ce nom à un genre d'insectes diptères de la famille des hydromies ou des tipules, pour y ranger quelques espèces voisines de celles que Degeer a nommées culiciformes, et dont il a décrit l'histoire dans ses Mémoires, tom. VI : telles sont sa tipule bigarrée et sa tipule annulaire. Voyez Tipule. (C. D.)

CORETT. (*Ichthyol.*) Nieuhoff paroît avoir désigné sous ce nom une grande espèce de maquereau que Pison a appelé *alba coretta*. On en pêche beaucoup entre les tropiques. Peut-être est-ce le même poisson que le *guara-pucu* de Marcgrave, et que l'albicore de Sloane. (H. C.)

COREX. (*Ornith.*) Ce nom, qui se trouve dans un ancien manuscrit de la Bibliothèque Carthusienne, en Prusse, dont Klein a donné l'extrait, pag. 235 de son *Prodromus Avium*, désigne le serin. (Ch. D.)

CORF et Corfo. (*Ichthyol.*) D'après Gesner, ce sont deux des noms italiens de la *sciæna umbra*, Linn. Voyez Sciène. (H. C.)

CORF (*Ornith.*), nom du corbeau dans le Brescian. (Ch. D.)

CORGNIOLA et Corniola. (*Bot.*) Les Italiens donnent ces noms à des espèces d'agarics d'un goût fin et délicat. Ce nom convient aux uns, par leur forme semblable à celle du fruit du cornouiller; aux autres, par leur couleur jaune, semblable à celle des fruits mûrs de cette même plante. Voyez Bigerella, Suppl., et Giallone. (Lem.)

CORGNO ou Acurni. (*Bot.*) On nomme ainsi, en Languedoc, le fruit du cornouiller. (L. D.)

CORGOLOIN. (*Min.*) C'est, suivant de Saussure, le nom que l'on donne à Dijon à un marbre de Bourgogne composé de petits grains arrondis. C'est un calcaire oolithique, assez compacte, homogène et dur, pour recevoir le poli. Voyez Chaux carbonatée, ou Calcaire oolithe. (B.)

CORGUE (*Bot.*), nom qu'on donne, dans certains endroits

de France, à l'oreille de chardon, *agaricus Eryngii*, Decand., excellente espèce de champignon qu'on mange presque partout. Voyez à l'article Fonge. (Lem.)

CORI (*Mamm.*), nom du cochon d'Inde dans les colonies espagnoles. (F. C.)

CORIACE, *Coriaceus.* (*Bot.*) La plupart des plantes sont d'une consistance tendre et herbacée, ou d'une consistance ligneuse; mais il y a des plantes, ou des parties de plantes, dont la consistance est très-différente. Il y en a qui sont dures comme de la pierre; d'autres sont semblables à de la corne; d'autres sont flexibles comme du cuir, ou *coriaces*, etc. Plusieurs fucus, par exemple, sont dans ce dernier cas. On a aussi des exemples de cette circonstance particulière dans les feuilles du gui; dans les péricarpes du grand soleil, du trapa, du lupin, etc.; le placentaire du pavot, etc.; le périsperme des ombellifères, etc. (Mass.)

CORIACES. (*Entom.*) M. Latreille avoit indiqué sous ce nom la famille des insectes à deux ailes à laquelle il rapporte les hippobosques, et qu'il a depuis nommés les *puppipares.* Voyez Sclérostomes et Hippobosques. (C. D.)

CORIACESIA. (*Bot.*) Pline, dans son liv. 24, chap. 17, où il traite des plantes magiques ou admirables par quelque propriété, dit, d'après Pythagore, que la *coriacesia* et la *callicia* avoient la propriété de faire congeler l'eau. Ce simple énoncé ne peut suffire pour faire connoître ces plantes. On sait seulement que plusieurs contiennent une certaine quantité de mucilage qui, lorsqu'on les met dans l'eau, l'épaissit assez promptement sous forme de gelée. Telle est une espèce de verveine, *verbena aubletia.* (J.)

CORIANDRE (*Bot.*); *Coriandrum*, Linn. Genre de plantes dicotylédones, polypétales, épigynes, de la famille des ombellifères, Juss., et de la *pentandrie digynie*, Linn., dont les principaux caractères sont les suivans: Collerette générale nulle ou d'une seule foliole; collerette partielle de trois folioles placées d'un seul côté; calice à cinq dents; corolle de cinq pétales échancrés, inégaux; cinq étamines; ovaire inférieur, chargé de deux styles distans; fruit composé de deux graines presque globuleuses, appliquées l'une contre l'autre.

Les coriandres sont des plantes herbacées, annuelles; à

feuilles une ou deux fois ailées, alternes; à fleurs disposées en ombelles. On en connoît deux espèces.

Coriandre cultivée : *Coriandrum sativum*, Linn., *Spec.* 367; Lamk., *Illustr.*, t. 196, f. 1. Sa tige est droite, souvent rameuse, haute d'un pied et demi à deux pieds, garnie, dans sa partie inférieure, de feuilles deux fois ailées, à folioles ovales et arrondies, et ayant ses autres feuilles découpées très-menu. Ses fleurs sont d'un blanc rougeâtre, très-inégales, les extérieures de chaque ombelle étant beaucoup plus grandes que les autres; il leur succède des fruits globuleux, légèrement striés. Cette plante croît naturellement en Italie; on la cultive en France dans quelques cantons, pour récolter ses graines, et elle s'est naturalisée dans plusieurs provinces où on la trouve dans les blés.

Toute la plante exhale, quand elle est en végétation et tant qu'elle est verte, une odeur forte, désagréable, un peu vireuse, qui ressemble, surtout quand on froisse quelques unes de ses parties entre les doigts, à celle de la punaise des lits. Cette odeur est plus forte dans les temps pluvieux et orageux; elle peut alors causer des maux de tête et des nausées aux personnes qui passent dans les champs où elle est cultivée. Ses graines sèches ont au contraire une odeur aromatique assez agréable. Les confiseurs en font de petites dragées en les recouvrant de sucre. On les emploie en médecine comme carminatives, stomachiques, et leur infusion passe pour diurétique. Dans plusieurs contrées, on s'en sert comme assaisonnement. Les Hollandois les aiment beaucoup et en mettent dans presque toutes leurs sauces; quelques peuples du Nord en mêlent dans la pâte en faisant leur pain, et on les mâche dans le Midi pour se donner une haleine agréable.

Il faut pour la coriandre une exposition chaude et une terre légère qui ait beaucoup de fond. On la sème, dans le climat de Paris, en mars, et plus communément vers le milieu de l'été, dans une terre préparée comme pour le blé. Au printemps on a soin de la faire sarcler plusieurs fois, et la récolte de ses graines a lieu à la fin de juillet ou au commencement d'août. Il y a toujours beaucoup de graines qui tombent sur le terrain en coupant les tiges de la coriandre avec la faucille, ce qui fait que, pour ne pas perdre ces semences, on se contente de donner un labour pour faire une seconde récolte sur le même sol l'année suivante, la culture de la coriandre étant beaucoup moins susceptible d'épuiser les champs que celle de toute autre plante.

Coriandre testiculée : *Coriandrum testiculatum*, Linn., *Spec.* 367 ; Lamk., *Illust.*, t. 196, f. 2. Cette espèce diffère de la précédente, en ce qu'elle s'élève un peu moins ; en ce que toutes ses feuilles ont leurs folioles découpées en divisions étroites ; que ses ombelles sont souvent simples, composées de fleurs plus petites, presque régulières, et que ses fruits sont composés de deux graines globuleuses ridées, formant deux bosses. Elle croît dans les champs du midi de l'Europe. Son odeur est plus forte et plus fétide que celle de la première. (L. D.)

CORIAR. (*Ornith.*) On appelle ainsi, en Angleterre, la perdrix grise, *tetrao perdix*, Linn. (Ch. D.)

CORIARIA (*Bot.*), nom latin du genre Rédoul ; c'est aussi le nom spécifique d'une espèce de sumac, *rhus coriaria*, Linn. (L. D.)

CORIDE (*Bot.*) ; *Coris*, Linn. Genre de plantes dicotylédones, monopétales, hypogynes, de la famille des primulacées, Juss., et de la *pentandrie monogynie*, Linn., qui a pour principaux caractères : Un calice monophylle, ventru, à cinq dents, et couronné par de petites pointes épineuses ; une corolle monopétale, tubuleuse, à limbe partagé en cinq divisions inégales ; cinq étamines, un ovaire supérieur, surmonté d'un style terminé par un stigmate un peu épais ; une capsule globuleuse, cachée dans le calice persistant, à une seule loge s'ouvrant en cinq valves et renfermant plusieurs graines. Ce genre ne comprend qu'une seule espèce.

Coride de Montpellier : *Coris monspeliensis*, Linn., *Spec.* 252 ; Lamk., *Ill.*, t. 102. Ses tiges sont redressées, rameuses dès leur base, hautes de quatre à huit pouces, garnies de feuilles linéaires, nombreuses, un peu ciliées. Ses fleurs sont rougeâtres ou purpurines, presque sessiles, disposées au sommet des rameaux en grappes serrées, d'un aspect agréable. Cette plante croît dans les sables des bords de la mer, et sur les collines du midi de l'Europe et de la France. Elle est inusitée chez nous ; mais on dit que les Arabes en font un grand usage, et la considèrent comme spécifique dans les maladies syphilitiques. (L. D.)

CORIDESTRAES. (*Ichthyol.*) Hesychius et Varinus ont appelé κωριδέστραος un animal marin que nous ne savons comment classer. Il n'est point du tout sûr que ce soit un poisson. (H. C.)

CORIDON (*Entom.*), nom que Geoffroy a donné au *papilio janira*. (C. D.)

CORIM. (*Min.*) C'est, suivant le Vocabulaire de Reuss, le nom que Gmelin a donné au quarz commun. (B.)

CORINDE, *Cardiospermum*. (*Bot.*) Genre de plantes, à fleurs polypétales, de la famille des sapindées, appartenant à l'*octandrie trigynie* de Linnæus, offrant pour caractère essentiel : Un calice à quatre folioles persistantes, dont deux plus grandes que les deux autres : une corolle à quatre pétales, alternes avec les folioles du calice ; quatre autres droits, inégaux, insérés sur les premiers, réunis en cylindre autour des parties sexuelles ; huit étamines, les filamens fasciculés ; un ovaire supérieur surmonté de trois styles courts ; autant de stigmates simples ; une capsule membraneuse, à trois lobes profonds, formant presque trois capsules ; autant de loges renfermant chacune une seule semence, marquée à sa base d'une tache en cœur, qui d'abord a fait donner à une espèce de ce genre, originaire de l'Inde, le nom de *corindum* (cœur de l'Inde, corinde), et aujourd'hui le nom générique de *cardiospermum*, composé de deux mots grecs, qui signifient semence en cœur.

A la seule espèce d'abord connue, on en a ajouté trois autres. Ce sont la plupart des herbes à tiges foibles, ayant besoin d'un appui pour se soutenir : les feuilles sont alternes, plusieurs fois ailées ; les pédoncules très-longs, solitaires, axillaires, munis vers leur sommet de deux vrilles simples ; les fleurs disposées en corymbes presque ombellés.

Corinde pois-de-merveille : *Cardiospermum halicacabum*, Linn. ; Lamk., *Ill. gen.*, tab. 317 ; Dodon, *Pempt.*, 455, *Icon.* ; Lob., *Ic.* 2, pag. 67 ; Rumph, *Amb.*, 6, tab. 24, fig. 2. Ses tiges sont glabres, menues, striées, longues de trois ou quatre pieds ; ses feuilles sont pétiolées, glabres, alternes, ciliées, deux et trois fois ailées ; les pinnules opposées ; les folioles pédicellées, opposées, d'un beau vert, ovales-lancéolées, incisées ou lobées, quelquefois un peu pubescentes : de l'aisselle des feuilles supérieures sortent des pédoncules solitaires, filiformes, munis vers leur sommet, au-dessous des pédicelles, de deux vrilles simples, opposées : les fleurs sont blanches, petites, presque en ombelle lâche ; les pédicelles courts, quelquefois chargés de deux ou trois fleurs : les fruits sont vésiculeux, triangulaires, verdâtres, presque glabres, à trois coques contenant chacune une semence globuleuse, très-lisse, moitié blanche et noire. Elle croît dans les Indes orientales : les Indiens forment avec ses semences des colliers dont se parent les femmes et les enfans.

On en a découvert une autre espèce au Brésil, le *cardiospermum corindum*, Linn. Très-rapprochée de la précédente, elle s'en distingue par ses feuilles cotonneuses en dessous, ainsi que les capsules ; ses fleurs sont plus nombreuses ; les pédicelles persistent après la fructification, et acquièrent une roideur remarquable.

Corinde velue ; *Cardiospermum hirsutum*, Willd., *Spec.* 2, pag. 467. Cette espèce se distingue des deux précédentes par ses folioles glabres, ovales, simplement dentées, pubescentes dans l'aisselle des nervures, acuminées, point tomenteuses en dessous ; par ses tiges et ses pédoncules hérissés : les fleurs sont plus grandes, ainsi que toute la plante. Elle a été découverte dans la Guinée.

Corinde a grandes fleurs ; *Cardiospermum grandiflorum*, Swartz, *Fl. Ind. occ.*, 2, pag. 698. Espèce découverte par M. Swartz à la Jamaïque ; ses tiges sont pubescentes, grimpantes, striées, ligneuses à leur base ; les folioles ovales, acuminées, pubescentes, point en cœur à leur base, soyeuses et tomenteuses en dessous ; ses fleurs blanches, en corymbes, trois à quatre fois plus grandes, ainsi que les capsules oblongues, renflées, très-acuminées, anguleuses et tomenteuses. (Poir.)

CORINDON. (*Min.*) On doit réunir sous ce nom, et rapporter à une même espèce, plusieurs minéraux connus depuis long-temps, et regardés comme très-différens les uns des autres. Ils ont d'abord été désignés sous les noms de *gemmes orientales*, de *saphir*, d'*asteric*, de *spath adamantin* et d'*émeril*. Ils ont été ensuite réunis par M. Haüy en trois groupes, dont deux considérés comme espèce propre, sous les noms de corindon et de télésie, et le troisième, l'émeril, placé comme appendice à la suite des minerais de fer.

Enfin, les travaux minéralogiques de M. de Bournon, et les analyses chimiques de MM. Chenevix, Tennant, etc., ont amené la réunion de toutes ces pierres en une seule espèce sous le nom de corindon. Nous reviendrons sur l'histoire de cette réunion, à la fin de cet article.

Les caractères communs aux variétés nombreuses et si disparates qui sont renfermées dans cette espèce, ne peuvent être pris que de la densité, de la pesanteur et de la composition.

Les corindons sont les plus durs de tous les minéraux, après le diamant; ils les rayent tous, et ne sont rayés par aucun. Leur pesanteur spécifique est un peu au-dessus de 4. Enfin ils sont essentiellement composés d'alumine, dans la proportion de 90 à 98 pour cent. Mais, lorsque ces minéraux sont cristallisés, ou lorsqu'ils ont une structure assez lamelleuse pour qu'on puisse déterminer la direction et l'incidence des joints, circonstances assez communes, on arrive à leur forme primitive, caractère qui complète la détermination rigoureuse de l'espèce.

La forme primitive ou fondamentale des corindons est un rhomboïde aigu, dans lequel l'incidence de deux faces adjacentes, ou de P sur P, est de 86^d 26', et celle de P sur P' de 93^d 34', suivant M. Haüy; mais, suivant M. Philips, et à l'aide du goniomètre à réflexion de M. Wollaston, ces incidences sont de 86^d 4' et 93^d 56', différences bien foibles.

Les joints parallèles aux faces d'un rhomboïde sont très-sensibles dans les cristaux opaques; ils le sont beaucoup moins dans les cristaux transparens qui constituoient autrefois l'espèce de la télésie. Mais on remarque dans ceux-ci d'autres joints qui sont perpendiculaires à l'axe du rhomboïde. Ces seconds joints, qu'on voit aussi quelquefois dans les cristaux opaques, divisent le rhomboïde primitif parallèlement à sa diagonale horizontale, et peuvent le résoudre en deux tétraèdres et un octaèdre.

Les corindons sont tous infusibles au chalumeau ordinaire; ils jouissent de la double réfraction, mais à un foible degré.

Les variétés de formes qu'ils présentent peuvent se rapporter à trois types principaux:

Le rhomboïde, le prisme hexaèdre, et les dodécaèdres bipyramidaux.

Les formes qu'on peut rapporter au rhomboïde, sont rares et en petit nombre. Nous citerons :

Le *corindon primitif*, P. C'est une variété très-rare.

Le *corindon basé*, $P\underset{1}{A}$. Le rhomboïde primitif dont les angles solides sont remplacés par une facette triangulaire, perpendiculaire à l'axe. De Gellivara en Laponie.

Le *corindon annulaire*, $P\overset{1}{D}$. C'est le rhomboïde primitif, dont toutes les arêtes latérales sont remplacées par des facettes linéaires obliques, qui dépendent des pans d'un prisme hexaèdre.

Cette forme mène au second type, ou prisme hexaèdre, qui renferme, entre autres variétés :

Le *corindon prismatique*, $\overset{1}{D}\underset{1}{A}$. C'est le prisme hexaèdre régulier.

Le *corindon bisalterne*, $\overset{1}{D}\underset{1}{A}P$. — Le prisme hexaèdre dont les angles solides des bases sont alternativement remplacés par des facettes triangulaires, parallèles aux faces du rhomboïde primitif. Du Pégu et de Ceylan.

Le *corindon additif* (autrefois uniternaire), $\overset{1}{D}A\underset{1}{P}\ E^3\ {}^3E$ —. La variété précédente, avec des facettes linéaires sur les arêtes des bases des prismes, qui, si elles étoient prolongées au point de se réunir de toutes parts, donneroient un *dodécaèdre bipyramidal*, troisième type, ou forme générale, qui est due à des facettes qui naissent avec plus ou moins d'inclinaison sur les angles solides latéraux E et *e* du rhomboïde. On a deux de ces dodécaèdres.

Le *corindon ternaire* $E^3\ {}^3E$, dans lequel l'incidence d'une face de la pyramide sur celles de la pyramide opposée est de $122^d\ \frac{1}{2}$.

Le *corindon assorti* $(E^2\ {}^2E\ D^2\ B^1)$, dans lequel la même incidence est d'environ 140^d, ce qui donne des pyramides beaucoup plus aiguës.

Le *corindon octoduodécimal*, $\underset{1}{A}\ (E^4\ {}^4ED^4\ B^1)\ P$, la variété assortie, dont le sommet est remplacé par une facette perpendiculaire à l'axe, et dont trois des six angles solides, résultant de cette espèce de troncature de la pyramide, présentent une facette triangulaire parallèle aux faces du rhomboïde primitif.

Presque toutes les autres formes ne sont que des combinaisons des trois types ou sous-types précédens, et peuvent être rattachées à l'un d'eux, suivant la prédominance des formes.

Les cristaux de corindon, malgré la dureté dont ils jouissent, se présentent trés-fréquemment avec les arêtes et les angles tellement émoussés qu'on a de la peine à y reconnoître des polyèdres réguliers. Quelquefois aussi, et cela se remarque surtout dans les bipyramidaux, les faces des pyramides sont chargées de stries, sillons ou ressauts transversaux, qui les courbent ou les alongent tellement que ces cristaux ressemblent plutôt à des fuseaux qu'à des polyèdres bipyramidaux. On les désigne sous les noms de *cylindroïdes* et de *fusiformes*.

Les corindons, considérés dans l'ensemble de leurs propriétés ou de leurs modifications, peuvent se séparer en trois variétés principales, auxquelles nous conserverons les noms qui leur avoient été donnés quand on les considéroit comme des espèces distinctes, ces noms étant univoques et généralement admis.

I.ère *Var.* Corindon-télésie (Corindon hyalin, H.). C'est le minéral qui, n'ayant point de nom commun ou général, avoit été nommé par M. Haüy *télésie* : ce sont le saphir, le rubis, l'émeraude, la topaze, etc., orientaux.

Il est transparent, ou au moins très-translucide ; sa structure est peu lamelleuse : cependant il fait voir, soit par la fracture, soit par les reflets qui font naître une lumière vive, des joints perpendiculaires à l'axe de ses cristaux, et quelquefois, comme l'ont observé M. de Bournon sur différentes télésies, et M. Haüy sur celles de Ceylan, mais plus rarement et plus difficilement, d'autres joints obliques à l'axe et parallèles aux faces du rhomboïde primitif, ou au moins des stries très-distinctes, qui indiquent par leur direction comme les bords des lames composant le rhomboïde primitif.

La télésie paroît contenir en général plus d'alumine que la variété suivante. Le maximum de cette terre, trouvé dans la variété bleue par Klaproth, est de 98,5, et le minimum, d'après

M. Chenevix, est de 90. La pesanteur spécifique la plus ordinaire est de 4 au moins, et quelquefois de 4,3.

Les formes secondaires que cette variété affecte plus particulièrement, sont le prismatique, l'additif et celles qui appartiennent aux dodécaèdres bipyramidaux. Ses cristaux sont généralement petits.

Ses variétés de couleurs sont nombreuses, remarquables et connues depuis long-temps sous des noms différens.

Corindon télésie limpide (saphir blanc, et même rubis blanc de Romé-de-Lisle). Cette variété est sans couleur, ou avec une légère nuance bleuâtre.

Corindon télésie saphir (saphir proprement dit). Sa couleur varie entre le bleu pâle, le bleu d'azur, le bleu barbeau et le bleu d'indigo. Ces dernières sont les plus estimées. Leur poids dépasse rarement trois grammes.

Corindon télésie améthyste (améthyste orientale). Ses couleurs sont le rouge violet et le rouge-giroflée. Cette dernière est la plus estimée.

Ces trois variétés conservent pendant plusieurs heures l'électricité acquise par le frottement. (Haüy.)

Corindon télésie rubis (escarboucle et rubis orientaux, *manca* ou *tokes* des Indiens), présentant les nuances du rose, du rose foncé, du cramoisi et du rouge écarlate, avec un éclat très-vif et quelques reflets laiteux. Ils sont généralement petits, leur poids ne s'élevant pas au-dessus de $1^{gr}\,5^{d}$. Ce sont les pierres gemmes les plus recherchées, et par conséquent du prix le plus élevé. Leur valeur, à qualité et volume égaux, passe celle du diamant.

Corindon télésie vermeille (vermeille orientale, rubis calcédonieux, hyacinthe orientale). Elle est d'un rouge aurore, avec des reflets blanchâtres ou jaunâtres.

Corindon télésie topaze (topaze orientale). Le jaune de ces corindons offre les nuances de jaune pâle, de jaune foncé souci et de jaune doré, avec un éclat très-vif. Celle de la dernière couleur est la plus recherchée, et sa valeur égale presque celle de la télésie rubis.

Corindon télésie éméraudine (émeraude orientale). Elle est d'un vert foncé, offrant quelquefois des reflets chatoyans.

Corindon télésie berillin (aigue marine orientale). Elle est d'un bleu verdâtre, et jouit d'un éclat assez vif.

Corindon télésie péridot (péridot oriental), d'un vert tirant sur le jaune.

Plusieurs de ces couleurs sont quelquefois réunies et diversement disposées dans le même échantillon. On en connoît de bleu et blanc, par taches nuancées : de bleu et rouge ; ils sont bleus, lorsqu'on les voit par réflexion, et paroissent rouges, lorsqu'on les place entre la lumière et l'œil : de jaune et bleu, ou jaune et rouge, nommés *nilacandi* par les Indiens.

On distingue encore les corindons-télésies suivant les jeux de lumière qu'ils présentent.

Corindon télésie girasol. Le fond de sa couleur est un blanc laiteux et comme savonneux, avec des reflets jaunâtres ou bleuâtres flottans.

Corindon télésie chatoyant. Il fait voir, dans sa coupe perpendiculaire au rhomboïde, des lignes chatoyantes et des reflets satinés, formant des hexagones ou parties d'hexagone.

Corindon télésie astérie. On nomme ainsi les télésies, quelle que soit leur couleur, qui, taillées en cabochons, présentent, à une vive lumière, une étoile lumineuse à six ou même douze rayons linéaires, et qui change de place suivant les inclinaisons qu'on donne à la pierre. Cette propriété, assez remarquable dans les corindons télésies, n'est pas particulière à cette pierre. Elle paroît propre aux minéraux transparens qui ont un rhomboïde pour noyau, et due à la réunion de certaines circonstances de taille et de structure.

Les télésies dont les couleurs sont vives ou remarquables, et qui jouissent en outre d'une limpidité parfaite, sont fort recherchées comme pierres d'ornement, et ont quelquefois, comme on vient de le dire, une très-haute valeur. On en fait dans l'Orient, et surtout dans l'Inde, un usage beaucoup plus fréquent qu'en Europe.

La pierre nommée *saphir* par Théophraste et Pline n'est pas notre corindon télésie, mais paroît devoir être rapportée au lazulithe. Il ne paroît pas que les anciens aient gravé, soit en creux soit en relief, sur les télésies. On assure que toutes les pierres de cette espèce, qui sont gravées, sont modernes. Une des plus célèbres représente un portrait en relief de Henri IV, gravé par Coldoré.

On a d'abord cru que les corindons télésies venoient exclusivement de l'Inde et de Ceylan, et il paroît certain que toutes celles de ces pierres qui, en raison de leurs qualités, sont mises dans le commerce de la joaillerie, viennent de ces lieux; mais l'espèce minéralogique, offrant même des variétés assez remarquables par leur couleur, est connue maintenant dans un très-grand nombre de lieux, dont nous allons citer les principaux.

Les corindons télésies se trouvent dans deux sortes de gisemens et de terrains différens.

1.° En grains et en cristaux plus ou moins nets, mais très-fréquemment à arêtes et angles émoussés, dans des terrains meubles, formés d'un sable grossier, renfermant une grande variété de minéraux particuliers, et notamment du fer titané, des zircons tant hyacinthe que jargon, des spinelles, du quarz, des topazes. C'est le cas le plus ordinaire, et celui qui fournit les plus belles pierres. C'est ainsi qu'on les trouve dans les sables de plusieurs rivières de l'Inde, au pied du mont Capelan dans le Pégu, dans le royaume d'Ava, et surtout dans l'ile de Ceylan; en Sibérie; en Europe, près de Bilin et de Meronitz en Bohème, dans les sables des ruisseaux d'Expailly près du Puy en Velay. Enfin M. Cordier vient de les rencontrer dans un sable du rivage de la mer, près de Piriac, sur les côtes de Bretagne. Ce sable, qui renferme une grande quantité d'étain, contient aussi de petits cristaux de corindon télésie, de topaze, de spinelle, de zircon, de fer titané, etc.

On remarque que dans tous les lieux précédens, à l'exception du dernier, le fond du sol, ou au moins une partie des montagnes voisines, est principalement composé de basalte et d'autres roches de la formation qu'on nomme trappéenne.

2.° En cristaux disséminés dans des roches qui appartiennent aux terrains primordiaux, et qui n'ont aucun rapport immédiat avec les terrains basaltiques ou trappéens. La roche micacée qui donne l'émeril de Naxos, est remplie, suivant M. de Bournon, d'une multitude de petits cristaux de corindons télésies. Une roche de calcaire-dolomie du Saint-Gothard présente disséminés, ou peut-être même implantés, des cristaux assez nets de télésies-rubis d'un assez beau rouge.

IIe *Var.* Corindon adamantin (Spath adamantin; corindon harmophane, H.).

Ce corindon est généralement opaque, ou tout au plus

translucide. Il a une structure très-sensiblement lamelleuse et un clivage facile, au moyen duquel on peut souvent extraire de ses masses un noyau rhomboïdal fort net. Les joints perpendiculaires à l'axe sont ici très-peu sensibles. Sa pesanteur spécifique est un peu plus de 3,9. Il renferme moins d'alumine que le corindon télésie. Le maximum de cette terre paroît y être de 91 pour cent.

Il se présente tantôt en masses amorphes, tantôt en cristaux qui appartiennent aux variétés *prismatique*, *bisalterne*, *additive* et *fusiforme*. On doit remarquer que la variété de forme nommée *additive* est commune aux deux variétés principales de corindons. Les cristaux du corindon adamantin acquièrent un très-gros volume, en comparaison des précédens; mais leurs faces sont généralement raboteuses et altérées par des sillons transversaux.

Son éclat est souvent chatoyant, mais jamais vitreux comme dans la télésie. Ses couleurs sont aussi et moins prononcées et beaucoup moins variées. Sous ce point de vue, on peut en distinguer trois variétés principales:

Corindon adamantin grisâtre. Le fond grisâtre de ces corindons est accompagné de nuances, soit jaunâtres, soit verdâtres, soit même roussâtres: ils sont translucides.

Ils viennent principalement du Carnate dans le Bengale.

Corindon adamantin rougeâtre. La couleur fondamentale de ceux-ci est le rouge, qui varie du rouge foncé incarnat au rouge sombre et même brunâtre. Les premiers, en gros cristaux prismatiques, viennent probablement aussi du Bengale; les seconds, en cristaux fusiformes opaques, viennent du Malabar; les troisièmes, en gros cristaux opaques, se trouvent dans le Thibet.

Corindon adamantin noirâtre. Ces corindons sont tantôt en cristaux assez nets, dont la texture est très-sensiblement lamellaire, et ils font voir des reflets chatoyans et comme métalliques; ils sont de Malabar et de la Chine: tantôt leur teinte noire tire sur le gris bleuâtre, et leur texture est presque compacte; ceux-ci sont en cristaux pyramidaux, peu nets, et se trouvent en Piémont.

Les corindons adamantins sont rarement assez remarquables par leur couleur, leur éclat ou leur homogénéité, pour être employés comme pierres d'ornement. Cependant il paroît qu'on les a quelquefois appliqués à cet usage dans l'Inde ; mais celui auquel ils ont plus particulièrement servi dans ce pays, c'est à user et polir les autres pierres gemmes. Un gros morceau de corindon qu'on voyoit dans la collection de M. Greville à Londres, montroit, dans son milieu, une cavité produite par le frottement des pierres dures qu'on y avoit usées.

Les corindons adamantins se trouvent en cristaux disséminés dans les granites, ou dans les roches granitoïdes qui font partie des terrains primordiaux. C'est ainsi qu'on les trouve dans toute l'Asie. Celui de la presqu'île de l'Inde est dans une roche saccaroïde, renfermant un peu de calcaire ; il y est accompagné d'amphibole, d'épidote, de quarz, de mica, de chlorite, de zircon jargon, de fer oxidulé, et de quelques minéraux particuliers que M. de Bournon a nommés Fibrolite et Indianite. (Voyez ces mots.) Celui de la Chine et du Thibet est dans un granite à felspath rougeâtre et à mica argentin ; il est aussi accompagné de fer oxidulé. Celui du Thibet, qui est rougeâtre, est recouvert de stéatite verte.

Le corindon noirâtre du Piémont vient de la commune d'Etenengo, près Mozzo, arrondissement de Biella ; il est renfermé dans une roche à base de felspath qui fait partie d'un terrain de diabase porphyritique compacte stratifiée. Cette roche se désagrège, et il en résulte une terre rougeâtre dans laquelle se trouvent des blocs composés de felspath, de mica et de corindon. (Muthuon et Lelièvre.) M. Brochi a trouvé aussi, dans la vallée de Camonica, un corindon rougeâtre translucide, disséminé dans un micaschiste.

Le minerai massif, mais granuleux, de fer oxidulé de Gellivara, en Laponie, renferme de petits cristaux de corindons jaunâtres basés. (Swedenstierna.)

III.[e] *Var.* Corindon émeril (Corindon granulaire, Haüy.).

Ce corindon se présente sous l'apparence d'une roche à texture grenue, d'une couleur noirâtre, comme certains minerais de fer ; mêlée tantôt d'une nuance bleuâtre, tantôt d'une nuance rougeâtre. Sa pesanteur spécifique, qui est au moins de 4, sa densité supérieure à celle de tous les minéraux, excepté le diamant, et sa grande ténacité, le font aisément distinguer.

L'émeril considéré minéralogiquement, c'est-à-dire, le corindon massif, offre quelquefois, dans son premier degré de pureté, la couleur rouge violâtre qui appartient à la plupart des variétés de corindons; tel est celui qui fait partie des collections du Muséum britannique et de celle de M. de Drée, et qui vient de Madras.

Mais l'émeril proprement dit est rarement une roche homogène : le fer oxidulé y est en quantité considérable et en grains distincts; il est aussi souvent mêlé de mica et de lamelles de talc : dans quelques cas, le corindon s'y montre en petits grains ou même en petits cristaux. C'est M. Tennant qui a fait remarquer le premier que la pierre dure nommée émeril, et considérée jusqu'à lui comme un minerai de fer très-siliceux, appartenoit à l'espèce du corindon; il a trouvé dans l'émeril employé à Londres et venant de l'île de Naxos 80 pour cent d'alumine, et M. Vauquelin a reconnu dans celui dont se sert la manufacture des glaces de Saint-Gobin 66 pour cent de cette terre. Les analyses de ces chimistes ont donné les résultats suivans :

	Emeril de Londres, par Tennant.	Emeril de Paris, par Vauquelin.
Alumine. . . .	80	66
Silice.	3	
Fer.	4	24
Perte.	7	

Tout ce qu'on peut présumer sur le gisement de l'émeril, d'après le peu d'observations directes qu'on possède, et ce que nous apprennent les morceaux d'émerils du commerce, c'est que tantôt, comme dans l'Inde, il se trouve dans les mêmes roches granitiques que celles qui renferment les corindons adamantins, et tantôt dans des roches à base de talc ou de serpentine.

Les lieux où l'on connoît l'émeril sont :

Les Indes orientales; il y est très-compacte, et ne présente pas de talc lamelleux.

L'île de Naxos, d'où vient l'émeril, connu dans le commerce sous le nom d'émeril du Levant ou de Smyrne, ainsi que sous ceux d'émeril d'Angleterre et d'émeril de Jersey, car M. Mac-Culloch a constaté que cette dernière île n'en fournit pas. Cet émeril renferme beaucoup de paillettes de mica, du fer oxidulé, octaèdre et des pyrites; on le trouve dans l'île de Naxos en fragmens roulés au milieu des terres labourées. Tournefort dit que les montagnes de l'île sont primitives. M. de Bournon a vu, sur des morceaux d'émeril venant de cette île, de petits cristaux prismatiques de corindon télésie d'un beau bleu, disséminés dans de l'amphibole grammatite.

A Ochsenkopf, près Schwarzenberg en Saxe, le gisement de cet émeril est bien connu. Il se présente en nodules d'un gris foncé un peu bleuâtre, dans une ophiolite verdâtre, qui est en lit subordonné dans le micaschiste de ces contrées.

On cite aussi de l'émeril dans les monts Altaï, près la ville de Charlowa; en Italie, dans le duché de Parme; en Espagne dans le royaume de Grenade, près de Ronda; au Pérou et au Mexique. Mais il n'est pas sûr que ces minéraux, peu connus, appartiennent réellement au corindon-émeril.

Usages. L'émeril est très-précieux dans les arts, en raison de sa dureté, qui le rend propre à polir les métaux et les pierres; mais, pour s'en servir, il faut le réduire en poudre de diverses grosseurs. On emploie, pour obtenir ces poudres, la méthode suivante:

On broye cette pierre à l'aide de moulins d'acier; ensuite, pour en séparer des poudres de différens degrés de finesse, on délaye dans de l'eau la masse broyée; on laisse cette eau reposer une demi-heure, et on la jette, parce qu'elle ne contient qu'une poussière trop tendre: on délaye de nouveau le dépôt; on laisse reposer l'eau une demi-heure, et on la décante encore trouble; la poudre qu'elle dépose est de l'émeril de la plus grande finesse. On délaye ainsi le premier dépôt jusqu'à ce qu'au bout d'une demi-heure l'eau ne laisse plus rien précipiter. Alors on ne laisse plus reposer les eaux, dans lesquelles on agite toujours ce premier dépôt, que quinze minutes, ensuite que huit minutes, quatre minutes, deux minutes, une minute, et enfin trente secondes; et on a par ce procédé des émerils de diverses grosseurs.

L'émeril est employé avec de l'eau pour le travail des pierres, et avec de l'huile pour celui des métaux.

Annotations. Romé-de-Lisle fit remarquer (Journ. de Phys., tom. 30, mai 1787, pag. 368) que le prétendu spath adamantin, d'après *sa forme*, sa pesanteur et sa dureté, paroissoit être du même genre que la pierre dite orientale. M. de Bournon, ayant rassemblé beaucoup d'observations en faveur de ce rapprochement, effectua la réunion en une seule espèce de la télésie et du corindon, comme nous l'apprend M. Haüy lui-même, dans son Traité de Minéralogie, publié en 1801; mais à cette époque, les motifs allégués pour cette réunion ne lui parurent pas encore suffisans : ce n'est qu'en 1804, deux ans après la publication du Mémoire de M. de Bournon, inséré dans les Transactions philosophiques de la Société Royale de Londres pour 1802, que M. Haüy se décida à regarder définitivement la télésie et le corindon adamantin, comme deux variétés principales d'une même espèce.

Cette réunion est admise par tous les minéralogistes qui n'appliquent pas le nom d'espèces arbitrairement, mais qui suivent dans cette application des principes fixes et fondés sur des différences dont la valeur a été déterminée avec précision. (B.)

CORINDUM. (*Bot.*) Jean Bauhin et Tournefort ont donné ce nom à une plante dont la graine a une tache blanche qui a la forme d'un cœur. Elle a retenu en françois celui de Corinde (voyez ce mot.); mais Linnæus a substitué au mot latin celui de *cardiospermum* qui a plus de précision. On nomme aussi cette plante *cœur des Indes*. (J.)

CORINOCARPE, *Corinocarpus*. (*Bot.*) Plante découverte dans le Nouvelle-Zélande, décrite par Forster sous le nom de *corinocarpus lævigata*, Forst. *Gen.*, pag. 32, n.° 16; Linn., f. sup. 156; Lamk., *Ill. gen.*, tab. 143. Elle constitue seule un genre particulier, qui paroît appartenir à la famille des berbéridées, et doit être placé dans la *pentandrie monogynie* de Linnæus. Chacune de ses fleurs offre un calice à cinq folioles alongées, concaves et caduques; une corolle composée de cinq pétales plus grands que le calice, droits, arrondis, rétrécis vers leur base; de plus cinq écailles pétaliformes, étroites, alternes avec les pétales, munies à leur base d'une glande globuleuse; cinq étamines plus courtes que la corolle, attachées à la base des pétales, terminés par des anthères droites, oblongues; un ovaire supérieur, globuleux, surmonté d'un style court et d'un stigmate obtus : le fruit consiste en une noix alongée, en massue, presque pyriforme, renfermant un noyau oblong.

Ses tiges sont ligneuses, garnies de feuilles, très-glabres, alternes, pétiolées, ovales ou cunéiformes, veinées, entières, légèrement échancrées ; les fleurs sont blanches, disposées en une panicule ample, sessile, terminale. (Poir.)

CORION (*Bot.*), nom donné par quelques-uns, suivant Dodoens, au millepertuis. Il ajoute qu'une autre espèce plus petite est nommée *coris* par Dioscoride ; et, selon Pona et Tournefort, c'est celle que nous nommons *hypericum coris*. Cependant C. Bauhin cite aussi le nom de Dioscoride, soit pour le *cistus fumana*, soit pour le *coris monspeliensis*. (J.)

CORIOPE ou Coryope (*Bot.*), noms vulgaires du *coreopsis*. (H. Cass.)

CORIOTRAGEMATODENDROS (*Bot.*), nom imaginé par Plukenet pour désigner quelques plantes, dans le nombre desquelles est le *myrica quercifolia*. On cite ce nom pour montrer combien est ridicule la manie de vouloir trop exprimer dans un nom générique. Linnæus, dans sa *Philosophia botanica*, rejette ces noms, qu'il appelle *sesquipedalia*, quand ils ont plus de douze lettres : cependant il en adopte plusieurs contre les règles que lui-même avoit établies. (J.)

CORIS. (*Bot.*) Voyez Corion. (J.)

CORIS (*Bot.*), nom latin du genre Coride. (L. D.)

CORIS. (*Conchyl.*) C'est le nom vulgaire de la porcelaine-monnoie, *cypræa moneta*, Linn. (De B.)

CORIS. (*Ichthyol.*) Genre de poissons, de la famille des léiopomes, établi par l'infatigable Commerson, d'après deux espèces qu'il a découvertes dans ses voyages. M. de Lacépède, qui a adopté ce genre, lui donne les caractères suivans :

Tête grosse et plus élevée que le corps ; corps comprimé et très-alongé ; le premier ou le second rayon de chacun des catopes une ou deux fois plus alongé que les autres ; point d'écailles semblables à celles du dos sur la tête et sur les opercules ; le crâne recouvert d'une seule lame en forme de casque et réunie aux opercules.

Ce dernier caractère peut servir à isoler immédiatement les coris des autres genres de la famille des Léiopomes (voyez ce mot; mais ils ont les plus grands rapports avec les labres.

Les coris n'ont d'ailleurs qu'un seul rang de dents; et leur nom semble peindre leur caractère spécial, *κορὶς*, en grec, signifiant ce que les Latins entendent par *cimex*.

On n'en connoît encore que deux espèces :

L'AIGRETTE ; *Coris aygula*, Lacép. Sommet du crâne arrondi, de manière à former une bosse ou une grosse loupe au-dessus des yeux ; premier rayon de la nageoire dorsale une ou deux fois plus grand que les autres, et placé derrière cette loupe comme une aigrette ; chaque opercule, terminée du côté de la queue, par une ligne courbe ; lèvre supérieure double ; mâchoire inférieure avancée ; dents fortes, pointues, triangulaires et inclinées ; nageoire anale plus courte que la dorsale ; nageoire caudale rectiligne, à rayons prolongés au-delà de la membrane qui les unit.

Le CORIS ANGULEUX ; *Coris angulatus*, Lacép. Corps plus alongé, sommet du crâne non bossu ; chaque opercule terminée par un angle saillant ; mâchoires égales.

Ces deux poissons viennent de la mer du Sud.

M. Cuvier pense que les coris doivent rentrer dans le genre des girelles, et que le *coris angulatus* n'est autre chose que le *labrus malapterus* des auteurs. M. Duméril nous a donné le moyen d'examiner un de ces poissons, qu'il rapporte depuis long-temps au genre des labres, et nous avons reconnu. en effet, que le préopercule et l'opercule n'étoient point réunis en une seule lame, en sorte que le seul caractère essentiel des coris est l'espèce de bosse qui s'élève sur leur front. (H. C.)

CORISE, *Corixa* (*Entom.*), nom d'un genre d'insectes hémiptères, de la famille des hydrocorées, ou punaises aquatiques, dont les tarses des pattes postérieures sont aplatis en nageoires, ce qui les a encore fait désiguer sous le nom de *rémitarses*.

Le mot de *corixa* est évidemment tiré du grec *κορὶς*, qui signifie punaise. Linnæus avoit rangé les espèces déjà distinguées par Geoffroy, dans le genre *Notonecta*, et Fabricius, en adoptant la distinction, les avoit désignées sous le nom de *sigara*.

Les corises se distinguent de toutes les espèces de l'ordre des hémiptères par les caractères que nous allons rappeler. Elles ont quatre ailes croisées, dont les supérieures sont à demi coriaces, ce en quoi elles diffèrent des *cigales* et des *pucerons*, qui appartiennent à deux familles différentes ; ensuite elles ont des antennes en soie et très-courtes, ce qui les distingue de toutes les autres espèces du même ordre, dont le bec paroît naître du front, mais dont les antennes sont alongées. Leur ventre n'est pas terminé par des filets comme dans les *ranatres* et les *népes*, et leurs tarses antérieurs ne sont pas simples comme dans les *notonectes*, ni armés d'un crochet comme dans les *naucores*, mais terminés par une sorte de pince, ce qui les caractérise essentiellement.

Les *corises* sont des punaises aquatiques, qui ne nagent pas sur le dos comme celles dites à aviron, ou *notonectes*. Leur corps est alongé, aplati, à tête large, arrondie en devant, appliquée immédiatement sur le corselet, qui est large, terminé en pointe en arrière. L'abdomen est plat, arrondi en arrière, où paroissent se trouver les organes de la respiration aérienne, l'insecte, dans l'état de repos, venant constamment appliquer cette partie à la surface de l'eau.

Les tarses postérieurs sont élargis, alongés, garnis de cils ou de poils roides; ils servent principalement à la natation. Les ailes et les élytres servent quelquefois au vol, mais rarement.

Les corises sont carnassières, comme toutes les espèces de punaises à antennes en soie; elles poursuivent les insectes aquatiques, qu'elles sucent après les avoir saisis avec les pattes de devant. Il paroît que, les piquant avec leur trompe, elles insinuent dans la plaie une liqueur venimeuse et narcotique; car quand elles piquent les doigts des personnes qui les saisissent, elles font éprouver une douleur et un gonflement analogues à ceux que l'on ressent après avoir été piqué par une abeille. Bientôt après succède un engourdissement très-désagréable.

On trouve les corises dans nos eaux douces, sous les trois états de larves, de nymphes et d'insectes parfaits. Elles ne diffèrent guère que par les ailes et la grosseur.

Fabricius ne rapporte que six espèces à ce genre, dont trois sont des eaux douces d'Europe. La plus connue et la plus grande est

La Corise striée : *Corixa striata*, Fabr.; Geoff., tom. I, pag. 478, pl. IX, fig. 7. Grise, avec beaucoup de petits traits transversaux noirs : le dessous du corps et les pattes pâles.

La Corise coléoptérée ; *Corixa coleopterata*, Fabr. Brune, à bord extérieur des élytres jaunâtre.

La Corise menue, *Corixa minuta.* Blanchâtre, à élytres sans taches, d'un cendré verdâtre.

Ces trois espèces se rencontrent dans les eaux douces des mares et des étangs aux environs de Paris. (C. D.)

CORISIES, *Corisiæ.* (*Entom.*) M. Latreille avoit désigné, sous ce nom, dans les premières éditions de ses ouvrages, les hémiptères que nous avons rangés dans les deux familles des Rhinostomes ou frontirostres, et des Zoadelges ou sanguisuges, qu'il a depuis appelés les Géocorises ou punaises terrestres. Voyez ces mots. (C. D.)

CORISPERME (*Bot.*) ; *Corispermum*, Linn. Genre de plantes dicotylédones, apétales, périgynes, de la famille des atriplicées, Juss., et de la *monandrie diandrie*, Linn., dont les caractères principaux sont les suivans : Calice de deux folioles opposées ; corolle nulle ; une étamine, plus rarement deux à cinq ; un ovaire supérieur, chargé de deux styles capillaires ; une graine nue, ovale, comprimée, plane d'un côté, convexe de l'autre, entourée d'un rebord membraneux.

Les corispermes sont des plantes herbacées, annuelles ; à feuilles simples, alternes ; à fleurs axillaires, petites et de peu d'apparence. On en connoît quatre espèces, dont les propriétés paroissent être entièrement nulles.

Corisperme a feuilles d'hysope : *Corispermum hyssopifolium*, Linn., *Spec.* 6 ; Lamk., *Ill.*, t. 5. Sa tige est roide, rameuse, haute d'un pied ou environ, garnie de feuilles linéaires. Ses fleurs sont verdâtres, sessiles, disposées dans une grande partie de la longueur des tiges. Cette plante croît dans le midi de la France.

Corisperme rude : *Corispermum squarrosum*, Linn., *Spec.* 6 ; Pall., *Fl. Ross.*, 2, p. 112 ; t. 98, fig. ABD. Cette espèce diffère de la précédente en ce que ses fleurs sont rapprochées les unes des autres dans les aisselles des feuilles supérieures, de manière à former des épis à l'extrémité de la tige et des rameaux. Elle se trouve en Provence.

Les deux autres espèces sont le corisperme du Levant (*corispermum orientale*, Lamk., Dict. 2, pag. 111), qui croît dans le pays que son nom spécifique indique ; et le corisperme piquant (*corispermum pungens*, Vahl, *Enum.* 1, p. 17; Pall., *Fl. Ross.*, 2, p. 113, t. 99), qu'on trouve dans les lieux arides et sablonneux, vers la mer Caspienne. (L. D.)

CORIUM. (*Bot.*) Wibel a donné ce nom aux champignons du sous-genre *Poria* de Persoon.

Ces champignons ont la surface supérieure poreuse; mais ils sont formés de tubes. (Voyez Poria.) Quelques-uns ressemblent à du cuir appliqué sur du bois. (Lem.)

CORIVE. (*Bot.*) On appelle ainsi, selon M. Decandolle, une variété de la châtaigne, qui est petite, et qu'on préfère aux autres pour dessécher. (J.)

CORIZIOLA (*Bot.*), un des noms donnés dans le Levant, suivant Rauvolf, à la scammonée de Montpellier. (J.)

CORKEOON (*Bot.*), nom belge du liége, suivant Mentzel. C'est le *cork-tree* des Anglois. (J.)

CORKIR. (*Bot.*) Voyez Korkir. (Lem.)

CORLIEU. (*Ornith.*) Cette petite espèce de courlis, *scolopax phœopus*, Linn., a paru à M. Cuvier devoir former un sous-genre dans la famille des véritables courlis, *numenius*. On en exposera les motifs sous le mot Courlis. (Ch. D.)

CORLU (*Ornith.*), un des noms vulgaires du courlis commun, *scolopax arquata*, Linn., qui s'appelle aussi *corleu*, *corli*, *corlui*. (Ch. D.)

CORMARAN (*Ornith.*), un des noms vulgaires du cormoran, qu'on appelle aussi *corman*, *cormarin*, *courmaran*. (Ch. D.)

CORMIER (*Bot.*), nom vulgaire du sorbierdomestique. (L. D.)

CORMORAN. (*Ornith.*) Les pélicans, les cormorans, les frégates, les fous, les phaétons ou pailles-en-queue, et les anhingas, forment une famille dont l'attribut commun est d'avoir les quatre doigts engagés dans la même membrane. Cette famille se divise d'abord en deux branches: la première, qui comprend les cormorans, les pélicans, les fous et les frégates, se distingue aisément de l'autre, en ce que tous les oiseaux qui la composent ont la gorge nue et plus ou moins extensible, tandis qu'elle est emplumée chez les anhingas et les phaétons. Mais Linnæus et Latham, qui ont distribué les oiseaux de la seconde famille en deux genres, *Plotus* et *Phaeton*, ont placé tous les oiseaux de la première en un seul genre, *Pelecanus*. Il étoit donc essentiel de trouver des caractères propres à opérer des divisions, et l'on y est parvenu en reconnoissant, 1.° que les pélicans proprement dits ont le bec très-large, aplati horizontalement en dessus, et la mandibule inférieure formée par deux branches osseuses, flexibles, réunies seulement à la pointe, et soutenant, dans toute leur longueur, une peau nue et dilatable en un grand sac; enfin, que l'ongle du doigt du milieu est sans dentelures; 2.° que chez les cormorans, le bec est presque cylindrique, la mandibule supérieure étant arrondie en dessus et comprimée par les côtés, comme l'inférieure, dont la base seule est engagée dans la peau qui s'étend sur la gorge, mais qui ne présente pas à l'extérieur la forme d'un sac; 3.° que les membranes des pieds, entières chez les pélicans et les cormorans, sont profondément échancrées chez les frégates, qui ont le bec cylindrique et ressemblant à celui de ces derniers, mais dont les deux mandibules, plus crochues, sont courbées chacune dans le même sens, tandis que la mandibule inférieure des cormorans est tronquée; et que la queue, ronde ou étagée chez ceux-ci, est fourchue chez les frégates; 4.° que le bec des fous, au lieu d'être terminé par un crochet, comme dans les précédens, a seulement la pointe un peu courbée, et que ses deux mandibules ont leurs bords garnis de dents dirigées en arrière.

Ces différences ont paru suffisantes pour établir les genres Pélican, *Pelecanus;* Cormoran, *Phalacrocorax;* Frégate, *Fregata*, et Fou, *Sula.*

Les caractères qui appartiennent aux cormorans, indépendamment de ceux qu'on vient d'indiquer, consistent dans une langue fort petite, carenée et verruqueuse; des narines linéaires, dont l'ouverture, à peine sensible, est, suivant M. d'Azara, couverte d'une sorte de valvule que l'oiseau ouvre et ferme à volonté, et qui sont situées à la base d'un bec long, robuste, droit, édenté; la mandibule supérieure sillonnée; l'inférieure plus courte; la face en partie nue; les pieds forts et courts, placés à l'équilibre du corps; le doigt extérieur, le plus long de tous, composé de cinq phalanges; le suivant de quatre, le troisième de trois, et le dernier de deux seulement; la deuxième rémige, la plus longue de toutes.

Brisson a adopté, pour le cormoran, le nom de *phalacro-*

corax, indiqué par Pline, et qui, en grec, signifie *corbeau chauve;* Meyer lui a donné celui de *carbo*, employé par Albert, peut être d'après le nom allemand Sharbe; Illiger a imaginé celui d'*halieus*, tiré du grec ἁλιευς, *piscator;* M. Vieillot a préféré celui d'*hydrocorax*, corbeau d'eau. On a cru devoir s'en tenir au plus ancien de ces noms, dont trois ont l'inconvénient de supposer une analogie qui n'existe pas avec le corbeau; et l'autre celui de n'exprimer qu'une qualité commune à tous les oiseaux qui vivent de poissons.

Les cormorans, qui se trouvent dans toutes les parties du monde, sont d'aussi bons plongeurs que nageurs. Lorsqu'ils nagent, ils ont le plus souvent la tête seule hors de l'eau; et, en plongeant, ils poursuivent, avec une vitesse étonnante, la proie qu'ils ont aperçue, et qui réussit difficilement à leur échapper. Lorsqu'ils l'ont prise, ils reviennent sur l'eau, et, pour avaler plus aisément le poisson qu'ils tiennent en travers du bec, ils le jettent en l'air, et le reçoivent la tête la première, de sorte que les nageoires se couchent au passage du gosier, tandis que la peau membraneuse s'étend pour laisser passer le corps entier du poisson, souvent très-gros, relativement au cou de l'oiseau. En divers endroits, et notamment en Chine, on a imaginé de tirer parti du talent des cormorans pour la pêche, en leur mettant un anneau au bas du cou pour les empêcher d'avaler le poisson, et les accoutumant à le rapporter à leur maître.

Ils habitent ordinairement les bords de la mer et les embouchures des rivières, et se nourrissent de diverses sortes de poissons; et quand leur appétit est assouvi, ils se perchent sur les arbres comme font les autres oiseaux dont la palmure est la même. Les cormorans éprouvent deux mues dans l'année; et les plumes accessoires qui, dans le printemps, ornent quelques parties du corps, tombent les premières avant la mue d'automne.

Grand Cormoran; *Phalacrocorax carbo.* Cette espèce, qui est le cormoran proprement dit, *pelecanus carbo*, Linn., pl. enl. de Buffon, n.° 927, est de la taille d'une oie, et a, depuis le bout du bec jusqu'à celui de la queue, environ deux pieds et demi; le bec seul est long de trois pouces quatre lignes, et la queue de six pouces. La tête, aplatie, est plus forte par derrière, le cou est alongé; il a plus de quatre pieds de vol, quoique ses ailes ne s'étendent pas beaucoup au-delà de l'origine de la queue, qui est arrondie et composée de quatorze pennes; ses yeux sont placés très en avant et près des angles du bec, dont la mandibule supérieure, noire en dessus, est d'un gris-blanchâtre sur les côtés, et dont la mandibule inférieure est blanche; a prunelle est bleuâtre et l'iris vert; le devant et le derrière des yeux sont couverts d'une peau nue et jaunâtre comme la poche gutturale; il y a ensuite une bande blanche qui, partant des yeux, s'étend sur le haut du cou et forme une mentonnière. Le front, la tête, le cou et le dos sont d'un brun foncé chez les jeunes, qui ont les parties inférieures blanchâtres, mais le dessous du corps devient, avec l'âge, d'un noir verdâtre mat; alors on voit aussi sur la nuque des plumes d'un vert foncé à reflets, qui forment une huppe; et en même temps paroissent, sur la tête et le haut du cou, des plumes blanches, effilées et soyeuses, qui croissent entre les autres, et qui, suivant une observation de M. Temminck, tombent, après les amours, dans la mue d'automne; raison pour laquelle on ne trouve les cormorans sous cette livrée que vers le temps de l'incubation. Les plumes dorsales et les couvertures des ailes, de couleur de cuivre au centre, sont bordées chacune d'un noir bronzé; les pennes des ailes et de la queue sont noirâtres : le mâle a, sur le côté extérieur de chaque cuisse, une large tache blanche dont la femelle est dépourvue; les tarses, qui sont fort larges et aplatis latéralement, sont noirs, ainsi que les pieds.

Le grand cormoran, qui est assez commun en Angleterre, en France, où on le nomme vulgairement *corbeau pêcheur*, et surtout en Hollande, est plus rare en Allemagne et dans le Midi. Il niche, suivant les localités, dans les fentes de rochers, sur les arbres ou dans les joncs, et pond trois ou quatre œufs d'un vert pâle, que M. Temminck dit être également gros des deux bouts, et recouverts par une couche calcaire dont la surface est rude et blanchâtre; ces œufs ont aussi mauvais goût que la chair, qui est un fort mauvais manger, surtout lorsqu'on n'en a point enlevé la peau. Cet oiseau habite ordinairement les contrées voisines de la mer, et y cherche sa subsistance. Mais, lorsqu'il se jette sur un étang, il est d'une telle adresse à pêcher, et d'une si grande voracité, qu'il y fait d'horribles dégâts. Il paroît être fort friand des anguilles, et Othon Fabricius prétend qu'au Groënland, où il reste toute l'année, sa principale nourriture est le scorpion de mer, *cottus scorpius*, Linn., dont les piquans doivent cependant lui présenter de grands obstacles pour la déglutition. Le même auteur donne sur les mœurs de ces oiseaux des détails dont il résulte qu'ils vivent en bandes paisibles dans des lieux escarpés. Lorsqu'ils aperçoivent un chasseur, ils prennent leur vol, qu'ils dirigent d'abord en bas, et qu'ils élèvent ensuite peu à peu en redressant le cou; mais la nuit ils craignent de voler, et les chasseurs exercés peuvent en faire tomber plusieurs l'un après l'autre dans leurs filets. On en tue aussi avec des flèches; et lorsque pendant l'hiver ils se retirent dans des lieux moins élevés, on les attire avec quelque appât qui enveloppe un hameçon; les hommes les plus hardis parviennent même à en prendre vivans pendant leur sommeil.

En Hollande, où les cormorans arrivent dans les premiers jours de mars, et où ils habitent, jusqu'au mois de novembre, les polders, terrains conquis par la mer lorsqu'elle rompt les digues, et surtout celui qui porte le nom d'*Yssel-meer*, leurs nids sont posés d'abord sur le sol, qui n'est qu'un tissu fangeux de joncs et de roseaux, et ensuite les uns sur les autres. Mais, si leurs œufs sont recherchés par les boulangers qui les font entrer dans la composition des biscuits de mer, ce genre de produit est loin de pouvoir compenser les ravages qu'ils causent en se dispersant le jour, à quelques milles de distance, sur les eaux du pays, qu'ils semblent se partager, sans toucher, dit-on, aux poissons des étangs les plus voisins de leur repaire.

Cormoran nigaud; *Phalacrocorax graculus*. Cette espèce, connue aussi sous le nom de petit cormoran, est le *pelecanus graculus*, Linn., et, dans son jeune âge, le *pelecanus africanus*, Gmel. Les signes principaux qui font distinguer ce cormoran de l'espèce précédente, sont de n'avoir à la queue que douze pennes au lieu de quatorze, et d'être dépourvu de la mentonnière blanche. D'ailleurs sa taille n'excède guère deux pieds. Dans son jeune âge, cet oiseau a un peu de cendré sur la gorge: le dessus de la tête, le croupion, l'abdomen et les pennes des ailes et de la queue sont d'un brun noirâtre ; le devant du cou et la poitrine d'un cendré brun ; les plumes du haut du dos et des ailes de la même couleur au milieu, mais bordées de brun foncé. La 974.e planche enluminée de Buffon le représente assez bien dans cet état, sous le nom de fou brun de Cayenne. En été, le plumage devient d'un noir verdâtre mat, la nuque se garnit de longues plumes d'un vert foncé à reflets formant une huppe ; et l'on voit aussi paroître, sur le sommet de la tête et sur une partie du cou, les plumes blanches effilées qui se remarquent sur l'autre cormoran, mais qui disparoissent presque toutes en hiver, époque à laquelle la tête, la gorge, le cou et toutes les parties inférieures sont d'un noir mat, et où les plumes du dos, qui sont plus pointues, et les couvertures des ailes se détachent les unes des autres par la bordure noire qui tranche sur le cendré foncé du milieu. La région nue des yeux et la petite poche gutturale sont d'un jaune rougeâtre. La mandibule inférieure est de cette dernière couleur, et les pieds sont noirs. Sparman a ainsi représenté cette espèce, pl. 61 du *Musæum Carlsonianum.*

Le nigaud habite les contrées septentrionales et méridionales des deux mondes. Les poissons forment sa nourriture, et il niche dans les fentes des rochers et sur les arbres. Ses œufs sont blanchâtres, de la grosseur de ceux des poules ; et cette circonstance donne lieu de penser que c'est aux nigauds, plutôt qu'à la grande espèce de cormorans, qu'il faut rapporter les *plutons*, que Léguat a vus près de l'île Maurice, sur un rocher où ils passoient six mois de l'année, et qu'il a décrits, tom. II, p. 45 et 46 de l'édition d'Amsterdam de 1708, comme étant tout noirs, jetant des cris semblables aux mugissemens d'un veau, et ayant la chair et les œufs de fort mauvais goût. Le célèbre Cook en trouva une si grande quantité dans une île du détroit de Magellan, qu'il la nomma *île Shagg*, ou *des Nigauds.* Dans quelques cantons de ces terres à demi glacées et dénuées d'arbres, ces oiseaux font leurs nids sur de petits mondrains où croissent des glaïeuls. Au bruit des coups de fusil ils ne s'élevoient que de quelques pieds, et retomboient sur leurs nids ; mais les armes à feu n'étoient pas nécessaires pour les tuer, et ils se laissoient abattre à coups de perche et de bâton. Il paroît que ces oiseaux ne vont pas loin en mer, et qu'ils perdent rarement la terre de vue.

Plusieurs auteurs regardent le tingmik, *pelecanus cristatus*, Gmel., et le *pelecanus nævius*, Gmel., et *punctatus*, Lath., comme assez voisins du nigaud pour n'en former peut-être que des variétés d'âge. D'un autre côté, il est très-douteux que toutes les espèces établies d'après les Voyages de Cook, etc., soient réelles, et notamment les *pelecanus cirratus* et *carunculatus*, Gmel., qui sont de la même taille, habitent les mêmes contrées, et ont chacun une bande blanche aux ailes; mais, comme on manque de renseignemens assez positifs pour prononcer affirmativement, on donnera ici une notice des divers cormorans décrits par les ornithologistes, en commençant par celui dont la taille suffit pour garantir l'espèce distincte.

Cormoran pygmée, *Phalacrocorax pygmæus*. Pallas a trouvé, près de la mer Caspienne, cet oiseau, qui est décrit dans l'Appendix de son Voyage, sous le n.° 39, et gravé dans l'Atlas sur la première planche d'animaux. C'est le *pelecanus pygmæus* de Gmelin et de Latham, qui est à peine de la grosseur de la sarcelle commune, et dont la queue est composée de douze pennes, comme celle du nigaud, avec lequel il a beaucoup de ressemblance. Son plumage est noir, avec des reflets verts sur le cou et sur la poitrine; les couvertures des ailes, d'un brun obscur au centre, ont aussi les bordures d'un noir brillant; et l'on remarque autour des yeux et sur le cou, la poitrine et les flancs, de petits points blancs formés par les plumes soyeuses et fines qui naissent entre les autres. Les individus qui n'offrent pas de ces points blancs sont regardés comme des femelles; mais, d'après ce que l'on a déjà fait observer, l'absence des plumes effilées pourroit être due à leur chute au temps de la mue.

Un cormoran d'une aussi petite taille, qui est tout noir et a le bec rouge, existe aux Indes orientales.

Cormoran tingmik; *Pelecanus cristatus*, Gmel. et Lath. Cet oiseau, qui habite les rochers de la Norwége, de l'Islande, du Groënland, et que l'on voit aussi quelquefois en Angleterre, a environ deux pieds; il porte sur chaque côté de la tête des plumes longues et noires, qui tombent sur le cou en forme de huppe ; celles de la tête, du cou et du haut du dos, sont d'un vert foncé, et les plumes qui couvrent les ailes ont le centre et les bordures comme au nigaud. Le ventre est noirâtre ; la queue, d'un vert sombre, a douze pennes. La grande quantité de fiente liquide dont cet oiseau couvre les rochers qu'il fréquente, lui a fait donner, en langue groënlandoise, les noms de *tingmik* ou *tingmirksouk*, qui désignent la diarrhée.

Cormoran tacheté : *Pelecanus nœvius*, Gmel., et *punctatus*, Lath. On reconnoît aisément, en rapprochant la pl. 104 du *Synopsis* de ce dernier auteur et la pl. 10 du *Musæum Carlsonianum* de Sparman, qu'elles s'appliquent toutes deux à cet oiseau que chaque auteur annonce aussi comme se trouvant à la Nouvelle-Zélande, et nichant dans les rochers qui bordent la baie de la Reine-Charlotte, où on l'appelle *pa-degga-degga*. Il est remarquable par les deux touffes de plumes qui s'élèvent sur le devant et le derrière de la tête, et qui sont plus longues à cette dernière place, et surtout par une bande blanche qui part des yeux et descend de chaque côté, le long du cou, jusqu'à la poitrine. Les couvertures des ailes, qui sont d'un cendré brunâtre, comme au nigaud, s'en distinguent aussi parce que, au lieu d'une bordure noire, elles sont terminées par une tache ronde de cette couleur. Le ventre est d'un blanc grisâtre, et le reste du plumage est noir.

Cormoran caronculé ; *Pelecanus carunculatus*, Gmel. et Lath. Cet oiseau, de la taille du nigaud, a des caroncules sur la peau rouge qui couvre les côtés de la tête, entre le bec et l'œil, et l'orbite de l'œil bleu, surmonté d'un tubercule. Le dessus du corps est noir, à l'exception d'une longue bande blanche sur les couvertures des ailes, et les parties inférieures sont également blanches. Ces oiseaux, qui habitent la Nouvelle-Zélande, placent au bord des rochers, sur des touffes de plantes graminées du genre *Dactylis*, leurs nids, sur lesquels ils en construisent chaque année de nouveaux, comme on a vu que le faisoient les grands cormorans dans les polders de la Hollande.

Cormoran a aigrette bouclée ; *Pelecanus cirratus*, Gmel. et Lath. Cet oiseau, qui, par les quatorze pennes de sa queue, et par sa taille de deux pieds six à huit pouces, se rapproche du grand cormoran, a aussi du rapport avec le cormoran caronculé, par la bande blanche de ses ailes, et par sa couleur, qui est la même en dessous et noire en dessus; mais il diffère des deux par les plumes très-longues du sommet de la tête, qui, réunies en une touffe, prennent la forme d'une aigrette, d'abord droite, et s'inclinant ensuite sur le front.

On trouve aussi dans l'Australasie, 1.° un *cormoran gris-brun*, de la taille du nigaud, dont les parties inférieures sont blanches, et dont les parties supérieures annoncent, par leur couleur peu prononcée, un jeune âge plutôt qu'une espèce particulière; 2.° un *cormoran noir et blanc*, qui a les sourcils, les joues et toutes les parties inférieures d'un beau blanc, les parties supérieures noires, mais qui n'est que de la taille du canard; 3.° un *cormoran varié*, de deux pieds de longueur, qui a les couvertures des ailes et les pennes caudales bordées de blanc, couleur répandue aussi sur toutes les parties inférieures du corps, dont le reste est d'un noir plus ou moins foncé. Les œufs de ces derniers, longs d'un pouce et demi, et plus petits que ceux d'une poule, sont d'un blanc bleuâtre. Enfin, l'on trouve en Russie un *cormoran à ventre bleu*, qui est de la taille du nigaud, et dont la tête, la gorge, la poitrine et tout le dessus du corps sont d'un noir à reflets violets sur le dos, et qui a l'espace nu, entre le bec et l'œil, d'un beau bleu.

Cormoran magellanique; *Pelecanus magellanicus*, Gmel. et Lath. On a trouvé cet oiseau, dont la longueur est de vingt-six pouces, à la Terre-de-Feu, où il niche dans les rochers coupés à pic. La partie de la tête qui est dénuée de plumes, et le haut de la gorge, sont de couleur rouge; il a, derrière l'œil, une tache blanche, et le dessous du corps de la même couleur; la tête et le cou, jusqu'à la poitrine, sont d'un noir à reflets, les parties supérieures d'un noir foncé et mat. Le bec et les jambes sont également noirs.

M. d'Azara a décrit, n.° 423 de ses Oiseaux du Paraguay, sous le nom de *zaramagullon* noir, un oiseau que les Guaranis appellent aussi *vigua*, et qui est une espèce de cormoran fort voisine de la précédente, si ce n'est pas la même. Sa queue, étagée, a douze pennes, comme celle du nigaud; sa langue a la forme d'une pelle; l'iris est de couleur d'émeraude; la base du bec, noire en dessus, est jaune en dessous, et le reste est brun; il y a, derrière l'angle de la bouche, une petite bordure de plumes blanches, et des points de la même couleur sur les côtés de la tête ; la région des oreilles et les côtés du cou sont parsemés de plumes blanches et effilées qu'on remarque à la plupart des espèces de ce genre, mais dont M. d'Azara a trouvé plusieurs individus privés entièrement, soit par l'effet de la mue, soit par la différence des sexes. Les plumes scapulaires et celles qui couvrent les ailes ont aussi leur centre moins foncé que les bords, qui sont noirs comme le reste du corps.

Cormoran ouril ; *Pelecanus urile*, Gmel. et Lath. Cet oiseau du Kamtschatka est de la taille du grand cormoran ; mais il n'a que douze pennes à la queue, comme le nigaud : son bec est d'un rouge verdâtre à la base ; ses yeux sont entourés d'une membrane rouge ; il a sur le cou ces longues plumes blanches et effilées qui semblent un attribut du genre ; son dos et ses ailes sont d'un noir luisant ; ses cuisses sont blanches comme celles du grand cormoran. Ces oiseaux se tiennent, la nuit, rangés par troupes sur les bords des rochers escarpés, d'où, en dormant, ils tombent souvent dans l'eau, et deviennent la proie des isatis (*canis lagopus*). Crascheninnikow rapporte, dans sa Description de ce pays, formant le 2.e vol. du Voyage en Sibérie de Chappe, p. 494, que les Kamtschadals attrapent ces oiseaux en s'approchant, sur le soir, de leurs rochers, avec de longues perches, auxquelles sont attachés des lacets ou nœuds coulans, qu'ils leur passent autour du cou ; et il est d'autant plus facile de les enlever ainsi les uns après les autres, que la prise de leurs camarades ne les effraie point, et que ceux à qui l'on ne peut pas mettre tout de suite le lacet, ne font que secouer la tête sans changer de place.

Les ourils, qu'on nomme aussi *baclans*, pondent au mois de juin, dans les crevasses des rochers, des œufs de la grosseur de ceux d'une poule, qui ont une couleur verte, et sont de mauvais goût.

On trouve aussi au Kamtschatka le cormoran violet, *pelecanus violaceus*, Gmel. et Lath., dont le plumage est tout noir, avec des reflets violets. Pennant, dans sa Zoologie arctique, 1.ere édit., t. 1, pag. 584, donne ce cormoran, ainsi que l'ouril, comme des variétés du tingmik, *pelecanus cristatus*.

Cormoran de la Chine ; *Pelecanus sinensis*, Lath. Ce cormoran, que les Chinois appellent *leu-tze*, a la mentonnière blanche du grand cormoran, mais les douze pennes de sa queue le rapprochent du nigaud. Son plumage est d'un brun noirâtre en dessus, avec des taches brunes et blanchâtres en dessous. Le bec est jaune, l'iris bleu, et les pieds noirâtres. C'est ce cormoran que les Chinois emploient pour la pêche des poissons sur un lac formé par la rivière de Luen, où se rassemble un nombre considérable de petits bateaux, montés chacun par un seul homme, mais sur chacun desquels sont dix à douze cormorans, qui, au signal du conducteur, plongent dans l'eau tous ensemble, et en rapportent leur capture, même sans qu'on ait besoin de leur entourer le cou d'un anneau.

Les vautours *aura* et *urubu* portent, dans diverses contrées de la Guiane, le nom de *cormoran piailleur des Amazones.* (Ch. D.)

CORMUS. (*Bot.*) Willdenow désigne par ce mot la partie des végétaux cryptogames qui se trouve hors de terre, la fructification exceptée. Necker nomme cette même partie *anabices.* (Mass.)

CORNACCHIA. (*Ornith.*) La corbine ou corneille noire, *corvus coronie*, est connue en Italie sous ce nom et sous celui de *cornacchio;* mais il paroît que le premier terme désigne aussi la corneille mantelée, *corvus cornix*, et que le freux, *corvus frugilegus*, y est nommé *cornacchione.* (Ch. D.)

CORNACCIA. (*Bot.*) On lit dans la Flore Françoise que la valériane rouge des jardins, *centranthus ruber*, est cultivée dans les parterres sous ce nom, et sous ceux de behen rouge, de barbe de Jupiter. (J.)

CORNARET, *Martynia.* (*Bot.*) Genre de plantes, de la famille des bignones, appartenant à la *didynamie angiospermie* de Linnæus; genre très-naturel, et dont le caractère essentiel réside principalement dans la structure de ses fruits; les caractères tirés de la considération du calice, du tube de la corolle, des étamines, variant dans les espèces, ne peuvent fournir que des différences secondaires : autrement il faudroit établir des genres particuliers qui détruiroient les rapports des espèces, et seroient contraires à la véritable philosophie de la science. Son calice est d'une seule pièce, à quatre ou cinq divisions plus ou moins profondes, muni à sa base de trois bractées; la corolle campanulée ou infundibuliforme : le tube cylindrique ou ventru ; le limbe irrégulier, à quatre ou cinq lobes inégaux ; l'inférieur plus grand ; quatre (quelquefois deux) étamines fertiles, didynames, plus courtes que la corolle, une cinquième stérile ; les anthères conniventes ; un ovaire supérieur, surmonté d'un style simple et d'un stigmate à deux lames.

Le fruit est une capsule ligneuse, ovale, alongée, terminée par une longue pointe courbée en corne, ridée extérieurement et creusée de quatre sillons dans sa longueur ; les bords du sillon extérieur dentés ou frangés. Cette capsule s'ouvre, à son sommet, en deux valves, médiocrement séparées ; elle est uniloculaire à sa base, à cinq loges dans le reste de sa longueur, la cinquième loge située entre les quatre autres : ces loges renferment plusieurs semences ovales, comprimées, chagrinées ou raboteuses à leur surface extérieure.

Les espèces renfermées dans ce genre sont peu nombreuses, la plupart originaires de l'Amérique méridionale, toutes herbacées, à feuilles opposées, rarement alternes : les fleurs sont assez grandes, disposées en épis ou en grappes terminales ou axillaires. Voici les plus remarquables :

Cornaret a longues cornes : *Martynia proboscidea*, Willd. : Gloxin. *Obs.*, pag. 14 ; *Martynia alternifolia*, Lamk., Dict. et *Ill. gen.*, tab. 537, fig. 2 ; *Martynia annua*, Linn., Sabb., Hort. 2, tab. 91 ; *Proboscidea Jussiæi*, Schmid., *Icon.*, tab. 12. Cette espèce est une des plus connues par la forme très-remarquable de ses fruits : elle est originaire de l'Amérique méridionale : on la cultive, depuis long-temps, dans plusieurs jardins botaniques de l'Europe. Ses tiges sont diffuses, herbacées, velues, fistuleuses, hautes d'un pied et plus, rameuses, garnies de feuilles longuement pétiolées, presque toutes alternes, grandes, molles, d'un vert grisâtre, un peu arrondies, en cœur, obtuses, très-entières, couvertes de poils glutineux, ainsi que toutes les autres parties de la plante. Les fleurs sont campanulées, blanchâtres, parsemées en dedans de points orangés, et rayées de jaune, disposées en grappes terminales. Leur calice est d'une seule pièce, ouvert d'un côté à sa base, à cinq lobes courts, muni en dehors de deux bractées étroites, adhérentes avec la base du calice ; le stigmate est irritable, et se ferme lorsqu'on le touche ; la capsule est ligneuse, très-dure, terminée par une corne arquée, longue d'environ quatre pouces ; lorsqu'elle est à demi ouverte, elle représente deux cornes d'un aspect très-singulier.

Cornaret anguleux : *Martynia angulosa*, Lamk., Encycl. 2, pag. 112 ; *Ill. gen.*, tab. 537, fig. 1 ; *Martynia diandra*, Jacq., *Hort. Schœnb.*, 3, tab. 289. Cette espèce a, dans son port et dans la forme de ses feuilles, beaucoup de rapports avec la précédente ; mais ses feuilles sont toutes opposées, anguleuses, aiguës, particulièrement les supérieures. Les fleurs naissent dans la bifurcation des rameaux, en grappes courtes, munies de bractées nombreuses, ovales, concaves, teintes de violet en dehors ; la corolle est blanche, tachetée de pourpre ou d'un violet cramoisi en leur limbe ; il n'y a ordinairement que deux étamines fertiles. Les capsules sont courtes, renflées, longues d'un pouce, terminées par une pointe courte, courbée en crochet. Elle croît à la Vera-Crux et au Mexique.

Cornaret a longues fleurs : *Martynia longiflora*, Linn. ; Meerb., *Icon.* 7 ; *Martynia capensis*, Gloxin., *Obs.*, pag. 13. Cette plante, découverte au cap de Bonne-Espérance, a des tiges droites, herbacées, un peu rudes : des feuilles opposées, pétiolées, orbiculaires, ondulées, marquées de trois nervures. Les fleurs sont solitaires, axillaires, médiocrement pédonculées ; leur calice court, à cinq dents ; le tube de la corolle fort long, aminci dans son milieu, renflé au-dessus de sa base ; les stigmates linéaires, roulés en dehors ; le péricarpe muni de chaque côté de sa base d'une petite dent épaisse ; la corne terminale peu apparente. A la base de chaque pédoncule, au lieu de stipule, on distingue une glande ou une sorte de cupule, contenant un globule qui paroit muni d'un style court et d'un stigmate. Les semences sont fort petites.

Cornaret spathacé : *Martynia spathacea*, Lamk., Encycl. 2, pag. 112 ; *Martynia craniolaria*, Willd. ; Gloxin., *Obs.*, pag. 14 ; Ehrh., *Pict.* 1, fig. 2 ; *Craniolaria annua*, Linn. ; Jacq., *Amer.*, 173, tab. 110, et *Pict.*, tab. 166. Cette plante, qu'on avoit d'abord placée dans un genre particulier, appartient évidemment au *martynia*, malgré quelques différences dans son calice et sa corolle. Ses racines sont blanches, cylindriques, grosses, charnues, un peu rameuses, d'une saveur douce ; les tiges noueuses, diffuses, herbacées, chargées de poils visqueux ; les feuilles grandes, opposées, en cœur à leur base, à cinq lobes anguleux, aigus; les fleurs disposées en grappes terminales et axillaires. Le calice est d'une seule pièce, ovale-oblong, en forme de spathe, s'ouvrant d'un côté dans toute sa longueur, accompagné de deux bractées alongées; la corolle blanche, infundibuliforme; le tube fort long, grêle, cylindrique; le limbe campanulé, irrégulier, évasé, marqué à son origine de trois taches d'un pourpre noir. Le fruit est court, assez semblable à celui du cornaret anguleux. Elle croît en Amérique, dans les environs de Carthagène. Les habitans du pays servent sur leur table la racine dépouillée de son écorce, et cuite avec la viande de bœuf, ou bien ils la confisent au sucre, et en font usage au dessert.

Cornaret vivace : *Martynia perennis*, Linn.; Ehret., *Pict.*, tab. 9, fig. 2.; *Gloxinia maculata*, l'Hérit., *Stirp. nov.*, pag. 149. On a soupçonné que, dans cette plante, l'ovaire étoit inférieur, ce qui a déterminé l'Héritier à en faire un genre particulier. Ses racines sont noueuses, assez semblables à celles de la dentaire; les tiges hautes d'un pied, droites, presque simples, parsemées de petites taches rouges; les feuilles pétiolées, opposées, ovales, presque en cœur, vertes, glabres, dentées, luisantes en dessus, glauques, et quelquefois rougeâtres en dessous, principalement les inférieures; les pédoncules axillaires, uniflores; les folioles du calice glabres, oblongues, obtuses; la corolle bleue, pubescente en dehors. Elle croît dans l'Amérique méridionale.

Loureiro a découvert au Zanguebar, sur les côtes orientales de l'Afrique, une nouvelle espèce de cornaret, qu'il décrit sous le nom de *martynia zanguebaria*, Flor. cochin., 2, pag. 386. Ses tiges sont couchées, presque ligneuses, cylindriques, longues d'environ huit pieds; les feuilles opposées, pétiolées, pileuses, pinnatifides, incisées; les fleurs axillaires, solitaires, d'un pourpre clair; le calice composé de cinq folioles lancéolées, pileuses, presque égales; la corolle pourvue d'un grand tube en bosse: le limbe court, à deux lèvres: la supérieure à trois lobes obtus, celui du milieu échancré: la lèvre inférieure plus longue, ovale, très-entière: les capsules ligneuses, comprimées, presque ovales, à quatre tiges monospermes, terminées par une longue corne arquée. (Poir.)

CORNE. (*Chim.*) On a appliqué le nom de *corne* à des substances très-différentes sous le rapport de la composition chimique : par exemple, les cornes de toutes les espèces du genre Cerf sont, en grande partie, formées de phosphate de chaux et d'une matière organique qui se convertit en gélatine, par l'action de l'eau bouillante : elles ne diffèrent des os que par une plus grande quantité de cette matière organique. Les cornes des bœufs, des antilopes, et, en général, de tous les ruminans à cornes creuses, sont formées, presque en totalité, d'une autre matière organique, que M. Hatchett regarde comme de l'albumine coagulée, et M. Vauquelin comme du mucus solide, uni à un peu d'huile. La proportion du phosphate de chaux qu'on y rencontre, est très-petite, puisque 52 grammes de corne de bœuf incinérée n'ont donné à M. Hatchett que $0^{gr},097$ de cendres, et 5 grammes de corne de chamois ne lui en ont donné que $0^{gr},032$.

La corne de bœuf est flexible, demi-transparente, surtout quand elle est réduite en couche mince. Par la chaleur, elle se ramollit assez pour qu'on puisse en souder des morceaux, et la façonner en boîtes de formes très-variées.

L'eau ne dissout pas la corne de bœuf, à la température de 100^{d} ; mais, en renfermant les matières dans un digesteur, M. Vauquelin est parvenu à en opérer la solution, sans déterminer la séparation des élemens de la corne. La liqueur évaporée ne se prenoit point en gelée. (Ch.)

CORNÉ, *Corneus*. (*Bot.*) Le pollen de l'asclépias offre le singulier caractère d'être dur et flexible comme de la corne. Plusieurs fucus ont également la consistance de la corne. Le périsperme des rubiacées est aussi corné, etc. (Mass.)

CORNE. (*Conch.*) M. Megerle a établi ce genre pour quelques espèces de coquilles bivalves, que Gmelin a rangées parmi les tellines. Les caractères qu'il lui donne sont : Coquille bivalve équivalve, inéquilatérale, à peu près ronde, et ordinairement transparente comme de la corne ; charnière presque médiocre, avec trois dents cardinales et six dents latérales. L'espèce qui lui sert de type est la telline cornée, *tellina cornea*, Gmel. ; Chemn., *Conch.* 6, tab. 13, fig. 133, a. b. C'est une petite coquille presque globuleuse, presque translucide, et très-délicatement striée longitudinalement ; elle se trouve communément dans les fleuves et les mers d'Europe. Les figures qu'en donne

Lister, *Anim. Angl.*, ont été copiées de Bonnani, *Mus. Kirch.*, et elles ont été reprises par Gmelin, qui en a fait trois espèces : la *T. cornea*, *siberica* et *adrantica*, d'après ce qu'en dit M. Megerle, qui regarde aussi comme appartenant à la même espèce, l'*aria lactea* du même Gmelin. Du reste ce genre contient en outre quatre autres espèces que M. Megerle ne cite pas. (De B.)

CORNE D'ABONDANCE. (*Bot.*) C'est un champignon du genre *Peziza* (*peziza cornucopioides*, Linn., Bull.), que Persoon rapporte au genre *Merulius*. (Voyez Merule.) La corne d'abondance de Paulet (Trait. 2, p. 119, tab. 28, fig. 1-3) est un champignon différent, qui appartient au genre Agaric de Linnæus, et qui se fait remarquer par sa forme en entonnoir. Ce champignon croît dans nos bois, au pied des chênes, au printemps et en automne. D'abord tout blanc, il devient fauve ensuite, excepté les feuillets qui restent blancs. Il n'est point malfaisant. (Lem.)

CORNE D'ABONDANCE (*Conch.*), nom vulgaire de l'huître plissée. (De B.)

CORNED CONEY-FISH. (*Ichthyol.*) Suivant Hughes, c'est le nom anglois que l'on donne, à la Barbade, à l'ostracion quadrangulaire de M. de Lacépède, *ostracion cornutus*, Bloch, 133. Voyez Coffre. (H. C.)

CORNE DE CERF. (*Bot.*) Plusieurs champignons sont ainsi appelés. Ce sont les variétés de l'*hydnum coralloides* et quelques espèces du genre *Clavaria* de Linnæus, qui font partie maintenant du genre *Sphæria*. Voyez Hydne, Hypoxylon et Sphæria. (Lem.)

CORNE DE CERF (petite). (*Bot.*) Champignon très-voisin du *clavaria hypoxylon*, Linn. ; mais, au lieu d'avoir les sommités blanches, comme dans cette espèce, il est noir partout. Il est aussi plus grand. Ces champignons rentrent dans les genres Hypoxylon, Bull., et Sphæria, Pers. Voyez ces mots. (Lem.)

CORNE DE CERF. (*Bot.*) On donne vulgairement ce nom à plusieurs plantes dont les feuilles sont divisées à peu près comme le bois des cerfs : l'une est le coronope de Ruelle ou vulgaire, l'autre le plantain corne de cerf, la troisième une espèce de sisymbre, et la quatrième une espèce de sauge. (L. D.)

CORNE DE DAIM. (*Bot.*) On donne ce nom à quelques espèces

de clavaires branchus, dont les rameaux imitent les cornes du daim par leur forme. La plus remarquable de ces espèces est le *clavaria rugosa*, Bull., qui croît aux environs de Paris, qui est figuré par Vaillant, t. 8, f. 2 du *Botanicon Parisiense*, et par Bulliard, t. 448, f. 2 de l'Herbier de la France. On en connoît plusieurs variétés. (Lem.)

CORNE DE DAIM (*Polyp.*), nom marchand d'une espèce de madrépore, *madrepora muricata*, Linn. (De B.)

CORNÉENNE. (*Min.*) Le minéral que nous allons décrire sous ce nom, se présente rarement en masses uniquement composées de cette espèce nominale. C'est une pâte qui est presque toujours la base de diverses roches mélangées; mais cette pâte est sensiblement homogène, c'est-à-dire, qu'on ne peut y reconnoître à l'œil nu, ni même à l'aide de la loupe, aucune aggrégation distincte de minéraux différens. Nous ne doutons pas cependant que la cornéenne ne soit réellement le résultat de l'aggrégation de plusieurs espèces minérales; mais, comme ces espèces y sont réduites en parties d'une telle ténuité, qu'elles échappent à nos sens, le résultat de leur mélange est pour nous *homogène*.

Sans cette distinction, nous dirions avec Wallerius: « Sur « quelle base établira-t-on la différence qu'on doit mettre « entre les roches composées et les pierres? »

L'homogénéité de cette pâte, dans l'acception que nous venons de donner à ce mot, étant admise, il s'agit d'examiner si ce minéral homogène peut se rapporter nettement, et comme variété, à une espèce minérale déjà décrite, soit comme espèce réelle et rigoureuse, soit comme espèce de convention.

Or, nous allons voir tout à l'heure qu'elle ne peut être regardée avec certitude comme de l'amphibole compacte et terreux, ni comme du pyroxène dans le même état. On ne peut le rapporter à aucune des variétés principales de l'espèce du quarz auxquelles nous avons donné les noms de silex corné, et de jaspe schistoïde, *Kieselschiefer*. Ce n'est point une argile, ce n'est pas un basalte, ce n'est point non plus un schiste ou une vake, tels du moins que nous avons cru devoir caractériser ces autres espèces de convention. Cette pâte minérale, à parties indiscernables, doit donc être dénommée et caractérisée particulièrement et séparément des roches mélangées dont elle fait la base; car, d'après les principes que nous avons établis ailleurs, et que nous présenterons au mot Roche mélangée, tous les minéraux qui composent ces roches, soit comme parties constituantes, soit comme base, doivent avoir été décrits et dénommés séparément dans le Traité de Minéralogie, c'est-à-dire, dans le tableau de tous les minéraux homogènes distincts qui entrent dans la composition de la terre, et qui peuvent former les roches mélangées, en se réunissant suivant diverses régles.

Nous avons cru devoir présenter de nouveau ces principes, parce qu'ils donnent les raisons qui nous engagent à décrire la cornéenne comme espèce minérale de convention, en la séparant des roches dont elle fait ordinairement partie.

La cornéenne, telle que Dolomieu l'a caractérisée, en prenant pour type la base des variolites du Drac (*Mandelstein*), est généralement compacte et solide; elle a la cassure raboteuse, ou au moins irrégulière, l'aspect terne; elle répand par l'insufflation une odeur argileuse très-sensible. Elle est ordinairement difficile à casser, elle fait rebondir le marteau, et offre une sorte de ténacité qui l'éloigne de la vake, en la rapprochant du basalte. Elle a souvent assez de dureté pour ne point se laisser rayer par le cuivre qui y imprime sa trace. Le fer même a quelquefois de la peine à la rayer.

Les cornéennes se fondent assez facilement en un émail noir, brillant, et ce caractère les distingue du schiste, lorsqu'elles en ont la texture, et du jaspe schisteux, lorsqu'elles s'en rapprochent par la dureté. Elles agissent presque toujours sur l'aiguille aimantée.

Elles sont composées, comme les analyses suivantes vont le prouver : de silice, environ 50 pour cent; d'alumine, environ 15; de chaux, environ 6; de magnésie, 1; de fer, 18; et de soude et de potasse, 6. Il y a, dans ces principes constituans, une permanence et une constance de proportion fort remarquables.

Beaucoup de minéralogistes ont regardé les cornéennes comme un mélange intime et invisible d'amphibole et d'argile; mais aucune observation directe ne le prouve. Non-seulement l'amphibole en cristaux y est très-rare, mais on voit au contraire, dans la pâte de quelques cornéennes, des cristaux de pyroxène verdâtre, qu'on a pris tantôt pour de l'amphibole, tantôt pour de la chlorite (Cordier).

Le nom de *cornéenne*, critiqué par tout le monde, a été cependant admis par presque tous les minéralogistes qui lui ont donné des acceptions très-variées. Si Dolomieu ne sembloit pas l'avoir fixé et comme consacré par la définition assez précise et les exemples authentiques qu'il en a donnés, nous ne l'eussions pas adopté; mais une telle autorité nous a paru assez puissante pour la suivre : et pour contribuer, autant qu'il est en nous, a fixer ce nom, nous tâcherons d'en éclaircir la synonymie.

Les différences qu'il y a entre entre nos cornéennes compactes et nos cornéennes trapp sont quelquefois si légères qu'elles ont été tout-à-fait négligées, et, dans ce cas, les deux variétés ont été indistinctement désignées par le nom de cornéenne ou par celui de trapp. C'est ce dernier nom qui a été employé d'abord par Cronstedt et Wallerius pour désigner certaines roches de Norwége et de Suède, qui appartiennent non-seulement aux cornéennes trapp, mais à la pâte des roches composées, que nous nommons variolite, et dont la *variolite du Drac* est le type. M. Faujas a employé le nom de trapp entièrement dans cette même acception; et, par conséquent, les roches homogènes, ou base de roches, qu'il nomme ainsi, appartiennent toutes à l'espèce que nous décrivons ici sous le nom général de *cornéenne.*

M. Faujas nous paroît donc être le seul minéralogiste qui ait circonscrit l'espèce dans les mêmes limites que nous, en lui appliquant le nom général de *trapp.*

Wallerius renferme dans son genre *Corneus*, et sous les noms de *corneus trapezius* et de *corneus fissilis*, *durior et mollior*, notre deuxième, et peut-être notre troisième variété. Elles sont décrites, par ce célèbre minéralogiste, avec une clarté qu'on n'a pas surpassée. Les autres variétés de Wallerius appartiennent à nos amphiboles hornblende.

Les pierres vulgairement nommées *pierre de corne* et *roche de corne*, et le *hornstein* des minéralogistes allemands, sont tantôt des silex, tantôt des pétrosilex; plus souvent, comme dans de Saussure, ce sont des roches composées, telles que de la diabase à petits grains, des eurites schistoïdes noirâtres, etc.

M. Haüy, adoptant d'abord les principes de classification des roches de Dolomieu, a placé, sous le nom de roche cornéenne, la variolite du Drac, dont la pâte ou base appartient à l'espèce minérale que nous décrivons ici, en y réunissant trois autres roches, dont la base ou pâte nous paroît différente de la première. Il a changé depuis le nom de cornéenne en celui d'*aphanite ;* mais il a conservé la même réunion, quoique les roches qu'il désigne sous les noms d'aphanites amygdalaire, variolaire et porphyrique, semblent différer entre elles par la nature de leur base, par celle de leurs noyaux, et par leur mode d'aggrégation.

M. Cordier a considérablement étendu l'acception du nom de *cornéenne*, en l'appliquant à des schistes argileux tendres, etc.; et comme il en exclut les pâtes de toutes les roches amygdaloïdes, qu'il donne même pour caractère à ses cornéennes de ne renfermer aucune concrétion en forme d'amande, ce caractère, qui est en opposition complète avec ceux de la variolite du Drac, dont la pâte est le type de notre cornéenne, nous fait croire qu'il a eu en vue des minéraux très-différens de ceux que nous allons décrire : nous regrettons que le travail, si remarquable d'ailleurs, de M. Cordier, ait augmenté la confusion qui règne déjà dans la synonymie de la cornéenne, et que, s'étant décidé à adopter ce nom, il ne l'ait pas restreint davantage, en l'appliquant spécialement à la roche ainsi nommée par Dolomieu.

Les cornéennes de M. de Lamethrie renferment une seule des variétés de la nôtre; mais, comme la cornéenne compacte n'y est pas comprise, nous ne pouvons regarder son espèce *cornéenne* comme analogue à celle dont nous parlons ici.

Nous établirons dans cette espèce les variétés suivantes :

I. *Cornéenne compacte.*

Elle est solide, compacte, difficile à casser : sa cassure est raboteuse, passant à la cassure conchoïde.

M. Faujas rapporte les analyses suivantes de quatre variétés de cornéennes compactes, prises dans des lieux très-différens.

	d'Oberstein par Bergmann.	de Champsaur par Faujas.	de Hesse-Darmstadt par Dubois.	de Buxton par Langlois.
Silice.	52	49	55	58
Alumine	18	16	12	12
Chaux.	4	6	8	6
Magnésie. . . .	1	1	1	1
Fer	15	18	16	14
Soude et potass.	6	6	5	6
Perte	4	4	3	3

Je donnerai comme exemple de cette variété, 1.° la pâte brune, tirant sur le violet, des variolites du Drac : nous avons déjà annoncé que Dolomieu la considéroit comme une cornéenne bien caractérisée ; 2.° la pâte noirâtre des variolites du Derbyshire, appelées *toadstone;* 3.° la pâte vert-pâle des variolites de Keswig en Cumberland, et de celles de Planitz en Saxe ; 4.° les pâtes rougeâtre et verdâtre des variolites de Kehrzu, d'Ilefeld, etc., au Harz ; 5.° les pâtes rougeâtre et verdâtre de la roche qui renferme les agates d'Oberstein, et même de quelques variolites porphyroïdes du même lieu, et nous appuierons notre opinion à ce sujet de celle de M. Omalius d'Halloy, qui regarde la base de cette variolite, comme une vraie cornéenne. (*J. des Min.*, n.° 141, p. 442.)

II. *Cornéenne trapp.*

Cette variété est dure ; elle use le fer, mais n'est point scintillante ; elle est compacte ; son grain est par conséquent fin, serré, absolument mat, et surtout homogène, même au microscope : c'est, suivant M. Cordier, ce qui distingue le trapp du basalte, celui-ci offrant toujours dans sa cassure un grain un peu cristallin, et dans sa poussière, des grains de diverse nature : le trapp se brise en morceaux parallélipipédiques ; il a quelquefois la cassure conchoïde ; sa couleur la plus ordinaire est le noir, mais il y en a de bleuâtre, de verdâtre et de rougeâtre. On lui a donné le nom de trapp, parce que, en raison de sa cassure, les montagnes qui en sont composées présentent, dans leurs pentes escarpées, des espèces de marches ou de gradins. Le mot de *trapp* veut dire escalier.

Presque tous les minéralogistes ont suivi la détermination de Wallerius. Cependant M. Faujas regarde le *corneus trapezius* du minéralogiste suédois comme devant être rapporté aux amphiboles compactes. Quoiqu'il règne encore beaucoup de confusion dans la synonymie de cette pierre, il y en a cependant moins que dans celle de la variété précédente.

Le trapp dont il est ici question a donné à l'analyse les principes suivans :

	d'OEdelfors par Vauquelin.	de Norberg par Vauquelin.	de Kirn par Vauquelin.	de Renaison en Forest par Chevreul.	de . . . par Cabal et Chevreul.
Silice.	50	48	56	63	55
Alumine.	11	14	12	16	15
Chaux.	5	3	7	0	0,5
Magnésie.	3	2	0	0,7	0
Fer.	22	21	16 et mang.	12	10
Soude et potasse.	5	6	6	7,5	8
Eau	0	0	0	0	5
Perte.	4	4	3	1	et charbon 8

Ce trapp est, comme on le voit, une pierre homogène : il se distingue par là des trappites ou roches à base de trapp. Nous reviendrons sur son histoire en faisant celle de ces roches.

Cette pierre passe par des nuances insensibles à la diabase compacte, à petits grains; elle est elle-même considérée par les minéralogistes comme un mélange à parties indiscernables d'amphibole et de felspath : M. Cordier, d'après cette considération, y réunit beaucoup d'autres minéraux en masse, qui ont tous la propriété de fondre en un verre, ou noir opaque, ou vert foncé, ou jaunâtre.

M. Faujas, en laissant séjourner, pendant deux ou trois jours, dans un mélange d'acide sulfurique et d'eau, des trapps dont la surface a été polie, fait ressortir, par ce moyen, dans ceux qui paroissent le plus homogènes, de petits cristaux de felspath.

Le trapp est très-commun dans diverses parties de la Suède; les exemples en sont plus rares dans les autres régions de l'Europe. Nous pouvons cependant citer comme exemple authentique du minéral que nous décrivons ici, le sommet de la colline nommée le petit Donnon de Minguette, près de Rothau dans les Vosges, qui offre un escarpement isolé de toutes parts, et naturellement partagé en gradins symétriques qui vont de la base au sommet. *Cette roche, à pâte homogène, peut se rapporter exactement à la cornéenne trapp de Brongniart*, dit M. Calmelet. (J. des M., t. 35, n.° 208, pag. 225.)

III. *Cornéenne lydienne.*

Cette cornéenne est noire, terne, compacte : elle est plus tendre que la cornéenne trapp, et n'en a pas la structure parallélipipédique : cette structure est, au contraire, tantôt parfaitement compacte, et tantôt un peu schisteuse. La lydienne se laisse rayer, non seulement par le fer, mais encore par le cuivre, lorsqu'on agit avec l'angle ou l'arête d'un morceau de cuivre ; mais, lorsqu'on frotte cette pierre avec la partie plane ou arrondie d'un instrument de cuivre, elle reçoit la trace du métal. C'est à ces caractères qu'on la distingue des schistes argileux les plus noirs et les plus compactes, ceux-ci étant toujours rayés par le cuivre, et n'en recevant jamais la trace, de quelque manière qu'on s'y prenne : d'ailleurs les schistes ne fondent pas comme la cornéenne.

C'est sur la propriété qu'a la cornéenne lydienne de recevoir la trace de certains métaux, qu'est fondé l'usage que l'on fait de cette pierre pour juger par aperçu du titre de l'or. On la nomme vulgairement *pierre de touche* : elle porte aussi le nom de *lydienne*, parce que c'est celui que les anciens donnoient à la pierre de touche ; mais il n'en vient plus de Lydie. Celles dont on se sert actuellement viennent de Bohême, de Saxe et de Silésie. Je n'ose cependant assurer que les pierres de touche de ces pays se rapportent toutes à cette variété de cornéenne : il est même probable que la plupart d'entre elles sont des basaltes.

Ludovici dit, dans son Dictionnaire du Commerce imprimé à Leipsic en 1768, que les pierres de touche se trouvent près de Hidelsheim et de Goslar, et que ce sont des caillous noirs qui font feu au briquet. Il paroît qu'on se sert aussi pour le même usage, du basalte de Stolpen en Misnie.

Tous les ouvrages de minéralogie de l'école allemande rapportent à la pierre de Lydie (*lidischerstein*) un minéral très-différent de la cornéenne lydienne, et qui est le jaspe noir, que nous avons nommé jaspe schisteux.

La cornéenne lydienne dont nous traitons ici, est celle qui

sert de pierre de touche aux orfévres et aux essayeurs de Paris. Je n'en ai point vu d'autre sorte entre leurs mains. Elle est d'autant meilleure qu'elle est plus noire et plus compacte. Ce n'est certainement ni un basalte proprement dit, ni un jaspe schisteux. On dit que les unes viennent d'Allemagne, par la voie de Nuremberg, et les autres de France. Ces dernières se trouvent, dit-on, dans le Rhône près de Lyon. Non-seulement elles servent aux orfévres pour reconnoître le titre des petits bijoux d'or, mais on les emploie aussi pour polir le stuc et le calcaire marneux dur de Château-Landon, introduit maintenant à Paris dans la construction des grands monumens.

Les cornéennes appartiennent aux terrains primordiaux anciens ou transitifs. Tantôt elles forment des couches épaisses, tantôt elles se présentent en masses dans lesquelles la stratification n'est pas sensible. Elles forment, dans le plus grand nombre des cas, la base des variolites et de quelques variolites porphyroïdes, comme à Oberstein. L'histoire de leur gisement doit être nécessairement renvoyée à celle des roches dont elles font la base, c'est-à-dire, aux articles Variolite, Trappite, Terrains transitifs, etc. (B.)

CORNEILLE, Chassebosse (*Bot.*), noms vulgaires de la lysimachie ordinaire, *lysimachia vulgaris*. (J.)

CORNEILLE. (*Ornith.*) On appelle ainsi plusieurs espèces du genre Corbeau. Leurs petits se nomment vulgairement *corneillards*, *cornillarts*, *cornillats*. (Ch. D.)

CORNEJA (*Ornith.*), nom de la corneille corbine, *corvus corone*, Linn., en Espagne. (Ch. D.)

CORNELIA. (*Bot.*) La plante qu'Arduin a décrite et figurée sous ce nom dans son *Spec.* 2, pag. 9, tab. 1, paroît appartenir à l'*ammannia baccifera* de Linnæus. (Voyez Ammane.) Ses tiges sont droites, très-simples, longues de trois ou quatre pouces, fort tendres, cylindriques et roussâtres; les feuilles opposées, médiocrement lancéolées, très-entières à leurs bords; les fleurs réunies en verticilles, la plupart situées dans les aisselles des feuilles, soutenues par des pédoncules propres très-courts; les calices munis de quatre dents à leur orifice; les capsules rouges, globuleuses, plus grandes que le calice. Cette plante croît à la Chine: on assure qu'elle s'est aujourd'hui naturalisée dans l'Italie. (Poir.)

CORNES. (*Entomol.*) On appelle ainsi vulgairement les antennes dans les insectes. Quelques insectes sont encore armés de cornes sur la tête ou sur le corselet, et ils sont alors appelés cornus. Tels sont, parmi les coléoptères, quelques orites et scarabées, quelques trox; parmi les hyménoptères, quelques *abeilles* maçones, etc. (C. D.)

CORNES. (*Malacoz.*) On trouve dans la plupart des auteurs du dernier siècle, désignés sous ce nom employé encore par le vulgaire, les tentacules de certains mollusques, et spécialement ceux des limaçons, limaces, etc. (De B.)

CORNES D'AMMON. (*Conch.*) C'est un des noms françois sous lequel on désigne le plus ordinairement les coquilles fossiles, ou leurs moules, qui, par la manière dont elles sont enroulées sur le même plan, et à cause de leurs sillons transversaux, ne représentent pas mal la forme des cornes de la tête de belier que l'on donnoit aux statues de Jupiter Ammon; mais, comme depuis que l'art conchyliologique a été introduit dans l'étude des coquilles fossiles, on a été obligé de définir d'une manière plus précise les objets que l'on vouloit décrire, on a partagé en différens genres les coquilles qu'on désignoit vaguement sous ce nom, et on leur a donné des noms particuliers, entre autres celui d'Ammonite. Voyez ce mot. (De B.)

CORNES D'AMMON. (*Foss.*) Il a déjà été traité de ce genre au mot Ammonite; mais on a cru devoir y ajouter ce qui suit:

Les anciens avoient donné le nom de *cornes d'ammon* à ce genre de coquilles, à cause de leur ressemblance avec les cornes de Jupiter Ammon, qu'on représentoit avec des cornes contournées sur elles-mêmes. Dans le 15e et dans le 16e siècle, quelques auteurs leur ont aussi donné le nom de serpens pétrifiés pour lesquels ils prenoient ces fossiles. Ces coquilles furent regardées autrefois avec une espèce de vénération. Les Indiens révèrent encore aujourd'hui, sous le nom de *salagraman*, celles qu'ils ramassent sur les bords du Gange.

Depuis que l'on connoît l'animal de la coquille à cloisons, à laquelle on a donné le nom de spirule, *spirula fragilis*, Lamk., on ne doute plus qu'il n'y ait une grande analogie de structure entre lui et ceux qui ont formé les *cornes d'ammon*, les *nautiles*, et peut-être toutes les coquilles cloisonnées, c'est-à-dire, que ces coquilles n'aient été contenues, au moins en partie, dans le corps des mollusques auxquels elles ont appartenu. (Voyez, à cet égard, le mot SPIRULE).

On peut penser que ces animaux, n'ayant d'autres moyens de se transporter d'un lieu à un autre que la natation, retiennent, dans leurs cellules cloisonnées, de l'air qu'ils peuvent comprimer ou dilater, selon le besoin qu'ils ont de s'élever ou de s'abaisser dans les eaux, et que cette coquille cloisonnée remplace la vessie natatoire des poissons.

On ne rencontre jamais les *ammonites* que dans des couches très-anciennes, et elles s'y trouvent ordinairement avec des *térébratules*, des *gryphites*, des *bélemnites*, des *orthocératites* et des *encrinites*.

On en trouve des espèces de toutes les grandeurs, depuis quelques lignes, jusqu'à six pieds de diamètre; mais elles sont rares de ce volume.

Le nombre des cellules ou cloisons varie suivant les grandeurs et les espèces: on en compte communément depuis trente jusqu'à quarante; mais Bourguet assure qu'il en a vu qui en présentoient jusqu'à cent cinquante.

Bruguières indique, dans l'Encyclopédie méthodique, comme un fait digne de remarque, que les espèces qui viennent à un pied ou dix-huit pouces de diamètre se rencontrent dans les couches calcaires grises, et que, pour quelques-unes que l'on voit dans l'intérieur même des lits calcaires, on en trouve cent dans leurs interstices, où elles sont ordinairement adhérentes sur une de leurs faces à la couche inférieure, tandis que la face de dessus est seulement moulée sur la base de la couche supérieure, et s'en détache facilement.

Il ajoute que, plus les couches de pierre calcaire grise sont épaisses, plus elles sont homogènes, et que l'on trouve cependant une plus grande quantité d'*ammonites* dans leurs interstices, tandis que l'intérieur des bancs ne présente pas la moindre parcelle de coquilles d'aucune sorte.

Je n'ai pu me convaincre que le têt de toutes les *ammonites* ait été nacré, comme quelques personnes le croient; j'en ai vu des portions avec leur têt bien conservé qui étoit nacré ; mais j'en ai vu beaucoup qu'on regardoit comme étant nacrées, et qui n'étoient couvertes que d'une espèce de vapeur métallique irisée qui n'avoit aucune épaisseur sensible. Les moules intérieurs des *ammonites* qu'on trouve en Russie, portent souvent de pareilles couleurs, que j'ai observées aussi quelquefois sur des corps venant du même pays qui n'ont jamais été nacrés, comme des moules intérieurs de *bélemnites*. Pourroit-on supposer que la nacre du têt des *ammonites*, en se dissolvant, auroit donné ses couleurs non-seulement aux moules intérieur et extérieur de ces coquilles, comme on le voit fréquemment, mais encore à quelques-uns des corps qui les environnoient ? C'est un fait qui reste à éclaircir.

Les *ammonites* se présentent souvent à l'état pyriteux ou ferrugineux, et souvent celles qui ne sont pas dans l'un de ces deux états sont accompagnées de petits grains ovoïdes ferrugineux, de la grosseur d'un grain de millet, qu'on retrouve même dans l'intérieur des cellules avec la matière calcaire dont elles sont souvent remplies ; il en est d'autres dont les moules intérieurs sont seulement de matière calcaire ; et ces variétés, dans leur état différent, se présentent exclusivement par canton.

On en voit dont le têt, même celui des cloisons, est changé en pyrite, et dont l'intérieur de ces dernières est rempli de quarz ; quelquefois les cellules sont vides et tapissées de cristaux.

On trouve des espèces d'*ammonites* dont les cloisons présentent une concavité du côté de l'ouverture de la coquille, comme celles du *nautilus pompilius ;* mais un plus grand nombre présente une convexité ; d'autres enfin sont sinueuses.

Il est extrêmement rare de trouver des *ammonites* entières, c'est-à-dire, dont la coquille soit terminée ; cependant j'en possède un moule qui paroît être dans ce cas, et qui prouve, pour cette espèce-là au moins, qu'en terminant leurs coquilles, les animaux auxquels elles ont appartenu en rétrécissoient l'ouverture. Ce moule a environ huit pouces de diamètre ; les tours sont subcylindriques ; il se trouve, de chaque côté, des cordons simples qui se divisent en trois autres cordons qui passent sur le dos. A quelque distance des bords de l'ouverture, on voit que la coquille, au lieu de s'élargir, comme elle avoit fait dans tous les tours précédens, se rétrécit et laisse voir de chaque côté une partie de l'avant-dernier tour; en outre, le bord de la coquille qui répond au dos, a dû former un avancement assez considérable. Il n'en est pas ainsi des nautiles et de certaines autres espèces d'*ammonites*, dont l'ouverture va toujours en s'élargissant.

Il est extrêmement rare aussi de rencontrer des *ammonites* sous leur forme testacée sans qu'il se soit formé dans leur cavité aucune concrétion pierreuse; cependant on en cite quelques-unes qui furent trouvées dans cet état sur une montagne voisine de Pesare, et Bruguières assure en avoir vu dans le cabinet de M. Macquard qui avoient été trouvées en Russie. J'en possède plusieurs qui sont en partie en cet état; les unes viennent de Russie, et les autres de Saint-Paul-Trois-Châteaux en Dauphiné. Elles appartiennent à des espèces à cordons simples passant d'un côté à l'autre par le dos, et elles sont de deux espèces très-rapprochées, quoique leur lieu natal soit bien éloigné. Le tour extérieur de celles de Russie est pétrifié, et changé en une matière noirâtre, fort dure et accompagnée de gros grains de quarz; les autres tours, au nombre de cinq, ne sont composés que du têt, tant de la coquille que de ses cloisons. Celui du second tour est enlevé, et laisse voir aisément tant ces derniers que le siphon. Ce têt est extrêmement mince. Celui des cloisons n'est pas plus épais qu'un papier fin, et de couleur brune. L'espèce que l'on trouve à Saint-Paul-Trois-Châteaux est à peu près dans les mêmes circonstances: le tour extérieur est pétrifié en un calcaire jaunâtre, et les autres tours sont vides; mais les individus que je possède sont moins bien conservés dans les tours intérieurs que ceux qui viennent de Russie.

En général, la même espèce d'*ammonites* se rencontre dans le même canton, et une autre espèce dans un autre canton. On en trouve quelquefois une grande quantité de la même espèce entassées les unes sur les autres.

La forme des différentes espèces est très-variée : souvent elle varie dans les différens âges de la même espèce. Quelques-unes, vers le centre, ne portent que des cordons simples, qui, sur le dernier tour, se changent en deux rangées de gros tubercules de chaque côté. D'autres ont leurs tours cylindriques; d'autres les ont très-aplatis, et d'autres ont leur ouverture évasée, comme les nautiles.

Les cordons qui couvrent les *ammonites* varient suivant les espèces : il y en a de simples, de doubles, de triples, de quadruples. Les carènes qui se trouvent sur le dos de certaines espèces sont quelquefois simples; d'autres en ont deux, et d'autres trois. Quelques-unes ont seulement un enfoncement à l'endroit où est placé le siphon.

Il y a des *cornes d'ammon* dont la forme est ovale; mais je n'ai pu m'assurer que certaines espèces affectassent de prendre constamment cette forme.

On trouve dans les cabinets des morceaux qui prouveroient presque que certaines de ces coquilles, ayant été gênées dans leur accroissement, n'ont pu prendre la forme circulaire de toutes les autres.

On remarque des serpules et d'autres corps attachés sur les *ammonites*, même sur le moule de quelques-unes dont le têt est détruit.

Une chose bien digne d'être remarquée et bien étonnante, c'est que l'on n'ait pas encore trouvé à l'état vivant un genre de coquille que l'on rencontre partout en Europe si abondamment à l'état fossile.

Les environs de Paris n'en présentent jamais. Les lieux les plus près où l'on en trouve, à ma connoissance, sont près de Chartres, dans les environs de Laigle et de Soissons.

On en trouve en France, dans les ci-devant provinces de Bretagne, du Poitou, de la Guyenne, de Gascogne, du Languedoc, de l'Anjou, de la Bourgogne, de la Touraine, du Perche, de la Normandie, de la Franche-Comté, de la Picardie, de l'Artois, dans les environs de Nancy, de Metz et de Mezières, et dans d'autres endroits.

On en rencontre en Suisse, en Angleterre, en Russie, en Allemagne, et dans presque toute l'Europe.

On en voit des figures dans les ouvrages de Knorr, de Bourguet, de Dargenville, de Sowerby, dans les planches de Favannes, dans celles de l'Histoire Naturelle de la montagne de Saint-Pierre de Maestricht, et dans beaucoup d'autres ouvrages. (D. F.)

CORNET (*Conch.*), Dargenville. C'est le conus géographique

de Gmelin ; le brocard de Soye ; le type du genre Rouleau de M. Denys de Montfort.

Cornet chambré. C'est un des noms de la coquille de la spirule.

Cornet de postillon. C'est le nom le plus ordinaire de la coquille de la spirule.

Cornet de Saint-Hubert. C'est encore un des noms de la coquille de la spirule. Il paroit qu'il est aussi quelquefois employé pour désigner une espèce de hilsec en forme de planorbe. (De B.)

CORNET. (*Malacoz.*) On appelle ainsi, sur les bords de la Manche, les calmars, *loligo*. (De B.)

CORNETS. (*Conch.*) C'est le nom françois sous lequel on désignoit autrefois en France une grande partie des coquilles du genre Cône, mais qui n'est presque plus employé aujourd'hui. (De B.)

CORNICABRA (*Bot.*), nom donné dans quelques lieux de l'Espagne, suivant Clusius, au térébinte, probablement parce que quelquefois l'extrémité de ses rameaux avorte, pour ainsi dire, et se termine en une corne alongée et creuse qui contient une poudre grisâtre, au milieu de laquelle sont cachés de petits insectes ailés : ce qui prouve que ces cornes sont le résultat d'une piqûre d'insectes. Clusius en donne une figure dans ses *Stirpes Hispanicæ*. (J.)

CORNICHE (*Bot.*), nom vulgaire du fruit de la mâcre. (L. D.)

CORNICHON (*Bot.*), variété du concombre cultivé, dont les fruits, appelés cornichons, sont bons à confire au vinaigre, pendant qu'ils sont encore verts. (L. D.)

CORNICHUELO (*Ornith.*), nom espagnol du petit duc, *strix scops*, Linn. (Ch. D.)

CORNICULARIA, Corniculaire. (*Bot.*) Schreber fit usage de ce nom pour désigner une division du genre *Lichen*, Linn., qui comprenoit le *lichen tristis*, et d'autres espèces rameuses à ramifications roides et corniculées. Hoffmann, en divisant le genre *Lichen*, Linn. en plusieurs autres, appela *cornicularia* le genre où il plaça le *lichen tristis*. Acharius, dans son *Prodromus*, l'adoptant comme tribu, en fit connoître les espèces. M. Decandolle (2.e édition de la Flore Françoise) forme un seul genre

Cornicularia, du *setaria* et du *cornicularia* d'Acharius. Celui-ci, dans son *Methodus*, reporta dans le *parmelia* le *setaria* et quelques espèces de son *cornicularia*; mais, dans sa Lichénographie universelle, le genre *Cornicularia* reparoît avec ses anciennes espèces, et le *setaria* prend le nom d'*alectoria*. Ainsi il existe deux genres *Cornicularia*, celui de M. Decandolle et celui d'Acharius, et ce dernier rentre dans le premier. Cependant, comme le *cornicularia* de Decandolle comprend aussi l'*alectoria* d'Acharius, que nous avons fait connoître à ce mot, nous nous bornerons à ne faire connoître ici que le genre *Cornicularia* du botaniste suédois.

Cornicularia; Ach., *Lich. univ.* Expansion (*thallus*) fine, rameuse, fruticuleuse, cotonneuse et pleine en dedans, recouverte d'une écorce dure, cartilagineuse; conceptacles (*apothecia*) de la même nature que l'expansion, orbiculaires, presque sans bords, à contour denté, ou radié, ou tuberculeux, se repliant inégalement en dedans par la vieillesse.

Ce qui distingue ce genre de l'*alectoria*, c'est que les espèces de ce dernier genre sont filamenteuses et à filamens fistuleux.

Ce genre renferme dix espèces, qui croissent toutes en Europe, sur les rochers ou à terre, et plus rarement sur les troncs d'arbres. Elles sont communément très-rameuses et capillacées, noires, ou brunes, ou rousses. Il y en a aussi de couleur de safran, et de jaune pâle. Les espèces très-rameuses rappellent les usnées avec lesquelles Hoffmann les plaçoit. Voici quelques-unes des espèces qui croissent en France.

Cornicularia tristis : Hoff., pl. lich. 34, f. 1; Ach., *Lich.* 610; Dec., Fl. Fr., n.° 892; *Lich. tristis*, Linn.; *Lich. gasates*, Lamk.; *Lich. rigidus*, Wulf. *in* Jacq, Coroll. 2, tab. 13, fig. 5. Il s'élève à peine de huit lignes; ses branches et ses rameaux, rassemblés en touffes, sont bruns dans le bas, noirs de jais au sommet, un peu comprimés, redressés, fasciculés, roides; les conceptacles sont de petites scutelles terminales d'un brun noirâtre, et crénelées sur les bords. Cette espèce croît sur les rochers, dans les Alpes, les Pyrénées, en Allemagne, en Angleterre, etc.

Cornicularia aculeata : Dec., Fl. Fr., n.° 893; Ach., *Lich.*, pag. 612; Vaill., *Par.*, t. 26, f. 8. Sa tige forme un buisson d'un brun marron, haut de deux pouces; ses ramifications un peu comprimées aux aisselles, sont flexueuses et parfaitement lisses;

leurs divisions sont divergentes, fourchues et aiguës comme des épines; les scutelles sont terminales, brunes comme la tige, et un peu dentelées sur les bords. Ce lichen croît à terre, dans les bruyères et les lieux secs, parmi les mousses et le gazon. Il est commun dans les environs de Paris.

Cornicularia lanata : Dec., Fl. Fr., n.° 898; Dill., *Musc.*, tab. 13, fig. 8-9. Cette espèce ressemble à des flocons de crin fin ou de laine. Elle est d'un beau noir; ses tiges, filiformes, solides et entre-croisées, sont divisées en rameaux plusieurs fois fourchus, entrelacés et divergens, rudes; les scutelles sont de même couleur et entières. Dans une variété les derniers rameaux sont simples : c'est le *lichen pubescens*, Linn., ou le *cornicularia pubescens*, Ach. Une autre a ses derniers rameaux fourchus, et les scutelles un peu glanduleuses sur le bord : c'est le *lichen lanatus*, Linn., ou *cornicularia lanata*, Ach. Cette espèce offre beaucoup de variétés, qui croissent toutes dans les montagnes, sur les rochers et les terrains arides. (Lem.)

CORNICULATUS. (*Bot.*) Ce genre de la famille des *lichen*, établi par Hill, et dont les *lichen tristis* et *aculeatus* des auteurs sont les types, est le même que le *cornicularia* d'Acharius. Voyez Cornicularia. (Lem.)

CORNICULES, *Corniculæ*. (*Entomol.*) Quelques auteurs anciens ont ainsi nommé les antennes des insectes. (C. D.)

CORNIDIA. (*Bot.*) Les auteurs de la Flore du Pérou (*Syst. veg.*, *Fl. Per.*, pag. 91.) ont mentionné sous ce nom un grand arbre du Pérou, à feuilles oblongues, dont il est difficile de déterminer parfaitement la famille naturelle, faute de détails suffisans, et qui appartient à l'*octandrie trigynie* de Linnæus : offrant un calice très-entier, obtusément trigone, à demi adhérent, s'augmentant avec l'ovaire; la corolle composée de quatre pétales; les étamines au nombre de huit : une capsule à trois cornes, à trois loges, à trois valves, renfermant des semences nombreuses. (Poir.)

CORNIER. (*Bot.*) Dans les campagnes on appelle ainsi le cornouiller mâle. (L. D.)

CORNIFLE (*Bot.*); *Ceratophyllum*, Linn. Genre de plantes dicotylédones, polypétales, périgynes, de la famille des lithraires ou salicariées de Jussieu, et de la *monoécie polyandrie* de Linnæus, dont les principaux caractères sont les suivans :

Fleurs mâles ayant un calice partagé en huit à dix découpures, et seize à vingt étamines, à filamens très-courts, portant des anthères droites, plus longues que le calice ; fleurs femelles ayant un calice à plusieurs divisions, et contenant un ovaire comprimé, surmonté d'un stigmate sessile, oblique : cet ovaire devient une petite noix ovale, pointue, uniloculaire et monosperme.

Les cornifles sont des plantes aquatiques, vivaces, à tiges herbacées, garnies de feuilles verticillées, découpées en divisions menues et linéaires, dont les fleurs sont axillaires, peu apparentes. On n'en connoît que deux espèces, toutes deux indigènes.

Cornifle nageante : *Ceratophyllum demersum*, Linn., *Spec.* 1409 ; Lamk., *Ill.*, t. 775, f. 2. Les feuilles de cette espèce sont hérissées de petites dents qui les rendent rudes au toucher. Ses fruits sont munis de trois cornes, dont une droite, terminale, et les deux autres divergentes, situées près de la base. Cette plante se trouve dans les étangs et les eaux dormantes, où ses rameaux nagent à la surface.

Cornifle submergée : *Ceratophyllum submersum*, Linn., *Spec.* 1409 ; Lamk., *Ill.*, t. 775, f. 1. Cette espèce diffère de la précédente par ses feuilles lisses, nullement dentées ; par les divisions de son calice qui le sont ; et surtout par ses fruits qui ne portent aucune corne. Elle croît dans les mêmes lieux ; mais elle est moins commune, et ses rameaux sont plus enfoncés dans l'eau.

Les cornifles n'ont pas d'autres propriétés si ce n'est que, comme elles croissent quelquefois très-abondamment dans les mares et autres eaux stagnantes, on peut les utiliser en les retirant de l'eau avec de grands râteaux, pour les laisser pourrir et se convertir en un fumier qui est un très-bon engrais pour les terres. C'est au milieu de l'été que les cultivateurs doivent s'occuper de ce travail. (L. D.)

CORNILLET-ŒILLET (*Bot.*), nom vulgaire de la silène à bouquets. (L. D.)

CORNILLON (*Ornith.*), nom sous lequel on connoît en Normandie le choucas, *corvus monedula*, Linn. (Ch. D.)

CORNIOLA. (*Bot.*) Voyez Corgniola. (Lem.)

CORNIOLA. (*Bot.*) La genestrole, ou genêt des teinturiers, *genista tinctoria*, est ainsi nommée aux environs de Vérone. suivant Seguier. (J.)

CORNIOLE, Cornouelle ou Cornuelle (*Bot.*), noms vulgaires que porte la mâcre dans différens cantons. (L. D.)

CORNIOLLE. (*Ornith.*) L'oiseau désigné par ce nom, dans le département de l'Ain, est le corlieu, *scolopax phœopus*, Linn. (Ch. D.)

CORNIOLO (*Bot.*), nom italien du cornouiller, suivant Daléchamps : *corniola* est le nom du fruit que les Espagnols nomment *cornizolos*. (J.)

CORNIX. (*Ornith.*) Ce terme latin désigne les corneilles, et il est employé par Brisson pour les distinguer du corbeau, *corvus*. C'est, dans le *Systema Naturæ* de Linnæus, l'épithète caractéristique de la corneille mantelée. (Ch. D.)

CORNOUILLE. (*Bot.*) Le fruit du cornouiller mâle porte ce nom. (L. D.)

CORNOUILLER (*Bot.*); *Cornus*, Linn. Genre de plantes dicotylédones, monopétales, épigynes, de la famille des caprifoliacées de Jussieu, et de la *tétrandrie monogynie* de Linnæus, dont les principaux caractères sont les suivans : Calice monophylle à quatre dents; corolle de quatre pétales élargis et se touchant à leur base; quatre étamines alternes avec les pétales; un ovaire inférieur, surmonté d'un style simple; un drupe à noyau divisé en deux loges contenant chacune une graine.

Les cornouillers, à l'exception de deux espèces herbacées, sont des arbrisseaux, ou de petits arbres, à feuilles en général opposées, et à fleurs disposées en ombelle. en corymbe ou en panicule. On en connoît aujourd'hui environ vingt espèces, dont plusieurs sont cultivées pour l'ornement des jardins. Excepté le cornouiller de Suède et celui du Canada, qui demandent à être plantés en terre de bruyère, tous les autres ne sont pas délicats sur la nature du terrain : ils viennent assez bien partout; ils paroissent seulement préférer l'ombre au grand soleil. On les multiplie de graines, de marcottes, de boutures, et par les rejetons que la plupart des espèces poussent de leurs racines. Les fruits doivent être mis en terre aussitôt après leur maturité, si l'on veut les voir lever au printemps suivant, car ils ne germent que la seconde ou la troisième année, quand on ne les sème qu'après l'hiver. Les espèces les plus connues et les plus répandues dans les jardins sont les suivantes :

Cornouiller de Suède ou Cornouiller herbacé : *Cornus suecica*, Linn., *Spec.* 171, et *Fl. Lapp.* 65, t. 5, f. 3. La racine de cette espèce est rampante; elle produit plusieurs tiges herbacées, hautes d'un demi-pied, garnies de feuilles ovales, toutes opposées, sessiles, et portant à leur sommet une ombelle de plusieurs petites fleurs, munie à sa base d'une collerette composée de quatre bractées blanches, pétaliformes et trois à quatre fois plus grandes que les fleurs. Les fruits sont rouges dans leur maturité, et un peu plus gros que des grains de groseille. Cette plante croît en Suède, en Norwége, et dans le nord de la Russie.

Cornouiller du Canada ou Cornouiller nain : *Cornus canadensis*, Linn., *Spec.* 172; l'Hérit., *Corn.* 2, t. 1. Cette espèce a beaucoup de rapports avec la précédente; elle en diffère seulement par ses feuilles supérieures verticillées et un peu pétiolées. Elle croît dans le Canada.

Cornouiller male, Cornouiller des bois, ou Cornouiller sauvage : *Cornus mas*, Linn., *Spec.* 171; Nouv. Duham. 2, pag. 152, t. 42. Cette espèce est un grand arbrisseau qui acquiert vingt à vingt-cinq pieds de hauteur, et dont la tige se divise en rameaux nombreux qui, dès le mois de mars, ou quelquefois dès la fin de février, se couvrent d'une grande quantité de petites fleurs jaunes, disposées en ombelles munies à leur base d'un involucre de quatre bractées ovales, pointues, aussi longues que les pédoncules des fleurs. Les feuilles, qui ne paroissent qu'après celles-ci, sont ovales, pointues, opposées, courtement pétiolées. Ses fruits sont de la grosseur et de la forme d'une petite olive, ordinairement d'un beau rouge; on les nomme cornouilles. Cet arbrisseau croît naturelle ment en Europe, dans les bois et dans les buissons.

Le cornouiller mâle se taille facilement aux ciseaux, ce qui le rend propre à faire des haies, des palissades. Il croît très-lentement, et peut vivre plusieurs centaines d'années. Cette propriété, et celle qu'il a de repousser de ses racines à la moindre brindille qu'on en laisse en terre, l'a souvent fait choisir, de préférence à tout autre arbre, pour servir de bornes aux propriétés forestières. M. Bosc dit, à ce sujet, qu'on en voit dans quelques endroits qui ont une antiquité effrayante; on les appelle *pieds corniers*, ou, par altération, *pieds cormiers;* et il en cite un de ce genre, auquel il croit pouvoir donner plus de mille ans, qui existe encore dans la forêt de Montmorency, près du château de la Chasse, où il indiquoit la séparation des bois du duché de Montmorency, de ceux du prieuré de Sainte-Radégonde.

Le bois des vieux pieds a le cœur brun et l'aubier blanc, avec une légère teinte rougeâtre. Il est d'une grande dureté, a le grain fin et est susceptible de recevoir un beau poli. Il est bon pour les ouvrages de tour. Sa dureté le fait employer pour faire des roues de moulin. Comme il a aussi beaucoup de souplesse, les échelons d'échelle qui en sont faits ont une grande solidité. On en fabrique aussi des cerceaux et des échalas qui durent très-long-temps.

Les anciens connoissoient le cornouiller; Pline et Virgile en ont parlé sous le nom de *cornus*, qui lui a été conservé par les modernes. Le premier nous apprend que son bois servoit, à cause de sa dureté, à faire des rayons de roue, des coins et des chevilles. Il paroît, selon le second, qu'il étoit principalement en usage pour les piques et les javelots, comme le prouvent les vers suivans :

At myrtus validis hastilibus et bona bello
Cornus.

VIRG. Georg. II, v. 447.

Conjecto sternit jaculo : volat itala cornus
Aera per tenerum.

VIRG. Æneid. IX, v. 698.

La culture du cornouiller mâle a produit plusieurs variétés; on en connoît une à fruits jaunes, une autre à fruits blancs, et une troisième à feuilles panachées. Les cornouilles ont une saveur aigrelette et un peu acerbe; on les mange crues ou confites au sucre, et on les a quelquefois employées en médecine comme astringentes. L'écorce des branches et des rameaux a la même propriété; on la dit aussi fébrifuge, et propre, dans plusieurs cas, à remplacer le quinquina.

CORNOUILLER A GRANDES FLEURS : *Cornus florida*, Linn., *Spec.* 171; Mich., *Arb. Amer. sept.*, 3, p. 138, t. 3. Dans nos jardins, cet arbrisseau ne s'élève qu'à la hauteur de huit à dix pieds;

mais, dans son pays natal, il atteint communément celle de dix-huit à vingt pieds, et quelquefois celle de trente. Ses feuilles sont ovales, pointues, grandes, larges, blanchâtres en dessous; elles se développent en même temps que les fleurs. Celles-ci sont jaunes, disposées en ombelles garnies d'une collerette souvent aussi large qu'une rose, formée de bractées échancrées en cœur à leur sommet, blanches dans une variété, et rouges dans une autre.

Ce cornouiller croît naturellement dans les terrains un peu humides de la Virginie, de la Pensylvanie, des Carolines, des Florides et de la Louisiane. On le cultive dans les jardins, en Europe, depuis 1739. Ses fleurs, qui ont beaucoup d'éclat, produisent un bel effet au printemps, et ses fruits, rouges comme ceux du buisson ardent, restent de même sur l'arbre pendant une grande partie de l'hiver. De toutes les espèces de ce genre, étrangères et acclimatées dans notre pays, celle-ci est la plus intéressante sous le rapport de l'agrément et sous celui de ses propriétés utiles. Son bois est dur, compacte, pesant; il a le grain fin, susceptible de recevoir un beau poli; le cœur est couleur de chocolat et l'aubier blanc. Il croît très-lentement, et n'acquiert jamais beaucoup de grosseur; il est très-rare d'en trouver, dans son pays natal, dont le tronc ait neuf à dix pouces de diamètre, ce qui fait qu'on ne l'emploie qu'à de menus ouvrages. On en fait, en Amérique, des manches d'outils, des maillets, des dents de herse, des dents d'engrenage pour les roues de moulin. Dans quelques cantons, les rejets de quatre à cinq ans sont employés à faire des cercles pour de petits barils. Mais c'est surtout quant aux propriétes médicinales que ce cornouiller paroît mériter notre attention. Son liber ou sa seconde écorce a une grande amertume; et, dans les Etats-Unis, les habitans des campagnes en font usage, avec beaucoup d'avantage, pour la guérison des fièvres intermittentes. Cette propriété bien reconnue a donné lieu à une thèse soutenue, en 1803, au collége de médecine de Philadelphie, dans laquelle on rend compte de l'analyse chimique des écorces du *cornus florida* et du *cornus sericea*, comparées à celle du quinquina, et dont il résulte que celle de la première espèce a beaucoup d'analogie avec l'écorce du Pérou, et qu'elle peut, dans bien des cas, la remplacer avec succès. On peut aussi, selon l'auteur de cette thèse, substituer, pour faire de l'encre, l'écorce du *cornus florida* à la noix de galle.

CORNOUILLER SANGUIN, vulgairement CORNOUILLER FEMELLE, BOIS PUNAIS OU PUINE; *Cornus sanguinea*, Linn., *Spec.* 171. Cette espèce est un arbrisseau de douze à quinze pieds, dont la tige se divise en rameaux d'un rouge brun dans leur jeunesse, garnis de feuilles ovales-pointues, et terminés par un corymbe de fleurs blanches, dépourvues de collerette, et auxquelles succèdent des fruits arrondis, noirâtres, ayant une saveur amère et astringente. Elle croît naturellement dans les bois, les buissons, les lieux incultes; on la trouve dans toute l'Europe, et Linnæus l'indique dans le nord de l'Asie et de l'Amérique. On en cultive une variété à feuilles panachées.

Ce cornouiller s'élève rarement en arbre, parce qu'il pousse du pied beaucoup de rejetons. Cette disposition le rend propre à former des haies, et on le plante effectivement beaucoup pour cet usage; mais il n'est pas de grande défense. Dans les campagnes on emploie son bois pour brûler, et principalement pour chauffer les fours. On peut faire, avec ses jeunes rameaux qui sont très-droits, comme avec ceux de l'osier, des liens et des ouvrages de vannerie. Ses fruits sont oléagineux; ils fournissent, par expression, le tiers de leur poids d'une huile ayant une odeur désagréable, mais bonne à brûler, et propre à fabriquer du savon.

CORNOUILLER BLANC; *Cornus alba*, Lamk., Dict. Enc. 2, p. 115. Ce cornouiller diffère du précédent par ses feuilles plus grandes, blanchâtres en dessous, totalement glabres; par ses fruits blancs et non noirâtres. Il croît naturellement dans le nord de l'Amérique et en Sibérie. Ses jeunes rameaux sont d'un très-beau rouge; ils sont lians, flexibles et propres à être employés comme l'osier. Ceux qui poussent sur de vieux pieds recepés forment souvent, dans la première année, des jets de cinq à six pieds parfaitement droits. Les branches des vieux pieds qu'on laisse croître en liberté, se recourbent quelquefois jusqu'à terre, et y prennent racine.

CORNOUILLER SOYEUX; *Cornus sericea*, Linn., *Mant.* 199. Cet arbrisseau, haut de dix à douze pieds, se divise en rameaux étalés, d'un pourpre noirâtre, garnis de feuilles ovales-lancéolées, chargées, en leurs nervures inférieures, de poils soyeux, couleur de rouille. Les fleurs sont disposées en corymbes, sans collerette, et leurs pédoncules sont tout couverts de poils semblables à ceux qui revêtent les nervures postérieures des feuilles. Ce cornouiller est originaire de l'Amérique septentrionale. On le cultive en Europe depuis plus de soixante ans. Son écorce est fébrifuge.

Cornouiller ridé : *Cornus rugosa*, Lamk., Dict. Enc. 2, p. 115; *Cornus circinata*, l'Hérit., *Corn.*, n.° 9, t. 4. Cette espèce forme un arbrisseau de six à huit pieds de hauteur, qui se distingue facilement par ses feuilles grandes, ovales, presque arrondies, ridées, d'un vert bleu en dessus, chargées en dessous d'un duvet blanc, et par deux bractées sétacées, opposées, placées à la base de l'ombelle des fleurs. Elle croît spontanément dans l'Amérique septentrionale. On la cultive dans les jardins depuis environ quarante ans.

Cornouiller a grappes : *Cornus racemosa*, Lamk., Dict. Enc. 2, p. 116; *Cornus paniculata*, l'Hérit., *Corn.*, n.° 10, t. 5. Cet arbrisseau, originaire, comme les trois précédens, de l'Amérique septentrionale, s'en distingue aisément par ses fleurs disposées en grappes courtes, ou en une sorte de panicule conique. Il s'élève à dix ou douze pieds, et ses feuilles sont ovales-lancéolées, d'un beau vert en dessus, glauques ou légèrement blanchâtres en dessous.

Cornouiller a feuilles alternes : *Cornus alternifolia*, Linn., *Fil. Supp.* 125; l'Hérit., *Corn.*, n.° 11, t. 6. Dans toutes les espèces précédentes les feuilles sont opposées : ce cornouiller, au contraire, a les siennes alternes, ovales-lancéolées, et assez longuement pétiolées. Ses fleurs sont blanches, disposées au sommet des rameaux en une cime lâche et ombelliforme : il leur succède des fruits violets à l'époque de la maturité. Cet arbrisseau nous a été apporté de l'Amérique septentrionale, comme les quatre derniers. Il s'élève dans son pays natal à quinze ou vingt pieds de haut. (L. D.)

CORNUCOPIÆ. (*Bot.*) Voyez Coqueluchiole. (L. D.)

CORNUCOPIÆ. (*Conch.*) C'est le nom sous lequel le docteur Thomson a décrit, dans le Journal de Physique pour l'année 1802, une espèce d'hippurite que l'on trouve dans les couches calcaires du cap Passero en Sicile. (Voyez Hippurite.)

C'est aussi le nom spécifique d'une espèce d'huître plissée, *ostreacornucopiæ;* d'une espèce de serpule, *serpula cornucopiæ*, et d'une tubulaire. (De B.)

CORNUE (*Chim.*), sorte de bouteille à fond sphérique, dont le col est courbé à sa base. Ce vaisseau est d'un usage extrêmement fréquent dans les laboratoires de chimie et dans les ateliers d'arts chimiques, toutes les fois que l'on veut recueillir les produits volatils d'une opération.

On distingue dans une cornue, 1.° *le ventre;* c'est la capacité dans laquelle on met les matières qui doivent être chauffées: 2.° *la voûte;* c'est la partie supérieure: 3.° *le col*, dont l'extrémité ouverte s'appelle *bec*.

Il y a des cornues que l'on appelle tubulées, parce qu'elles ont, à leur voûte, une ouverture susceptible de recevoir un bouchon de verre ou de liége.

On fait des cornues en verre et en grès; et, pour quelques expériences seulement, on en fait en fer, en plomb et en platine.

Lorsque les cornues de verre ou de grès doivent être exposées à un feu ardent, on en recouvre la surface d'un lut d'argile et de sable, auquel on ajoute du crottin de cheval ou de la bourre de laine, lorsque les cornues ont une grande capacité.

Les cornues de grès pouvant être fêlées ou trouées, il est bon de savoir que l'on peut reconnoître ces solutions de continuité dans la pâte, en les submergeant dans l'eau jusqu'au bec, puis y insufflant de l'air avec la bouche, si la cornue est fêlée, on voit de petites bulles d'air se dégager au travers du liquide. (Ch.)

CORNUELLE. (*Bot.*) Voyez Corniole. (L. D.)

CORNUET (*Bot.*), nom vulgaire du *bidens tripartita*, Linn. (H. Cass.)

CORNU HAMMONIS. (*Conch.*) Klein, dans son Ostracologie, désigne, sous ce nom générique, la coquille que nous nommons maintenant Spirule. Voyez ce mot. (De B.)

CORNULACA. (*Bot.*) M. Delisle, dans sa description des plantes de l'Egypte (Hist. nat. bot., tab. 22, fig. 3), a établi un genre particulier pour une plante qu'il avoit d'abord rangée parmi les soudes, sous le nom de *salsola ferox*. Il lui a depuis donné le nom générique de *cornulaca*, qui est le synonyme du *salsola* ou *tragus*, dans l'*Appendix* de Dioscoride, *lib.* 4, *cap.* 51.

Ce genre appartient à la famille des atriplicées, et à la *pentandrie digynie* de Linnæus. Il est caractérisé par un involucre de poils droits, serrés contre le calice placé entre trois bractées. Le calice est persistant, à cinq divisions; une d'elles terminée par une épine roide, subulée; point de corolle; cinq étamines insérées sur le réceptacle; les filamens réunis à leur base en un tube court, terminé par cinq dents obtuses, alternes avec les étamines; un ovaire surmonté de deux styles; une semence comprimée, dépourvue de périsperme, roulée en spirale dans le tube des étamines et dans la base durcie du calice.

Ce genre ne renferme qu'une seule espèce, le *cornulaca monocantha*, arbrisseau découvert en Egypte, aux environs des Pyramides. Ses tiges sont dures, ligneuses, très-rameuses. les rameaux articulés dans leur jeunesse, munis à chacune de leurs articulations d'une petite feuille glabre, charnue, en forme d'écaille, mucronée à son sommet; les fleurs sont sessiles, axillaires, agglomérées. (Poir.)

CORNULAIRE (*Zoophyt.*), *Cornularia*, Lamk. M. de Lamarck, dans la nouvelle édition de ses Animaux sans vertèbres, a séparé sous ce nom, la tubulaire corne d'abondance, *tubularia cornucopiæ*, de Gmelin, pour en former un petit genre distinct qu'il place, quoique peut-être à tort, entre les tubulaires et les campanulaires. Ses caractères sont : Polypes à bouche munie de huit tentacules pinnés, sur un seul rang, contenus dans l'extrémité d'un tube corné, conique, simple, fixé, au moyen d'une sorte de racine rampante, sur les corps sous-marins, et servant de communication à un plus ou moins grand nombre d'individus.

Ce genre ne contient encore qu'une espèce, que M. de Lamarck nomme cornulaire ridée, *cornularia rugosa*, figurée dans Cavolini, *Polyp. mar.*, pag. 230, tab. 9, fig. 11 à 12. Les tubes sont verticaux, jaunâtres, ridés transversalement, et vont, en s'élargissant insensiblement, de la racine à l'ouverture d'où sort le polype, qui, différant beaucoup de celui des véritables tubulaires, a, au contraire, beaucoup de rapport avec ceux des corallaires. On le trouve dans la mer Méditerranée. (De B.)

CORNUO. (*Ichthyol.*) Quelques auteurs disent qu'on appelle ainsi un mauvais poisson qui remonte la Loire en très-grande quantité, en même temps que l'alose, à laquelle il ressemble beaucoup, quoiqu'il soit un peu plus court. Les paysans et les pauvres en mangent pendant toute la saison. (H. C.)

CORNUS. (*Bot.*) Voyez CORNOUILLER. (L. D.)

CORNUTIA. (*Bot.*) Voyez AGNANTHE. (POIR.)

CORO (*Ichthyol.*), nom spécifique d'une sciène, *sciæna coro*, Lacép. Il est probable qu'elle doit être placée parmi les SANDRES. Voyez ce mot et SCIÈNE. (H. C.)

COROCORO. (*Ichthyol.*) Marcgrave donne ce nom à un poisson des mers du Brésil, dont la chair est bonne, et qui, d'après la description tronquée qu'il en fait, paroît voisin des perches et des sciènes. (H. C.)

COROLLE, *Corolla.* (*Bot.*) Une fleur complète offre deux parties principales, les organes sexuels, et deux tégumens ou enveloppes qui entourent ces organes. L'enveloppe extérieure est le calice; l'enveloppe intérieure est la corolle. Dans la plupart des plantes, la corolle est la partie la plus apparente de la fleur: aussi les personnes qui ignorent l'existence des organes sexuels, la prennent toujours pour la fleur même. Comme elle joue un grand rôle dans la classification des plantes, on a exprimé ses nombreuses modifications par des épithètes particulières; nous allons passer en revue les principales.

Structure générale, et formes diverses. Considérée dans la structure générale, la corolle est *monopétale* ou *polypétale*, *régulière* ou *irrégulière*. On la dit MONOPÉTALE lorsqu'elle est d'une seule pièce (sauge, laurier-rose); POLYPÉTALE, lorsqu'elle est composée de plusieurs pièces ou *pétales* (giroflée, rose); RÉGULIÈRE, lorsque ses parties sont parfaitement semblables entre elles, quelle que soit d'ailleurs leur forme (bourache, liseron); IRRÉGULIÈRE, lorsque ses parties correspondantes diffèrent entre elles par la forme ou la grandeur (acacia, pied d'alouette).

Dans la corolle monopétale, on distingue le *tube*, qui est la partie inférieure indivise; la *gorge*, qui est l'orifice du tube; le *limbe*, c'est-à-dire, la partie supérieure à partir de la gorge.

Dans la corolle polypétale, on distingue, dans chaque pétale, l'*onglet*, qui est la partie inférieure et ordinairement rétrécie, par laquelle le pétale tient à la fleur, et la *lame*, qui est la partie supérieure, laquelle correspond au limbe de la corolle monopétale.

La corolle *monopétale régulière* est dite CAMPANIFORME, lorsque son tube s'évase insensiblement jusqu'au limbe, de manière à imiter la forme d'une cloche (*gentiana pneumonanthe*, *campanula trachelium*); URCÉOLÉE, lorsque le tube, renflé et terminé par un limbe très-court, imite la forme d'un grelot (arbousier, *vaccinium myrtillus*); INFUNDIBULIFORME, lorsque le tube est droit et surmonté d'un limbe évasé en cône renversé (*nicotiana tabacum*); HYPOCRATÉRIFORME, ou en soucoupe, lorsque le tube est long et le limbe plane ou peu concave (phlox, pervenche); ROTACÉE, ou en roue, lorsque le tube est très-court et le limbe ouvert et plane (*borago officinalis*, *anagallis arvensis*); ÉTOILÉE, lorsqu'étant en roue, elle a de petites dimensions et les divisions du limbe pointues (*galium verum*, *valantia cruciata*).

La corolle *monopétale irrégulière* offre ordinairement deux lobes, l'un supérieur, l'autre inférieur, qu'on a nommés lèvres, *labia*, à cause de la ressemblance de la corolle avec la gueule d'un animal; et dans ce cas on la dit BILABIÉE. Les autres corolles monopétales irrégulières, n'offrant aucun point de comparaison avec des objets vulgairement connus, n'ont point reçu d'épithète particulière, et sont désignées sous le nom général de corolles monopétales *anomales*. Lorsque la corolle *bilabiée* a les lèvres écartées, elle est dite RINGENTE, ou en gueule, parce qu'elle imite assez bien la gueule ouverte d'un animal (*salvia officinalis*, *stachys*, *dracocephalum*); si les deux lèvres sont closes, ce qui a lieu par un renflement interne de la gorge, lequel a reçu le nom de *palais*, la corolle bilabiée est dite PERSONÉE (*antirrhinum majus*, *linaria*). Quelquefois la corolle *labiée* n'a qu'un lobe principal; on la dit alors UNILABIÉE (acanthe); la corolle unilabiée du pissenlit et des autres synanthérées prend le nom de corolle LIGULÉE : demi-fleuron et corolle ligulée sont synonymes.

La corolle *polypétale régulière* a trois formes principales désignées par les épithètes suivantes : *cruciforme*, *rosacée*, *caryophyllée*. La corolle CRUCIFORME a quatre pétales *à onglets longs* et à lames ouvertes et disposées en croix (chou, jalienne); la corolle ROSACÉE a des pétales plus ou moins nombreux, quelquefois au nombre de quatre comme les crucifères, mais toujours disposés en rose et *à onglets courts* (chélidoine, *alisma plantago*, rose); la corolle CARYOPHYLLÉE est composée de cinq pétales, dont les *onglets fort longs* sont enveloppés et cachés par le calice (œillet, saponaire).

La corolle *polypétale irrégulière* offre assez fréquemment la forme d'un papillon, et a reçu par cette raison le nom de PAPILLONACÉE. Les corolles polypétales irrégulières, qui n'ont pas cette forme, n'ont reçu aucun nom particulier et sont désignées sous le nom de corolles polypétales *anomales*. La corolle papillonacée est composée de cinq pétales inégaux, disposés de la manière suivante : un supérieur ordinairement grand et redressé, désigné par le nom d'*étendard*, et qui, avant la floraison, enveloppe tous les autres; deux latéraux situés sous l'étendard, et qu'on nomme les *ailes;* deux inférieurs rapprochés ou soudés par le bord, formant, par leur ensemble, une espèce de nacelle qui porte le nom de *carène*. Le pois, le haricot, l'acacia, le genêt, etc., offrent des exemples de corolle *papillonacée*. L'aconit, le pied d'alouette, la capucine, la violette offrent des exemples de corolle polypétale *anomale*.

Appendices. Quelquefois la corolle offre, sur sa surface, des proéminences qui semblent des parties surajoutées. On trouve ordinairement ces appendices à la gorge de la corolle, c'est-à-dire, à l'orifice du tube. La corolle du laurier-rose offre, dans cette partie, cinq lamelles ou petites lames dentelées. Celle de la bourrache, de la cynoglosse, etc., est garnie de cinq bosses saillantes qui sont comme autant de poches dont l'ouverture est inférieure. Dans la consoude, l'orifice du tube offre cinq cornes creuses et ouvertes inférieurement, de même que les bosses. La gorge de la corolle, suivant qu'elle porte des lamelles, des bosses, des cornes, etc., est dite LAMELLIFÈRE, GIBBIFÈRE, CORNICULIFÈRE, etc. Quelquefois les appendices sont placés dans l'intérieur du tube (*hydrophyllum*, *lithospermum tenuifolium*, *etc.*) Dans la corolle polypétale, on les trouve à la base de l'onglet (*koelretenria*, *hypericum ægyptiacum*), ou au sommet de l'onglet (*silene*), ou au sommet de la lame des pétales (*heisteria coccinea*, *etc.*)

Ces derniers appendices sont de formes diverses, et n'ont point reçu de noms particuliers. La partie qui les porte est dite simplement APPENDICULÉE.

Insertion. La corolle n'a pas, dans toutes les plantes, le même point d'attache. Dans le plus grand nombre elle est insérée sous l'ovaire (labiées, pervenche, giroflée, œillet); dans d'autres, elle est fixée sur la paroi interne du calice (campanule, rose); dans d'autres, elle est placée sur l'ovaire (synanthérées, chèvrefeuille, carotte). Dans le premier cas, on la dit HYPOGYNE; dans le second, on dit qu'elle est PÉRYGYNE; et dans le troisième cas, qu'elle est ÉPIGYNE.

Durée. Dans la plupart des plantes, la corolle tombe après la fécondation; on la dit alors DÉCIDUE ou passagère. Dans plusieurs, elle tombe au moment de l'entier épanouissement de la fleur, ou même avant (*actea*, *etc.*); alors on la dit FUGACE ou CADUQUE. Dans quelques-unes, elle se dessèche sans tomber (campanule, etc.), et on la dit MARCESCENTE.

Couleur. Rien n'est si varié, dans les plantes, que la couleur de la corolle. A l'exception du noir, elle offre toutes les nuances, et, sous ce rapport, elle prend toutes les épithètes dont on se sert en général pour désigner les couleurs. Lorsqu'elle a plusieurs couleurs à la fois, on exprime, par des termes particuliers, la manière dont ces couleurs sont réparties. Ainsi on dit UNICOLORE, BICOLORE, TRICOLORE, QUADRICOLORE, etc., la corolle qui a une seule couleur ou deux, trois, quatre couleurs distinctes. Si les couleurs sont distribuées en lignes droites longitudinales, on la dit RAYÉE; si la corolle offre une couleur, différente du fond, parsemée comme de points ou de petites taches, on la dit PONCTUÉE ou TACHETÉE; si ces couleurs sont disposées sans aucun ordre, on la dit PANACHÉE.

Observations. I. On a cherché en vain des caractères pour déterminer si l'enveloppe florale, lorsqu'elle est unique, doit être considérée comme calice ou comme corolle. Lorsqu'elle a le tissu délicat et de vives couleurs, Linnæus lui donne le nom de corolle. Quelle que soit l'apparence, M. de Jussieu lui donne toujours le nom de calice. M. Mirbel et d'autres botanistes modernes donnent à l'enveloppe florale, en général, le nom de PÉRIANTHE (voyez ce mot), réservent exclusivement les noms de calice et de corolle pour les fleurs complètes, lesquelles ont, autour des organes sexuels, deux enveloppes, ou, en d'autres termes, un périanthe double, et désignent toujours l'enveloppe florale, lorsqu'elle est unique, par le nom de périanthe simple.

II. La corolle est placée immédiatement autour des organes de la génération ; elle a les plus grands rapports avec les étamines. On observe qu'elle les porte toujours lorsqu'elle est monopétale, et quelquefois lorsqu'elle est polypétale ; quelquefois, au contraire, les pétales sont portés par les étamines. (*Dalea Linnæi.*) On observe aussi que lorsqu'une fleur devient double, les étamines se métamorphosent en pétales, et qu'une fleur unisexuelle qui n'a pas d'étamines, n'a presque jamais non plus de corolle. Les étamines et la corolle ont, en outre, le même terme d'accroissement et la même durée.

III. Les divisions de la corolle alternent avec les divisions du calice, lorsqu'elles sont en nombre égal. Elles alternent de même avec les étamines, lorsqu'il y a égalité de nombre.

IV. Pour que les divisions de la corolle portent le nom de pétales, il faut qu'elles tombent séparément lors de la chute de la corolle.

Il y a une distinction à faire entre corolle *monopétale* et corolle *unipétale*. La corolle monopétale peut être considérée comme une corolle polypétale, dont les pétales sont soudés ensemble : aussi sa ligne d'insertion sur le réceptacle entoure complétement et sans interruption les organes sexuels. La corolle unipétale, au contraire, ne les entoure qu'incomplétement : c'est un pétale isolé ; il y a eu avortement des autres pétales (*amorpha*).

On vient de dire que la corolle monopétale peut être considérée comme une corolle polypétale, dont les pétales sont soudés ensemble. Il y a, en effet, des exemples de corolles dont les divisions, d'abord soudées, se séparent ensuite (*vaccinium oxycoccus ; statice monopetala ; polygala heisteria*). Il en est dont une partie des divisions restent toujours soudées ; la corolle du *fissilia*, par exemple, est évidemment à cinq pétales, et cependant elle tombe en trois pièces, parce que quatre des pétales sont soudés deux à deux. Pour éviter à ce sujet des distinctions trop subtiles, on est convenu, comme on l'a déjà vu, de compter les pétales par le nombre de pièces qui tombent séparément lors de la chute de la corolle.

V. La forme de la corolle ne fournit pas des caractères aussi importans qu'on seroit d'abord tenté de le croire. Les familles les plus naturelles offrent des plantes à corolle régulière et à corolle irrégulière (Boraginées. Solanées. Synanthérées. Légumineuses.); des plantes à corolle monopétale et à corolle polypétale (Jasminées. Solanées. Légumineuses.); des plantes pourvues de corolle, et des plantes qui n'en ont point (Jasminées).

VI. L'insertion, au contraire, fournit un caractère important. La corolle est insérée au même point, non-seulement dans les individus de la même espèce, mais dans les espèces d'un même genre, et dans les genres de la même famille.

VII. La couleur de la corolle, outre les nuances infinies qu'elle prend suivant les espèces, varie souvent dans la même espèce, sans qu'on puisse en pénétrer la cause : la belle-de-nuit, par exemple, porte une corolle rouge, jaune, blanche, panachée; ces accidens de couleur s'observent même dans les plantes qui croissent dans les lieux agrestes. Dans certaines corolles, la couleur change insensiblement, à mesure qu'elles avancent vers le terme de leur existence (*Cheiranthus mutabilis. Lathyrus sylvestris.* Plusieurs véroniques.); ce phénomène est surtout très-remarquable dans le glaïeul changeant (*gladiolus versicolor*); la fleur de cette plante, brune le matin, change de nuance pendant la journée, devient, vers le soir, d'un bleu clair, et reprend, dans la nuit, la couleur qu'elle avoit la veille; ce changement s'exécute tous les jours jusqu'à ce qu'elle soit fanée, ce qui n'a lieu qu'après huit ou dix jours.

Quoique la couleur de la corolle soit trop variable pour servir habituellement de caractère, il est toutefois des espèces et même des genres où la couleur ne change point (Ombellifères. *Hieracium.*); elle est même quelquefois le seul caractère qu'on puisse employer à la distinction des espèces.

VIII. L'odeur de la corolle varie à l'infini comme la couleur. Beaucoup de fleurs ont l'odeur la plus suave; dans d'autres l'odeur est tellement fétide qu'elle attire les insectes qui se nourrissent d'excrémens et de chair corrompue. (*Stapelia. Arum dracontium.*). Ordinairement l'odeur est plus prononcée le matin et le soir que dans le milieu du jour et durant la nuit. La plupart des fleurs répandent leur odeur sans interruption ; il en est qui ne sont odorantes que pendant le jour (*cestrum diurnum*) ; d'autres ne le sont que la nuit (*cestrum nocturnum*) ; l'odeur aromatique du *geranium triste* commence à s'exhaler au coucher du soleil, et cesse entièrement lorsque le soleil se lève. L'odeur des fleurs, même la plus suave, n'est pas respirée trop longtemps dans une chambre close, sans quelque danger. (Mass.)

COROLLE. (*Bot.*) Clusius s'est servi de ce terme pour désigner l'anneau ou collet qu'on observe dans diverses espèces d'agarics, et notamment à l'*agaricus procerus*. Voyez Fonge. (Lem.)

COROLLÉE. (Fleur) (*Bot.*) On nomme fleur corollée ou pétalée, *flos corollatus*, *petalodes*, celle qui est pourvue d'une corolle, et par conséquent d'un calice (primevère, œillet) : on nomme fleur apétalée, celle qui n'a pas de corolle (jonc, patience). (Mass.)

COROLLIFÈRE. (Gynophore.) (*Bot.*) Dans un certain nombre de plantes, le réceptacle de la fleur forme une saillie qui sert de support au pistil (*cleome*, réséda). Cette saillie, que M. Mirbel a nommée gynophore, porte aussi quelquefois les pétales : on la dit alors corollifère (œillet, silené). (Mass.)

COROLLIFORME. (Androphore.) (*Bot.*) Il est des plantes dont les étamines offrent plusieurs anthères sur un seul support. M. Mirbel a donné à ce support commun le nom d'androphore, pour le distinguer du filet proprement dit, lequel ne porte jamais qu'une anthère. L'androphore affecte différentes formes : dans le *gomphrena globosa*, par exemple, il a l'apparence d'une véritable corolle, et il prend, en conséquence, l'épithète de *corolliforme*. (Mass.)

COROLLULE, *Corollula* (*Bot.*), synonyme de petite corolle, quelquefois de fleuron. (Mass.)

CORONA SOLIS. (*Bot.*) Le genre nommé ainsi par Tournefort, Vaillant, Dillen, et d'autres anciens botanistes, comprenoit plusieurs genres de la tribu des hélianthées, et notamment l'*helianthus*, Linn. (H. Cass.)

CORONDÉ (*Bot.*), nom sous lequel est désigné, dans l'île de Ceylan, le cannellier, *laurus cinnamomum*, et qui paroît dérivé du terme *kurudu* ou *kurundu*, aussi employé pour la même désignation. On trouve, dans le *Thes. zeyl.* de Burmann, l'énumération de ses différentes variétés, distinguées par des noms adjectifs préposés à celui de corondé. (J.)

CORONE. (*Ornith.*) Ce nom grec de la corneille proprement dite, a été employé par Linnæus pour désigner spécifiquement la corneille corbine, *corvus corone.* (Ch. D.)

CORONEOLA, Corneola (*Bot.*), nom ancien donné, suivant Césalpin, au *genista tinctoria*, que les teinturiers emploient pour teindre les laines en jaune.

Pline parle d'une autre coroneola, ainsi nommée, parce qu'on formoit avec ses fleurs des couronnes, et il ajoute que celle-ci, née sur la ronce, *in rubo nata*, est odorante. Il est probable qu'il donnoit le nom de ronce à quelque rosier sauvage.

On trouve encore la lysimachie, *lysimachia vulgaris*, sous le même nom, duquel dérive probablement celui de corneille, sous lequel Tournefort et d'autres la désignent. (J.)

CORONILLA DE FRAYLES. (*Bot.*) Clusius dit que le *globularia alypum* porte, en Espagne, ce nom et celui de *siempre enxuta*, comme ayant l'aspect toujours sec et aride. Il ajoute qu'à Valence et à Murcie on le nomme *segullada.* (J.)

CORONILLE (*Bot.*); *Coronilla*, Linn. Genre de plantes dicotylédones, polypétales, périgynes, de la famille des légumineuses de Jussieu, et de la *diadelphie décandrie* de Linnæus, dont les principaux caractères sont les suivans : Calice monophylle. court, campanulé, à cinq dents, dont deux supérieures rapprochées, et trois inférieures plus petites; corolle papillonnacée, à étendard presque en cœur, à peine plus long que les ailes; celles-ci plus grandes que la carène, qui est pointue et recourbée à son extrémité; dix étamines, dont neuf ayant leurs filets réunis en un seul corps; un ovaire supérieur, cylindrique, surmonté d'un style sétacé, à stigmate obtus; une gousse alongée, partagée par des cloisons transversales contenant chacune une graine.

Les coronilles sont des plantes herbacées, ou plus ordinairement suffrutescentes, à feuilles alternes, ailées avec impaire, munies de stipules à leur base ; à fleurs souvent de couleur jaune, disposées au sommet d'un pédoncule axillaire ou terminal, plusieurs ensemble, en tête ou comme une petite couronne, ce qui a fait donner le nom de *coronilla*, diminutif du mot latin *corona*, couronne, aux espèces de ce genre, qui sont maintenant au nombre de seize, parmi lesquelles nous citerons seulement les plus connues. Les *coronilla emerus*, Linn., et *coronilla securidaca*, Linn., s'éloignant des véritables coronilles par plusieurs caractères assez prononcés, nous avons cru devoir, à l'exemple d'Adanson, de Miller et de plusieurs autres, rétablir, pour la première espèce, le genre *Emerus* de Tournefort, et pour la seconde, adopter le genre *Securigera* de M. Decandolle, que Gærtner et M. de Lamarck avoient d'abord appelé *securidaca*, mais qui n'a pu garder ce nom, Linnæus ayant déjà précédemment établi un autre genre sous cette même dénomination.

Coronille glauque : *Coronilla glauca*, Linn., *Spec.* 1047; Poir., *in Nov. Duham.*, 4, p. 123, t. 32. Ses tiges sont hautes de deux à trois pieds, divisées en rameaux nombreux, un peu anguleux, garnis de feuilles composées de sept à neuf folioles cunéiformes, très-glauques. Ses fleurs sont d'un très-beau jaune, odorantes, disposées en couronne, dix à douze ensemble à l'extrémité de pédoncules placés dans les aisselles des feuilles, plus longs que celles-ci. Cet arbuste croît dans les lieux maritimes du Languedoc. On le cultive dans les jardins, et, comme il craint les grands froids, on le plante en pot, afin de le rentrer dans la serre chaude pendant la saison rigoureuse. Il se multiplie facilement de graines et de marcottes. Il fleurit en juin, et souvent une seconde fois à la fin de l'automne ou pendant l'hiver.

Coronille jonciforme; *Coronilla juncea*, Linn., *Spec.* 1047. Les tiges de cette espèce, ligneuses à leur base, se divisent en rameaux nombreux, cylindriques, effilés, jonciformes, hauts d'un à deux pieds, un peu coudés, et comme articulés à l'insertion des feuilles, qui sont peu nombreuses, composées de cinq à sept folioles étroites, glauques comme toute la plante. Les fleurs sont jaunes, disposées, six à dix ensemble et en couronne, à l'extrémité de longs pédoncules axillaires. Cet arbuste croît sur les collines et dans les lieux incultes en Barbarie, en Espagne, en Italie et dans le midi de la France. On le cultive dans les jardins, et on le traite comme le précédent.

Coronille naine : *Coronilla minima*, Linn., *Spec.* 1048; Jacq.,

Fl. Aust. 3, t. 271. Le plus souvent les tiges de cette espèce sont diffuses et couchées sur la terre, à peine longues de cinq à six pouces; quelquefois aussi, surtout dans les pays du Midi, ses tiges se tiennent redressées, s'élèvent à la hauteur d'un pied, et forment un petit arbuste. Ses feuilles sont glauques, très-glabres, composées de cinq à sept folioles ovales-oblongues, un peu rétrécies en coin à leur base. Les fleurs jaunes, au nombre de quatre à huit ensemble, forment, au sommet des pédoncules plus longs que les feuilles, de petites têtes disposées en couronne. Cette coronille croît sur les collines et dans les lieux secs et stériles, en France, en Autriche, en Italie, en Espagne, etc. Elle fleurit en mai, juin et juillet. Les moutons la broutent.

Coronille bigarrée; *Coronilla varia*, Linn., *Spec.* 1048. Les tiges de cette espèce sont herbacées, légèrement anguleuses, longues d'un à deux pieds, couchées sur la terre, garnies de feuilles composées de treize à dix-neuf folioles ovales-oblongues, d'un vert gai. Ses fleurs, agréablement variées de violet, de rose et de blanc, quelquefois entièrement blanches, sont disposées, par vingt à trente, en têtes bien fournies, et portées sur de longs pédoncules axillaires. Cette coronille croît en France, en Allemagne et dans plusieurs autres parties de l'Europe, sur le bord des champs, dans les bois et dans les prairies sèches des collines. Ses fleurs, qui paroissent en juin et juillet, font dans ces lieux agrestes un effet charmant. Quelques agronomes l'ont préconisée comme fourrage; mais elle ne paroit pas être du goût des bestiaux, du moins quand elle est verte, car on la trouve presque toujours intacte dans les lieux où elle croit naturellement. Elle paroit être très-dangereuse pour l'homme, puisque M. Bosc dit que sa décoction a causé la mort d'une personne qui la but par mégarde. (L. D.)

CORONOBO, Moronobo (*Bot.*), noms galibis du *moronobea* d'Aublet, qui fournit dans la Guiane la résine *mani*. Voyez Mani. (J.)

CORONOPE (*Bot.*); *Coronopus*, Hall. Genre de plantes dicotylédones, polypétales, hypogynes, de la famille des crucifères de Jussieu, et de la *tétradynamie siliculeuse* de Linnæus, dont le caractère essentiel est d'avoir un calice de quatre folioles entr'ouvertes; une corolle de quatre pétales opposés en croix ; six étamines, dont deux plus courtes; un ovaire supérieur, surmonté d'un stigmate sessile ou presque sessile ; une silicule réniforme, un peu convexe, ridée, à deux loges monospermes, ne s'ouvrant pas naturellement, et ayant leur grand diamètre opposé à la cloison.

Les coronopes diffèrent des cransons par les loges de leur fruit qui, lors de la maturité, tombent sans s'ouvrir; ils se distinguent des lunetières, parce que les lobes de leur silicule sont convexes, ridés et dépourvus de rebord particulier. Ce genre est composé de deux espèces, qui sont des herbes annuelles, à tiges rameuses, couchées sur la terre, garnies de feuilles pinnatifides ; et à fleurs disposées en petits bouquets, ou en petites grappes, souvent opposées aux feuilles.

Coronope de Ruelle, vulgairement Corne de cerf, Ambroisie des anciens : *Coronopus Ruellii*, Gærtn., *Fruct.*, 1, p. 293, t. 142, f. 5 ; *Coronopus*, Hall., *Helv.* 1, p. 217 ; *Cochlearia Coronopus*, Linn., *Spec.* 904. Sa tige est glabre, ainsi que toute la plante, longue de six à huit pouces, garnie de feuilles pinnatifides, à découpures souvent dentées en peigne du côté de leur bord extérieur. Ses fleurs sont petites, blanchâtres, disposées en petits bouquets, courtement pédonculées, ou presque sessiles. Il leur succède des silicules dont les lobes se prolongent vers le style, qui les termine par une petite pointe courte. Cette plante fleurit pendant tout l'été. Elle se trouve dans les lieux cultivés, et principalement dans les terrains gras. Elle est diurétique et légèrement antiscorbutique.

Coronope didyme : *Coronopus didyma*, Smith, *Fl. Brit.* 2, p. 691 ; *Lepidium didymum*, Linn., *Mant.* 92 ; *Sennebiera pinnatifida*, Decand., Soc. Hist. nat. an VII, p. 144, t. 19. Cette espèce diffère de la précédente, en ce qu'elle est légèrement velue ; en ce que les découpures de ses feuilles sont lancéolées, entières ou seulement incisées par deux ou trois grandes dents ; en ce que ses fleurs sont dépourvues de pétales, n'ayant le plus souvent que deux étamines fertiles, disposées d'ailleurs, au nombre de vingt à quarante, en grappes longues d'un pouce ou environ ; et surtout en ce que ses silicules sont échancrées à leur sommet. Elle croît en Angleterre et dans les départemens de l'ouest de la France. On la trouve en fleurs depuis le mois d'avril jusqu'à la fin de l'été.

Cette plante n'a nullement le caractère des passerages, parmi lesquelles Linnæus l'avoit rangée, et c'est avec beaucoup de raison qu'on l'en a séparée. Rapprochée du *cochlearia coronopus*, Linn., avec lequel elle a la plus grande affinité, et qui n'avoit pas non plus le caractère des *cochlearia* avec lesquels Linnæus l'avoit confondue, elle forme avec lui un genre très-naturel, et la légère différence qui existe entre sa silicule et celle de cette espèce est trop peu importante pour qu'on en puisse tirer aucun caractère de genre ; elle n'est véritablement propre qu'à établir une différence spécifique. (L. D.)

CORONOPIFOLIA. (*Bot.*) Fronde cartilagineuse, irrégulière, rameuse, à rameaux comprimés, dont les derniers sont ramassés en touffes, sétacés, et subdivisés en deux ou trois. La fructification consiste en des tubercules pédonculés. Ce genre, de la famille des algues, établi par Stackhouse, a pour type le *fucus plocamium* des auteurs, qu'il nomme *coronopifolia vulgaris*, *Nereis Brit.*, pl. 147. Ce genre est le même que le *plocamium* de Lamouroux. Voyez Plocamium. (Lem.)

CORONOPUS. (*Bot.*) Ce nom a été donné à différentes plantes qui, par les découpures de leurs feuilles, représentent la forme d'une corne de cerf. Telles sont quelques espèces de plantain, une espèce de renoncule bulbeuse, le *catanance cærulea*, un *cochlearia* de Linnæus, devenu ensuite genre sous le nom de *coronopus*, maintenant adopté. On ne voit pas pourquoi quelques auteurs l'ont aussi donné à une espèce de lotier, et au chiendent des boutiques, *cynodon dactylon*. (J.)

CORONULE, *Coronula*. (*Molluscart.*) C'est à M. de Lamarck que nous devons l'établissement définitif de ce genre, que Klein avoit, depuis long-temps, indiqué sous le nom de *polylopos* et d'*asrolepas*. Il contient des animaux rangés par Linnæus dans son genre *Lepas*, et que Bruguières regardoit comme des balanes. En effet, il paroît qu'il n'y a de différence un peu considérable que pour la forme de l'enveloppe testacée qui est hémisphérique, très-déprimée, composée de six pièces triangulaires, soudées, très-épaisses à cause des espèces de cellulosités qui en séparent les deux tables, sans base testacée, et offrant supérieurement une ouverture paroissant à six rayons, et qui est fermée par un opercule de quatre pièces. M. le docteur Leach ayant retiré de ce genre le *lepas testu-*

dinarius de Gmelin, pour en former son genre *Chelonibia*, il ne contient plus que deux espèces qui se trouvent constamment adhérentes et fixées, plus ou moins profondément, sur des animaux vivans, ce qui quelquefois les a fait appeler pou de baleine.

1.° La Coronule diadème : *Coronula diadema*, Lamk.; *Lepas diadema*, Gmel.; Chemn., *Conchyl.*, 8, tab. 99, fig. 843, 844. Le têt est arrondi, d'un à dix pouces de haut, sillonné et sexlobé; l'ouverture est au fond d'une excavation infundibuliforme, dont les bords sont divisés en douze parties triangulaires, dont six excavées et six élevées et striées transversalement. L'épaisseur du têt est fort considérable, à cause des espèces de chambres qui sont dans ses parois. Elle se trouve dans la mer Méditerranée et dans celle des Indes. Elle est le type du genre Polylopos de Klein.

2.° La Coronule de la baleine : *Coronula balanaris*, Lamk.; *lepas balanaris*, Gmel.; Chemn., *Conch.*, 8, t. 99, fig. 843, 846. Têt subconique de quinze lignes environ de hauteur sur dix-neuf à la base, se rétrécissant un peu supérieurement, et offrant, autour de l'ouverture, douze aréoles triangulaires, dont six élevées presque égales, quadripartites, et six excavées et sillonnées transversalement. L'opercule est, dit-on, membraneux. Ces deux espèces, qui n'en font peut-être qu'une, vivent sur la peau des baleines, dans le lard desquelles elles semblent s'enfoncer peu à peu et surtout dans les plis ou sillons qui se trouvent à la racine des nageoires de ces animaux. (De B.)

COROPHIE, *Corophium* (*Crust.*), nom d'un genre d'astacoïdes, à tête articulée sur le corselet, à branchies apparentes sous la queue, et voisin des *thalitres*. Leur corps est alongé, comprimé; leurs quatre paires de pattes antérieures sont terminées par une sorte de pince ou de serre. C'est à ce genre que M. Latreille rapporte le *cancer grossipes* de Linnæus, qui étoit aussi le *gammarus longicornis* de Fabricius, que Pallas a figuré dans ses Glanures Zoologiques, cah. IX, pl. IV, fig. 9; mais M. Leach en a rapporté plusieurs espèces qu'il a décrites sous les noms génériques de *podocère* et de *jasse*. Toutes ces espèces sont marines et littorales. (C. D.)

COROSSOL, *Anona*. (*Bot.*) Genre de plantes de la famille des anonacées, de la *polyandrie polygynie* de Linnæus, caractérisé par un calice à trois folioles concaves; six pétales, les trois intérieurs plus petits, quelquefois nuls; un grand nombre d'étamines; les filamens très-courts, insérés sur le réceptacle; plusieurs ovaires soudés en un seul, couvert de stigmates nombreux, d'où résulte une baie formée de plusieurs autres, pulpeuse en dedans, à plusieurs loges monospermes, à écorce écailleuse, tuberculeuse ou reticulée.

Ce genre a d'abord été établi par Plumier, sous le nom de *guanabano*, pour une espèce de l'Amérique méridionale; plusieurs auteurs en ont successivement ajouté d'autres sous différens noms : elles furent toutes réunies par Linnæus dans son genre *Anona*. M. Dunal, dans la Monographie intéressante qu'il vient de publier pour la famille des anonacées, en précisant le caractère de ce genre, en a exclu plusieurs espèces, qu'il a fait passer dans d'autres genres. Tel qu'il est présenté par cet auteur, ce genre diffère de tous les autres de la même famille, par son fruit, qui est une baie unique, résultant de la soudure d'un grand nombre de baies monospermes, de telle sorte qu'il paroît multiloculaire, à loges monospermes. On pourra, pour les espèces supprimées, consulter les genres *Unona*, *Monodora*, *Talauma*, *Asimina*. Ce dernier, ne pouvant plus trouver place dans ce Dictionnaire, sera mentionné à la fin du genre.

Les corossols sont des arbres ou arbrisseaux qui habitent les tropiques : leurs rameaux sont souvent rugueux ou couverts de petits tubercules glanduleux; les feuilles alternes, entières, médiocrement pétiolées, dépourvues de stipules, quelques-unes parsemées de glandes transparentes; les fleurs axillaires, quelquefois opposées aux feuilles, rarement latérales; les pédoncules courts, solitaires, ou quelquefois réunis plusieurs ensemble, le plus souvent uniflores, rarement à deux ou trois fleurs : elles sont souvent odorantes, quelques-unes d'une odeur désagréable, ainsi que les feuilles. L'écorce est ordinairement aromatique; les fruits presque tous bons à manger.

La plupart des espèces de corossol renferment des propriétés intéressantes, qui ont occasioné leur culture dans les deux Indes. Pour ne point interrompre l'exposition des espèces, je vais rapporter ici leurs propriétés et leurs usages les plus importans. Les espèces que l'on cultive le plus généralement pour leurs fruits, sont l'*anona paludosa; palustris; longifolia; glabra; reti-*

culata. Les fruits de ce dernier, recueillis avant leur maturité et séchés, sont employés avec succès, dans les Antilles, contre les diarrhées opiniâtres : ceux de l'*anona muricata*, connus plus généralement sous les noms vulgaires de *corossol* et de *cachiment*, ont une chair blanchâtre, succulente, odorante, de la consistance du beurre et d'une saveur douce avec une légère acidité. Swartz la compare à celle des fruits du *ribes nigra*. On les mange, lorsqu'ils sont bien mûrs, de la manière suivante : après les avoir ouverts, on enlève, avec une cuiller, la pulpe qui se trouve dans l'intérieur; on rejette le péricarpe qui a une saveur désagréable et une odeur approchant de celle de la térébenthine. La variété *B* de cette espèce a une chair blanchâtre, fondante, d'une saveur aromatique et sucrée, exhalant une légère odeur d'ambre et de cannelle fort agréable. On fait un grand usage de ces fruits aux Antilles : il en est de même de ceux de l'*anona squamosa*, connus sous les noms françois de *pomme cannelle*, *cœur de bœuf*, etc. Leur saveur est analogue à celle des *cachimans*. On les mange de la même manière. Cette espèce est cultivée dans les deux Indes : ses fruits sont beaucoup plus estimés que ceux de l'*anona muricata*. Ceux de l'*anona tripetala*, *seu cherimolia*, passent au Pérou pour les meilleurs fruits du pays : ils ont une chair fondante et vineuse, d'une saveur douce, d'une odeur suave.

Plusieurs espèces fournissent un bois employé avec avantage. Les Galibis se servent de celui de l'*anona punctata*, connu chez eux sous le nom de *pinaou*. A cause de la facilité qu'ils ont à le fendre, ils en font des lattes et des chevrons. Dans les mêmes contrées, le bois de l'*anona palustris* est employé, au lieu de liége, pour boucher les bouteilles et les calebasses, tant il est doux et pliant, même quand il est sec. Quant à l'écorce et aux feuilles, Aublet rapporte que l'*anona ambotay* a une écorce d'un goût piquant et aromatique, que les Galibis emploient en décoction pour guérir les ulcères de mauvaise nature, connus dans le pays sous le nom de *malingres*. Etant attaqué de ce mal, Aublet lui-même fit usage de ce remède avec succès. Pison et Marcgrave assurent que les feuilles de l'*anona muricata*, macérées dans l'huile d'olive, sont appliquées en cataplasmes, par les Brésiliens, sur certaines tumeurs : elles favorisent, disent-ils, le travail de la suppuration et l'ouverture spontanée des abcès. Au rapport de Burmann, la racine de l'*anona asiatica* s'emploie à Ceylan pour teindre en rouge. Les racines d'une espèce du Brésil, que Pison et Marcgrave désignent sous le nom d'*oraticu-pana*, sont légères et d'un grand diamètre : elles étoient en conséquence employées par les Sauvages pour faire des boucliers, qui résistoient à l'action des flèches et des javelots.

On a essayé, dans les jardins de l'Europe, la culture de plusieurs espèces de corossol, surtout celles des contrées tempérées de l'Amérique : la plupart réussissent assez bien, lorsqu'on en prend les soins convenables. Elles fleurissent quelquefois, mais ne donnent pas de fruits : il est même difficile de les conserver en pleine terre. Il faut semer les graines fraîchement arrivées d'Amérique, dans des pots remplis de terre légère, et les plonger, en février, dans une couche chaude de tan. Cette opération doit se faire de bonne heure, afin que les plantes qui en proviennent aient le temps de se fortifier avant les premiers froids de l'automne. Elles font des progrès rapides, surtout si on leur donne beaucoup d'air dans les temps chauds. Leurs feuilles se conservent vertes pendant tout l'hiver, et produisent, en cette saison, un bel effet dans la serre chaude. Ces plantes exigent une terre riche et légère : on les arrose fréquemment pendant l'été, mais peu à la fois. Les principales espèces de corossol sont :

Corossol a fruits hérissés : *Anona muricata*, Linn.; Jacq., *Obs.* 1., pag. 10, tab. 5; Merian., *Surin.*, tab. 14; *Guanabanus*, Plum., *Gen.* 43 : vulgairement, Cachimant, Cachimantier, Pomme de cannelle. Arbre de huit à quinze pieds, dont le bois est très-dur, blanchâtre; l'écorce brune, d'une odeur très-forte, ainsi que les feuilles et les fleurs; les feuilles ovales-lancéolées, planes, glabres, luisantes; les pédoncules courts, solitaires, axillaires, uniflores; les fleurs assez grandes, d'un blanc jaunâtre; les trois pétales extérieurs coriaces, verdâtres en dehors; le fruit gros, charnu, hérissé de pointes molles, aiguës, courbées à leur sommet. Cet arbre croît aux Antilles, à la Jamaïque, dans le Brésil, au Pérou. On en cite une variété qui est peut-être une espèce, Ses fruits sont plus arrondis; leur chair est plus blanche; les feuilles plus grandes, un peu pubescentes en dessous, à nervures plus droites et parallèles. Il est commun aux Antilles.

Corossol pourpré ; *Anona purpurea*, Dun., *Monogr. anon.*, pag. 64, tab. 2. Espèce du Mexique dont les fruits ne sont pas connus. Ses rameaux sont bruns ; ses feuilles presque sessiles, lancéolées, ferrugineuses en dessous ; les fleurs axillaires, à peine pédonculées ; la corolle grande ; les trois pétales extérieurs ovales, aigus, d'un brun jaunâtre ; les trois intérieurs presque ronds, obtus, de couleur pourpre.

Corossol de Humboldt ; *Anona Humboldtii*, Dun., l. c., tab. 3. Arbrisseau découvert dans la province de Cumana par M. de Humboldt. Ses rameaux sont parsemés de points blanchâtres ; les feuilles glabres, oblongues, acuminées, légèrement ponctuées ; les pédoncules courts, solitaires axillaires ; les trois pétales extérieurs coriaces, charnus, ovales, presque en cœur, aigus, jaunes en dehors, tachetés de pourpre à leur base interne ; les trois intérieurs un peu obtus, plus petits, jaunâtres, parsemés de points rouges, pourprés en dedans ; les ovaires sessiles, à quatre ou six faces.

Corossol a feuilles de laurier : *Anona laurifolia*, Dun., l. c. ; Catesb., *Carol.* 2, tab. 67 ; *Anona glabra*, var. B. Lamk., Dict. Encycl. 2, p. 125. Arbrisseau de Saint-Domingue, de dix à douze pieds, divisé en rameaux flexueux, garnis de feuilles glabres, ovales-lancéolées ; les pédoncules pendans, solitaires, uniflores ; les trois pétales extérieurs fort grands, verdâtres, aigus, en forme de cœur ; les intérieurs plus petits, blancs, arrondis ; les fruits lisses, verdâtres, en forme de poire renversée ; les semences brunes et coniques.

Corossol a fleurs obtuses : *Anona obtusiflora*, Dun., *Monogr.*, pag. 65 ; Tuss., *Fl. Antill.*, tab. 28. Cet arbre, cultivé à Saint-Domingue, est regardé comme originaire de l'Asie. Ses feuilles sont glabres, oblongues, lancéolées, ondulées, très-nerveuses, distiquées, tomenteuses dans leur jeunesse ; les pédoncules inclinés, uniflores, axillaires ; trois pétales extérieurs obtus, élargis à leur sommet ; les fruits arrondis, tuberculés.

Corossol des marais : *Anona palustris*, Linn. ; Pluk., *Alm.*, tab. 240, fig. 6 ; Sloan., *Jam.*, tab. 228, fig. 1. Arbre de grandeur variable, qui croît le long des fleuves dans l'Amérique méridionale. Ses feuilles sont coriaces, très-glabres, entières, ovales-oblongues, obtuses, mucronées, vertes, luisantes ; les fleurs solitaires, pédonculées ; le calice presque triangulaire, à trois lobes ; les pétales extérieurs jaunes, concaves, arrondis, tachetés de sang à leur base interne ; les trois intérieurs une fois plus courts, plus étroits, plus aigus, concaves, blancs en dehors : les fruits consistent en une grosse baie en cœur, couverte d'une écorce coriace et pulpeuse.

Corossol a longues feuilles : *Anona longifolia*, Aubl., Guian., tab. 248 : vulgairement Pinaioua. Cette espèce, découverte par Aublet sur le bord du fleuve des Galibis, est un arbrisseau d'environ quinze pieds de haut, garni de feuilles médiocrement pétiolées, rabattues, glabres, linéaires-oblongues, acuminées, mucronées, nerveuses et réticulées en dessous ; les pédoncules axillaires, beaucoup plus longs que les pétioles ; les fleurs grandes, purpurines ; les pétales ovales-oblongs, aigus, les intérieurs plus petits ; les fruits charnus, gélatineux, ovales, presque globuleux, ponctués, réticulés, bons à manger.

Corossol ponctué ; *Anona punctata*, Aubl., Guian., tab. 247 : vulgairement Pinaou. Cet arbre s'élève à la hauteur de vingt pieds, dans les forêts de Sinémari et le long du fleuve des Galibis, dans la Guiane. Ses feuilles sont glabres, médiocrement pétiolées, ovales-oblongues, aiguës ; les pédoncules très-courts, axillaires, solitaires, uniflores ; les fleurs petites ; les pétales jaunes, aigus ; les fruits presque globuleux, charnus, d'un brun obscur, ponctués, rougeâtres en dedans, bons à manger.

Corossol du Pérou ; *Anona peruviana*, Dun., l. c., pag. 67. MM. Humboldt et Bonpland ont découvert cette plante aux lieux marécageux, dans le Pérou. Ses rameaux sont ridés, rayés, garnis de feuilles pétiolées, un peu articulées, légèrement coriaces, oblongues, elliptiques, aiguës, à veines parallèles ; les pédoncules épais, axillaires, solitaires, uniflores, longs d'un pouce, enveloppés à leur base d'une bractée aiguë ; la corolle jaune ; les pétales ovales, aigus ; le fruit globuleux, réticulé, point comestible.

Corossol ambotay ; *Anona ambotay*, Aubl., Guian., tab. 249. Cette plante croît à la Guiane, dans les forêts de Sinémari. Arbrisseau de huit pieds, dont les tiges sont tortueuses et rameuses. Les feuilles sont très-médiocrement pétiolées, oblongues, elliptiques, aiguës, tomenteuses et ferrugineuses en dessous, glabres en dessus ; les pédoncules grêles, de la longueur des pétioles, solitaires, axillaires; les fleurs petites, verdâtres; les fruits inconnus.

Corossol des marais : *Anona paludosa*, Aubl., Guian., tab 246 : vulgairement Corossol sauvage, petit Corossol, petit cœur de bœuf. Arbrisseau de la Guiane, haut de quatre à cinq pieds, divisé vers son sommet en rameaux tomenteux et roussâtres. Ses feuilles sont à peine pétiolées, oblongues aiguës, vertes et un peu tomenteuses en dessus; nerveuses, soyeuses et chargées en dessous d'un duvet roussâtre; les fleurs axillaires, solitaires ou géminées; les pédoncules courts; les pétales un peu soyeux en dehors, verdâtres, ovales, presque en cœur, aigus; les intérieurs plus petits. Le fruit est une baie jaunâtre, ovale, chargée de tubercules aigus, courbés en crochet.

Corossol hérissé; *Anona echinata*, Dun., *Monogr.* 68, tab. 4. Ses rameaux sont tuberculés, glabres, noirâtres; les feuilles ovales-lancéolées, un peu aiguës, glabres en dessus, légèrement tomenteuses en dessous et d'un brun cendré; les pédoncules solitaires, uniflores, trois fois plus longs que les pétioles; trois pétales ovales, coriaces, concaves; les fruits ovales, armés de pointes. Cette plante croît à Cayenne.

Corossol soyeux; *Anona sericea*, Dun., l. c., tab. 5. Plante de Cayenne dont les rameaux sont cylindriques, couverts d'un duvet soyeux et roussâtre, ainsi que les pétioles et le dessous des feuilles : celles-ci sont ovales-oblongues, acuminées, quelquefois échancrées, glabres en dessus; les pédoncules axillaires, solitaires, uniflores, pubescens; trois pétales ovales, ferrugineux en dehors. Le fruit n'est pas connu.

Corossol écailleux : *Anona squamosa*, Linn.; Lamk., *Ill. gen.*, tab. 494; Pluk., *Alm.*, tab. 134, fig. 3; Rumph, *Amb.* 1, tab. 46; *Atamaram*, Rheed., *Malab.* 3, tab. 29 : vulgairement Cœur de bœuf, Pommier de cannelle, Attier atocire. Cet arbre, cultivé aujourd'hui dans les deux Indes, à cause de l'excellence de ses fruits, paroît être originaire de l'Amérique. Son tronc, haut de vingt pieds, est revêtu d'une écorce fongueuse. Ses feuilles sont glabres, lancéolées, percées de points transparens; les pédoncules opposés aux feuilles, solitaires, ou quelquefois réunis plusieurs ensemble; les fleurs petites verdâtres, d'un blanc jaunâtre en dedans, d'une odeur un peu désagréable; le calice très-petit, à trois divisions obtuses; trois pétales extérieurs triangulaires, étroits, longs d'un pouce; trois intérieurs à peine apparens; les fruits un peu coniques, d'un vert noirâtre, composés de mammelons convexes, imbriqués et comme écailleux. Leur chair est blanchâtre, presque semblable à de la bouillie, d'une odeur suave, d'une saveur très-agréable. L'*anona asiatica*, Linn., est une espèce jusqu'alors peu connue, très-rapprochée de la précédente, dont elle diffère par ses feuilles alongées, plus étroites. L'*anona glabra* de Forskaël n'en est probablement qu'une variété à feuilles plus petites, glauques en dessous.

Corossol cendré; *Anona cinerea*, Dun., *Monogr.* 71, tab. 8. Cette espèce, recueillie par M. Ledru, à l'île Saint-Thomas, offre des rameaux presque glabres, tuberculés, d'un rouge clair, pubescens et cendrés dans leur jeunesse. Les feuilles sont oblongues, elliptiques ou lancéolées, parsemées de points transparens, pubescentes et cendrées en dessous; les pédoncules uniflores, réunis deux ou trois ensemble; les fleurs oblongues, pyramidales, en bosse à leur base; le calice très-petit; les trois pétales extérieurs concaves, coriaces; les trois intérieurs très-petits; les fruits, vus dans leur jeunesse, sont globuleux, composés de plusieurs mammelons obtus, charnus, en forme d'écailles.

Corossol chérimolier: *Anona cherimolia*, Lamk., Encycl. 2, pag. 424; *Annona tripetala*, Ait., *Kew.* 2, pag. 252; Wendl., *Obs.* 24, tab. 3, fig. 24; Trew., *Ehret.*, pag. 16, tab. 49; *Guanabanus persœfolio*, etc., Feuill. Péruv. 3, pag. 24, tab. 17. Arbre du Pérou, haut de quinze à vingt pieds, chargé de rameaux pendans, de feuilles molles, ovales, pétiolées, glabres, d'un beau vert, pubescentes en dessous, d'une odeur forte: les pédoncules solitaires, uniflores, opposés aux feuilles, quelquefois réunis trois ou quatre ensemble, velus, ferrugineux; les trois pétales extérieurs coriaces, concaves, oblongs, tomenteux en dehors, tachetés de noir à leur base; les intérieurs très-petits: les fruits presque globuleux, de la grosseur du poing, d'un vert clair; leur chair blanche; leur surface légèrement écailleuse; leur saveur douce, sucrée; leur odeur suave. On les préfère souvent aux ananas.

Corossol réticulé: *Anona reticulata*, Linn.; *Excl. Syn.*, Rumph; *Anona-Marum*, Rheede, *Malab.* 3, tab. 30-31; Sloan.,

Hist. 2, tab 226. Cet arbre est fort élévé, pourvu d'une belle cime touffue ; ses rameaux sont étalés, un peu bruns, pubescens dans leur jeunesse ; ses feuilles oblongues, lancéolées, finement ponctuées, glabres dans leur vieillesse ; les pédoncules latéraux, souvent rameux dès leur base, et portant trois ou quatre fleurs d'un vert jaunâtre ; les trois divisions du calice triangulaires, aiguës, élargies à leur base ; les trois pétales extérieurs linéaires, trigones, obtus, en cuiller à leur base, et tachetés de pourpre ; les trois intérieurs très-petits, oblongs, obtus : une baie brune, luisante, jaunâtre à sa maturité, quelquefois un peu rougeâtre, couverte de mammelons en forme d'écailles arrondies. Dans l'*anona reticulata* de Jacquin, *Obs.* 1, pag. 14, tab. 6, fig. 2, les écailles des fruits sont anguleuses, pentagones. La chair est molle, blanche, peu odorante. Cette plante croît dans plusieurs contrées de l'Amérique méridionale. On la cultive dans les Indes orientales. L'*anona muscosa*, Aubl., *Manoa*, Rumph, *Amb.* 1, tab. 45 : vulgairement Cachiman morveux ou sauvage, diffère peu de l'espèce précédente ; les pétales extérieurs sont réunis à leur base, étalés à leur sommet ; les écailles des fruits relevées en bosse ; leur saveur muqueuse, point agréable. Il croît à la Martinique, dans la Guiane : on le cultive aux îles Moluques.

Corossol a fruits glabres : *Anona glabra*, Linn. ; Catesb., *Carol.* 2, tab. 64. Arbre de la Caroline, d'environ seize pieds de haut, chargé de feuilles glabres, ovales-lancéolées : les pédoncules biflores, opposés aux feuilles, munis de deux ou trois larges bractées orbiculaires, concaves, roussâtres à leur sommet ; le calice campanulé, roussâtre, à trois lobes larges, très-courts, quelquefois tronqués ; six pétales, oblongs, obtus ; le fruit presque conique, obtus, très-lisse, d'un jaune verdâtre ; les semences brunes.

Corossol a grandes fleurs : *Anona grandiflora*, Lamk., Encycl. 2, pag. 126 ; Dun., *Monogr.*, tab. 6 et 6 *a*. Ses rameaux sont ponctués, garnis vers leur sommet de grandes feuilles coriaces, glabres, ovales-oblongues ou lancéolées, veinées, réticulées, luisantes en dessus, glauques en dessous ; les pédoncules très-courts, solitaires, axillaires, uniflores, munis de petites bractées caduques ; le calice un peu velouté, à trois lobes courts, larges, aigus ; six pétales oblongs, obtus, longs d'un pouce, couverts d'un duvet cendré et blanchâtre ; les fruits glabres, ovales, un peu ponctués ; les semences oblongues, aiguës, enveloppées de pulpe. Cette plante porte à Madagascar et à l'Ile-de-France, où elle croit, le nom de *Bois blanc.*

Corossol amplexicaule : *Anona amplexicaulis*, Lamk., Enc. 2, pag. 127; Dun., l. c. Plante originaire des îles de Madagascar et de Maurice. Ses rameaux sont glabres, revêtus d'une écorce cendrée ; ses feuilles glabres, sessiles, amplexicaules, aiguës, oblongues, en cœur, souvent d'un pourpre violet en dessous ; les pédoncules solitaires, glabres, axillaires, uniflores ; les fleurs longues d'un pouce et plus ; les découpures du calice aiguës ; les pétales extérieurs oblongs, lancéolés, aigus ; les intérieurs un peu plus petits, tachetés de pourpre à leur base.

On cite plusieurs autres espèces de corossol, mais moins connues et même douteuses par l'absence des fruits. Telles sont : 1.° l'*Anona senegalensis*, Pers., dont les rameaux sont cylindriques, veloutés dans leur jeunesse ; les feuilles coriaces, glauques, larges, presque en cœur ; les pédoncules géminés ou ternés entre les feuilles ; les fleurs petites ; les lobes du calice obtus ; les trois pétales extérieurs épais, ovales, obtus, trois fois plus longs que le calice. 2.° *Anona uniflora*, Dun., *Monogr.* 76, très-belle espèce du Brésil, dont les fruits ne sont pas connus. Ses rameaux sont blanchâtres et tomenteux dans leur jeunesse ; les feuilles grandes, glabres, oblongues, acuminées, un peu pubescentes et blanchâtres en dessous dans leur jeunesse, puis glauques ; les pédoncules uniflores, tomenteux, opposés aux feuilles : le calice à trois grands lobes ovales, aigus, blanchâtres et coriaces. 3.° *Anona exsucca*, Dun., l. c., arbre élégant de la Guiane, dont les fruits sont secs et petits ; les rameaux très-glabres ; les feuilles coriaces, ovales-oblongues, aiguës, très-glabres, luisantes en dessus ; les pédoncules simples ou bifides, opposés aux feuilles. 4.° *Anona africana*, Linn., plante très-peu connue, à feuilles lancéolées, pubescentes, que malgré son nom, Linnæus croit originaire de l'Amérique.

* *Asimina*, Adans., Dun. ; *Orchidocarpum*, Mich. ; *Porceliæ*, *Species*, Pers.

Ce genre, composé de plusieurs espèces de corossol, s'en distingue par son fruit composé de plusieurs baies distinctes (ordinairement au nombre de trois) charnues, lisses, sessiles, renfermant plusieurs semences disposées sur un seul rang, autant de stigmates que de baies. Les autres caractères lui sont communs avec les *anona*. On y rapporte les espèces suivantes : 1.° *Asimina grandiflora*, Dun., *Monogr.* 84, tab. 11; *anona obovata*, Willd.; *orchidocarpum grandiflorum*, Mich., *Fl. Amer.* 1, pag. 330. Arbre de la Géorgie et de la Floride, dont les branches sont glabres; les rameaux, ainsi que les calices et le dessous des feuilles, couverts d'un vert roussâtre; les feuilles ovales, en coin, obtuses; le calice à trois divisions concaves, un peu aiguës; les pétales extérieurs très-grands, les intérieurs linéaires; les baies glabres, ovales-oblongues. 2.° *Asimina pygmæa*, Dun., l. c., tab. 10; *orchidocarpum pygmæum*, Mich. Arbrisseau de l'Amérique septentrionale, dont les rameaux sont élancés; les feuilles longuement lancéolées, glabres, rétrécies en coin à leur base; des bractées linéaires-obtuses; les pétales extérieurs amples, ovales, oblongs; les trois intérieurs plus petits, presque elliptiques, obtus. 3.° *Asimina triloba*, Dun., l. c.; *anona triloba*, Linn.; Mich., *F. Arb. Amer.* 3, tab. 9; *orchidocarpum arietinum*, Mich., *Fl. Amer.*, vulgairement Assiminier. Cet arbrisseau croît le long des fleuves, dans les terrains inondés de l'Amérique septentrionale. Ses rameaux sont cylindriques, revêtus d'une écorce cendrée; ses feuilles grandes, ovales-oblongues, rétrécies en coin, glabres, nerveuses; les pédoncules courts, solitaires, uniflores. Les fleurs se montrent avant les feuilles. Elles sont purpurines, presque campanulées; le calice pileux, à trois découpures concaves, presque égales; les pétales ovales, arrondis, obtus; les intérieurs plus petits, trois baies jaunâtres, ovales-oblongues, pubescentes. 4.° *Asimina parviflora*, Dun., l. c., tab. 9; *orchidocarpum parviflorum*, Mich., *Fl. Amer.* Ses rameaux sont ligneux, chargés dans leur jeunesse d'un duvet roussâtre, ainsi que le dessous des feuilles; celles-ci ovales, cunéiformes, mucronées; les fleurs petites, presque sessiles, pubescentes et roussâtres en dehors; le calice à trois lobes ovales; la corolle à peine une fois plus longue, purpurine; deux ou trois baies lisses, médiocrement charnus, de la grosseur d'une prune. Cette plante croît dans la Caroline et la Géorgie. (Poir.)

COROSSOLO. *Ornith.*) On nomme ainsi, en Italie, 1.° le

merle de roche, *turdus saxatilis*, Linn.; 2.° le rossignol de muraille, *motacilla phœnicurus*, qui s'appelle en Languedoc, *coroujho*. (Ch. D.)

COROTTAI. (*Bot.*) Ce nom est donné, dans un herbier de Coromandel, à une bryone ou à une plante qui en a tout le port. (J.)

COROUKAI. (*Bot.*) Dans un herbier de Coromandel, on trouve, sous ce nom, le coracan, *éleusine*. (J.)

COROWIS. (*Ornith.*) Fouché d'Obsonville dit, dans ses Essais philosophiques sur les mœurs de divers animaux étrangers, pag. 65, qu'on appelle ainsi en tamoul, l'oiseau que les ornithologistes ont décrit sous le nom de gros-bec des Philippines, *loxia philippina*, Linn., c'est-à-dire, le *toucnamcourvi*, auquel ce nom est peu convenable, puisque l'oiseau dont il s'agit est aussi commun dans plusieurs autres contrées d'Asie et d'Afrique, et même dans l'Inde. (Ch. D.)

COROYÈRE ou Corroyère. (*Bot.*) Dans les parties méridionales de la France, on donne ce nom au rédoul à feuilles de myrte et au sumac des corroyeurs qui, tous les deux, sont employés pour le tannage des cuirs. (L. D.)

COROZO (*Bot.*), nom donné en Amérique à deux palmiers; l'un à fruit globuleux, croissant sur les bords de l'Orénoque, est le *martineria caryotæfolia* de MM. Humbold et Kunth: ces mêmes auteurs nomment *alfonsia oleifera*, l'autre, qui habite la Nouvelle-Grenade, et dont le fruit, de forme ovoïde, fournit une huile et une espèce de beurre employé dans les usages économiques. C'est probablement ce dernier qui est le corozo de Carthagène, cité par Jacquin, et donnant les mêmes produits. (Poir.)

CORP. (*Ichthyol*) Suivant Gesner, c'est un vieux nom françois de la *sciœna umbra*, Linn. Voyez Sciène. (H. C.)

CORPON ou Corpou. (*Ichthyol.*) Les pêcheurs donnent ce nom à la dernière chambre de la madrague, où les thons se rassemblent et s'entassent. Voyez Thon. (H. C.)

CORPOO (*Bot.*), nom malais d'un arbrisseau des Moluques, qui a la fleur semblable à celle du laurose, *nerium*, et le fruit plus court, d'après la figure qu'en donne Rumph, sous le nom de *olus crepitans*, *sager corpuo laki laki*, qui signifie feuille pétillante. Les tiges sont menues, flexibles, ayant besoin de support. Cette plante n'est citée que par Rumph. Elle paroît appartenir à la famille des apocinées et se rapprocher du *nerium*. Les Européens de Java la nomment *crepitaan*. (J.)

CORPS. (*Phys.*) Voyez Matière. (L.)

CORPS. (*Chim.*) On a distingué des corps pondérables ou pesant vers le centre de la terre, et des corps impondérables (voyez Corps impondérables); mais, cette distinction étant loin d'être prouvée, et n'ayant d'ailleurs été faite que depuis peu de temps, nous n'appliquerons dans le présent article le mot *corps* qu'aux substances pondérables.

§. I.er

1.er Ordre de faits.

Des corps et de leurs propriétés, en général.

Un corps est une étendue limitée et impénétrable, qui peut produire en nous des sensations en agissant sur les organes de nos sens. Ainsi je juge qu'un morceau de cuivre est un corps, parce qu'il fait éprouver à ma main qui le presse contre un plan fixe sur lequel il repose, une résistance qui annonce son impénétrabilité; l'œil me fait apercevoir qu'il est circonscrit, qu'il est coloré en rouge jaunâtre, qu'il est opaque; si je le frappe, il produit du son, surtout quand il est réduit en plaque mince ou en long fil; si je le frotte, il développe une odeur désagréable; enfin, je lui trouve une saveur sensible en le gardant quelque temps dans la bouche. Si je soumets aux mêmes épreuves un morceau de plomb, je remarque d'abord qu'il est étendu et impénétrable ainsi que le morceau de cuivre; mais ensuite j'observe qu'il n'a ni la même couleur, ni la même odeur que ce dernier, ni la propriété de produire du son par la percussion. Je conclus que le plomb est un corps, mais qu'il est différent du cuivre, puisqu'il me cause des sensations différentes. Si je mets ensuite des quantités égales de cuivre et de plomb dans l'acide nitrique à 15° bouillant, tous les deux disparoîtront dans le liquide; mais le cuivre produira une liqueur bleue, et le plomb une liqueur incolore, ce qui donnera un nouveau poids au jugement que j'avois porté précédemment sur la différence de ces corps, d'après l'observation déduite de leur action immédiate sur mes sens.

Ces diverses manières dont les corps agissent sur nous et entre eux, sont appelées propriétés. L'essence des corps nous étant absolument inconnue, il est évident qu'on ne les connoit que par des propriétés, et que si nous jugeons qu'il existe plusieurs sortes de corps, c'est parce qu'ils nous font éprouver des sensations différentes, et qu'ils exercent des actions très-variées les uns sur les autres.

On distingue des *propriétés physiques* et des *propriétés chimiques : les premières* sont celles que nous reconnoissons à l'aide de nos sens, soit immédiatement comme l'état solide, liquide ou gazeux, la couleur, la transparence, l'opacité, la sonorité, l'odeur, le goût, soit médiatement par le secours d'instrumens qui nous font apprécier des rapports qui, sans eux, auroient été indéterminables, ou observer des propriétés qui nous auroient échappé; c'est ainsi que nous sommes en état de déterminer la densité ou le rapport de la masse au volume, que nous observons la propriété de s'électriser positivement ou négativement, celle de devenir magnétique. Les *propriétés chimiques* sont toutes celles qui dépendent d'une action que les corps n'exercent qu'au contact apparent, et qui appartiennent aux parties les plus ténues en lesquelles nous pouvons les supposer réduits. Il est essentiel de remarquer dès à présent que les propriétés chimiques et les propriétés physiques, déterminées au moyen des instrumens, sont beaucoup plus propres à caractériser une sorte de corps, que les propriétés que nous leur reconnoissons immédiatement par nos sens, car si nous n'avions pas recours aux premières, nous serions souvent dans l'impossibilité de distinguer une substance d'une autre à laquelle on auroit donné la forme, la couleur et l'odeur de la première.

En considérant les propriétés tant physiques que chimiques des corps, sous le point de vue de la manière dont nous parvenons à les connoître et à les définir d'une manière précise, on peut distinguer des propriétés *absolues*, *relatives* et *corrélatives;* mais, loin de vouloir rapporter chaque propriété à une seule de ces trois classes, nous ferons observer qu'une même propriété peut être absolue, relative et même corrélative, suivant la manière dont on la considère.

Citons des exemples pour donner une idée de cette manière de voir.

1.° La pression que les corps exercent contre un plan qui s'oppose à leur chute, et qui dans cette circonstance est une *propriété absolue*, devient une *propriété relative* appelée *densité*, si l'on compare cette pression dans différens corps réduits au même volume.

2.° Un corps élevé au-dessus de zéro mis en contact avec de la glace à zéro, en fond une certaine quantité, pour s'abaisser à cette température. Ce fait est une *propriété absolue.* Si l'on prend des poids égaux de différens corps, élevés à 75 d., l'on observera qu'ils fondront chacun des quantités diverses de glace pour se refroidir à zéro; or, comme il faut, pour liquéfier un certain poids de glace, une quantité déterminée de calorique, il faut en conclure que les corps, en se refroidissant d'un même nombre de degrés, abandonnent des quantités diverses de chaleur; ou, en d'autres termes, que, pour élever des poids égaux de différens corps à un même degré du thermomètre, il faut des quantités différentes de chaleur. Or, la comparaison de ces quantités donne lieu de considérer la propriété qu'ont les corps élevés au-dessus de zéro, de fondre une certaine quantité de glace, comme une propriété relative qu'on appelle *capacité des corps pour le calorique.*

3.° Si vous présentez un barreau aimanté à de la limaille de fer, celle-ci sera attirée par le barreau. Ce seul fait que l'aimant attire la limaille, est une propriété absolue; si vous comparez ensuite, quant à l'intensité, la propriété attractive d'un barreau de fer aimanté à saturation à celle d'un barreau de nickel ou de cobalt, de même poids, aussi aimanté à saturation, la propriété deviendra relative. Que l'on considère maintenant la propriété magnétique, en ayant égard à l'état du corps attiré, et que l'on prenne deux aiguilles aimantées, librement suspendues, on verra, en les plaçant à plusieurs pieds de distance, qu'elles se dirigeront suivant des lignes parallèles, allant du pôle austral au pôle boréal, en vertu de l'état magnétique du globe, et que chacune attirera la limaille de fer par ses deux extrémités; d'où il suit que chacune de ces extrémités jouit du magnétisme : maintenant que l'on approche suffisamment ces deux aiguilles l'une de l'autre, on verra que les deux extrémités qui étoient dirigées vers le même pôle, se repousseront, tandis que les extrémités qui regardoient des pôles différens s'attireront. Je serai donc conduit, d'après ces observations, à distinguer deux états de magnétisme ; l'un est appelé *boréal*, et l'autre *austral*. Je pourrai me convaincre ensuite qu'un morceau ou une parcelle de fer doux, qui est placé dans le voisinage de l'aimant, acquiert, à ses deux extrémités opposées, les deux magnétismes, et que l'extrémité qui est la plus proche d'un des pôles de l'aimant, a un magnétisme contraire à celui de ce pôle. Que je cherche à définir le magnétisme austral, je ne pourrai le faire autrement, qu'en disant que c'est la propriété d'attirer le magnétisme boréal ; de même je définirai le magnétisme boréal, la propriété d'attirer le magnétisme austral : d'où il suit que ces propriétés sont tellement dépendantes l'une de l'autre, qu'on ne peut les définir séparément ; c'est pour cela qu'on les nomme des *propriétés corrélatives*.

4.° Si l'on frotte un cylindre de verre avec un morceau de laine, et qu'on l'approche de corps légers qui ont la liberté de se mouvoir, ceux-ci se porteront vers le tube. En ne voyant dans cette expérience que le seul fait d'attraction exercée par le verre frotté sur les corps légers, il est évident que l'électricité du verre est une propriété absolue. Si l'on fait des expériences analogues avec différens corps, et qu'on trouve différente la distance à laquelle ils commenceront à manifester leur action électrique sur des corps légers, il est visible que l'électricité deviendra une *propriété relative*. Que je veuille examiner le fait de plus près, afin de définir la propriété électrique, en ayant égard à l'état des corps attirés par la substance frottée, je serai conduit à reconnoître que deux corps frottés s'électrisent mutuellement, et de plus qu'ils ne sont pas tous les deux dans un même état d'électricité, puisque ces deux corps s'attirent, et que si l'on présente séparément à chacun d'eux un corps de sa même espèce électrisé, il y aura répulsion, tandis que les corps d'espèce différente s'attireront. Voilà donc deux états différens d'électricité ; on a appelé l'un *positif*, et l'autre *négatif* ; mais une chose qu'il est important de remarquer, c'est que tant que ces deux états sont développés par le frottement, ils ne sont point absolus dans les corps, c'est-à-dire, qu'un corps qui s'électrise positivement quand il est frotté avec un autre corps qui s'électrise en même temps négativement, pourra s'électriser négativement avec un autre corps, tandis que celui-ci s'électrisera positivement: c'est ce qui a lieu quand on frotte le verre avec la laine, et la peau de chat; avec la première, il devient positif et la laine négative; et avec la peau de chat il devient négatif et la peau positive. On voit donc que, dans l'électrisation par frottement, une telle manière de s'électriser ne répond pas à une telle nature de corps. Maintenant que je cherche à définir l'électricité positive, il me sera impossible de donner d'autre définition que celle-ci: c'est la propriété d'attirer les corps électrisés négativement, comme l'électricité négative est celle d'attirer les corps électrisés positivement. D'où il suit que ces propriétés sont tellement dépendantes l'une de l'autre qu'on ne peut les définir séparément, puisque, l'essence de l'électricité nous étant inconnue, nous en sommes réduits à la définir par ses effets, et cette définition range les électricités dans la classe des propriétés corrélatives.

5.° Les propriétés chimiques, appelées acidité et alcalinité, peuvent être envisagées d'une manière absolue, relative et corrélative; en effet, la propriété qu'a un acide de neutraliser la potasse, est une propriété absolue; si vous comparez les quantités de divers acides nécessaires pour neutraliser une même quantité d'alcali, l'acidité devient relative, et est appelée alors *capacité des acides pour saturer l'alcalinité*. Ceci est applicable à l'alcalinité, considérée comme la propriété qu'ont les bases salifiables de neutraliser les acides, le sulfurique, par exemple; elle est absolue dans une même base et relative quand on la considère dans des poids de différentes bases salifiables qui sont nécessaires pour neutraliser une même quantité d'acide sulfurique. Que l'on cherche à définir l'acidité et l'alcalinité, et on ne le pourra qu'en disant que l'une est la propriété de neutraliser l'autre. Ces deux propriétés, comme les deux magnétismes, les deux électricités, sont donc corrélatives. Il n'y a certainement pas d'autre manière rationelle de définir l'acidité et l'alcalinité, ainsi que l'illustre auteur de la Statique chimique l'a bien senti.

Si l'on veut définir l'acidité et l'alcalinité, des propriétés d'avoir une telle saveur ou une telle manière d'agir sur certaines couleurs, on est conduit à faire des rapprochemens qui sont en opposition directe avec les premières règles de la méthode naturelle, et qui démontrent jusqu'à l'évidence, que ces propriétés, envisagées comme caractères, sont tout-à-fait artificiels, et qu'ils ne peuvent servir de moyen de définition, parce qu'ils se bornent à indiquer empiriquement que tel corps qui les présente, jouit de l'acidité ou de l'alcalinité à un certain degré; conséquemment de tels caractères ne s'appliquent qu'aux acides et aux bases salifiables les plus énergiques; mais entre ces corps il en existe qui participent des uns et des autres, et qui établissent une sorte de série qui ne permet point de faire des classes limitées d'acides et d'alcalis, ainsi que l'a bien démontré M. Oersted. Ces corps intermédiaires peuvent, dans beaucoup de cas, être considérés comme acides, lorsqu'ils sont unis à des bases salifiables énergiques; comme alcalis lorsqu'ils sont unis à des acides énergiques. En admettant cette manière de voir, on est conduit à considérer l'alcalinité et l'acidité comme des propriétés corrélatives, et non comme des propriétés absolues, et l'on évite par là de faire des définitions qui sont en opposition directe avec l'observation.

6.° La propriété comburente et la propriété combustible, peuvent être encore envisagées de la même manière que l'acidité et l'alcalinité; elles sont, dans les corps simples, ce que sont les deux dernières dans les composés binaires. Lorsqu'on décompose par la pile voltaïque un composé binaire, le corps comburent se reconnoît à ce qu'il se porte au pôle positif, tandis que le corps combustible va au pôle négatif; résultat analogue à ce qu'on observe dans la séparation d'un composé acide d'avec un composé alcalin; le premier va au pôle positif, et le second au pôle négatif. La propriété qu'ont deux corps, dont l'un jouissant de la propriété comburente, et l'autre de la propriété combustible, de dégager du feu par l'acte de leur combinaison, n'est réellement qu'un caractère artificiel, qui indique que les corps s'unissent avec une certaine force.

D'après ce qui précède, il est évident,

1.° Qu'*une propriété est absolue* lorsqu'elle est le résultat immédiat de l'observation;

2.° Qu'*une propriété est relative* lorsqu'on la compare dans plusieurs corps qui sont ramenés à une ou plusieurs conditions déterminées;

3.° Que *deux propriétés sont corrélatives* lorsqu'elles sont tellement dépendantes l'une de l'autre qu'on ne peut les définir séparément. Quand ces propriétés sont chimiques, on peut dire que l'une est le réactif de l'autre.

II.e Ordre de faits.

Des corps considérés comme étant doués d'un ensemble de propriétés déterminées qui les spécifient.

Nous allons maintenant considérer les corps relativement aux propriétés particulières d'après lesquelles nous les distribuons en espèces : nous serons conduits par là à définir ce que l'on entend en chimie par une espèce de corps, soit simple, soit composé ; à donner les principes de la nomenclature chimique ; à parler de la classification des corps, et enfin, à indiquer la manière d'étudier chacun d'eux en particulier sous le rapport de ses actions chimiques. Mais, pour acquérir une idée juste de ce que nous avons à dire de chacun de ces objets, il est nécessaire de considérer rapidement les corps relativement, 1.° à leur nature simple ou composée ; 2.° à leur structure intime ; 3.° à l'aggrégation de leurs particules ; 4.° à leur origine.

§. I.er PROLÉGOMÈNES.

Article I.er — *Des corps considérés sous le rapport de leur nature simple ou composée.*

Les corps sont simples ou composés.

Un corps est simple, quand, au moyen des procédés chimiques, on ne peut en séparer plusieurs sortes de matières. Il est composé, quand il est formé de plusieurs corps simples.

Le mot *élément*, employé par les anciens pour désigner les corps qu'ils regardoient comme simples, avoit un sens absolu ; dans le langage moderne, il a toujours un sens relatif, c'est-à-dire, que, quand on appelle un corps simple un élément, on ne prétend pas affirmer qu'il le soit réellement, on veut seulement dire que jusqu'au moment où l'on parle, l'art chimique n'a pu le résoudre en plusieurs sortes de matières.

L'école d'Aristote comptoit quatre élémens : le feu, la terre, l'eau et l'air. Les découvertes modernes ont fait voir que les trois derniers corps étoient composés, et qu'il y avoit quarante-huit corps que l'on devoit regarder comme simples, puisqu'ils avoient résisté à l'analyse.

ART. 2. — *Des corps considerés sous le rapport de leur structure intime.*

Tous les essais que l'on a tentés pour reconnoître la dépendance des diverses parties qui composent un même corps ont conduit les physiciens à imaginer plusieurs hypothèses, qui peuvent rentrer cependant dans deux systèmes généraux, le système des atomes et le système dynamique. Celui-ci compte un grand nombre de partisans en Allemagne, tandis que le premier est généralement adopté en France, en Angleterre et en Suède. C'est pour cette raison, et parce qu'il se lie d'ailleurs parfaitement avec les dernières découvertes chimiques sur les proportions définies, que nous l'adopterons de préférence à l'autre.

Dans le système des atomes, on admet que la masse d'un corps résulte de l'assemblage de petits solides impénétrables et indivisibles, que l'on appelle *atomes*, ou encore *molécules élémentaires*, *molécules constituantes*. Les atomes d'un corps sont sollicités par une force attractive, qui tend à les rapprocher jusqu'au contact, et par une force répulsive, qui, tendant continuellement à les écarter, s'oppose à ce qu'ils se touchent jamais. Cette dernière peut devenir assez intense pour porter les atomes hors de la sphère où ils s'attirent.

Dans un corps simple, il n'y a que des atomes d'une même nature. Dans un corps composé, on en compte d'autant de natures différentes qu'il y a d'élémens. On conçoit les atomes des corps simples ou composés, comme réunis par groupes, qui paroissent assujétis à une forme déterminée. Ces groupes sont appelés *particules*. Les particules des corps composés ont été aussi appelées *molécules intégrantes*.

Dans le système des atomes, on explique la différence de nature que les corps simples présentent entre eux, par la différence de densité, de figure et d'arrangement des atomes qui les constituent; et la différence des corps composés, 1.° par la nature propre des atomes élémentaires; 2.° par la proportion dans laquelle ils sont unis; 3.° par leur arrangement ou la manière dont leurs faces se présentent respectivement. Reprenons chacune de ces trois causes en particulier.

Par la nature propre des atomes élémentaires. Dans aucun cas on n'observe qu'un même composé puisse être formé par différentes combinaisons d'atomes. Ainsi, l'acide sulfurique ne peut être formé que par le soufre et l'oxigène ; l'acide phosphorique, que par le phosphore et l'oxigène, etc.

Par la proportion dans laquelle ils sont unis. Lorsque des atomes peuvent se combiner en plusieurs proportions, les composés auxquels ils donnent lieu ont toujours des propriétés différentes; ainsi, l'oxigène, en s'unissant au plomb en trois proportions, produit trois composés absolument distincts.

Par l'arrangement. Il existe plusieurs composés des mêmes atomes unis dans la même proportion, qui ont cependant des propriétés très-différentes. Ainsi, l'acide carbonique et la chaux forment l'arragonite et le spath calcaire; l'oxigène, l'hydrogène et le carbone, en se combinant dans une certaine proportion, donnent naissance au ligneux et à l'acide acétique.

Art. 3. — *Des corps considérés sous le rapport de l'aggrégation de leurs particules.*

Les particules d'un même corps, simple ou composé, peuvent se trouver dans trois états d'aggrégation, sans que pour cela la nature intime de ce corps soit changée.

1.° *A l'état solide*, lorsque les particules sont tellement adhérentes qu'on ne peut les séparer sans effort, ce qui donne au corps qu'elles forment la propriété d'être mu dans toute sa masse à la fois, lorsqu'une force suffisante agit sur un point quelconque de ce corps. Les corps solides ont une forme déterminée, quelle que soit la position dans laquelle on les place; et il s'y trouve un point nommé *centre de gravité*, qu'il suffit de soulever pour que le corps soit en équilibre.

2.° *A l'état liquide*, quand l'adhésion des particules est si foible qu'elles peuvent se mouvoir indépendamment les unes des autres, qu'elles affectent une surface horizontale, et qu'elles ne peuvent être rapprochées, d'une manière sensible, par une compression mécanique. Les corps liquides conservent naturellement leur volume, sans faire d'effort pour s'étendre.

3.° *A l'état gazeux*, lorsque les particules n'ont plus d'adhérence les unes aux autres, et qu'elles tendent continuellement à s'écarter; ce qui explique la propriété que présentent les corps gazeux de faire sans cesse effort pour augmenter de volume.

On donne assez souvent le nom de fluides aux corps liquides et gazeux.

Voyez, pour la cause de ces trois états, le mot Attraction moléculaire, Supplément au tome III, page 100.

Art. 4. — *Des corps considérés sous le rapport de leur origine.*

On a distingué des corps bruts ou inorganiques, et des corps organiques. Les premiers sont les corps simples, et les corps composés qui peuvent être formés sans la présence d'un être doué de la vie. Les corps organiques sont des composés qui ne peuvent être produits que par les forces qui constituent la vie d'un être organisé. Le cuivre jaune, qui est la combinaison du cuivre avec le zinc, est un corps inorganique : le sang, le lait, sont des composés organiques. Cette distinction n'est point parfaitement définie, ainsi que nous le dirons plus particulièrement à l'article Principes immédiats organiques.

§. II.

De la nomenclature chimique des corps inorganiques, et de la spécification des corps en général.

Article I.er — *De la nomenclature et de la spécification des corps simples.*

Les corps simples sont au nombre de quarante-huit, savoir :

L'oxigène, le phtore, le chlore, l'iode, le soufre, l'azote, le carbone, le phosphore, le bore, l'hydrogène, le silicium, le zirconium, l'aluminium, l'yttrium, le glucinium, le magnesium, le calcium, le strontium, le barium, le sodium, le potassium, le manganèse, le fer, le zinc, l'étain, le colombium, le tungstène, le molybdène, le chrome, l'arsenic, l'antimoine, le cerium, le titane, l'urane, le cobalt, le bismuth, le cuivre, le tellure, le nickel, le plomb, l'osmium, le mercure, l'argent, le palladium, le rhodium, le platine, l'or et l'iridium.

La nomenclature des corps simples est assez indifférente en elle-même; cependant, lorsqu'on découvre une de ces substances, il faut que le nom qu'on lui donne soit court, afin qu'il se prête à la formation des mots qui doivent désigner les composés chimiques que ce corps simple est susceptible de produire. Si la substance que l'on décrit pour la première fois a une propriété bien remarquable, on peut lui imposer un nom tiré de cette propriété : c'est ainsi que l'on a donné au métal découvert par M. Vauquelin, dans le plomb rouge, le nom de chrome, qui se rapporte à la couleur de ses composés oxigénés ; à un métal découvert dans la mine de platine, le nom de rhodium, parce que ses dissolutions dans les acides sont roses ; à la substance que M. Courtois a découverte dans les cendres de varec, le nom d'iode, parce qu'elle a la propriété de se réduire en une vapeur de couleur violette, etc. : mais il ne faut pas attacher à ce principe de nomenclature une trop grande importance, par la raison qu'il n'existe pas un corps simple qui puisse être caractérisé par une seule propriété ; ou, en d'autres termes, qu'il n'en existe point qui possède exclusivement une propriété : on ne peut donc distinguer les corps simples l'un de l'autre que par un certain nombre de propriétés, et c'est à l'ensemble de ces propriétés que nous attachons un nom particulier. Ce nom comprend implicitement toutes les propriétés appartenant au corps qu'il désigne, et conséquemment n'exprime point une idée simple. Ainsi le mot *fer*, me représente un corps qui a une densité de 7,8, une couleur grise bleuâtre, qui est magnétique, susceptible de se convertir en acier quand on le chauffe au milieu du charbon, etc. Comme toutes ces propriétés réunies n'appartiennent qu'au fer, que je ne puis reconnoître en lui une substance simple autre que celle qui jouit de ces qualités, je le regarde comme *une espèce de corps simple*, et tous les corps simples étant dans le même cas, sont pour moi autant d'espèces différentes. D'après ce qui précède, on voit que par le *mot espèce, appliqué un à corps simple, on entend une collection de propriétés qui n'appartiennent qu'à ce corps.*

Il est essentiel de remarquer que, dans beaucoup de cas, la meilleure manière de caractériser un corps simple est de désigner une combinaison facile à reconnoître, qu'il est susceptible de former. Ainsi, en disant que le carbone est un corps simple qui, en se saturant d'oxigène dans le rapport de 28 à 72, forme un acide gazeux dont les propriétés sont faciles à constater, on le spécifie beaucoup mieux qu'en énonçant un grand nombre de propriétés physiques, qui sont d'ailleurs susceptibles de varier beaucoup, suivant l'arrangement des particules (voyez CARBONE). L'azote ne peut être véritablement distingué des autres corps simples, que parce que, électrisé sur de la potasse ou de la chaux avec 2 fois ½ son volume d'oxigène, il produit l'acide nitrique. Enfin, on conçoit l'existence d'un corps dont les affinités seroient si fortes, qu'on se trouveroit dans l'impossibilité de l'isoler, de manière que tous les efforts des chimistes se borneroient à faire passer ce corps d'une combinaison dans une autre; dès lors une telle substance ne pourroit être spécifiée que par l'énoncé de ses combinaisons. C'est ce qui a lieu pour le PHTORE. (Voyez ce mot.)

ART. 2. — *De la nomenclature et de la spécification des corps composés.*

Si la nomenclature des corps simples n'est à proprement parler assujétie à aucune règle fixe, il n'en est pas de même de celle des corps composés. Cette dernière, subordonnée à un principe très-simple, *celui de donner une idée précise de la composition d'un corps, en énonçant le nom de ce corps*, a singulièrement contribué à la propagation de la science, par la clarté qu'elle a introduite dans l'enseignement. Mais, avant d'exposer cette nomenclature, nous définirons l'ESPÈCE DANS LES CORPS COMPOSÉS, *une substance formée des mêmes élémens, unis dans une même proportion et le même ordre.*

L'oxigène est le corps auquel les illustres auteurs de la nomenclature chimique ont subordonné la dénomination de la plupart des composés. Et, si l'on remarque aujourd'hui que le mot *oxigène*, qui signifie générateur des acides, présente un sens inexact à la pensée, puisqu'il est bien démontré que l'acidité peut être le résultat d'une composition non oxigénée, et dépendre même d'un simple arrangement de molécules (voyez ACIDITÉ et CORPS COMBURENS), cependant l'oxigène est toujours le corps dont les affinités sont les plus nombreuses et les plus énergiques en général, l'élément qui jouit de la plus grande influence sur la nature organique, puisque de lui dépendent l'entretien de la vie des animaux, et la première cause du développement de l'embryon végétal. Si donc l'on oublie l'étymologie d'oxigène, on admettra, sans doute, la prééminence que doit avoir cette substance dans un système de nomenclature qui est fondé sur la composition chimique des corps.

L'oxigène, en s'unissant avec les corps simples, forme des composés qui rougissent la teinture de tournesol, et des composés qui ne la rougissent pas. Les premiers ont reçu le nom d'*acides*, les seconds celui d'*oxides* (voyez Acide, Acidité, Suppl. du I.er volume). Un même corps, en s'unissant avec l'oxigène, peut former un, deux, trois acides, et un, deux, trois et quatre oxides ; on a distingué chacun de ces composés par une expression qui indique, 1.° si le composé appartient au groupe des acides ou à celui des oxides ; 2.° le nom du corps uni à l'oxigène ; 3.° enfin, la relation qui existe entre cette combinaison et les autres qui peuvent être produites par l'union des mêmes corps. La première et la seconde condition sont remplies en mettant les mots *acide* et *oxide* devant un nom spécifique, qu'on fait dériver du nom du corps uni à l'oxigène. Enfin la troisième est remplie de la manière suivante :

(A) Les composés sont acides.

I.er *Cas. Ils sont au nombre de trois.* Le nom spécifique du composé saturé d'oxigène se termine en *ique;* le nom spécifique du composé qui vient immédiatement après se termine en *eux ;* le nom spécifique du composé au minimum d'oxigène se termine également en *eux*, mais il est précédé du mot *hypo*. Exemples, acides du phosphore : *acide phosphorique*, *acide phosphoreux*, *acide hypophosphoreux*.

2.e *Cas. Ils sont au nombre de deux.* L'acide saturé d'oxigène prend, dans ce cas, la terminaison en *ique*, et celui qui en a le moins, la terminaison en *eux*. Exemples, les acides du soufre *acide sulfurique*, *acide sulfureux*.

3.e *Cas. Il n'y a qu'un acide.* La terminaison est alors en *ique*. Exemple, l'acide du bore : *acide borique*.

(B) Les composés sont des oxides.

I.er *Cas. Ils sont au nombre de quatre.* On fait précéder le mot oxide des syllabes *prot*, *deut*, *trit* et *per*, en commençant par les combinaisons qui contiennent le moins d'oxigène. Exemple, les oxides de plomb : *protoxide de plomb*, *deutoxide de plomb*, *tritoxide de plomb*, *peroxide de plomb*.

2.e *Cas. Ils sont au nombre de trois.* Même règle. Exemples, oxides de fer : *protoxide de fer*, *deutoxide de fer*, *tritoxide de fer*.

3.e *Cas. Ils sont au nombre de deux.* Exemples, les oxides de nickel : *protoxide de nickel*, *peroxide de nickel*.

4.e *Cas. Il n'y en a qu'un.* On se sert simplement alors du mot *oxide*. Exemple : l'*oxide de bismuth* (1).

Le phtore, le chlore, l'iode, l'azote, le soufre, le phosphore, le carbone, le bore et l'hydrogène, en s'unissant avec les corps qui les suivent dans la liste que nous avons donnée des corps simples, forment des composés qui sont appelés *phtorures*, *chlorures*, *iodures*, *azotures*, *sulfures*, *phosphures*, *carbures*, *borures* et *hydrures*, lorsqu'ils n'offrent pas les propriétés acides (voyez ci-après la 5.e exception). Ces composés correspondent aux oxides. Chaque espèce de *phtorures*, de *chlorures*, etc., est spécifiée, 1.° par le nom de la substance à laquelle le *phtore*,

(1) Au lieu de cette nomenclature pour les oxides assez généralement suivie en France, il seroit préférable d'adopter le principe qui a guidé M. Berzelius dans sa nomenclature latine des mêmes composés. Ce chimiste distingue trois groupes d'oxides :

1.er Groupe. (Suboxida) Sous-oxide : tous les oxides qui contiennent si peu d'oxigène qu'ils ne sont ni acides ni bases salifiables. Ils se combinent rarement entre eux, et jamais avec d'autres substances. Ex. : les oxides de potassium, de sodium, inférieurs à la potasse et à la soude.

2.e Groupe. (Oxida) Oxides. Ils forment des bases salifiables, ou se combinent à d'autres corps oxidés sans posséder des propriétés acides. Comme un même corps peut former deux oxides, M. Berzelius se sert du même artifice que celui que nous avons exposé à la nomenclature des acides. Il termine le nom de l'oxide en (osum) eux, quand il est au minimum d'oxigène, et en (icum) ique, quand il est au maximum. Ainsi l'oxide de fer, base des sels au minimum d'oxidation, est appelé Oxide ferreux; et l'oxide, base des sels au maximum d'oxidation, est appelé Oxide ferrique; quand un corps ne forme qu'un oxide, M. Berzelius adopte la terminaison ique pour le désigner.

3.e Groupe. (Superoxida) Suroxides. Ce sont des oxides qui contiennent tant d'oxigène qu'ils cessent d'être des bases salifiables. Ils ne se combinent point aux acides sans se défaire de la quantité d'oxigène qui les constitue suroxides. Le premier suroxide d'un métal se termine en (osum) eux, et le second en (icum) ique. Quand il n'y en a qu'un seul, la terminaison est en ique.

le *chlore*, etc., sont unis ; 2.° par les mots *proto*, *deuto* et *per* que l'on met devant les mots *phtorure*, *chlorure*, etc. Exemple : *protochlorure de cuivre*, pour désigner la combinaison du cuivre au minimum de chlore, et *perchlorure de cuivre*, pour la combinaison où le cuivre est saturé de chlore.

Les combinaisons du phosphore, du soufre, de l'iode et du chlore avec plusieurs oxides métalliques, portent également le nom générique de phosphures, sulfures, iodures et chlorures ; mais on les distingue en nommant l'oxide qui est uni avec ces corps.

Lorsque le phtore, le chlore et l'iode forment, avec les corps qui les suivent dans la même liste, des combinaisons acides, on désigne ces combinaisons par le nom du corps qui leur est uni, en ajoutant à ce nom la terminaison *ique;* et faisant précéder ce même nom des mots *phtoro*, *chloro*, *iodo*. Exemple : acides *phtoroborique*, *phtorosilicique*, *chlorophosphorique* et *chloroxicarbonique*, pour désigner les combinaisons du phtore avec le carbone et le silicium ; du chlore avec le phosphore et l'oxide de carbone. Cette règle est sujette à une exception dans le cas où l'hydrogène est un des élémens de la combinaison. (Voyez ci-après la 6.ᵉ exception.)

Les métaux, en s'unissant entre eux, forment des composés appelés en général *alliages*, et auxquels on donne le nom d'*amalgames*, lorsque le mercure est un des élémens de ces combinaisons. On distingue, en général, les alliages les uns des autres, en énonçant les noms et la proportion des métaux qui forment chacun d'eux, quand toutefois ces alliages n'ont pas un nom spécifique dans la langue usuelle, comme l'alliage de cuivre et d'étain, qu'on appelle *bronze;* comme l'alliage de cuivre et de zinc, qu'on appelle *laiton.*

Exceptions. A la nomenclature que nous venons d'établir, d'après les chimistes françois les plus illustres, il existe plusieurs exceptions que nous allons faire connoître.

1.° L'oxigène, en s'unissant à l'hydrogène, forme l'eau, que l'on devroit en conséquence appeler *oxide d'hydrogène*, si l'on préféroit la rigueur du langage à la sanction qu'un long et fréquent usage a donnée à ce mot. On a désigné les combinaisons définies que l'eau est susceptible de former avec les acides et les bases salifiables par le nom générique d'*hydrates*.

2.° La combinaison de 1 volume d'azote et de 3 d'hydrogène a conservé son ancien nom d'*ammoniaque*. Elle devroit être appelée *azoture d'hydrogène*.

3.° Les trois combinaisons acides de l'oxigène avec l'azote, qui devroient porter les noms d'*acide hypoazoteux*, d'*acide azoteux*, d'*acide azotique*, ont été appelées *acide hyponitreux*, *acide nitreux*, *acide nitrique*.

4.° La combinaison de 1 volume d'azote et de 2 de carbone a été appelée *cyanogène*; et les combinaisons du cyanogène avec les corps simples et les oxides métalliques, *cyanures*.

5.° Les combinaisons gazeuses du phosphore et du carbone avec l'hydrogène sont appelées *hydrogène protophosphoré*, *hydrogène perphosphoré*, *hydrogène carboné*, *hydrogène percarboné*: elles devroient être nommées *protophosphure d'hydrogène*, *perphosphure d'hydrogène*, *carbure d'hydrogène*, *percarbure d'hydrogène*. Mais l'usage a prévalu de réserver les noms de *phosphures* et de *carbures* pour les composés solides dont le phosphore ou le carbone sont un des élémens.

6.° Tous les acides organiques qui contiennent de l'hydrogène, ayant entre eux plusieurs analogies remarquables, ont été réunis en un seul groupe, que l'on a appelé *hydracides*. L'on a tiré le nom spécifique de l'acide du nom du corps uni à l'hydrogène, et l'on a fait précéder ce nom du mot *hydro*. Exemples : *acide hydrophtorique*, *acide hydrochlorique*, *acide hydriodique*, *acide hydrosulfurique*, *acide hydrotellurique*, *acide hydrocyanique*.

7.° On se sert souvent des mots *silice*, *zircone*, *alumine*, *glucine*, *yttria*, *magnésie*, *chaux*, *strontiane*, *baryte*, *soude*, *potasse*, *litharge* ou *massicot*, *minium*, au lieu d'*oxide de silicium*, d'*oxide d'aluminium*, d'*oxide de glucinium*, d'*oxide d'yttrium*, d'*oxide de magnesium*, d'*oxide de calcium*, d'*oxide de strontium*, de *protoxide de barium*, de *deutoxide de potassium*, de *deutoxide de sodium*, de *deutoxide de plomb*, de *tritoxide de plomb*.

NOMENCLATURE DES SELS.

On a donné le nom de *sels* aux combinaisons des acides avec l'ammoniaque et les oxides métalliques. Et l'on a désigné l'ammoniaque et ces oxides sous la dénomination générale de *bases salifiables*.

On a posé en principe que l'on feroit autant de genres de sels que l'on compte d'acides; et autant d'espèces de sels qu'il y a de bases salifiables, et de proportions dans lesquelles chaque acide est susceptible de s'unir à chaque base salifiable. D'où il suit que, pour que la dénomination d'un sel soit l'expression de sa nature, il faut qu'elle énonce, 1.° la nature de l'acide; 2.° la nature de la base salifiable; 3.° la relation existante entre la proportion de l'acide et de la base.

Applications. 1.° Tout acide en *ique* forme un genre dont la terminaison est en *ate.* Ainsi de *sulfurique*, de *phosphorique*, de *carbonique*, etc., on a fait *sulfate*, *phosphate*, *carbonate*, etc. Tout acide en *eux* forme un genre dont la terminaison est en *ite*; de *sulfureux*, de *phosphoreux*, etc., on a fait *sulfite*, *phosphite*, etc. 2.° Au nom générique ainsi formé, on a ajouté le nom de la base uni à l'acide. Ainsi *sulfate de potasse*, *sulfate de soude*, désigne les combinaisons de l'acide sulfurique avec la potasse et la soude. Nous ferons observer que l'on dit sulfate de plomb, sulfate de manganèse, au lieu de sulfate de deutoxide de plomb, sulfate de protoxide de manganèse. 3.° Pour désigner la relation existante entre la proportion de l'acide à la base, on ajoute la préposition *sur* ou *sous*, au mot générique du sel, pour désigner celui qui contient plus ou moins d'acide que ne le comporte la proportion qui constitue le sel neutre (voyez Neutralité). Ainsi *sur-sulfate de potasse* désigne la combinaison de l'acide sulfurique avec la potasse, qui contient plus d'acide que la combinaison neutre, qui est simplement appelée *sulfate de potasse.*

§. III.

De la classification chimique des corps inorganiques.

Toutes les fois que l'on envisage l'action moléculaire d'une manière générale, on pourra douter qu'une classification des corps soit aussi nécessaire en chimie qu'elle l'est en histoire naturelle, et l'on pourra être confirmé dans cette opinion par la facilité avec laquelle un chimiste reconnoît la nature d'un composé, ou détermine le nom d'un corps simple qui lui est présenté : mais l'utilité d'une classification chimique ne se borne point à faire de pareilles déterminations, elle doit encore s'étendre à coordonner les corps suivant l'ordre le plus favorable à ce que l'esprit en saisisse les rapports; et cet ordre facilite l'étude de la chimie à ceux qui la commencent, comme il facilite les travaux de l'homme qui se livre à la recherche de faits nouveaux. L'utilité d'une classification chimique se trouve au reste suffisamment démontrée pour les corps composés, par le fait même de leurs dénominations qui sont fondées sur la nature de certaines propriétés, et sur la composition des corps auxquels ces dénominations s'appliquent; car en formant des groupes, tels que les divers genres de sels, le genre des acides oxigénés, le genre des oxides, etc., qui ont un principe commun, n'a-t-on pas fait une véritable classification? Mais, ce genre de preuve n'existant point pour les corps simples, nous ne ferons apprécier l'utilité d'une classification de ces corps, qu'en exposant les principaux systèmes auxquels ils ont donné lieu à différentes époques.

Tant que l'on a admis sans restriction la manière de voir de Lavoisier sur la combustion, on a établi l'oxigène à la tête du système chimique, comme un corps sans analogue: et tous les autres corps simples, sous le nom commun de *combustibles*, ont été rangés dans une même classe. Cette classe a été ensuite généralement divisée en corps métalliques et en corps non métalliques. Fourcroy, qui a rendu tant de services à l'enseignement, a fait sept genres des corps simples combustibles, savoir: l'azote, l'hydrogène, le carbone, le diamant, le phosphore, le soufre et les métaux. Mais une pareille distribution ne peut être admise, car comment peut-on imaginer que l'azote, l'hydrogène, le soufre, le phosphore, forment chacun un genre analogue à celui des métaux? Comment former deux genres du carbone et du diamant, qui, présentant les mêmes propriétés chimiques, doivent être considérés comme une seule et même substance? Il est évident que le soufre, le phosphore, le carbone, l'azote, ne sont que des espèces de corps, aussi bien que le fer, le plomb, le cuivre, etc. L'idée de genre, en chimie, est arbitraire; mais celle de l'espèce ne l'est point, au moins pour la plupart des corps auxquels cette expression s'applique. Quant au genre des métaux, Fourcroy l'a partagé en cinq sections:

La 1.ere renferme les métaux cassans et acidifiables, savoir: l'arsenic, le tungstène, le molybdène, le chrome et le columbium;

La 2.e, les métaux cassans et simplement oxidables, savoir : l'urane, le titane, le tantale, le cobalt, le bismuth, le manganèse, l'antimoine et le tellure ;

La 3.e, les métaux demi-ductiles et oxidables, savoir : le nickel, le mercure et le zinc ;

La 4.e, les métaux bien ductiles et facilement oxidables, savoir : l'étain, le plomb, le fer et le cuivre ;

La 5.e, les métaux bien ductiles et difficilement oxidables, savoir : l'argent, l'or, le platine et l'iridium.

M. Thenard a divisé les corps simples combustibles en deux ordres. Le premier ordre comprend les combustibles simples non métalliques, au nombre de six, savoir : l'hydrogène, le bore, le carbone, le phosphore, le soufre et l'azote, en commençant par ceux qui ont le plus d'affinité pour l'oxigène. Le second ordre comprend les métaux, qu'il a rangés en six sections, en commençant par ceux qui ont le plus d'affinité pour l'oxigène.

1.ere *Section.* Métaux dont les oxides n'ont point encore été réduits :

Silicium, zirconium, aluminium, glucinium, yttrium, magnesium.

2.e *Section.* Métaux qui absorbent le gaz oxigène à la température la plus élevée, et qui décomposent subitement l'eau à la température ordinaire, en s'emparant de son oxigène, et en dégageant l'hydrogène avec une vive effervescence :

Calcium, strontium, barium, sodium et potassium.

3.e *Section.* Métaux qui ont la propriété d'absorber le gaz oxigène à la température la plus élevée, mais qui ne décomposent l'eau qu'à l'aide d'une chaleur rouge :

Manganèse, zinc, fer, étain.

4.e *Section.* Métaux qui absorbent le gaz oxigène à la température la plus élevée, mais qui ne décomposent l'eau ni à froid ni à chaud :

Arsenic, molybdène, chrome, tungstène, columbium, antimoine, urane, cérium, cobalt, titane, bismuth, cuivre, tellure.

5.e *Section.* Métaux qui ne peuvent absorber le gaz oxigène qu'à un certain degré de chaleur, et qui ne peuvent point opérer la décomposition de l'eau, leurs oxides se réduisant à une température élevée :

Nickel, plomb, mercure, osmium.

6.e *Section.* Métaux qui ne peuvent absorber le gaz oxigène, et décomposer l'eau, à aucune température, et dont les oxides se réduisent au-dessous de la chaleur rouge :

Argent, palladium, rhodium, platine, or, iridium.

Cette classification étant la plus commode, pour les généralités dépendantes de l'affinité des métaux pour l'oxigène, nous l'adopterons toutes les fois que nous aurons à traiter de ces généralités, en y faisant toutefois les modifications suivantes. Nous rangerons le magnesium, dans la seconde section, avant le calcium; nous réunirons les cinquième et sixième sections, parce que, suivant nous, il n'est pas exact de dire que le palladium, l'argent, et en général tous les métaux de la sixième section de M. Thenard ne brûlent pas; et nous réunirons le nickel et le plomb aux métaux de la quatrième section, parce que leurs oxides ne sont point réductibles par la chaleur. Nous ferons observer que les métaux de la quatrième section ne sont certainement point rangés entre eux dans l'ordre de la plus grande affinité pour l'oxigène.

Voilà les principales classifications des substances simples que l'on a proposées, d'après le système de Lavoisier : exposons à présent les vues extrêmement remarquables de M. Oersted sur la classification des corps inorganiques. Il en donna en 1799 une application particulière à la classification des alcalis et des acides; et, quelques années après, il les étendit à celle de tous les corps inorganiques. L'auteur établit que la ductilité, la fixité, la densité, l'opacité, etc., ne peuvent distinguer les métaux des autres corps; qu'il n'y a pas d'autre moyen pour savoir si un corps est un métal que de le comparer aux métaux bien connus, et de voir s'il s'en rapproche par plusieurs propriétés. L'auteur est conduit d'abord, par cette comparaison, à rapprocher le carbone et le bore des métaux, ainsi que le phosphore et le soufre, qui ont les plus grands rapports avec l'arsenic; et enfin, à classer les corps en séries, et non en groupes définis et tranchés. Il fait trois séries : celle des corps simples, celle des corps oxigénés, et celle des sels. Pour former la première, il prend le corps qui se distingue le plus des autres, par exemple, l'oxigène. Il place après lui successivement les corps qui s'en rapprochent le plus; par ce moyen, il compose une série dont l'extrême opposé à l'oxigène est le corps le plus combustible. M. Oersted pense que les corps qui sont éloignés dans la série, forment, en s'unissant, des composés assez différens de leurs élémens, pour constituer une nouvelle série. Telles sont les combinaisons de l'oxigène avec les corps simples. Les corps qui sont très-rapprochés forment, au contraire, des composés qui ont assez de rapports avec leurs élémens pour rester dans la même série qu'eux : tels sont les alliages. M. Oersted, avec Winterl, appelle ces composés *synsomatiques*. La seconde série est formée d'une manière analogue à la précédente ; elle commence par les acides les plus énergiques et finit par les alcalis les plus forts. Les deux extrêmes de la série se neutralisent réciproquement, et forment des composés qui sortent de la série. Les corps intermédiaires, en se combinant entre eux, se neutralisent d'autant moins qu'ils sont plus rapprochés dans l'ordre de la série ; lorsqu'ils le sont beaucoup, ils forment des *composés synsomatiques*. M. Oersted range donc les corps d'après leur ressemblance, en évitant de faire des séparations fondées sur des propriétés dont l'intensité est variable ; et il pose en principe que la propriété la plus évidente, pour faire reconnoître la nature chimique d'un corps, est l'espèce de combinaison chimique qu'il est susceptible de contracter. Il distingue ainsi ses trois séries.

Les corps simples, qui constituent la première série, présentent en général les phénomènes de la combustion, et forment des alliages.

Les corps oxigénés, formant la seconde série, présentent l'acidité et l'alcalinité. Ils ne s'unissent point à la plupart des corps simples. (Le phosphore, le soufre, qui se combinent aux oxides, font le passage de la première série à la seconde.)

Les sels, qui forment la troisième série, sont neutres ; ils ne saturent ni les acides ni les alcalis, et ne s'unissent point aux corps simples.

Telle est la méthode de M. Oersted ; trop en opposition avec la manière de voir généralement admise à l'époque où elle parut, elle ne fut point adoptée ; et si aujourd'hui même nous pensons qu'elle ne puisse l'être telle que son auteur l'a exposée, cependant on ne peut se refuser à la ranger parmi les classifications les plus philosophiques que l'on ait imaginées, et l'on ne peut se dissimuler qu'elle a puissamment concouru à restreindre des observations qui avoient été trop généralisées par Lavoisier, à détruire des distinctions tout-à-fait artificielles, et enfin qu'elle renferme les germes les plus précieux pour la découverte d'une méthode naturelle.

M. Ampère, en 1816, a publié une classification des corps simples, remarquable tout à la fois par les nombreux rapports qui ont guidé l'auteur, et parce qu'elle est le premier essai que l'on ait tenté pour appliquer à ces corps une méthode analogue à celle qui a conduit les naturalistes françois à faire en botanique et en zoologie tant d'heureux rapprochemens auxquels on ne seroit jamais parvenu en suivant les méthodes artificielles. L'exposition de la classification de M. Ampère nous paroît d'autant plus utile, que dans le cas même où on lui refuseroit le titre de méthode naturelle, on ne pourroit pas lui contester l'avantage de graver dans l'esprit beaucoup de rapports intéressans qui ont été négligés dans les classifications antérieures; elle mérite donc d'être étudiée lors même qu'on la considéreroit comme une méthode artificielle.

M. Ampère a fait quinze genres des corps simples, qui correspondent aux familles naturelles des plantes et des animaux. Il en compose trois classes; les corps sont tellement coordonnés l'un à l'autre, qu'ils forment non plus une série, mais un cercle. L'auteur parvient à cet ordre, 1.° en disposant les espèces d'un même genre, de manière que les caractères de ce genre se trouvent au plus haut degré dans l'espèce qui en occupe le milieu : par ce moyen les propriétés des espèces extrêmes lient ces espèces à la dernière du genre précédent, et à la première du genre suivant; 2.° en disposant les genres d'une même classe, de manière que les propriétés qui caractérisent la classe, se trouvent au plus haut degré dans les genres placés au milieu de cette classe : c'est ce qu'il est facile de concevoir en jetant les yeux sur le tableau ci-joint, et en suivant les développemens que nous allons donner.

La première classe renferme *les corps simples qui forment par leur combinaison mutuelle des gaz permanens susceptibles de subsister en contact avec l'air*. M. Ampère nomme ces corps *gazolytes* (solubles dans les gaz).

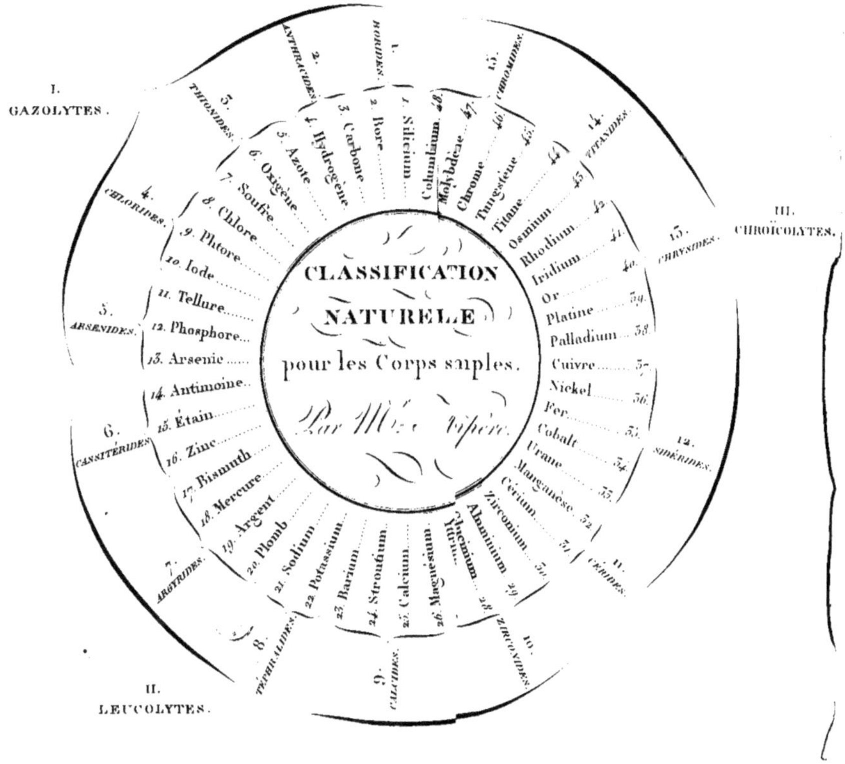
CLASSIFICATION
NATURELLE
pour les Corps simples.
Par M. Ampère.
I. GAZOLYTES.
II. LEUCOLYTES.
III. CHROÏCOLYTES.
1. BORIDES.
2. ANTHRACIDES.
3. THIONIDES.
4. CHLORIDES.
5. ARSÉNIDES.
6. CASSITÉRIDES.
7. ARGYRIDES.
8. TÉPHRALIDES.
9. CALCIDES.
10. ZIRCONIDES.
11. CÉRIDES.
12. SIDÉRIDES.
13. CHRYSIDES.
14. TITANIDES.
15. CHROMIDES.
1. Silicium
2. Bore
3. Carbone
4. Hydrogène
5. Azote
6. Oxigène
7. Soufre
8. Chlore
9. Phtore
10. Iode
11. Tellure
12. Phosphore
13. Arsenic
14. Antimoine
15. Étain
16. Zinc
17. Bismuth
18. Mercure
19. Argent
20. Plomb
21. Sodium
22. Potassium
23. Barium
24. Strontium
25. Calcium
26. Magnesium
27. Yttrium
Glucinium
28. Aluminium
29. Zirconium
30. Cérium
31. Manganèse
32. Urane
33. Cobalt
34. Fer
35. Nickel
36. Cuivre
37. Palladium
38. Platine
39. Or
40. Iridium
41. Rhodium
42. Osmium
43. Titane
44. Tungstène
45. Chrome
46. Molybdène
47. Columbium
48.

Espèces.

1.° *Genre Borides.* { 1. *Silicium.* 2. *Bore.*

Le rapprochement de ces deux corps est fondé sur ce que la silice a la plus grande analogie avec les acides en général et avec l'acide borique en particulier. Elle contient autant d'oxigène que l'acide sulfurique, et sature la même quantité de chaque base salifiable que ce dernier; ses combinaisons avec les bases qu'on peut appeler des *siliciates*, ont les plus grands rapports avec les borates. Lorsqu'on fait rougir avec du fer et du charbon de la silice ou de l'acide borique, il se produit un siliciure ou un borure. Enfin la silice et l'acide borique forment, avec l'acide hydrophtorique, de l'eau et des gaz appelés phtorosilicique et phtoroborique.

2.° *Genre Anthracites.* { 3. *Carbone.* 4. *Hydrogène.*

Le carbone se rapproche des deux précédens par son infusibilité et la combinaison qu'il forme avec le fer; mais il en diffère en ce qu'il se combine à l'hydrogène, à l'azote; en ce qu'il forme des combinaisons gazeuses avec l'oxigène, tandis que le silicium et le bore produisent, avec les mêmes corps, des composés solides.

L'hydrogène se rapproche du carbone par la combinaison gazeuse qu'il forme avec l'azote, et par son affinité pour l'oxigène qui est à peu près égale pour ces deux corps : en outre, les propriétés de l'hydrogène et du carbone que l'on retrouve dans les composés gazeux qu'ils forment, annoncent entre ces deux corps beaucoup d'analogie ; car plus les corps sont éloignés, plus ils sont susceptibles de se neutraliser complétement.

3.° *Genre Thionides.* { 5. *Azote.* 6. *Oxigène.* 7. *Soufre.*

M. Ampère a réuni ces corps d'après cette considération qu'ils forment tous les trois des bases salifiables, en s'unissant avec plusieurs corps; ainsi l'azote avec l'hydrogène produit l'ammoniaque; l'oxigène produit avec la plupart des corps métalliques, des bases salifiables; enfin, le soufre produit plusieurs sulfures qui jouent le rôle d'alcali dans plusieurs combinaisons.

Ces trois corps peuvent former, avec le carbone, des composés, dont deux sont gazeux à la température ordinaire, et un le devient à 46 d.; et enfin l'oxigène et le soufre, en s'unissant à l'hydrogène, forment l'eau et l'acide hydrosulfurique, qui, à l'état aériforme, contiennent des volumes d'hydrogène égaux à leur propre volume.

4.° *Genre Chlorides.* { 8. *Chlore.* 9. *Phtore.* 10. *Iode.*

Le phtore, possédant les propriétés du genre à un degré plus éminent que le chlore, se place entre ce dernier et l'iode : en mettant le chlore à la tête du genre, et l'iode à la fin, on lie les chlorides d'une part, aux thionides, et d'une autre part aux arsenides. En effet, le chlore se rapproche du soufre par les composés qu'il forme avec l'oxigène : l'un gazeux, l'oxide de chlore, est analogue à l'acide sulfureux; l'autre, liquide à l'état d'hydrate, est l'acide chlorique, analogue à l'acide sulfurique; enfin, les chlorures ont les plus grandes analogies avec les sulfures : plusieurs d'entre eux, en décomposant l'eau, donnent naissance à des hydrochlorates, de même que plusieurs sulfures produisent des hydrosulfates, dans la même circonstance.

L'iode forme, avec l'hydrogène, un acide absolument analogue à l'acide hydrochlorique : car ces deux acides contiennent pour $\frac{1}{2}$ volume d'hydrogène, $\frac{1}{2}$ volume d'iode et $\frac{1}{2}$ volume de chlore, sans condensation apparente. Enfin, l'iode donne naissance à des composés analogues aux chlorures; il forme avec l'oxigène, un acide concret, qui est d'ailleurs analogue à l'acide chlorique. L'état concret de l'acide iodique rattache l'iode au tellure, première espèce du genre suivant.

5.° *Genre Arsenides.* { 11. *Tellure.* 12. *Phosphore.* 13. *Arsenic.*

Ces trois corps sont volatiles, facilement inflammables; ils ont une odeur analogue, forment des composés solides avec l'oxigène, et des composés gazeux avec l'hydrogène. L'hydrogène telluré est un acide, tandis que les hydrogènes phosphurés et arseniqués ne le sont point : c'est pour cela que

M. Ampère a placé le tellure à la tête du genre, comme se joignant par cette propriété au genre des chlorides.

II.ᵉ CLASSE. *Leucolytes* (dissolutions incolores).

Les corps de cette classe ne forment des gaz permanens avec aucun autre corps; ils sont fusibles au-dessous de 25 d. de Wedgewood, ceux du moins qu'on a pu obtenir à l'état métallique; ils ne donnent, en se dissolvant dans les acides incolores, que des dissolutions sans couleur.

6.° *Genre Cassitérides*	14. *Antimoine.* 15. *Etain.* 16. *Zinc.*

L'antimoine, en s'unissant avec l'oxigène, produit deux acides; l'étain n'en produit qu'un, et le zinc forme, avec le même corps, un composé qui neutralise assez bien les acides et les alcalis, de sorte que sous ce dernier rapport, il a une acidité qui le rapproche des deux premiers. Le chlore produit, avec ces trois métaux, des combinaisons qui sont volatiles, et que M. Ampère regarde comme des acides, par cela seul qu'elles s'unissent au gaz ammoniaque. Ces composés ne rougissent pas d'ailleurs le papier de tournesol bien sec. Le chlorure de zinc est plus analogue aux chlorures d'antimoine et d'étain, que son oxide ne l'est aux acides des mêmes métaux. Les cassitérides ont encore cela de commun, que l'oxigène décompose leurs iodures.

7.° *Genre Argyrides.*	17. *Bismuth.* 18. *Mercure.* 19. *Argent.* 20. *Plomb.*

Les oxides de ces quatre métaux sont décomposables par l'hydrogène et par l'iode, qui s'unit au métal en en expulsant l'oxigène à l'état gazeux.

Le bismuth, qui forme avec le chlore une combinaison analogue au chlorure de zinc, et qui est doué d'une certaine affinité pour l'oxigène, lie les argyrides aux cassitérides, et le plomb lie les argyrides aux téphralides par sa combustibilité, et surtout par l'alcalinité de son oxide jaune. L'alcalinité va en croissant du bismuth au plomb, et la combustibilité décroit des extrêmes au centre.

8.° *Genre Téphralides.* { 21. *Sodium.*
22. *Potassium.*

Ces deux espèces de corps forment des oxides qui neutralisent parfaitement les acides qui sont indécomposables par l'hydrogène, mais décomposables par le chlore, par l'iode et par le fer.

9.° *Genre Calcides.* { 23. *Barium.*
24. *Strontium.*
25. *Calcium.*
26. *Magnesium.*

Ces métaux forment des oxides qui neutralisent complétement les acides, qui ne sont décomposables ni par l'hydrogène ni par l'iode, mais qui le sont par le chlore. Les oxides de barium, de strontium, sont beaucoup moins solubles dans l'eau que les oxides de sodium et de potassium; l'oxide de calcium l'est beaucoup moins encore; et enfin l'oxide de magnesium ne l'est pas d'une manière bien sensible.

10.° *Genre Zirconides.* { 27. *Yttrium.*
28. *Glucynium.*
29. *Aluminum.*
30. *Zirconium.*

Les oxides de ces métaux se distinguent de ceux des précédens, en ce qu'ils n'ont pu être décomposés par l'iode, l'hydrogène, et même le chlore; ils sont rangés dans l'ordre de la plus grande alcalinité; de sorte que l'yttrium, qui est le plus alcalin, se trouve près du magnesium, et le zirconium, qui l'est le moins, est placé le dernier du genre.

*III.*e Classe. *Chroïcolytes* (dissolutions colorées).

Ils ne forment de gaz permanent avec aucun corps; ils ne sont fusibles qu'au-dessus de 25 d., de Wedgewood; lorsque leurs oxides sont solubles dans les acides, ils forment avec eux, du moins à certains degrés d'oxidation, des dissolutions colorées; lorsque leurs oxides sont insolubles dans les acides, leur infusibilité les distingue des leucolytes.

11.° *Genre Cérides.* { 31. *Cerium.*
32. *Manganèse.*

Ces métaux ne colorent les acides que quand ils sont à l'état de peroxide; mais leurs protoxides ne les colorent pas, ce qui les lie au genre précédent. Les peroxides de cerium, de manganèse, donnent tous les deux du chlore avec l'acide hydrochlorique.

12.° Genre Sidérides.
- 33. *Urane.*
- 34. *Cobalt.*
- 35. *Fer.*
- 36. *Nickel.*
- 37. *Cuivre.*

Tous ces métaux s'oxident à l'air quand leur température est suffisamment élevée ; ils sont solubles dans les acides sans l'intermédiaire des alcalis ; ils ne forment point d'acides avec l'oxigène ; en outre, le cobalt, le fer, le nickel, sont les seuls corps connus qui soient magnétiques. L'affinité pour l'oxigène va en décroissant du fer au cuivre.

13.° Genre Chrysides.
- 38. *Palladium.*
- 39. *Platine.*
- 40. *Or.*
- 41. *Iridium.*
- 42. *Rhodium.*

Ils sont inaltérables à l'air ; la propriété alcaline de leurs oxides décroît du palladium au rhodium ; tous sont susceptibles, quand ils sont en dissolution dans l'eau régale, de former avec la potasse, la soude et l'ammoniaque, des combinaisons qui ont été appelées *muriates doubles.*

C'est ici que l'auteur termine les chroïcolytes, proprement dits : dans les deux genres suivans, qui renferment six espèces, il n'y en a qu'une seule, le chrome, qui soit réellement chroïcolyte, d'après l'étymologie de ce mot.

14.° Genre Titanides.
- 43. *Osmium.*
- 44. *Titane.*

Ces corps s'oxident à l'air à une température suffisante, en cela ils diffèrent des chrysides : leurs oxides purs ne neutralisent point les acides, ce qui les distingue de tous les leucolytes et des chroïcolytes précédens. Enfin, ces mêmes oxides ne se combinent point d'une manière stable avec les alcalis.

15.° Genre Chromides.
- 45. *Tungstène.*
- 46. *Chrome.*
- 47. *Molybdène.*
- 48. *Columbium.*

Ces corps forment, avec l'oxigène, de véritables acides. Le tungstène a cela de commun avec le titane, que son acide pur ne peut se combiner avec les acides, tandis qu'il le peut, quand il est uni à la potasse, la soude ou l'ammoniaque. Le chrome, par la couleur de son acide, se place après le tungstène. Enfin, après le chrome on doit mettre le molybdène et le columbium. Ce dernier, par l'insolubilité de son acide, lie le genre des Chromides au genre des Borides (1).

§. IV.

De la manière d'étudier les corps.

Les rapports sous lesquels il faut envisager les corps, lorsqu'on veut que leur connoissance chimique soit complète, sont trop nombreux pour qu'on néglige de les distribuer dans quelques titres principaux : et il nous semble que l'ordre de ces rapports n'est point indifférent, lorsque les corps dont on traite ont été l'objet d'un grand nombre de recherches. Voici l'ordre qui nous paroît le plus convenable à suivre.

I.er *Titre. Nature du corps.* Le corps est simple ou composé. Dans ce dernier cas, il est nécessaire d'énoncer le nom de ses élémens, ainsi que leur proportion, en poids et en volume. Cette composition, une fois établie, rend plus facile à concevoir l'action moléculaire de ce corps sur les autres corps.

2.e *Titre. Synonymie.*

3.e *Titre. Propriétés physiques.* Nous les exposons dans l'ordre suivant :

Propriétés dépendantes de l'aggrégation des particules.	Etat solide, liquide, ou gazeux. Forme cristalline. Densité. Dureté. Flexibilité.
Propriétés dépendantes de l'action de la lumière.	Couleur. Eclat. Opacité. Transparence. Réfraction.
Propriétés dépendantes de l'action de l'électricité.	Conductibilité. Propriété de s'électriser positivement ou négativement, par frottement, par la chaleur, etc.

Propriétés dépendantes de l'action du magnétisme.
Propriétés reconnues par l'odorat et le goût.

(1) Depuis la rédaction de cet article, deux nouveaux corps ont été découverts : l'un, appelé Selenium, l'a été par M. Berzelius, l'autre, appelé Lithion, par M. Arfredson. D'après ce qui a été publié sur les propriétés

4.e *Titre. Propriétés chimiques.* Si le corps est simple, on exposera, 1.° l'action des corps qui se combinent avec lui sans éprouver de décomposition, soit parce qu'ils sont simples, soit qu'étant composés, leurs élémens ne se séparent pas : dans ce dernier cas, il est évident qu'ils agissent comme les premiers. 2.° L'action des corps composés qui agissent sur lui, en éprouvant une décomposition.

Si le corps est composé, on exposera, 1.° tous les cas où ce corps agit sur d'autres corps sans que ses élémens se séparent, c'est-à-dire, par attraction résultante ; 2.° tous les cas où il agit en se décomposant, c'est-à-dire, par l'affinité de ses élémens. C'est dans cette division que se rapportent toutes les opérations qui ont pour but d'analyser le corps.

5.e *Titre. Etat du corps dans la nature.* On doit dire si le corps se trouve dans la nature, à l'état où on l'étudie, ou bien s'il s'y trouve seulement comme élément des corps, et non à l'état libre ; ou enfin, s'il s'y rencontre dans ces deux états. On doit parler aussi du rôle que ce corps remplit dans l'économie de la nature.

6.e *Titre. Préparation ou extraction.* Indiquer les moyens que l'on met en usage pour préparer le corps, lorsqu'il n'est pas tout formé dans les matières destinées à le produire ; indiquer ceux qui sont suivis pour le séparer des matières dans lesquelles il peut être contenu.

7.e *Titre. Usages.* On doit décrire dans ce titre l'emploi du corps dans les usages ordinaires de la vie, et dans les manufactures.

8.e *Titre. Histoire des travaux chimiques auxquels ce corps a donné lieu.*

Quant aux corps qui sont peu connus, la manière la plus simple d'en parler est d'exposer les travaux dont ces corps ont été le sujet, dans l'ordre chronologique où ils ont été entrepris. (Ch.)

CORPS COMBURENS et COMBUSTIBLES : Combustion. (*Chim.*) Le fréquent usage des expressions, corps combustibles et combustion, dans le langage vulgaire et dans le langage scienti-

---

de ces deux corps, il est facile d'assigner le rang qu'ils doivent occuper dans la classification de M. Ampère : le selenium se place entre l'iode et le tellure, formant ainsi le passage du genre des chlorides à celui des arsenides ; et le lithion entre le potassium et le barium, formant de même le passage du genre des téphralides à celui des calcides.

fique, nous fait un devoir d'exposer les diverses acceptions dans lesquelles ces mots ont été employés à différentes époques.

Tant que le feu n'a été considéré, par une philosophie purement spéculative, que comme un élément des corps, qui devenoit sensible à nos organes sous la forme de flamme, ou comme un agent qui, tantôt consumoit, détruisoit la matière, ou tantôt lui donnoit le mouvement et la vie même; tant que l'on a négligé de considérer l'action mutuelle des corps qui concourent à la production du feu, le mot *combustible* ne devoit être pour le philosophe, que ce qu'il étoit pour le vulgaire, *une substance qui donnoit lieu au feu; et la combustion, ne devoit etre que la manifestation du feu par un combustible:* en conséquence, les idées que l'on attachoit à ces expressions étoient absolument subordonnées à l'idée du feu, et tout-à-fait indépendantes des actions que nous considérons maintenant comme chimiques.

Ce fut en 1718, époque à laquelle Stahl publia son *Traité du Soufre*, que la combustion fut mise au nombre des phénomènes chimiques, et que le sens du mot combustible fut défini, pour la première fois, d'une manière rationnelle. Stahl regarda *les combustibles comme des composés de feu et d'une base incombustible de nature terreuse;* et, pour distinguer le feu combiné du feu libre, il donna au premier le nom de *phlogistique.* Dès lors, *la combustion d'un corps fut la séparation totale ou partielle du phlogistique de la base à laquelle il étoit uni.* Il faut premièrement remarquer que cette définition étoit applicable à des cas où il n'y avoit pas de dégagement sensible de flamme, ni même de lumière, et que cela étendoit la propriété de brûler à des corps auxquels le vulgaire ne pouvoit point l'accorder, puisque ces corps ne donnoient point lieu au seul phénomène qui fût à ses yeux le caractère de la combustion; et en second lieu, que cette définition, que l'on faisoit dépendre de la composition même des corps, classoit la combustion dans les opérations chimiques. Stahl appuya sa théorie sur les expériences que nous allons rapporter; parce que c'est de cette époque, où l'on chercha à fixer par l'observation les rapports existans entre le feu terrestre et les actions que les corps exercent au contact, que datent pour nous les commencemens de la véritable chimie.

Stahl fondit 2 parties de sous-carbonate de potasse avec 1 partie de soufre; il divisa le sulfure qu'il obtint en deux portions. Ayant dissous l'une dans l'eau, il décomposa la solution filtrée par le vinaigre, et obtint un précipité de soufre qu'il pesa. Cette expérience, en lui apprenant que le soufre n'avoit pas subi d'altération en s'unissant avec l'alcali, lui faisoit connoître la proportion dans laquelle la combinaison s'étoit opérée. Il prit la seconde portion de sulfure; il la calcina lentement à l'air libre, jusqu'à ce qu'elle fût devenue blanche. Il obtint du sulfate de potasse, parce que, suivant lui, le phlogistique s'étoit séparé du soufre. Il crut ensuite prouver cette conclusion par l'opération de synthèse suivante. Il fit chauffer jusqu'à la fusion, dans un creuset fermé, du sulfate de potasse mêlé à de la poussière de charbon. Par ce moyen, il obtint de véritable sulfure de potasse, d'où il conclut que le phlogistique du charbon étoit passé dans le sulfate, où, en s'unissant avec l'acide sulfurique, il avoit reproduit du soufre.

S'il n'y avoit eu dans ces expériences aucun autre phénomène que ceux observés par Stahl, sa théorie, basée sur l'analyse et la synthèse, auroit été démontrée; mais il n'en est point ainsi. L'illustre auteur n'ayant point pris en considération l'influence de l'air dans la calcination du sulfure de potasse, et dans la combustion en général, son explication ne put se soutenir du moment où l'on apprécia toute l'importance de cette influence. C'est ce que Bayen démontra le premier, en 1774, par des expériences commencées depuis plusieurs années, et qui prouvèrent que le peroxide de mercure se réduisoit à l'état métallique, en perdant de son poids, et en abandonnant un gaz qu'il recueillit, et dont il estima le poids, sans cependant en examiner la nature. Ces conclusions s'accordoient d'ailleurs avec les expériences que Lavoisier avoit publiées en 1772 et 1773, pour prouver que le phosphore, le soufre et plusieurs métaux augmentoient de poids en brûlant, parce qu'ils fixoient une portion d'air. Dès cette époque, Lavoisier avoit pressenti, sans doute, que les faits qu'il venoit de découvrir renverseroient un jour l'hypothèse du phlogistique; mais il n'énonça point son opinion à ce sujet, et Bayen est le premier qui attaqua cette hypothèse. L'observation de ce dernier chimiste, tout importante qu'elle étoit par la conclusion qu'il en tiroit contre Stahl, ne pouvoit isolément renverser une théorie qui embrassoit un grand nombre de phénomènes, et qui, enseignée dans l'école depuis cinquante ans environ, avoit pour partisans, et les hommes qui ne peuvent renoncer aux erreurs qu'ils ont apprises avec quelque peine, et les hommes qui regardent avec raison les généralités comme étant la plus belle conquête de l'esprit humain et les seuls matériaux des sciences. Parmi ces derniers, il s'en trouva qui voulurent maintenir la théorie de Stahl, en y apportant des modifications. Celui qui le fit avec le plus de succès est sans contredit Macquer. Cet illustre chimiste, s'étayant sur l'expérience de Bayen, et sur les travaux par lesquels Lavoisier préludoit à sa Théorie depuis 1772, considéra *la combustion comme étant l'expulsion du phlogistique d'un corps par la partie la plus pure de l'air, qui en prenoit la place.* Dans cette hypothèse, l'augmentation du poids étoit due évidemment à la combinaison de l'air. Mais cette explication, tout ingénieuse qu'elle étoit, s'évanouit devant la Théorie que Lavoisier présenta, en 1777, à l'Académie des Sciences. Cette Théorie, fruit de cinq ans de méditations, basée sur les faits les mieux observés, sur des expériences faites avec une exactitude jusqu'alors inconnue, fixa tous les regards ; mais, comme la vérité, elle ne fut admise qu'avec lenteur ; enfin, elle triompha de tous les obstacles, et fut unanimement adoptée par l'Europe savante. Dans cette Théorie, rien de plus simple que la combustion : par exemple, lorsqu'on élève suffisamment la température de l'hydrogène, du charbon, du phosphore, du fer ou du zinc, dans un volume d'air déterminé, et que ces corps dégagent beaucoup de chaleur et de lumière, et présentent en un mot tous les phénomènes de la combustion ; si l'on a pris la précaution de peser les corps qu'on met en expérience, on trouve que les résultats liquides ou solides de la combustion pèsent plus que l'hydrogène, le charbon, le phosphore, le fer et le zinc qui ont brûlé ; que le résidu gazeux pèse moins que l'air ; enfin, que l'augmentation de poids des premiers corps est précisément égale à la perte que l'air a éprouvée, et que cette perte est due tout entière à de l'oxigène. Si l'on soumet ensuite chacun des produits de la combustion à l'analyse, on retrouve, dans chacun d'eux, l'oxigène et le corps qui a brûlé ; et l'on observe d'ailleurs qu'ils ont des propriétés distinctes de celles des corps qui les constituen t. D'où il suit que quand l'oxigène se combine avec l'hydrogène, le charbon, le phosphore, le fer et le zinc, il y a dégagement de chaleur et de lumière, qu'en conséquence, *la combustion de ces corps n'est que leur combinaison avec l'oxigène*. Lavoisier, considérant en outre l'état gazeux des corps comme un produit de leur dissolution dans la lumière, qui, pour lui, étoit un fluide subtil, et considérant que l'oxigène étoit gazeux, et que beaucoup de solides s'y unissoient avec production de feu, attribua ce phénomène *à ce que l'oxigène étoit attiré plus fortement par les corps inflammables qu'il ne l'étoit par la lumière*. L'oxigène, étant nécessaire à toutes les combustions dont nous venons de parler, fut appelé *comburent*, qui fait brûler; et on donna le nom de *combustibles* aux corps qui s'y combinent. Dans la théorie de Lavoisier, comme dans celle de Stahl, la production du feu n'est point regardée comme un résultat essentiel de la combustion, puisqu'il y a beaucoup de cas où l'oxigène s'unit à des corps sans produire de feu; et ce qu'il faut remarquer, c'est que, suivant les circonstances, une même combinaison peut se faire avec ou sans dégagement de lumière.

Lavoisier, en 1778, donna plus d'extension à sa theorie; frappé de l'acidité qu'acquièrent le carbone, le phosphore, le soufre, etc., en se combinant à l'oxigène, il en conclut que l'oxigène étoit le principe des acides, et qu'il étoit vraisemblable qu'on le rencontreroit dans plusieurs substances douées de l'acidité, qui, jusqu'alors, avoient résisté à l'analyse.

La théorie de Lavoisier sur la production du feu dans la combustion, et sur la cause de l'acidité, fut poussée si loin que plusieurs chimistes se crurent en droit de conclure que, là où il y avoit dégagement de lumière, il y avoit combustion, et que, là où l'acidité existoit, il y avoit toujours de l'oxigène. Ces conclusions furent d'abord modifiées, lorsqu'il fut bien prouvé qu'il y avoit dégagement de lumière et de chaleur dans la combinaison du soufre avec le cuivre; elles l'ont été bien davantage, depuis que le chlore et l'iode ont été regardés comme des corps simples. Mais, avant de parler de ces corps, il est nécessaire de considérer en général en quoi consiste le dégagement du feu, et ce qu'on doit penser de l'acidité produite par l'oxigène. Ces deux points éclaircis, il sera facile d'assigner au chlore, à l'iode, et à plusieurs autres substances, le rang qu'ils doivent occuper dans le système chimique des corps, et de savoir à quoi s'en tenir sur les mots *combustion*, *combustibles* et *comburens*.

Du dégagement du feu. Non seulement il y a beaucoup de combustions et d'oxigénations qui se font sans dégagement de feu, ainsi que nous l'avons dit, mais il y a des corps, tels que l'eau et la chaux, l'arsenic et le potassium, qui deviennent lumineux en se combinant; cependant les deux premiers sont saturés d'oxigène, et tout-à-fait incombustibles, dans l'opinion de Lavoisier, et les deux autres sont des métaux qui brûlent avec flamme lorsqu'ils sont chauffés dans l'air. Si nous comparons les combinaisons, dont la formation est accompagnée de feu, avec celles qui se font sans dégagement de lumière, nous aurons lieu d'observer que les premières sont beaucoup plus difficiles à rompre que les autres, et enfin, si nous nous rappelons que, pour peu que les corps aient une affinité un peu forte, ils produisent de la chaleur quand on les unit, et que tous les corps deviennent lumineux à une certaine température, on verra que la production du feu par l'action chimique se réduit à un dégagement de chaleur qui porte les corps à cette température qui les rend incandescens. Cette conséquence n'est point en opposition directe avec la théorie de Lavoisier, puisque l'illustre chimiste françois a caractérisé la combustion par la nature de ses produits, et non par le phénomène du feu.

De l'acidité produite par l'oxigène. Si l'acidité appartient aux acides borique, carbonique, phosphoreux, phosphorique, sulfureux, sulfurique, nitreux, nitrique, arsénieux, arsénique, chromique, molybdique, tungstique, colombique, et même à l'antimoine, à l'étain, saturés d'oxigène, elle appartient aussi à la combinaison de l'hydrogène avec le soufre et le tellure; en outre, l'oxigène forme avec l'hydrogène, et avec des quantités de carbone, d'azote, plus considérables que celles qui se trouvent dans les acides carbonique, nitreux et nitrique, des combinaisons neutres; et enfin, il forme avec le potassium, le sodium, le barium, le strontium, le calcium et le magnesium, et même avec le zinc, le plomb et l'argent, des composés qui jouissent éminemment de l'alcalinité. Si l'on admet qu'une certaine proportion d'oxigène acidifie plusieurs espèces de corps, il n'y a pas de raison de se refuser à admettre qu'une certaine proportion du même principe communique l'alcalinité à d'autres corps; dès lors, la théorie de l'acidification par l'oxigène ne peut plus être énoncée d'une manière aussi générale qu'elle l'avoit été par Lavoisier, et il nous semble que l'on s'approche plus de la vérité en considérant le corps qui est uni à l'oxigène, dans un composé acide ou alcalin, comme ayant lui-même une grande influence sur les caractères de sa combinaison avec l'oxigène. De ce que nous venons de dire, il résulte que l'acidité ne caractérise pas plus l'oxigénation, que le feu ne caractérise la combustion. Cependant nous ne devons pas oublier qu'il *n'existe aucun corps qui forme autant d'acides que l'oxigène, et aucun qui donne lieu aussi souvent que lui à un dégagement de feu, lorsqu'il contracte une combinaison; nous devons aussi observer qu'il se combine avec tous les corps connus* (1), *et qu'à l'exception du phtore, du chlore et de l'iode, il n'y a aucun autre corps simple qui puisse expulser l'oxigène d'une de ses combinaisons pour s'y substituer, et enfin, que quand un composé oxigéné binaire* (2) *est réduit à ses élémens par l'électricité voltaïque, l'oxigène se porte à la surface positive, et le corps auquel il étoit uni à la surface négative.*

Ceci posé, voyons si l'on doit considérer le chlore et l'iode comme des combustibles, par cette raison qu'ils sont susceptibles de se combiner à l'oxigène.

Lorsqu'on met le chlore avec la plupart des corps qui sont éminemment combustibles, dans l'acception vulgaire, on observe que plusieurs s'y unissent avec dégagement de feu, et en produisant des acides; c'est ce qui a lieu surtout d'une manière bien sensible quand on opère avec le phosphore et l'hydrogène. Lorsqu'on soumet ensuite à l'électricité voltaïque les composés binaires de chlore, celui-ci se porte au pôle positif, et l'autre élément au pôle négatif. Il en est de même des résultats que présente l'iode, avec cette différence cependant, que la manifestation du feu et de l'acidité est moins fréquente

(1) Il faut en excepter le pthore; et, comme il n'a point encore été obtenu à l'état libre, on ignore si, dans cet état, il ne seroit pas susceptible de se combiner avec l'oxigène.

(2) Nous ne voulons point parler ici des composés que l'oxigène peut former avec le pthore, le chlore et l'iode.

qu'avec le chlore ; mais, à cela près, l'iode se place sans intermédiaire après le chlore, et ne peut en être séparé, quelle que soit d'ailleurs l'opinion qu'on adopte. Les phénomènes que présentent l'iode, et surtout le chlore, dans leurs actions chimiques, sont donc les mêmes que ceux que présente l'oxigénation de beaucoup de corps : ils font donc voir que ces corps ont, comme l'oxigène, de nombreuses et d'énergiques affinités. Mais ce qui, suivant nous, achève de prouver qu'ils sont plutôt comburens que combustibles, c'est qu'ils peuvent seuls expulser l'oxigène de plusieurs de ses combinaisons, pour en prendre la place ; c'est qu'ils ne peuvent être expulsés de leurs composés que par l'oxigène, et non par des combustibles ; et c'est enfin, qu'en s'unissant avec l'oxigène, ils ne produisent que des composés qui ne résistent pas à une chaleur rouge. Or, si le chlore et l'iode ont des affinités nombreuses et énergiques pour les substances évidemment combustibles, et s'ils n'ont que peu d'affinité pour l'oxigène, il faut en conclure qu'*ils ont antagonisme de propriétés avec les combustibles, et analogie de propriétés avec l'oxigène; ce qui, dans la méthode naturelle, généralement suivie aujourd'hui, doit placer ces corps auprès de ce dernier.*

Il n'est pas douteux que le phtore ne présente les mêmes analogies avec l'oxigène, lorsqu'on l'aura obtenu libre de toute combinaison.

Examinons maintenant si l'on peut diviser les corps simples en deux classes bien tranchées, dont l'une, renfermant les comburens, comprendroit le phtore, le chlore, l'iode et l'oxigène, et l'autre, renfermant les combustibles, comprendroit tous les autres corps simples. Si nous mettons le soufre et l'azote en rapport avec l'oxigène, le chlore et l'iode, nous verrons qu'ils peuvent, à la rigueur, être considérés comme des combustibles ; mais, si nous unissons le soufre aux corps les plus éminemment combustibles, tels que le potassium, le sodium, le manganèse, le fer, etc., nous observerons un dégagement de feu très-sensible ; et si nous l'unissons avec l'hydrogène, il produira un véritable acide : il pourra donc être considéré, à l'égard de ces corps, comme comburent. Enfin, l'azote, en s'unissant à l'hydrogène, le convertira en un alcali analogue à la potasse et à la soude. Ces dernières considérations nous paroissent de nature, sinon à bannir de la langue chimique les mots *combustibles* et *comburens*, du moins à ne les employer que comme des mots qui expriment que les corps auxquels on les applique, possèdent deux propriétés corrélatives et non absolues, lesquelles paroissent avoir la plus intime liaison avec la propriété électro-négative, et la propriété électro-positive; car tout comburent, dans une combinaison binaire, est électro-négatif, et tout combustible est électro-positif. Quant au mot *combustion*, il nous paroît ne devoir être employé que dans le cas où deux corps simples ont une énergie assez grande pour produire du feu lorsqu'ils se combinent. (Ch.)

CORPS IMPONDÉRABLES. (*Chim.*) Plusieurs physiciens ont considéré la chaleur, la lumière, l'électricité et le magnétisme comme étant dus à des corps qu'ils ont appelés impondérables, parce que, ne pesant pas sensiblement vers le centre de la terre, ils se distinguent en cela des corps proprement dits, qui ont tous une tendance égale pour s'y porter, lorsqu'ils cessent d'être soutenus.

D'après les objections que l'on peut faire à l'existence de corps impondérables, nous nous bornerons à considérer la chaleur, la lumière, l'électricité et le magnétisme comme des agens dont les effets nous sont rendus sensibles par des mouvemens ou d'autres phénomènes qu'ils produisent dans les corps. Ce mot *agent* nous paroît préférable à l'expression *corps impondérables*, parce qu'il peut s'appliquer à des corps ou à de simples causes de mouvement, c'est-à-dire, à des forces. (Ch.)

CORPS SOLIDES POREUX (Absorption des gaz par les). (*Chim.*) Nous ne pouvons donner à nos lecteurs des notions plus exactes sur l'absorption des gaz par les solides poreux, et en particulier par le charbon, qu'en leur présentant les principaux résultats des excellentes recherches que M. Th. de Saussure a faites à ce sujet.

1.° *Les différens gaz sont absorbés en diverses proportions par un charbon d'une même espèce de bois.*

M. Th. de Saussure a obtenu les résultats suivans avec le charbon de buis. Il le prenoit incandescent, le faisoit passer sous le mercure, où il le laissoit refroidir; puis il l'introduisoit dans une cloche pleine de gaz, et posée sur le mercure. Les nombres qui indiquent la quantité de gaz absorbée sont rapportés au volume du charbon pris pour unité.

Une mesure de charbon de buis absorbe à la température de 11 à 13^d, et sous la pression de 0m,724,

90	mesures de gaz	ammoniaque,
85		hydrochlorique,
65		acide sulfureux,
55		acide hydrosulfurique,
40		protoxide d'azote,
35		acide carbonique,
35		hydrogène percarboné,
9,42		oxide de carbone,
9,25		oxigène,
7,50		azote,
1,75		hydrogène.

Ces absorptions ont été terminées en vingt-quatre ou trente-six heures ; celle du gaz oxigène continue d'avoir lieu pendant plusieurs années ; mais alors il se produit de l'acide carbonique qui est absorbé en plus grande quantité que le gaz oxigène. Il paroît que la condensation de ce dernier est à son maximum au bout de trente-six heures, et qu'elle est égale à $9,\frac{1}{4}$ le volume du charbon. Le protoxide d'azote est décomposé par le charbon ; il se change en acide carbonique et en azote. Les autres gaz au contraire n'éprouvent pas d'altération de la part du charbon.

2.° *Le charbon humide absorbe moins de gaz que celui qui est sec, et l'absorption est plus lente dans le premier cas que dans le second.*

On détermine la quantité de gaz qu'un charbon humide peut absorber, en faisant passer ce charbon sec et saturé de gaz sous une cloche remplie avec du mercure et avec un volume d'eau égal à celui du charbon. En opérant ainsi, M. Th. de Saussure a trouvé qu'une mesure de charbon sec saturé,

de gaz acide carbonique, a dégagé,	17 mes. du même gaz,
de gaz azote	$6,\frac{1}{2}$
de gaz oxigène	$3,\frac{1}{7}$
de gaz hydrogène	1,10

Ces charbons, exposés à 100^d dans une cornue pleine d'eau, laissent dégager du gaz, mais jamais la totalité de celui qu'ils ont absorbé. Les gaz qui ont été séparés du charbon conservent leurs propriétés primitives ; seulement ils sont mêlés d'un peu d'azote, lequel provient de celui qui se trouvoit dans le charbon incandescent.

3.° *Quand les gaz sont absorbés par le charbon, il se développe une quantité de chaleur qui est d'autant plus grande que la condensation du gaz est plus forte et plus rapide.*

4.° *Le charbon, exposé au vide de Boyle, absorbe à très-peu près les mêmes quantités de gaz que celui dont la température a été portée à l'incandescence; cependant les absorptions sont un peu moindres.*

5.° *Le charbon, saturé d'un gaz à la pression ordinaire, en laisse dégager une portion, lorsqu'on le fait passer dans le vide de Toricelli, et en même temps il se refroidit.*

6.° *Les absorptions des gaz, estimées en volume, sont beaucoup plus grandes, à température égale, dans une atmosphère raréfiée que dans une atmosphère condensée, quoique les absorptions, estimées en poids, soient plus grandes dans l'atmosphère condensée.*

7.° *La propriété de condenser les gaz n'est point particulière au charbon; elle appartient encore à tous les corps qui sont doués d'un certain degré de porosité.*

Ainsi, l'écume de mer, le schiste happant de Mesnil-Montant, l'asbeste ligniforme, l'hydrophane, le quarz de Vauvert, le sulfate de chaux, le sous-carbonate de chaux spongieux séché au feu, absorbent les gaz. La laine, la soie et les bois jouissent de la même propriété.

(a) *Absorption des gaz par l'écume de mer d'Espagne.* Elle avoit été préalablement rougie, et soumise, lorsqu'elle étoit encore tiède, au vide de la pompe pneumatique.

Une mesure de l'écume de mer à 15^d, et sous une pression de 0m,75, a absorbé

15 mesures	de gaz ammoniaque,
11,7	d'acide hydrosulfurique,
5,66	hydrogène percarboné,
5,26	acide carbonique,
3,75	oxide d'azote,
1,60	azote,
1,49	oxigène,
1,17	oxide de carbone,
0,44	hydrogène.

(b) *Absorption des gaz par le schiste happant de Mesnil-Montant.*

Une mesure de ce schiste, séchée à la température ordinaire de l'air, et vidée d'air par la pompe pneumatique, a absorbé à 15[d]

113 mesures de	gaz ammoniaque,
2	acide carbonique,
1,5	hydrogène percarboné,
0,7	oxigène,
0,7	azote,
0,55	oxide de carbone,
0,48	hydrogène.

(c) *Absorption des gaz par l'asbeste ligniforme du Tyrol, et par l'asbeste liège de Montagne.*

Une mesure d'asbeste ligniforme, séchée par l'incandescence et vide d'air, a absorbé à 15 deg.	Une mesure d'asbeste liége de Montagne, absorbe par les mêmes procédés :	
12,75 mesures	2,3 mes.	de gaz ammoniaque,
1,7	0,82	acide carbonique,
1,7	0,82	hydrogène percarboné,
0,58	0,78	oxide de carbone,
0,47	0,68	azote,
0,47	0,68	oxigène,
0,31	0,68	hydrogène.

(d) *Sur l'hydrophane de Saxe, et sur le quarz de Vauvert.*

Une mesure d'hydrophane vide d'air, et séchée à la température moyenne de l'atmosphère, a absorbé :	Une mesure de quarz de Vauvert, séchée par l'incandescence, et vide d'air, a absorbé :	
64 mesures	10 mes.	de gaz ammoniaque,
17		acide hydrochlorique,
7,37		acide sulfureux,
1	0,6	acide carbonique,
0,8	0,6	hydrogène percarboné,
0,6	0,45	azote,
0,6	0,45	oxigène,
0,4	0,37	hydrogène.

(e) *Sur le sulfate de chaux.*

Une mesure de ce sulfate, préalablement calciné, solidifié par l'eau, et séché à la température moyenne de l'air, a absorbé,

0,58 mesures de gaz	oxigène,
0,53	azote,
0,50	hydrogène,
0,43	acide carbonique.

(f) *Sur le sous-carbonate de chaux spongieux.*

Une mesure de ce carbonate de chaux, séché à la température moyenne de l'atmosphère, a absorbé,

0,87 mesures de gaz	acide carbonique,
0,80	azote,
0,80	hydrogène,
0,67	oxigène.

(g) *Sur différentes espèces de bois.*

Ils avoient été séchés à l'air libre, puis renfermés, pendant plusieurs semaines, dans un flacon avec du chlorure de calcium.

Une mesure de bois de coudrier, vide d'air, a absorbé :	Une mesure de bois de mûrier, vide d'air, a absorbé :	Une mesure de bois de sapin, vide d'air, a absorbé :	Une mesure de filasse de lin, vide d'air, a absorbé :	
100 mes.	88 mes.		68 mes.	de gaz ammoniaque.
1,1	0,46	1,1	0,62	acide carbonique.
0,71			0,48	hydrogène percarboné.
0,58	0,46	0,75	0,35	hydrogène.
0,58			0,35	oxide de carbone.
0,47	0,34	0,5	0,35	oxigène.
0,21	0,18	0,21	0,33	azote.

(h) *Sur la soie écrue et sur la laine.*

Une mesure de laine, vide d'air, a absorbé :	Une mesure de soie, vide d'air, a absorbé :	
	78 mesures de	gaz ammoniaque,
1,7 mesures	1,1	acide carbonique,
0,57	0,5	hydrogène percarboné,
0,43	0,44	oxigène,
0,3	0,3	oxide de carbone,
0,3	0,3	hydrogène,
0,24	0,125	azote.

8.° *Les gaz paroissent condensés dans le même ordre par les différentes variétés d'une même espèce de corps ; mais chaque variété de la même espèce ne condense pas les mêmes volumes de gaz.*

Ainsi toutes les asbestes condensent plus d'oxigène que de gaz carbonique, tous les bois, plus d'hydrogène que d'azote ; mais les différentes variétés d'asbestes et de bois, comme les différentes sortes de charbon, ne condensent pas les mêmes volumes de gaz.

9.° *Pour expliquer les résultats précédens, il faut avoir égard, 1.° à la porosité des solides absorbans ; 2.° à l'attraction de la base des gaz pour les corps poreux ; 3.° à la tendance plus ou moins grande qu'a cette base pour passer à l'état gazeux.*

(a) *Influence de la porosité.*

Le charbon de liège, dont la dens. est de 0,1, ne condense pas l'air.

sapin	0,4, absorbe	$4\frac{1}{2}$ son vol.
buis	0,6,	$7\frac{1}{2}$
La houille de Ruffiberg	0,326,	$10\frac{1}{2}$

Mais il y a un terme où, la densité des charbons croissant, l'absorption est nulle ; ainsi la plombagine de Cumberland, dont la densité est de 2,17, ne condense pas l'air. D'où il suit que *la faculté absorbante des charbons augmente entre certaines limites avec leur densité.*

Le charbon, dont on a détruit une partie des pores par la pulvérisation, absorbe beaucoup moins de gaz que quand ses parties étoient aggrégées. C'est ainsi, par exemple, que $2^{gr},94$ de charbon de buis, occupant 4,94 centimètres cubiques, qui absorbent, après avoir été privés d'air, 35,5 centimètres d'air, réduits en poudre, de manière qu'ils occupent 7,3 centimètres cubiques, n'absorbent plus que 20,8 centimètres d'air.

(b) *Influence de l'attraction de la base du gaz pour les corps poreux.*

Le charbon et l'écume de mer condensent plus d'azote que d'hydrogène, tandis que les bois condensent plus d'hydrogène que d'azote.

(c) *Influence de la tendance qu'a la base du gaz pour passer à l'état gazeux.*

Moins un gaz a de tendance à conserver l'état aériforme, et plus son absorption est facile. C'est ainsi que les corps poreux absorbent le gaz ammoniaque, la vapeur d'éther, celle de l'eau en beaucoup plus grande quantité que l'hydrogène, l'azote, qui ont plus de tendance à conserver leur état aériforme.

10.° *Lorsqu'on introduit dans un gaz un charbon imprégné d'un autre gaz, le premier gaz pénètre dans le charbon, et en expulse une partie de celui qui y étoit contenu antérieurement.*

Si le gaz nouvellement absorbé est moins absorbable que celui qui est dans le charbon, il y a une augmentation de volume et production de froid. Quand, au contraire, le gaz nouvellement absorbé est susceptible d'être condensé en plus grande quantité que l'autre, il y a dégagement de chaleur et diminution de volume. Ainsi, un charbon imprégné d'acide carbonique, introduit dans l'hydrogène, produit une dilatation et un abaissement de température. Un charbon imprégné d'hydrogène, introduit dans l'acide carbonique, produit une diminution de volume et un dégagement de chaleur.

11.° *Plus le gaz absorbé en dernier lieu est abondant relativement à celui qui se trouvoit dans le charbon, et plus il y a de ce dernier d'expulsé; cependant jamais on ne peut en chasser la totalité.*

12.° *Des gaz réunis dans le même charbon y éprouvent souvent une condensation plus grande que s'ils y étoient isolés.*

Ainsi, la présence de l'oxigène dans le charbon favorise la condensation de l'hydrogène.

13.° *Mais lorsque des gaz qui sont réunis dans un charbon sont susceptibles de former des combinaisons chimiques, comme sont l'oxigène et l'hydrogène, l'oxigène et l'azote, l'azote et l'hydrogène, ils n'y contractent pas d'union chimique.*

Cette proposition est contraire aux observations que Rouppe et Noorden disent avoir faites.

L'absorption des gaz par le charbon, la chaleur qui en est la suite, le foible pouvoir de ce corps pour conduire la chaleur, la combustion lente du charbon par l'oxigène qu'il a absorbé, peuvent, jusqu'à un certain point, expliquer les inflammations spontanées du charbon récemment préparé, qu'on expose tout à coup à l'air. (Ch.)

CORPS COTYLÉDONNAIRE, *Corpus cotyledoneum*. (*Bot.*) L'embryon, dans la graine, offre deux parties principales, désignées par M. Mirbel sous les noms de blastême et de corps cotylédonnaire. Le blastême, qui compose quelquefois à lui seul tout l'embryon (cuscute, *lecythis*), est formé par la radicule, et la plumule, fixées base à base par une partie intermédiaire nommée collet. Le corps cotylédonnaire, qui a son point d'attache au collet du blastême, est formé par un ou plusieurs cotylédons, premières feuilles de la plante visibles dans la graine. (Mass.)

CORPS LIGNEUX, *Corpus ligneum.* (*Bot.*) Dans le peuplier, l'orme, le chêne et les autres arbres de la classe des dicotylédons, le tissu du tronc se divise en trois parties anatomiques : 1.° l'externe, ou l'écorce, composée de l'enveloppe herbacée, des couches corticales, et du liber ; 2.° la moyenne, ou le *corps ligneux*, qui comprend l'aubier (bois imparfait), le bois (cœur du bois) et les prolongemens ou insertions médullaires ; 3.° la centrale, qui est constituée par l'étui médullaire et la moelle.

Le corps ligneux, formé (vu au microscope) d'un plexus de cellules alongées et de gros vaisseaux dont les interstices sont remplis de tissu cellulaire, offre à l'œil nu des couches superposées les unes aux autres, qui se présentent, sur la coupe transversale du tronc, en zones concentriques. Ces couches sont coupées à angle droit par le tissu des prolongemens médullaires, qui, comme autant de lames verticales, partent en tout sens du centre à la circonférence, et se montrent sur la coupe transversale en forme de rayons.

Dans les palmiers, les dracæna, et les autres arbres de la classe de monocotylédons, le corps ligneux ne s'offre point en couches concentriques ; on n'observe ni canal médullaire ni prolongemens médullaires. Toute la tige est formée de filets ligneux réunis de loin à loin, et enveloppés par le tissu cellulaire qui remplit tous les intervalles que laissent entre eux les filets ligneux.

Dans les dicotylédons, les couches concentriques qui augmentent le corps ligneux, se forment à la circonférence du tronc ; les couches les plus anciennes, qui forment ce qu'on appelle cœur du bois, se trouvent par conséquent au centre. Dans les monocotylédons, au contraire, les filets ligneux se forment au centre ; par conséquent les filets les plus anciens, qui forment la partie la plus dure du bois, se trouvent à la circonférence. Voyez Bois. (Mass.)

CORRÉE, Correa. (*Bot.*) Genre de plantes de la famille des rutacées, de l'*octandrie monogynie* de Linnæus, ayant pour caractère essentiel : Un calice campanulé, à quatre dents ; quatre pétales insérés sous le disque de l'ovaire, ainsi que les huit étamines, quatre opposées aux dents du calice, les quatre autres aux pétales; un ovaire à huit sillons, placé sur un disque composé de huit glandes; un style; un stigmate à quatre dents peu sensibles; une capsule à quatre loges ou coques, s'ouvrant en dedans à leur sommet; une à trois semences dans chaque loge, attachées par un tubercule à la paroi des coques.

Ce genre renferme un petit nombre d'arbrisseaux, tous originaires de la Nouvelle-Hollande, à feuilles opposées, simples, entières; les fleurs axillaires ou terminales. M. Smith l'a consacré à l'estimable et savant M. Correa. M. de Labillardière, dans son Voyage à la recherche de Lapeyrouse, a nommé ce même genre *Mazentoxeron;* mais depuis il lui a appliqué le nom de *correa.* Ce nom avoit été employé aussi par Roxburg pour le *cratæva marmelos* de Linnæus, auquel M. Persoon a substitué celui d'*æglé.* (Voyez Eglé.) On trouve encore un autre *correa* dans les Transactions de la Société Linnéenne, de Londres, vol. 5, pag. 214. C'est le genre *Feronia* de Roxburg. (Voyez Féronie.) Enfin, le *correa* des mêmes Transactions, vol. 6, pag. 211, est le Doryanthes de M. Brown. (Voyez ce mot.) Il faut rapporter au *correa* les espèces suivantes:

Corrée blanche: *Correa alba*, Vent., Malm., tab. 13; Andr., *Bot. repos.*, table 18. Cet arbrisseau est remarquable par la beauté de ses fleurs et par l'odeur aromatique qui s'exhale de ses feuilles. Il est revetu, sur toutes ses parties, d'un duvet épais, blanchâtre, formé de petites écailles frangées. Ses tiges sont roussâtres; ses rameaux opposés; les feuilles pétiolées, opposées, ovales, obtuses, très-entières, ponctuées, un peu ondulées, blanchâtres en dessous, longues de deux pouces. Les fleurs sont pédicellées, réunies trois ou quatre en un bouquet terminal, muni de bractées d'un blanc de neige, ainsi que le calice; la corolle blanche; les pétales linéaires, lancéolés, aigus; le fruit composé de quatre coques brunes, ovales, comprimées, renfermant chacune deux ou trois semences. Il est très-probable qu'il faudra rapporter à cette espèce, comme une très-belle variété, le *correa speciosa*, *Bot. Magaz.*, tab. 1746, *seu correa rubra*, Smith, *Exot.* 2, pag. 26, *sine icone*, remarquable par ses belles fleurs rouges.

Corrée a feuilles pendantes: *Correa reflexa*, Vent., Malm., 1, pag. 14; *Mazentoxeron reflexum*, Labill., Voyag. de Lapeyr.,

l. c., vol. 2, tab. 19. Cet arbrisseau, découvert par M. de Labillardière, a des rameaux tomenteux, d'un brun noirâtre; des feuilles pétiolées, ovales-obtuses, un peu sinuées à leurs bords, pendantes à l'extrémité de leur pétiole, pubescentes en dessous, d'un vert foncé en dessus; les fleurs pendantes, pédonculées, axillaires, petites, solitaires, plus courtes que les feuilles; les calices pubescens, presque tronqués en forme de cupule. Le *correa virens* de Smith, *Exot.*, tab. 72, n'est probablement qu'une variété de cette espèce.

Corrée a feuilles rousses : *Correa rufa*, Vent., Malm., 1, pag. 14 : *Mazentoxeron rufum*, Labill., Voyag. de Lapeyr., 2, pag. 11, tab. 19. Arbrisseau chargé d'un duvet écailleux, rude au toucher. Les feuilles sont ovales, elliptiques, pétiolées, obtuses à leurs deux bouts, longues d'environ un pouce, tomenteuses et roussâtres en dessous, glabres en dessus; les fleurs solitaires; les pédoncules articulés, plus longs que les pétioles; le calice pubescent, à quatre dents courtes; la capsule une fois plus longue que le calice, tronquée au sommet, couverte d'écailles cendrées; les semences lenticulaires et blanchâtres.

Ventenat, dans le Jardin de la Malmaison, vol. 1, pag. 14, en a mentionné une autre espèce peu connue, qu'il nomme *correa revoluta*, distinguée par ses feuilles lancéolées, finement dentées en scie, roulées à leurs bords. (Poir.)

CORRÉGONE, et mieux Corégone, *Coregonus*. (*Ichthyol.*) Artedi, le premier, a donné ce nom à un genre de poissons abdominaux, voisins des saumons et des truites, lesquels ont la pupille des yeux anguleuse, comme leur nom, tiré du grec, semble l'indiquer (*κόρη*, *pupilla*, et *γωνία*, *angulus*).

Le genre des corrégones appartient à la famille des dermoptères, et présente les caractères suivans :

Bouche très-peu fendue, à l'extrémité du museau, et sans barbillons; dents à peine visibles, et manquant même quelquefois au palais, à la langue et à la mâchoire inférieure; écailles grandes; ventre arrondi; membrane des branchies à sept ou huit rayons.

L'estomac de ces poissons est un sac très-épais, suivi de fort nombreux cœcums : leur vessie natatoire s'étend d'un bout de l'abdomen à l'autre, et communique dans le haut avec l'œsophage : leur chair est en général extrêmement estimée.

Ils habitent les rivières et les lacs; on en trouve dans les ruisseaux les plus élevés des montagnes.

On distinguera facilement les CORRÉGONES des OSMÈRES et des SAUMONS, parce que ceux-ci ont les dents longues et fort apparentes; des CHARACINS, ANOSTOMES, SERRASALMES, etc., qui n'ont que quatre rayons aux branchies. (Voyez ces mots et DERMOPTÈRES.)

On en connoît un assez grand nombre d'espèces; les plus remarquables sont :

L'OMBRE D'AUVERGNE : *Coregonus thymallus*, Lacép.; *Salmo thymallus*, Linn.; Θύμαλλος, *Ælian.*, *lib.* 14, c. 22, *pag.* 831; Bloch, 24. Première nageoire dorsale très-haute et très-longue; nageoire caudale fourchue; mâchoire supérieure avancée; ligne latérale droite; des points noirs sur la tête; corps brunâtre rayé en long de noirâtre; dos d'un vert noirâtre; ventre d'un gris blanc; quelques nageoires rougeâtres.

Ce poisson a une rangée de petites dents sur les deux mâchoires, et quelques unes éparses sur le devant du palais et près de l'œsophage. La langue est unie; le corps alongé; le dos arrondi; le ventre gros; les écailles sont dures et épaisses : la membrane de la première nageoire dorsale est d'un beau violet, rayé et tacheté de brun; ses rayons et sa base sont verdâtres.

Les membranes de l'estomac sont presque cartilagineuses; le foie est jaune et transparent.

L'ombre d'Auvergne croît fort vite; il parvient à la taille de dix-huit pouces, et pèse quelquefois plus de quatre livres.

En automne, il descend ordinairement dans les grands fleuves, et gagne la mer, d'où il remonte vers le milieu du printemps. C'est alors qu'on le pêche dans les ruisseaux et les petites rivières, dans lesquelles il cherche à venir frayer. Sa chair est blanche, ferme et d'une saveur fort agréable, spécialement dans les temps froids : en automne, elle est plus grasse que dans toute autre saison.

Ce poisson n'est pas commun; les oiseaux de proie en détruisent beaucoup. Il meurt presque aussitôt après qu'on l'a tiré de l'eau, et même lorsqu'il est dans une eau tranquille. Il habite plusieurs rivières d'Italie et de France. On le trouve dans celles qui descendent des Alpes, des Apennins, des montagnes de l'Auvergne, et dont les eaux sont pures et limpides. On en rencontre dans quelques lacs, et en particulier dans le Léman, vers les lieux où l'eau coule sur un fond de cailloux ou de sable. Il est connu en Sibérie.

Il vit d'insectes aquatiques, de petits mollusques, d'œufs de saumon et de truite. Belon dit avoir trouvé un scarabée terrestre dans l'estomac d'un individu de cette espèce, et réfute l'opinion vulgaire qui attribue au thymalle l'or pour nourriture.

Souvent il répand une odeur aromatique fort agréable, analogue à celle du thym, et c'est là ce qui l'a fait nommer par les Grecs θυμὸς et θύμαλλος. Ce poisson a été en effet connu des anciens : Elien a parlé de son odeur ; saint Ambroise, archevêque de Milan (*Hexaëmeron*, *lib.* 5, *cap.* 2), la compare à celle du miel, dans le sens de ces paroles de Virgile :

Redolentque thymo fragrantia mella ;

et Cardan assure que souvent les pêcheurs devinent, avant de l'avoir vu, la présence du poisson à cause de son odeur.

Il paroît que le nom d'*ombre* lui a été donné en raison de la rapidité avec laquelle il nage,

Effugiens oculos celeri levis umbra natatu.

AUSONE.

Le thymalle est assez abondant en Laponie pour que les habitans se servent de ses intestins pour faire plus facilement du fromage avec le lait des rennes.

On pêche ce poisson à la ligne avec des vers ou une mouche artificielle. Quelquefois même, au rapport de Gessner, il suffit d'armer l'hameçon avec des plumes d'oiseau, et en particulier de pintades. En Bavière, il est défendu par les lois de retenir les thymalles qui ont moins de trois doigts de longueur.

On a cru pendant long-temps que la graisse recueillie dans les intestins du thymalle avoit des vertus médicinales prononcées. Elle a passé comme un remède contre les brûlures récentes et contre les taches que laissent les pustules de la variole. Du temps de Gesner, les pêcheurs du lac Léman regardoient son sang comme un médicament utile contre la surdité ; et les pharmaciens suisses conservoient, dans leurs officines, sa graisse et quelques uns de ses organes.

Le LAVARET : *Coregonus lavaretus*, Lacép. ; *Salmo lavaretus*,

Linn.; Bloch, 25. Nageoire caudale fourchue; mâchoire supérieure, prolongée en forme de trompe; un appendice auprès de chaque catope; les écailles échancrées; pas de dents aux mâchoires.

La tête est petite et demi-transparente jusqu'aux yeux; la mâchoire inférieure plus courte; la langue blanche, cartilagineuse, un peu rude; la ligne latérale presque droite et marquée de petits points bruns; la teinte générale bleuâtre; le dos d'un bleu mêlé de gris; les opercules et les joues sont jaunâtres; le ventre est argentin, avec des reflets jaunes.

On trouve le lavaret, dont le nom paroît dérivé de l'extrême propreté de son corps, dans l'Océan atlantique septentrional, dans la Baltique, dans le lac de Genève, où il porte le nom de *ferrat*. Il se tient souvent plongé dans les endroits les plus profonds, et il abandonne la haute mer au moment où les harengs commencent à frayer, et cela pour manger leur frai. Lorsque lui-même doit frayer, il se rapproche des rivages, ce qui arrive ordinairement sur la fin de l'été ou en automne; on lui voit fréquenter alors les embouchures des fleuves dont les eaux coulent avec le plus de rapidité. La femelle, suivie du mâle, frotte son ventre contre les cailloux, pour abandonner plus facilement ses œufs.

Quand les poissons de cette espèce remontent les fleuves, ils s'avancent en troupes sur deux rangs réunis à angle aigu, et précédés d'un individu plus fort ou plus hardi. Si les vents bouleversent la surface de l'eau, ils s'enfoncent et demeurent cachés jusqu'à la fin de la tempête : on prétend même qu'ils pressentent celle-ci long-temps avant qu'elle éclate.

Après la ponte et la fécondation des œufs, ils retournent à la mer, accompagnés par les jeunes individus qui ont atteint la taille de trois à quatre pouces. Ils marchent alors sans ordre. On assure qu'ils pressent leur retour lorsque les grands froids doivent arriver de bonne heure, et qu'ils le diffèrent si l'hiver doit être retardé.

Ils meurent presque aussitôt qu'on les a retirés de l'eau; on peut cependant, avec des précautions, les transporter et les élever dans des étangs profonds, à fond de sable. C'est ce qui a lieu en Prusse, pays où ces poissons sont fort abondans.

Les lavarets se nourrissent d'insectes. M. Odier, médecin

de Genève, a trouvé, dans le canal intestinal d'un individu qu'il a disséqué, un grand nombre de larves de libellules, mêlées avec une substance grise.

Ils multiplient peu, parce que beaucoup de poissons et eux-mêmes dévorent leurs œufs. Les squales leur font aussi une chasse très-active.

On pêche les lavarets avec de grands filets ou bien au harpon.

Leur chair est blanche et d'une saveur fort agréable. Dans les lieux où la pêche en est abondante, on les fume et on les sale.

Ils varient un peu suivant les lieux où on les observe. Dans le lac de Genève, entre Rolle et Morges, on les nomme *gravans*, *gravranches* ou *gravanches*. Là, ils ont le museau plus pointu, la saveur moins délicate, et ordinairement les dimensions plus petites. Pendant onze mois de l'année, ils se tiennent constamment dans les fonds, c'est-à-dire, à la profondeur de cent cinquante à deux cents brasses; et ce n'est que vers la fin de l'automne qu'on peut les prendre, à l'aide d'un filet et d'une lanterne pour la nuit.

Dans le lac de Neufchâtel, il existe des lavarets qu'on nomme *palées* et *bondelles*. On en sale beaucoup, et on les envoie au loin comme les sardines.

La GRANDE MARÈNE : *Coregonus marœna*, Lacép.; *Salmo marœna*, Linn.; Bloch, 27. Nageoire caudale fourchue; point de dents; lèvre supérieure comme retroussée, à cause de deux tubercules des os maxillaires; mâchoire inférieure ovale, plus étroite et plus courte que la supérieure; ligne latérale un peu courbée; yeux gros; écailles grandes, minces et brillantes; point de taches, de bandes ni de raies; nez, front et dos noirs ou bleuâtres; menton et ventre blancs; côtés argentins; nageoires bleues, bordées de noir, excepté l'adipeuse qui est noirâtre; points blancs le long de ligne latérale. Taille d'un à trois pieds.

Le canal intestinal est très-court, mais il y a près de cent cinquante appendices près du pylore.

Ce poisson est celui que Rondelet et Belon ont désigné sous le nom de *lavaret*, ce qui a pu amener de la confusion dans la Synonymie. On le pêche dans les lacs du Bourget et d'Aigue-Belette, en Savoie, et il ne se trouve point ailleurs, dit Rondelet (part. 11, pag. 118, édit. franç.). Cependant il y en a dans le lac Maduit, et dans quelques autres lacs de la Poméranie ou de la Nouvelle-Marche de Brandebourg.

Les marènes recherchent les eaux profondes, dont le fond est de sable ou de glaise. Elles y vivent en grandes troupes, et viennent frayer, vers la fin de l'automne, dans les endroits herbeux et remplis de mousse. Elles ne commencent à se reproduire que vers l'âge de cinq ou six ans.

Pendant l'hiver, on les pêche sous la glace avec des filets dont les mailles sont assez larges pour laisser échapper les individus trop petits. Elles meurent dès qu'elles sortent de l'eau. Néanmoins, au rapport de Bloch, M. de Marwitz de Zernickow est parvenu à en transporter de vivantes dans ses terres, à huit lieues du lac Maduit, et où elles se sont acclimatées. Leur chair est grasse, blanche, et d'une très-bonne saveur.

La Marénule : *Coregonus marænula*, Lacép.; *Salmo marænula*, Linn.; *Cyprinus marænula*, Wulff.; Bloch, 28, 3. Point de dents; nageoire caudale fourchue; mâchoire inférieure recourbée, plus étroite et plus longue que la supérieure; ligne latérale droite; couleur générale argentée; dos bleuâtre; nageoires d'un gris blanc, ligne latérale à points noirs. Taille d'un pied environ.

Elle a les mêmes habitudes que la marène. On la prend dans les lacs à fond de sable du Danemarck, de la Suède et de l'Allemagne septentrionale. Dans certains lieux, on la fume après l'avoir arrosée de bière. M. Risso dit qu'on en pêche quelquefois à l'embouchure du Var.

Ses œufs sont plus petits que ceux de presque tous les autres corrégones. Elle se nourrit de vers, d'insectes, et de petits mollusques, comme la précédente.

L'Ombre bleu ou Bésole : *Coregonus Wartmanni*, Lacép.; *Salmo Wartmanni*, Linn.; Bloch, 105. Nageoire caudale en croissant; museau conique, tronqué; point de dents; mâchoires égales; ligne latérale droite; teinte générale bleue et sans taches; nageoires jaunes, bordées de bleu; une série de points noirs le long de la ligne latérale; appendice assez long auprès de chaque catope. Taille de dix-huit pouces à deux pieds.

Ce poisson porte le nom d'un médecin de Saint-Gall,

qui l'a décrit avec beaucoup d'exactitude. On le trouve dans plusieurs lacs de la Suisse et surtout dans celui de Constance, où il est, pour les pêcheurs du pays, ce que les harengs sont pour ceux du Nord. Pendant tout l'été, il part pour sa pêche de vingt à cinquante bateaux, et on en prend, durant la saison, plusieurs millions d'individus. On marine tous ceux qu'on ne mange pas frais, et on les envoie en France et en Allemagne.

Ce poisson fraye vers le commencement de l'hiver; il se tient le plus souvent à une profondeur de cinquante brasses, et ne se rapproche de la surface, à vingt ou dix brasses, que lorsqu'il tombe une grosse pluie, ou qu'il règne un orage. Quand le froid commence à se faire sentir, il se retire dans des profondeurs inaccessibles.

Il se nourrit d'insectes, de vers, de débris de végétaux.

Vers l'âge de trois ans, il a quelquefois une maladie qui lui donne une teinte rouge, et qui empêche de le manger.

L'Oxyrhinque : *Coregonus oxyrhincus*, Lacép.; *Salmo oxyrhincus*, Linn. Point de dents; crâne transparent; mâchoire supérieure avancée, conique; écailles grandes; couleur généralement blanchâtre.

De l'Océan atlantique septentrional.

M. Cuvier pense que c'est la même espèce que le *corrégone lavaret* et le *houting* des Hollandois et des Flamands.

Le Corrégone large : *Coregonus latus*, Lacép.; *Salmo thymallus latus*, Linn.; Bloch, 26. Nageoire caudale fourchue; mâchoire supérieure prolongée en forme de petite trompe; dos élevé, caréné en devant; ventre gros et arrondi; nageoires courtes; la dorsale logée dans une concavité; écailles rondes; des raies longitudinales.

Ce poisson habite à peu près les mêmes lieux que le lavaret. Il acquiert la pesanteur de six livres, et quelquefois plus.

Le Pidschian : *Coregonus pidschian*, Lacép.; *Salmo pidschian*, Linn. Nageoire caudale fourchue; appendice triangulaire, aigu, auprès des catopes, et plus long qu'eux; dos élevé et arrondi en bosse; mâchoire supérieure avancée.

Découvert par Pallas dans la mer du Nord, sur les côtes de Sibérie.

Le Schokur : *Coregonus schokur*, Lacép.; *Salmo schokur*, Linn. Nageoire caudale fourchue; appendice court et obtus auprès de chaque catope; dos caréné en avant; deux tubercules sur le museau; mâchoire supérieure avancée.

De la Sibérie, où il a été découvert par Pallas.

Pidschian et *Schokur* sont deux noms de pays.

Le Corrégone nez : *Coregonus nasus*, Lacép.; *Salmo nasus*, Linn.; *Salmone chycalle*, Bonnaterre. Nageoire caudale fourchue; tête grosse; mâchoire supérieure avancée, arrondie, convexe et bossue au devant des yeux; appendices des catopes triangulaires et très-courts; écailles grandes.

De la Sibérie. Il atteint la taille de dix-huit pouces. Les Samoïèdes le nomment *chycalla*, et les Russes, *tschar*.

Le Vimba : *Coregonus vimba*, Lacép.; *Salmo vimba*, Linn. Nageoire adipeuse un peu dentelée.

Du lac de Wener, en Suède, où on le nomme *wimba*.

L'Émigrant : *Coregonus migratorius*, Lacép.; *Salmo migratorius*, Linn. Mâchoires égales, sans dents; museau un peu conique; couleur générale argentée, sans taches ni raies; catopes et nageoire anale d'un blanc rougeâtre.

Ce poisson habite le fameux lac Baïkal, sur les frontières de la Chine et de la Sibérie. Il remonte dans les rivières qui s'y jettent, dans le temps du frai; il atteint la taille de dix-huit pouces; ses œufs sont jaunes et fort bons à manger; on en prépare du caviar, et on tire de l'huile de ses intestins.

Le Müller : *Coregonus Mulleri*, Lacép.; *Salmo Mulleri*, et *S. Stroemii*, Linn. Mâchoires sans dents, l'inférieure avancée; nageoire caudale fourchue; ventre moucheté.

On le trouve dans les mers du Nord, et dans les eaux du Danemarck.

L'Automnal : *Coregonus autumnalis*, Lacép.; *Salmo autumnalis*, Linn.; *Salmone nesangchalle*, Bonnat.; *Omal* et *Omul* des Russes. Nageoire caudale fourchue; mâchoire inférieure avancée; pas de dents; couleur générale argentée; taille de dix-huit pouces.

Le corrégone automnal passe l'hiver dans l'Océan glacial arctique, d'où il remonte dans les fleuves après la fonte des neiges. On en voit des individus dans le lac Baïkal et dans d'autres lacs très-éloignés de la mer; mais ils les abandonnent en automne.

Il perd très-promptement la vie quand il est hors de l'eau ; sa chair est grasse.

Le Corrégone able : *Coregonus albula*, Lacép. ; *Salmo albula*, Linn. Nageoire caudale fourchue ; mâchoire sans dents, l'inférieure avancée ; dos caréné en devant ; écailles sans échancrures et pointillées de brun ; dos d'un vert brunâtre ; côtés argentins ; des points noirâtres sur les nageoires ; taille de six à sept pouces.

Ce poisson est abondant dans plusieurs lacs de la Suède. Il jette son frai au commencement de l'hiver.

Le nom d'*albula* qu'il porte, a été souvent donné à d'autres poissons des genres Saumon, Corrégone et Cyprin. Voyez, à ce sujet, Gesner, *de Aquatil. lit. A.*

Le Peled : *Coregonus peled*, Lepéchin, *It.*, 3. pag. 226. t. 12 ; Lacép. ; *Salmo peled*, Linn. Mâchoires sans dents, l'inférieure avancée ; dos bleuâtre ; tête parsemée de points bruns.

Du nord de la Sibérie ; il atteint la taille de dix-huit pouces à deux pieds.

Le Leucichthe : *Coregonus leucichthys*, Lacép. ; *Salmo leucichthys*, Linn. ; *Belaja rybyza*, des Russes. Nageoire caudale en croissant ; mâchoire supérieure très-large et plus courte que l'inférieure, qui est recourbée et tuberculeuse à son extrémité ; teinte générale argentée, avec des points noirs ; taille de trois à quatre pieds.

De la mer Caspienne.

L'Ombre de rivière ; *Coregonus umbra*, Lacép. Nageoire caudale fourchue ; tête petite ; mâchoire supérieure avancée, et hérissée d'aspérités, ainsi que l'inférieure ; corps et queue très-alongés et très-comprimés ; couleur générale dorée ; dos d'un brun mêlé de vert ; des raies longitudinales obscures de chaque côté ; des raies dorées entre les catopes et les nageoires pectorales.

Des rivières d'Allemagne et d'Angleterre.

Le Corrégone rouge ; *Coregonus ruber*, Lacép. Nageoire caudale fourchue ; museau arrondi et aplati ; mâchoire inférieure avancée ; tout le corps d'un rouge vif, et fort alongé ; nageoire adipeuse recourbée en forme de massue.

Des mers chaudes de l'Amérique, où il a été dessiné par Plumier.

Le Corrégone clupéoïde ou Hareng d'eau douce ; *Coregonus clupeoides*, Lacép. Mâchoires égales, sans dents ; deux orifices à chaque narine ; ligne latérale droite. Taille de dix à quinze pouces.

Ce poisson parcourt, en troupes nombreuses, le lac Lochlomond, dans les montagnes de l'Ecosse occidentale, et se pêche surtout à Inchtonachon, une des îles de ce lac. Ses œufs sont d'un rouge orangé ; sa chair est blanche, feuilletée et très-délicate. On le prend au filet, en été et en automne, dans les endroits où il y a le moins d'eau. C'est M. Noël, de Rouen, qui a eu occasion de l'observer, et qui en a communiqué la description à M. de Lacépède. (H. C.)

CORREIA. (*Bot.*) Vandelli, dans son *Flora lusit. et brasil.*, a établi sous ce nom un genre particulier qui doit être réuni aux Gomphia. Voyez ce mot. (Poir.)

CORRENDERA. (*Ornith.*) M. d'Azara nomme ainsi, dans ses Oiseaux du Paraguay, n.° 145, une espèce d'alouette, ayant des rapports avec les farlouses, *anthus*, Bechst. (Ch. D.)

CORRESO. (*Ornith.*) Dampier décrit, sous ce nom, dans son Voyage à la baie de Campêche, tom. III du Voyage autour du Monde, pag. 312, un oiseau qu'il dit être plus grand que le dindon, et dont le mâle est noir, avec une huppe de plumes de la même couleur, et la femelle d'un brun obscur. Ces oiseaux, ajoute-t-il, sont très-bons à manger ; mais leurs os sont regardés comme contenant un venin, et on les brûle ou on les enterre, de peur que les chiens ne les mangent et ne s'empoisonnent. Cet article est transcrit dans le tome XII in-4.°, p. 628 de l'Histoire générale des Voyages, et dans le Dictionnaire de la Chênaye des Bois. D'un autre côté, on trouve dans le tome IV des Voyages de Dampier, p. 30, une autre description du corresou, donnée par Waffer, qui attribue à ses os une propriété semblable, mais qui présente le mâle comme ayant une belle *huppe jaune*. L'auteur ajoute que ces oiseaux se tiennent sur les arbres et se nourrissent de fruits, que leur voix, quoique forte, est agréable, et que leur chair, quoiqu'un peu coriace, est de fort bon goût. Sans la circonstance de la huppe jaune, il sembleroit être question du hocco dans ces deux articles. (Ch. D.)

CORRIGIOLA. (*Bot.*) Ce nom, donné anciennement à la renouée ordinaire, *polygonum*, a été appliqué par Linnæus à un autre genre que Vaillant nommoit *polygonifolia*. (J.)

CORRIGIOLE (*Bot.*), *Corrigiola*, Linn. Genre de plantes dicotylédones, polypétales, périgynes, de la famille des portulacées, Juss., et de la *pentandrie trigynie*, Linn., dont les principaux caractères sont les suivans : Calice composé de cinq folioles persistantes; corolle de cinq pétales à peine plus grands que le calice; cinq étamines; un ovaire supérieur, surmonté de trois stigmates sessiles et obtus; une seule graine trigone, enveloppée dans le calice connivent.

Les corrigioles sont de petites plantes herbacées, annuelles, dont on ne connoît que deux espèces : l'une se trouve au cap de Bonne-Espérance, et l'autre, indigène de l'Europe, est assez commune dans les lieux sablonneux sur les rivages de la mer, ou sur les bords des ruisseaux et des torrens. Nous nous contenterons de décrire cette dernière.

Corrigiole des rives : *Corrigiola littoralis*, Linn., *Spec.* 388; *Polygonum littoreum*, etc., *Fl. Dan.*, tab. 334. Ses tiges sont menues, nombreuses, rameuses dès leur base, couchées et disposées en rond sur la terre, longues de quatre à huit pouces, garnies de feuilles alternes, oblongues, glabres, d'un vert glauque, munies chacune à leur base de deux petites stipules membraneuses, transparentes. Ses fleurs sont blanches, très-petites, ramassées en bouquets serrés aux extrémités des tiges et des rameaux : elles paroissent en juillet, août et septembre. (L. D.)

CORRINANTHOA (*Bot.*), nom par lequel M. Bosc désigne le genre *Conianthos*, établi par M. Palisot-Beauvois. Voyez Conianthos. (Lem.)

CORRIRA. (*Ornith.*) Voyez Coureur. (Ch. D.)

CORROGA (*Ornith.*), nom de la corneille en Sardaigne. (Ch. D.)

CORROSOU. (*Ornith.*) Voyez Correso. (Ch. D.)

CORROYÈRE. (*Bot.*) Ce nom est donné, dans le midi de la France, au *rhus coriaria*, nommé aussi rouvre des corroyeurs, parce qu'il est employé pour tanner les cuirs. (J.)

CORRUDA (*Bot.*), nom de l'asperge sauvage dans l'île de Crète, suivant Belon. Clusius, et d'autres auteurs, ont aussi décrit sous ce nom trois autres espèces du même genre, *asparagus acutifolius*, *aphyllus*, *albus*, qui sont des arbrisseaux peu propres à la nourriture de l'homme, et conséquemment non cultivés dans les jardins. Dans le Portugal on les nomme *espargos*, suivant Grisley. La première de ces trois, existante dans la Provence, au rapport de Garidel, y est connue sous le nom vulgaire de *roumaniou couniou*. (J.)

CORSAIRE. (*Ornith.*) L'oiseau que, suivant Sonnini, Voyage dans la Haute et Basse-Egypte, tom. 1, p. 95, et Descourtils, Voyage d'un Naturaliste, tom. 1, p. 253, les marins appellent *corsaire*, est l'épervier, *falco nisus*, Linn., qui croise en mer, à peu de distance, pour prendre au passage les cailles et d'autres oiseaux voyageurs. (Ch. D.)

CORSAVO. (*Ichthyol.*) Un des noms italiens de la trigle hirondelle. Voyez Trigle. (H. C.)

CORSELET. (*Entom.*) La plupart des auteurs écrivent Corcelet. On désigne ainsi en entomologie, la partie du tronc de l'insecte qui se trouve placée entre la tête et la poitrine, lorsque l'insecte est vu par-dessous ou du côté du ventre ; et entre la tête et l'abdomen, lorsqu'il est vu du côté du dos. Cette partie supporte constamment et uniquement la première paire de pattes ou les membres antérieurs. Cette définition qui devroit convenir à tous les insectes, dans quelque classe qu'ils soient rangés, n'est cependant bien vraie, suivant l'acception reçue du mot, que pour les coléoptères, les orthoptères et la plupart des hémiptères ; car, dans les névroptères, les hyménoptères, et surtout dans les diptères, le véritable corselet n'atteint pas le dessus du dos ; il forme à peine un léger segment, où on l'a appelé quelquefois épaulette ; de sorte que, dans ces derniers insectes, on nomme *corselet* ou *thorax*, le dos de la poitrine qui supporte les ailes et les pattes intermédiaires et postérieures. Voyez Insectes. (C. D.)

CORSELET. (*Conchyl.*) Quelques auteurs écrivent Corcelet, *pubes*. Voyez ce mot et Conchyliologie. (De B.)

COR SEMINIS. (*Bot.*) Voyez Embryon. (Mass.)

CORSIUM. (*Bot.*) Voyez Colocasia. (J.)

CORSOIDE. (*Min.*) Pline dit seulement : le *corsoide est semblable aux cheveux blancs de l'homme.* Wallerius et Bomare ont cru pouvoir, d'après cette indication vague, rapporter cette pierre au jaspe blanc ; d'autres naturalistes ont cru y reconnoître l'asbeste ; mais, Pline ayant déjà parlé de cette substance et sous son nom et sous la dénomination de *linium vivum*, il est peu probable qu'il l'eût indiquée une troisième fois sous le nom de corsoïde. (B.)

CORTALE, *Cortalus.* (*Conchyl.*) C'est un des genres nombreux établis par M. Denys de Montfort, parmi les coquilles ou corps crétacés microscopiques : celui-ci a pour caractères : Coquille libre, univalve, cloisonnée, à spire saillante, élevée au sommet, aplatie à la base ; ouverture triangulaire, ouverte, recevant verticalement le retour de la spire ; dos caréné et armé ; cloisons unies. Son type est une petite coquille figurée par Soldani, Testac., tab. 86, vas. 162, X, que M. Denys de Montfort nomme la pagode, *cortalus pagodus*, et dont la forme générale se rapproche beaucoup de celle des toupies. Elle a une ligne et demie de diamètre, est diaphane, nacrée, striée, et se trouve dans la Méditerranée, près de Livourne. (De B.)

CORTAPAO. (*Ornith.*) Le grand pic noir, *picus principalis*, Linn., porte ce nom en Portugal. (Ch. D.)

CORTELINA. (*Bot.*) Aux environs de Vérone on nomme ainsi le *vallisneria*, suivant Séguier. (J.)

CORTÉSIE A FEUILLES EN COIN (*Bot.*), *Cortesia cuneifolia.* Cavan., *Ic. rar.* 4, pag. 53, tab. 377. Arbrisseau découvert à Buénos-Ayres, constituant un genre particulier, de la famille des borraginées, de la *pentandrie monogynie* de Linnæus, offrant pour caractère essentiel : Un calice à six dents, une corolle à cinq découpures ; cinq étamines ; un ovaire supérieur ; le style bifide ; les stigmates globuleux, presque en rondache ; une baie à deux semences.

Ses tiges sont hautes de quatre à cinq pieds, très-rameuses ; les rameaux alternes, garnis de feuilles alternes, sessiles, cunéiformes, tuberculées à leurs deux faces, divisées en trois lobes mucronés ; il sort de chaque tubercule un poil caduc ; très-blanc. Les fleurs sont sessiles, solitaires, terminales ; le calice persistant, velu, tronqué, à cinq dents, turbiné pendant la floraison, hémisphérique sur le fruit; la corolle d'un blanc jaunâtre; le tube de la longueur du calice; le limbe étalé, à cinq lobes arrondis; les étamines saillantes; les filamens portés sur le tube, élargis à leur attache; l'ovaire ovale; le style plus long que les étamines, bifide à sa partie supérieure. Le fruit est une baie ovale, un peu pulpeuse, renfermant deux semences convexes en dehors, planes en dedans. (Poir.)

CORTEX PAPETARIUS. (*Bot.*) Voyez Cœlit papeda. (J.)

CORTICAIRE. (*Entom.*) C'est le nom d'un genre de coléoptères, établi par Marsham, pour y réunir plusieurs espèces qui se développent sous les écorces, et qui, pour la plupart, avoient été classées avec les *lyctes*. Leur corps est linéaire, le plus souvent aplati, avec les élytres et le corselet rebordés, et leurs antennes en massue perfoliée. Ils appartiennent à la famille que nous avons désignée sous le nom d'Omaloïdes. Voyez ce mot. (C. D.)

CORTICIUM. (*Bot.*) Genre de champignons, établi par Persoon, et réuni depuis par lui au genre *Auriculaire* (*Thelephora*), dans lequel il forme une section, celle qui comprend les espèces coriaces, comme de l'écorce, et qui sont fixées ou attachées par leur surface stérile. On a proposé de rétablir ce genre; mais ce rétablissement est inutile quant à présent. Voyez Thelephora. (Lem.)

CORTINARIA. (*Bot.*) Section des agarics de Persoon (voyez Fonge.), qui renferme les espèces à pédicule central, portant un chapeau garni en dessous de feuillets qui ne noircissent point en vieillissant, et qui, dans leur jeunesse, sont recouverts d'une membrane (*cortina*) incomplète, qui se déchire bientôt, et laisse sur le pédicule un collier filamenteux. Les espèces sont peu nombreuses. Quelques auteurs ont essayé de faire de ces plantes un genre distinct. (Lem.)

CORTINE, *Cortina*. (*Bot.*) Certains champignons sont enveloppés, dans leur jeunesse, dans une membrane qu'on nomme volva, laquelle ceint le conceptacle (chapeau) à son support (pédicule). Lorsque, par suite du développement de la plante, le volva se rompt, ses lambeaux restent attachés tantôt au pédicule, tantôt au bord du chapeau, tantôt aux deux endroits à la fois. S'ils restent autour du pédicule, ils prennent le nom d'anneau ; s'ils s'en détachent complétement et subsistent au bord du chapeau, on leur donne le nom de *cortine*. Dans le troisième cas, c'est-à-dire, lorsque le pédicule et le chapeau retiennent l'un et l'autre une partie de la membrane, la plante est munie à la fois et d'une cortine et d'un anneau. (Mass.)

CORTOMI (*Bot.*), nom de la cassyte cornue, *cassyta corniculata*, dans quelques lieux de l'Inde, suivant Rumph. (J.)

CORTON. (*Bot.*) Aux environs d'Alep, suivant Rauvolf, on nomme ainsi la scorzonère cultivée, *scorzonara hispanica*, (J.)

CORTUSE (*Bot.*), *Cortusa*, Linn. Genre de plantes dicotylédones, monopétales, hipogynes, de la famille des primulacées, Juss., et de la *pentandrie monogynie* de Linnæus, dont les principaux caractères sont les suivans : Calice monophylle, persistant, à cinq dents ; corolle monopétale, campanulée, à limbe découpé en cinq lobes ; cinq étamines presque sessiles ; un ovaire supérieur, à style filiforme, plus long que la corolle ; capsule ovoïde, uniloculaire, polysperme, s'ouvrant par son sommet en cinq valves. Ce genre ne comprend que deux espèces.

Cortuse de Matthiole : *Cortusa Matthioli*, Clus., Hist. 307 ; Linn., *Spec.* 206. Sa racine, qui est fibreuse, donne naissance à plusieurs feuilles arrondies, lobées, échancrées en cœur à leur base, portées sur de longs pétioles velus. Il naît, du milieu de ces feuilles, une ou plusieurs hampes nues, qui les surpassent en longueur, et qui portent à leur sommet une ombelle de six à quinze fleurs pédonculées, d'un rouge violet, munies à leur base d'une collerette de trois folioles cunéiformes, trois fois plus courtes que les pédicelles particuliers. Les corolles sont presque une fois plus grandes que les calices. Cette plante croît dans les lieux ombragés des montagnes en Italie, en Autriche, en Sibérie. Elle passe pour astringente, et pour avoir la propriété de calmer les douleurs des articulations.

Cortuse de Gmelin : *Cortusa Gmelini*, Linn., *Spec.* 206 ; Gmel., *Fl. sib.* 4, p. 79, t. 43, fig. 1. Cette espèce diffère de la précédente, parce qu'elle est beaucoup plus petite dans toutes ses parties, parce que ses fleurs blanches forment une ombelle qui n'a que trois à quatre rayons, et parce que leurs corolles sont un peu plus courtes que les calices. Elle croît dans la Sibérie. (L. D.)

CORU. (*Bot.*) Daléchamps mentionne sous ce nom un arbre qui croît dans la Chine, le Japon, à Malaca et au Bengale. On le trouve aussi chez les Malabares, qui le nomment *curodapala* et *curo;* c'est le *cura* des Brames. Il a le port et les feuilles d'un petit oranger; sa fleur est jaune, sans odeur; l'écorce de sa racine entamée laisse échapper un suc laiteux, abondant, qui est très-employé pour arrêter les diarrhées et les dyssenteries. On emploie aussi l'écorce en nature aux mêmes usages. Cet extrait, tiré de Daléchamps, indique d'abord une plante apocinée, laiteuse. Ses vertus sont les mêmes que celles attribuées chez les Malabares, soit au *curutu-pala*, qui est le *tabernæmontana citrifolia*, soit au *codagapala*, ou *nerium antidysentericum* de Linnæus, nommé récemment *wrightia.* Tous deux sont apocinés, et ont un nom qui se rapproche de l'un de ceux cités plus haut; mais on dit leurs fleurs blanches. On peut donc conclure seulement que le coru a de l'affinité avec ces deux genres par ses noms, ses caractères et ses propriétés. (J.)

CORUMB, *Corumba.* (*Bot.*) Voyez CORAMBÉ. (J.)

CORUSA (*Ornith.*), nom de la hulotte, *strix aluco* et *stridula*, Linn., en Portugal, où le terme *coruja* paroît désigner plus généralement les chouettes. (CH. D.)

CORUZ. (*Ornith.*) Le grand pluvier ou courlis de terre, plus convenablement nommé œdicnème, *charadrius œdicnemus*, Linn., porte ce nom en Italie. (CH. D.)

CORVA. (*Ichthyol.*) Suivant M. F. de la Roche, à Iviça, on donne ce nom à la *sciæna nigra*, de Bloch, ou *sciæna umbra*, de Linnæus. Voyez SCIÈNE. (H. C.)

CORVETTO et CORVO. (*Ichthyol.*) Suivant Gesner, ce sont deux des noms italiens de la *sciæna umbra*, Linn. Voyez SCIÈNE. (H. C.)

CORVINA. (*Ichthyol.*) A Iviça, suivant M. F. de la Roche, on appelle ainsi la *sciæna cirrhosa*, de Linnæus, que nous avons décrite sous le nom de chéilodiptère cyanoptère. Voyez CHÉILODIPTÈRE et OMBRINE. (H. C.)

CORVINE. (*Ichthyol.*) Quelques auteurs ont donné ce nom au spare chili, *sparus chilensis.* Voyez SPARE. (H. C.)

CORVISARTIA. (*Bot.*) [*Corymbifères*, Juss.; *Syngénésie polygamie superflue*, Linn.] Ce genre de plantes, ou plutôt ce sous-genre, de la famille des synanthérées, appartient à notre tribu naturelle des inulées.

La calathide est radiée, composée d'un disque multiflore, réguliflore, androgyniflore, et d'une couronne unisériée, liguliflore, féminiflore. Le péricline, à peu près égal aux fleurs du disque, est formé de squames imbriquées, extradilatées, appliquées; les extérieures larges, coriaces, surmontées d'un appendice étalé, foliacé; les intérieures étroites, linéaires, inappendiculées, submembraneuses. Le clinanthe est plane, ou convexe, inappendiculé. L'ovaire est oblong, cylindracé; son aigrette est composée de squamellules inégales, filiformes, barbellulées, ordinairement entre-greffées à la base. Les anthères sont munies de longs appendices basilaires.

La Corvisartie officinale (*Corvisartia helenium*, Mér.; *inula helenium*, Linn.) est une plante herbacée, à racine vivace, dont la tige, haute de trois à quatre pieds, est dressée, peu ramifiée, épaisse, striée, velue; les feuilles radicales sont très-grandes, pétiolées, ovales-oblongues, pointues, presque entières, pubescentes en dessous; les feuilles caulinaires sont moins grandes, sessiles, embrassantes, subcordiformes, cotonneuses en dessous, courtement et irrégulièrement dentées; les calathides, composées de fleurs jaunes, sont très-grandes et solitaires à l'extrémité des rameaux. Cette belle synanthérée, qui fleurit aux mois de juillet et d'août, habite les prés et les bois humides, dans les environs de Paris, à Montmorency, Meudon, Sèvres, Sénart, Grosbois, Marcoussis, etc. Elle est connue vulgairement sous les noms d'*enula campana*, d'*aulnée*, d'*hélénière*. C'étoit une des plantes les plus célèbres chez les anciens, pour ses propriétés médicinales; et les médecins modernes emploient aussi fréquemment sa racine, qui est très-grande, brune extérieurement, aromatique, amère: ils la considèrent comme tonique, alexitère, stomachique, détersive, résolutive, fébrifuge, vermifuge, etc., etc.

M. Mérat, en proposant, dans sa Flore Parisienne, le nouveau genre *Corvisartia*, a paru croire que l'espèce ci-dessus décrite pouvoit seule y être rapportée. Mais nous nous sommes convaincu, en examinant un assez grand nombre d'espèces comprises par les botanistes dans le genre *Inula*, que toutes celles qui ont les squames extérieures du péricline terminées par un appendice étalé, foliacé, doivent être rapportées au *corvisartia*. C'est pourquoi les caractères que nous attribuons à ce genre ou sous-genre, diffèrent un peu de ceux qu'avoit admis M. Mérat.

Les corvisarties sont exactement intermédiaires entre les vraies *conyza* et les vraies *inula*; car elles ne diffèrent de celles-ci que par le péricline appendiculé, et des premières par la couronne liguliflore et radiante. (H. Cass.)

CORVORANT (*Ornith.*), nom anglois du cormoran. (Ch. D.)

CORVO (*Ornith.*), nom du corbeau en Italie, où le cormoran s'appelle *corvo marino*. (Ch. D.)

CORVUS (*Ornith.*), nom latin du corbeau. (Ch. D.)

CORYBANTES. (*Foss.*) On a autrefois donné ce nom aux Bélemnites. Voyez ce mot. (D. F.)

CORYBAS A FLEURS D'ACONIT (*Bot.*), *Corybas aconitiflorus*, Salisb., *Parad. Lond.*, 1, tab. 83. Petite plante fort élégante, la seule espèce de son genre, de la famille des orchidées, de la *gynandrie digynie* de Linnæus, qui paroît devoir être rapportée au genre *Corysanthes* de Brown, peut-être même réunie au *Corysanthes bicalcarata* (voyez Corysanthe). Cette plante a été découverte par Gordon à la Nouvelle-Hollande. Elle a pour racine une très-petite bulbe ovale, d'où s'élève une tige fort menue, droite, longue d'environ deux pouces au plus, munie vers son milieu d'une feuille glabre, réniforme, arrondie, mucronée au sommet, deux ou trois autres alternes, fort petites, en forme de bractées; une seule fleur terminale, irrégulière, à six pétales; les supérieurs très-grands, soudés ensemble, courbes, en forme de casque, d'un pourpre violet; le pétale inférieur ou la lèvre assez grande, pendante, comprimée, connivente avec le pétale supérieur, souvent un peu pectinée à ses bords, ou à plusieurs éperons: les autres pétales beaucoup plus petits; le style dilaté à ses bords et à son sommet, à trois lobes; le stigmate sous la forme d'un tubercule arrondi; une autre anthère placée sur le dos du style, vers son bord, mobile, à deux loges, renfermant un pollen granuleux. (Poir.)

CORYCIUM. (*Bot.*) Genre de plantes de la famille des orchidées, de la *gynandrie diandrie* de Linnæus, établi par Swartz pour plusieurs espèces d'orchidées, rangées d'abord dans d'autres genres. Son principal caractère consiste dans une corolle en masque; quatre pétales droits, les latéraux ventrus à leur base; le pétale inférieur ou la lèvre point éperonnée, attachée au sommet du style, au-dessus de l'anthère adhérente au style.

Les espèces renfermées dans ce genre ont toutes été découvertes par Thunberg au cap de Bonne-Espérance. Elles sont au nombre de quatre, médiocrement connues.

Corycium faux orobanche : *Corycium orobanchoides*, Swart., *Act. Holm.*, 1800, pag. 222 ; *Satyrium orobanchoides*, Linn., *Sup.*, 402 ; Thunb., *Prodr.*, 6. Cette espèce, d'après la disposition de ses fleurs et de ses feuilles, ressemble plutôt à un orobanche qu'à un orchidée. Ses tiges sont droites, simples, garnies de feuilles alternes, linéaires, ensiformes, disposées sur deux rangs; les fleurs disposées en un bel épi imbriqué, plus long que les tiges : les deux pétales supérieurs réunis et soudés en casque, séparés en deux lobes au sommet, prolongés à leur base en deux petites cornes très-courtes, un peu obtuses; la lèvre concave, en cœur renversé : la partie qui supporte les étamines est oblongue, s'avance sous le casque, se divise en deux lobes munis à leur base de deux dents subulées; l'ovaire est inférieur, un peu tors en spirale; l'anthère à deux lobes distincts.

Les autres espèces sont : 1.° le *Corycium crispum*, Swart., l. c.; *Arethusa crispa*, Thunb., *Prodr.*, 3 ; *Orchis coccinea, foliis serratis, in capreolum abeuntibus*, Buxb., *Cent.*, 3, pag. 7, tab. 11. Ses tiges sont garnies de feuilles alternes, oblongues, lancéolées, crépues et ondulées à leurs bords; les fleurs rouges assez nombreuses, disposées en un épi touffu, terminal. 2.° *Corycium vestitum*, Swart., l. c.; *Ophrys volucris*, Thunb., *Prodr.*, 2. Ses feuilles sont oblongues, tachetées, vaginales, creusées en capuchon; les fleurs disposées en un épi cylindrique: la lèvre de la corolle ovale, incisée. 3.° *Corycium bicolorum*, Swart., l. c.; *Ophrys bicolor*, Thunb., *Prodr.*, 2. Les feuilles sont linéaires, ensiformes, un peu ondulées; la lèvre de la corolle bifide. (Poir.)

CORYDALE (*Bot.*), *Corydalis*, Vent. Genre de plantes dicotylédones, polypétales, hypogynes, de la famille des papavéracées, Juss., et de la *diadelphie hexandrie* de Linnæus, dont le caractère essentiel est d'avoir un calice de deux folioles opposées, caduques; une corolle irrégulière de quatre pétales inégaux, dont un supérieur prolongé en éperon à sa base; six anthères portées trois à trois sur deux filamens dilatés à leur base, filiformes dans le reste de leur étendue; un ovaire supérieur, ovale, surmonté d'un style de la longueur des étamines; une silique uniloculaire, bivalve, contenant plusieurs graines réniformes, attachées le long de deux placentas filiformes, placés entre les sutures des valves.

Linnæus avoit réuni les plantes de ce genre aux fumeterres; mais Gærtner, considérant les différences qu'elles présentent dans leur fructification, les en sépara, en leur donnant le nom de *capnoides*, déjà employé par Tournefort pour placer une espèce exotique, tandis qu'il avoit laissé avec les fumeterres les autres espèces indigènes, qui doivent aussi être rapportées au même genre. Ventenat, depuis Gærtner, en adoptant les caractères proposés par ce dernier, comme devant servir à l'établissement d'un nouveau genre, substitua pour celui-ci le nom *corydalis* à celui de *capnoides*.

Les corydales sont des plantes herbacées, souvent vivaces, plus rarement annuelles; à feuilles alternes, découpées, et à fleurs disposées en grappes terminales ou axillaires. On en connoît maintenant environ vingt espèces, parmi lesquelles nous citerons les suivantes :

Corydale a racine solide : *Corydalis solida; Fumaria bulbosa*, Linn., *Spec.* 983, var. γ. La racine de cette plante est un tubercule solide, ovale-arrondi, qui donne naissance à une ou deux tiges droites, simples, hautes de six à huit pouces, garnies de deux à quatre feuilles un peu glauques, pétiolées, divisées et sous-divisées en folioles cunéiformes, incisées ou lobées à leur sommet. Les fleurs d'une couleur purpurine, plus rarement blanche, sont disposées, au nombre de dix ou davantage, en une grappe terminale, et chacune d'elles est munie à sa base d'une bractée découpée en cinq digitations. Cette espèce croît en Europe, dans les haies, les bois et les lieux couverts; elle fleurit en mars et avril.

Corydale a racine creuse : *Corydalis cava; Fumaria bulbosa*, Linn., *Spec.* 983, var. α. Cette espèce diffère de la précédente par sa racine plus grosse, irrégulièrement arrondie, creuse intérieurement, et surtout par ses bractées parfaitement entières. On la trouve dans les mêmes lieux, et elle fleurit aussi à la même époque. Ses fleurs sont le plus ordinairement blanches, rarement rougeâtres.

Ces deux corydales paroissent dès les premiers jours du printemps; plantées plusieurs les unes près des autres, elles forment de jolies touffes qui se parent de fleurs élégantes, et qui sont d'un aspect fort agréable. Comme elles croissent naturellement dans les lieux ombragés, on doit leur donner, dans les jardins, une exposition analogue à celle qu'elles ont dans leur état sauvage. Leurs feuilles ne tardent pas à se faner après la floraison, et, aussitôt après la maturité des fruits, ces plantes disparoissent totalement de la surface du sol. C'est alors, en juin ou juillet, l'époque de relever leurs tubercules; mais il ne faut pas laisser ceux-ci beaucoup hors de terre; on doit, au contraire, les replanter tout de suite, ou au bout de quelques jours; car ils se dessèchent lorsqu'on les garde trop long-temps à l'air, et ils repoussent plus difficilement. Si on les laisse plusieurs années sans les remuer, ce qui vaut beaucoup mieux que de les déplanter chaque année, le nombre des tubercules augmente en proportion; les touffes formées par chaque pied sont plus considérables; et lorsque enfin on les relève, les tubercules, que l'on trouve en abondance, fournissent un moyen facile de multiplier ces espèces. Celles-ci se propagent aussi très-aisément par leurs graines, qui, en se répandant naturellement sur la terre, donnent naissance à de nouveaux individus auxquels il faut plusieurs années pour donner des fleurs, mais qui ont cela de particulier que, lors de leur germination, ils sortent de terre avec un seul cotylédon.

Corydale jaune : *Corydalis lutea*. Decand., Fl. Fr., 4, n.° 4099: *Fumaria lutea*, Linn., *Mant.* 258. Sa racine est fibreuse; elle produit plusieurs tiges un peu rameuses, anguleuses, hautes d'un pied ou environ, garnies de feuilles longuement pétiolées, trois fois ternées, d'un vert un peu glauque. Ses fleurs sont jaunes, disposées au sommet des tiges et des rameaux, en grappes tournées du même côté: elles commencent à paroître au mois de mai, et de nouveaux rameaux en produisent souvent de nouvelles pendant presque tout l'été. Cette plante croît naturellement dans le midi de l'Europe et de la France, dans les endroits pierreux et dans les fentes des rochers. Elle est propre à orner les grottes et les rocailles dans les jardins paysagers.

Corydale de Canada : *Corydalis canadensis; Fumaria sempervirens*, Linn., *Spec.* 984 ; *Fumaria siliquosa sempervirens*, Corn., Canad. 57, t. 58; *Capnoides*, Tournef., Inst. 423, t. 237. Le nom spécifique *sempervirens*, imposé par les auteurs à cette plante, ne lui convient point, puisqu'elle est annuelle. Sa tige, haute d'un pied à dix-huit pouces, ramifiée dans sa partie supérieure, est garnie de feuilles deux fois ailées, à folioles incisées en lobes obtus. Ses fleurs, d'un pourpre pâle, mêlé d'un peu de jaune, viennent en grappes courtes au sommet de la tige et des rameaux. Cette espèce est originaire du Canada et des monts Alleghanis. Elle se plaît dans les lieux pierreux et dans les ruines. Elle se resème facilement d'elle-même, et fleurit pendant une grande partie de la belle saison.

Corydale noble : *Corydalis nobilis ; Fumaria nobilis*, Jacq., *Hort. Vind.*, t. 116; Willd., *Spec.* 3, p. 858. La racine de cette espèce est tubéreuse, charnue, creuse, alongée, rameuse; elle donne naissance à une ou plusieurs tiges simples, anguleuses, hautes d'un pied à dix-huit pouces, et terminées à leur sommet par une grappe de fleurs serrées, assez nombreuses, plus grandes que dans toutes les espèces précédentes, d'un jaune pâle, avec une tache noirâtre. Les feuilles sont d'un vert très-glauque, pétiolées, deux fois ailées, à folioles incisées. Cette plante croît en Sibérie; on la cultive dans les jardins, où elle fleurit en avril, et on la multiplie de graines ou en éclatant ses racines en automne.

Corydale fongueuse; *Corydalis fungosa*, Ventenat, Choix de Pl., p. et t. 19. Cette espèce diffère essentiellement de toutes ses congénères par sa corolle monopétale, qui persiste, prend quelque accroissement après la floraison, se renfle un peu, et paroît alors formée d'un tissu cellulaire très-lâche, dans lequel toutes les cellules sont si grandes qu'elles se voient très-facilement à l'œil nu. Sa racine produit plusieurs tiges grêles, grimpantes, hautes de quatre à six pieds, garnies de feuilles grandes, écartées, trois fois ailées, dont le pétiole et les ramifications s'entortillent et s'accrochent aux corps environnans, à la manière des vrilles. Ses fleurs blanches, avec une légère teinte rougeâtre, sont disposées en panicules lâches dans les aisselles des feuilles. La corydale fongueuse croît dans la Pensylvanie et le Canada; elle est propre à garnir des palissades. Ses fleurs, qui commencent à paroître au mois de juin, se succèdent ensuite pendant tout le reste de l'été. (L. D.)

CORYDALE. (*Entom.*) Aristote, dans son Histoire des Animaux, livre IX, chap. 1, avoit désigné sous ce nom de *κορυδαλὸς* une espèce d'oiseau à tête huppée, que l'on a regardé comme l'alouette huppée ou le cochevis, qui ne vole pas en troupe, mais seul à seul. Aussi trouve-t-on dans saint Grégoire de Tours qu'une alouette de cette espèce étant entrée dans une église, pendant une solennité, y éteignit tous les cierges. *In quadam festivitate, avis corydalus, quam alaudam vocamus, ingressa, omnia luminaria quæ lucebant exstinxit.* M. Latreille a emprunté ce nom pour désigner une division des hémérobes de Linnæus, ou des névroptères à ailes en toit, à antennes simples et en soie, dont les mandibules sont très-avancées, et que l'on avoit désignée sous le nom d'*hémérobe cornu*. Il est figuré dans les Mémoires de Degéer, tom. III, pl. 27. (C. D.)

CORYDON. (*Entom.*) Geoffroy, dans son Histoire des Insectes des environs de Paris, avoit ainsi nommé l'espèce de papillon que Linnæus a appelée *papilio janira*. (C. D.)

CORYDONIX. (*Ornith.*) M. Vieillot a établi, sous cette dénomination, le 43.ᵉ genre de sa méthode, en françois *toulou*, qu'il paroît avoir formé avec le coucou de Madagascar, *cuculus tolu*, Linn., etc., et qui correspond aux *coucals* de MM. Levaillant et Cuvier, et au *centropus* d'Illiger. (Ch. D.)

CORYDORAS, *Corydoras*. (*Ichthyol.*) M. de Lacépède a donné ce nom à un genre de poissons de la famille des oplophores, lequel est ainsi caractérisé :

Bouche au bout du museau; nageoire dorsale double; pas de dents; de grandes lames de chaque côté du corps et de la queue; tête couverte de pièces larges et dures; point de barbillons; plus d'un rayon à chaque nageoire du dos.

Le mot *corydoras* est tiré du grec, et signifie *casqué* et *cuirassé* (*κόρυς*, *casque*, *θωρὰξ*, *cuirasse*).

On distinguera facilement ce genre de celui des centranodons, qui ont le corps visqueux, dépourvu de plaques latérales, et des genres voisins, qui ont des dents.

Le Corydoras Geoffroy; *Corydoras Geoffroy*, Lacép. Nageoire caudale fourchue; les lames latérales disposées sur deux rangs, très-larges et hexagonales. Une membrane assez longue soutient les deux rayons de la seconde nageoire dorsale. Le second rayon de la première nageoire du dos est dentelé d'un seul côté; le premier est très-court, sans dentelures; chaque narine a deux orifices. (H. C.)

CORYDOS. (*Ornith.*) Aristote désignoit les alouettes par ce terme et par le mot *corydalos*, qui a été ensuite plus particulièrement appliqué à la calandre, *alauda calandra*, Linn. (Ch. D.)

CORYLUS (*Bot.*), nom latin du genre Coudrier. (L. D.)

CORYLUS. (*Ornith.*) Voyez Céryle. (Ch. D.)

CORYMBE, *Corymbus*. (*Bot.*) Dans l'ombelle simple, l'ombelle composée, la cyme et le corymbe, les fleurs sont disposées de manière qu'elles atteignent toutes à peu près le même niveau. Voici ce qui les distingue : Dans l'ombelle simple les pedoncules partent tous d'un point commun, et ne se subdivisent point (*butonnes umbellatus*); dans l'ombelle composée, les pédoncules partent également d'un point commun; mais ils se subdivisent, et chacun d'eux porte une autre ombelle (carotte); dans la cyme, les pedoncules partent d'un point commun, et se subdivisent comme dans l'ombelle composée, mais ils se subdivisent irrégulièrement (sureau); dans le corymbe, les pedoncules, au lieu de partir d'un point commun, naissent de points différens. On a des exemples de corymbe dans la mille-feuille, le sorbier, etc. (Mass.)

CORYMBETRA (*Bot.*) Voyez Hedera. (J.)

CORYMBIFERA. (*Bot.*) Rai a nommé ainsi l'*Achillea macrophylla*, Linn. (H. Cass.)

CORYMBIFÈRES. (*Bot.*) Vaillant, divisant les synanthérées en trois groupes, a donné à l'un d'eux le nom de corymbifères, qui est très-impropre; car une multitude de ses corymbifères ont les calathides disposées tout autrement qu'en corymbe, tandis que cette espèce d'inflorescence se retrouve très-fréquemment dans les deux autres groupes. Cet inconvénient seroit fort léger, si le groupe dont il s'agit, quoique mal nommé, pouvoit être bien caractérisé, ou du moins s'il offroit une association de genres conforme aux affinités naturelles : mais les caractères à l'aide desquels on prétend aujourd'hui pouvoir distinguer les corymbifères des cinarocéphales, n'ont ni précision ni exactitude, et le groupe des corymbifères n'est autre chose, en réalité, que l'amas énorme et incohérent de tous les genres qu'on n'a pu placer convenablement dans les deux autres groupes. Nous savons trop bien que les groupes naturels dont se compose la famille des synanthérées, ne peuvent être caractérisés avec une grande précision, ni même avec une rigoureuse exactitude; mais, puisque les corymbifères ne forment point un groupe naturel, on a droit d'y exiger le seul avantage qui soit propre aux groupes artificiels, l'exactitude et la précision des caractères. M. de Jussieu, qui a cru devoir adopter, comme autant de familles naturelles, les trois groupes formés par Vaillant, a divisé les corymbifères en neuf sections qui bouleversent le plus souvent les affinités, parce que toutes ces sections sont fondées sur des caractères étrangers à la fleur proprement dite. Aussi ce judicieux botaniste, peu satisfait lui-même de sa distribution des genres, en a fait entrevoir une autre, suivant laquelle ils seroient répartis en quatre tribus naturelles, ayant pour types l'eupatoire, l'aster, la matricaire et l'hélianthe : mais nous sommes convaincus que ce plan est inexécutable, parce que la famille des synanthérées ne peut être divisée naturellement qu'en une vingtaine de petits groupes, et qu'il est impossible d'y former un petit nombre de grandes coupes naturelles. Voyez notre article Composées. (H. Cass.)

CORYMBION (*Bot.*), nom grec, suivant Daléchamps, de la coquelourde des jardiniers, *agrostemma coronaria.* (J.)

CORYMBITES (*Bot.*), nom grec cité par Pline d'une espèce de tithymale qu'il nomme aussi *platyphyllon*, et qui paroît être l'*euphorbia characias* ou une espèce voisine. (J.)

CORYMBIUM. (*Bot.*) [*Cinarocéphales*, Juss. ; *Syngénésie monogamie*, Linn.] Ce genre de plantes, de la famille des synanthérées, appartient à notre tribu naturelle des vernoniées, section des gundéliées. Nous avons observé ses caractères, dans l'Herbier de M. de Jussieu, sur deux espèces que nous croyons être les *corymbium scabrum* et *glabrum*.

La calathide est uniflore, régulariflore, androgyniflore. Le péricline cylindracé, oblong, plus court que la fleur, est composé de deux squames opposées, égales, appliquées, embrassantes, entre-greffées par la base avec le pied de l'ovaire, obovales-oblongues, obtuses, tri-nervées, subcoriaces, à bords latéraux membraneux. Le clinanthe doit être très-petit, ponctiforme, inappendiculé; mais il est occulte, à cause de la greffe de la base du péricline avec le pied de l'ovaire. L'ovaire est grêle, prolongé inférieurement en un pied qui est entre-greffé avec la base des deux squames du péricline, et atténué supérieurement dans le *corymbium glabrum*, en un col court et épais; il est tout couvert de très-longs poils blancs, qui sont simples et frisés dans le *corymbium glabrum*, doubles, fourchus et droits dans le *corymbium scabrum*. L'aigrette est coroniforme, continue, membraneuse, découpée supérieurement en lanières longues, filiformes. La corolle a son limbe divisé presque jusqu'à la base en lobes longs à nervures intrà-marginales. Les étamines ont l'article anthérifère très-court, l'appendice apicilaire très-petit, obtus; les appendices basilaires très-courts, arrondis, pollinifères. Le style et le stigmate offrent les caractères essentiellement propres à la tribu des vernoniées; les collecteurs sont laminés, membraneux, linéaires, obtus.

On connoît quatre espèces de corymbions : ce sont des plantes herbacées, à racine vivace, qui habitent le cap de Bonne-Espérance ; elles sont remarquables par leurs feuilles rubanaires, coriaces, multinervées; les calathides sont accompagnées de petites bractées, et rapprochées en fascicules, lesquels sont disposés en corymbe.

Les botanistes ayant négligé jusqu'ici d'étudier, dans la famille des synanthérées, les organes de la fleur proprement dite, ont été très-embarrassés pour classer convenablement le *corymbium*, et ils ont cru qu'il n'avoit d'affinité avec aucun autre genre. Nous pensons, au contraire, d'après l'examen des organes floraux, que la place du *corymbium*, dans l'ordre naturel, ne sauroit être douteuse; qu'il appartient à la tribu des vernoniées, et qu'il a beaucoup d'analogie avec le *gundelia*, le *lagascea*, le *rolandra*, l'*elephantopus*, qui sont de la même tribu. Il est surprenant que d'habiles observateurs, tels que Gærtner et M. Decandolle, se soient mépris sur les vrais caractères du *corymbium*, qui sont pourtant faciles à reconnoître, même sur le sec, et qu'ils aient méconnu l'aigrette exactement décrite avant eux par M. de Jussieu, et qui rappelle si bien celles du *gundelia* et du *lagascea*. (H. Cass.)

CORYNE, *Coryna*. (*Polyp.*) Genre de la classe des polypiers, nommé *clava* par Gmelin, assez rapproché, dit-on, des hydres, avec lesquelles Muller l'a en effet confondu. Ses caractères sont : Corps renflé, en massue, ou oviforme, charnu, pourvu de tentacules simples et épars, terminé supérieurement par la bouche, et inférieurement par un pédicule plus ou moins alongé, charnu, quelquefois simple, et d'autres fois se réunissant avec ceux d'autres individus de manière à former une sorte de polypier rameux.

Ces petits animaux vivent fixés sur les corps qui se trouvent dans la mer. Leur bouche, qui est très-apparente, a des mouvemens presque continuels de contraction et de dilatation. Il paroît que leur mode de reproduction se fait par des bourgeons graniformes qui se trouvent à la base du corps.

M. Bosc, qui a observé ces animaux vivans, pense que ces polypes n'ont pas de tentacules, et que ce qu'on appelle ainsi n'est que la base des bourgeons qu'il dit avoir vus se séparer de la mère pour aller former de nouveaux individus, et que jusque là on ne leur aperçoit aucune trace de bouche ou d'ouverture. Gærtner dit, au contraire expressément, que les tentacules servent à saisir la proie et à l'approcher de la bouche.

On compte dans ce genre six espèces, dont trois ont été découvertes par M. Bosc.

1.° Coryne écailleuse : *Coryna squamata ; Hydra squamata*, Mull., *Zool. dan.*, tab. 4. Corps oval, oblong, pourvu de tentacules sétacés et de gemmes très-distincts à sa base ; tige simple. Mers septentrionales.

2.° Coryne glanduleuse : *Coryna glandulosa ; Coryna pusilla*, Gærtner ; *Tubul. Coryna*, Gmel. et Pall., *Spec.*, *Zool.* 10, 44, tab. 4, fig. 8. Corps oval, couvert de tentacules courts, en massue, terminé par une tige filiforme, su rameuse et géniculée. Des mers d'Angleterre. C'est le genre *Capsularia* d'Ocken.

3.° CORYNE PROLIFÈRE ; *Coryna prolifera*, Bosc. l. c., fig. 8. Corps oval, alongé, à tentacules courts, globuleux à l'extrémité ; pédoncule fort long. De la même mer.

4.° CORYNE MULTICORNE : *Coryna multicornis*, Brug. ; *Hydra multicornis*, Forskaël, *Anim.*, p. 131, et *Icon.*, tab. 36, fig. Bb. Corps oblong, couvert de tentacules nombreux, subulés, rétractiles, et porté sur un pédoncule simple, court; couleur un peu incarnate ; de la grosseur d'un crin de cheval. De la mer Rouge.

5.° CORYNE AMPHORE ; *Coryna amphora*, Bosc, Hist. des Vers, 2, p. 240, pl. 22, fig. 6. Corps rougeâtre, oblong, turbiné, couvert de tentacules nombreux, globuleux à l'extrémité, porté sur un pédoncule court, très-variable dans sa forme. Mer atlantique.

6.° CORYNE SÉTIFÈRE ; *Coryna setifera*, Bosc, l. c., fig. 7. Corps claviforme, brun, sessile, couvert de tentacules dilatés. De la même mer. (DE B.)

CORYNEPHORUS (*Bot.*), PORTE-MASSUE. M. Palisot de Beauvois a établi, pour quelques espèces d'*aira*, (*Agrost.* pag. 90, tab. 18, fig. 11), tel que pour l'*aira canescens*, *articulata*, *etc.*, ce genre de graminées de la *triandrie digynie* de Linnæus, qui offre pour caractère essentiel : Des fleurs disposées en une panicule rameuse ; les valves calicinales membraneuses, biflores, plus longues que celles de la corolle, dont la valve inférieure est entière, pourvue à sa base d'une arête lanugineuse, articulée vers son milieu ; sa partie inférieure torse, coriace, filiforme ; la partie supérieure lisse, en massue ; la valve supérieure bifide ; les stigmates velus. Voyez CANCHE. (POIR.)

CORYNÈTE. (*Entom.*) M. Paykull, dans sa Faune suédoise, et par suite Fabricius, ont désigné, sous ce nom, emprunté du grec, et qui signifie *clavigère*, un genre d'insectes coléoptères que Linnæus avoit rangé, à cause de ses habitudes, avec les dermestes, et Illiger, ainsi que M. Fabricius, dans ses premières éditions, avec les *clairons* dont ils ont à peu près la forme. M. Latreille les a depuis décrits sous le nom de *nécrobie*, parce qu'on les trouve sur les cadavres. Ce sont des coléoptères tétramérés ou à quatre articles à tous les tarses, de la famille des cylindroïdes dont les antennes sont en massue non portée sur un bec, et dont le corselet, rétréci en arrière, est comme rebordé. On n'en connoit encore que trois espèces en Europe.

Le Corynète violet, *Corynetes violaceus*, qui est d'un bleu violâtre, à élytres et corselet velus, à pattes noires. Lorsqu'on le saisit, il se replie en cachant la tête sous le ventre et en resserrant les pattes. On le trouve quelquefois sur les fleurs; mais il se nourrit, ainsi que sa larve, de charognes et de cadavres desséchés, et principalement du périoste, cependant cet insecte est toujours propre.

Le Corynète pattes-rousses, *Corynetes rufipes*. Il est semblable au précédent, mais les pattes sont rousses.

On l'a trouvé quelquefois, mais rarement, aux environs de Paris; il paroît commun en Espagne et en Afrique.

Le Corynète col-roux, *Corynetes sanguinicollis*. Il est encore semblable aux deux précédens qui varient pour la grosseur; son corselet et son abdomen sont roux. (C. D.)

CORYNOCARPUS. (*Bot.*) Voyez Corinocarpe. (Poir.)

CORYPHE, *Corypha*. (*Bot.*) Genre de plantes de la famille des palmires, de l'*hexandrie monogynie* de Linnæus, offrant pour caractère essentiel : Des fleurs hermaphrodites; un calice à trois divisions; trois pétales plus longs que le calice (selon d'autres, un calice double, chacun à trois divisions); six étamines libres; les filamens dilatés à leur base; trois ovaires supérieurs, réunis en un seul; trois styles soudés dans toute leur longueur; un stigmate entier. Le fruit est une baie sphérique, monosperme; le périsperme concave; l'embryon inférieur.

Ce genre, intéressant par ses espèces, renferme des arbres, les uns originaires des Indes orientales, les autres de l'Amérique, dont les feuilles sont palmées ou en forme d'éventail; les spadices ou régimes, composés ordinairement de plusieurs spathes alternes, amplexicaules, d'où sortent des fleurs toutes hermaphrodites, disposées en épis ou en panicules. MM. Humboldt et Bonpland ont ajouté plusieurs belles espèces à ce genre, borné d'abord à deux ou trois: les principales sont:

Coryphe de Malabar : *Corypha umbraculifera*, Linn.; *Codda panna*, Rheed., *Hort. malab.*, 3 tab., 1 *ad* 12; vulgairement le Talipot de Ceylan; Lamk., *Ill. gen.*, tab. 899. Ce palmier s'élève à la hauteur de soixante pieds et plus, sur un tronc lisse, très-simple, droit, cylindrique, couronné par un faisceau de grandes et belles feuilles, formant une cime en parasol d'environ quarante pieds de diamètre. Ces feuilles sont composées de folioles plissées, réunies à leur partie inférieure, ouvertes en éventail; en s'écartant à leur partie supérieure, elles laissent échapper un filet sétacé qui les réunissoit; le pétiole est de la longueur des feuilles, bordé de petites dents épineuses, élargi et triangulaire à son sommet. A l'extrémité du tronc, du milieu des feuilles, s'élève un spadice droit, long de trente pieds, en cône alongé, couvert d'écailles imbriquées, et divisé en rameaux simples, alternes, écailleux; chaque écaille renferme une gaîne entière, comprimée, percée sur le dos, vers son extrémité, et d'où sort une superbe panicule ramifiée, composée d'épis cylindriques, pendans, chargés d'un grand nombre de fleurs blanchâtres et sessiles. Elles produisent des baies lisses, verdâtres, globuleuses, d'environ un pouce et demi de diamètre, d'une chair grasse, succulente, un peu amère; leur noyau est blanc, assez gros, sphérique; il contient une amande à chair ferme.

Ce palmier, un des plus magnifiques de tous ceux que nous connoissons, croît dans les Indes orientales, au Malabar et dans l'île de Ceylan, aux lieux pierreux et montagneux. Ses feuilles sont si grandes qu'une seule peut couvrir quinze ou vingt hommes, et les défendre de la pluie. Les Indiens s'en servent pour couvrir leurs maisons; ils en font des tentes, des parapluies suffisans pour mettre à l'abri plusieurs personnes : c'est de ces mêmes feuilles que sont composés les livres des Malabares; ils écrivent dessus, en y traçant, avec un stylet de fer, des caractères, qui, pénétrant sur leur épiderme supérieur, deviennent ineffaçables. Ce n'est que vers l'âge de trente-cinq à quarante ans que cet arbre commence à porter des fleurs et des fruits; il n'en porte qu'une seule fois, et dépérit ensuite peu à peu. Ses fruits sont environ quatorze mois à mûrir, et un seul arbre en produit plus de vingt mille : leurs noyaux se tournent et se polissent pour faire des colliers qui, peints en rouge, imitent beaucoup le corail. Les gaînes ou spathes de ses fleurs encore tendres rendent, lorsqu'on les coupe, une liqueur qui, séchée et durcie au soleil, est un vomitif employé par les femmes grosses, pour faire sortir l'enfant mort. Quelques-unes en abusent pour se procurer l'avortement.

Coryphe a feuilles rondes : *Corypha rotundifolia*, Lamk., Encycl. 2, pag. 131 ; *Saribus*, Rumph, *Amb.* 1, pag. 42, tab. 8. Cet arbre diffère beaucoup du précédent par son port, par la forme de ses feuilles et de ses spadices. Son tronc est plus grêle, et s'élève à la hauteur de quarante pieds environ. Il est lisse, très-droit, égal dans toute sa longueur, entouré d'anneaux circulaires, soutenant une cime lâche, composée d'environ dix belles feuilles. Leur pétiole a près de six pieds de longueur; il est un peu canaliculé, bordé de petites dents épineuses, terminé par un limbe orbiculaire, composé d'un grand nombre de plis, partant d'un centre commun, divergens en tous sens, se divisant, à leur partie supérieure, en folioles aiguës entre lesquelles se trouve un filet qui tombe de bonne heure : ces feuilles ont trois à quatre pieds de diamètre. Il sort d'entre les feuilles plusieurs pédoncules pendans, rougeâtres, longs d'environ trois pieds, formant des panicules oblongues, un peu resserrées. Aux fleurs succèdent des baies sphériques, à peine de la grosseur d'un grain de raisin, d'abord d'une belle couleur orangée, qui se noircit rapidement en mûrissant.

Rumph a observé ce palmier dans les îles Moluques, aux lieux sablonneux. Les Indiens forment, avec ses feuilles, des parasols et de grands éventails ; ils s'en servent aussi comme de papier pour envelopper des fruits, du tabac, et divers autres objets, parce qu'il est facile de les plier et de les déplier à volonté. La moitié de son tronc produit une sorte de sagou bon à manger. Son bois extérieur est très-dur, susceptible d'un assez beau poli, et employé à différens usages.

M. Rob. Brown a observé, sur les côtes de la Nouvelle-Hollande, une autre espèce de coryphe, qu'il nomme *corypha australis*. Ses feuilles sont palmées, divisées en folioles ouvertes en éventail, sans filet intermédiaire ; les pédoncules sont légèrement épineux ; les fleurs munies d'un calice à trois découpures profondes, aiguës.

Coryphe miraguama ; *Corypha miraguama*, Kunth *in* Humb. et Bonpl., *nov. Gen. et Spec.* 1, pag. 298. Ce palmier croît aux lieux maritimes, dans l'île de Cuba, entre la ville de la Trinité, le port Casilda et l'embouchure du fleuve Guaurabo. Les habitans lui donnent le nom de *miraguama*. Son feuillage est d'une grande beauté. Son tronc est cylindrique, un peu flexueux, haut d'environ vingt pieds sur quatre ou six pouces de diamètre. Les feuilles sont palmées, plissées, vertes en dessus, argentées en dessous, découpées à leur sommet; leur pétiole comprimé, dépourvu d'épines. Ses fleurs et ses fruits ne sont pas connus.

Coryphe pumos : *Corypha pumos*, Kunth l. c.; vulgairement Pumos. Son tronc est élevé de douze à vingt pieds, droit, nu, sans épines, dur en dehors, fibreux en dedans; ses feuilles longues de cinq pieds; les folioles lancéolées, bifides avec un fil intermédiaire; les pétioles non épineux; les spadices longs de trois ou quatre pieds, solitaires, rameux et pendans. Le fruit consiste en un drupe sphérique, fibreux, succulent, noirâtre, d'un demi-pouce de diamètre, d'une saveur douce, agréable. Les naturels du pays se nourrissent de ces fruits. Les chiens et les renards en sont fort avides. Cette plante croît au Mexique, au pied du volcan Jorullo.

Coryphe naine; *Corypha nana*, Kunth, l. c. Les habitans du Mexique où croit cette plante, la nomment *palmillo;* on la rencontre sur le sommet du mont Cuetsa de los Pozuelos, entre Acapulco et Mazatlan, à la hauteur de 230 toises. Ses tiges sont grêles, hautes de six à sept pieds, entourées de lignes entrelacées et piquantes. Ses feuilles sont digitées, à plusieurs divisions, vertes en dessus, blanchâtres en dessous; point d'épines sur les pétioles; une spathe composée de trois ou quatre folioles imbriquées, ovales, aiguës, tomenteuses; les spadices rameux, longs de trois ou quatre pouces, contenant des fleurs hermaphrodites entremêlées avec des fleurs mâles : d'autres fleurs femelles sur la même plante; un style trifide; trois stigmates. Le fruit consiste en une baie sphérique, d'un demi-pouce de diamètre, verte, glabre, à une seule loge.

Coryphe des toits : *Corypha tectorum*, Kunth, l. c.; vulgairement Palma de covija, Palma redonda et Palma de sombrero. Cette espèce a beaucoup d'affinité avec les chamærops, auxquels il faudroit peut-être la réunir. Elle s'élève à la hauteur de vingt pieds et plus. Son tronc est sans épines: son bois dur; ses feuilles palmées et plissées; les pétioles épineux, denticulés; les spathes d'une seule pièce; les spadices rameux, longs de trois pieds; les rameaux géminés, pubescens; les fleurs sessiles; leur calice trigone, blanc et tomenteux, ainsi que la corolle, urcéolée, à trois dents obtuses; trois pétales ovales: les filamens rapprochés en godet à leur base; une baie en forme d'olive. Elle croît dans la vaste plaine de Caracasano de Cumana.

Coryphe à fruits doux: *Corypha dulcis*, Kunth, l. c., pag. 300; vulgairement Palma dulce, soyale. Le tronc de cette espèce, quelquefois très-court, s'élève d'autres fois jusqu'à la hauteur de huit à dix pieds sur six à huit pouces de diamètre. Il fournit un bois très-dur, pesant, employé pour la construction des maisons. Ses feuilles sont plissées, ouvertes en éventail; leurs découpures bifides avec un fil intermédiaire; les pétioles épineux à leurs bords, chargés en dedans d'une laine blanche et caduque; les spadices pendans, longs de huit pieds; les fleurs petites, pubescentes, à demi enfoncées dans les rameaux; le calice presque urcéolé, à trois découpures obtuses, purpurines au sommet; la corolle trois fois plus longue; trois ovaires soudés; autant de styles; un seul stigmate. Les drupes sont sphériques, jaunes, succulens. Elle croît dans la Nouvelle-Espagne, entre la Moxonera et Asto de las Caxas. Ses feuilles sont employées à faire des nattes.

Plusieurs auteurs ont cru devoir retrancher de ce genre le *corypha minor* de Jacquin, qui est le *sabal* d'Adanson, vulgairement le *palmier nain des marais*. Les uns l'ont réuni au chamœrops (palmiste); d'autres en ont formé un genre sous le nom de *Rhapis*. Gærtner le nomme *Euterpe*. (Poir.)

CORYPHÈNE, *Coryphæna*. (*Ichthyol.*) Artédi le premier a réuni dans un genre de ce nom l'*ἵππουρος* d'Aristote, le *χρύσοφρυς* des Grecs, le *novacula* de Pline, et le *πομπίλος* d'Élien. Ce genre a été depuis généralement adopté par les ichthyologistes. M. Duméril le place dans sa famille des lophionotes, et M. Cuvier dans celle des scombéroïdes, la cinquième des poissons acanthoptérygiens.

Les caractères de ce genre sont les suivans :

Une nageoire dorsale unique naissant sur la tête; opercules lisses:

et transverses, bridées; tête le plus souvent tronquée, comme celle des anarrhinques; corps alongé, revêtu de petites écailles; pas de carène à la queue; front tranchant; dents en carde ou en velours, au palais, au pharynx, et aux mâchoires.

Le mot *coryphène* est tiré du grec, et signifie *remarquable par le sommet de la tête* (κορυφή, *vertex*, sommet de la tête). La manière dont le vertex est relevé en crête chez ces poissons est en effet un de leurs principaux caractères.

On les distinguera aisément des Centrolophes, qui ont les dents fines, sur un seul rang, et des piquans en avant de la nageoire dorsale; des Tænianotes, qui ont les opercules dentelées; des Leptopodes, qui ont les nageoires dorsale et anale unies à la caudale; etc. (Voyez ces mots et Lophionotes.)

§. I.er *Nageoire caudale fourchue.*

La Dorade; *Coryphæna hippurus*, Linn. Tête et corps comprimés; ouverture de la bouche très-grande; langue courte; lèvres épaisses; mâchoires garnies de quatre rangs de dents aiguës et recourbées en arrière: ligne latérale, d'abord fléchie vers la poitrine, et droite ensuite jusqu'à la nageoire caudale; dos arrondi. Teinte générale d'un beau bleu argenté, tacheté de jaune, avec un reflet doré; ventre argenté; nageoires pectorales et catopes d'un jaune vif, à base brune; caudale également jaune et bordée de vert; anale dorée; rayons de la dorsale dorés sur une membrane d'un beau bleu céleste. Taille de trois à quatre pieds.

Ce magnifique poisson vit dans presque toutes les mers des pays chauds et même tempérés. Il perd ses couleurs avec la vie. On le trouve dans le grand océan Équatorial, si improprement appelé *mer Pacifique*, dans l'océan Atlantique et dans la mer Méditerranée. Comme il est très-commun dans les mers de l'Amérique méridionale, on lui a quelquefois donné le nom de *dorade d'Amérique*, afin de le distinguer de plusieurs autres poissons, qu'on a aussi appelés *dorades*.

La dorade, que les anciens, au rapport d'Athénée, avoient consacrée à Vénus (1), est très-vorace; elle poursuit surtout sans relâche les exocets et les poissons volans, les force à s'é-

(1) Ἱερὸς Ἀφροδίτης χρύσοφρυς Κυθηρίας.

lancer, et les reçoit, pour ainsi dire, dans sa gueule au moment où ils retombent, après leur court trajet dans l'air. Quelquefois on la voit elle-même abandonner son élément naturel, et s'élever hors de l'eau jusqu'à la hauteur de quatre ou cinq pieds, pour s'emparer d'une proie qui est sur le point de lui échapper.

On voit aussi assez souvent les poissons de cette espèce, peu difficiles dans le choix de leurs alimens, voguer en grandes troupes autour des vaisseaux, pour s'emparer de tout ce qui tombe à la mer. Van den Broeck (Voyage aux Indes orientales) rapporte que son équipage pêcha une dorade de cinq pieds, dans l'intérieur de laquelle on trouva un poisson volant de quinze pouces de longueur. On en a vu d'autres dont l'estomac contenoit des clous de fer, dont un avoit cinq pouces et demi d'étendue.

Le meilleur appât dont on puisse se servir pour prendre les dorades est le poisson volant, et souvent même il suffit de le représenter grossièrement avec un morceau de bois ou de liége, auquel on attache des plumes blanches en forme d'ailes. Pendant le temps de leur frai, au printemps et en automne, on les pêche avec des filets auprès des rivages, vers lesquels elles vont déposer ou féconder leurs œufs. Dans les autres saisons, où elles préfèrent la haute mer, on se sert de lignes de fond.

Leur accroissement est très-rapide ; on les voit grandir d'une manière très-prompte, dans les nasses où on les renferme après les avoir prises en vie.

Leur chair est ferme et d'une saveur agréable.

Les dorades grasses d'Ephèse étoient fort estimées des anciens, au rapport d'Athénée. Χρύσοφρυν ἐξ Ἐφέσου τὸν πίονα μὴ παραλείπε.

Chez les Romains, un certain Sergius fut surnommé *aurata*, à cause de son goût pour ces poissons ; et celles de Tarente étoient en grande réputation. Actuellement celles de la Méditerranée sont plus recherchées que celles de l'Océan, et celles qui vivent dans la mer, que celles qui entrent dans les étangs. On en mange communément en Languedoc pendant le carême, et les meilleures sont celles de Cette.

Pline (*lib.* 32, *c.* 5.) conseille à ceux qui ont été empoisonnés par un miel de mauvaise qualité, de manger de la dorade.

Le nom de la dorade est tiré des couleurs de ce poisson; pour la même raison les Latins l'appeloient *aurata*, et les Espagnols lui donnent les noms de *dorada* et de *doradilla*. C'est l'ἵππουρος d'Aristote, et le χρύσοφρυς de quelques auteurs anciens, quoique ce dernier nom paroisse convenir aussi au Pompile, qui est un Centrolophe. (Voyez ce mot.)

Le Doradon: *Coryphæna aurata; Coryphæna equiselis*, Linn. Assez semblable au précédent, avec lequel il pourroit bien devoir être confondu. Mais il est seulement tacheté sur le dos et sur la partie supérieure de la queue.

Marcgrave le regardoit comme le mâle de la dorade.

Son agilité, sa voracité et ses habitudes sont les mêmes que celles de la dorade. On le trouve également dans un grand nombre de mers chaudes ou tempérées. Il nage avec une extrême vitesse et comme par bonds.

Sa chair, quoique sèche, est d'une saveur agréable.

La Dorade de la mer du Sud; *Coryphæna chrysurus*, Commerson. Deux lames à chaque opercule; corps très-alongé et très-comprimé; terminé dans le haut par une carène aiguë qui s'étend de la tête à la nageoire caudale: une semblable carène étendue de l'anus à la même nageoire. La partie antérieure et supérieure de la tête courbée en quart de cercle; la mâchoire inférieure relevée et plus longue; dents très-petites, très-courtes, très-aiguës, et probablement sur un seul rang aux mâchoires; le palais et le pharynx en sont également pourvus.

La langue est courte, large, arrondie par devant, osseuse dans son milieu, et cartilagineuse sur ses bords. Les orifices des narines sont doubles; l'antérieur est embrassé par une sorte d'anneau. L'ouverture de la bouche est peu étendue. La tête et les opercules sont dénuées de petites écailles.

La nageoire du dos commence au-dessus des yeux, et s'étend presque jusqu'à celle de la queue.

L'anus est placé vers le milieu de la longueur de l'animal.

Toute la surface de ce poisson, et surtout sa queue, brillent d'une couleur d'or très-éclatante. Quelques nuances d'argent sont seulement répandues sous le ventre; la plupart des nageoires sont azurées; une partie des rayons des catopes sont jaunes; la nageoire caudale est dorée et seulement liserée de bleu; c'est de cette dernière circonstance qu'est tiré le nom spécifique de l'animal, *chrysurus* signifiant *queue dorée* (χρύσος et οὐρα). Des taches bleues, lenticulaires, sont répandues sans ordre sur le dos, les côtés et le ventre, et, dit M. de Lacépède, scintillent au milieu de l'or, comme des saphirs enchâssés dans le plus riche des métaux.

Le chrysurus a été observé en 1768 dans le grand océan Équatorial, par Commerson, qui accompagnoit alors Bougainville. Ce naturaliste raconte que l'estomac d'un individu qu'il ouvrit renfermoit beaucoup de petits poissons, et en particulier des poissons volans. Lorsque les matelots en avoient pris un, ils l'attachoient à une corde et le suspendoient à la proue du vaisseau, à la surface de la mer. Par ce procédé, ils rassembloient un assez grand nombre d'autres poissons de la même espèce, et pouvoient les percer facilement avec une fouine.

La chair en est très-savoureuse.

Le Coryphène scombéroïde : *Coryphæna scomberoides*, Lacép.; *Coryphus argenteus*, Comm. Nageoire dorsale très-festonnée au-dessus de la queue; langue anguleuse antérieurement, osseuse au milieu, cartilagineuse sur les bords, analogue pour la figure à un ongle d'homme, et couverte de petites aspérités dirigées vers le gosier; point de dents sur le devant du palais; mâchoire supérieure plus courte, elle et l'inférieure hérissées d'un si grand nombre de petites dents, qu'elles ressemblent à une lime; deux lames à chaque opercule; catopes blancs en dehors, réunis à leur base par une membrane qui tient aussi à un sillon longitudinal placé sous le ventre, et dans lequel le poisson peut coucher à volonté ces mêmes nageoires; dessous de la queue fortement caréné; nageoire dorsale étendue de l'occiput à l'extrémité de la queue; taille moyenne entre celle du maquereau et du hareng; teinte générale argentée; dos d'un brun mêlé de bleu céleste; dessus de la tête noirâtre, avec des reflets dorés qui s'étendent autour des yeux; toutes les nageoires brunes, à l'exception des pectorales qui sont dorées.

Ce poisson a été vu par Commerson dans la mer du Sud, en 1768. Des troupes, composées de plusieurs milliers d'individus, suivoient les vaisseaux françois avec assiduité, et se nourrissoient de très-petits poissons volans, qui voltigeoient autour des navires comme des nuées de papillons, qu'ils ne surpassoient guère en grosseur.

Le Coryphène ondé : *Coryphœna undulata*, Lacép. ; *Coryphœna fasciolata*, Pall. Corps très-alongé, un peu comprimé ; yeux grands ; ouverture de la bouche très-large ; langue lisse ; ligne latérale droite et peu proéminente ; teinte générale d'un blanc de lait argenté par places ; nuance grise sur le dos ; de petites bandes transversales brunes sur les nageoires dorsale et anale, et s'étendant par ondes transversales sur le dos de l'animal ; croissant brun sur la nageoire caudale ; taille d'environ deux pieds.

Ce poisson a été primitivement décrit par Pallas, d'après un individu pêché dans les eaux de l'île d'Amboine.

M. Cuvier paroît douter s'il n'appartient pas au genre Centrolophe.

Le Coryphène jaune ; *Coryphœna lutea*, Schneid. Corps jaune avec des bandes transversales d'un brun rouge. Nageoires dorées, la caudale fourchue et en pince (*forcipata*).

De la mer de Tranquebar.

§. II. *Nageoire caudale rectiligne.*

Le Coryphène camus ; *Coryphœna sima*, Lacép. Mâchoire inférieure beaucoup plus avancée que la supérieure.

Des mers de l'Asie.

§. III. *Nageoire caudale arrondie.*

Le Chinois ; *Coryphœna sinensis*, Lacép. Nageoire du dos très-longue ; celle de l'anus assez courte ; mâchoire inférieure avancée et relevée ; de grandes écailles sur le corps et sur les opercules ; teinte générale d'un vert clair, avec des reflets argentins.

Décrit par M. de Lacépède, d'après un Recueil de peintures chinoises.

§. IV. *Nageoire de la queue lancéolée.*

Le Coryphène pointu : *Coryphœna acuta*, Linn. Ligne latérale courbe.

Des mers de l'Asie.

§. V. *Nageoire de la queue non encore connue.*

Le Coryphène vert : *Coryphœna viridis*, Lacép. ; *Coryphœna virens*, Linn. Les catopes et les nageoires dorsale et anale garnis d'un long filament.

Le Coryphène casqué : *Coryphæna galeata*, Lacép. ; *Coryphæna clypeata*, Linn. Une lame osseuse en forme de bouclier sur le sommet de la tête.

Ces deux poissons vivent dans les mers de l'Asie. (H. C.)

Coryphène pompile ; *Coryphæna pompylus*, Linn. Voyez Centrolophe.

Coryphène bleu et Coryphène rasoir bleu ; *Coryphæna cærulea*, Linn. Voyez Rason.

Coryphène Plumier et Coryphène paon de mer ; *Coryphæna Plumieri*, Linn. Voyez Labre.

Coryphène rasoir et Coryphène rason ; *Coryphæna novacula*, Linn. Voyez Rason.

Coryphène perroquet ; *Coryphæna psittacus*, Linn. Voyez Rason.

Coryphène rayé ; *Coryphæna lineata*, Linn. Voyez Rason.

Coryphène pentadactyle ; *Coryphæna pentadactyla*, Bloch. Voyez Rason.

Coryphène épineux ; *Coryphæna spinosa*, Schneid. ; *Scorpæna spinosa*, Gmel. Voyez Tænianote.

Coryphène louche : *Coryphæna torva*, Schneid. ; *Blennius torvus*, Gronov. Voyez Tænianote.

Coryphène hémiptère ; *Coryphæna hemiptera*, Linn. Voyez Hémiptéronote.

Coryphène branchiostège ; *Coryphæna branchiostega*, Gmel. Voyez Coryphénoïde. (H. C.)

CORYPHÉNOIDE, *Coryphænoides*. (*Ichthyol.*) M. de Lacépède a le premier établi ce genre de poissons dans la famille des lophionotes. M. Duméril l'a admis ; mais M. Cuvier ne l'a point conservé.

Le mot coryphénoïde est tiré du grec, et indique l'affinité de ces poissons avec les coryphènes, εἶδος, faisant connoître la similitude.

Les caractères de ce genre sont les suivans :

Sommet de la tête comprimé et tranchant ; une seule nageoire dorsale commençant assez loin de la tête ; ouverture des branchies peu distincte ; du reste, caractères des coryphènes.

On distinguera les coryphénoïdes des Coryphènes, par la naissance de la nageoire dorsale, et des Hémiptéronotes, parce que ceux-ci ont les ouvertures des branchies très-grandes.

Le Coryphénoïde d'Hottuyn : *Coryphænoides Hottuynii*, Lacép.; *Coryphæna japonica*, Hottuyn; *Coryphæna branchiostega*, Gmelin. Teinte jaune; taille d'environ sept pouces.

Des mers du Japon. (H. C.)

CORYSANTHE, *Corysanthes*. (*Bot.*) M. Rob. Brown a établi ce genre pour quelques plantes de la Nouvelle-Hollande. Il appartient à la famille des orchidées, et à la *gynandrie digynie* de Linnæus. Son caractère essentiel consiste dans une corolle presque en masque, à six pétales; les deux supérieurs soudés en un seul, très-grands, en forme de casque; le pétale inférieur ou la lèvre en forme de capuchon ou tubulée, à quatre découpures courtes, cachées en partie par le pétale supérieur : une anthère presque uniloculaire, partagée en deux demi-valves : le pollen distribué en quatre paquets.

Les espèces renfermées dans ce genre sont de petites plantes herbacées, très-glabres, à racines bulbeuses, entières; les tiges grêles, simples, munies d'une feuille radicale, arrondie ou un peu lobée. La tige est terminée par une grande fleur solitaire, presque sessile, ordinairement d'un roux foncé. On ne connoît jusqu'à présent que trois espèces que M. Brown n'a signalées que par leur caractère spécifique, savoir :

1.° *Corysanthes fimbriata*, Rob. Brown, *Nov. Holl.*, 1, pag. 328, et *Remar. bot. of.*, *ter. austr.*, pag. 78, tab. 10. La lèvre de sa corolle est dépourvue d'éperon, en forme de capuchon à sa partie inférieure, dilatée en devant; les bords réfléchis et frangés;

2.° *Corysanthes unguiculata*, Rob. Brown, *Nov. Holl.*, 1, l. c. Sa fleur est pendante; la lèvre de sa corolle est tubulée, dépourvue d'éperon, ouverte obliquement à son sommet; les deux pétales supérieurs soudés en forme de casque, et onguiculés;

3.° *Corysanthes bicalcarata*, Robert Brown, l. c. Cette espèce est remarquable par la lèvre de sa corolle tubulée, dilatée à son sommet, réfléchie à ses bords, munie de deux éperons courts à sa base. Cette espèce, ainsi que je l'ai déjà dit, paroît devoir se rapporter au *corybas* de Salisbury, qui doit du moins faire partie de ce genre. Voyez Corybas. (Poir.)

CORYSTE (*Crustacés*), nom d'un genre de crabes ou de crustacés à queue plus courte que le tronc, dont le têt est plus long que large, et les branchies cachées. M. Latreille, qui a formé ce genre, adopté par M. Leach, n'y a encore compris qu'une seule espèce qui est l'*albunée dentée* de Fabricius. Elle se trouve sur les côtes d'Angleterre et de France. (C. D.)

CORYTHAIX (*Ornith.*), nom imposé par Illiger au genre *Touraco*. (Ch. D.)

CORYTHUS. (*Ornith.*) Ce nom, tiré d'un mot grec désignant un oiseau actuellement inconnu, a été employé par M. Cuvier, comme terme générique applicable à sa division des Durbecs dans la famille des passereaux. (Ch. D.)

FIN DU DIXIÈME VOLUME.

Imprimerie de Le Normant, rue de Seine, n° 8. (1818.)

www.ingramcontent.com/pod-product-compliance
Lightning Source LLC
LaVergne TN
LVHW020935050726
842519LV00001B/47
* 9 7 8 2 3 2 9 3 5 5 7 3 3 *